BIBLIOTECA
DELLA
" RIVISTA DI STORIA DELLE SCIENZE MEDICHE E NATURALI "
Vol. XVII

GUSTAVO BARBENSI

IL PENSIERO SCIENTIFICO IN TOSCANA

DISEGNO STORICO DALLE ORIGINI AL 1859

FIRENZE
LEO S. OLSCHKI EDITORE
MCMLXIX

Gustavo Barbensi, questo novantatreenne che da un inizio di carriera umanistica è passato poi allo studio dell'ingegneria e quindi alla medicina, e che nei suoi numerosi scritti ha anche spesso brillantemente unito le sue qualità di matematico e di medico-biologo, ci presenta oggi un nuovo lavoro. Egli me ne parlò anni fa quando aveva solo in mente di scrivere una breve storia della Scienza in Toscana, storia che a noi mancava soprattutto per la ricerca delle fonti alle quali è spesso arduo attingere per la « spesa » di tempo che il loro ritrovamento richiede.

Ma il Barbensi, servendosi di un'ampia consultazione di testi, è riuscito a raccogliere larga messe di notizie ben utili, specialmente per chi non ha ancora dimestichezza con la storia della Toscana e dico « con la storia della Toscana » perché questo lavoro è venuto mano a mano ad allargarsi e ad assumere una notevole struttura d'insieme che comprende la letteratura, la storia, l'arte e principalmente — per quel che più ci interessa da vicino — la scienza. Per quest'ultima infatti eravamo usi ricorrere alle ben note opere di Giovanni Targioni Tozzetti e, dalla fondazione del Museo della Specola, al testo di Ugo Schiff, prezioso, ad onta di tante manchevolezze derivate dalla scarsa consultazione d'Archivio.

Dobbiamo quindi essere grati a Gustavo Barbensi per aver raccolto in un quadro unitario le varie e sparpagliate notizie dell'attività scientifica toscana e per avercene data una panoramica di indubbia utilità che di molto s'accresce per il completo indice.

Maria Luisa Righini Bonelli

1 Settembre 1969

PREMESSA

Tra le sicure maniere per conseguire la verità è l'anteporre l'esperienza a qualsivoglia discorso essendo noi sicuri che in esso, almeno copertamente, sarà contenuta la fallacia, non sendo possibile esperienza sia contraria al vero...

Galileo

Con questo libro mi sono prefisso di presentare un quadro sintetico dello sviluppo della scienza in Toscana dalle sue origini al 1859 nel quale anno la Toscana cessò di esistere come Stato autonomo venendo a fare parte del Regno d'Italia.

In questo scopo sono stato preceduto dal celebre medico, naturalista ed erudito fiorentino, Giovanni Targioni Tozzetti che, venuto a morte nel 1783, lasciava un manoscritto dal titolo *Selva o Notizie spettanti all'origine de' progressi e miglioramenti delle scienze fisiche in Toscana messe insieme dal dottor Giovanni Targioni Tozzetti, per uso del dottor Ottaviano, suo figlio,* che egli non volle fosse pubblicato perché incompleto e non sufficientemente limato. Di questa opera il dottor Francesco Palermo ne estrasse la parte principale e tutto ordinò per cui nel 1852, dopo 69 anni dalla morte del suo autore, uscirono le *Notizie sulla storia delle scienze fisiche in Toscana cavate da un manoscritto inedito di Giovanni Targioni Tozzetti.* La narrazione di questo autore si estende dall'epoca etrusca al governo di Cosimo II: è divisa in capitoli corrispondenti ai successivi periodi storici e contiene una descrizione dello sviluppo delle varie scienze con accenni anche alle opere letterarie ed artistiche non che un'ampia relazione circa i progressi delle scienze applicate, della tecnica e dell'artigianato.

Questo mio libro segue il metodo di esposizione adottato dal Targioni Tozzetti che ne può quindi essere considerato il « padre spirituale ». È pure esso diviso in capitoli corrispondenti ai successivi periodi storici dei quali sono narrati gli eventi più notevoli; in ogni capitolo le condizioni ambientali, già determinate dagli eventi politici, sono completate con notizie relative allo sviluppo della letteratura e dell'arte; segue una breve storia delle università e delle più importanti accademie toscane; si considerano quindi i progressi delle singole scienze con brevi cenni biografici dei loro principali cultori; si chiudono i capitoli mettendo in evidenza l'evoluzione maturata, durante i singoli periodi storici, nella filosofia in genere ed in particolare nel pensiero scientifico.

Lorenzo Magalotti, Segretario dell'Accademia del Cimento, nei suoi *Saggi di Naturali Esperienze fatte nell'accademia del Cimento,* nei quali sono descritte le più importanti esperienze, benché la sua esposizione fosse stata passata al vaglio di vari altri accademici, preso all'ultimo momento da una certa esitazione, scriveva al dotto prelato romano Ottavio Falconieri che considerava i *Saggi* come « un mezzo che lo doveva affatto screditare ».

Una esitazione analoga provo ora io per il fondato dubbio di non poter soddisfare le giustificate esigenze di un ampio numero di competenti lettori, interessati ai più svariati argomenti.

A mia discolpa ritengo opportuno mettere in risalto i seguenti fatti: che per la forma di esposizione mi sono attenuto a quella seguita dal mio illustre predecessore, il dottor Giovanni Targioni Tozzetti; che, come risulta dal titolo del libro, essa doveva limitarsi all'essenziale, in modo da costituire una specie di schema per chi volesse sviluppare l'argomento in un'opera di più ampio respiro; che infine molte inesattezze possono trovare la loro giustificazione nella incompletezza ed imprecisione delle fonti, le più importanti delle quali sono elencate nella bibliografia. Per tutti questi motivi nutro fiducia in una benevola accoglienza da parte dei lettori a cognizione delle difficoltà inerenti alla compilazione di un'opera di questa specie.

È mio dovere porgere un sentito ringraziamento a quegli Enti culturali del cui aiuto mi sono ampiamente valso, così soprattutto, alle Direzioni ed al personale delle Biblioteche, Nazionale Centrale, Medicea-Laurenziana, Marucelliana, Riccardiana ed Universitaria pisana, della Scuola Normale Superiore pisana; alle Presidenze ed agli accademici della Accademia Economico-Agraria dei Georgofili, dell'Accademia della Crusca, della Accademia Pisana di Scienze, Lettere ed Arti, dell'Accademia Etrusca di Cortona, dell'Accademia di Scienze e Lettere « La Colombaria », dell'Accademia Senese dei Fisiocritici; alla Direzione dell'Istituto di Botanica della Università di Pisa, dell'Osservatorio Ximeniano, delle Terme di Montecatini.

Un particolare ringraziamento rivolgo alla Direzione dell'Istituto e Museo di Storia della Scienza per il suo contributo di informazioni e per avere voluto gentilmente presentare questo mio libro ed infine alla Casa Editrice Leo S. Olschki, che, come sempre, ha superato le difficoltà inerenti ad una pubblicazione di questa specie, conferendole al tempo stesso credito ed importanza nella diffusione di opere di alta cultura.

G. Barbensi

1 settembre 1969

DISEGNO STORICO
NEL PENSIERO SCIENTIFICO
IN TOSCANA

INTRODUZIONE

1. Sviluppo della scienza. - Se con il pensiero risaliamo ai primordi della esistenza dell'uomo, quindi in epoca remotissima, lo vediamo a contatto con le forze della natura, qualche volta di straordinaria potenza e molto spesso a lui ostili. Era quindi naturale che egli volesse sottrarsi a queste forze e dominarle allo scopo di difendersene; ma, dominandole, ne derivò l'idea di utilizzarle per il soddisfacimento dei suoi bisogni ed anche dei suoi piaceri. Se non che, per raggiungere questo scopo, non bastava scoprire i segreti della natura, bisognava passare dalla scoperta alla invenzione, trovare il modo di valersene a proprio vantaggio. Conosciuta l'esistenza del fuoco, l'uomo trovò il modo di produrlo a volontà; conosciute le proprietà della creta, le utilizzò per la fabbricazione dei vasi; scoperte le proprietà dei metalli, gettò le basi di una metallurgia primitiva. Sorse così l'*homo faber*.

Il periodo che precedette la comparsa dei documenti scritti, prima di 3000 anni a. C. e, precisamente, prima dei più antichi documenti scritti egiziani e babilonesi, fu chiamato *preistoria* e venne suddiviso in tre grandi età: l'*età della pietra*, l'*età del bronzo*, l'*età del ferro*, distinzione questa basata sulle materie successivamente adoperate per la fabbricazione degli strumenti e delle armi. E mentre i resti fossili dell'uomo preistorico ci offrono il materiale che permette di stabilire l'epoca della sua esistenza nelle varie regioni, il rinvenimento degli strumenti, delle armi, dei prodotti della lavorazione artigiana, dei resti delle abitazioni e dei sepolcreti, permette di rendersi conto delle specie delle sue attività e del livello della sua vita sociale.

La suddivisione della preistoria nelle tre grandi età, della pietra, del bronzo e del ferro, proposta dall'archeologo danese Christian

Jürgensen Thomsen, deve ritenersi valida solo per un certo numero di aree ed adattabile con sicurezza per l'Europa e per l'antico vicino Oriente, da cui sembra che l'incivilimento sia provenuto.

Con il volger del tempo, lentamente attraverso i secoli, l'organizzazione sociale si fa sempre più complessa: sorgono i gruppi familiari, si costituiscono le tribù e quindi i grandi gruppi etnici. L'artigianato si perfeziona, stimolato dalle esigenze pratiche, influenzato dal nascente senso dell'arte; sorgono le religioni, si stabiliscono tra diversi popoli scambi commerciali, le cognizioni empiriche, acquistate con l'immediato contatto con la natura, si consolidano, si diversificano e si creano i germi dai quali si svilupperanno le varie scienze.

Dalla osservazione del moto degli astri e dei fenomeni metereologici allo scopo di potersi orientare nella navigazione e per potersi regolare nella coltivazione dei campi, sorse l'astronomia; i costruttori e gli agrimensori dovettero contare e misurare per costruire gli edifizi e per dividere i campi facendo sorgere la scienza dei numeri e la geometria; per difendersi dal dolore e per curare le malattie vennero studiate le virtù medicinali delle piante e così sorse la medicina; dall'esperienza dei cacciatori, dei pescatori, degli allevatori di bestiame sorse la zoologia; da quella dei coltivatori, la botanica. I più complessi rapporti sociali diedero origine al diritto, le esigenze dei commerci gettarono il germe delle discipline economiche.

I popoli primitivi si combatterono con accanimento, obbedendo in parte ad un congenito istinto aggressivo, ma anche spinti dalla necessità di sopravvivere ed animati da volontà di potenza e di predominio. Tutto ciò non solo allo scopo di prevenzione difensiva, ma anche per soddisfare le ambizioni dei capi e per aumentare il loro benessere a spese dei vinti: un andamento di cose che nessuna civiltà è riuscita ad arginare.

L'istinto aggressivo non era solo stimolo alla lotta dei gruppi, ma si manifestava con straordinaria violenza anche nei rapporti individuali, acquistando carattere di regola, ciò che oggi avviene solo per eccezione. Darwin immaginò che nelle piccole orde della umanità primitiva, i maschi più vecchi non tollerassero competitori sessuali nei maschi più giovani per cui i figli, ribellandosi, uccidevano i padri, fino a che, placato l'odio, si ridestava l'amore e sorgevano i riti espiatori con il divieto di uccidere il *totem* che però veniva solo periodicamente ucciso per commemorare il misfatto primitivo.

Formatasi la figura dell'*homo faber*, con il graduale costituirsi di un progredito assetto sociale della umanità, dalla tecnica primitiva si sviluppò lo svolgimento del sapere, sintetizzando i frutti dell'esperienza, cioè dello sfruttamento utilitario della natura, verso una primordiale scienza empirica e si crearono *in nuce* i primi elementi di quelle scienze delle quali abbiamo già fatto cenno come frutto dell'esperienza e delle necessità pratiche.

Ed ecco ad un certo momento, dalla triste constatazione della ignoranza delle cose e della infelicità derivante dalla contemplazione del mistero della vita e della morte, sentirsi il bisogno di una interpretazione della realtà, generale e disinteressata e quindi fine a se stessa. Bene espresse il Leopardi questo primitivo sentimento umano quando fa dire all'antichissimo pastore errante nell'Asia

> Che fai tu luna in ciel? dimmi che fai
> Silenziosa luna?
> . . . .
> Pur tu solinga, eterna pellegrina,
> Che sì pensosa sei, tu forse intendi:
> Questo viver terreno, il sospirar che sia;
> Che sia questo morir,
> E tu certo comprendi
> Il perché delle cose, e vedi il frutto
> Del mattin, della sera,
> Del tacito infinito andar del tempo.

Sono questi gli interrogativi che l'uomo primitivo si poneva e che poi ha sempre continuato a porsi e che si pone anche oggi. Ad essi venivano date risposte diverse, per lo più non convincenti, anche ad un esame approfondito, ma che costituiscono piuttosto materia di fede che non di convinzione ragionata.

Le prime spiegazioni si espressero con una interpretazione mitica della realtà, le manifestazioni della natura apparvero come opere di esseri misteriosi, di dei, di dèmoni che popolavano cielo e terra, dotati di volontà e di sentimenti, che agivano intervenendo nelle faccende umane. In questa maniera i fenomeni naturali vennero personificati, costituiti in un sistema unitario a somiglianza della società umana. Sorsero così i miti con carattere essenzialmente antropomorfico: il sole è il carro fiammeggiante, sospinto attraverso i cieli dal dio del sole; le nuvole sono vacche il cui latte discende sulla terra come pioggia per renderla feconda; il fuoco, i vulcani, gli incendi, la fusione dei metalli erano manifestazioni del dio Vulcano che, coadiuvato dai Ciclopi, preparava i fulmini per il padre Giove e le armature per gli eroi.

Per quanto infantili questi miti, debbono essere considerati come i primi tentativi di spiegazione dei fenomeni della natura, come punto di partenza di spiegazioni scientifiche, in un alone di bellezza e di poetica suggestione.

Con il tempo però la mente umana non si appagò dei miti per spiegare i fenomeni della natura, per soddisfare il suo crescente bisogno di conoscere l'elemento costante insito nella varietà fenomenica, il principio di tutte le cose. Naturalmente il bisogno della conoscenza del reale presupponeva l'esperienza empirica indispensabile per la vita dell'uomo: ad essa fece seguito la *filosofia*, successione sintetizzata nella frase: *Primum vivere, deinde philosophari.*

La filosofia deve quindi concepirsi come la visione sintetica del mondo, ottenuta per mezzo della ragione dalla esperienza, cioè dalla osservazione dei fatti di qualunque specie. Invece le singole scienze, fisiche ed anche morali, debbono considerarsi come il risultato del volgersi della ragione verso particolari soggetti, una distinzione questa che solo con il tempo poté essere fatta. È un argomento questo dei rapporti tra scienza e filosofia di grande interesse concettuale e su di esso ritorneremo ancora.

I progressi delle scienze particolari hanno fornito la materia necessaria allo sviluppo della *tecnica*, cioè della scienza applicata. Gli sviluppi della tecnica fornendo all'uomo sempre nuove possibilità di soddisfare ai suoi bisogni e di accrescere il suo benessere dovevano di necessità finire per assumere una posizione preminente oscurando quelle scienze dalle quali la tecnica era derivata. Ciò è accaduto soprattutto nella seconda metà del secolo passato in coincidenza con l'enorme sviluppo dell'industrialismo, con l'ipertrofizzarsi dell'egoismo e con la lotta per acquistare di conseguenza un benessere materiale sempre maggiore. Questo fenomeno non ha avuto sosta, anzi si è accentuato nei primi anni di questo secolo e poi ancora di più in questi ultimi tempi.

Come compenso è poi avvenuto che richiedendo oggi l'esecuzione delle esperienze grandi mezzi, l'industria è intervenuta a fornirli in maniera sempre maggiore, sostituendosi ai governi indifferenti od incapaci ad alimentare la ricerca. Può infatti accadere che i risultati della scienza applicata stimolino alcune menti a ricercare le prime leggi dei fenomeni, un fatto questo che non era sfuggito alla mente perspicace di Galileo il quale aveva appunto richiamato l'attenzione sul fatto che le macchine avrebbero potuto stimolare le menti curiose a ricercare le leggi teoriche che stanno alla base del loro funzionamento.

Oggi siamo arrivati ad un pieno sviluppo di una civiltà meccanica. La figura dello scienziato che, animato dal desiderio della ricerca del vero, compie le sue esperienze con spirito disinteressato, va sempre più scomparendo: egli è assorbito da una attività in squadre che porta al livellamento delle volontà e delle intelligenze. La complessità della ricerca moderna certo richiede questa attività di massa, nella quale dovranno tuttavia esistere delle graduatorie per risalire ai pianificatori della ricerca i quali dovranno essere di necessità degli scienziati a cognizione dei problemi teorici. A questi soli si dovrà veramente attribuire la qualifica di scienziati, oggi degradata ed estesa ai comuni tecnici, meccanici esecutori delle fasi sperimentali delle quali non conoscono il nesso.

Senza condividere il pessimismo dell'Enriques il quale si domandava se l'eccessivo sviluppo della tecnica non avrebbe finito per annullare la pura intuizione scientifica, non vi è dubbio che è sempre più difficile che emergano quelle menti geniali capaci di dare nuovi indirizzi al pensiero scientifico e di risplendere come astri di prima grandezza nelle nebulose della mediocrità.

Secondo il Russel

« la tecnica moderna ha dato all'uomo un senso di forza che sta rapidamente trasformando l'intera mentalità sua. Fino a tempi recenti, l'ambiente fisico era qualcosa che doveva accettarsi come era, cercando di adattarcisi alla meglio... All'uomo moderno il mondo fisico circostante non è che materia grezza, una occasione per trasformarla. Può darsi che

Dio abbia fatto il mondo, ma questo non è un buon motivo per non lasciarcelo rifare. Questa tendenza, assai più di qualunque argomento intellettuale, è contraria alla religione tradizionale ».

2. Scienza e filosofia. - Abbiamo veduto come l'insufficienza dei miti a spiegare i fenomeni della natura stimolasse la mente umana a dedurre dalla esperienza empirica una visione sintetica del mondo ragionando sui risultati delle esperienze e che in ciò consiste l'origine della filosofia. Se vogliamo pertanto trattare dei reciproci rapporti tra scienza e filosofia è necessario seguire lo sviluppo storico parallelo dell'una e dell'altra.

Nella Grecia, che si può considerare la culla della filosofia, fu appunto la contemplazione dell'universo che spinse i pensatori a speculare intorno ai problemi della materia e della natura delle cose, per cui essi furono più tardi chiamati *fisiologi*, cioè naturalisti, e già fino in tempi recentissimi fu nell'uso la denominazione di *filosofia naturale*, ad indicare lo studio dei fenomeni naturali. Si può dire che i problemi filosofici sorsero dal terreno della ricerca naturalistica, derivarono cioè dal pensiero scientifico. È però da ricordare che a tutto ciò era in origine estranea ogni considerazione dell'uomo e del suo destino.

La ricerca della natura delle cose, cioè il problema della materia, diede origine alle prime ipotesi monistiche della scuola jonica. Talete insegnò che tutto deriva dall'acqua; Anassimandro postulò il « principio » di una materia primitiva « infinita », dalla quale si formano le cose; Anassimene continuò la dottrina di Talete e di Anassimandro, cercò di conciliarne i principi ammettendo che l'origine delle cose è l'aria, dalla quale per un processo di « condensazione » o di « rarefazione » esse si formano.

Pitagora e la sua scuola con la dottrina del movimento della terra intorno ad un fuoco centrale, non si distaccò dalle investigazioni naturali, definì nei numeri l'essenza delle cose e nell'armonia il legame delle loro diverse specie e creò una società in parte politica, in parte religiosa, con vincoli austeri.

Mentre la scuola jonica si proponeva la spiegazione dei fenomeni per mezzo di una materia qualitativamente determinata e la scuola pitagorica per mezzo di numeri, cioè di una relazione quantitativa, la scuola eleatica ricorreva ad un substrato permanente, l'*Essere* di Parmenide, che non era però un mero concetto speculativo, ma il reale sensibile, il pieno che riempie lo spazio.

A queste scuole essenzialmente monistiche fece seguito la scuola pluralistica che oppose il cambiamento alla stabilità eleatica dell'Essere. Per Eraclito la realtà è come un fiume che scorre sempre; Empedocle cercò di spiegare il cambiamento postulando l'esistenza di quattro elementi, il fuoco, l'aria e l'acqua, già ammessi dai precedenti filosofi, e la terra; dal miscuglio di tali elementi nascono e periscono le cose.

Democrito, sviluppando le idee di Leucippo, fondò l'atomismo: esiste l'Essere di Parmenide, ma anche il non-Essere; il non-Essere è il vuoto e l'Essere il pieno, che non è unico, ma costituito dagli *atomi*, piccoli corpi indivisibili che si muovono nel vuoto, che si congiungono dando origine al nascimento delle cose, ma che anche si separano, dando origine al perire. Possono legarsi e slegarsi, ma rimangono sempre gli stessi: mirabile intuizione della struttura della materia!

Anassagora si mantiene aderente alla filosofia pluralistica in accordo con Empedocle e Democrito, ammettendo che ogni cambiamento dipende da una « riunione » o « separazione » di parti preesistenti, ma queste parti non sono né gli atomi di Democrito, né i quattro elementi di Empedocle, ma carne, sangue, nervi, ossa, oro, particelle similari che Anassagora chiamò « semi » e che Aristotele chiamò *omeomerie*. Anassagora ammise che il moto, l'ordine, la bellezza del mondo dipendessero da una forza distintrice ed ordinatrice, l'Intelletto; egli, per il primo, contrappose alla materia, un'altra forza, l'intelligenza.

Ed ecco comparire nella storia del pensiero umano la grande figura di Socrate: egli al dommatismo dei filosofi fisici che partivano immediatamente dagli oggetti ed allo scetticismo dei sofisti che muovevano dall'apprendimento sensibile, sostituì la *dialettica* e la filosofia dei concetti. Il vero sapere consiste nel conoscere i concetti delle cose e questi si formano per induzione. Appunto Aristotele riassunse il metodo socratico in questi due punti: *indurre* e *definire*.

Estendendo queste idee al campo morale, per Socrate si deve

sapere quale sia il bene, per cui non può essere virtuoso chi non ha il concetto del suo operare. In ciò consiste la sua *Etica*.

Questo sorgere della scienza dell'uomo non è considerato da alcuni storici della scienza, come P. Brunet ed A. Mieli, secondo l'idea tradizionalista di un cambiamento assoluto nello sviluppo del pensiero, ma come un nuovo anello che si aggiungeva alle scienze già esistenti, la scienza dell'uomo.

Da Socrate derivarono varie scuole filosofiche, le piccole scuole socratiche che svilupparono, o l'una, o l'altra, delle idee del Maestro, o la dialettica, o l'etica, fino a che questi indirizzi particolari non si fusero di nuovo nella generale scuola socratica, rappresentata da Platone e da Aristotele.

Platone distinse l'opinione proveniente dai sensi, dalla cognizione derivata dai concetti, alla opinione corrispondendo i fenomeni mutevoli, ai concetti le *essenze*, o *idee*, che sono ciò che vi è di costante nell'avvicendarsi dei fenomeni, l'unità sotto cui si raccoglie la molteplicità. Secondo Platone, il mondo, come è, è opera della ragione, la quale, per agire, deve essere impiantata in un'anima, mediatrice tra le idee e le cose sensibili, l'*anima del mondo*.

Aristotele, il più celebre allievo di Platone e la cui filosofia dominò per secoli il pensiero umano, accettò il principio platonico che il sapere ha per oggetto il generale, le idee, che sono però immedesimate nel particolare con la sostanza; la sostanza comprende la materia che è passività e la forma che è attività ed energia; la potenzialità suppone il divenire che a sua volta suppone il moto la cui causa è in Dio e che tende ad un fine. La logica aristotelica è una mirabile costruzione, specie nella parte sillogistica; la fisica si occupa della natura, cioè del complesso delle cose sensibili; l'anima è per il corpo organico ciò che la forma è per la natura; il bene è l'attuazione del fine umano che è la felicità; lo scopo dello Stato è la felicità dei cittadini e delle sue tre forme, la regalità che degenera in tirannide, l'aristocrazia che degenera in oligarchia e la repubblica che degenera in demagogia, preferisce quest'ultima.

Per Aristotele le scienze sono indipendenti, procedono parallelamente e di esse egli crea una sistemazione enciclopedica. In Aristotele incomincia a delinearsi la distinzione tra una scienza suprema (scienza dei principi e delle cause) e le scienze particolari nelle quali ci si affida all'esperienza e che raccolgono dati e fenomeni particolari, la distinzione cioè tra la filosofia considerata come scienza universale e le singole scienze particolari. Questa divisione corrisponde alla concezione di coloro che considerano la filosofia come quella scienza che deve determinare le condizioni ed i limiti del pensiero nel conoscere la verità, portare la riflessione del pensiero sul pensiero stesso, concepire l'essere nella sua unità e completezza in contrapposizione alle singole scienze della natura che portano ad un frazionamento della realtà e conferire all'uomo la possibilità delle realizzazioni dei valori spirituali.

Dopo Aristotele, nell'età alessandrina (fino al 500 d. C.) le ricerche particolari ed erudite portano allo sviluppo delle singole scienze. Si produce allora la separazione tra gli scienziati ed i filosofi: i primi studiano i fenomeni naturali disinteressandosi dei problemi universali, i secondi lasciano da parte i problemi particolari ed indirizzano la loro ricerca verso la pura filosofia.

Nel Medio Evo la filosofia è dominata dalla fede, dalla costruzione della *Civitas Dei*; la Patristica definisce i dogmi, la Scolastica li riordina. Le scienze sono trascurate, eccetto che dagli Arabi; questi, tra i quali emerge Averroè, « che 'l gran comento feo », commentano e divulgano Aristotele e forniscono materiale scientifico alle menti avide di sapere. S. Tommaso d'Aquino, il *Doctor Angelicus*, non si appaga della traduzione di Aristotele ricavata dai testi arabi e lo fa tradurre dal testo greco, adattandolo alla nuova fede.

Il Rinascimento in Italia e la Riforma in Germania, dopo la fine della Scolastica, preparano l'avvento del pensiero filosofico moderno liberando le menti dal giogo che le opprimeva; l'Umanesimo sviluppò la riscossa contro le forme vuote della Scolastica, la Riforma contro una parte dei dogmi.

Nel nostro Rinascimento, dopo un primo periodo antiscolastico in cui si fanno tentativi di ritorno ai genuini Platone ed Aristotele, con Bernardino Telesio, Tommaso Campanella e Giordano Bruno, si rifiutano i tradizionali principi teologici degli Aristotelici, obbedendo alle necessità di una nuova concezione del mondo. Alle ricerche erudite degli Umanisti fanno seguito le scoperte di terre nuove, di altri popoli, di altri costumi; al sistema planetario geocentrico si era sostituito quello eliocentrico; nella natura si scoprono nuovi fenomeni; la stampa da poco inventata, diffonde le nuove scoperte.

Così all'ideale medievale della *Civitas Dei* si viene sostituendo, come si esprime il Fiorentino, quello moderno del *Regnum hominis*. La filosofia si avvia ad essere pratica, la meta dell'uomo deve essere il mondo nel quale esso vive ed opera. A capo di questa nuova filosofia troviamo Bacone e Cartesio, entrambi insoddisfatti delle dottrine tradizionali, entrambi desiderosi di dare all'umano sapere più solide basi.

Il *Novum Organum* baconiano, nel suo sottotitolo *De interpretatione naturae, sive de regno hominis*, indica in modo chiaro il compito della nuova logica, contrapposta alla aristotelica. Il regno dell'uomo si basa sulla potenza che deriva dalla conoscenza delle leggi della natura, conoscenza che permette di utilizzarle a nostro vantaggio. La natura deve essere interpretata partendo dall'*esperienza* che, purificata dagli *Idoli*, cioè da quanto l'intelletto umano può aggiungervi di estraneo, mediante un processo di vera *induzione*, un processo molto diverso dalla semplice enumerazione, ci permette di conoscere le leggi dei fenomeni naturali. Sono queste le « sensate sperienze » di Galileo.

Anche in Cartesio la filosofia moderna incomincia con il rifiutare la scienza delle scuole, ma mentre per Bacone la vera scienza è l'esperienza, proveniente dai sensi, per Cartesio è il puro pensiero, l'unica cosa della quale non si può dubitare, per cui si deve rifiutare ogni sapere che non deriva dalla propria riflessione. Al metodo induttivo di Bacone, Cartesio oppone il metodo deduttivo, all'empirismo, il razionalismo. Così i due padri della filosofia moderna creano due sistemi che si contenderanno il campo della filosofia per incontrarsi molto tempo dopo nella Critica di Kant.

Le tendenze analitiche predominanti nel secolo XIX, determinate dalle straordinarie scoperte scientifiche fatte in questo secolo, dovevano portare ad un bisogno di sintesi, a quella reazione filosofica rappresentata dal positivismo, il cui principio era stato già posto da Hume e per il quale la percezione è la fonte unica del sapere. Secondo questa scuola filosofica, rappresentata in Francia da Auguste Comte ed in Inghilterra da Stuart Mill e da Herbert Spencer, la scienza, superata la fase teologica, nella quale la spiegazione dei fenomeni è riferita ad esseri soprannaturali e la metafisica, nella quale è riferita ad enti astratti, forze, sostanze, cause occulte, ha per oggetto la ricerca rigorosa dei fatti e delle leggi, cioè dei rapporti costanti che collegano i fenomeni osservati nella loro realtà.

Il trionfo del positivismo, con il suo agnosticismo troppo severo, ebbe una influenza sfavorevole sullo sviluppo della filosofia, per cui sembrò che questa dovesse essere assorbita dalle scienze. Un siffatto stato di cose doveva, alla sua volta, determinare una reazione, il bergsonismo pragmatista, che affermava il diritto di una filosofia indipendente dalle scienze positive.

Positivisti e pragmatisti furono però d'accordo sulla necessità della conoscenza dei fatti scientifici da parte dei filosofi. Afferma il Sarton che il miglior *trait-d'union* tra scienziati e filosofi è appunto rappresentato dalla storia della scienza la quale stimola gli uni e gli altri ad una visione coerente del mondo che sintetizzi i risultati delle conoscenze scientifiche. Gli scienziati dovrebbero poi con maggiore impegno assurgere dai dettagli delle esperienze e delle osservazioni a concetti generali per non offrire ai filosofi l'occasione di svalutare le scienze considerandole come semplici tecniche.

Con il cercare nella scienza l'origine della filosofia si identifica l'attività filosofica con l'attività scientifica. È questa una tesi che viene rifiutata da coloro che considerano come cose distinte, da una parte le scienze particolari con i loro oggetti ed i loro metodi, dall'altra la filosofia come scienza universale. Secondo l'Enriques la distinzione che Comte ha teorizzato nella sua classificazione non risponde a differenze irriducibili. La separazione delle scienze da un tronco comune è conseguenza delle necessità di lavoro e di adattamento ai mezzi della ricerca, ma lo stesso approfondimento dei problemi propri di ogni scienza porta a mettere in luce il loro scopo comune ed alla loro fusione in una profonda ed unitaria visione del reale. Sempre secondo l'Enriques, il vero spirito filosofico della scienza è proprio nella tendenza delle idee ad estendersi, oltrepassando il loro proprio campo, per cui le vedute parziali e frammentarie della realtà, reagendo tra di loro, suscitano nuovi atteggiamenti e nuovi problemi.

Il concetto di scienza ha subito in questi ultimi tempi delle radicali modificazioni che Abbagnano ha riassunto nella seguente maniera: La scienza contemporanea ha rinunziato alle « verità universali e necessarie » che Kant riteneva proprie della matematica e della fisica pura: con la matematica non si fa più questione di verità, si respinge ogni evidenza od intuizione ponendo la pura possibilità di costruzioni logiche nell'ambito di regole convenzionali. La fisica non solo ha rinunciato a descrivere ciò che è al di là del fenomeno, ma ha anche rinunciato a descriverlo a causa dell'azione che le osservazioni esercitano sul loro oggetto, azioni che non possono essere eliminate: essa non si presta a dare una immagine del mondo naturale, ma si presenta con un insieme di osservazioni e di calcoli che hanno il solo scopo di prevedere i risultati finali *probabili* di altre osservazioni, con forte indebolimento del principio di causalità.

Ne deriva come sia estranea e contraria alla scienza ogni considerazione finalistica, cioè ogni considerazione che tenda a riconoscere all'uomo un posto a parte tra gli oggetti che la scienza considera ed a ritenere la totalità di questi oggetti subordinata ai suoi fini ed alle sue esigenze. La liberazione della scienza da ogni elemento antropomorfico ha trovato la sua ultima e decisiva posizione nella rinuncia alla descrizione dei fenomeni naturali, cioè alla loro ricostruzione per mezzo di immagini visive.

Ogni considerazione del mondo, del quale l'uomo fa parte come ogni altro oggetto, è *conoscenza*, o *scienza*, la quale non risolve né aiuta la risoluzione dei problemi metafisici né autorizza interpretazioni metafisiche dei suoi risultati. Poiché alla scienza si attribuisce l'intero dominio della conoscenza, dalla filosofia debbono essere esclusi i problemi conoscitivi, cioè i problemi nei quali l'uomo è soltanto uno dei termini senza privilegio rispetto agli altri. È invece compito della filosofia trovare la via di accesso al problema dell'uomo: diversamente dalla scienza nella quale l'uomo non è lo spettatore di se stesso, nella filosofia vi è un *impegno dell'uomo di fronte a se stesso*: essa è chiamata a chiarire la problematicità dell'uomo fornendo una *norma* che porti alla scelta ed alla decisione.

Da quanto è stato molto sinteticamente esposto, risulta come nel volger del tempo i rapporti tra scienza e filosofia siano stati molto diversamente stabiliti dai diversi pensatori, dalla massima identificazione del pensiero filosofico con il pensiero scientifico, alla filosofia come sintesi unitaria delle scienze allo scopo di conoscere l'uomo nella sua unità e completezza, alla esclusione della filosofia da ogni ingerenza in quei problemi che la scienza ritiene suoi propri.

L. Geymonat in uno studio sullo sviluppo del pensiero scientifico mette in luce l'esigenza critica affermatasi negli ultimi decenni, di una differenziazione precisa dei principi scientifici in confronto di quelli cui suole fare appello la speculazione metafisica. La suddetta distinzione consiste soprattutto nel fatto che mentre il metafisico si propone come sua ultima meta la conoscenza della realtà, quale esiste, senza modificarla, un atteggiamento che può definirsi « passivo », lo scienziato, al contrario, trasforma, scompone e ricompone costruzioni suscettibili di ulteriori correzioni e modificazioni; valendosi delle esperienze ne ottiene una risposta accettabile, il cui significato è suscettibile di essere approfondito, atteggiamento questo che può definirsi, in contrapposizione con quello del metafisico, come « attivo ». Per il nominato autore capire la struttura del pensiero scientifico, significa capire la contrapposizione tra scienza e metafisica, cioè che il lavoro dello scienziato non consiste nella concezione di « verità assolute », ma nella costruzione perenne di tecniche.

A questi più recenti modi di considerare i rapporti tra scienza e filosofia abbiamo accennato solo per completezza in quanto che essi si sono sviluppati molto tempo dopo la fine dell'ambito temporale considerato in questo libro.

3. Storia della scienza. - Il termine scienza, nella sua accezione più vasta, indica conoscenza, sapere, ma un tale significato ha subito, nell'uso comune, delle limitazioni, a seconda dell'oggetto della conoscenza.

Sono state elencate varie scienze, ma, per il nostro scopo, intendiamo escludere le scienze filosofiche, sociologiche, politiche e giuridiche, comprendendo, invece, la matematica, le scienze fisiche (astronomia, fisica, chimica, etc.) le scienze naturali (zoologia, botanica, geologia, geografia, etc.), le scienze testè enumerate, applicate.

Di ogni cosa che si evolve nel tempo è possibile fare la storia. Sono così sorte la storia politica, la storia della filosofia, la storia delle religioni, la storia delle arti, la storia della letteratura, la storia delle scienze. È di quest'ultima che vogliamo occuparci. I suoi artefici sono per lo più scienziati, di età avanzata, i quali, dopo avere portato il loro contributo allo sviluppo delle singole scienze, amano contemplare questo sviluppo nel corso del tempo, rendere giustizia a chi non fu sempre equamente giudicato, sentendosi associati ai loro predecessori dall'ideale della verità, ideale per il quale molti hanno dovuto spesso lottare affrontando sacrifici e sofferenze.

Una storia obiettiva di qualunque scienza deve essere naturalmente retrospettiva, con esclusione del tempo presente: gli eventi debbono essere considerati ad una certa distanza nel tempo, quando gli artefici delle scienze siano da molto scomparsi, le passioni cessate, così pure le lotte per la priorità e la partigianeria interessata.

Le storie delle singole scienze preparano il terreno per la storia della scienza che è una cosa diversa da esse in quanto tutte le compendia in una visione sintetica che ne determina il filo conduttore, l'evoluzione del pensiero scientifico. Il concetto di storia della scienza è reso dal Sarton così:

« La storia della scienza ha per scopo di stabilire la genesi e la concatenazione dei fatti e delle idee scientifiche, tenuto conto di tutti gli scambi intellettuali e di tutte le influenze che il progresso stesso della civiltà mette continuamente in giuoco. La storia della scienza è quindi da concepirsi come somma delle storie particolari, delle loro relazioni, delle loro analogie, del predominio di questa o di quella nelle successive epoche, del loro contributo alla concezione sintetica dell'Universo ».

Secondo il Sarton il primo che ha avuto una concezione chiara della storia della scienza, anche se incompleta, è stato Auguste Comte (1798-1857) che diede forma definita alle sue idee nel suo *Cours de philosophie positive*, pubblicato dal 1830 al 1842. Un altro filosofo ed anche matematico francese, Antoine Augustin Cournot (1801-1877) contribuì a precisare le idee sulla storia della scienza nel 1861 nel suo *Traité de l'enchaînement des idées fondamentales dans les sciences et dans l'histoire*. Ma, sempre secondo il Sarton, il vero erede del pensiero del Comte è Paul Tannery (1843-1904). Questo pensiero si basa essenzialmente sui seguenti principi:

« un'opera di sintesi storica delle scienze non può essere realizzata senza un ricorso costante alla storia; è necessario studiare l'evoluzione della scienza per comprendere quella del pensiero umano; è la storia della scienza nel suo insieme che importa conoscere e non la storia delle scienze particolari ».

Una concezione sintetica ed unitaria della storia delle scienze risponde alla realtà delle cose, in quanto è solo per motivi pratici di divisione del lavoro e di adattamento ai mezzi di ricerca che, come si è detto, le singole scienze si sono sviluppate separandosi le une dalle altre, per poi ritrovarsi a fondersi in modo da creare un corpo di dottrina superiore che soddisfi nella miglior maniera ad una visione profonda e sintetica della realtà. Abbiamo già riprodotto le idee dell'Enriques sul vero spirito filosofico che dalle vedute parziali possa assurgere ad una visione della realtà la quale non costituisca un qualche cosa di immutabile, ma invece un qualche cosa che si evolve nel tempo con predominio di una o di altra concezione della realtà.

La storia della scienza si propone appunto di seguire l'evoluzione del pensiero scientifico nel tempo, cogliendo le caratteristiche dei periodi di analisi durante i quali l'attenzione è rivolta allo studio dei singoli fatti e dei periodi di sintesi nei quali da quello studio si cerca di assurgere a leggi sintetiche, generali.

Ma se è nel tempo che si deve seguire l'evoluzione del pensiero scientifico ne risulta che la storia della scienza dovrà essere spezzata, in primo luogo, non già per paese, né per scienze particolari, ma per epoche storiche. Per ogni epoca si dovrà procedere come prima cosa alla analisi del progresso scientifico per paese e per le singole scienze per poi passare alla sintesi. Nel processo analitico si dovrà poi tener conto di tutte le condizioni ambientali le quali hanno esercitato una manifesta influenza sulla evoluzione del pensiero scientifico, condizioni ambientali che sono di diversissima specie, come ora meglio chiariremo.

4. Condizioni ambientali e sviluppo della scienza. - Non è concepibile che si possa fare una storia delle singole scienze senza inquadrarla nell'ambiente nel quale si sono sviluppate, dovendosi intendere l'ambiente nella maniera più estensiva, cioè quello creato dagli eventi politici e sociali, dalla evoluzione del pensiero filosofico, dalla influenza della religione, dallo sviluppo della letteratura e delle arti.

Non è difficile rendersi conto del come gli eventi politici possano influire sullo sviluppo delle scienze: basta pensare agli incoraggiamenti ed agli ostacoli che il potere politico può esercitare, non solo per quanto riguarda l'accertamento dei fatti, offrendo o negando i mezzi per tale accertamento, ma per l'influenza diretta sul pensiero politico degli scienziati, avvantaggiati od ostacolati nelle loro ricerche, spesso costretti ad abbandonare i loro studi e le posizioni accademiche perché ritenuti sospetti di avversione al regime dominante o dichiaratisi lealmente ad esso contrari. Non è necessario naturalmente ricorrere ad esempi di un tale stato di cose perché se ne trovano numerosissimi nella storia di ogni paese, fino dai tempi più remoti.

Come regola generale le speculazioni più ardite si sono avute in tempi di maggiore libertà politica, così nella vita libera ed agitata delle piccole città greche e dei comuni italiani, ma anche all'ombra delle monarchie dei regni ellenistici ed intorno alle Corti di Francia e di Inghilterra. Il pensiero scientifico apparve rivoluzionario nella Francia del secolo XVIII, ma nello Stato prussiano divenne elemento di ordine e di forza.

In tempi di oppressione politica, di soggezione allo straniero, le scienze decadono e decade soprattutto il pensiero scientifico-filosofico, vincolato dalle condizioni politiche. Ciò non vuol dire che in via di eccezione, le scienze non siano state protette da illuminati capi di Stato, come durante il Principato mediceo e la dominazione napoleonica.

Le conseguenze di ogni trasformazione politica non sono immediate, quindi non possono essere valutate che dopo un certo tempo: ma già offre materia di riflessione l'influenza esercitata dal materialismo marxista sullo sviluppo delle scienze in Russia.

I rapporti tra scienza e religione sono molto profondi e complessi. La distinzione tra scienza e religione non poteva certo farsi nei tempi più remoti, perché erano proprio i ministri delle religioni, i sacerdoti, gli unici rappresentanti delle scienze primitive, quando interpretavano i fenomeni della natura per profetizzare gli eventi umani, quando interpretavano i libri sacri e stabilivano le norme rituali.

Ma con l'evolversi delle scienze i loro cultori si distinsero dai sacerdoti e si crearono due rami di attività differenti, ma pure uniti verso un unico scopo, cioè la costruzione del reale ricercando, come dice l'Enriques, ciò che vi è di invariante nel flusso delle cose sensibili; ma mentre l'attività delle scienze era sempre più dominata dalla valutazione critica e razionale, quella della religione lo fu dal valore emotivo dei sentimenti destati dalla indagine circa la realtà dei fenomeni.

Tuttavia lo spirito religioso non rimase assolutamente estraneo alla evoluzione del pensiero scientifico in una strana mescolanza di razionalismo e di misticismo. L'esempio più significativo di una tale situazione ci viene offerto dalle speculazioni pitagoriche e dal senso sacro che esse davano all'armonia dei numeri. I rapporti tra scienziati e sacerdoti venivano poi di tempo in tempo favoriti da quei risvegli religiosi che facevano seguito ai grandi cataclismi naturali o provocati dagli uomini, come le epidemie e le guerre.

Nei tempi più moderni, le verità messe in luce dalla scienza non potevano non venire in conflitto con le affermazioni del domma, per cui l'aderenza a questo veniva a creare un insopprimibile ostacolo alla accettazione delle nuove idee. Questo fatto, del quale è inutile dare esempi a tutti noti, non vieta però di riconoscere che la conservazione di una gran parte del patrimonio scientifico dell'antichità è stato merito dei religiosi e che molti di questi si sono grandemente distinti nello sviluppo di alcune scienze, come la matematica e l'astronomia. Naturalmente non si dovevano porre obiezioni al contenuto delle Sacre Scritture per cui si trattava veramente di una scienza professata da un pensiero vincolato. Non si deve però negare che nei tempi moderni lo sviluppo delle scienze non tenda ad esercitare una influenza disgregatrice sulla ortodossia della fede.

Osserva il Russel che se in questi tempi un grande numero di scienziati ha dichiarato formalmente che i recenti progressi della scienza hanno confutato il precedente materialismo, portando a ristabilire la verità delle religioni, per cui il pubblico ha riportato l'impressione che la fisica confermi in pratica l'intero « Libro del Genesi », ciò non è accaduto perché essi parlassero con il loro cauto linguaggio scientifico, ma perché da buoni cittadini fossero ansiosi di difendere la virtù e la proprietà.

Il bello ha rapporto con la fantasia la quale costruisce il suo mondo senza preoccuparsi della realtà obiettiva. La creazione artistica può derivare i suoi elementi, il suo materiale, dall'esperienza pratica ed anche conoscitiva dell'artista, ma l'arte non può per questo dirsi una semplice imitazione della realtà oggettiva che l'artista esprime come la sente trasformandola con la fantasia. Ne deriva la mancanza di un legame assoluto tra la scienza, indagine della verità fenomenica e l'arte che di quella verità assume l'aspetto sensibile per farne materia di elaborazione fantastica, per cui spesso il fiorire dell'arte viene concepito in antitesi con il fiorire della scienza.

Vi sono però dei casi nei quali la suddetta antitesi manca. L'arte classica dei greci e l'arte rinascimentale sono fortemente pervase dal sentimento della proporzione e della misura, cioè da quel senso matematico per cui spirito scientifico e spirito artistico si compenetrano e si completano nella produzione delle opere d'arte. Questo completamento si manifesta nel modo più accentuato nell'architettura la quale non deve soddisfare solo alle esigenze estetiche delle proporzioni, ma obbedire ai canoni della scienza costruttiva.

Il successo dell'opera d'arte dipende essenzialmente dall'ispirazione dell'artista, ma la tecnica non è del tutto estranea a questo successo, per quanto vi abbia una minima parte; in ciò, cioè nella tecnica, troviamo quindi un altro elemento essenzialmente scientifico immedesimato in quello estetico.

I rapporti della letteratura con la scienza sono molto più lassi di quelli con l'arte: essi costituiscono, insieme con altri, un elemento dell'ambiente nel quale la scienza trova condizioni più o meno favorevoli per il suo sviluppo, elementi però essenzialmente indiretti e poco determinanti.

Possiamo in conclusione dire che lo sviluppo della scienza è fortemente collegato con le condizioni ambientali: regime politico, mecenatismo, religione, arte, letteratura, libertà di pensiero, condizioni economiche e grado di benessere delle popolazioni sono gli elementi principali costitutivi dell'ambiente i quali talvolta agiscono concordemente, altre volte in modo discorde nell'accelerare o ritardare lo sviluppo della scienza.

Un esempio insigne di tale influenza ci è offerto dalla Rinascenza la quale si manifestò per il fatto che una quantità di condizioni favorevoli vennero a coincidere per cui nel corso di un secolo il pensiero filosofico e scientifico subì una profonda trasformazione. Il ritorno all'antichità classica, i viaggi dei navigatori, la caduta dell'Impero d'Oriente, l'attenuazione della potenza del Papato in seguito alla Riforma, l'invenzione della stampa, l'introduzione del metodo sperimentale, tutto ciò contribuì a produrre idee ed a preparare la mente dell'uomo ad accettare vedute più naturalistiche dell'Universo, le quali erano state correnti tra i Greci, invece del mistico aspetto del mondo creato dalla scolastica medievale.

5. Storici della scienza. - Già nella antichità si è rivolta l'attenzione al passato, ma solo in Aristotele si può trovare un vero senso storico, non solo per l'interesse spesso polemico che egli manifesta per le dottrine degli antichi, ma anche per le varie storie che egli fece compilare da qualche suo allievo e che sono state in parte conservate.

Dopo Teofrasto vi fu una serie di compilatori le cui raccolte delle opinioni dei filosofi non hanno un prezioso carattere informativo, mancando della prima condizione per una concezione veramente storica, cioè della determinazione dei legami storici e di derivazione tra le opere dei diversi scienziati.

Nel Medio Evo le opere degli antichi venivano commentate nelle Università e costituivano dei veri libri di testo, spesso modificati per l'uso corrente, ma bisogna giungere fino alla Rinascenza perché si manifesti una certa tendenza alla storia della scienza. Questa tendenza fu favorita dalla pubblicazione per la prima volta delle opere degli antichi, sia negli originali, sia nelle traduzioni in latino o nella lingua volgare. L'interesse si sviluppò soprattutto verso la biografia, la quale però aveva un carattere spesso anedottico.

Una vera storia delle scienze non incomincia a comparire che nel secolo XVIII, stimolata dal desiderio di seguire il progresso delle scienze allora in pieno rigoglio. Appartengono quindi a questo secolo le prime grandi storie delle scienze. Ne ricorderemo alcune.

Daniel Le Clerc (1652-1728), svizzero, uno dei più antichi storici della medicina, pubblicò la sua *Histoire de la Médécine* nel 1696 a Ginevra; Jean Etienne Montucla (1725-1799) pubblicò a Parigi la sua celebre *Histoire des Mathématiques* nel 1758; Jean Sylvain Bailly (1736-1793) pubblicò a Parigi nel 1775 l'*Histoire de l'astronomie ancienne* e nel 1785 l'*Histoire de l'astronomie moderne depuis la fondation de l'École d'Alexandrie jusqu'à 1782*; Giovanni Targioni Tozzetti (1712-1783), il padre spirituale di questo libro, che scrisse sullo sviluppo delle scienze in Toscana e del quale parleremo in dettaglio.

La pubblicazione dell'*Encyclopédie* diede un importante e fortunato impulso alla storia delle scienze. Fecero seguito opere veramente notevoli, le quali però non poterono essere che imperfette, sia per la scarsità del materiale storico, sia perché non si era ancora sviluppato quello spirito critico che deriva solo da una prolungata esperienza. Questa attività venne ripresa nel periodo che va dalla rivoluzione francese del 1789 a quella del luglio 1830. Vennero così alla luce opere di grande importanza come: la seconda edizione dell'*Histoire des Mathématiques* del Montucla che, iniziata nel 1799, venne portata a termine dopo la morte dell'autore a cura di Joseph Jérôme de Lalande (1732-1807); l'*Essai sur l'histoire générale des mathématiques*, Paris, 1802, di Charles Bossut (1730-1814); l'*Histoire de l'astronomie ancienne*, Paris, 1817-1821 e l'*Histoire de l'astronomie moderne*, Paris, 1827, di Jean Baptiste Joseph Delambre (1749-1822); l'*Histoire des progrès des sciences naturelles depuis 1789 jusqu'à ce jour*, Paris 1828-36, di George Cuvier (1769-1832); la *Origine, trasporto in Italia, primi progressi in essa dell'algebra*, Parma, 1797-1799, di Pietro Cossali (1748-1815); i *Beiträge zur Geschichte der Erfindungen*, Leipzig, 1780-1805, celebre contributo alla storia della tecnica, di Johann Beckmann (1739-1811); il *Versuch einer pragmatischen Geschichte der Arzneikunde,* Halle (1792-1799), la più letta ed influente storia della medicina al principio del secolo XIX (tradotta anche in italiano da A. Arrigoni, Venezia, 1812-1816) e poi arricchita di aggiunte relative alla medicina italiana da F. Fieschi (Firenze, 1840-1846) di Kurt Polykarp Joachim Sprengel (1766-1833).

Con le opere pubblicate prima del 1830 la storia delle scienze può dirsi definitivamente costituita e non si doveva fare altro che sempre più perfezionarla e svilupparla. Opere importanti pubblicate nel secolo passato dopo il 1830 sono l'*Histoire des sciences mathématiques en Italie depuis la Renaissance des lettres, jusqu'à la fin du XVII siècle*, Paris, 1838-1841, di Guglielmo Libri (1803-1869); la *Storia della medicina in Italia,* Napoli, 1844-1848, di Salvatore De Renzi (1800-1872); la *Storia della medicina,* Livorno, 1850-1866, di Francesco Puccinotti (1794-1872); l'*Histoire des sciences médicales*, Paris, 1870, di Charles Victor Daremberg (1817-1872);

i *Vorlesungen über Geschichte der Mathematik*, Leipzig (opera incominciata a pubblicare nel 1880) di Moritz Cantor (1829-1920).

Tra le opere pubblicate nell'attuale secolo ci limiteremo a ricordare: la *Storia della medicina*, Milano, 1927, di Arturo Castiglioni (1874-1953); la *Storia della medicina*, Milano, 1947, di Adalberto Pazzini; l'*Histoire des sciences, Antiquité*, Paris, 1935, di Pierre Brunet ed Aldo Mieli; *A History of Medicine*, Springfield (Illinois), 1954, di Ralph H. Major (trad. in italiano di G. Barbensi, ed. Sansoni); *A short History of Medicine*, Second edition at the Clarendon Press, 1962, di Charles Singer ed Ashworth Underwood. Merita un posto a parte la *Introduction to the History of Science*, Baltimora, 1927, di G. Sarton (1884-1956) al cui primo volume hanno fatto seguito due volumi complementari; questa opera tratta con accuratezza dei progressi della filosofia, della religione, della matematica, dell'astronomia, della fisica, della chimica, della geografia, della storia naturale, della medicina, della storiografia, del diritto, della sociologia, della istruzione e della filologia dalle origini al secolo XIV. Ricordiamo ancora, per il suo contenuto filosofico la *Storia del pensiero scientifico*, Vol. I: *Il Mondo antico*, Bologna, 1932, di Federico Enriques e G. di Santillana.

Tra le Riviste che si occupano di storia delle scienze ricordiamo: « Janus », « Archives internationales pour l'histoire de la médecine et la geographie médicale », che, fondata nel 1896, ha cessato di esistere nel 1940; « Isis », rivista internazionale di storia della scienza, fondata nel 1913 da G. Sarton; « Osiris », rivista di storia e filosofia della scienza, pure fondata da Sarton nel 1936; « Archeion », rivista fondata da A. Mieli nel 1919; « Revue d'histoire des Sciences » (Presse Universitaire de France).

Merita ricordare che in Parma nel 1907 è stata costituita la *Società per il progresso delle scienze*; pure nel 1907, la *Società italiana di storia critica delle scienze mediche e naturali*, la quale nel 1910 inaugurò un nuovo periodo della sua attività con la pubblicazione della « Rivista di storia critica delle scienze mediche e naturali » che divenne nel 1923 « Rivista di Storia delle scienze mediche e naturali » e dal 1956 « Rivista di Storia della medicina »; un'altra importante rivista è il « Bollettino di bibliografia e storia delle Scienze matematiche », publicato nel 1897 come supplemento al « Giornale di matematica » e dal 1898 come periodico indipendente; nel 1959 è stata fondata la rivista « Physis », una rivista di storia delle scienze, edita da L. S. Olschki.

Le notizie che abbiamo dato possono essere integrate da chi volesse approfondire la conoscenza dei vari contributi alla storia delle scienze valendosi della *Storia della scienza in Italia, saggio di bibliografia di storia della scienza*, Firenze, 1916, di A. Mieli e della *Guida allo studio della storia delle matematiche*, Milano, 1916, di Gino Loria.

6. Storici della scienza in Toscana. - È nostro compito di narrare in questo libro la storia della scienza in Toscana dai tempi più remoti fino al 1859, anno in cui la Toscana cessò di essere uno Stato a sé, dominato dallo straniero, per entrare a far parte del Regno d'Italia.

Quanto è stato precedentemente esposto deve essere considerato come una introduzione di carattere generale, idonea a lumeggiare l'evoluzione scientifica della Toscana in quella parte in cui tale evoluzione si sviluppa in modo parallelo ad una evoluzione più ampia, non limitata da confini territoriali e da diversi regimi politici.

Ci proponiamo pertanto di tracciare della suddetta evoluzione un quadro sintetico che non indugiandosi troppo nei dettagli, non trascuri gli eventi più importanti e ponga in risalto le vie maestre seguite dal pensiero scientifico in questa regione ben definita geograficamente nel corso dei secoli, salvo qualche ampliamento o riduzione temporanea e che ha avuto il raro privilegio di essere stata in un momento fortunato della sua storia, maestra di civiltà al mondo illuminandolo con la luce della Rinascenza.

Non presumiamo di avere fatto opera erudita e completa, la quale avrebbe richiesto molti volumi, ma non ci siamo lasciati neppure sedurre, per ottenere un libro di facile lettura, dal sistema errato di trattare argomenti seri in modo superficiale ed approssimato. Ciò non vuol dire che noi non riconosciamo la possibilità di lacune, omissioni ed inesattezze, quest'ultime spesso dovute alle imprecisioni delle fonti.

In questo disegno siamo stati preceduti da moltissimo tempo da quel grande fiorentino che fu il celebre medico Giovanni Targioni Tozzetti (1712-1783), uomo di grande erudizione, animato da grande amore per la scienza e per il paese che gli aveva dato i natali.

Nel 1768, tre anni dopo che Pietro Leopoldo era divenuto Granduca di Toscana, il Targioni Tozzetti gli dedicò la seconda edizione delle sue *Relazioni di alcuni viaggi fatti in diverse parti della Toscana*, nelle quali non si limitava ad illustrare la storia naturale di gran parte della regione, ma toglieva dall'oblio antiche memorie e costumanze. Nel 1780 gli dedicava le *Notizie sugli aggrandimenti delle scienze fisiche accaduti in Toscana nel corso di anni LX del secolo XVII*, le quali contengono, come egli scrive, « le copie fedeli delle più pregiabili scritture appartenenti alla rinomatissima Accademia del Cimento, fortunatamente prese dalle originali... ».

Venuto a morte nel 1783, il Targioni Tozzetti lasciava un manoscritto dal titolo: *Selva di Notizie spettanti all'origine dè progressi e miglioramenti delle scienze fisiche in Toscana, messe insieme dal dottor Giovanni Targioni Tozzetti, per uso del dottor Ottaviano, suo figlio*, libro che egli non volle si pubblicasse perché incompleto e non sufficientemente limato. Di questa opera, conservata inedita dalla famiglia, fu data notizia nell'« Archivio Storico Italiano » (Vol. XV) dal signor Francesco Palermo, il quale, espostone il concetto, fece voti perché a vantaggio degli studiosi ed a decoro del paese, non si tenesse nascosta. Il Granduca Pietro Leopoldo non rimase sordo all'appello e dopo avere arricchito la Biblioteca Palatina del manoscritto, acquistandolo con generosa contribuzione, ne commise al Palermo la pubblicazione. Questi ne estrasse le parti principali e tutto riordinò per cui nel 1852, cioè dopo 69 anni dalla morte del suo autore, uscirono le *Notizie sulla storia delle Scienze fisiche in Toscana cavate da un manoscritto inedito di Giovanni Targioni Tozzetti.* La narrazione del Targioni Tozzetti si estende dall'epoca etrusca all'inizio del Governo di Cosimo II: è divisa in capitoli corrispondenti ai vari periodi storici e contiene una descrizione dello sviluppo delle varie scienze con accenni anche alle opere letterarie ed artistiche con ampia descrizione del progresso delle scienze applicate, della tecnica e dell'artigianato.

Dopo il Targioni Tozzetti nessun altro intraprese una storia generale delle scienze in Toscana completando l'opera del Targioni Tozzetti, per cui è giusto considerarlo il padre della storiografia scientifica della Toscana, in quanto sulla sua scia si è avuta una enorme fioritura di notizie contenute in pubblicazioni di varia specie, pure essendo mancata un'opera organica che le riunisse insieme. Queste notizie sono contenute: sommariamente, nelle appendici ai vari capitoli delle *Storie della Toscana* del Galluzzi, dell'Inghirami, dello Zobi, del Pignotti; intercalate nelle cronache e nelle storie delle singole città della Toscana e nelle narrazioni dei domini mediceo e lorenese; esposte nelle storie dei vari enti culturali, Studi, Accademie; deducibili dalle grandi raccolte biografiche degli illustri toscani ed italiani.

Ma anche opere di più ampio ambito, che non contemplino solo la Toscana, possono contenere notizie che a questa si riferiscono. Così, per dare un esempio, la monumentale opera, *Storia del metodo sperimentale in Italia* (Fir. 1891-1898) di R. Caverni, pure essendo stata scritta con idee preconcette, contiene una enorme quantità di fatti e di documenti, la cui importanza per lo studio della storia delle scienze in Toscana si comprende facilmente, quando si rifletta che in questa regione il metodo sperimentale ebbe la sua culla. Da alcune delle suddette opere, dalle più autorevoli ed informate toglieremo i materiali per la nostra costruzione.

Quanto alla ripartizione della materia, seguendo l'esempio del Targioni Tozzetti, ci riferiremo ai successivi periodi storici. È questo, anche per opinione del Sarton, il metodo più razionale di frazionamento. Infatti gli eventi storici sono quelli che più di ogni altro creano le condizioni ambientali che facilitano od ostacolano l'evoluzione delle scienze, come ogni altra attività del pensiero, specialmente nei periodi nei quali ogni evento era fortemente connesso con la volontà, con la tendenza e la predisposizione dei principi regnanti. La descrizione ambientale è utile che sia integrata da sintetici accenni allo sviluppo di ogni attività del pensiero.

Tuttavia il frazionamento in periodi storici non deve, per quanto razionale per le suddette ragioni ed utile ad una ordinata esposizione, essere di ostacolo a quelle vedute d'insieme dello sviluppo del pensiero scientifico, le quali siano idonee a darci una idea più ampia delle fasi di quello svolgimento.

Nel seguente prospetto indichiamo la partizione dei periodi storici da noi prescelta e seguita.

PROSPETTO DEI PERIODI STORICI

I. - La preistoria

II. - Le invasioni degli indo-europei in Italia

III. - Il periodo etrusco-romano (da epoca indeterminata alla caduta dell'Impero Romano di Occidente nel 476 d. C.)

IV. - Il periodo delle dominazioni barbariche e del feudalesimo (dalla caduta dell'Impero Romano di Occidente alla morte della Contessa Matilde) (476 d. C. - 1115)

V. - Periodo dei comuni (dalla morte della Contessa Matilde al governo di Cosimo il Vecchio) (1115 - 1434)

VI. - Periodo della signoria medicea (dal governo di Cosimo il Vecchio a quello di Cosimo I) (1434 - 1537)

VII. - Periodo del principato mediceo (governo di Cosimo I) (1537 - 1574)

VIII - Periodo del principato mediceo (dal governo di Francesco I al governo di Ferdinando II (1574 - 1620)

IX. - Periodo del principato mediceo (governo di Ferdinando II) (1620 - 1670)

X. - Periodo del principato mediceo (dal governo di Cosimo III al governo di Francesco II di Lorena) (1670 - 1737)

XI. - Periodo del primo dominio lorenese (dal governo di Francesco II alla istituzione del Regno di Etruria) (1737 - 1801)

XII. - Periodo del regno di Etruria (1801 - 1808)

XIII. - Periodo della dominazione francese (1808 - 1814)

XIV. - Periodo della restaurazione lorenese (1814 - 1859)

I

LA PREISTORIA

1. Periodi della preistoria. - Si definisce come *preistoria* quel periodo per la cui conoscenza bisogna rimettersi esclusivamente ai documenti archeologici (resti di abitazioni, tombe, pitture rupestri, utensili, armi) in mancanza di documenti scritti. In tale periodo, come abbiamo già detto nella parte introduttiva, lo scopo che l'uomo si prefisse fu di rendersi padrone della materia e delle forze della natura per utilizzarle a suo vantaggio, creando così quella tecnica primitiva, dalla quale, con il tempo, si crearono le scienze.

Ricordiamo che la preistoria viene divisa nelle seguenti età principali, definite appunto dalla specie prevalente del materiale del quale l'uomo si valeva per fare utensili ed armi: l'età paleolitica, l'età transpaleolitica, l'età neolitica, l'età dei metalli.

La prima età fu l'*età paleolitica o della pietra rozza o scheggiata*, nella cui fase più antica, la *fase eolitica*, l'uomo si valse unicamente di sassi raccolti allo stato naturale o di bastoni divelti dagli alberi, vivendo in grotte e senza altra risorsa che la caccia, la pesca e la raccolta di vegetali selvatici. Il perfezionamento del trattamento della pietra, cui si aggiunse l'uso dell'osso, del corno e dell'avorio, portarono allo sviluppo di una vera industria, cui si aggiunsero manifestazioni d'arte ispirate ad un puro realismo.

Dopo il periodo paleolitico, presumibilmente dai 400.000 ai 15.000 anni fa, vi fu una specie di *hiatus*, l'*età transpaleolitica,* un periodo di transizione che durò fino a 5000 anni fa circa, quando si iniziò l'*età neolitica o della pietra levigata*, caratterizzata dalla comparsa della pietra levigata, dall'inizio dell'agricoltura, dall'allevamento degli animali domestici, non che dallo sviluppo del commercio, dimostrato evidentemente dalla diffusione dell'ambra, prodotto essenzialmente nordico. È questo il periodo delle abitazioni umane, caratterizzato dal *sistema a palafitte*.

Fa seguito l'*età dei metalli*, che si inizia con la *fase eneolitica*, nella quale sono adoperati insieme istrumenti di pietra ed istrumenti di metallo. Il progresso dell'uomo è strettamente legato alla tecnica del fuoco applicato, dopo i primi risultati fortuiti, ad ottenere i metalli dei minerali. Si comprende come il primo metallo adoperato sia stato il rame che era facile trovare allo stato di purezza e la cui riduzione offriva minori difficoltà. Si ebbe così l'*età del rame*, durante la quale si trovò anche l'oro, facilmente rinvenibile allo stato naturale nel letto dei fiumi, ma utilizzato solo per costruire oggetti di ornamento. All'età del rame successe l'*età del bronzo*, la cui conoscenza, certamente anteriore a quella dello stagno puro, si ottenne casualmente in seguito alla mescolanza del rame e dello stagno negli stessi giacimenti. Ma, ottenuto lo stagno puro, il bronzo fu ottenuto dai metalli e non più dai minerali. Successivamente si introdusse, a poco a poco, l'*età del ferro*, la cui comparsa segnò nell'industria umana un cambiamento ben più profondo di quello derivato dalla scoperta del rame: la scoperta del ferro richiese che la tecnica del fuoco fosse così progredita da fornire una temperatura sufficiente per una fiamma fortemente riduttrice.

Le varie età non si sono succedute in modo uniforme nelle varie regioni del mondo, tanto che mentre nell'Oriente ed in Egitto, già al principio del terzo millennio a. C., si aveva una progredita civiltà del bronzo, in Europa persisteva lo stato culturale della pietra; la cultura del bronzo si diffuse lentamente in Italia, ma questo deficiente sviluppo fu forse in parte dovuto ad un precoce sovrapporsi della più utile cultura del ferro. Si ritiene che la cultura eneolitica abbia persistito in Italia fino alla seconda metà del secondo millennio a. C. e che tra il secondo ed il primo millennio si sia affermata la civiltà del bronzo, mentre la civiltà del ferro sia apparsa in Italia tra la fine del IX ed il principio dell'VIII secolo a. C.

2. La scienza primitiva. - Nei tempi moderni la tecnologia deriva dalla scienza applicata. Ma se noi procediamo a ritroso nel

tempo e rimontiamo all'epoca della preistoria, nella quale non esisteva una scienza scritta, ma in cui gli artigiani raccoglievano i frutti delle loro esperienze, questi frutti possono considerarsi i primi fondamenti di una scienza primitiva.

La storia della conquista della natura da parte dell'uomo è la storia delle sue scoperte ed invenzioni. Dalla sua comprensione della natura derivò la sua filosofia della vita e la norma delle sue azioni. In nessun altro campo come in quello della conquista della natura, si può propriamente parlare di evoluzione. La conoscenza si accresceva ad ogni scoperta od invenzione ed il sapere acquistato si doveva considerare additivo perché il fatto che una tecnica divenisse inutile e sembrasse dimenticata non stava a significare che tale lo fosse perché qualche cosa rimaneva ed ogni generazione raccoglieva i frutti ottenuti dalla precedente.

Si tende spesso a confondere la scoperta con l'invenzione. Si scopre ciò che già esiste in natura, gli animali, le piante, i minerali, le forze del fuoco, dell'acqua, del vento. L'uomo non modificò l'aspetto di queste scoperte, ma le prese come le trovò, adattandole ai suoi scopi. Così arrivò a conoscere le proprietà dei metalli, dopo averli adoperati per secoli, trovò i metodi per lavorare la creta, applicandoli per fare i vasi. L'invenzione consiste appunto nel fare qualche cosa che prima non esisteva. L'inventore è un individuo ricco di immaginazione, che crede nello scopo della sua ricerca e che vi sia sempre qualche cosa da trovare. Le invenzioni rappresentano perciò una realizzazione dell'intelletto maggiore delle scoperte le quali si limitano a porre in luce cose già esistenti.

Nel periodo preistorico si fecero le prime scoperte e le prime invenzioni; i progressi furono nei primordi molto lenti con una evoluzione non uniforme. Acquisito un fatto nuovo, trovato un nuovo procedimento, ciò creava nuovi problemi e nuove possibilità per cui il meccanismo tecnologico diveniva sempre più complesso.

3. La preistoria della Toscana. - Le prime ricerche sulla preistoria della Toscana ebbero inizio al principio della seconda metà del secolo XIX per merito di Igino Cocchi, di Antonio D'Achiardi, di Carlo Regnoli, di Giuseppe Foresi. Dopo la scoperta del cranio umano fossile dell'Olmo, rinvenuto nel 1863 presso Arezzo, ed il ritrovamento di armi ed utensili dell'età della pietra e dell'età dei

metalli, si costituì il Comitato per le ricerche di paleontologia, sorto in Firenze nel 1912, con la collaborazione di Aldobrandino Mochi, Elio Modigliani, Antonio Minto, G. Alberto Blanc, Nello Puccioni e Renato Biasutti.

Per conto della Sopraintendenza alle antichità dell'Etruria si è potuto ricuperare una quantità enorme di materiale di grande importanza che è entrato a far parte del Museo preistorico dell'Italia Centrale di Perugia. Il rinvenimento di resti umani in ottimo stato di conservazione ha reso possibile un accurato studio antropologico degli antichi abitatori dell'Etruria. L'iniziale penetrazione della civiltà dei metalli in Toscana è attestata dai ritrovamenti di tombe che contengono associati oggetti di selce e di rame, come quelli di Battifolle presso Cortona e di Monte Bradoni presso Volterra. Ma soprattutto importanti furono le scoperte relative alla prima età del ferro o villanoviana che costituì il passaggio dalle antiche ed inferiori civiltà a quella superiore degli Etruschi. Dal primo Comitato per le ricerche di paleontologia umana, derivò l'Istituto di paleontologia umana, pure sorto in Firenze nel 1927, ma che ora ha sede in Roma.

II

LE INVASIONI DEGLI INDO-EUROPEI IN ITALIA

Il periodo della preistoria fu seguito dal periodo in cui l'Italia, e quindi l'Etruria, furono invase dalle genti della grande famiglia degli Indo-Europei alla quale appartenevano gli Italici, gli Iranici, i Greci, gli Armeni, gli Slavi, i Germani, i Celti.

La prima questione che si presentò a questo proposito fu quella della via tenuta dagli Indo-Europei per invadere l'Italia. Due furono le teorie emesse dagli studiosi: secondo una teoria, che è la più antica, l'invasione sarebbe avvenuta dal settentrione attraverso i valichi alpini; secondo la teoria più moderna, da oriente ad occidente, attraverso l'Adriatico.

La prima teoria ebbe come sostenitori W. H. Helbig, Gaetano Chierici, e soprattutto Luigi Pigorini, tanto che fu chiamata teoria pigoriniana. Essa si basava sulla analogia tra alcuni fatti constatati al di qua ed al di là delle Alpi: così nella valle padana erano stati trovati abitati preistorici su palafitte, le cosiddette *terramare*, e sepolcreti comprovanti il rito della incinerazione, mentre abitati simili erano stati trovati nei laghi alpini e prove del rito della incinerazione in tombe neolitiche al di là delle Alpi. Inoltre, a causa delle affinità che si erano constatate tra la cultura terramaricola e la cultura del bronzo nell'Europa centrale, si ammise che gli invasori avessero portato in Italia la civiltà del bronzo. Le scoperte fatte in Sicilia ed in Calabria riuscirono però a dimostrare una civiltà del bronzo italiana del tutto indipendente da influenze transalpine, la quale con il suo rito del seppellimento, fu chiamata *appenninica*. L'ammissione di questa civiltà tolse ogni credito alla teoria pigoriniana: essa era una civiltà destinata ad espandersi dalle sue sedi primitive e ad assumere una parte predominante nello sviluppo culturale dell'Italia. Si aggiungeva, per converso, che tracce della civiltà appenninica e della inumazione esistevano anche nell'Italia settentrionale, per cui la cultura delle terramare, isolata dalla sua ipotetica origine transalpina, acquistava il carattere di un fatto puramente locale: le abitazioni su palafitte ed il rito della incinerazione venivano ad essere favoriti dalla natura alluvionale del terreno. In questo modo ne deriva, in contrapposizione con l'Helbig e con i suoi seguaci, un movimento di civiltà che procede dal sud verso il nord e non in senso inverso, come dovrebbe ammettersi, accettando l'origine transalpina.

Ma ecco dati di natura linguistica ed archeologica venire a sostegno della invasione degli Indo-Europei dall'oriente. Illustri glottologi, come Alfredo Trombetti, Francesco Ribezzo, Benvenuto Terracini, Giacomo Devoto, Vittore Pisani, tra gli altri, con studi profondi condotti sui dialetti dell'Italia antica, sono giunti a classificare questi dialetti in due grandi gruppi: il gruppo dei dialetti, tra i quali l'etrusco, che non facevano parte del gruppo indo-europeo, nella parte occidentale dell'Italia, ed il gruppo dei dialetti indo-europei, nella parte orientale dell'Italia.

Il gruppo poi dei dialetti indo-europei poteva alla sua volta dividersi in tre sottogruppi: uno orientale, comprendente il dialetto veneto nelle regioni bagnate dall'Adriatico, uno intermedio, comprendente l'umbro e l'osco ed uno occidentale comprendente il latino ed il siculo, a contatto con l'area non indo-europea. Osserva il Pallottino che il modo di estendersi di questi raggruppamenti linguistici indo-europei, questa stratificazione in strisce percorrenti longitudinalmente la penisola, si accorda con la maniera secondo la quale sarebbe avvenuta l'invasione indo-europea dall'oriente, cioè, non in una sola volta ma con tre ondate che si sono successivamente scalzate e delle quali la più antica è, naturalmente, la più occidentale, la *latino-sicula*, cui fece seguito la *tosco-umbra*, alla quale seguì quella che rimase insediata sul litorale adriatico. Gli studi linguistici non ci possono però dire come le ondate si siano prodotte, se cioè per vera e propria invasione delle genti indo-europee in zone indoeuropee o, più semplicemente, per penetrazione culturale. Per la questione linguistica rimandiamo all'opera *Gli antichi italici* (3ª ed. Firenze, Vallecchi, 1967), di G. Devoto.

I risultati degli studi linguistici sono stati completati dalla constatata affermazione di vari centri di cultura, non più per graduale passaggio da un'età ad un'altra, ma per il mescolarsi in quei centri di elementi provenienti da varie parti. La cultura del ferro, che si sostituisce al bronzo, presenta caratteristiche regionali che permettono di identificare varie culture, la settentrionale dei Liguri e dei Veneti, la « villanoviana », caratterizzata dal vaso di terracotta in forma di doppio cono, adoperato come ossuario, dell'Etruria e della Romagna; l'orientale dell'Umbria, del Piceno e del Sannio; la meridionale della Campania e della Calabria, la sicula. È da osservarsi che mentre nell'Italia settentrionale i caratteri della cultura del ferro rimasero immutati fino al IV, III secolo a. C., in Etruria si modificarono rapidamente subendo gli influssi provenienti dal Mediterraneo orientale e nella Sicilia le si sovrappose quella dei colonizzatori greci.

Offre interesse osservare come era distribuito il rito funebre. Mentre la civiltà del ferro assumeva caratteri diversi da regione a regione, per il rito funebre è possibile tracciare la stessa linea di demarcazione linguistica della quale abbiamo parlato. Così, ad oriente, nell'area linguistica indo-europea prevaleva il rito della inumazione, mentre ad occidente, nell'area linguistica non indo-europea, prevaleva il rito della incinerazione. Osserva il Pallottino la difficoltà di spiegare il fatto che il rito nuovo della incinerazione abbia attecchito in zone abitate da genti del più antico ceppo linguistico.

Con il diffondersi della cultura del ferro si andarono costituendo le varie culture regionali e le varie unità etniche delle genti italiche; tra queste culture la villanoviana coincideva esattamente con l'area abitata dagli Etruschi in età storica.

III

IL PERIODO ETRUSCO-ROMANO

Da epoca indeterminata alla caduta dell'Impero Romano d'Occidente nel 476 d. C.

Ricordando quanto abbiamo detto, che cioè lo sviluppo della scienza non può non essere intimamente connesso con le condizioni ambientali, intese con la maggiore estensione, inizieremo la trattazione del nostro argomento con una esposizione della storia e delle condizioni sociali e culturali del periodo etrusco-romano, mettendo in luce come il primitivo e rozzo artigianato dell'epoca preistorica si trasformò nel progredito artigianato etrusco e si gettarono le prime basi della scienza in Toscana.

L'argomento è allettante per quel fascino che sempre emana dal mistero che tuttora circonda l'origine, la storia, la lingua, la cultura etrusca e ci dispiace doverlo condensare in poche pagine.

1. Territorio dell'Etruria. - Il territorio occupato dagli Etruschi corrisponde presso a poco a quello che, nella ripartizione fatta dall'Imperatore Augusto dell'Italia in 11 regioni, costituiva la settima regione.

Il nome latino *Etruria* deriva da quello latino di *Etrusci*, da cui *Etruschi*; i Romani adoperavano anche la parola *Tusci*, da cui *Tuscia*, una parola adoperata specialmente nel basso impero e da cui deriva la parola *Toscana.* Invece i Greci chiamarono gli Etruschi *Tirreni,* nome che è rimasto al mare che bagnava le coste dell'Etruria. Infine, secondo Dionisio di Alicarnasso, gli Etruschi chiamarono se stessi *Rasèni,* dal nome di un loro condottiero.

L'antica Etruria si estendeva oltre l'odierna Toscana, al nord giungeva fino a Luni sulla Magra, nelle vicinanze del golfo della Spezia; il confine seguiva quindi il corso di questo fiume, la linea di displuvio dell'Appennino tosco-emiliano ed in parte quella dell'Appennino tosco-marchigiano, il corso del Tevere che abbandonava a Castel Giubileo (*Fidenae*) per volgersi quindi direttamente verso il mare tra Maccarese (*Fregenae*) e la foce del fiume (*Ostia*). Il terreno occupato dagli Etruschi nei primi tempi era certamente più limitato, ma in quelli della maggior potenza, comprendeva il Lazio meridionale, al sud del Tevere, una parte della Campania, una gran parte della Val Padana e la Corsica.

Offre interesse accennare a qualche particolarità geofisica dell'Etruria antica allo scopo di spiegare lo sviluppo della sua tecnica e della sua industria. In ciò ci aiuta molto quanto ha scritto il Ducati nella sua opera *Etruria antica.*

L'Appennino era costituito essenzialmente dalla pietra arenaria (macigno) che, pur essendo pietra da costruzione, venne adoperata dagli Etruschi per l'intaglio e la scultura. Alla costituzione dell'Appennino partecipano anche strati di arenaria alternati con schisti argillosi, il calcare detto alberese, non che altre rocce assai dure (serpentino, ofiolite, ranocchiaia).

Un sistema montagnoso, separato dal sistema appenninico e che solo in parte si trova nell'Etruria, è costituito dalle Alpi Apuane che forniscono il celebre marmo bianco lunense o di Carrara. All'interno della linea arcuata dell'Appennino che limita l'Etruria nella sua parte settentrionale, le pendici dell'Appenino degradano costituendo la regione collinosa dell'Antiappennino, percorsa dalle valli della Chiana, dell'Arno, dell'Ombrone e del Tevere; verso il sud si innalza la zona vulcanica della Toscana meridionale e del Lazio settentrionale; verso Occidente si distendono le coste con i loro promontori e la Maremma.

Anche nell'Antiappennino vi è il macigno, l'argilla schistosa e l'alberese; al sud di Cecina vi sono miniere di ferro, di lignite con vene di galena (piombo) e di cassiterite (stagno) e i soffioni boraciferi; ampi depositi di ligniti e di minerali di rame si trovano a Montecatini Val di Cecina e nel Campigliese; abbondanti masse di gesso si trovano specialmente nel Volterrano, assumenti l'aspetto dell'alabastro, ampiamente adoperato dagli Etruschi nelle opere di scultura; in Val di Staggia vi è lo zolfo, il salgemma nel Volterrano, il piombo argentifero nel Campigliese ed a Montieri presso Massa marittima, la cassiterite pure nel Campigliese. Il granito costituisce la massa maggiore dell'Isola d'Elba, più che altro celebre per la sua ricchezza in minerali di ferro (ologisto, magnetite, limonite).

In questa regione antiappenninica si ha la vegetazione caratteristica della Toscana, con gli uliveti sul cui verde argenteo risalta il verde cupo dei cipressi, con i vigneti, i frutteti ed i campi di biade. Le coste dell'Etruria dovevano essere ricche di boschi di castagni e di faggi. Una vivida descrizione dell'ambiente etrusco in una località della regione antiappenninica, nella quale possedeva una villa, ci è stata data da Caio Plinio Cecilio Secondo (Plinio il Giovane), nipote del naturalista, in una lettera scritta all'amico Apollinare, in un periodo di tempo che con molta approssimazione può porsi verso la fine del secolo I della nostra era.

A sud della linea che congiunge Piombino con Chiusi si ha la zona vulcanica toscana con i monti di Cetona ed Amiata, con rocce trachitiche, lave, emanazioni gassose, sulfuree e sorgenti termali. Al sud si estende più ampia la zona vulcanica laziale con i tre complessi vulcanici che si riannodano al lago di Bolsena (Monti Volsini), al lago di Vico (Monti Cimini) e al lago di Bracciano (Monti Sabatini) con prevalenza di tufi, invece delle lave e trachiti della zona toscana.

Nel territorio dell'Etruria antica scorrono i tre fiumi: l'Arno,

> un fiumicel che nasce in Falterona,
> e cento miglia di corso nol sazia

l'Ombrone che, nato nel Chianti, dopo avere ricevuto tra gli altri affluenti l'Arbia, pure ricordata da Dante, sbocca nel mare dopo avere attraversato la piana di Grosseto; il Tevere, che, nato nell'Appennino toscano tra il monte Comero ed il monte Fumaiolo, penetrato nella conca dell'odierna Umbria, ricevuto il Nestore che accoglie il Caina, nel quale si scarica l'emissario del lago Trasimeno, la Nera e poco prima di Roma l'Aniene, traversa questa città ed avvicinandosi al mare, si divide in due rami, il Fiumara, non navigabile, ed il Fiumicino, navigabile, racchiudenti l'Isola Sacra.

Nella depressione del territorio a sud del gomito che l'Arno fa dinanzi ad Arezzo si stende l'ampio lago Trasimeno, grande bacino d'acqua di origine fluviale, celebre nella storia per la vittoria di Annibale del giugno 217 a. C.

In tempi molto remoti le acque provenienti dal Casentino che non si volgevano a nord verso l'Arno, si raccoglievano nella Val di Chiana e trovavano sbocco nel Tevere per mezzo del torrente Chiani. Per questo la regione nel periodo etrusco-romano doveva essere salubre, come si desume dall'esistenza di numerosi centri abitati. Se non che, già al tramonto dell'Impero romano, le acque non trovarono facile deflusso e la regione si convertì in una zona paludosa e malsana. Dante accenna ai malati della Val di Chiana ed a quelli della Maremma e della Sardegna [1] e nella seconda metà del secolo XIV nel *Dittamondo* [2], Fazio degli Uberti diceva:

Quivi son volti pallidi e confusi,
perché l'aire e la Chiana li nimica,
sì che li fa idropichi e rinfusi.

Gli Aretini iniziarono nel 1342 i lavori per prosciugare le paludi aretine; questi lavori furono proseguiti nella seconda metà del secolo XVI con la escavazione del celebre canale Maestro, furono ripresi con l'argine di separazione tra lo Stato della Chiesa ed il Granducato di Toscana (1712), continuati nei lavori di regolarizzazione e canalizzazione, diretti da Vittorio Fossombroni, verso la fine del secolo XVIII e poi da A. Manetti, per cui la Val di Chiana ritornò all'antica fertilità.

I materiali terrosi depositati da fiumi e torrenti in corrispondenza delle loro foci perché respinti dalle onde marine, crearono ostacoli al deflusso delle acque e diedero origine ad aree paludose per cui, come dice Fazio degli Uberti [3]

. . . . la maremma tutta
Dilettevole è molto e poco sana.

Catone, il Censore, nelle *Origines*, parla di un'aria cattiva: Plinio, il Giovane, in una lettera [4] a Sidonio Apollinare dice: *Et*

[1] *Inferno,* XXIX, v. 46 e segg.
[2] *Dittamondo*, L. III, Cap. X, v. 22 e segg.
[3] *Dittamondo*, L. III, Cap. IX, v. 29 e segg.
[4] *Epist.*, V, 6.

sane gravis et pestilens ora Tuscorum, quae per litus extenditur. Plinio, il Vecchio, nella *Naturalis Historia* parla di un'aria non buona; Rutilio Namaziano [1] dice:

« Quando vediamo i ruderi monumentali di Gravisca, su cui spesso infierisce nell'estate l'esalazione delle paludi ».

Secondo il Nogara la paludosità non implica di necessità la malaria ed osserva che se gli Etruschi, quando occuparono l'Etruria, la Campania e la Valle Padana avessero trovato delle regioni infette, non avrebbero potuto risanarle, per cui è legittimo pensare che le regioni abitate dagli Etruschi nel fiore della loro potenza non erano travagliate dalla malaria. Che la paludosità non si associ sempre alla insalubrità sarebbe dimostrato, sempre secondo il Nogara, dal fatto osservato da Strabone [2] che Ravenna, benché circondata da paludi, era città così sana che i Romani vi tenevano una scuola di gladiatori.

Il clima dell'antica Etruria non deve essere stato, nel suo complesso, molto diverso dall'attuale, cioè mite. Nel litorale la mitezza è attenuata dai venti marini, sia dal freddo maestrale, soffiante da nord-ovest, sia dall'umido libeccio, soffiante da sud-ovest. Penetrando nell'interno il clima da marittimo diviene continentale, diverso da luogo a luogo a seconda della esposizione, dell'altitudine e della posizione rispetto alla catena degli Appennini.

Una divisione dell'Etruria corrispondente a diversi caratteri geografici e storici può farsi per mezzo del torrente Fiora che si getta nel Tevere e del fiume Paglia che pure in esso si getta, dopo aver ricevuto il Chiani, cioè per mezzo del confine che attualmente separa la Toscana dal Lazio. Si ha così un'Etruria settentrionale più vasta, costituita dal sistema appenninico, ricca di fiumi e di vegetazione ed un'Etruria meridionale o laziale, costituita da terreni alluvionali e vulcanici. Dal punto di vista storico lo sviluppo dell'Etruria meridionale è stato più precoce con numerose e grandi città, molto vicine al mare, rapidamente decadute perché flagellate dalla malaria ed esposte agli attacchi diretti dei Romani.

Percorrendo la costa dal nord, sulla sinistra della Magra, si trova, in base alla tradizione, Luni, importante centro etrusco, con

[1] *Iter*, 281-2; 285-6.
[2] V, I, 7.

un famoso porto, il *portus Lunae*, corrispondente all'odierno golfo della Spezia. Più al sud si trova Populonia, la città lucumonica e marittima più importante dell'Etruria, a partire dalla seconda metà del secolo V, situata su un promontorio dal quale si domina il canale di Piombino, ed il cui porto è l'attuale Porto Baratti; a Populonia si lavoravano i minerali di ferro dell'isola d'Elba e difatti in quella regione si trovano vasti campi di scorie di ferro; di Populonia non rimangono oggi che i sepolcreti, caratterizzati da grandi tumoli con celle a volta. Al di sotto di Populonia vi è Vetulonia, situata su di un alto colle dal quale si domina la piana di Grosseto, il Monte Argentario, l'isola del Giglio e l'isolotto di Montecristo. Di Vetulonia rimangono estesissime necropoli ed avanzi di mura a grossi massi parallelepipedi. Appena più in basso ed un po' più all'interno nel Grossetano vi era Roselle, pure città lucumonica della quale rimangono le mura, le più antiche a grossi massi irregolari, le più recenti a blocchi regolari. Al di sotto sul mare vi è Porto Talamone. A poca distanza dallo stagno di Orbetello e dal Monte Argentario si trovano gli avanzi della antica città etrusca di Cosa, poi denominata Ansedonia dal secolo V d. C. con le potenti mura ciclopiche a massi poligonali.

Abbandonando la costa e venendo verso l'interno, nell'Etruria settentrionale, il primo centro che si incontra, come gli altri centri dell'Etruria settentrionale sopravvissuto alle rovine del mondo antico, sopra un alto colle dominante la valle del Cecina, è Volterra, di cui dice Fazio degli Uberti [1]

. . . . Volterra
sopra un gran monte, che è forte ed antica
quanto in Toscana alcun'altra terra.

È munita di una poderosa cerchia di mura, con la celebre Porta dell'Arco, con la necropoli contenente il caratteristico materiale rappresentato dalle urne cinerarie di alabastro e possiede un ricco museo fondato nel 1739. Molto all'interno vi è Chiusi su di un colle ondulato dal quale l'occhio spazia dalle cime del Cetona e dell'Amiata ai monti dell'Umbria. Il territorio di questa città è disseminato di numerosissimi sepolcreti, tra i quali la celebre tomba Casuccini con

---

[1] *Dittamondo,* L. III, Cap. VIII, v. 61 e segg.

la primitiva porta intatta ed i battenti di travertino che girano sui cardini e con tombe dipinte di scene di vita e con i caratteristici ossuari con testa umana e con urnette cinerarie di terracotta e la figura del defunto dipinta sul coperchio.

Un'altro grande centro più all'interno è Perugia, con ampi tratti di mura formate da grandi blocchi squadrati di travertino, con la grande porta ad arco, detta di Augusto, ed il celebre ipogeo, detto dei Volumni, nei dintorni.

Risalendo al di sopra di Perugia si trova Cortona, la *Corito* virgiliana, che dal suo colle rivestito di uliveti domina l'ampia val di Chiana, la distesa del Trasimeno e le montagne dall'Amiata a Pratomagno. Vi si trovano residui delle antiche mura e nel suo antico Museo Civico, fondato nel 1750, vi si ammira il celebre candelabro di bronzo, riccamente decorato. Ancora al nord vi è Arezzo, con le mura di mattoni ed in cui nel secolo XVI fu rinvenuta la famosa Chimera e terracotte di stile ellenistico.

Risalendo ancora al nord si trovava Fiesole, nel luogo stesso occupato oggi dalla cittadina di questo nome, situata nella insenatura del colle falciato, dal quale si domina la curva dell'Arno. Munita di una inespugnabile rocca e chiusa da ciclopiche mura che anche oggi testimoniano dell'abilità e della forza dei suoi abitanti, era celebre per l'arte dei suoi aruspici. A Canne tra le schiere degli Etruschi che combattevano accanto ai Romani, Silio Italico [1] ricorda « i figli di Fiesole, interpreti dei fulmini ». Quando alla violenza delle guerre e delle invasioni successe un periodo di pace, secondo il Davidsohn, verso la fine del secolo II a. C., i Fiesolani si indussero ad edificare alquanto vicino e sulle rive dell'Arno, una nuova città. Fu in un giorno di quell'epoca che un sacerdote fiesolano discese da Fiesole con l'aratro cui erano aggiogati un toro bianco ed una giovenca bianca, per segnare il solco in corrispondenza del quale dovevano sorgere le mura della nuova città che fu chiamata *Florentia*, forse perché gli abitanti di quella fertile pianura avevano avuto dai Romani il nome di *florentes*. La nuova città « che discese di Fiesole ab antico », prosperò, ma non ebbe che un secolo di vita perché dovette subire, più gravemente di ogni altra, la vendetta del partito sillano con la confisca e la distruzione. Per quanto Fiesole divenisse

---

[1] *Punica*, VIII, v. 475.

poi il centro principale della fallita congiura di Catilina, ebbe sorte migliore perché non venne sacrificata alle vendette di parte. Ma ecco la sorte di Firenze risorgere per opera di Cesare. Nel 59 a. C., nel luogo ove pochi anni prima Firenze era stata distrutta, questa città risorse come colonia romana con il *Cardo*, linea che traversava la città da settentrione a mezzogiorno, secondo l'attuale Via Por S. Maria, tagliato dal *Decumano*, da oriente ad occidente, seguendo l'attuale Via del Corso, degli Speziali e degli Strozzi ed avente il suo centro presso a poco nella attuale Piazza della Repubblica.

Venendo ora a considerare l'Etruria meridionale, a poca distanza da Roma, alla confluenza dei due rami del Cremero, su di uno sprone roccioso, non molto lontano dal mare, sorgeva la città di Veio, baluardo meridionale dell'Etruria antica che venne distrutta dai Romani i quali ne occuparono il territorio. Le sue ciclopiche mura testimoniano ancora della sua passata grandezza. Il viaggiatore rimane ammirato dal suggestivo paesaggio di quella zona la cui esplorazione ha rivelato, tra l'altro, il basamento di un tempio costruito secondo lo schema dell'architettura etrusca con tre celle, un pronao ed un gruppo di statue di terracotta dipinta.

Allo stesso livello di Veio, ma più vicino al mare, sorgono gli avanzi di un'altra grande e famosa metropoli etrusca, Cere, accanto al paesino di Cerveteri, circondata da una estesissima necropoli con grandiose tombe a tumulo, la cui esplorazione ha permesso di trovare un immenso materiale archeologico. Di Cerveteri e di Agila così canta Virgilio [1]:

È non lungi di qui, su questi monti
d'Etruria una famosa e nobil terra,
che sopra un sasso, anticamente estrutta,
Agellina si dice, ove lor seggio
posero, è già gran tempo, i bellicosi
e chiari Lidî; e floridi e felici
vi fur gran tempo ancora...

A settentrione di Cere sorgeva Tarquinia, la cui ubicazione non è stabilmente definita e di cui Corneto-Tarquinia può considerarsi la

[1] *Eneide* (trad. di A. Caro), VIII, v. 740 e segg.

continuazione con l'indimenticabile visione dei suoi ipogei dai dipinti policromi sulle pareti.

A circa venti chilometri a nord-est di Tarquinia, sulle rive del torrente Fiora, sorgeva un'altra grande metropoli etrusca, Vulci, le cui rovine si estendono ampiamente in una zona disabitata tra Montalto di Castro e Canino.

Tra queste città principali dell'Etruria meridionale si interpongono nell'interno piccoli centri, come Falerii, Nepi, Sutri, Bisenzio, Sovana, la cui attrattiva principale è costituita dalle tombe con facciata architettonica in forma di case o di tempio, scolpita sulle pareti rocciose. Tra il lago di Bolsena e la valle del Tevere, sopra un caratteristico altipiano completamente circondato da dirupi, sorgeva una grande città etrusca — probabilmente l'antica *Volsinii Veteres* — la cui vita si continua con Orvieto: all'intorno si stendono vasti sepolcreti con interessanti tombe dipinte.

2. Storia dell'etruria. - Uniformandoci al nostro schema di esposizione, considereremo i fatti più salienti della storia dell'Etruria.

Una tale storia non può naturalmente incominciare che parlando dell'origine di quel popolo. Documenti dell'antica Etruria veramente non difettano e continuano ad emergere dal sottosuolo, ma essi purtroppo non rischiarano molto il problema della provenienza di quel popolo per cui fino dai tempi più antichi sono sorte varie teorie energicamente sostenute, ma con altrettanta energia combattute. Le teorie più importanti che sono state emesse sono la teoria settentrionale, quella della autoctonia e la orientale.

La teoria settentrionale ammette la discesa degli Etruschi dalle Alpi insieme agli Italici e si riconnette quindi alla teoria della provenienza attraverso le Alpi degli Indo-Europei, teoria della cui inconsistenza abbiamo già parlato. L'obiezione più grave a questa teoria è la netta distinzione etnica e linguistica tra gli Italici e gli Etruschi. Esistono poi dei fatti i quali dimostrano una colonizzazione etrusca dal sud verso il nord, come il materiale trovato nel sepolcreto rinvenuto alla Certosa di Bologna, il quale è certamente posteriore a quello della civiltà etrusca propria dei secoli X-VIII. Si deve aggiungere il materiale ritrovato nel centro marittimo di Spina. È evidente che ciò non si accorda con una discesa degli Etruschi dal nord.

La teoria dell'autoctonia ha il suo più antico assertore in Dionisio di Alicarnasso il quale dedica al problema ben sei libri (XXV-XXX) delle sue *Antichità romane*: per questo autore gli Etruschi non sono un popolo venuto dal di fuori, ma indigeno e la sua convinzione si basa soprattutto sul fatto che esso non presentava alcuna rassomiglianza di costumi e di lingua con altri popoli. Una tale teoria fu accolta con favore dai nostri migliori linguisti come Alfredo Trombetti e Giacomo Devoto, per i quali la nazione etrusca sarebbe come una isola etnica sopravvissuta alla diffusione dall'oriente dei popoli parlanti idiomi indo-europei, diffusione circa la quale ci siamo intrattenuti parlando delle origini delle genti italiche.

La teoria orientale o transmarina trova forte appoggio nella documentazione storica che culmina in un passo di Erodoto [1] il quale precisa l'origine lidica, passo che attraverso la leggenda non può non contenere qualche cosa di vero. Narra Erodoto che infierendo nella Lidia una carestia, il re Athis decise di dividere la popolazione in due parti e di tirare a sorte quella che avrebbe dovuto partire guidata dal figlio Tirseno. Salpati quelli destinati dalla sorte a partire, dopo essere passati tra molti popoli, giunsero tra gli Umbri, ove presero appunto il nome di Tirreni, derivato da Tirseno e dove fondarono varie città. Molti furono gli scrittori che confermarono l'origine transmarina e specificatamente lidica degli Etruschi, così Diodoro Siculo, Plutarco, Strabone, Ovidio, Cicerone, Seneca, Plinio.

L'ipotesi dell'origine transmarina degli Etruschi, oltre che nella documentazione storica, trova forte appoggio nei risultati degli studi del materiale archeologico il quale dimostrerebbe che il movimento civilizzatore degli Etruschi sarebbe proceduto dalle coste del Tirreno verso l'interno, a causa del prestigio di una civiltà superiore a quella delle rudi stirpi italiche costituite dagli Umbri, come racconta Erodoto nel passo ricordato ed anche Plinio [2]. Il fatto poi che i Greci dovevano già avere occupato le località della Sicilia e della costa meridionale dell'Italia spiega perché i Tirreni sono stati costretti a colonizzare a nord di Cuma, che costituisce nella penisola la colonia greca più settentrionale.

---

[1] *Storie*, I, 94.
[2] *Nat. Hist.*, III, 19, 112.

Un argomento di carattere linguistico a favore della origine transmarina degli Etruschi è poi fornito dal ritrovamento avvenuto nel 1885 in un villaggio dell'Isola di Lemno di una stele funebre che si ha ragione di ritenere appartenente al secolo VIII a. C. Questa stele, ora nel Museo Nazionale di Atene, ha una duplice iscrizione in alfabeto greco, ma in lingua non greca, iscrizione che, secondo molti, ha grandi punti di contatto con l'etrusco, per cui potrebbe costituire una prova del passaggio dei Tirreni nel loro processo di emigrazione dall'Asia minore. Questa ipotesi della origine orientale transmarina rende anche ragione del nome di Tirreni (Tyrrenòi), adoperato dai Greci, che si ricollega al racconto erodoteo, come abbiamo narrato, e che è rimasto al mare che bagna le coste dell'Etruria.

In conclusione, la coincidenza dei dati delle fonti storiche con quelle archeologiche e linguistiche aiuta ad identificare gli Etruschi con invasori apportatori della civiltà orientalizzante prima ed ellenizzante dopo, civiltà in contrasto con le forme arretrate della precedente cultura del ferro villanoviana.

Il Lazio è stato senza dubbio una delle prime mete delle ambizioni etrusche con una espansione che ha avuto origine nel 650 circa. Si riconnette a questa espansione la tradizione, generalmente accettata, secondo la quale gli ultimi tre re di Roma sarebbero appartenenti ad una dinastia etrusca di Tarquinia.

La civiltà etrusca era riuscita ad espandersi su molte coste bagnate dal Mediterraneo, ciò che portò a stabilire delle relazioni con l'Oriente asiatico ed in particolare con i Fenici ed i Cartaginesi, già uniti con vincoli di amicizia allo scopo di opporsi alla aggressività dei Greci. Così anche gli Etruschi divennero, come i Cartaginesi, una potenza marinara. Fu quindi naturale l'urto con i Greci per il possesso del mare.

I Greci di Focea, per non sottostare al dominio dei Persiani, avevano stabilito una base a Marsiglia e sulle coste della Corsica possedevano l'importante colonia di Alalia. Ai Cartaginesi, che da poco si erano insediati in Sardegna, convenne allearsi con gli Etruschi. Nell'anno 540 o 538 avvenne una grande battaglia navale che fu vinta dai Focesi i quali però rimasero così stremati che abbandonarono il Tirreno settentrionale alla navigazione degli avversari.

La penetrazione degli Etruschi nel Lazio, che non fu però completamente etruschizzato, per cui il popolo poté conservare la sua lingua, pure avendo assimilato alcuni elementi della civiltà etrusca, li portò ad estendere il loro dominio oltre il Volturno, nella Campania. Successivamente, nel VI secolo, gli Etruschi si affacciarono nella valle padana, fondandovi varie città, tra le quali Felsina, la moderna Bologna, si infiltrarono nella Liguria e, attraversato l'Appennino, raggiunsero l'Adriatico, fondando varie città costiere, tra cui Spina.

Al principio del secolo V comparvero i primi segni del declino degli Etruschi. Roma era divenuta la capitale di un forte Stato latino, per cui l'urto divenne inevitabile. Tra il 485 o 483 ed il 474 si ebbe la prima guerra tra Veio, il baluardo più meridionale dell'Etruria e Roma. Ripresa la lotta nel 438, Veio cadeva definitivamente nel 396 con la distruzione della città, dopo che gli Etruschi avevano fallito nel loro scopo di conquistare Cuma, il baluardo settentrionale dell'ellenismo con la memorabile vittoria nel 474 dei Greci cantata da Pindaro, allo scopo di rendere più sicure le comunicazioni marittime con la Campania, avendo il consolidarsi dello Stato romano interrotto quelle terrestri. Con la caduta di Veio e l'occupazione di altri luoghi dell'Etruria meridionale, l'Etruria litoranea veniva ad essere separata da quella interna.

Alla metà del secolo V i Sanniti, discesi nella pianura campana, travolti Greci ed Etruschi, occupata Volturno, cui diedero il nome italico di Capua, posero fine al dominio etrusco nella Campania. Anche l'Etruria circumpadana, invasa dai Galli, si trasformò nella Gallia Cisalpina. Nel 384 il tiranno Dionisio il Vecchio, con una potente flotta siracusana, risaliva il Tirreno ed occupava la Corsica e l'Elba.

Dopo qualche decennio di tregua nella lotta con i Romani, gli Etruschi, timorosi della crescente potenza di questi, ripresero le ostilità che si conclusero con il distacco di Cerveteri dalla Confederazione, mentre a Tarquinia fu concessa una tregua di quarant'anni. Né migliore successo arrise agli Etruschi quando, essendo i Romani impegnati nella prima guerra sannitica, assediarono Sutri, perché i

Romani, con altre forze, compiuto l'arduo passaggio dei Monti Cimini, riportarono nei pressi di Perugia sugli Etruschi una vittoria che portò nel 308 alla cessione di una parte del loro territorio. Alleatisi gli Etruschi con i Galli e con gli Umbri, vennero sconfitti nel 295 nella battaglia del Sentino presso Sassoferrato, con che venne deciso in favore di Roma il duello con le popolazioni dell'Italia centrale.

Nel 284 sembrò che la lotta con Roma si modificasse in favore degli Etruschi. Infatti questi, alleatisi con i Galli Senioni che, traversato l'Appennino, erano scesi nella valle dell'Arno e con i Volsini, inflissero ai Romani una grave sconfitta sotto le mura di Arezzo, che, abbandonata la causa comune, si era unita a Roma. Ma fu questo un successo effimero perché i Romani, muovendo contro i Galli Senioni nel loro stesso territorio, si annetterono Rimini, mentre i Galli Boi, scesi dai valichi appenninici in aiuto ai Galli Senioni, venivano sconfitti presso lo stagno di Bassano, l'antico lago Vadimone. Con l'espugnazione di *Volsinii Veteres*, da identificarsi con l'odierna Orvieto, nel 265, cessava di esistere l'Etruria antica per cedere il posto ad una Etruria completamente dominata dai Romani.

Conclusa con la pace del 241 la prima guerra punica, incominciò un periodo di collaborazione con Roma alla quale gli Etruschi compresero di non potersi opporre. I Galli però non attesero di essere attaccati e, traversato l'Appennino, irruppero in Etruria ove sconfissero i Romani e gli Etruschi loro alleati con i Sabini presso Montepulciano. Se non che, nel 225, i Galli che, sulla via del ritorno, avevano deciso di percorrere le vie costiere, furono sconfitti nella battaglia di Talamone, nella quale trovò eroica morte il console C. Attilio Regolo, dopo di che i Romani poterono invadere la valle del Po.

Scoppiata la seconda guerra punica nel 218, fallito un tentativo di tramare con i Cartaginesi, durante il passaggio di Annibale, le città etrusche furono larghe di aiuti per l'armata di P. Cornelio Scipione. Rimasti poi fedeli a Roma durante la guerra sociale (91-88) ad essi venne estesa dal console L. Giulio Cesare la *Lex Julia* del 90 che concedeva loro diritto alla cittadinanza romana.

I centri che, come Fiesole, Firenze, Volterra, Arezzo, avevano parteggiato per C. Mario furono oggetto di spietate vendette da parte di L. Cornelio Silla e così pure nelle lotte civili quando L. Antonio, assediato in Perugia dall'esercito di Cesare Ottaviano, dovette arrendersi, questa città pagò il fio dell'appoggio dato ad Antonio.

Sotto l'Impero romano l'Etruria venne a costituire la regione VII della ripartizione augustea dell'Italia. Con la nuova ripartizione di Diocleziano, insieme all'Umbria costituì uno dei sei distretti dell'Italia centrale e meridionale, il distretto della *Tuscia et Umbria*, che costituiva l'*Italia suburbicaria* con centro a Firenze, città che così incominciò ad esercitare quella funzione di capitale del territorio toscano che non perdette più, mentre i cinque distretti dell'Italia settentrionale costituirono l'*Italia annonaria* con centro Milano. Tra il 366 ed il 370 la Tuscia venne divisa in due parti, una al sud dell'Arno, la *Suburbicaria*, e l'altra al nord, l'*Annonaria*, che venne attratta nell'orbita dell'Italia settentrionale.

Durante le guerre civili le campagne ubertose, abbandonate dagli agricoltori, si coprirono di stagni; la Maremma e la Val di Chiana si spopolarono e si sviluppò la malaria. A questi mali tentarono invano di portare rimedio Cesare ed i suoi successori, trasportando colonie e concedendo privilegi ai nuovi abitatori.

Le città costiere, naturalmente, decaddero più di quelle interne delle quali anzi alcune prosperarono e tra queste principalmente Firenze, la quale dovette la sua prosperità all'essere posta sull'Arno navigabile ed all'incrocio delle strade provenienti da Roma, da Pisa, da Lucca, da Bologna e da Faenza, talché lo storico Floro del secolo II d. C. la chiama *Municipium splendidissimum*. Così accadeva la graduale trasformazione dell'Etruria, nella Tuscia medioevale dalla quale doveva derivare l'odierna Toscana.

3. Condizioni ambientali. - Già dicemmo, nella parte introduttiva, che non è possibile fare una storia delle scienze senza inquadrarle nell'ambiente nel quale si sono sviluppate, dando alla parola ambiente il significato più estensivo, comprendente quanto riguarda lo stato fisico della regione, la sua storia politica e sociale, la religione, lo sviluppo della letteratura, delle arti, non che della filosofia.

Del territorio dell'Etruria e della sua storia abbiamo già parlato. Tracceremo ora, molto succintamente, un quadro delle altre condizioni ambientali, dopo di che tratteremo dello sviluppo delle singole scienze e tecniche.

La costituzione. - L'Etruria era una dodecapoli, cioè una confederazione di dodici Stati, ciascuno costituito da una città e dal suo territorio limitrofo, a capo della quale vi era la città di Tarquinia. Ogni anno i rappresentanti degli Stati si raccoglievano nel *Fanum Voltumnae*, nel santuario del dio *Voltumna* o *Vertumno*, del dio indigete etrusco, il quale era situato ove è oggi Montefiascone, non lontano da Tarquinia.

Le città etrusche erano governate con regime monarchico e sembra che i re fossero scelti tra i primogeniti delle famiglie nobili, i *Lucumoni.* Il re governava con la partecipazione dei nobili (*principes*) che costituivano una aristocrazia, non solo guerriera, ma anche sacerdotale, e che esercitava il potere giudiziario avendo per simbolo il fascio littorio, il celebre simbolo della giustizia, adottato anche dai Romani. Molte altre consuetudini romane erano di origine etrusca: così la sedia curule (*sella curulis*), attribuita alle alte magistrature, la pompa dei trionfi, la *bulla*, che si portava sul petto, appesa al collo, e la *toga praetexta*, usate dai giovanetti di nobile lignaggio.

Come in Roma, anche in Etruria, di fronte al patriziato vi era la plebe, unita ai nobili con il vincolo della clientela; vi erano poi i servi propriamente detti, gli schiavi acquistati come merce o frutto di imprese belliche. Nelle città costiere vi erano ampie colonie di immigrati, specialmente greci, mercanti ed artigiani. Si deve supporre che gli schiavi liberati, dedicatisi ai mestieri, alle industrie ed ai commerci, formassero con l'andar del tempo, il ceto medio, la borghesia, tra il patriziato e la plebe. Durante il secolo V questa formazione si sarebbe accompagnata o sarebbe stata seguita dalla trasformazione del regime monarchico in regime repubblicano, ciò che ebbe come conseguenza la lotta della nuova borghesia con la nobiltà per la conquista del potere.

La religione. - Vogliamo ora dare solo qualche cenno della religione degli Etruschi allo scopo di mettere in luce i suoi rapporti con la scienza primitiva di quel popolo, scienza le cui nozioni costituivano la base delle norme, essenzialmente superstiziose e magiche, della loro vita pubblica e privata.

L'Olimpo etrusco era rappresentato da una triade celeste, composta da *Tinia* (Giove), da *Uni* (Giunone) e da *Menerva* (Minerva), che aveva come attributo specifico quello di lanciare i fulmini (*manubia*). Ma anche altre divinità potevano lanciare il fulmine. La triade celeste era adorata anche in Roma, ciò che costituisce una delle più importanti testimonianze del dominio etrusco di Roma, ed era adorata nel tempio capitolino, riproducente la forma del tempio a tre celle per le tre divinità.

Accanto alla triade celeste esisteva una triade terrestre od infernale, cioè di numi *chtonici*, composta da *Mantus* (Plutone), da *Mania* (Libera o Proserpina), da cui derivò la denominazione dei *Dei manes*, e da una terza divinità, il cui nome etrusco era probabilmente *Sorfne* e che corrispondeva a Cerere. Anche questa triade era adorata in Roma in un tempio tripartito, situato in vicinanza del Circo Massimo. Ma vi erano molte altre divinità etrusche delle quali è possibile constatare l'equivalenza con divinità greche e romane. Tra di esse aveva particolare importanza *Voltumna* (o *Vertumno*), il dio indigete, al quale abbiamo già accennato: il suo nome è stato messo in connessione con i mutamenti dell'anno (*annus vertens*) ed era una divinità che presiedeva alla vegetazione, specialmente a quella della vite e che poteva assimilarsi al Libero romano od al Dionisio dei Greci.

I semidei, o dèmoni, dal nome generico di *Lasa*, erano dèi familiari che ritroviamo presso i Romani come Lari, Penati, Geni. L'averno etrusco era concepito come popolato di dèmoni infernali, di sesso maschile e femminile di aspetto benigno ed attraente, o di aspetto terrificante. L'arte funeraria etrusca rappresenta spesso i defunti che scendono agli Inferi, od a piedi, od a cavallo, od anche, come nella tomba orvietana dei Velî, su di un carro. I defunti sono accompagnati dai dèmoni che hanno come frequente attributo il serpente, od un lupo, come nelle ricordate tombe dei Velî, od in quelle dell'Orco di Tarquinia, da un Lasa infernale che tiene spesso in mano un rotolo nel quale sono scritte le azioni del defunto.

I dèmoni benevoli sono rappresentati da giovinetti nudi, alati, servizievoli, mentre quelli terrificanti o punitori hanno come particolare attributo il martello o l'ascia che equivarrebbe alla falce delle credenze cristiane, ricordanti il colpo di mazza o di scure con cui nelle antichissime stirpi mediterranee si toglieva la vita ai vecchi ed ai malati inguaribili. Queste caratteristiche truci dell'averno etrusco si trasmisero tali e quali nelle credenze dell'oltretomba dei Romani.

Miti ellenici sono frequentemente rappresentati dai numerosi miti etruschi. Un mito invece di particolare carattere etrusco è quello di Tagete [1], il dèmone sapiente dall'aspetto infantile, che, nato da un solco inciso dall'aratro nella regione di Tarquinia, avrebbe rivelato quei precetti religiosi che, trascritti dai Lucumoni, costituirono l'*etrusca disciplina*. Questa è contenuta nei *libri aruspicini*, nei *libri fulgurales* e nei *libri rituales* [2].

I libri aruspicini riguardano l'arte della aruspicina, cioè della osservazione delle viscere delle vittime e specialmente del fegato. *Aruspices* si chiamavano i sacerdoti che facevano le suddette osservazioni con un nome derivato dalla parola caldea *Har* che vuol dire fegato. Il celebre bronzo di Piacenza riproduce il fegato della pecora ed è diviso in caselle, ciascuna con il nome di una divinità e corrispondenti alle regioni del cielo da esse abitate e sembra sia stato un oggetto destinato allo studio dell'aruspicina. Era infatti credenza religiosa che una divinità manifestasse il suo potere benefico o malefico facendo apparire un segno nella parte del fegato che corrispondeva alla sua zona nel cielo. Si distinguevano poi nel fegato due parti separate da una incisione (*fissum* o *limen*), una *pars familiaris*, cioè propizia, ed una *pars hostilis*, cioè contraria, parti che forse corrispondevano alle parti destra e sinistra dell'osservatore.

I *libri fulgurales* contenevano le norme per interpretare i caratteri delle folgori (*manubia*), per divinare da essi quali Numi fossero mandati e con quali intenzioni. Si dovevano conoscere i caratteri del rumore, i colori dei lampi, il diverso significato dei luoghi colpiti e si poteva anche mitigarne od accentuarne gli effetti. I sacerdoti addetti a questo ufficio si chiamavano *fulguratores* e tra essi erano espertissimi i Fiesolani, come abbiamo già detto.

I *libri rituales* dettavano infine le norme di tutta la vita politica, sociale, militare degli Etruschi che così erano sostanzialmente in balia dei sacerdoti. Gli *àuguri* poi erano sacerdoti che, muniti del

[1] Cicerone, *De divinatione*, II, 50.
[2] Cicerone, *De divinatione*, I, 72.

bastone ricurvo (*lituo*), traevano gli *auspicia* per una qualunque impresa, dal volo, dal grido, dal modo di librarsi degli uccelli, non che da molti altri segni, o di buon augurio, come i cavalli bianchi, o di cattivo augurio, come i terremoti, le tempeste, le comete. E la mente si rivolge a questo punto alla nota leggenda della fondazione di Roma ed a quel volo degli uccelli che Remo osservava dall'Aventino e Romolo dal Palatino.

Osserva il Ducati [1] che la religione degli Etruschi ha un carattere eminentemente superstizioso e magico per cui le norme di essa divengono regole di vita civile e meticolose formule di scienza e che queste ed i voti religiosi da cui emanavano dovettero mantenersi a lungo anche dopo l'inizio dell'era volgare, quando l'Etruria, come stato autonomo, si poteva considerare scomparsa.

Deriva infatti da quanto abbiamo concisamente esposto che le cognizioni anatomiche necessarie per le osservazioni dei visceri degli animali, lo studio delle particolarità dei fulmini, dei caratteri dei terremoti, delle tempeste e delle comete, delle abitudini degli uccelli e di altri fenomeni naturali, costituivano nel loro insieme quanto di scientifico poteva esistere, sia ai tempi della maggiore potenza etrusca, sia in quelli immediatamente successivi. Plinio [2] dice appunto che gli Etruschi erano studiosi anche di storia naturale affermando che nei loro libri sacri si trovavano dipinte certe specie di uccelli che nessuno aveva mai veduto; osserva però a questo proposito il Micali che si doveva trattare di una ornitologia sacra non rispondente alla verità. Deriva anche, per quanto abbiamo esposto, che di questa scienza primitiva fossero depositari i sacerdoti, e che, sia perché appartenenti a famiglie cospicue, sia per le conseguenze pratiche delle loro osservazioni, esercitassero una azione preponderante nella vita pubblica.

Con la progressiva romanizzazione dell'Etruria, anche il culto degli dei capitolini andava affiancandosi a quello delle divinità indigene. Gli impulsi religiosi che in questa regione furono sempre vivaci, non potevano non essere stimolati in conseguenza degli ultimi slanci di fervore pagano che preludevano al loro definitivo estinguersi di fronte all'affermarsi della nuova religione di Cristo. E ne

---

[1] Vedi *op. cit.* nella Bibliografia N. 32, pag. 126.
[2] *Nat. Hist.*, X, 15.

derivava un eccitamento della fantasia a collegare i fatti della vita sensibile con il mondo soprannaturale e ad accogliere tutti i culti provenienti dall'Asia e dall'Egitto, associati a quelli dell'ellenismo decadente. E così accadde che in Firenze si adorasse Iside ed a Fiesole Cibele ed Athis, due miti pervasi dal mistero impenetrabile della morte e dalla speranza della vita eterna, ed ancora a Fiesole, Saturno. È da pensare che la Toscana fosse invasa da stuoli di sacerdoti dei più differenti culti.

Osserva il Davidsohn [1] che nel paganesimo degli ultimi tempi sono più accentuati i lamenti per il transito, la speranza di una nuova vita e gli accenni alla risurrezione: tutto è pervaso di tristezza che era ignota all'antico mondo romano e ciò in relazione allo sconforto determinato dalla incertezza e dalla vacuità della decadenza. La nuova fede trovava già negli animi il lievito per il suo sviluppo.

È difficile determinare l'epoca nella quale il Cristianesimo incominciò ad affermarsi in Toscana. Per quanto riguarda Firenze è da rigettare, secondo il Davidsohn [2] la favola che fa risalire le origini della Chiesa fiesolana e fiorentina al Principe degli Apostoli, mentre tale origine può porsi con certezza nell'anno 250 con il martirio di S. Miniato che fu sepolto sul

. . . . monte
ove siede la chiesa che soggioga
la ben guidata sopra Rubaconte.

È questa la basilica marmorea di puro stile romanico compiuta solo al principio del secolo XIII, sul Monte alle Croci.

Si deve ritenere che ancora per tutto il secolo IV la popolazione rimanesse ligia al paganesimo; ma a poco a poco gli altari degli dei « falsi e bugiardi » vennero disertati e la folla incominciò a riversarsi nelle chiese della più giovane delle religioni, sostituendola ad ogni altra.

Lingua e letteratura. - Per quanto riguarda la lingua degli Etruschi, è a tutti noto che il suo mistero continua. Non hanno servito a diradarlo i tre alfabeti epigrafici del secolo VII; quello

---

[1] Vedi *op. cit.* nella Bibliografia N. 24, pag. 46.
[2] Vedi *op. cit.* nella Bibliografia N. 24, pag. 48.

trovato nel sepolcreto di Marsiliana di Albegna e graffito su una tavoletta eburnea da scrivere, conservata nel Museo Archeologico di Firenze; quello veiente, trovato a Formello ed inciso su un vaso di impasto nero e conservato nel Museo Nazionale di Villa Giulia a Roma; quello di Cerveteri, pure inciso su un vaso di impasto nero e conservato nel Museo Etrusco-Gregoriano di Roma. Non hanno servito gli sforzi di glottologi di fama mondiale, sia che si valessero del metodo etimologico, mediante il confronto con altri gruppi di lingue, sia che usassero il metodo combinatorio che consiste nel valersi delle iscrizioni più brevi e nel togliere da esse le parole significanti nomi di divinità o di individui, cercando di fare emergere il senso delle parole rimaste a seconda della loro collocazione e dei loro suffissi. Risultati modesti, ma più sicuri, si sarebbero appunto ottenuti con il metodo combinatorio il quale avrebbe dimostrato una grande affinità dell'etrusco con il gruppo caucasico in armonia con l'ipotesi della origine transmarina degli Etruschi. I Tirreni, progenitori degli Etruschi, avrebbero appunto parlato una lingua che si ricollega con quelle del ceppo caucasico e del loro passaggio verso l'Occidente, avrebbero lasciato un importante documento, la duplice iscrizione della stele funebre ritrovata a Lemno nel 1885 e della quale abbiamo già parlato nel nostro sommario della storia degli Etruschi.

Il popolo etrusco non fu capace di creazioni letterarie. Varrone [1] ci dà notizia di un Volnio, scrittore di tragedie; Orazio [2] parla dei *canti fescennini,* che furono introdotti a Roma da istrioni di Fescennium, località da identificarsi con l'odierna Colchiano e che erano canti agresti dei contadini dopo il raccolto, accompagnati da suoni e danze e che, degenerati in canti osceni, avrebbero, secondo Livio [3], dato origine alla satira. Altri canti, dei quali alcuni dovevano far parte dell'etrusca disciplina, non rappresentavano che rudimenti di una letteratura che in Etruria non ebbe mai completo sviluppo. Quanto alla prosa, Varrone, secondo il passo di Censorino [4], parla di

---

[1] V, 9, 55.
[2] *Epistolae,* II, I, v. 139 e segg.
[3] VII, 2, 4.
[4] *De die natali,* 17, 6.

Tusciae Historiae, le quali non dovevano essere che semplici cronache.

Arte e architettura. - Nello sviluppo dell'arte il Ducati [1] distingue due grandi periodi; il primo dell'arte arcaica dall'inizio del secolo VIII a tutto il secolo V, il secondo del pieno sviluppo e della decadenza dal secolo V al principio del secolo I.

Sempre secondo il Ducati, il primo periodo si può dividere in quattro fasi: la prima fase, comprendente il secolo VIII ed il principio del VII, corrisponde ai primordi dell'arte greca ed è caratterizzata dallo sviluppo di forme geometriche primitive con predominio di oggetti di utilità pratica e, successivamente, di oggetti di oro e di argento, di vasi dipinti in rosso e nero, di ceramiche, di bronzetti e figure di argilla; la seconda fase, dall'inizio del secolo VII all'inizio del secolo VI, detta orientalizzante, corrisponde al passaggio dalla civiltà di tipo villanoviano alla civiltà orientalizzante, con predominio di oggetti di arte egiziana e di oggetti di argento e oro, finamente lavorati, di ispirazione cipriota e fenicia e di manifestazioni nel bronzo e nell'argilla di colorazione rosso vivo o brunastra, preludenti alle ceramiche di argilla nerastra che vanno sotto il nome di buccheri; la terza fase, o jonico-atticizzante, dall'inizio del secolo VI all'inizio del V, nella quale l'arte etrusca va progressivamente identificandosi con l'arte greca; la quarta fase dall'inizio del secolo V è quella che segna la decadenza del periodo arcaico con ripetizione dei vecchi motivi.

Offre per i nostri scopi un particolare interesse l'architettura, in quanto non implica semplicemente elementi estetici, ma anche quelli tecnici dell'arte di costruire. Una delle forme nelle quali l'architettura si manifestò con carattere più imponente è rappresentata dalle mura che cingevano le città, costituite da grandi masse poliedriche, le cosiddette mura ciclopiche o pelasgiche, oppure da grandi massi squadrati, come le mura fiesolane, con forme di passaggio, come le mura di Volterra. Queste mura, che non sono molto antiche, ma costruite non prima del secolo VI, erano munite di torri e di porte e di queste ultime è monumento insigne l'arco di Volterra che, adoperato anche per la costruzione di ponti, si vuol dire che sia

[1] P. Ducati, *Storia dell'arte etrusca,* Firenze, 1930.

una invenzione etrusca tramandata ai Romani che ne fecero ampio uso nei loro più insigni monumenti.

Le città, con le loro strade diritte, intersecantesi ad angolo retto, nelle due direzioni nord-sud, est-ovest, delle quali gli scavi di Marzabotto ci hanno lasciato una così importante documentazione, comprendevano agglomerati di piccole case, senza quell'*atrium tuscaninum* che fu poi adottato dai Romani, ma che doveva far parte delle case del ceto ricco, come risulta da quelle tombe quali la veiente Campana e la perugina dei Volumni, che riproducono nelle loro piante edifici privati le cui camere erano appunto disposte intorno all'atrio.

La prima fase del secondo periodo dell'arte figurata etrusca coincide con l'inizio del secolo IV. È un rinascere dell'arte etrusca con stili più progrediti e con maggiore accuratezza di esecuzione. Si osserva al tempo stesso una spiccata tendenza alla emancipazione dalla Grecia con la comparsa nei monumenti sepolcrali di orride figurazioni demoniache ad indicare un decadente sentimento di superstizione contrastante con la serena figurazione funeraria dei Greci. Ma ecco, dopo il risveglio effimero del secolo IV, iniziarsi rapidamente la fase della decadenza in ogni campo dell'arte, mentre in Grecia l'eccellenza formale si associa alla fastosità ed alla grandiosità orientali.

Nel secolo II l'Etruria è completamente dominata da Roma, ma l'influenza dell'ellenismo continua ancora a manifestarsi nella coroplastica e nel ritratto.

Musica. - Ci mancano notizie sulla musica etrusca, cioè sul carattere della sua melodia. Sappiamo invece abbastanza degli strumenti musicali adoperati, sia per le notizie che ci sono state tramandate dagli storici che per la loro riproduzione nelle figure. Si adoperavano tibie o doppi flauti; i flautisti etruschi erano rinomati anche fuori del paese. Gli Etruschi avevano anche la tromba dal suono penetrante; un tipo speciale di tromba dall'apertura ricurva era il *lituo* e pare appunto che nella lingua etrusca *lituo* significasse ricurvo; con lo stesso nome si indicava anche il bastone sacerdotale che era ricurvo; avevano anche uno strumento a corda, la lira, il cui dolce suono si addiceva a particolari circostanze.

A noi interessa rilevare l'esistenza di una particolare e sviluppata tecnica per la costruzione di varie specie di strumenti, alla quale si doveva necessariamente associare un particolare commercio.

4. MATEMATICA, FISICA, ASTRONOMIA. - Venendo ora a trattare delle varie scienze e delle attività particolarmente connesse con queste, ciò che costituisce lo scopo della nostra esposizione, incominceremo con l'occuparci della matematica, della fisica e della astronomia.

Parlando della religione degli Etruschi abbiamo detto che quanto di scienza poteva esistere presso di essi possiamo dedurlo in gran parte dall'esercizio dell'aruspicina e dell'arte augurale che si basavano sulle osservazioni dei fenomeni della natura i quali avevano i loro interpreti nei sacerdoti, depositari di ogni umano sapere e di ogni umana attività.

Afferma Giovanni Targioni Tozzetti [1] che a causa del grande sviluppo raggiunto dall'Etruria nell'arte del disegno, doveva essere ben progredita la scienza delle proporzioni e quindi la geometria. È probabile che il Targioni Tozzetti si sia valso dell'opinione di G. B. Vico [2], il quale, basandosi sulle manifestazioni architettoniche degli Etruschi, affermò avere essi preceduto i Greci nella geometria. È però ben manifesto l'azzardo di una tale deduzione quando si pensi che tutto il movimento della cultura si svolse dalla Grecia verso l'Etruria e che non è rimasto alcun ricordo di un geometra o matematico etrusco, mentre nel secolo III a. C. si svolgeva l'opera di Euclide e di Archimede.

Non è certamente da escludersi che gli Etruschi conoscessero dell'aritmetica quel tanto che poteva servire per gli usi della vita pratica.

Si legge in Livio che i sacerdoti tarquinesi lanciavano contro il nemico spaventevoli fiamme, ciò che fa pensare che conoscessero la composizione di sostanze infiammabili. Narra infatti Teofrasto [3] che

---

[1] Vedi *op. cit.* nella Bibliografia N. 110, pag. 32.

[2] *De antiquissima italorum sapientia ex linguae latinae originibus eruenda libri tres*, Neapolis, 1710 (Proemio).

[3] *Hist. Plant.*, IX, 2, 3.

dal pino gli Etruschi ricavavano la pece incidendo la corteccia. Plinio attribuisce ai Volsinesi l'invenzione dei molini moventisi a mano ed Isidoro [1] quella della stadera. Si è perfino giunti ad attribuire agli Etruschi nozioni di elettricità.

È stato affermato che gli Etruschi conoscessero la divisione dello zodiaco, le diverse costellazioni e che sapessero predire le eclissi, ma di ciò non abbiamo alcuna prova. Certamente avevano dovuto rivolgere la loro attenzione ai fenomeni del cielo, per poter stabilire il loro calendario, l'esposizione dei templi e l'orientamento del cardine (via da sud a nord) e del decumano (via da ovest ad est).

Il giorno incominciava per gli Etruschi dal momento in cui il sole toccava il suo punto più alto nel cielo, secondo quanto ci riferisce Servio [2] che deduce questa notizia dall'opera di Cicerone sugli àuguri. L'anno non si adattava al movimento del sole, ma a quello della luna più breve, derivandone la necessità di introdurre un mese intercalare. La divisione del mese aveva luogo all'*Itis* o *Itus,* voce di probabile origine etrusca, dalla quale Varrone e Macrobio fanno derivare la parola latina *Idi,* ed aveva luogo nel plenilunio.

Le settimane etrusche erano di otto giorni per cui ogni mese era composto di tre settimane cui si doveva aggiungere un numero variabile di giorni che era annunziato agli abitanti chiamati a raccolta a questo scopo. In questa occasione i re di Etruria davano udienza ed amministravano la giustizia mentre si teneva mercato. In *Volsinii novi,* da identificarsi con Bolsena, in occasione del culto della dea Nortia, la dea del destino, secondo Giovenale [3] e l'accenno di Cincio Alimento in Livio [4], veniva mandato al tempio della dea un pubblico magistrato perché vi conficcasse un chiodo che serviva ad indicare la successione degli anni.

Dalle suddette usanze derivarono alcune particolarità del calendario romano. Da *Itis,* come abbiamo detto, derivarono le *Idi,* giorni sacri a Giove e che corrispondevano ai giorni 15 dei mesi di marzo, maggio, luglio ed ottobre ed ai giorni 13 degli altri mesi. Con il nome di *nonae* si indicava il nono giorno avanti le *Idi* e quindi

---

[1] *Orig.*, XVI, 25.
[2] *Commento all'Eneide,* V. v. 738.
[3] X, v. 74.
[4] VII, 3. 7.

il settimo giorno dei mesi di marzo, maggio, luglio ed ottobre, ed il quinto giorno degli altri mesi. Le *calendae* erano i primi giorni di ogni mese e corrispondevano al plenilunio: il loro nome deriva da καλεῖν perché in quel giorno, secondo Varrone [1], il pontefice dichiarava se erano cinque o sette i giorni che si dovevano aggiungere ai 24 di tre settimane per completare i 29 o 31 giorni del mese.

Numa Pompilio fissò la durata dell'anno lunare in 355 giorni e per adeguarlo all'anno solare istituì un periodo intercalare di durata variabile ogni 2 anni: i mesi erano 12 e l'anno che cominciava con il marzo lo fece incominciare con il gennaio. Cesare soppresse il mese intercalare stabilendo l'anno in 365 giorni, intercalando ogni 4 anni un giorno tra il 6° ed il 5° giorno dalle calende di marzo. Le cose rimasero così fino al calendario gregoriano, istituito nel 1582.

Gli etruschi, una volta incorporati nel dominio di Roma, ne adottarono il calendario che venne poi modificato da Giulio Cesare, come abbiamo narrato.

5. Escavazione di rocce. - Parlando del territorio dell'Etruria accennammo alla composizione delle rocce che ne costituiscono le montagne. Consideriamo ora detta composizione con maggior dettaglio.

Riguardo alle pietre da costruzione le notizie sono scarse, ma Vitruvio [2] afferma esservi state dalla parte di Tarquinia molte cave di pietra che si tagliavano vicino al lago di *Volsinii novi* (lago di Bolsena): erano pietre dure e resistenti al tempo ed erano utilissime per i lavoratori di bronzo (*fabri aerarii*) per fare forme da getto per il metallo. Ma il loro più largo uso era per la costruzione delle mura ciclopiche che circondavano le città, dei ponti e delle strade.

L'arenaria, a causa della sua abbondanza, offriva ottimo materiale da costruzione, ma veniva anche adoperata per l'intaglio e la scultura.

Il materiale da costruzione veniva adoperato dagli Etruschi razionalmente. Nella necropoli arcaica di Populonia, magistralmente

---

1 *De lingua latina,* VI, 4, 27.
2 *De architectura,* II, 7.

illustrata da A. Minto [1], osserva A. C. Blanc [2], si può ammirare il discernimento con il quale gli Etruschi sapevano razionalmente trar partito dalle varie qualità di materiale di cui disponevano. Così le pareti divisorie interne sono costruite con blocchetti squadrati di travertino o di arenaria; per i lastricati periferici, per i rivestimenti dei cunicoli di accesso alla camera centrale non che per la copertura della stessa, sono stati largamente adoperati dei lastroni di schisti calcarei eocenici.

L'Etruria era ricchissima di argilla e ciò spiega il grande sviluppo che in essa prese l'industria della ceramica, sviluppo che non fu superato da alcun altro popolo e, dal punto di vista artistico, solo dai Greci.

I marmi del Carrarese sembra che non siano stati utilizzati altro che tardivamente, precisamente ai primordi dell'Impero romano. Racconta infatti Plinio [3] che il marmo candidissimo di Luni, cioè quello statuario, non fu trovato che poco prima del tempo in cui egli visse. Il metodo di escavazione era quello dei Romani e gli operai delle cave erano schiavi provenienti da tutte le parti dell'impero.

Sembra certo che gli Etruschi non adoperassero il marmo nella scultura, ma piuttosto altre pietre, come il travertino, l'arenaria e l'alabastro che era lavorato con grande maestria nel Volterrano.

Vari studiosi, come il Repetti [4] e P. Brazza [5] hanno tentato una ricostruzione delle antiche lavorazioni del marmo lunense e L. Banti [6] ha costruito una carta archeologica delle cave lunensi.

Scarseggiano le notizie circa l'estrazione del sale ma Livio [7] e Plinio [8] ci informano della presenza di saline, già sotto Anco Marzio.

---

[1] A. Minto, *Populonia, La necropoli arcaica,* R. Istituto di Studi Superiori di Firenze, 1922, Vol. IV.

[2] A. C. Blanc, *Sull'origine del materiale da costruzione adoperato nella necropoli arcaica di Populonia,* « Studi etruschi », IX, 1935, pag. 271.

[3] *Nat. Hist.*, XXXVI, 7, 48.

[4] E. Repetti, *L'Alpe apuana e i marmi di Carrara,* Badia Fiesolana, 1820.

[5] P. Brazza, *Sui marmi lunensi,* Dissertazione della Pontificia Accademia Romana di Archeologia, Serie II, Tomo II.

[6] L. Banti, *Antiche lavorazioni alle cave lunensi,* « Studi etruschi », S. E. V, 1931, pag. 475.

[7] I, 33; II, 9.

[8] *Nat. Hist.*, XXXI, 7.

6. Industrie minerarie e metallurgiche. - Non vi è altro luogo in Italia, se si eccettua forse la Sardegna, ove si trovino tante tracce di antichissime lavorazioni minerarie e metallurgiche, come l'antica Etruria. Sulle rive del mare, sui monti, nelle valli abbondantissimi sono i resti dell'arte di lavorare i metalli in modo da produrre quei manufatti che costituiscono la meraviglia dei visitatori dei musei e che venivano esportati insieme al materiale grezzo nei vari paesi mediterranei, contribuendo così intensamente alle industrie ed al commercio. Populonia, Arezzo, fabbricavano armi, Chiusi, Populonia, Vetulonia, Volterra battevano moneta ed abili artigiani foggiavano statue, idoli, candelabri ed i più svariati oggetti di uso personale.

Tutte le suddette possibilità erano determinate dal fatto che se gli Etruschi importavano dal di fuori l'oro e l'ambra, si ricavavano dai giacimenti indigeni il ferro, l'argento, il rame, lo stagno, il piombo e si fabbricava bronzo che era ricercatissimo anche nella Grecia. G. D'Achiardi [1] ritiene che coloro i quali affermano che anche lo stagno venisse dal di fuori, e precisamente dalle isole Cassiteridi (forse le isole Scilly) a sud-ovest della Gran Bretagna, è probabile che non siano venuti a conoscenza della cassiterite del Campigliese.

Le regioni di più intenso sfruttamento minerario furono il Campigliese e l'Isola d'Elba, della quale dice Virgilio [2] *Insula inexhaustis Chalibum generosa metallis.* I giacimenti di ferro dell'Elba erano i più importanti ed erano costituiti da ossidi vari (oligisto, ematite rossa e bruna, magnetite) con qualche impurità di pirite. Nel Campigliese vi è essenzialmente ematite bruna, cui in qualche punto è intimamente associato l'ossido di stagno, cioè la cassiterite. Dal Campigliese si estraevano anche minerali di piombo argentifero e di rame, metallo questo che in epoca molto remota pare fosse pure importato dall'Elba.

In questa isola i materiali di ferro, abbondantemente estratti con escavazione a cielo aperto, furono in primo tempo completamente trattati per ottenere del ferro dolce, ma poi, probabilmente

---

[1] G. D'Achiardi, *L'industria mineraria e metallurgica in Toscana al tempo degli Etruschi,* « Studi etruschi », I, 1927, pag. 411.

[2] *Aen.*, X, 174.

quando i boschi incominciarono a non essere più sufficienti, furono sottoposti ad un arricchimento per arrostimento, ottenendo masse di ferro spugnoso che poi venivano inviate a Populonia, l'importante città etrusca situata sulle colline a nord del promontorio di Piombino, della quale abbiamo già parlato.

Nel Campigliese l'attività mineraria fu intensissima ed i lavori vennero condotti in armonia con la natura dei giacimenti, con escavazioni a cielo aperto, o sotterranee, con grandi camere e gallerie. Prima che i lavori eseguiti negli ultimi tempi avessero modificato lo stato delle cose, agli imbocchi delle miniere si potevano riconoscere accumuli di materiale che aveva subito una frantumazione ed una cernita a mano, seguita da una nuova frammentazione e lavaggi lungo i piccoli corsi di acqua in modo da ottenere materiale migliore che veniva pure mandato a Populonia.

Ancora oggi si trovano nella zona monticelli di scorie provenienti dalla fusione del materiale di ferro, scorie che nel 1920, dopo la guerra, erano tanto abbondanti che si costituì in Genova una società per il loro sfruttamento. Ed effettivamente l'abbondanza delle scorie, riccamente ferrifere, dipendeva da che il riscaldamento con carbone di legna non potendo raggiungere le alte temperature dei forni moderni, aveva una resa molto limitata. Gli avanzi dell'industria metallurgica di Populonia sono così abbondanti da costituire, secondo il D'Achiardi, delle varie zone. La prima zona che ricopre una vastissima estensione ha un tenore di ferro molto elevato a dimostrare una siderurgia poco progredita quale potevasi realizzare con forni dalle pareti costituite da scaglie di macigno tenute insieme dall'argilla, nei quali il materiale veniva mescolato con legna e carbone di legna. Nella zona del porto vi è maggiore quantità di materiale intatto caduto dalle navi o trasportato dalle acque scorrenti al mare. Intorno alla città alta vi era la terza zona della fusione o raffinazione mediante ripetuti arricchimenti e martellamenti. Questo ultimo processo veniva eseguito anche lontano da Populonia, come ad Arezzo.

Populonia fu, senza dubbio, il centro più importante di tutta l'industria metallurgica etrusca che si mantenne florida ed efficiente anche sotto la dominazione romana, ma, distrutta la città, di questa floridezza non rimase che il ricordo, come della città non sono rimasti che i sepolcreti.

Oltre che all'Elba e nel Campigliese gli Etruschi escavavano minerali che potevano fornire rame, piombo, argento e ferro; a Rocca Federighi ed a Montecatini Val di Cecina escavavano minerali di rame, anzi, secondo G. Targioni Tozzetti [1] appunto dalle miniere di Campiglia e dell'isola d'Elba, gli Etruschi ottenevano la maggior parte del ferro. Dal Monte Amiata ricavavano il cinabro per la pittura; dalle miniere delle Alpi Apuane piombo ed argento, ed è stato affermato che Lucca fosse una colonia di minatori.

Abbiamo accennato alla questione dello stagno il quale si trova in quantità apprezzabile in più punti dei giacimenti ferriferi del Campigliese, particolarmente in una località che dal numero dei cunicoli è detta « Cento Camerelle ». Non vi sono però veri giacimenti di cassiterite, la quale è diffusa minutamente nella massa dell'ematite bruna od ocracea ed è certo, come osserva H. Stella [2] che per ottenere il metallo si dovevano realizzare temperature molto elevate, temperature del resto richieste per dare con lo stagno il bronzo così largamente usato. Secondo M. Passerini [3] mentre alcuni campioni di manufatti dell'età eneolitica sono costituiti da solo rame, accompagnato da impurità dovute ad imperfetta lavorazione, altri campioni sono costituiti da vero bronzo, pure includente impurità. Lo stagno puro metallico, il *plumbum aureum*, anche secondo Plinio [4], non ebbe altra applicazione che nelle leghe.

Che nell'antica Etruria la ricchezza di argento non fosse indifferente è dimostrato dal fatto, registrato da Livio [5], che nella campagna contro i Sanniti del 298-290 a. C. Lucio Papiro Cursore raccolse 1835 libbre di argento. Se si deve ammettere che questa quantità di argento fosse per lo più sotto forma di monete provenienti dalle colonie greche, non si può escludere che ad essa contribuissero anche le monete dell'Etruria, quando si consideri che le prime monete etrusche furono di argento ed oro.

---

[1] Vedi *op. cit.* nella Bibliografia N. 108: T. IV, pag. 240; T. VI, pagg. 141, 152.

[2] H. Stella, *Alcune osservazioni sui minerali di ferro e di rame dell'antica Etruria*, « Studi etruschi », I, 1927, p. 421.

[3] M. Passerini, *Analisi chimica di alcuni manufatti metallici di età eneolitica provenienti dall'antico territorio etrusco*, « Studi etruschi », III, 1929, pag. 412.

[4] *Nat. Hist.*, XXXIV, 16, 17.

[5] X, 46.

G. Fabbroni [1] parla dell'oricalco e ricorda Omero ed Esiodo che lo dicono « preziosissimo », mentre era vile e comune in Etruria, come può desumersi dal fatto che di esso erano fatte fibbie ed altri ornamenti nei sepolcri etruschi, certamente di povera gente perché semplici e disadorni. Sempre secondo il Fabbroni, questo oricalco sarebbe l'ottone, ma, come accadeva per gli archeologi di quell'epoca, si tratta di una affermazione non suffragata da alcuna prova. Secondo R. Grassini [2], non vi è dubbio che gli Etruschi non conoscessero l'ossido di zinco e l'effetto che l'aggiunta di esso al rame poteva produrre modificando il colore di questo. Ma considerando che le miniere di stagno delle Cento Camerelle erano prossime a quelle di zinco di S. Vincenzo, non è improbabile che gli Etruschi, adoperando dapprima il materiale di zinco, credendolo di stagno, abbiano così per caso scoperto l'ottone. È una ipotesi questa che sostituisce ma non risolve un importante problema.

Quanto all'oro sembra che non si trovasse nella regione originariamente occupata dagli Etruschi e che provenisse da paesi più lontani. Così nel periodo nel quale essi avevano esteso il loro dominio fino al Po (*Eridanus*) poteva provenire dalle sabbie di questo fiume che Virgilio [3] chiama appunto *auratus*, come anche afferma Plinio [4] quando dice che le sabbie del Po erano aurifere.

Con la sottomissione dell'Etruria a Roma si inizia la decadenza delle sue industrie metallurgiche, sia perché la conquista della Sardegna e della Spagna davano a Roma regioni più ricche, sia perché si volle, come afferma Plinio, rigorosamente applicato il *Senatus Consultus Patrum interdictus* che imponeva il rispetto del suolo italico, esclusivamente riservato all'agricoltura. Le sole miniere elbane continuarono ininterrotte la loro produzione fino ai tempi più recenti.

7. INGEGNERIA. - In molti campi eccelse l'abilità degli Etruschi nell'arte della ingegneria. Quest'arte si manifestò soprattutto nella costruzione delle mura che circondavano la città, nella costruzione

---

[1] G. FABBRONI, *Il bronzo ed altre leghe conosciute in antico*, Atti dell'Acc. Ital. di Scienze, Lettere ed Arti, Livorno, 1810.

[2] R. GRASSINI, *L'oricalco degli Etruschi*, « Studi etruschi », S. E., VII, 1933, pag. 331.

[3] *Georg.*, IV, v. 371.

[4] *Nat. Hist.*, XXXIII, 4.

dei ponti e delle strade, ma fu inferiore, dal punto di vista artistico, all'arte dei Greci nella costruzione degli edifici, tra i quali, dei templi che erano quasi sempre di legname rivestito da terracotta.

Furono abili gli Etruschi nei lavori di bonifica, di arginamento di fiumi e di torrenti, di canalizzazione delle acque e si valsero abbondantemente di questa loro abilità nel risanamento della Val Padana e della Maremma.

Lo sviluppo raggiunto dall'arte mineraria esigeva opere di sostegno per le gallerie sotterranee; l'abbondanza del legname favorì la costruzione delle navi.

8. MEDICINA. - È stato asserito, così dal Dempster, che la medicina fosse invenzione etrusca, ma G. Targioni Tozzetti [1] ha osservato che ciascuna antica nazione può dirsi inventrice della medicina, perché, in una forma rudimentale, tutte le popolazioni cercano rimedi per guarire le malattie.

Abbiamo pertanto testimonianze che nell'antica Etruria la medicina era coltivata. Così Teofrasto [2] dice: « ed invero Eschilo nelle tragedie afferma che l'Etruria è ricca di farmaci; la stirpe etrusca, popolo che produce medicine ». Marciano Capella [3] dice: « L'Etruria, famosa per l'origine dei rimedi ». La favola di Circe si ricollega alle cognizioni che gli Etruschi avevano dell'arte di comporre rimedi e veleni, un fatto cui alludono sia Omero che Virgilio, mentre Esiodo [4] riferisce la leggenda secondo la quale i figli della maga divennero principi etruschi.

La medicina era esercitata dai sacerdoti mediante l'arte divinatoria, in modo che apparisse piuttosto una manifestazione soprannaturale che la conseguenza di osservazione e ragionamento. Le malattie non erano conseguenze naturali degli eventi e della struttura fisica del corpo umano, ma dello sdegno degli dei per mezzo dei geni malefici, per cui le cure non potevano essere opera umana, ma divina. Cicerone [5] dice: *Deorum immortalium inventioni consacrata*

---

[1] Vedi *op. cit.* nella Bibliografia N. 110, pag. 36.
[2] *Hist. Plant.*, IX, 15, I.
[3] *De nuptiis* etc., 6.
[4] *Theogonia*, 1014.
[5] *Tusc. Quaest.*, L. III, I.

est ars medica. In tal modo il sacerdote diveniva il necessario mediatore tra i malati e la divinità e la cura richiedeva l'espiazione. Osserva il De Renzi [1] che i sacerdoti etruschi nelle loro divinazioni mediche adoperavano metodi del tutto diversi da quelli adoperati dai sacerdoti greci. Mentre nella Grecia questi consultavano gli oracoli che interpretavano ad arbitrio, i sacerdoti etruschi si attenevano nella interpretazione dei vari fenomeni ai libri sacri, per cui la medicina teurgica acquistava in Etruria un carattere più positivo e la classe sacerdotale costituiva un corpo più istruito. Sempre secondo il De Renzi la medicina etrusca è più antica di quella greca al cui progresso contribuì validamente. Il Vico poi ritenne che il frequente taglio degli animali e l'attenta osservazione dei visceri sviluppassero negli aruspici la conoscenza della anatomia degli animali che con tanta efficacia sono riprodotti nelle diverse figure. Plinio racconta che quando Pirro venne in Italia, gli aruspici incominciarono ad osservare il movimento del cuore ed il suo stato.

Il carattere magico della medicina etrusca si osserva nella formula magica ritmica sul male dei piedi che Varrone traduce dal libro dell'etrusco Saserna: *Terra pestem teneto, salus hic maneto,* la terra si tenga il malanno e rimanga la salute qui (cioè nei piedi). Carattere deprecativo hanno le tavolette plumbee (*devotiones*). Usavano poi gli Etruschi gli *ex voto* che per lo più riproducevano parti del corpo guarite per testimoniare la gratitudine alla divinità per la riconquistata salute, un'usanza di tutti i paesi che anche oggi è seguita.

Tra i più celebri erano i sacerdoti Marsi che con magiche parole curavano le malattie senza però trascurare i rimedi naturali dei quali avevano grande esperienza. Curavano così i morsi dei serpenti ed altre ferite con canti (*Marsa naenia*) e con erbe la cui cognizione era così familiare che ci viene descritta da Virgilio [2] e da Silio Italico [3]. Che poi la superstizione favorisse le ciurmerie risulta manifesto da alcuni fatti straordinari, come quello riferito da Varrone, cioè del camminare sui carboni accesi degli Irpi sul monte Soratte nel ter-

---

[1] Vedi *op. cit.* nella Bibliografia N. 28; T. I, pag. 42.
[2] *Aen.*, VII, 755.
[3] *Punica,* VIII, 497.

ritorio dei Falischi, ciò che accadeva perché *medicamento plantas tingebant*.

Particolare perizia avevano gli Etruschi nell'uso delle acque termali, delle quali la regione era ricchissima, come lo è l'odierna Toscana. Gli autori latini ci parlano spesso dell'uso delle acque termali da parte dei Romani, ciò che ci autorizza a supporre che le conoscessero ed utilizzassero prima anche gli Etruschi. Una certissima testimonianza, risalendo tra il IV ed il III secolo a. C., ci è data da Licofrone di Calcide in un passaggio della tragedia *Cassandra*[1] che dice: « Proveniente da Almonia, il vagante l'Etruria accolga; e il Linceo, calda sorgente di sgorgate linfe di polla; e Pisa, e i boschi di Agylla (Cere) ricchi di greggi », con riferimento forse secondo B. Bonacelli[2] alla Valle del Cecina, alle acque termali di Pomarance, forse, alle antiche *Aquae Volterranae,* seppure non si accenni ai soffioni boraciferi tra le alte valli del Cecina e del Cornia.

Ci limiteremo a ricordare: i *Fontes Clusini*, ricordati da Orazio[3], che probabilmente si identificano con le attuali Terme di Chianciano; le *Aquae Populoniae*, di cui ci dà notizia l'Anonimo Ravennate[4], che sono forse i Bagni di Caldana presso Campiglia Marittima; le *Aquae Vetuloniae*, di cui ci parla Plinio[5], forse identificabili con le precedenti; le *Termae Caeretanae*, citate da Strabone[6], che sono forse i Bagni del Sasso presso Cerveteri; le *Aquae Passeris*, citate da Marziale, identificabili con il Bulicame nel Viterbese di dantesca memoria[7]. Si devono poi ricordare le fonti di Abano, nelle quali, al tempo della divinazione, gettandovi i dadi, si ricavava la sorte del genio che le presiedeva, come ci attestano Svetonio ed anche Lucrezio.

Ma anche le acque chiare, fresche, richiamarono l'attenzione degli Etruschi che andavano alla ricerca di nuove fonti. Un frammento di Varrone presso Nonio, ricorda gli *aquileges tusci* e quindi gli addetti di quel popolo alla ricerca, conduttura e mantenimento degli acquedotti.

---

[1] v. 1238.
[2] B. Bonacelli, *La Natura e gli Etruschi,* « Studi etruschi », II, 1928, pag. 428.
[3] *Epist.*, I, 15, v. 9.
[4] IV. 36.
[5] *Nat. Hist.*, II, 106. 127.
[6] V. c. 220.
[7] *Inferno*, XIV, v. 79.

La perizia medica degli Etruschi si estendeva senza dubbio anche alla odontoiatria ed infatti denti legati in oro sono stati trovati nelle tombe di Tarquinia, di Civita Castellana, di Conca, l'antica Satricum, ed anche a Roma: nel codice delle XII tavole è fatto espresso divieto di porre oro nelle tombe, eccetto che per tenere uniti i denti dei defunti (*auro dentes juncti*).

La sanità pubblica non fu trascurata dalla medicina etrusca. Già una idea empirica della relazione esistente tra i fenomeni celesti periodici e le variazioni metereologiche da un lato e la salute del popolo dall'altro, non poteva non sorgere nelle menti degli aruspici, diligenti osservatori di quei fenomeni celesti e delle meteore.

E neppure disarmata era la medicina etrusca in caso di epidemie con l'attuazione del *ver sacrum*, cioè dello sfollamento, con che si riusciva ad evitare la diffusione delle epidemie. La gioventù nata in un determinato tempo, doveva lasciare il suo luogo di residenza in cerca di altri luoghi ove stabilirsi.

Non vi è dubbio che i Romani si siano valsi della medicina etrusca nei primi tempi della loro storia, di una medicina che aveva quindi un carattere eminentemente teurgico-sacerdotale, alla quale però impressero una propria impronta con l'ampia legiferazione delle norme di igiene pubblica. Al principio del secolo III a. C. si iniziava la penetrazione della influenza greca, malgrado l'opposizione di Catone, il Censore, che ne temeva i danni per l'integrità della stirpe romana e quindi anche la penetrazione della medicina greca, la quale si riversava pure nell'Etruria. Era però una penetrazione deteriore, di ciarlatani, più che di veri medici, di quel basso livello morale che ci è dipinto nelle commedie plautine. Roma ritenne non doversi abbassare ad un tale genere di arte: i cittadini romani non esercitavano quindi la medicina che lasciavano nelle mani degli schiavi e degli istrioni.

Ma ecco sul principio del secolo I a. C. giungere a Roma Asclepiade di Bitinia ed iniziare la venuta da Alessandria, dall'Asia minore, dalla Grecia, di ottimi medici che si stabilirono in Roma ottenendo nel 46 a. C. la cittadinanza romana come ci fa sapere Svetonio. Ecco Aulo Cornelio Celso, romano, e Cajo Plinio Secondo, comasco, nelle loro opere enciclopediche, riassumere le cognizioni mediche del tempo. Ecco, dopo un breve periodo di decadenza, comparire sulla scena di Roma la grande figura di Galeno di Pergamo che con la sua originale e potente personalità diede nome ad un'epoca della medicina, la quale da allora decadde con il progressivo declino dell'Impero romano di Occidente.

Era naturale che l'Etruria, legata al carro di Roma nella buona e nella cattiva fortuna, ne seguisse le vicende nello svolgimento del pensiero e della pratica della medicina, come in ogni altro campo.

9. Agricoltura. - La leggenda di Tagete che in vicinanza di Tarquinia scaturì da una zolla del campo arato da Tarconte e lo istruì nel diritto campestre e nella scienza della divinazione [1] testimonia l'importanza che l'agricoltura ebbe presso gli Etruschi. Ha rilievo per la storia sociale e proprio in relazione all'agricoltura, un passo di Columella secondo il quale si attribuisce all'antico genio Tagete di avere istituito il confine dei campi ed a Tarconte etrusco il ricingimento del podere con piante: ne derivava il principio giuridico della proprietà inviolabile, fortemente sostenuto dai sacerdoti, e che venne poi trasmesso nelle basi del diritto romano.

Oltre Tagete un altro personaggio mitico è la ninfa Vegor alla quale si attribuisce l'arte di interpretare le folgori [2], ma anche di aver trasmesso ad un arconte Veltimno le leggi sui limiti che i Romani designavano con il nome di *jus limitum*. Si ricollega alle suddette norme il rito simbolico dell'aratura delle nuove città.

Il rituale etrusco penetrò profondamente nella mentalità degli agricoltori romani e nel Lazio molto anticamente si venerarono varie divinità secondarie rievocanti nel nome le opere campestri cui presiedevano. Una di esse era Sterenzio, il dio della concimazione, un'altra era Vertumno o Voltumno che presiedeva alla vegetazione e che appare anche sotto il nome di Volturnus, il *Deus Etruriae Princeps*, la cui statua, già esistente a *Volsinii Veteres,* quando questa città fu distrutta nel 265 a. C., fu collocata nel *Vicus Tuscus* che divenne il quartiere definitivamente abitato da quegli Etruschi che al comando di Celio Vibenna vennero in aiuto di Romolo al tempo della sua contesa con Tazio.

Il particolare interesse degli Etruschi per le opere dei campi si manifesta nel modo più evidente nella invenzione degli strumenti

---

[1] Cicerone, *De Divinatione*, II, 50.

[2] Servio, *Commento all'Eneide*, 6, v. 72.

agricoli, così dell'aratro con vomero a punta, invenzione, secondo Plinio [1], fatta poco prima del suo tempo nella Rezia, che B. Bonacelli [2] interpreta come la valle media dell'Adige, nella regione retica e non già come la Rezia, conquistata da Augusto.

Il grado poi di sviluppo raggiunto dagli Etruschi nel lavorare i campi trova conferma nella grande varietà di attrezzi agricoli: vanghe, zappe, falci, falcioni, falcetti, roncole, pennati, scuri, che si possono ammirare nel Museo Archeologico di Firenze e che sono stati diligentemente illustrati da G. Vitali [3].

Ma un'altra importante prova dell'interesse degli Etruschi per le cose agresti lo troviamo nelle opere di risanamento delle zone costiere che essi trovarono certamente inadatte alla coltivazione ed insalubri. Di queste opere non abbiamo dimostrazioni dirette, ma esse possono facilmente arguirsi dai numerosi centri costieri di primaria importanza dai quali la colonizzazione si irradiò verso l'interno. E d'altra parte l'abilità degli Etruschi nelle opere di canalizzazione delle acque è dimostrata dai canali di scolo scavati alle bocche del Po, come racconta Plinio [4], abilità che non potevano non avere utilizzata nelle loro regioni. Ed infatti Livio ci assicura che quelle zone furono floridissime nelle province degli Etruschi ove i Romani si recavano per loro diletto.

Lo sviluppo dell'agricoltura in Etruria era poi grandemente favorito dalla feracità del terreno, per quanto ci dice Livio [5]. Infatti questo autore racconta, parlando dell'arrivo di Annibale in Italia, che quando Flaminio ebbe messo il campo ad Arezzo, trovò la regione tra Fiesole ed Arezzo tra le più fertili d'Italia, ricca di frumento e di bestiame, come di qualunque altro prodotto.

Perché la cultura dei campi, secondo i vecchi metodi, produca i risultati migliori, la loro estensione deve essere adeguata al numero dei coltivatori. Varrone, citato da Filargirio nel *Commento alle Georgiche,* dice *terra, culturaeque causa, particulatim hominibus attributa*, volendo con ciò indicare che i terreni erano frazionati

---

[1] *Nat. Hist.*, XVIII, 18.

[2] Vedi *op. cit.* nella nota 2 a pag. 65.

[3] G. VITALI, *Attrezzi agricoli del Museo Archeologico di Firenze,* « Studi etruschi », VII, 1933, pag. 321.

[4] *Nat. Hist.*, III, 20, 120.

[5] XXII, 3.

in piccole parti, affidate ad un certo numero di coloni. Virgilio [1] diceva felicissimi gli agricoltori se conoscessero la loro ricchezza: un riposo senza preoccupazioni, una vita senza inganni, tranquillità ed ampi orizzonti, ..., una giovinezza resistente al lavoro ed abituata alla sobrietà.

Parlando del territorio dell'Etruria antica abbiamo accennato alla questione se l'esistenza delle paludi implicava l'insalubrità dell'aria ed abbiamo riportato l'opinione del Nogara di una Etruria paludosa in ampie zone, ma non malarica. Sta di fatto che i terreni acquitrinosi costituiscono un ostacolo allo sviluppo dell'agricoltura diminuendo le aree coltivabili. Contro questo ostacolo lottarono tenacemente gli Etruschi e si sono potuti constatare i resti delle opere per la difesa delle acque impetuose, per la liberazione delle acque stagnanti, per la regolare irrigazione.

Il compito di trovare l'acqua per l'irrigazione era affidato agli *Aquileges* o *Aquilices*, dei quali abbiamo parlato, che avevano un carattere sacerdotale e che si valevano di formule magiche per raggiungere lo scopo. Per arguire circa la presenza dell'acqua nel sottosuolo gli Aquileges si basavano anche sulla umidità del terreno, sul *sudor*, del quale parla Seneca [2] e sulla presenza di certe piante, secondo Plinio [3].

Il passaggio degli Etruschi sotto la dominazione romana segnò un progresso dell'agricoltura che era dai Romani regolata con savie leggi, ma le devastazioni sillane segnarono un grande regresso: le acque ritornarono ad essere stagnanti ed il paese nuovamente ad essere spopolato e malsano. Né le cose migliorarono gran che sotto l'Impero che non rivolse alla coltivazione della terra le stesse cure promosse dalla Repubblica, per cui ne derivarono le carestie che affamarono Roma e che richiesero l'invio di granaglie dalla Siria, carestie che recarono gravi conseguenze anche per l'Etruria che in tempi di floridezza agricola suppliva alle necessità di Roma.

Dell'abbondanza e bontà dei cereali ci parlano Varrone e Plinio. Il grano si produceva nei territori di Cere, Volterra, Arezzo, Perugia, Chiusi, Roselle, quindi su vastissima estensione. Spesso ricordano

---

[1] *Georg.*, II, 458.
[2] *Quaest. nat.*, III, 15.
[3] *Nat. Hist.*, XXVI, 16, 30.

gli autori che nelle carestie che afflissero il Lazio nel IV e II secolo a. C. a sollievo delle popolazioni affamate era *frumentum advectum* dalla Campania e dall'Etruria.

Gli autori segnalano in Etruria l'esistenza di frumenti duri e vestiti e di frumenti teneri e nudi. I grani duri erano il farro e l'alica. Il farro (*Triticum amyleum Seringe,* o *Triticum dicoccum Schrank*) di niveo candore, come dice Columella [1] di quello chiusino, torrefatto nei forni, veniva pestato con il pestello (*pilum farrearium*) per ottenere la farina che, sottoposta all'azione del fuoco con la cottura su tegole scaldate e coperte di cenere calda, serviva, per quanto ci dice Ovidio [2], per preparare le focacce. L'alica (*Triticum Spelta L.*) si pestava in un mortaio di legno per ottenere un prodotto che veniva mescolato con una particolare creta proveniente da Napoli e Pozzuoli, la quale conferiva al prodotto una particolare tenerezza.

Il grano tenero era rappresentato dal siligo che, secondo Plinio [3] forniva un pane ricercato per la pasticceria; questo pane, dice Giovenale [4], era tenero e niveo. Secondo Bonacelli [5], l'introduzione dei grani teneri nell'Italia Centrale fu tarda, prevalendo nell'Etruria antica l'uso del farro locale. Anche G. Targioni Tozzetti [6] ritiene che i semi di varie piante ed anche animali domestici provenissero dal di fuori.

La geologia ha dimostrato l'esistenza della vite (*Vitis vinifera L.*) nei travertini superiori della valle dell'Era, in epoca anteriore alla comparsa dell'uomo. Il metodo della vinificazione venne introdotto in Etruria dai navigatori orientali ed è da presumersi che anche ai tempi dell'antica Etruria i vini godessero della attuale rinomanza. Plinio [7] ci riferisce che una statua di Tinia (Giove) a Populonia, la città forse del dio del vino, *Fufluns,* era di legno di vite, ciò che può servire ad attestare lo sviluppo talvolta eccezionale raggiunto dalla coltivazione della vite. Columella riferisce che a Cere una pianta di vite aveva dato in un anno fino a 1000 grappoli d'uva.

---

[1] *De re rustica,* II, 6.
[2] *Fasti,* VI, 315.
[3] *Nat. Hist.*, XVIII, 9.
[4] V.
[5] Vedi *op. cit.* nella nota 2 a pag. 65.
[6] Vedi *op. cit.* nella Bibliografia n. 110, pag. 8.
[7] *Nat. Hist.*, XIV, I.

L'olivo esisteva in Europa allo stato spontaneo, ma solo relativamente tardi si trovò la maniera di estrarne l'olio. Si ha ragione di ritenere che al tempo della maggiore grandezza degli Etruschi l'oleificazione non fosse in voga che nella Campania ove i Greci avevano introdotto ottime qualità di olive. Di una coltivazione dell'olivo in Etruria non si ha notizia neppure nei tempi più floridi dell'Impero.

Si ha notizia che il lino fosse coltivato in territorio falisco e sulla destra del Tevere verso la foce. L'impiego principale del lino era per la fabbricazione delle vele per le navi. Che per tale scopo il lino fosse tessuto è dimostrato, almeno per Tarquinia, dal celebre passo di Livio [1] da cui risulta che Tarquinia si dichiarava pronta a fornire a Publio Cornelio Scipione *lintea in vela.* Nella regione falisca il lino era tessuto anche per indumenti e Silio Italico [2], enumerando varie truppe italiche, parla di genti falische nell'abito nazionale di tela.

L'Etruria era ricca di boschi ai quali si debbono aggiungere quelli della Corsica che fornivano legname, come dice Teofrasto [3], adatto per la costruzione delle navi. Le specie delle piante che fornivano legname, elencate da Teofrasto [4], sono il cedro, il pino, l'abete, la quercia, il faggio, l'olmo, il tiglio. Dal già citato passo di Livio risulta che Volterra concorse all'allestimento dell'armata di Publio Cornelio Scipione, con gli *interaventa navium,* cioè con materiale da calafatare, mentre Perugia, Chiusi, Roselle concorsero con l'abete, ma Scipione si contentò del legname dei boschi demaniali laziali: *abiete ex publicis silvis est usus.* Il legname veniva trasportato, come dice Strabone [5], per mezzo delle acque dei fiumi, specialmente per mezzo del Tevere che era navigabile fin presso alla foce anche in tempi di magra.

Le querce davano alimento ai maiali in gran numero, i quali erano contati e guidati da contadini al suono di una tromba, secondo

---

[1] XXVIII, 45.
[2] *Punica,* IV, 223.
[3] *Hist. plant.,* V, 7.
[4] *Hist. plant.,* IV, 5.
[5] V, 2.

quanto Polibio [1] racconta. Da Teofrasto [2] apprendiamo che dal pino e dall'abete si ricava specialmente la pece, incidendone la corteccia.

Quando l'agricoltura è molto prospera, non lo è la pastorizia: tuttavia dal fatto che le lane etrusche erano molto apprezzate, si deve dedurre che l'allevamento delle pecore non doveva essere trascurato; anzi a Tarquinia vi era una florida industria tessile.

Indispensabili per la cultura dei campi sono i bovini e di quelli etruschi, secondo Columella [3], erano ricordati come i più resistenti alle fatiche quelli dell'Appennino. Si allevavano anche i cavalli ed i finimenti di questi si trovano spesso nelle tombe e sembra che la prima istituzione della cavalleria romana, i trecento *celeres* (dieci per tribù) di Romolo, fossero di origine etrusca.

Dalla Corsica traevano gli Etruschi la cera, uno dei loro più importanti proventi fiscali. Plinio [4] diceva che la cera corsa, quantunque non di primissima qualità, tenevasi per medicamentosa a causa del bosco dal quale proveniva.

All'agricoltura si ricollegano la caccia e la pesca che erano coltivate dagli Etruschi come è dimostrato da alcune pitture sepolcrali nelle tombe Querciola e dei Cacciatori di Tarquinia. Secondo Columella [5] anche la pescicultura sarebbe stata coltivata dagli Etruschi. Strabone ricorda due osservatori del passaggio dei tonni, uno sotto il promontorio di Populonia, l'altro a Porto d'Ercole, sotto il Monte Argentario.

10. Tecnica, industria, commercio. - Anche se non conoscessimo delle opere artigiane degli Etruschi altro che le nozioni che ci hanno tramandato i testi, ciò basterebbe a confermare quella fama di « filotecnici », amanti del lavoro artigiano, che loro attribuiva, per esempio, Ateneo [6]. Questo fatto era poi favorito da che il loro territorio abbondava delle materie prime necessarie per lo sviluppo del lavoro e di cui abbiamo dato un cenno trattando delle escava-

---

[1] *De architectura*, XII, 8.
[2] *Hist. Plant.*, IX, 2, 3.
[3] *De re rustica*, VI, I.
[4] *Nat. Hist.*, XXI, 14.
[5] *De re rustica*, VIII, 16.
[6] XV, 18.

zioni di rocce, dell'industria mineraria e dell'agricoltura. Ad esse si deve aggiungere il corallo che, secondo Plinio [1], si trovava a Gradisca, vicino alla foce del Marta. Inoltre, secondo Strabone [2], a Porto d'Ercole si incominciarono in epoca molto antica a raccogliere i gasteropodi della porpora (*Murex* e *Purpura*) lungo le coste fino ai paraggi della Sicilia per farne uso come colorante.

Altre materie prime ottenevano gli Etruschi per mezzo dei loro commerci. Una di queste materie era l'avorio che doveva in maggior parte provenire dalle regioni etiopiche dall'epoca della conquista romana. Di avorio era la *sella curulis*, attribuita alle alte magistrature e che, secondo un passo di Properzio [3] era anche dorata.

Un'altra materia che, provenendo dai paesi marittimi del settentrione, doveva giungere nella valle bassa del Po, era l'ambra, questa resina fossile circa la quale si è tanto favoleggiato. Plinio [4] parla del mito di Fetonte, precipitato nel fiume Eridano, che lo stesso Plinio [5] identifica con certezza con il Po, e delle sorelle di lui, che, tramutate in pioppi, piangevano lacrime di ambra.

Bisogna distinguere, presso gli Etruschi, una piccola industria comprendente le arti casalinghe, rispondenti alle primordiali necessità della vita, dalla grande industria dei metalli e della ceramica, con accentuato carattere artistico.

Tra le arti casalinghe si debbono ricordare quelle per preparare farine, pasta, focacce, e che gli Etruschi fossero in esse molto progrediti si può desumere dalla prodigalità dei loro banchetti e dalle menzioni che i Romani fanno degli utensili escogitati per prepararle. Le macine (*molae*) facevano parte dei contributi degli abitanti di Arezzo per la flotta di Publio Cornelio Scipione.

Non mancando in Etruria la lana ed il lino, era naturale che le donne etrusche si applicassero alla tessitura per ottenere indumenti di ogni specie. Alcune fogge di vestire dei Romani sono state ricordate come di origine etrusca. Così la *toga ondulata* di Servio Tullio, tessuta da Tanaquilla e che si conservava nel tempio della

---

[1] *Nat. Hist.*, XXXII, 2.
[2] V, 2.
[3] V, 10, v. 27.
[4] *Nat. Hist.*, XXXVII, 23.
[5] *Nat. Hist.*, XII, 4.

Fortuna, per quanto ci dice Plinio [1]; la *recta tunica*, indossata dalle giovani spose nelle nozze; la *toga pura*, cosiddetta perché bianca, del colore naturale della lana, che i giovinetti indossavano ai 15-16 anni; la *toga praetexta*, ornata con una striscia rossa, che era indossata dai magistrati; il *paludamentum*, che era il mantello del generale in capo. Anche alcune fogge di copricapo sembra siano state importate dall'Etruria.

L'industria delle calzature doveva essere assai progredita tanto da divenire oggetto di esportazione. Il notevole sviluppo di questa industria dipendeva da che mentre Greci e Romani andavano di regola scalzi, ciò non avveniva per gli Etruschi. Un tipo di sandali costituiti da una forte suola di cuoio fermata al piede con legacci (τυρρηνικα σανδαλαι) era molto ricercato in Atene al tempo di Pericle come si può desumere da una testimonianza del comico Cratino [2] presso Polluce. Questi sandali di uso comune erano riservati come oggetti di lusso presso i Greci ed i Romani; dalle donne passarono poi ai senatori, ai cavalieri e da ultimo ai soldati, come ci attesta Virgilio [3]. *Tusca calciamenta... crepidas quas primo habuere senatores, post equites, nunc milites.*

Tra gli Etruschi alle suole di cuoio si sostituiva spesso una suola di legno con che i sandali acquistavano l'aspetto dei nostri zoccoli che da quelli forse derivano. Questi sandali erano qualche volta appuntiti, ed anche con rivestimenti bronzei ai lati e snodati; i legacci potevano essere intessuti d'oro. Nel periodo arcaico venivano usate anche scarpe alte che i Romani chiamavano *calcei.*

Abbiamo già messo in evidenza il grande sviluppo che aveva in Etruria l'estrazione dei metalli e quindi la loro lavorazione. Se una parte di questi metalli era destinata all'esportazione, come, per il ferro, ci attestano Varrone, riportato da Servio [4], e Diodoro Siculo [5], era logico che l'uso maggiore se ne facesse in Etruria. Così il ferro, il rame, il bronzo, erano ampiamente adoperati per la costruzione di armi, industria nella quale molto si distinguevano gli Aretini, di

---

[1] *Nat. Hist.*, VIII, 48, 74.
[2] VII, 22, 86.
[3] *Aen.*, VIII, v. 457.
[4] *Commento all'Eneide*, X, 174.
[5] 2, V, 13.

utensili e di figure artistiche. Gli scrittori attici ci attestano che tra i contemporanei di Milone, di Fidia e di Policleto erano particolarmente ammirati i bronzi etruschi, soprattutto vasi e candelabri. L'ateniese Crizia porta alle stelle la tazza etrusca e tutto ciò che di rame può adornare una casa (Ateneo [1]). Intorno ai bronzi scolpiti di indubbia fattura etrusca si intrattiene anche Plinio [2] e le statuette (*Thyrrena Sigilla*) ricordate da Orazio [3], erano tenute per cose di pregio. Il bronzo veniva lavorato con diversa tecnica, a lamina, a martellamento, a bulino.

Lavoravano gli Etruschi con grande abilità l'argento che poteva essere loro fornito dai giacimenti di Montieri, tra Populonia e Volterra, e di Campiglia Marittima, ma che era anche importato. Con esso si facevano splendidi specchi che precedentemente erano fatti in bronzo e stagno brunito. Questi specchi erano diligentemente levigati da una parte - quella che serviva da specchio - e dall'altra portavano graffite figure e scene mitologiche.

Ma è nella lavorazione dell'oro, in massima parte importato allo stato grezzo, che maggiormente si distinguevano gli Etruschi. L'eccellenza degli orafi etruschi è dimostrata dalle oreficerie trovate a Vetulonia, a Cerveteri, a Palestrina. Sono armille, fibule, schienali, fermagli, pendagli, spilloni, collane, diademi, nei quali il metallo è trattato con varie tecniche, a granulazione, a stampo, a filigrana, con una perfezione appena emulata dalla tecnica moderna. Anche nella lavorazione dell'avorio gli Etruschi si dimostrarono eccellenti.

Un'altra industria che è compagna inseparabile dell'uomo in tutti i suoi gradi di civiltà è quella della ceramica. Ritiene B. Nogara che se un tempo vennero attribuiti all'arte etrusca quei vasi caratteristici con figure nere su fondo rosso, si deve invece ritenere che si tratti di produzione attica dei secoli dal VI al IV a. C., importata dalle famiglie agiate per cui le loro tombe divennero il deposito più ricco della ceramica greca. È vero che gli Etruschi abbiano saputo coltivare quel ramo dell'industria, senza però mai raggiungere la perfezione dei Greci.

---

[1] I. 286, c. 50.
[2] *Nat. Hist.*, XXXIV, 7.
[3] *Epist.*, II, 2.

Una specie di ceramica che gli Etruschi coltivavano con grande successo è quella dei *buccheri*. Esistevano in Italia, in tempi più antichi, vasi cosiddetti ad impasto, fatti di argilla grezza, cotta a fuoco libero, alla quale si dava una patina di resina e carbone vegetale per ottenere il colore nero. Gli Etruschi perfezionarono questa arte curando la purezza dell'argilla in modo da ridurre lo spessore dei vasi mescolando alla pasta il colore nero che così penetrava nell'interno e cuocendo i vasi così ottenuti a fuoco chiuso nei forni, ciò che conferiva al vaso compattezza e solidità. La superficie veniva accuratamente levigata e qualche volta le si applicava una sottilissima foglia di argento. A. De Vita [1] ritiene che i figuli etruschi per la fabbricazione dei buccheri adoperassero terre nere naturali che si trovano tra l'aretino, il chiusino ed il senese, ma che, per impastarle, si valessero abbondantemente dell'argilla e del materiale di manganese che veniva trovato in grande quantità nelle cave di travertino. Questa industria dei buccheri fini rimase in fiore fino verso la fine del secolo V e cessò con il principio del secolo IV, ma sotto l'influsso, sembra, delle colonie greche della Campania, venne introdotta la fabbricazione dei vasi di terracotta comune, i cosiddetti vasi etrusco-campani che formano gran parte del corredo funebre delle tombe etrusche dal IV secolo in poi, mentre si introduceva il vasellame aretino d'impasti e di tinta rosso corallo che vanno sotto il nome di *vasi sigillati*. Appunto, secondo Isidoro [2], Arezzo fu il centro della fabbricazione di vasi di particolare argilla rossa.

R. Grassini e G. Piccardi [3] mettono in giusta luce l'importanza dell'analisi chimica applicata all'antiquaria, ricordano i primi studi del Davy del 1815 sui colori di Pompei ed accentuano i progressi dei moderni metodi di analisi tra i quali spetta il primo posto alla spettroscopia. Così L. Parlati [4] ritiene che la materia prima adoperata per la confezione di questi prodotti sia stata una sabbia quarzosa-feldspatica-argillosa la cui colorazione nerastra si otteneva con

---

[1] A. de Vita, *Osservazioni sulla tecnologia dei buccheri*, « Studi etruschi », I, 1927, pag. 187.

[2] XX, 4.

[3] R. Grassini e G. Piccardi, *Nuovi mezzi di indagine fisico-chimica dei relitti antichi*, « Studi etruschi », VII, 1933, pag. 328.

[4] L. Parlati, *Ricerche analitiche sulle ceramiche del periodo eneolitico e villanoviano in Etruria*, « Studi etruschi », III, 1929, pag. 413.

nerofumo al contrario di quella brunastra interna forse ottenuta da un'ocra ferruginosa. R. Nasini ed R. Grassini [1] esaminando chimicamente la vernice dei bei vasi rossi aretini, hanno potuto dimostrare che l'acido borico è uno dei componenti la vernice di quei vasi contrariamente all'opinione di alcuni storici della chimica i quali ritengono che il borace non fosse conosciuto dagli antichi.

Già dicemmo che la scienza si ricollega all'arte per il fatto che la tecnica non è del tutto estranea al successo artistico. Oltre che nelle ceramiche questo asserto trova una valida conferma nella pittura murale. L. Branzani [2] ci fornisce una accurata descrizione della tecnica seguita nella pittura murale. In un primo periodo arcaico comprendente i secoli VII e VI a. C., che si può chiamare ellenistico, in quanto risente l'influenza dell'arte greca, la tecnica seguita era la seguente. Le pareti degli ipogei venivano spianate e levigate con stuccature fatte con detriti della roccia uniti a calce spenta; se il terreno era di natura tufacea, le pareti venivano rivestite con uno strato d'intonaco fatto con calce o pozzolana, o con calce e rena, o con lastre di terracotta. Si applicava quindi una specie di imprimitura di creta bianca sulla quale si distribuivano gli spazi per i fregi, le fasce e le figure. I contorni di questi erano con sicurezza tracciati per mezzo di punte metalliche, quindi con pennelli si applicavano i colori macinati senza mescolarli e colorando secondo il costume orientale di bianco le carni muliebri, di rosso le virili. Per fissare le crete ed i colori si mescolavano con una colla animale che, secondo Dioscoride, si preparava con organi di pesce (*ichtyocolla*) o con ritagli di pelle di bue (*xylocolla*).

Le pitture degli ipogei, al riparo da ogni logorio, non ricevevano generalmente vernice, ma questa si applicava sui sarcofaghi e qualche volta sui vasi. Questa vernice, rammentata pure da Dioscoride, si chiamava *zopissa* od *apochyma*, era incolore, fluida, trasparente e lucida e si otteneva sciogliendo in un olio essenziale derivato dalla resina di pino (*picinum oleum*) una miscela di cera e resina raschiata da quella messa sulle chiglie delle navi. Su questa vernice se ne ap-

---

[1] R. Nasini e R. Grassini, *Sulla scoperta dell'acido borico nei vasi sigillati aretini*, « Studi etruschi », VI, 1932, pag. 384.

[2] L. Branzani, *La pittura murale degli Etruschi*, « Studi etruschi », VII, 1933, pag. 335.

plicava un'altra trasparentissima che sembra si ottenesse combinando a caldo pietra silicea e rena ben macinata con potassa caustica disciolta in acqua (silicato di potassa).

Nel terzo periodo, dai primi del secolo III al principio del secolo II a. C., la tecnica della pittura murale subì una sostanziale modificazione. Sopra un intonaco asciutto fatto con un impasto di calce e rena, o di pozzolana, si stendeva delle passate di bianco di calce e su queste il colore, ma non più a colla, ma ad acqua, perché il bianco di calce bastava a fissare il colore, trasformandosi in carbonato di calce a contatto con l'anidride carbonica diffusa nell'aria. Questa tecnica, da non confondersi con l'affresco, era adatta per una pittura rapida con un solo colore.

I colori usati dagli Etruschi erano, generalmente, il bianco, il nero, il rosso ed il giallo, ottenuti dalle terre locali, cui si aggiungeva il rosso cinabro ottenuto dalle cave dell'Amiata ed il verde proveniente dalle miniere di argento e di rame. Si usava anche colori importati dall'Oriente.

Con una industria ed una agricoltura molto progredite gli Etruschi avevano l'elemento principale per un florido commercio. Il commercio esterno richiedeva la conoscenza dell'arte del navigare anche sotto forma di pirateria che dagli antichi non era considerata una attività disonorevole. Così Servio [1], prendendo da Cicerone, dice: *hi diu piraticam exercuerunt.* Ma il maggiore sviluppo del commercio si svolgeva certamente per vie pacifiche.

Innanzi tutto si deve accettare l'asserto di Livio [2] che gli Etruschi, eruditissimi tra gli altri popoli, introdussero nella vicina Roma molte delle loro arti, « *quas multas (artes) ad animorum corporumque cultum nobis eruditissima omnium gens invexit* ».

Sulla base del materiale archeologico si può affermare che il primo commercio gli Etruschi lo ebbero con i Fenici e con la città di Cartagine. Seguirono intensi scambi, fino dall'inizio del secolo VI, con la Grecia, specialmente con i Focesi, attraverso Cuma e Siracusa. L'ostilità che culminò nella battaglia di Cuma (474 a. C.) pro-

---

[1] *Commento all'Eneide,* VIII, 479.
[2] XXXIX, 8.

dusse una attenuazione negli scambi tra l'Etruria e la Grecia, ed a partire dal secolo V lo Stato romano e la Campania sono le regioni ove maggiormente si estese il commercio etrusco. A partire dal secolo IV l'industria etrusca si sviluppò tra i Galli, invasori della Gallia Cisalpina. Ciò accadeva nei tempi meno felici quando le città meridionali erano già state incorporate nella Repubblica. Per dare una idea riassuntiva di quante cose potesse disporre l'Etruria in quel tempo, vale la pena di citare integralmente il celebre passo di Livio [1] in aiuto dell'armata di P. Cornelio Scipione: « Ciascuna città concorse con i mezzi di cui poteva disporre (*pro suisque facultatibus*). Quelli di Cere avrebbero procurato il frumento ed il vettovagliamento di ogni genere per le navi associate nell'impresa; quelli di Populonia il ferro; quelli di Tarquinia la tela per le vele; quelli di Volterra la cera per la spalmatura delle navi e grano; quelli di Arezzo tremila elmi, giavellotti di forma gallica e romana ed aste lunghe in numero di cinquantamila, di ogni specie, inoltre scuri, zappe, falci, secchie e mole da macinare quanto fosse necessario per quaranta navi lunghe e per di più avrebbero contribuito con centoventimila mogge di grano e le provviste di viaggio per i rematori e decurioni; quelli di Perugia, di Chiusi e di Roselle avrebbero dato il legname per la costruzione delle navi e grandi quantità di frumento ».

Un indice molto significativo della intensità dei rapporti commerciali è sempre stata la moneta. Appare quindi strano che malgrado l'intensità di quei rapporti la monetazione apparisse tardivamente in Etruria e così pure l'introduzione di monete dal di fuori. È probabile che la maggior parte degli scambi si facesse mediante oggetti o con metalli preziosi a peso.

Nei primi tempi si usarono in Etruria monete d'oro e di argento di città greche, prevalentemente di Focea e delle città dell'Asia minore. Le prime monete etrusche furono dischi di argento ed anche di oro senza conio e nel secolo V monete auree liscie da un lato e con una testa leonina o giovanile dall'altro. Più tardive, cioè del secolo IV ed anche del III, sono le monete auree con conio su entrambe le facce. La monetazione argentea incominciò circa la metà

---

[1] XXVIII, 45.

del secolo V con monete, nella serie più antica, lisce da un lato, oppure lisce da un lato e con rappresentazioni sull'altro, nelle serie più recenti; le prime serie appartenenti plausibilmente a Populonia e ricollegantesi a contatti con la Sicilia, le seconde serie, appartenenti all'Etruria più interna e ricollegantesi attraverso il mare Adriatico con la città più importante di questo mare, con Corcira (Corfù).

Quanto alle monete di rame e di bronzo, all'*aes rude*, privo di forma, fece seguito l'*aes signatum* con vari simboli, ed a questo l'*aes grave*, con simboli vari su un lato e con impresso talora sull'altro il nome della città. Sulla fine del secolo III la monetazione etrusca viene sopraffatta da quella romana.

11. FILOSOFIA. - Plinio nell'elenco degli scrittori antichi annovera i nomi di Tutilio, Musonio, Aquila, Umbricio, Tarquinio, Fabricio, i quali avrebbero esposto la teoria dei fulmini. Secondo Ferrario avrebbero trattato materie astruse; Seneca [1] encomia il suo maestro Attalo per avere saputo congiungere la sottigliezza dei Greci alla disciplina degli Etruschi.

Plutarco [2] parla di alcune opinioni secondo le quali Pitagora, mentre per alcuni era sannio, l'origine oggi generalmente accettata, per altri era tirrenio, ma cita l'opinione di Teone, il grammatico, il quale dice che dimostrare che Pitagora fosse tirrenio era « cosa grave e non facile ».

Comunque dottrine orfico-pitagoriche non mancarono di esercitare una influenza sui *libri acherontici*, una specie di *libri rituales*, contenenti i destini delle anime ed analoghi ai libri dei morti degli Egiziani, come pure sulle figure allegoriche indicanti transito di anime che a piedi o sui carri procedevano accompagnate da dèmoni punitori o benevoli verso le espiazioni o le purificazioni ed i premi.

Non risulta che altre scuole filosofiche abbiano esercitato influenza sul pensiero degli Etruschi pur non essendo impossibile dopo la conquista romana. Gli storici ricordano un filosofo Amelio, che fu allievo di Plotino e che visse nel III secolo d. C.

La cultura non era che il privilegio delle famiglie che potevano apprenderla e quindi delle caste sacerdotali e delle classi dominanti,

---

[1] *Quaest. nat.*, II, 50.
[2] *Quaest. conv.*, VIII, 727.

mentre il resto della popolazione, il popolo, era dedicato ai mestieri, all'agricoltura ed alla guerra. Si deve ammettere che esistessero nell'Etruria dei nuclei di cultura greca e veramente a questa dovevano attingere i giovani delle primarie famiglie romane che si solevano mandare nell'Etruria per migliorare la loro istruzione prima che Roma avesse potuto assimilare la cultura greca attraverso la conquista.

Non è compito di questo libro esaminare le cause per le quali un popolo che aveva raggiunto un così elevato grado di cultura non avesse potuto resistere agli attacchi esterni. In sintesi diremo che mancò agli Etruschi una efficace cooperazione nazionale, predominando l'autonomismo regionale e l'amore per una vita tranquilla e di agi; mentre i loro avversari, i Romani, non favoriti dalla ricchezza e dalla fertilità del suolo, circondati da vicini tenaci e combattivi, impararono presto a maneggiare le armi ed a combattere in una serie di vittorie e di sconfitte che ne temprarono il carattere e li resero capaci di imporre il loro dominio sui loro nemici.

IV

PERIODO DELLE DOMINAZIONI BARBARICHE E DEL FEUDALESIMO

Dalla caduta dell'Impero di Occidente alla morte della Contessa Matilde (476-1115)

1. Storia. - Non è naturalmente nostra intenzione raccontare i complicati eventi di questo lungo periodo storico, ma considerarne solo quelli che hanno relazione con la Tuscia, per comprendere la loro importanza sullo sviluppo della cultura in questa regione ed in questo periodo.

Nell'anno 476 con la deposizione dell'Imperatore Romolo Augustolo era cessato di esistere l'Impero Romano di Occidente, per opera del generale barbarico Odoacre che, nel 480, divenne re d'Italia e rappresentante dell'Imperatore Zenone di Oriente. L'Etruria, divenuta Tuscia medievale, faceva parte del nuovo regno.

Già un secolo prima la Tuscia era venuta a contatto con i barbari. Nel 405 le orde barbariche, al comando di Radagasio, si erano rovesciate nella Tuscia ed avevano cinto di assedio Firenze. L'8 di ottobre 406, giorno dedicato alla festa di S. Reparata, Stilicone, il generale vandalo che era tutore dell'Imperatore Onorio, tuttora giovinetto, disfece a Fiesole l'esercito di Radagasio. I Fiorentini attribuirono la vittoria a S. Reparata, alla quale fu dedicata una chiesetta che poi divenne il Duomo.

Un altro grande contatto con i barbari la Tuscia l'aveva avuto quando Alarico, re dei Visigoti, era disceso per la seconda volta in Italia nel 408, con il proposito di conquistarla ed aveva raggiunto Roma in quello stesso anno (410) in cui la sua morte a Cosenza ne arrestò la marcia verso l'Italia meridionale.

Durante il regno di Odoacre e quello di Teodorico, re degli Ostrogoti, che nel 493 gli era successo dopo la sua capitolazione, seguita dalla sua uccisione, la Tuscia aveva goduto un periodo di tranquillità, anche perché entrambi avevano mantenuto le istituzioni e le leggi romane. Alla morte di Teodorico nel 526, sua figlia Amalasunta aveva assunto la reggenza per il figlio Atalarico allora in giovane età.

Era in quel tempo grande proprietario terriero nella Tuscia Teodato, figlio di una sorella di Teodorico, della stirpe degli Amali, uomo di gran cultura, seguace della filosofia platonica ed è certamente curioso vedere sorgere nell'anima di un barbaro un tale interesse in quella stessa terra nella quale tale interesse doveva tanto svilupparsi per opera dei suoi illustri figli. Se non che alle qualità culturali di Teodato non corrispondevano quelle morali al punto che tutti ne erano sdegnati.

Non tutti i Goti stavano volentieri sotto il dominio di Amalasunta che, sentendosi disprezzata, si indusse a cercare la protezione dell'imperatore Giustiniano, al quale Teodato voleva cedere la Tuscia in cambio di compensi pecuniari e della dignità sacerdotale, ciò che appunto favoriva i disegni di Giustiniano che voleva impossessarsi del regno d'Italia.

Morto Atalarico nel 534, Amalasunta aveva preso la grave decisione di sposare Teodato al quale aveva fatto promettere di non occuparsi degli affari dello Stato, in modo da farne un re nominale. Se non che Teodato, per governare da solo, relegò Amalasunta in una isoletta del lago di Bolsena ove venne uccisa nel 535.

Nei diciotto anni — dal 535 al 553 — che durò la guerra goto-bizantina, la Tuscia fu spesso terreno delle alterne vicende della lotta. Quando Belisario, generale di Giustiniano, proveniente dalla Sicilia, apparve nel 537 nella Tuscia, le città gli si arresero volentieri per la simpatia che godeva l'esercito greco, seguace della vera fede, per il prestigio esercitato dall'imperatore Giustiniano e per il disprezzo nutrito contro Teodato. Fu per questo disprezzo che gli Ostrogoti avevano nominato re Vitige (536), il quale aveva sposato Matasunta, figlia di Amalasunta, mentre Teodato, in fuga verso Ravenna, veniva ucciso. Vitige, dopo avere invano tentato di riprendere Roma, fu costretto a riportare il suo esercito a Ravenna: nel traversare la Tuscia non trovò difficoltà perché gran parte dei presidi greci erano stati richiamati per la difesa di Roma.

Belisario, dopo aver cinto di assedio Ravenna, per avere le spalle sicure, mandò forze per la riconquista della Tuscia. Mentre i capitani Cipriano e Giustino cingevano di assedio Fiesole, un esercito di Franchi era improvvisamente penetrato nel territorio fiorentino nel tentativo di inseguire una divisione greca che da essi era stata sconfitta. Se non che quell'esercito, stremato dalle malattie e dalle difficoltà di approvvigionamento, aveva dovuto retrocedere. Proseguì così l'assedio di Fiesole che, dopo sette mesi, dovette arrendersi non avendo potuto ricevere aiuti da Vitige, assediato in Ravenna. Nel 540, arresasi Ravenna, Vitige e Matasunta furono portati, come trofei di guerra, a Costantinopoli, ove Vitige dopo breve tempo morì. Belisario, di cui si sospettava volesse, d'accordo con i Goti, farsi eleggere a successore di Vitige, fu mandato a combattere contro i Persiani.

Totila, uomo di grande valore, che nel 541 era stato nominato re degli Ostrogoti, come successore di Vitige, si propose di riconquistare la Tuscia e mandò forze per andare contro Firenze, se non che, appreso che forze greche stavano per arrivare da Ravenna, si ritirò nel Mugello e così Firenze, che stava per essere cinta da assedio, fu salva. Nel Mugello quindi, forse tra Scarperia e San Piero a Sieve, ebbe luogo nel 541 una sanguinosa battaglia che si concluse con la rotta dei Greci.

Terminata da parte di Totila la riconquista delle altre città della Tuscia e del resto d'Italia, eccetto Ravenna, Belisario fu richiamato in Italia, ma non essendo riuscito a modificare la situazione, fu sostituito da Narsete, vecchio, ma energico condottiero. Si mosse allora Totila da Roma e si inoltrò nella Tuscia fino a Gualdo Tadino ove fu combattuta un'aspra battaglia nella quale i Goti furono sconfitti e Totila vi trovò eroica morte (552). Passato quindi Narsete in Campania, batteva nuovamente i Goti presso Salerno, ove pure trovò nel 553 eroica morte Teia, ultimo re dei Goti.

Neppure riuscì il tentativo dei Goti di resistere fortificandosi nelle varie città della Tuscia e valendosi dell'aiuto dei Franchi. Le città si arresero a Narsete, ritornando ad essere possesso bizantino, ad eccezione di Lucca, che a quell'epoca rappresentava la città più importante della Tuscia; se non che anche essa, dopo una eroica resistenza, dovette arrendersi a Narsete nel 552. A capo di essa fu posto il duca Bono, il cui potere si estendeva a tutta la Tuscia.

Così nel 553 ebbe termine la guerra goto-bizantina e cessava la dominazione degli Ostrogoti. L'Italia costituì un esarcato alle dipendenze dell'esarca Longino, che risiedeva a Ravenna, e quindi divenne parte dell'Impero bizantino. Nel 565 moriva il grande imperatore Giustiniano I; nel 568 i Longobardi penetravano in Italia, guidati da re Alboino.

I nuovi invasori, occupato il Veneto e la Lombardia, posero l'assedio a Pavia, che poi divenne la capitale del loro regno. Durante questo assedio invasero la Tuscia per procedere verso il sud ad altre conquiste che però non furono potute estendere per opera dei successori di Alboino a tutta l'Italia che rimase così divisa in due parti per cui ebbe una doppia sovranità longobardo-bizantina, con inserito tra le due il sorgente Stato della Chiesa.

Diversamente dai barbari che avevano precedentemente invaso l'Italia, i Longobardi non mantennero i precedenti ordinamenti politico-amministrativi romani i quali furono sostituiti dal nuovo regime dei ducati. A capo dello Stato era il re dal quale dipendevano i duchi, i quali godevano di ampia autonomia, limitata però dai gastaldi, amministratori dei beni del re nei ducati. Essi poi introdussero istituzioni tipicamente germaniche, come la vendetta privata (*faida*) ed il giudizio di Dio, codificati nell'Editto di Rotari (643).

Alla forte repulsione contro gli invasori successe un graduale ravvicinamento, favorito da varie cause, soprattutto da comunanza di interessi e dalla conversione dei Longobardi al cattolicismo, operato dalla regina Teodolinda.

Era quello il tempo in cui il pontefice Gregorio Magno, a causa del suo sentimento della supremazia della Chiesa, pur riconoscendo ancora il dominio dell'imperatore sul ducato di Roma, tendeva a fondare il potere temporale della Chiesa. Divenuto nel 712 re dei Longobardi Liutprando, tentò di cacciare dall'Italia i Bizantini e di unificarla. Si oppose il papa a questa impresa e Liutprando stipulò con papa Zaccaria una tregua, facendogli dono della terra di Sutri, vicino a Roma, investita nel 728, terra che costituì il primo nucleo del Patrimonio di S. Pietro e l'origine di quel potere temporale che durò fino al 1870.

Né l'impresa avviata da Liutprando riuscì per opera dei suoi successori Astolfo e Desiderio. Di fronte ai rinnovati attacchi di Astolfo, il pontefice Stefano II, il quale temeva che i Bizantini non potessero resistere, invocò l'aiuto di un altro popolo barbarico che aveva unificato la Gallia: i Franchi. In un primo tempo (755-756) il re dei Franchi, Pipino, tolse ai Longobardi i territori dell'esarcato (Romagne), ma anziché restituirli all'Impero di Oriente, li donò con il ducato romano al pontefice che così accrebbe il suo Stato. In un secondo tempo Carlo, figlio di Pipino, passato alla storia sotto il nome di Carlo Magno, richiesto di aiuto dal pontefice, discese con due eserciti in Italia dal Moncenisio e dal Gran S. Bernardo, e, superata a Susa la resistenza dei Longobardi, pose l'assedio a Pavia, ove si era rifugiato Desiderio, ed a Verona, ove si era rifugiato Adelchi, figlio di Desiderio. Nel 774 le due città si arresero. Adelchi si rifugiava a Costantinopoli e Desiderio veniva deportato in Francia. Così, dopo più di duecento anni, dal 568 al 774, finiva la dominazione longobarda in Italia.

La conquista dell'Italia da parte dei Franchi non fu causa di sofferenze per la Tuscia che non fu teatro della lotta. Carlo Magno prese il titolo di re dei Franchi e dei Longobardi e pretese dai duchi il giuramento di fedeltà.

Carlo Magno introdusse modificazioni essenziali nel regime amministrativo per cui lo Stato diveniva proprietà privata del Re, dal quale dipendeva mediante l'ordinamento feudale. Esso era diviso in Contee dipendenti dai Conti ed in Marche, costituite da più contee, dipendenti dai Margravi o Marchesi. I feudatari erano poi nominati dal Re.

La notte di Natale dell'800 papa Leone III riconoscendo le benemerenze di Carlo Magno in difesa della fede, lo incoronava Imperatore. Risorse così l'Impero di Occidente, che dal nome del suo fondatore fu chiamato carolingio. In esso romanità e germanesimo venivano conciliati nella fede cristiana. L'800 chiude così il periodo delle dominazioni barbariche.

Si è molto favoleggiato circa i benefici da Carlo Magno arrecati a Firenze e si creò la leggenda che egli avrebbe proceduto a ricostruirla dopo la distruzione fattane da Totila che però non l'aveva distrutta, pur avendola assai duramente trattata. Se un vantaggio vi fu, esso fu rappresentato dall'impulso che Carlo Magno diede alla cultura, come esporremo in dettaglio. Carlo Magno sostò nel territorio fiorentino nel 781 di ritorno da Roma, ove aveva fatto battezzare il figlio Carlomanno di quattro anni, gli aveva fatto cambiare il nome in quello di Pipino e lo aveva fatto ungere re d'Italia da papa Adriano I; vi era poi ripassato nel 787, quando era venuto in Italia per combattere l'atteggiamento di Arechi, principe longobardo di Benevento.

L'ordinamento feudale dell'Italia carolingia, con la sua particolare legislazione (detta *dei capitolari*) ed il potere sempre crescente dei vescovi e degli enti ecclesiastici, il chiudersi della vita italiana nelle corti feudali, costituiva un sistema del tutto particolare in tutta l'Italia, ad eccezione del Mezzogiorno che dipendeva ancora da Bisanzio.

Con la morte di Carlo Magno, avvenuta nell'814, si iniziò la dissoluzione dell'impero carolingio che cessò di esistere nell'887 con la deposizione di Carlo il Grosso, morto nel successivo anno, mentre già fino dall'843 con il trattato di Verdun erano sorti i regni europei di Francia, di Germania e d'Italia.

Una contea che nella Tuscia aveva mantenuto la preponderante importanza, acquistata nel dominio longobardo, durante il dominio dei Franchi fu quella di Lucca. Il primo conte fu Bonifacio I che era venuto nella Tuscia al seguito di Carlo Magno e che fu il capostipite di quel margraviato che resse la Toscana per più di un secolo e mezzo. Nell'825 pirati normanni avevano risalito l'Arno e, fermatisi tra Firenze e Fiesole, avevano saccheggiato il palazzo arcivescovile fiesolano. Un pericolo molto maggiore era rappresentato dai Saraceni che si erano stabiliti nelle isole italiane, dalle quali si spingevano sulle coste toscane, portandovi il saccheggio e la rovina. Bonifacio II, che nell'823 era succeduto al padre, morto in quell'anno, ebbe dall'imperatore Lodovico il Pio, l'incarico di difendere la Tuscia dai Saraceni che attaccò ed inseguì fino sulle coste dell'Africa, sconfiggendoli nell'828 nei pressi di Utica, ma nell'845 dovette riparare in Francia perché caduto in disgrazia dell'imperatore Lotario, figlio primogenito di Lodovico il Pio.

A Bonifacio II successe il figlio Adalberto I, che fu insignito del titolo di Marchese di Toscana, divenendo uno dei più potenti feudatari d'Italia e ad esso Adalberto II che portò la città al massimo grado di grandezza e di ricchezza.

Il breve regno d'Italia che fece seguito al dominio carolingio si iniziò con Berengario I, duca del Friuli, che fu eletto re nell'888 da una dieta di feudatari, ma le ambizioni dei diversi grandi feudatari, la cui potenza si era notevolmente accresciuta a causa dei dissidi tra i discendenti di Carlo Magno ne dovevano rendere molto travagliata e breve la vita.

Ottone I, della Casa di Sassonia, intervenuto per la prima volta nelle cose d'Italia, fu incoronato re d'Italia a Pavia nel 951, e di Berengario II, ultimo re d'Italia, ne fece un suo vassallo, ma venuto questi in conflitto con papa Giovanni XII, fu da Ottone I, ritornato in Italia nel 961, costretto alla resa definitiva e mandato in Baviera. Nel 962 Ottone I fu incoronato a Roma da papa Giovanni XII imperatore ed in tale occasione confermò alla Chiesa le donazioni carolinge. Si costituiva così, con l'unione della Germania e dell'Italia, il Sacro Romano Impero che durò parecchi secoli.

Ottone I, il più grande sovrano del Medio Evo, dopo Carlo Magno, spezzò il feudo maggiore ed investì i Vescovi del governo delle città, contrapponendoli ai feudatari laici, ridotti a governare solo nelle campagne, un fatto questo nel quale si può trovare una delle principali cause del sorgere dei Comuni. Poiché papa Giovanni XII era venuto meno ad alcuni patti stipulati con Ottone I ed anche a causa degli eccessi provocati dalla dilagante corruzione del clero, Ottone I lo fece deporre da un Concilio e fece eleggere Leone VIII; impose inoltre la conferma imperiale alla nomina dei pontefici, creando il motivo preminente della lotta per le investiture.

Per quanto profondamente decaduta la vita ecclesiastica, non mancarono sane energie che prepararono la rinascita della Chiesa. Ciò accadde soprattutto per opera del più celebre eremita del tempo, Romualdo, che seppe destare nel Marchese di Toscana, Ugo di

Brandeburgo e di sua madre Willa, figlia di Bonifacio, duca di Spoleto e marchese di Camerino, un acceso desiderio di favorire la fondazione della Badia Fiorentina, dell'Abbazia di S. Michele in Monturi, sul colle che sovrasta Poggibonsi e più tardi dell'Eremo di Camaldoli. Larghe donazioni furono fatte dal margravio a queste sacre istituzioni verso la fine del secolo, allorché la sua vita volgeva al termine, specialmente alla Badia, che era stata fondata da Willa e che divenne una vera potenza economica e politica, certo con la consapevolezza di Ottone III. Era questo succeduto ad Ottone II, il quale alla sua volta era succeduto al padre Ottone I, morto nel 973, ma non fu così largo di favori come il suo predecessore verso Firenze. Per gratitudine verso il Marchese Ugo i monaci di Badia vollero composta nella loro chiesa la salma

> del gran barone il cui nome e'l cui pregio
> la festa di Tommaso riconforta,
> . . . .

Cinque anni dopo, quei monaci, non ancora immemori, gli facevano scolpire da Mino da Fiesole uno splendido mausoleo, mentre si continuò ininterrottamente nel corso dei secoli a compiere in quella chiesa il 21 dicembre, anniversario della sua morte, avvenuta nel 1001, la funzione commemorativa, della quale parla Dante.

Morto Ottone III nel 1002, divenne imperatore Enrico II, dopo aver reso vana la resistenza di Arduino di Ivrea che i grandi feudatari laici, ostilissimi ai feudatari ecclesiastici, avevano opposto alla sua assunzione al trono. Enrico II aveva nominato margravio della Toscana Bonifacio III che, come Bonifacio I, era di stirpe franca e forse parente del suo predecessore Ugo. Bonifacio III reagì alla benevolenza da esso dimostrata verso le istituzioni religiose privandole di molte concessioni, ma, dopo la sua morte, avvenuta nel 1012, Enrico II commise al nuovo margravio Ranieri l'incarico di ricostituire i beni ecclesiastici. Frattanto i Saraceni che da tempo minacciavano le coste della Tuscia e della Liguria, si erano insediati nella Sardegna dalla quale nel 1015 e 1016 furono cacciati dalle forze riunite di Pisa e di Genova, vittoria questa che però fu la causa prima di quella rivalità e di quella lotta che doveva porre per due secoli una città contro l'altra.

Allorché Enrico II si recò a Roma per esservi incoronato nel 1014, aveva portato con sé il vescovo di Firenze Ildebrando e ne aveva saputo destare l'interesse per una grande opera che doveva eternare il suo nome e glorificare la sua città. Quest'opera consisteva nella costruzione di un convento e di un grande tempio sulla tomba di S. Miniato, nel luogo ove sorgeva una piccola chiesuola e ciò malgrado che i resti del martire già da mezzo secolo fossero stati trasportati a Metz nel monastero di S. Vincenzo da Teodorico, vescovo di quella città, quando aveva accompagnato Ottone I in Italia. Sorse così nel 1018 quella gemma dell'architettura romanica che è la Basilica di S. Miniato al Monte. Enrico II morì nel 1024, ultimo imperatore della Casa di Sassonia.

Il contenuto politico della storia del secolo XI è costituito dall'aspra contesa tra il potere religioso ed il potere laico e dal rinnovamento morale della Chiesa, fatto al quale partecipò per la prima volta il popolo, fino ad allora negletto, e del quale sovrani e papi si interessavano per averne l'appoggio. L'imperatore Ottone I, come abbiamo narrato, aveva subordinato a sé il Papato esigendo la conferma imperiale della nomina dei pontefici; ma poi aveva imposto di poterla designare prima della nomina avocando a sé anche la nomina dei Vescovi. Inoltre la simonia, la vendita cioè delle cariche ecclesiastiche con i loro feudi ed ogni forma di corruzione morale del clero, con il matrimonio ed il concubinaggio, avevano raggiunto il loro massimo grado. Era quindi naturale che si sviluppasse un movimento di riforma, mentre erano gettati i semi per la grande lotta per le investiture.

Corrado II, il Salico, re di Germania, eletto poi re d'Italia ed imperatore, della Casa di Franconia, che era succeduto ad Enrico II, ultimo della Casa di Sassonia, nel 1024, nella sua prima discesa in Italia nel 1026, a capo di un forte esercito, trovò qualche resistenza nella sua marcia verso Roma. Ad essa presero parte i Lucchesi con il loro margravio Ranieri, per cui Lucca fu cinta d'assedio e debellata. Corrado I depose allora il margravio ribelle e conferì il Marchesato di Toscana a Bonifacio IV della potente famiglia degli Attoni, grandi feudatari che aggiunsero quel margraviato agli aviti domini di Canossa, Modena, Reggio e Mantova.

È a quell'epoca che nella Tuscia, anzi a Firenze, si innesta nel movimento di riforma la grande figura di Giovanni Gualberto, il combattivo riformatore che aveva corso il rischio di essere sopraffatto e soppresso dagli avversari in quel suo tentativo in Mercato Vecchio di eccitare il popolo alla lotta contro la simonia ed in particolare contro Uberto, abate di S. Miniato ed il vescovo di Firenze, Azzone. Fu dopo questo avvenimento che Giovanni Gualberto riparò nel romitorio di Acquabella che poi divenne il celebre convento di Vallombrosa, ricchissimo in seguito ad abbondanti donazioni.

Corrado II, nel recarsi nel Mezzogiorno, era passato per Firenze ove aveva avuto occasione di udire le buone ragioni di Giovanni Gualberto per cui provvedette a che il Vescovo di Paderborn, un prelato tedesco, uscito da quel focolaio riformatore che fu l'abbazia di Cluny, consacrasse la modesta chiesuola costruita nel mezzo della foresta di Vallombrosa. Proclamata la *constitutio de feudis* nel 1037, la quale, riconoscendo il diritto di ereditare ai piccoli feudi, dava un colpo mortale ai grandi feudatari, Corrado II moriva nel 1039.

Un giorno dell'anno 1052 venne ucciso il margravio Bonifacio III, vittima di una vendetta privata, né certo i Lucchesi rimpiansero la sua perdita a causa del suo governo rigido e degli aspri balzelli imposti ai sudditi. La vedova Beatrice, figlia del duca Federico della Lotaringia Superiore, la quale aveva esercitato sul marito una influenza ostile alla Casa di Franconia, e che era rimasta con tre figli minori, si unì segretamente e rapidamente in matrimonio con Goffredo, il Barbuto, duca di Lorena, per paura della ostilità dell'imperatore Enrico III, figlio e successore di Corrado II, che lo temeva, essendoglisi precedentedente ribellato e che avrebbe potuto negargli il titolo di margravio di Toscana.

Giunto Enrico III a Firenze per prendere parte ad un Sinodo con l'intervento di papa Vittore II, allo scopo di migliorare le condizioni della Chiesa, Beatrice fu chiamata a giustificarsi del tentativo fatto di impossessarsi della Marca della Toscana senza il consenso dell'imperatore, venne fatta prigioniera e dovette seguire il sovrano in Germania con la giovane figlia Matilde, avuta da Bonifacio III, mentre gli altri due figli morivano improvvisamente in un luogo ove lei li aveva nascosti, credendolo sicuro.

Goffredo, che era allora il più potente principe d'Italia, aveva prescelto Firenze come residenza, in luogo di Lucca, ove perduravano gli odi che si erano scatenati contro il primo marito di sua moglie Beatrice. Ed a Firenze continuava immutata la violenta lotta tra i riformisti, capeggiati da Giovanni Gualberto ed Ildebrando ed i loro avversari, culminata nella famosa prova del fuoco che doveva decidere della verità o falsità delle accuse di simonia, lanciate contro il vescovo Pietro Mezzabarba, del quale si diceva che avesse comprato quella dignità dall'imperatore e che era sostenuto da Goffredo. Il giudizio di Dio, al quale il Mezzabarba non aveva voluto sottoporsi, fu accettato dai suoi avversari ed il monaco Pietro, detto poi Igneo, superò la prova con successo il 13 febbraio 1068 presso la Badia a Settimo. Ma il Davidshon [1] porta buone ragioni per sostenere che si sia trattato di un abile trucco. Comunque, poiché il risultato della prova confermava la simonia del Mezzabarba, questo venne deposto e cacciato dalla città.

Dopo la morte del duca Goffredo nel 1069, Beatrice morì nel 1076 e Matilde, che aveva sposato Goffredo, il Gobbo, figlio del patrigno, rimase sola Marchesa di Toscana. L'immagine di questa donna fu tramandata ai posteri con tali attributi di purezza che alcuni commentatori la ravvisano nella

> . . . . donna soletta che si gìa
> cantando e scegliendo fior da fiore
> ond'era pinta tutta la sua via.

Tra lo zelo religioso degli scrittori posteriori che ne vollero fare una cosa purissima e le denigrazioni degli avversari, la verità deve stare nel giusto mezzo. Il suo animo ardente aveva subito la forte suggestione del vescovo Ildebrando degli Aldobrandeschi, che divenne papa Gregorio VII, per cui questa donna tenace e fervente sostenitrice del Papato, poté esercitare una gran parte nel duello mortale, tra Enrico IV, figlio e successore di Enrico III, e Gregorio VII. Fu infatti nel suo castello avito di Canossa ove Matilde accompagnò Gregorio VII, che Enrico IV nel 1077 dovette subire la grande umiliazione e fu per intercessione di Matilde che gli venne tolta la scomunica. Ma la vendetta imperiale non si fece attendere: emissari dell'imperatore erano riusciti ad istigare la Tuscia contro Matilde. Solo Firenze resistette, ma nella antica capitale della Tuscia,

---

[1] Vedi *op. cit.* nella Bibliografia N. 24, pag. 359.

Lucca, venne dall'imperatore stesso pronunciata la sentenza di deposizione della Marchesa. Questa indomita donna non cessò per questo dall'aiutare il Papato anche dopo la morte di Gregorio VII, finché si ritirò nel suo castello di Canossa ove morì nel 1115 dopo aver legato ogni suo bene — non avendo figli — al Papato stesso. Non dovevano passare molti anni da quella morte prima che la lotta per le investiture si concludesse con la vittoria della Chiesa, il che accadde con il Concordato di Worms nel 1122.

Ma già negli ultimi tempi del periodo storico che abbiamo considerato, con la decadenza del feudalismo, in seguito alla politica antifeudataria delle case di Sassonia e di Franconia ed alla ripresa delle economie cittadine in confronto di quelle legate ai feudi, operavano le cause che dovevano portare ai Comuni.

2. Condizioni ambientali. - *Stato della cultura.* - Con l'espandersi della cultura romana, la lingua latina si estendeva alle nuove terre divenendo stimolo di unificazione politica e linguistica; esso era il latino scritto che aveva raggiunto la sua massima eccellenza, mentre il latino parlato era il latino detto « volgare » appunto perché adoperato dalla plebe, dalla quale uscivano quei coloni e soldati che lo recavano nelle nuove terre, nelle quali però il latino letterario continuava a sussistere nei rapporti tra le persone colte e tra quelle terre e le autorità romane.

Con lo sfasciarsi dell'impero si perdette anche l'unità linguistica e le parlate volgari si svilupparono in modo affatto indipendente. Ciò accadde anche in Italia, nella quale già nel secolo VI c'erano vari dialetti. Fu quello toscano ed in particolare quello fiorentino che, sia per la posizione centrale della regione, sia perché in essa il distacco dal latino si fece meno sentire, esercitò una forte azione diffusiva nel resto della penisola.

Come si chiamò « volgare » il latino parlato dal popolo al tempo del latino letterario in Roma, si continuò a chiamare « volgare » la sua derivazione dialettale. Ma di esso assai tardi si ebbero testimonianze scritte, perciò le persone colte rifuggivano dall'allontanarsi, scrivendo, dal latino tradizionale, anche se questo nei tempi della sua decadenza si era modificato e corrotto, per cui venne chiamato « basso latino ».

La lunga guerra tra i Goti ed i Greci aveva reso la Tuscia in condizioni molto misere; la successiva invasione longobarda le aveva ancora peggiorate. Era quindi naturale che ogni cultura fosse bandita e che nessuna influenza venisse esercitata dal di fuori.

Si deve a Carlo Magno un primo risveglio delle lettere, delle quali lui stesso si interessò facendosi istruire da Pietro, diacono di Fiesole, che egli aveva conosciuto a Pavia. Fu per questa sua passione che chiamò in Francia Flacco Albino Alcuino, diacono della chiesa di York, uomo eruditissimo che vi fondò varie scuole.

Alla scuola di Alcuino si era istruito Eginardo, cui Lodovico il Pio commise l'istruzione del figlio Lotario. Aveva egli capito che per frenare la corruttela dei costumi e la secolarizzazione del clero, bisognava curare l'istruzione dei giovani chierici e sollevarne gli interessi spirituali, per cui nell'assemblea imperiale di Corteolona, tenuta nel maggio 825, furono prescelte otto città come sede di scuole per la gioventù che voleva dedicarsi alla carriera ecclesiastica e Firenze fu destinata a sede di studio per tutta la Toscana.

Sul principio del secolo VIII si trovano memorie come in Arezzo vi fossero seminari e scuole pubbliche [1]. L'insegnamento non si limitava alle materie teologiche, ma comprendeva anche quelle che allora si chiamavano « arti liberali », che comprendevano il *trivium,* o prime arti liberali, cioè la grammatica, la retorica e la dialettica, seguito dal *quadrivium,* o arti liberali superiori, cioè l'aritmetica, la musica, la geometria e l'astronomia.

In quel tempo si può dire che la cultura fosse riserbata agli ecclesiastici, i quali, nelle loro vaste badie, come nei collegi e seminari, istruivano i giovani. Sono essi che soprattutto ci hanno conservato la lingua latina ed erano i monaci che si occupavano di copiare i libri e di conservarli nelle loro biblioteche. Era tale il privilegio del sapere da parte degli ecclesiastici che il nome di *clericus* o *chierico* significava promiscuamente i letterati, ecclesiastici, o no, mentre coloro che non erano letterati erano compresi nella umiliante denominazione di *laici.*

È da mettersi in giusta luce il formarsi dello Studio di Bologna, il più antico d'Italia, che fu scuola di arti liberali, non che di diritto,

---

[1] P. P. Pizzetti, *Antichità toscane e in particolare della Città e Contea di Chiusi,* Siena, 1778, Vol. II, Cap. IX, pag. 221.

cui si aggiunse, ma solo nel secolo XII, l'insegnamento della medicina. Era naturale che una influenza, anche modesta, si esercitasse da quella Università sulla vicina Toscana, contribuendo a quella rinascita culturale, che, iniziatasi dopo il mille, doveva sempre più svilupparsi nei secoli successivi.

La decadenza di tutto ciò che contrassegna il periodo della dominazione gotica e bizantina, non poteva non comprendere anche l'arte. Fu solo dopo la conquista longobarda e la conversione dei Longobardi al cristianesimo che sotto l'impulso della nuova fede si costruirono molte chiese in Toscana.

Ed ecco così sorgere in Firenze « il bel San Giovanni », la cui costruzione è dalla tradizione attribuita a Teodolinda, che la dedicò appunto a San Giovanni, protettore dei Longobardi; la Chiesa dei SS. Apostoli, di stile romanico, ma le cui notizie storiche non rimontano oltre al 1075, essendo stata revocata in dubbio la leggenda, consacrata in quella lapide a sinistra della porta, secondo la quale sarebbe stata fondata da Carlo Magno nel 786; la Basilica di S. Miniato al Monte nel luogo ove esisteva una piccola chiesuola commemorativa del martirio di S. Miniato, come abbiamo narrato; la Badia Fiesolana eretta in epoca indeterminata nel luogo ove era stato sepolto il vescovo e martire S. Romolo.

A Pisa si dice che si edificasse nell'805 la Chiesa di S. Paolo a Ripa d'Arno che per molti anni servì da cattedrale fino a che nel 1063 non venne iniziata la costruzione del Duomo attuale che venne consacrato nel 1118; il Campanile che oggi costituisce uno dei monumenti più caratteristici del mondo fu iniziato in epoca posteriore, nel 1174; il Battistero fu fondato nel 1153.

Scossi i Senesi dalle nobili ed ardite imprese dei Pisani, animati essi pure da amor patrio, si misero, circa in quel tempo, alla costruzione del loro Duomo il quale venne ad accrescersi in varie epoche. Molte altre chiese sorsero in Toscana in modo simile e furono poi mano mano ingrandite ed abbellite.

Successivamente alla cessazione del dominio longobardo, le città sollecitate a difendersi dagli imperatori ed anche l'una dall'altra incominciarono a circondarsi di forti mura per poter sostenere qualunque assedio e nelle città sorsero altissime torri, quali per ornamento, quali per difesa.

Ci fu in quell'epoca una ricca produzione di bassorilievi adorni di rozzi fogliami che si trovano in molte chiese; di una vera pittura non è ancora il caso di parlare. L'arte della miniatura, propagata nel continente nel secolo VI dai monasteri irlandesi, diede origine a quella forma di arte che sorse nella Scuola della Badia Cassinese e che ebbe il suo secolo d'oro nel secolo XI; anche in Toscana l'arte della miniatura si sviluppò, ma fino al secolo XII fu arte quasi esclusivamente claustrale.

Già sotto i Romani certe nozioni di diritto venivano imparate insieme con lo studio delle lettere. Un tale indirizzo fu continuato anche dopo la caduta dell'Impero Romano di Occidente ed in tutte le scuole laiche il diritto fu oggetto di studio unitamente alle arti liberali del trivio.

Esistevano anche scuole speciali di diritto romano come quella di Roma che, nella seconda metà de secolo XI, fu declassata dalla Scuola di Ravenna. Un'altra Scuola di diritto fioriva in quei tempi ed era la Scuola longobarda di Pavia, le cui norme venivano sistematicamente messe a confronto con il diritto romano, del quale si riconosceva la superiorità e che veniva utilizzato per sopperire alle deficienze del diritto germanico.

Anche la Scuola bolognese di diritto proveniva dalla Scuola di grammatica e, già salita in onore sullo scorcio del secolo X, raggiunse la fama massima con Irnerio bolognese che insegnò diritto dal 1110 al 1120, scrisse le *glossae* sul diritto romano e venne chiamato dalla Contessa Matilde e dall'Imperatore Enrico V nei loro consigli di Corte. Giovò molto in seguito allo sviluppo della scuola bolognese di diritto la protezione che Federico Barbarossa le accordò, avendovi trovato un forte alleato per la sua politica. Altre cause di prestigio della Scuola bolognese furono la netta separazione dalla dialettica e dalla retorica ed il rinnovato studio del diritto romano; si ritornò alla compilazione di Giustiniano, considerata come un diritto vivo e così ad uno studio paziente ed accurato di tutte le parti del *Corpus juris civilis* giustinianeo.

L'imperatore Costantino Copronimo aveva nel 757 mandato in Francia al re Pipino vari organi e fu per questo che la Francia vide per la prima volta questi strumenti musicali. Fu così che nel secolo

VIII si estese nell'Occidente l'uso dell'organo, come nel secolo precedente si era iniziato quello delle campane [1].

Verso la fine del secolo X era nato in Arezzo Guido, monaco benedettino nel monastero della Pomposa, ritenuto l'inventore della scala diatonica e di un nuovo metodo di canto fermo più facile dell'antico. Inoltre Guido formulò la regola che tutte le note poste sulla stessa linea dovessero avere lo stesso suono, regola che divenne la legge fondamentale della lettura musicale e che sarebbe, di per sé sola, tanto importante da bastare alla gloria di chi la concepì. Le sue opere principali sono gli *Antifonarii* o *Regulae de ignoto cantu* e *Micrologus, seu de disciplina artis musicae*, opere di grande valore teorico.

3. La scienza. - Poche sono le notizie che si possono fornire circa lo sviluppo della scienza in questo lungo periodo storico comprendente le invasioni barbariche, la fugace rinascita carolingia ed il periodo feudale. Che le scienze non potessero prosperare si spiega appunto con le condizioni politiche del tempo e con il predominio di una filosofia dommatica e di uno pseudorazionalismo.

Astrologia. - Poiché durante il periodo dell'occupazione romana non si era estinta completamente l'arte augurale, con la successiva penetrazione del Cristianesimo le arti divinatorie andarono incontro a forte decadenza, ma non tanto che alcuni toscani, anche di ingegno, non se ne distaccassero completamente, per cui divennero zelanti fautori dell'astrologia. Ciò trovò appoggio nel fatto che in primo tempo gli ecclesiastici la autorizzarono, non ritenendola incompatibile con la religione, mentre in seguito la combatterono. Essa veniva prevalentemente esercitata da alcuni medici che acquistarono grande riputazione valendosi nelle loro cure degli influssi degli astri. Tuttavia non si può dire che l'applicarsi a questa forma di superstizione fosse stato privo di ogni vantaggio in quanto che per poter indirizzare gli oroscopi era necessario conoscere i movimenti degli astri, ciò che portava allo studio della vera astronomia.

[1] Vedi alla voce « Organo » in *Enciclopedia Treccani*, ediz. 1949.

Astronomia. - L'astronomia fu ben conosciuta e coltivata in Firenze già nel secolo IX come risulta da un calendario dell'813 che si conserva nella Biblioteca Laurenziana di Firenze e che contiene molte interessanti osservazioni astronomiche [1].

Un altro insigne testimone dell'astronomia del tempo è lo gnomone che si osserva nel pavimento del Battistero di Firenze, costituito da un sole intorno al quale si legge questo verso (oggi quasi del tutto sparito):

EN GIRO TORTE SOL CICLOS ET ROTOR IGNE

che si può leggere anche in senso inverso, senza che se ne cambi il senso. Intorno vi è una fascia con i segni dello Zodiaco ed altre iscrizioni tra le quali una che dice: « Questo tempio sarà distrutto quando il fuoco tutto distruggerà alla fine dei secoli ». Il piccolo disco centrale serviva a determinare il solstizio di estate (21 giugno) ed il raggio di sole che vi cadeva dall'occhio della cupola, allora aperta, lo ricopriva esattamente. Ma nel secolo XII le due lastre costituenti lo gnomone furono cambiate di posto per cui questo divenne inservibile. Fu costruito nel secolo XI da un astronomo fiorentino, Strozzo Strozzi.

4. Agricoltura. - Lo stato dell'agricoltura nel periodo successivo alla caduta dell'Impero di Occidente non poteva che peggiorare ancora dallo stato di decadenza nel quale era venuta a trovarsi all'epoca della devastazione sillana e del successivo impero il quale non aveva rivolto all'agricoltura quelle cure che le erano state rivolte dalla Repubblica. Le invasioni barbariche, soprattutto nel periodo longobardo e nel successivo dei ducati determinarono con la loro asprezza, secondo l'Inghirami [2], molte persone a lasciare la regione per cui città e soprattutto campagne erano disabitate. I segni dello spopolamento erano rappresentati dal grande sviluppo dei boschi che si estendevano nelle immediate vicinanze delle città ed il vile prezzo delle terre. Si narra che nel secolo VIII i monaci amiatini con un cavallo e una spada comperassero un uliveto. Ma il vile prezzo del terreno non è solo indice di spopolamento, lo è anche di mancanza di coltivazione e di commercio.

---

[1] L. Ximenes, *Del vecchio e nuovo gnomone fiorentino*, Firenze, 1757, Introduzione storica, pag. IV.

[2] Vedi *op. cit.* nella Bibliografia N. 53, Vol. V, pag. 345.

I longobardi, altrettanto buoni soldati in tempo di guerra, quando questa era terminata, erano persone da poco ed incuranti delle cose loro per cui lasciavano la coltivazione dei campi alle donne ed ai servi [1]. Non deve quindi recare meraviglia se i boschi si estendevano, se i fertili terreni rimanevano incolti ed impantanavano. La servitù nella quale gemevano i poveri agricoltori venne abolita da Lodovico il Pio: così, crescendo i bisogni, gli uomini erano costretti a dedicarsi all'agricoltura come alle arti ed al commercio.

Anche in questo campo l'influenza di Carlo Magno fu benefica in quanto nel capitolare *De Villis* parla degli obblighi dei suoi fattori, comanda la vigilanza delle case e di aver cura per ogni specie di animali e vuole che ci siano api, polli, vivai di pesci, cigni, orti, giardini. Furono tolti dalle strade poveri, oziosi e delinquenti e fu ordinato ai conti di mandare queste persone a lavorare la terra nelle loro ville. Così se ne avvantaggiava la polizia dello Stato oltre alle condizioni dell'agricoltura [2].

Si deve pensare che negli anni di pace la popolazione agricola si accrescesse per cui nella prima metà del secolo XI alla coltivazione estensiva subentrò quella intensiva; con l'aumento della popolazione si accresceva anche la parte di terra coltivata.

5. FILOSOFIA. - Già dicemmo della scarsa penetrazione del pensiero scientifico e filosofico greco nell'Etruria antica. Lo stesso accadde durante l'occupazione romana per il pensiero scientifico e filosofico greco-romano e dopo la caduta dell'Impero romano di Occidente nel periodo storico del quale ora ci occupiamo, cioè durante le invasioni barbariche, nel periodo carolingio e durante il feudalesimo. Dicemmo pure che per questo ultimo periodo ciò era dispeso dalle instabili condizioni politiche del tempo e dal predominio di una filosofia dommatica. Eppure gli sviluppi delle scienze e del pensiero scientifico e filosofico greco-romano avevano raggiunto una tale intensità che pare impossibile che non avessero potuto propagarsi al di fuori del loro luogo di origine, indicando la potenza degli ostacoli posti a tale diffusione.

---

[1] TACITO, *De moribus germanorum*, XIV, 15.
[2] Vedi *op. cit.* nella nota 1 a pag. 94, Vol. II, Cap. X, pagg. 243-245.

Aristotele aveva fatto il passo più decisivo per entrare nel dominio della scienza allontanandosi dalla concezione del suo maestro Platone, contrapponendo alle idee, eterne, immutabili, reali, le cose, copie ed immagini di quelle, concentrando tutto il suo interesse speculativo nel mondo sensibile, costituente la sola realtà. Professando tutte le scienze, e segnatamente la zoologia, della quale fu potuto chiamare padre, aveva raccolto tutto lo scibile nelle sue opere, il cui contenuto costituì materia di fede indiscussa per tutto il Medio Evo: *ipse dixit*! Padre della botanica era invece stato Teofrasto di Efeso che con la sua *Plantarum historia* aveva compilato il primo trattato di quella scienza, tale da doversi considerare completo per i suoi tempi.

Plinio, il Vecchio, seguendo la tendenza dei Romani a considerare i fenomeni della natura più che altro da un punto di vista utilitario, aveva fornito con la sua *Naturalis Historia* una enciclopedia di tutte le cognizioni scientifiche del tempo, compilata però non con osservazioni dirette, ma sulla base di altri testi.

La medicina ippocratica aveva definito la malattia come uno squilibrio umorale ed aveva posto il concetto della *vis naturae medicatrix* che il medico deve aiutare. Galeno, l'ultimo grande medico dell'antichità, continuando l'opera di Ippocrate, aveva offerto nelle sue opere la più grande sintesi dello scibile medico dell'antichità che resistette fino all'inverosimile nelle epoche successive malgrado il disaccordo con i fatti; egli ebbe il grande merito di essersi appoggiato all'anatomia ed alla fisiologia, sconosciute al tempo di Ippocrate e di aver precorso l'avvenire applicando il metodo sperimentale. Dioscoride, descrivendo in *De universa medicina* il modo di preparazione dei più importanti rimedi, ebbe una influenza che si mantenne anche nel Rinascimento.

Nel secolo III a. C. la geometria aveva raggiunto i più alti fastigi con Euclide, autore dei famosi *Elementi,* con Archimede di Siracusa, celebre per i suoi teoremi di meccanica e con Apollonio di Perga, autore delle *Sezioni coniche*, tutti e tre della Scuola di Alessandria. Tra il secolo III ed il secolo II a. C. lo stesso Apollonio ed Ipparco di Nicea avevano elaborato su nuove basi un sistema geocentrico, già intravisto da Eudossio ed Aristotele, che, pure nel secolo II a. C., venne accettato e sistematizzato da Tolomeo, egiziano, autore di quella grande opera di astronomia matematica che fu chiamata nel Medio Evo l'*Almagesto*.

Questi che abbiamo ricordato sono solo alcuni dei principali artefici della scienza greco-romana, la quale doveva appunto perdere molta della sua vivida luce soprattutto per il sorgere della elaborazione filosofica della fede cristiana nelle sue varie tappe.

Il Cristianesimo nascente si basava semplicemente sul fatto della Redenzione, ma con il tempo si era reso necessario passare da esso alla dottrina, cioè definire la formula della fede, il *domma*. Prima del 325 d. C., anno in cui si svolse il Concilio di Nicea, la fede religiosa era pervasa da una quantità di incertezze; ma dopo quel Concilio che formulò il domma della Trinità, la dottrina dei Padri della Chiesa, la *Patristica*, ebbe limitato il suo campo: non si trattava più di fondare il domma, ma di spiegarlo. Il maggior rappresentante di questo indirizzo fu Aurelio Agostino (S. Agostino) (354-430), detto il « dottore della grazia », per avere formulato il domma della *grazia*, cioè di quell'azione soprannaturale che Iddio esercita su quegli spiriti privilegiati che egli si propone di salvare, ispirando direttamente la loro volontà, abbandonando gli altri alla loro libera determinazione, la quale, per il peccato originale, è divenuta incapace a volere il bene con le sue sole forze. Questo domma, in cui si compendia la relazione tra l'azione umana e la volontà divina, rimase come dottrina ortodossa della Chiesa.

A questo periodo, detto della *Patristica*, rappresentato dai Padri della Chiesa, che diedero alla Chiesa un corpo dottrinale sotto forma dommatica e che si estese fino al secolo V, fece seguito il periodo della filosofia della scuola cristiana, la *Scolastica*, filosofia che si proponeva di ordinare i dommi in un unico sistema coerente: ai *Patres Ecclesiae* fecero seguito i *Doctores*, che si mossero dai dommi già formulati.

La Scolastica si iniziò nella Scuola palatina, istituita da Carlo Magno, prima al seguito della Corte imperiale, nelle sue variazioni di sede, poi stabilmente fissata a Parigi, divenendo il centro di irradiazione della nuova cultura occidentale. Essa ebbe in Giovanni Duns Scoto, di origine irlandese, francescano, e che fiorì nel secolo IX, il suo primo maestro. Appunto in quel secolo vi fu un risveglio di vecchie dispute dommatiche circa la *transustanziazione* del pane e del vino nel corpo e nel sangue di Gesù Cristo, intrecciate a controversie filosofiche che vertevano soprattutto intorno al valore degli *universali*, controversie sorte dalla Introduzione di Porfirio alle *Categorie* di Aristotele. Si crearono così due scuole, quella dei *realisti*, per la quale gli universali sono reali e quella dei *nominalisti*, per i quali sono irreali, sono *nomi*. Queste dispute ebbero il vantaggio di portare ad una conoscenza più profonda delle opere di Aristotele. Ad esse presero parte tra gli altri Pietro Abelardo, la cui dolorosa storia sentimentale è a tutti nota ed il suo oppositore, S. Bernardo di Chiaravalle.

La Scolastica risorse con S. Anselmo di Aosta (1033-1109), nominato da Gregorio VII arcivescovo di Canterbury, il cui indirizzo filosofico è contenuto nella formula *ut intelligam, credo*: la ragione deve far suo il contenuto della fede, non alterarlo.

Il successivo sviluppo della filosofia scolastica oltrepassa il periodo di questo capitolo, per cui ne parleremo in seguito, mettendo in evidenza l'intralcio che ne derivò allo sviluppo del pensiero filosofico-scientifico.

V

PERIODO DEI COMUNI

Dalla morte della Contessa Matilde al governo di Cosimo il Vecchio (1115 - 1434)

1. Storia. - Già da tempo andavano operando le cause che avrebbero dato origine al sorgere dei Comuni. Dopo la costituzione di Corrado il Salico del 1037, la piccola nobiltà che si era sottratta al dominio dei grandi feudatari si riversava nelle città ove poteva più facilmente difendersi e condurre una vita più agiata aumentando le proprie ricchezze con il tentare la fortuna delle armi ed investendo capitali nel commercio. Con il crescere della popolazione cittadina anche le industrie prosperavano e le città acquistavano una importanza sempre maggiore come centri di vita economica ed i vari ceti dei nobili, dei commercianti, degli industriali, degli agricoltori, si riunirono in associazioni libere, autonome, delle quali si valevano i Vescovi per combattersi tra loro e difendere le città, le quali però, riunitesi insieme, giurando di governare in comune, diedero appunto origine ai vari Comuni.

Sorse così una nuova società nella quale al principio ed all'ordinamento della società feudale della dipendenza e della soggezione per cui vi erano vassalli del signore, si sostituiva il principio della uguaglianza di tutti i cittadini del Comune che erano eleggibili a tutti gli uffici della amministrazione comunale. Il concetto della uguaglianza aveva però di fatto gravi limitazioni perché in certi Comuni era obbligo essere iscritti a qualche associazione o di industriali, o di mercanti, mentre alcune categorie, come quella dei lavoratori manuali, non potevano costituirsi in associazione. Il processo con il quale vennero a costituirsi i vari Comuni non fu sempre lo stesso, né avvenne contemporaneamente, né sempre pacificamente, pur sviluppandosi essenzialmente nella graduale trasformazione della società feudale e nella elevazione della borghesia.

Accadde così che malgrado il proclamato principio della uguaglianza, i Comuni erano fino da principio costituiti da classi sociali ben distinte: dalla classe dei nobili, cioè dei piccoli feudatari che, sottrattisi ai grandi feudatari, avevano da principio contribuito alla formazione del Comune, costituendone la classe privilegiata e formandone il governo; dalla grande borghesia — il popolo grasso — costituita dai grandi industriali e commercianti, organizzati nelle Arti maggiori; dalla media e piccola borghesia, rappresentata dai piccoli artigiani, organizzata nelle Arti medie e minori; dalla plebe, costituita dagli operai salariati. Tutte queste classi aspiravano al potere, ma mentre la grande borghesia riesce a sostituirsi alla nobiltà, la media borghesia non vi riesce che in parte, mentre la plebe è ridotta a sterili rivolte.

I governi comunali ebbero uno svolgimento nel quale si possono distinguere due periodi. Nel primo, *consolare*, a capo del Comune c'erano i Consoli i quali esercitavano il potere esecutivo, duravano in carica un tempo limitato ed erano coadiuvati da un consiglio di credenza, detto anche Senato, costituito dalle famiglie più importanti. Il potere legislativo veniva invece esercitato da tutti i cittadini nell'Arengo o Parlamento generale, che fu poi sostituito da un Consiglio maggiore, costituito da un numero limitato di cittadini, che andò sempre più restringendosi.

Il secondo periodo è costituito dal governo *podestarile* che già verso la fine del secolo XII si era sostituito in molti Comuni al governo consolare. Il governo era esercitato da un Podestà, per lo più un nobile rurale, fautore dell'imperatore e quindi ghibellino, che, con la forza o con la frode, era riuscito ad usurpare il potere dei Consoli. Con il declino della potenza imperiale i Consoli ripresero il potere usurpato dai Podestà, ma, a causa delle fazioni e per la necessità che il potere fosse esercitato al di fuori dei partiti ed indipendentemente dalle deliberazioni dell'assemblea, si ricorse a Podestà forestieri che restavano in carica per un tempo limitato.

Nel secolo XIII sorgono accanto ai Podestà nuove istituzioni, tra le quali principalmente il *Capitano del popolo* che ha il compito di proteggere il popolo, anche con il ricorso alle armi, contro il prepotere delle classi al governo, coadiuvato dal Consiglio delle Arti, o dei Priori, o degli Anziani, composto dalle rappresentanze delle Corporazioni artigiane e dal Consiglio del popolo, costituito da elementi tutti borghesi.

Ed ecco così il Comune prosperare per l'attività di tutti i cittadini, crescere d'importanza e di ricchezza. Milano fu una delle prime città nella quale sorsero le istituzioni comunali, il che accadde dopo la rivolta popolare del 1042 contro Ariberto, arcivescovo di Milano e contro i grandi feudatari.

A noi interessa però considerare la storia in questo periodo delle principali città della Toscana.

Pisa fino dal secolo VII godette di quell'ottima posizione commerciale che già aveva goduto al tempo dei Romani, dovuta alla sua favorevole posizione sulla foce dell'Arno, allora navigabile fino alle porte della città. Aveva fatto parte del Regno d'Italia e più tardi era stata incorporata nel Marchesato di Toscana. Durante il regno dei Berengari e degli Ottoni ottenne concessioni e franchigie ed al principio del secolo XI si costituì in Comune autonomo.

Ebbe presto una flotta con la quale si protesse dalle continue scorrerie dei Mussulmani e si alleò con Genova che era pure da essi minacciata. Nel corso del secolo XI, con una serie di eroiche imprese che precorrono le Crociate, le due città alleate costrinsero i Mussulmani ad abbandonare le isole e portarono la guerra fino sulle coste dell'Africa e della Sicilia, occupando nei primi anni del secolo XII le Baleari. Pisa seppe inoltre avvantaggiarsi delle Crociate, portandosi nel Tirreno e nel Levante con aziende commerciali di primo ordine.

Ma la potenza di Pisa non ebbe lunga durata. Entrata in conflitto con la sua ex-alleata per il possesso della Sardegna, della Corsica e delle Baleari, dovette condurre una lunga guerra che terminò con la famosa sconfitta navale della Meloria (1284) dopo la quale non poté più rialzarsi.

Dopo questa sconfitta si trovò di fronte alle città guelfe della

Toscana con Firenze alla testa, che si erano collegate con Genova per la sua distruzione; per salvarsi dall'estrema rovina passò a parte guelfa eleggendo a capitano del popolo Ugolino della Gherardesca che riuscì a sciogliere la lega cedendo terre e castelli e Lucca ai Fiorentini, ma quando qualche anno dopo i Ghibellini ritornarono al potere accusarono Ugolino e rinchiusolo con i figli nella torre dei Gualandi, ve lo fecero morire di fame con essi (*Inferno,* XXXIII). Successivamente rimase sotto il potere di varie signorie ghibelline, fino a che non cadde in possesso dei Fiorentini.

Fu Lucca in origine una stazione ligure che divenne poi città etrusca. Fu sede di una colonia latina. Risparmiata dalle invasioni barbariche, solo nel 552 subì un breve assedio da parte di Narsete. I Longobardi ne fecero un ducato che con i Franchi ed i Sassoni divenne un marchesato che si estendeva su gran parte della Toscana.

Pochi anni dopo la morte di Matilde di Canossa, si costituiva come comune libero e tale rimase fino al principio del secolo XIV in condizioni di prosperità, pure essendo in continua lotta con Pisa, Firenze, Siena, Arezzo ed altre città.

Dalle ambizioni delle principali famiglie originatasi la lotta tra Guelfi e Ghibellini, la potenza di Lucca diminuì fino a cadere nel 1314 sotto la tirannia di Uguccione della Faggiuola, capo dei Ghibellini toscani: liberatasene dopo due anni, nominò a capitano generale Castruccio Castracani degli Antelminelli, uno dei più grandi capitani di ventura italiani. Alla morte di questo nel 1328 ricominciarono per Lucca tempi difficili con il passaggio da una signoria all'altra: così, dopo un duro dominio di Pisa, poté riscattare dall'imperatore tedesco Carlo IV nel 1369, la propria indipendenza della quale poté godere per lungo tempo oltre il termine del periodo storico che ora consideriamo.

Per alcuni Siena ha una origine etrusca; fu sede di una colonia romana e vi affluirono molte persone in seguito alle invasioni barbariche. Al tempo dei Longobardi era già un centro considerevole ed era retta da gastaldi ai quali successero i conti con la dominazione franca. Ma al principio del secolo XII l'autorità dei conti era quasi del tutto cessata e vi era subentrata quella del Vescovo per concessione imperiale: questa autorità durò però poco con l'insediarsi del Comune, organizzatosi con i consoli scelti tra i nobili. Il popolo che con il commercio aveva acquistato un posto rilevante nella vita cittadina, riuscì nel 1147 ad ottenere che un terzo dei posti fosse riservato agli uomini della sua parte. Il nuovo Comune, a causa del suo carattere commerciale, ebbe cura di assicurarsi il contado muovendo guerra ai feudatari ed alle città vicine che ostacolavano i suoi commerci. Ma questi tentativi espansionisti destarono la gelosia di Firenze per cui dopo la penetrazione verso Poggibonsi e la Val d'Elsa, si ebbe il primo conflitto armato nel 1141. Composto questo, la guerra si riaccese nel 1145 ed i Senesi furono sconfitti presso Montemaggi.

Nella lotta combattuta contro Federico Barbarossa, specialmente dai Comuni lombardi, Siena seguì in primo tempo il partito imperiale, ma nel 1197 si univa agli altri Comuni con la lega di S. Genesio ed era assediata da Enrico VI, figlio del Barbarossa. Cessato questo conflitto, la potenza economica di Siena si imponeva a tutta la Toscana. Nel 1199 ai Consoli si sostituiva il Podestà, che fu poi scelto forestiero, come pure forestiero fu il Capitano del popolo che aveva l'incarico di amministrare la giustizia criminale.

La lotta con Firenze dopo l'interruzione della partecipazione di Siena alla lega delle città guelfe, stretta a S. Genesio, nel 1197, aveva ripreso con alterna vicenda finché nel 1260 a Montaperti le milizie senesi, rinforzate dai fuorusciti ghibellini con a capo Farinata degli Uberti, con gli aiuti di Pisa, Lucca e Cortona ed anche con quello delle milizie di Manfredi, re di Sicilia, sconfissero i Fiorentini facendone strage che « fece l'Arbia colorata in rosso ». Ma i vantaggi della vittoria furono di breve durata. La morte di Manfredi segnò il declino della potenza dei Ghibellini: nel 1269 i Senesi furono sconfitti dai Fiorentini a Colle Val d'Elsa. Guido di Monfort, vicario di Carlo d'Angiò, si impadronisce di Siena e vi instaura un governo guelfo esiliando i Ghibellini.

Incominciano allora le cruente lotte dei partiti che saranno una delle cause della rovina di Siena. Fu un continuo succedersi di governi di parte: nel 1326 vi fu la carestia, nel 1348 la peste, cui si aggiunsero gravi dissesti finanziari· Nel 1404 un governo di Dieci Priori, prevalentemente popolare, strinse un patto di alleanza con Firenze per combattere contro Ladislao, re di Napoli. Ma oramai il prestigio della città era scosso e la supremazia in Toscana era decisamente assunta da Firenze.

Arezzo era stata città etrusca e nel Medio Evo una delle principali sedi vescovili. Uscita dall'autorità dei vescovi nel secolo XI divenne libero Comune sotto il dominio dei Tarlati, famiglia feudale ghibellina. Anche Arezzo fu quindi ghibellina e perciò in lotta con Firenze. La battaglia di Campaldino nel 1289, alla quale prese parte anche Dante, e nella quale il vescovo Ubertini fu ucciso, ne fiaccò la potenza. Risorse sotto Guido Tarlati che fu vescovo di Arezzo nel 1313 e quello fu il periodo del suo massimo splendore, ma dopo vari tentativi di resistere ai Fiorentini dovette alla fine dividere le sorti dello Stato di Firenze, nel 1336.

Sfasciatosi il marchesato di Toscana e con esso il regime feudale con la morte della Contessa Matilde, il Comune di Firenze, già precedentemente costituitosi, prese nuovo vigore, specie dopo l'anno 1125 in cui terminò la guerra intrapresa da Firenze due anni prima contro Fiesole che venne distrutta ad eccezione della cattedrale e della sede vescovile. Fecero seguito le lotte con i feudatari per la liberazione del contado che nella parte meridionale si estendeva fino quasi a Siena, lotte che si conclusero dopo una ventina d'anni con una pace generale alla quale parteciparono città e feudatari e che fu determinata dalla minaccia del ritorno in Italia di Federico Barbarossa per ripristinare i diritti imperiali contro gli arbitri dei grandi vassalli e le usurpazioni dei Comuni.

Mentre il Barbarossa nell'Italia settentrionale cercò di imporre la sua volontà con la forza dovendovi poi rinunciare dopo un quarto di secolo di inutili tentativi, accettando la pace di Costanza con i Comuni lombardi nel 1183, qualunque attentato ai Comuni toscani era pure destinato ad infrangersi. L'impero fu di fatto costretto a riconoscere il Comune ed a cedergli i diritti giurisdizionali su una larga parte del contado.

Il Comune di Firenze può considerarsi giuridicamente costituito fino dal 1072 con la costruzione del secondo cerchio delle mura. Il governo inizialmente consolare, si trasformò in seguito in podestarile, come era regola accadesse nel passaggio dal regime feudale a quello comunale, e per la necessità che il potere fosse nelle mani di una persona estranea alle divisioni cittadine fu affidato nel 1207 a Gualfredotto di Milano. Disciolta la lega di S. Genesio, costituita nel 1197 tra i Comuni toscani per fronteggiare Enrico VI che, riprendendo il disegno paterno, voleva ricostruire l'autorità imperiale, incominciò di nuovo tra i Comuni lo stato di guerra fomentata dalle prime lotte tra Guelfi e Ghibellini, per cui la storia della Toscana acquistava il carattere di un permanente conflitto tra due fazioni per la conquista del potere. In Firenze l'inizio delle due fazioni fu determinato nel 1215 dal noto episodio di Buondelmonte che, prima promesso sposo ad una fanciulla degli Amidei, era poi andato sposo ad una dei Donati.

Contrasti di natura economica costrinsero Firenze a far guerra ai Pisani che furono sconfitti nel 1222 ed ai Senesi che lo furono nel 1235; anche Pistoia dovette sottomettersi. In seguito ad un tentativo di movimento non riuscito, i Guelfi furono cacciati dalla città, ma solo due anni dopo, nel 1250, alla morte di Federico II, vi fecero ritorno.

La vittoria guelfa venne seguita da una nuova costituzione del Comune che si chiamò *Governo del primo popolo,* mentre la giurisdizione civile e criminale era affidata al *Podestà di Giustizia,* emanazione del ceto nobiliare ed a far parte del governo entrava il *Capitano del Popolo* che, assistito da dodici *Anziani*, aveva l'incarico di proteggere il popolo dalla prepotenza dei nobili. Era questo il primo passo del popolo per la conquista del potere.

Nel 1282 la borghesia fiorentina compì un secondo e più audace passo verso la conquista del potere ottenendo che accanto al Podestà entrassero a far parte del governo i *Priori delle Arti maggiori* (giudici e notai, lanaioli, setaioli, pellicciai, medici e speziali) cioè i rappresentanti del popolo grasso e della borghesia. Si ebbe allora il *Governo del secondo popolo,* costituito dal Podestà, dal Capitano del popolo e dai Priori (*Signoria*).

Consolidatosi in Firenze il Guelfismo, estinti i focolai ghibellini di Pisa e poi di Arezzo con la vittoria nella battaglia di Campaldino del giugno 1289, non cessava la lotta per un più libero svolgersi dell'attività comunale, il quale trovò il suo coronamento nel 1293 negli *Ordinamenti di Giustizia* di Giano della Bella che ammettevano al Priorato solo gli appartenenti alle Arti, cioè la sola borghesia, con esclusione dei nobili e della plebe, con che si ammetteva al potere anche la media borghesia; il numero delle Arti era portato a ventuno, sette *maggiori*, cinque *mediane* e nove *minori* e si costituì la carica di *Gonfaloniere di Giustizia* che, eletto ogni due mesi, aveva a sua disposizione forze armate a difesa dei cittadini delle Arti e riceveva in consegna il Gonfalone del Popolo. Malgrado i tentativi per annullare gli Ordinamenti, si consolidò un regime nel quale Comune ed Arti si identificavano.

Distrutta dal Guelfismo ogni velleità di rivincita dei Ghibellini, ecco ad imitazione dei due partiti, dei Bianchi e dei Neri, con cui era stata divisa la famiglia pistoiese dei Cancellieri, intorno al 1300 scoppiare una nuova discordia tra le maggiori famiglie fiorentine, le due casate guelfe dei Cerchi e dei Donati. I cittadini che parteggiavano per i Cerchi si chiamarono Bianchi, quelli che parteggiavano per i Donati, si chiamarono Neri. Le due fazioni si combatterono come avevano fatto i Guelfi ed i Ghibellini. I Cerchi, mercanti arricchiti, sono sostenuti da quel popolo grasso che aveva il potere in base agli Ordinamenti di Giustizia; i Donati, di nobile origine, nemici del popolo grasso, si appoggiavano al popolo minuto, alla plebe, che era esclusa dal governo. Ed ecco Bonifacio VIII, considerando la Toscana come feudo della Contessa Matilde, mandare il cardinale di Acquasparta con il pretesto di pacificare Firenze, ma con lo scopo di far valere la supremazia politica del Papato su quella città. Acuitasi la lotta, la Signoria fu costretta a cacciare in bando i maggiorenti dei due partiti. Ma i Neri, con l'aiuto di Carlo di Valois, fratello del re di Francia e mandato dal papa, riescono ad impadronirsi della Signoria e mandano in esilio i cospicui cittadini di parte bianca, tra i quali Dante (1302).

Gli esuli si congiunsero ancora con i superstiti delle precedenti proscrizioni e fecero vari tentativi di rientrare in patria. Ad essi si era aggiunto Corso Donati, che per sottrarsi alla inimicizia creata dal suo governo, era riuscito a sobillare nel 1308 contro Firenze il suocero, Uguccione della Faggiuola, Signore di Pisa e di Lucca, ma ghibellino; se non che, prevenuto, tentò di fuggire e fu ucciso nei pressi di Rovezzano. Dopo questa morte le speranze dei Ghibellini si erano appuntate su Arrigo VII di Lussenburgo, ma questi, non avendo osato investire Firenze, abbandonata l'impresa, si allontanava e moriva improvvisamente a Buonconvento presso Siena (1313).

Così gli esuli ghibellini e bianchi perdettero ogni speranza di ritornare in patria ed ebbe termine il sogno di Dante.

Per il Comune di Firenze incominciava il declino. Impotente la repubblica a difendere il territorio, era costretta a ricorrere alle signorie straniere, con che si preparava la signoria cittadina.

Cessata infatti la Signoria di re Roberto d'Angiò (1313-1322) i Fiorentini pensarono di affidarla a Carlo d'Angiò, duca di Calabria, che in tal modo divenne Signore di Firenze. Se non che questo esperimento non riuscì perché il duca di Calabria non si preoccupò che di far denaro, per cui quando il 28 dicembre 1327 uscì da Firenze per rientrare nel regno, i Fiorentini non se ne dispiacquero troppo. Dopo un breve ritorno al governo comunale e la perdita di Pistoia che avevano riacquistata in una guerra con Pisa, il governo vagheggiò nuovamente una Signoria di tipo militare affidandola a Gualtiero di Brienne, duca di Atene, che sbalzò il popolo grasso facendosi nominare Signore a vita; se non che il popolo grasso fece lega con i nobili ed il Duca di Atene venne cacciato (1343).

Cacciato il Duca di Atene, il popolo grasso ritornò al potere, ma dovette pagare a caro prezzo gli aiuti che i nobili gli avevano prestato, revocando gli Ordinamenti di Giustizia che furono però ristabiliti con l'aiuto del popolo minuto. Seguì un periodo di gravi agitazioni e rinacque la lotta delle fazioni temporaneamente sopita dalla terribile pestilenza del 1348, descritta dal Boccaccio. Dopo la rinunzia di Giovanni Visconti, Signore di Milano, ad occupare la Toscana, il Comune condusse una politica estera di difesa portando a termine nel 1364 la guerra contro i Pisani e conquistando S. Miniato in cui la seconda discesa di Carlo IV aveva ridestato gli spiriti ghibellini. Il Comune, pur dopo il 1343 essendo rappresentato da tutte le Arti, rimase vincolato alla parte guelfa.

Le cose si complicarono in seguito al conflitto sorto tra il governo ed il pontefice Gregorio XI, conflitto che portò alla cosiddetta *guerra degli otto santi*, ché così furono chiamati in dispregio del papa gli *Otto della Guerra*, magistratura eletta per fronteggiare i tentativi papali di annettersi la Toscana.

Malgrado l'opposizione dei capitani di parte, nel 1378 assumeva il Gonfalonierato un loro nemico, Salvestro de' Medici, di famiglia popolano ed arricchitosi con la mercatura. Ma il suo progetto di rinvigorire gli Ordinamenti di Giustizia determinò una rivolta contro la parte guelfa che culminò nel tumulto dei Ciompi e che condusse alla proclamazione a Gonfaloniere di Giustizia di un cardatore, Michele di Lando, sotto la cui direzione fu riformato l'ordinamento della città con maggiori vantaggi per il popolo minuto. Breve fu la durata di questo governo, solo tre anni, a causa della sua incapacità a tenere il Comune, la costituzione venne riformata e si manifestò una sempre maggiore tendenza verso l'oligarchia. A tutto ciò si aggiungevano terribili odi di famiglie che culminarono nella lotta tra gli Alberti e gli Albizzi, fino al predominio personale di Maso degli Albizzi che ebbe come compagni Niccolò da Uzzano e Gino Capponi. Da ciò derivò un rafforzamento dei pubblici poteri che favorì la formazione di quello Stato territoriale che il Comune non era riuscito a formare. Ciò accadde tra il 1381 ed il 1433 con l'acquisto di Arezzo da un condottiero dell'armata Angioina che a sua volta l'aveva acquistata, di Livorno, che i Genovesi non avevano voluto cedere, da Gabbriello Maria Visconti e con la conquista di Pisa, caduta dopo un lungo assedio; la conquista di Lucca non riuscì.

La morte di Maso degli Albizzi determinò il fallimento della sua fazione. Ed ecco venire alla ribalta Giovanni di Averardo de' Medici (1360-1428), detto Bicci, appartenente alla stessa famiglia di Salvestro de' Medici, seppure di altro ramo, famiglia le cui origini si possono far risalire al 1200. Durante il tumulto dei Ciompi aveva fatto causa con il popolo; ridotto in povertà con la caduta dei Ciompi, si era poi costituito una discreta fortuna con l'esercizio della mercatura. Divenuto Gonfaloniere di Giustizia rappresentò una nuova forza contro l'oligarchia. Nel 1426, terminata a condizioni onorevoli la lotta che Firenze conduceva contro il duca Filippo Maria Visconti, Giovanni de' Medici riuscì a mandare ad effetto il famoso *catasto* che facendo gravare le tasse sui ricchi più che sui poveri, gli accrebbe il favor popolare. Giovanni de' Medici morì nel 1428 con grande rimpianto di tutti gli umili; di lui dice il Machiavelli che non cercò gli onori del governo, ma che li ebbe tutti. Ecco così che l'alba del secolo XV segna l'inizio della ascesa della Casa Medici, accompagnata da un magnifico risveglio dell'arte, risveglio che in breve doveva estendersi al dominio delle lettere.

Giovanni de' Medici aveva due figli, Cosimo e Lorenzo. Il ramo primogenito di Cosimo (1389-1464) si spense dopo la settima generazione e la successiva passò al ramo cadetto di Lorenzo (1395-1440), il quale continuò a dare il nome alla famiglia per altre sei generazioni ed ottenne quella corona per la quale il ramo primogenito aveva lottato senza riuscirvi fino a che si spense con Anna Maria Ludovica nel 1743.

Quando Giovanni venne a morte, Cosimo aveva quarant'anni ed aveva sposato da poco Contessina de' Bardi nel cui palazzo abitò fino alla morte del padre. I Bardi erano nel secolo XIV ricchissimi banchieri ed avevano le loro case nell'attuale Via dei Bardi. Egli era stato educato nella celebre scuola del Monastero dei Camaldolensi di S. Maria degli Angioli che, fondato nel 1295, e prospiciente l'attuale via degli Alfani (per molti secoli denominata Via degli Angioli) venne poi incorporato nell'Ospedale di S. Maria Nuova. In Via degli Alfani al n. 37 si trova l'ingresso al primo Chiostrino dell'antico Convento. Apprese Cosimo il latino, il greco, l'arabo ed altre lingue e coltivò l'arte. Avendo nel 1430 incominciato a dare esecuzione al progetto di costruire per sé e per la sua famiglia un palazzo (l'attuale Palazzo Riccardi in Via Cavour), affidandone la costruzione a Michelozzo e la decorazione interna a Donatello, Rinaldo degli Albizzi, capo del partito dei nobili, manipolando abilmente le elezioni, riuscì a far nominare una Signoria a lui favorevole ed a porre Cosimo in stato di accusa di volersi esaltare sulla comune facendosi costruire un palazzo troppo costoso. In conseguenza di ciò fu condannato all'esilio, ma quando il popolo ebbe compreso le manovre degli Albizzi, il decreto di esilio nel settembre 1434 fu annullato e Cosimo poté ritornare in patria come un conquistatore.

2. Condizioni ambientali. - *Stato della cultura.* - Il « dolce stil nuovo », il secolo di Dante, gli albori del Rinascimento, costituiscono tre fasi successive di questo periodo storico, ognuna con un carattere diverso, ma tutte concorrenti nel dare una posizione di primato alla Toscana nello sviluppo della letteratura in confronto delle altre regioni.

Il « canto di amore » del bolognese Guido Guinicelli, uno dei maggiori che « rime d'amor usar dolci e leggiadre », raggiunse la più alta perfezione con la schiera dei poeti detta del « dolce stil nuovo » in Toscana, ma soprattutto in Firenze e che ebbe il suo più tipico rappresentante in Guido Cavalcanti.

In questo periodo che occupa la seconda metà del secolo XIII, fiorì anche la poesia allegorica, soprattutto per opera di Brunetto Latini, che, esule in Francia, dopo la sconfitta di Montaperti, scrisse la grande opera didattica, il *Tresor*, che abbracciò gran parte del sapere del tempo.

Accanto alle opere liriche fiorirono anche le burlesche e satiriche per opera di Folgore da S. Gemignano, di Cene della Chitarra di Arezzo e soprattutto di Cecco Angiolieri da Siena; Ristoro di Arezzo ci dà con *El Libro della Composizione del Mondo,* un esempio del genere didattico.

Dante offre un interesse particolare per gli scopi di questo libro, indipendentemente dal suo valore di poeta, per il tentativo che egli ha fatto di volgarizzare la scienza che fino ad allora si scriveva in latino: il *Convito* fu il primo tentativo di ciò che fu poi fatto egregiamente nella *Commedia.* In una lunga prefazione egli spiega l'origine dell'opera e confuta le obiezioni che gli potevano essere fatte di avere usato il volgare, quasi profanamente, secondo alcuni, trattando la scienza. In quest'opera, in mezzo alle sottigliezze scolastiche delle quali neppure Dante va esente, vi sono stupende pagine di filosofia morale e di politica ed il primo esempio di una prosa dottrinale sgorgata dall'animo dello scrittore, ben diversa da quelle sterili compilazioni di massime antiche che allora erano così frequenti. Quest'opera si ricollega in maniera curiosa con la *Vita Nuova*: Dante nega che la « donna gentile » la quale, dopo la morte di Beatrice, lo guardava pietosamente fosse una vera donna: essa era il simbolo della filosofia e l'amore per essa non era che l'amore per lo studio di questa, studio al quale il poeta si era dedicato per riaversi del grande dolore, ad imitazione di Boezio che in maniera simile aveva consolato i giorni della sua prigionia, scrivendo l'opera, come il *Convito*, mista di prosa e di versi, *De consolatione Philosophiae.*

Che Dante fosse dal suo ingegno, come dal gusto del secolo, portato all'allegoria, appare nella *Vita Nuova*, in cui Beatrice a poco a poco diviene il simbolo della scienza. Un tale accoppiamento, come abbiamo detto, fu poi compiuto in modo mirabile nella Commedia. Per Dante, scienza e religione, filosofia e teologia erano unite come il mezzo al fine; tuttavia egli volle mantenere una subordinazione facendo che tutto si purificasse e si consacrasse nella religione. Virgilio, simbolo della scienza profana e della ragione naturale, priva del lume rivelato ed espressione insieme della civiltà imperiale e della poesia latina, conduce Dante fino a Matilde, regina del Paradiso terrestre e rappresentante, come è probabile, della scienza cristianeggiante, della filosofia scolastica. Questa presenta Dante a Beatrice e, purificandolo nei suoi lavacri, lo fa degno compagno di essa.

Quanto al Petrarca è interessante considerarlo come padre del Rinascimento letterario; iniziò quel culto di Platone che fu poi tanto professato nel secolo seguente e diede il massimo incoraggiamento allo studio del latino con le ricerche fatte per salvare i codici degli antichi e per l'eleganza classica trasportata nella poesia italiana. Al Petrarca come padre del Rinascimento si associa il Boccaccio che riuscì a mettere insieme una ricca raccolta di codici e che ebbe il singolare merito di iniziare nel centro dell'Italia lo studio del greco, facendovi venire ad insegnarlo nello Studio di Firenze il calabrese Leonzio Pilato.

Gli scrittori minori del secolo XIV in parte seguirono l'indirizzo letterario del secolo precedente, in parte si raggrupparono intorno ai tre grandi imitandolo, sia nella scelta degli argomenti, che nello stile. Nella prima metà del secolo e poco oltre fiorirono in Firenze i cronisti volgari tra i quali emersero Dino Compagni, Giovanni e Matteo Villani. Dopo l'esempio della Commedia si diffuse assai la poesia didascalica che ebbe la sua maggiore espressione nel *Dittamondo* di Fazio degli Uberti di antica famiglia fiorentina e che fiorì intorno alla metà del secolo XIV.

Già prima del periodo storico del quale ci occupiamo, cioè prima del ritorno di Cosimo, erano stati gettati i semi del Rinascimento, cioè di quella rinascita della cultura greco-romana che modificò essenzialmente l'indirizzo delle lettere e delle arti del Medio Evo operando una rivoluzione del pensiero filosofico e che dalla Toscana, che ne fu la culla, si estese ad altri paesi. Questa rivoluzione del pensiero, che si sviluppò essenzialmente nella seconda metà del secolo XV e nella prima metà del secolo XVI, fu anche detta *Umanesimo,* a causa dell'esaltazione dei valori umani che ne derivarono.

Nel 1439 si riunì in Firenze, come narreremo in dettaglio, il

Concilio intimato da papa Eugenio IV, cui poco dopo seguì la fondazione della Accademia Platonica. Ma già prima di questa fondazione erano incominciate a Firenze le riunioni di uomini dotti, quali Antonio degli Alberti, ricco e nobile mercante, Coluccio Salutati di Stignano in Valdinievole, Niccolò Niccoli, fiorentino, che morì carico di debiti, la cui biblioteca sarebbe andata in pagamento ai creditori se Cosimo il Vecchio, non l'avesse riscattata ponendola in S. Marco; questa raccolta di libri diede poi origine alla Biblioteca Mediceo-Laurenziana.

Il risveglio delle Belle Arti si iniziò in Toscana nel 1200, si accentuò nel periodo intermedio tra la fine del Comune fiorentino e l'inizio della Signoria medicea, trovando poi nei Medici il massimo aiuto ed incoraggiamento.

Il maggior risveglio nella architettura e nella scultura si ebbe per opera di Nicola Pisano che ingrandì la chiesa di S. Trinita di Firenze, ma più dell'architettura si avanzò per suo merito la scultura come ne fanno fede il pulpito del Battistero di Pisa, quello del Duomo di Siena e la fontana nella piazza di Perugia; quasi contemporaneo di Nicola Pisano, lo superò nella architettura Arnolfo di Cambio come è dimostrato dalla chiesa di S. Maria del Fiore e del Palazzo Vecchio di Firenze; Filippo Brunelleschi ebbe il merito di avere modificato lo stile gotico dandoci la cupola di S. Maria del Fiore, la sua opera più gloriosa; Michelozzo Michelozzi costruì il palazzo che Cosimo voleva edificare per la sua famiglia.

La perfezione che il Brunelleschi aveva dato all'architettura, il suo maestro Donatello la diede alla scultura, facendole fare un passo da gigante. Scolpì moltissimo nella sua patria, in Firenze, ma non per questo le altre città d'Italia furono prive della sua opera, sia in marmo che in bronzo; appartiene a quest'epoca lo scultore Lorenzo Ghiberti, fiorentino, celebre per la « porta del Paradiso » del Battistero di Firenze.

La pittura ebbe un immenso risveglio per merito di Cimabue. fiorentino, che fu poi superato da Giotto di Bondone da Vespignano nel Mugello (Firenze), suo allievo, derivandone una scuola di pittura della quale è stato universalmente riconosciuto il primato. In epoca alquanto posteriore emerse la grande figura di Tommaso di Ser Giovanni, detto Masaccio, di San Giovanni Valdarno, con il quale il centro di attrazione della pittura non è più il mondo trascendente della religione, ma l'uomo nella sua realtà terrena.

Quasi nello stesso tempo divenne celebre Luca della Robbia, fiorentino, per un'arte da lui creata, che unisce insieme i pregi della scultura e della pittura, cioè quella di modellare e dipingere in una creta che uguaglia la bellezza della porcellana. Fioriva in questo tempo in Firenze l'arte dell'incisione in rame della quale fu ritenuto inventore l'orafo fiorentino Maso Finiguerra.

Pisa, la cui potenza e ricchezza la ponevano in grado di secondare l'impulso dato alle arti, invitava nel suo Camposanto i migliori artisti. Fra questi vi erano gli Orcagna dei quali Andrea superò assai i fratelli dipingendo in quel Cimitero il Trionfo della Morte ed il Giudizio finale e mostrandosi riformatore dell'architettura, diede nella Loggia detta dei Lanzi nella Piazza della Signoria di Firenze, l'originale interpretazione fiorentina del gotico. Tra i Toscani del tempo si distinsero molto i Senesi nella pittura; nessuna altra città dopo Firenze ne contò tanti in quell'epoca; tra essi ricordiamo Simone Martini, Duccio di Buoninsegna ed i Lorenzetti, Ambrogio e Pietro.

Verso la fine del Duecento, la musica incominciò ad avere carattere nazionale. Nel '300 Firenze è alla testa del movimento musicale italiano. Lo stesso Dante, introducendo Casella a cantare la sua canzone « Amor che nella mente mi ragiona », nel II Canto del Purgatorio, ci dà argomento per stabilire che nei primi anni del '300 le canzoni di alto concetto erano musicate ed assai bene. Erano composizioni molto piccole secondo il costume del tempo, come il madrigale, la pastorella, la caccia ed i canti popolari.

Nomi di musicisti grandi però non ve ne sono; tra i minori, che erano in gran numero, merita di essere ricordato Francesco Landino, fiorentino, che pure essendo divenuto cieco nella fanciullezza, riuscì ad essere al tempo stesso compositore, organista e cantore.

L'arte che governa gli uomini e che tiene la bilancia di Temi fu una delle prime ad essere coltivata in quel periodo di studi nascenti. Fino a che l'Italia fu soggetta ai re longobardi, il loro codice legale ne doveva regolare l'attività ed i giudizi; tuttavia era stato permesso ad alcune città di usare quali leggi volessero, se non che qualche volta solo l'arbitraria volontà del conte o del marchese decideva la lite. Ma appena gli Italiani ebbero riacquistato la libertà, la giurisprudenza fu coltivata con grande impegno.

Bologna si distinse in questo ordine di studi più di ogni altra città. Anche nelle Università toscane la scienza del diritto subì un notevole incremento dopo che le Pandette, prese dai Pisani come bottino di guerra ad Amalfi nel 1135, furono dal 1406 conservate nel Palazzo Vecchio di Firenze e dal 1786 nella Biblioteca Laurenziana di questa città.

Molti furono i professori toscani che illustrarono lo Studio bolognese, ma pochi raggiunsero la fama di Francesco Accursio, il cui figlio, anche lui di nome Francesco, fu pure professore in quella Università ed in gran parte erede della celebrità paterna; ebbe però la disgrazia di essere posto nell'*Inferno* dantesco con Prisciano e Brunetto Latini:

> Priscian se va con quella turba grama
> e Francesco d'Accorso . . . .

Miglior trattamento ebbe dal Poeta, Benincasa d'Arezzo, precisamente da Laterina, che fu posto nel *Purgatorio*: fu rinomato espositore di leggi e fece triste fine per mano di un celebre assassino del tempo, Ghino di Tacco, il di cui fratello aveva condannato a morte:

> Quivi era l'Aretin che dalle braccia
> fiere di Ghin di Tacco ebbe la morte,
> . . . .

Altri legisti celebri ebbe la Toscana, tra i quali Antonio Minucci di Pratovecchio che si distinse nel Concilio di Pisa (1409). Arezzo fu in quel tempo feconda di illustri legisti tra i quali Angelo Gambiglioni, Francesco Accolti ed Antonio Boselli che unì la più profonda dottrina alla più florida eloquenza.

Un illustre toscano che si distinse altamente nel diritto canonico, come in quello delle lettere, fu Giovanni di Andrea, mugellano, professore nello Studio pisano; altro professore in questo Studio di diritto canonico fu il cardinale Soderini, fiorentino. Siena nello studio di questo diritto vantò i Soccini, Mario e suo figlio Bartolommeo.

Con il diritto canonico si collega la teologia nella quale si distinse in sommo grado Bernardo da Pisa che tenne in Parigi una rinomata scuola di teologia; Pandolfo da Pisa fu piuttosto scrittore di cose ecclesiastiche. Altro teologo di rinomanza ebbe Firenze in Giovanni di Domenico dell'ordine dei Predicatori che si distinse nel Concilio di Costanza ove fu mandato da Gregorio XII a sostenere i suoi diritti.

In S. Antonino, fiorentino, la santità dei costumi e la dottrina gareggiarono nell'adornarne la vita; divenne arcivescovo di Firenze nel 1445 e fu il primo a dare al pubblico un intero corso di teologia, la *Summa theologica.*

Scuole e Studi. - La gioventù non poteva trovare sufficienti le scuole private per istruirsi per cui nelle comunità più grandi furono presto istituite delle scuole pubbliche a tutti aperte con dotti maestri, stipendiati dai Comuni. È probabile che in qualche luogo di queste scuole ne esistessero anche prima della istituzione comunale. Inizialmente l'insegnamento impartito in queste scuole lasciava molto a desiderare, sia per l'incapacità dei maestri, sia per la cattiva qualità dei libri. Con l'andar del tempo le cose poterono gradualmente migliorare perché i maggiori stipendi richiamarono maestri più capaci i quali facevano una miglior scelta dei libri. Fra questi merita di essere ricordato il retore Bruno Casini, morto nella peste del 1348, del quale ci ha lasciato scritta la vita Filippo Villani [1] ed anche il grammatico e retore Cino Guidetti, il quale nel 1346 teneva scuola aperta in Firenze, spiegando le opere di Cicerone, cosa per quei tempi veramente nuova.

Soleva accadere che i maestri, soprattutto se lettori negli Studi, quando avevano raggiunto una certa notorietà venissero allettati a portarsi in altra sede in seguito all'offerta di maggiori stipendi, in quanto che i regolatori delle nostre repubbliche non badavano a spese pur di assicurarsi i migliori e più accreditati maestri. L'unica maniera per trattenerli era di ammetterli alle onorificenze ed alla cittadinanza dei paesi ed anche di fornirli di alloggio e di proprietà con il patto che non si spostassero, una norma che, praticata dai Bo-

[1] Vedi *op. cit.* nella Bibliografia N. 118, pag. 36.

lognesi per alcuni professori, era poi stata adottata da alcune repubbliche toscane.

Nelle scuole pubbliche delle quali abbiamo parlato si insegnavano solamente le arti liberali, secondo la regola introdotta al tempo delle invasioni barbariche della divisione in Trivio e Quadrivio. Il Trivio, come abbiamo già precedentemente detto, comprendeva la grammatica, la rettorica e la dialettica, le tre arti le quali insegnavano il bel ragionare. Il Quadrivio poi comprendeva l'aritmetica, la geometria, la musica e l'astronomia, cioè quattro arti che conducevano alla cognizione delle quantità. Le scienze, da intendersi essenzialmente di carattere filosofico, erano pertanto escluse e chi voleva dedicarsi al loro studio doveva rivolgersi altrove a chi ne fosse a cognizione e doveva recarsi con grande disagio e spesa in lontani paesi nei quali quelle scienze fossero insegnate, come in Scozia, in Irlanda, a Parigi ed anche a Costantinopoli.

Intanto in Italia sorgevano le Università di Bologna e di Pavia alle quali accorreva quella nostra gioventù che poteva sostenere le spese del cambiamento di residenza. Ciò creò la necessità che anche in Toscana sorgessero Università, chiamate Studi.

Fu Arezzo una delle città toscane nella quale, prima di ogni altra, si pensò ad istituire una Università degli Studi. In essa sarebbe venuto nel 1215 a leggere Roffredo da Benevento, uno dei più celebri giureconsulti del secolo XIII, lasciando Bologna, cioè lo Studio più famoso d'Italia.

Nella 83ª lettera, racconta Pier delle Vigne che l'Imperatore Federico II scrisse agli Aretini *ut mittant quatuor de sapientioribus viris suis, super peritis consilium impensuris,* ciò che appunto dimostra l'esistenza in quel tempo in Arezzo di buoni giureconsulti.

Uno dei documenti più notevoli dello Studio aretino è la *Memoria degli Statuti* ivi fatti dai lettori di esso. L'Imperatore Carlo IV conferì nel 1356 un diploma allo Studio di Arezzo. Dopo un periodo di grande miseria e decadenza, dopo il 1384, non si hanno più notizie dello Studio aretino fino al 1456, sotto il governo di Cosimo il Vecchio, nel quale anno Federico III rinnovò agli Aretini il privilegio di Carlo IV ad istanza della Signoria di Firenze, sotto il cui dominio stava allora Arezzo.

Le origini dello Studio senese, per quanto accuratamente indagate, rimangono assai incerte. L'opinione più accreditata è che esso debba considerarsi come una continuazione delle *Scuole Capitolari* o *Notarili* che per lungo tempo prosperarono in Siena.

Fino dal 1200 Siena possedette uno *Studio libero*, cioè *ex consuetudine*, di fatto e non *ex jure*, cioè non provvisto di privilegi papali od imperiali, per cui vi potessero essere conferiti tutti i gradi accademici, secondo l'usanza del tempo. Malgrado ciò è indubitabile che nel 1241 lo Studio senese fosse fiorente, pur dovendosi ammettere, secondo il Barduzzi, che siano in errore coloro che pongono al principio del secolo XII l'inizio di un vero Studio in Siena. I codici del tempo narrano che fino dal 1247 il magistrato cittadino inviava per tutta la Toscana nunzi ed editti affinché i giovani concorressero allo Studio di Siena. Una delle più importanti deliberazioni in favore dello Studio fu quella del 1275 con la quale fu dimostrata la grande necessità di ampliare lo Studio e di dargli un assetto stabile.

Nel 1320 Giacomo di Valenza, scolaro dello Studio bolognese, per aver voluto rapire una fanciulla, fu condannato alla pena capitale; malgrado potenti influenze la condanna fu eseguita per cui dottori e scolari, sdegnati, deliberarono partirsi da Bologna: di essi un gran numero affluirono a Siena ove godettero di molte facilitazioni [1]. Un ulteriore afflusso si verificò nel 1338 in seguito all'interdetto posto sulla città di Bologna da Benedetto XII.

Per quanto il Comune di Siena fosse spesso impegnato nella agitata vita medievale, tra le lotte delle fazioni e le guerre esterne ed anche tormentato dalle pestilenze e dalle carestie, nondimeno non trascurò mai lo Studio, ma cercò sempre maggiori aiuti per attuarne il perfezionamento.

Si era così giunti al tempo in cui le libertà comunali andavano tramontando e le repubbliche cercavano di protrarre il meglio possibile la loro incerta esistenza nella lotta tra il pontificato e l'impero. Il Comune di Siena per le attive pratiche fatte presso l'Imperatore Carlo IV, ottenne il 6 agosto 1357 con *bolla aurea*, datata da Praga, il riconoscimento giuridico dello Studio che lo

---

[1] Vedi *op. cit.* nella Bibliografia N. 113, Parte II, pag. 212.

trasformava in *Studio generale* con tutti i privilegi e garanzie necessarie onde poter compiere gli studi in diritto canonico e civile, in rettorica e grammatica. Con questa data del 1357 si deve quindi ritenere istituito *ex jure* lo Studio senese, come anche il Malavolti [1] ammette.

Malgrado che lo Studio senese si fosse così affermato, dovette sostenere lotte e gare assai forti e specialmente con lo Studio fiorentino. Ma ecco che all'inizio del secolo XV l'esaurimento del pubblico tesoro portava automaticamente alla autonomia economica dello Studio. Fu per questo che la Repubblica mandò ambasciatori a papa Gregorio XII, allora rifugiato in Lucca, per ottenere i favori che il pontefice confermò con sua bolla nel 1408. Fu in quell'anno e non nel 1321, come afferma il Malavolti [2], che la Casa Ospedaliera della Misericordia venne convertita in Casa della Sapienza alla quale passarono i proventi del soppresso ospedale divenuto inutile dopo la fondazione dell'ospedale di S. Maria della Scala. Concesse inoltre Gregorio XII ai Senesi il diritto di riscossione fino a 6000 fiorini d'oro in tutto il territorio della Repubblica sulle somme sottratte al publico erario (*male tolte*). Altra importante concessione fatta da Gregorio XII allo Studio fu la creazione della Facoltà teologica che, rara nelle Università italiane, fioriva per speciale prerogativa nella celebre Sorbona fino dalla metà del secolo XIV ed a Bologna.

In questo periodo di più di due secoli lo studio del diritto ebbe fasi alterne di decadenza e di splendore. Nei primi tempi, come abbiamo narrato, rifulse Irnerio, che insegnò legge dal 1110 al 1120; ebbe poi nel secolo XIV incontrastata rinomanza Guittoncino Sinibuldi, conosciuto sotto il nome di Cino da Pistoia, al quale va il merito di avere scosso le meschinità dialettiche, di avere raffinato il gusto e di aver richiamato in vita le leggi di Roma, in opposizione al diritto germanico, aggiungendo alla sua fama di giurista quella ben nota di elegante poeta appartenente al « dolce stil nuovo ». In epoca posteriore rifulsero Cristofano da Castiglioni, detto il « monarca delle leggi » che insegnò diritto civile nel 1360 e Paolo di Castro che insegnò negli anni 1405 e 1436

[1] Vedi *op. cit.* nella Bibliografia N. 59, Parte II, L. VI, pag. 117.
[2] Vedi *op. cit.* nella Bibliografia N. 59, Parte II, L. VI, pag. 82.

e che diede alle repubbliche di Siena e di Firenze i loro celebri statuti.

Nelle lettere fiorì Enea Silvio Piccolomini che, divenne papa Pio II e che fu anche giureconsulto e insegnò legge nel 1429 e Francesco Filelfo da Tolentino che insegnava oratoria nel 1434.

Nella medicina primeggiarono come docenti Dino del Garbo che insegnava nel 1321; Gentile da Foligno che nel 1337 passò a Padova ed Ugo Benzi da Siena che insegnò nel 1416.

Il rinnovamento degli studi non poteva non esercitare una potente influenza su Pisa, una città di grande importanza in quel tempo, sia politica che militare. Già prima dell'inizio del secolo XII ebbe grande importanza la Scuola capitolare pisana, importanza che si accrebbe con la custodia del prezioso codice delle Pandette, che i Pisani avevano preso come bottino di guerra ad Amalfi nel 1135 e che, tolto ai Pisani e portato a Firenze, è oggi conservato nella Biblioteca Laurenziana, come abbiamo narrato.

Fino dal secolo XII si trovano frequenti menzioni di giureconsulti pisani e dell'uso del diritto romano. Sulla fine di quel secolo è dimostrata in Pisa l'esistenza di studenti di legge. All'inizio del secolo XIV è documentata l'esistenza dello Studio pisano, ma ancora senza il carattere di *Studio generale*, cioè istituito dal papa o dall'imperatore e fornito di privilegi, come pure che le materie insegnate erano quelle di maggiore interesse nella pratica, cioè la giurisprudenza e la medicina. Occuparono la cattedra di diritto, sia civile che canonico, giureconsulti di fama ed è certo che Michele Bandini, morto nel 1268 e sepolto nel Chiostro dei Carmelitani, fosse maestro dell'arte medica, come si deduce dalla pietra tombale.

Le cause che, come abbiamo narrato, determinarono nel 1320 e poi nel 1338 l'esodo dei docenti e degli scolari da Bologna verso Siena, ne procurarono l'esodo anche verso Pisa. Il Comune non si lasciò sfuggire questa favorevole occasione per dare incremento allo sviluppo dello Studio concedendo, come aveva fatto il Comune di Siena, facilitazioni agli studenti e richiamando con cospicui stipendi da ogni parte docenti di chiara fama. Con gli emigrati da Bologna venne a Pisa il celebre giureconsulto Ranieri da Forlì; ad esso si aggiunsero il suo discepolo Bartolo, il collega di questo Francesco

Tigrini di Vico Pisano, Baldo degli Ubaldi, proveniente da Perugia e molti altri.

Anche la Scuola di medicina fiorì contemporaneamente a quella di diritto. Nel 1340 fu nominato lettore di chirurgia Guido da Prato, al quale fece seguito Ligo Ammannati, sepolto nel Camposanto monumentale; vi acquistò celebrità Ugolino da Montecatini. Si hanno notizie sicure di altri insegnanti di questo tempo, di corsi di grammatica e teologia; sulla fine del secolo XIV Francesco da Buti spiegava pubblicamente la Divina Commedia.

Ed ecco compiersi nel 1343 un importante evento. Clemente VI con la bolla *In supremae dignitatis* costituì in Pisa lo Studio Generale con i relativi privilegi che accrebbero notevolmente la prosperità dello Studio. Se non che a tale prosperità fece seguito uno stato di decadenza, favorito dalle pubbliche calamità, come la peste e la carestia, e dalla mancanza di sicurezza a causa delle fazioni e delle guerre. L'impoverimento dell'erario nel 1359 costrinse il Comune a licenziare quasi tutti gli insegnanti. Fu questo un gravissimo colpo che si cercò di attenuare con la costituzione del 19 dicembre 1364, promulgata da Urbano V a conferma della bolla del 1343.

Nel 1406 Pisa cadde sotto il dominio fiorentino e lo Studio pisano corse il rischio di non sopravvivere alle perdute libertà se, come narreremo, Lorenzo de' Medici non lo avesse richiamato in vita nel 1473.

La gioventù fiorentina che voleva approfittare degli studi avrebbe potuto frequentare lo Studio senese o quello pisano se gli interessi dei Senesi e dei Pisani si fossero potuti conciliare con quelli dei Fiorentini, per cui questi erano costretti a recarsi in qualche altra Università poco lontano, specialmente a Bologna. Anche il Boccaccio [1] disse di quel tempo: « Siccome noi veggiam tutto il dì, i nostri cittadini da Bologna ci tornano, qual giudice e qual medico e qual notajo, con panni lunghi e larghi e con gli scarlatti e con vaje e con altre assai apparenze grandissime ».

Poiché in un libro di *Provvigioni della Repubblica Fiorentina*, in data 1321, si legge una solenne Determinazione per la formazione di uno Studio a Firenze, tale formazione si dovrebbe far risalire

[1] *Decamerone*, Giornata ottava, Novella IX.

a quella data. Ferdinando Del Migliore [1] riferisce la sostanza contenuta nella Introduzione al detto decreto: *Eligantur Doctores in Jure canonico et civili, in medicina et in aliis scientiis officiales utiles ad Studium generale etc.* Nel 1334 vi venne Cino da Pistoia a leggere canoni e leggi.

Ma non sembra che in quell'epoca lo Studio fosse una istituzione molto solida se il Tiraboschi [2] scrive: « I Fiorentini non vollero essere inferiori ai Pisani e veggendo l'Università da questi aperta crescere a gran onore, imitarono non molti anni appresso il loro esempio ». E d'altra parte lo Studio pisano, senza essere ancora Studio Generale, ebbe il suo maggiore sviluppo nel 1338 con l'afflusso dei Bolognesi.

Secondo altre notizie l'impulso ad aprire lo Studio non si ebbe che in occasione della terribile pestilenza del 1348. Infatti Matteo Villani [3] racconta che fu decisa l'istituzione dello Studio per richiamare gente nella città spopolata e ne furono eletti gli Uffiziali dello Studio il 29 agosto 1348. Il 6 novembre lo Studio fu aperto nella casa ove per molto tempo ebbe sede il Collegio Eugeniano in Via dello Studio. Per impedire che lo Studio morisse prima di nascere con Decreto del 18 dicembre di quello stesso anno fu proibito ai cittadini del dominio di Firenze di recarsi a studiare in Università straniere. A richiesta del Comune, con bolla del 31 maggio 1349 da Avignone, il pontefice Clemente VI concesse allo Studio il privilegio di poter creare dottori in teologia e nelle altre discipline con franchigie ed onori.

Nel 1351 i Fiorentini per acquistare pregio al loro Studio fecero di tutto per richiamare in patria il Petrarca e dopo aver decretato che con i denari del pubblico erario si riscattassero i beni del padre che erano stati confiscati quando fu mandato in esilio insieme con Dante, mandarono il Boccaccio a Padova ove si trovava il Petrarca per pregarlo di volere onorare con il suo nome il nascente Studio fiorentino. Il Petrarca non volle però aderire all'invito, dice il Tiraboschi [4], a causa della ripugnanza che il Petrarca aveva di fissarsi in qualche luogo.

---

[1] Del Migliore, *Firenze, città nobilissima, illustrata,* Firenze, 1684, pag. 381.

[2] Vedi *op. cit.* nella Bibliografia N. 112, T. V., Parte I, pag. 80.

[3] Vedi *op. cit.* nella Bibliografia N. 120, L. I, Cap. VIII.

[4] Vedi *op. cit.* nella Bibliografia N. 112, T. V, Parte I, pag. 82.

Nell'agosto del 1357, dopo un periodo di decadenza, lo Studio venne ripristinato e fu probabilmente in occasione di ciò che vi incominciò a leggere il dotto canonista Lapo da Castiglionchio il Vecchio. In conseguenza dei privilegi accordati allo Studio da Clemente VI esso poteva conferire la laurea in teologia ed infatti il 9 dicembre 1359 avvenne il primo addottoramento in teologia in persona di Francesco di Biancozzo de' Nerli dell'Ordine dei Frati Romitani. La cerimonia ebbe luogo con grande solennità nella Chiesa di S. Reparata, che fu poi chiamata di S. Maria del Fiore e di tale solennità ci ha lasciato il ricordo Matteo Villani [1].

Nell'anno successivo, nel 1360, invitato dal Boccaccio, incominciò a leggere nello Studio letteratura greca il calabrese Leonzio Pilato con che Firenze veniva ad avere la prima cattedra di tale materia in Italia, ciò che preludeva alla importanza che Firenze doveva acquistare con il tempo. Ma purtroppo Leonzio Pilato, dopo solo tre anni, lasciò la città per andare a Venezia da cui passò in Grecia.

Per evitare che le pubbliche cariche fossero occupate più per amicizie che per merito, con Decreto 24 settembre 1361 fu ordinato che non potessero essere chiamati a leggere nello Studio fiorentino dottori originari di Firenze o del Distretto, una regola alla quale si fece però qualche eccezione. Poiché il grado di lettore conferito con la sola autorità papale non aveva valore fuori del dominio, i reggitori della Repubblica, valendosi della favorevole occasione che Mons. Pietro Corsini, Vescovo di Firenze e poi Cardinale, risiedeva a Praga come Nunzio Apostolico di papa Urbano V, poterono per suo mezzo ottenere dall'Imperatore Carlo IV un diploma in data 2 gennaio 1364 con cui venivano accordati allo Studio fiorentino tutti i privilegi che si potevano accordare alle Università imperiali, per cui il Vescovo di Firenze, *pro tempore*, come Cancelliere cesareo, poteva laureare in qualunque scienza od arte.

Leggeva in quell'anno nello Studio giurisprudenza civile il celebre Baldo, che poi, al termine di quell'anno, ritornò a Perugia e fu sostituito da Riccardo da Saliceto, bolognese. Il Prezziner [2] ci dà i nomi dei diciassette professori che nel 1368 leggevano nello

[1] Vedi *op. cit.* nella Bibliografia N. 120, sec. IX, cap. VIII.

[2] Vedi *op. cit.* nella Bibliografia N. 84, Vol. I, pag. 30.

Studio fiorentino. Merita di render noto che era in quel tempo aperta in Firenze una cattedra di astrologia tenuta nel 1421 da Giovanni dell'Abbaco, da non confondersi con il matematico ed astronomo Paolo dell'Abbaco. Lo Studio era in quel tempo costituito dal Collegio teologico che era il più importante e di altri quattro Collegi, quello dei Canonisti, quello dei Giuristi, quello dei Medici e quello degli Artisti.

Avendo la Magistratura decretato di istituire una lettura di Dante, venne a tale ufficio chiamato il Boccaccio che incominciò le sue letture domenica 3 ottobre 1373 nella Chiesa di S. Stefano presso il Ponte Vecchio. Continuò il Boccaccio nel suo ufficio fino al 1375, anno della sua morte, e non fu certamente cosa facile trovargli un successore.

La lotta dei partiti portò al progressivo affievolimento dello Studio che intorno al 1380 venne a cessare del tutto. La progettata riapertura trovò un ulteriore incaglio nella pestilenza che infierì sulla città fino a che essa poté essere effettuata con il Decreto della Repubblica del 14 luglio 1385, con il quale si stabilì anche che ogni anno si dovevano eleggere gli Uffiziali che ne dovevano avere la sopraintendenza.

Offre un grande interesse il Codice compilato nel 1387 per il regolare andamento dello Studio perché combinato tra tre dottori dei Collegi canonista, giuridico e medico e da sei studenti, due di canoni, due di leggi e due di medicina. Le nuove costituzioni furono così sagge che nel rinnovamento dello Studio pisano, voluto da Lorenzo de' Medici nel 1473, esse furono fatte osservare anche in quello Studio. In conseguenza dei nuovi statuti molto si accrebbe l'importanza dello Studio fiorentino. A ciò contribuì anche molto il Breve del 10 dicembre 1390 di Bonifacio IX con il quale, malgrado le costituzioni contrarie di Onorio III, gli ecclesiastici poterono essere ammessi a studiare leggi in quello Studio ed a professarle.

Nell'anno 1397 Manuele Crisolora di Costantinopoli accettò la nomina che nel precedente anno avevano fatto i Fiorentini a Professore di letteratura greca nel loro Studio, cattedra che, conferita nel 1360 a Leonzio Pilato, era stata, come abbiamo narrato, da questo occupata per solo tre anni. Grande fu il lustro che ne venne allo Studio fiorentino per tale acquisto, se non che il Crisolora nel 1400, recatosi a rendere omaggio al suo sovrano, l'imperatore

Manuele Paleologo, che si trovava a Milano, abbandonò Firenze per non farvi più ritorno. Si può comunque affermare che nella seconda metà del secolo XIV lo stato dello Studio fiorentino fu assai florido, specialmente nei riguardi del Collegio teologico il quale ricavò grande lustro per opera di fra Luigi Marsili, agostiniano, per il quale la Repubblica concepì stima così grande da valersene più volte nelle ambascerie. Per chi volesse avere dettagliate notizie del Collegio teologico consigliamo di valersi dei *Fasti Teologici* del Cerracchini, opera che se contiene moltissime notizie circa quel Collegio, purtroppo ne difetta per quanto riguarda gli altri quattro.

Al termine del secolo XIV lo Studio fiorentino era floridissimo, quand'ecco proprio nel 1400 una gravissima pestilenza abbattersi ancora sulla città ed è curioso notare come i Fiorentini in casi simili pensassero di sollevare il morale dei cittadini richiamandoli al culto di Dante, la cui lettura venne affidata a Filippo Villani.
Lo Studio venne poi a cessare nel 1404 in causa soprattutto degli eventi bellici, la guerra contro Pisa e quella contro re Ladislao di Napoli; nel 1411 una nuova epidemia si abbatté sulla città, ma, come altre volte, questo evento stimolò i reggitori al ripristino dello Studio che avvenne con Decreto del 13 maggio 1412. Seguirono vari statuti, intesi a rendere sempre più florido lo Studio e di essi fu in gran parte anima Niccolò Niccoli, celebre nelle lettere e che nel 1414 era divenuto uno degli Uffiziali. Nel 1421 Giovanni dell'Abbaco continuava a promuovere l'astrologia e vi leggeva medicina Ugo Benzi senese. Il Prezziner [1] riproduce un elenco dei professori che nel 1421 leggevano nello Studio fiorentino, tolto dai ricordi manoscritti del Manni. Circa il 1425, ma per breve tempo anche lui, insegnò lingua greca Giovanni Domenico Aurispa.

Conclusa nel 1428 la pace tra il duca di Milano da una parte ed i Veneziani ed i Fiorentini dall'altra, tanto fu il desiderio di questi di promuovere gli studi che con Decreto del 14 aprile di quello stesso anno, si procedette ad una riforma dello Studio della quale fu anima Messer Palla Strozzi. Nell'aprile del 1429, Francesco Filelfo da Tolentino passò da Bologna a leggere a Firenze lettere umane assumendosi anche la lettura di Dante; il 12 marzo 1431 venne nominato cittadino fiorentino. Poco dopo lo Studio

---

[1] Vedi *op. cit.* nella Bibliografia N. 84, Vol. I, pag. 58.

acquistò in Antonio Minucci di Pratovecchio uno dei più celebri giureconsulti del tempo.

Nel 1433 Niccolò da Uzzano, cittadino che aveva ricoperto importanti cariche nella Repubblica, morendo, lasciò una cospicua somma perché fosse costruito un edificio per farne un collegio annesso allo Studio e che doveva contenere 50 alunni, dei quali metà almeno fiorentini. Ma la volontà testamentaria di Niccolò da Uzzano non venne rispettata. Vennero gettate le basi dell'edificio nell'attuale via Cesare Battisti ma poi la costruzione venne sospesa ed i fondi adoperati per altre pubbliche necessità. Alla destra della facciata dell'attuale Istituto geografico militare è apposta l'arme di Niccolò da Uzzano.

Il Filelfo, a causa del suo carattere turbolento, non che della sua lingua mordace, si era fatto molti nemici i quali da tempo avevano cercato di togliergli la lettura con modifiche degli Statuti, ma senza riuscirvi. I nemici del Filelfo, tra i quali potentissimo l'umanista Niccolò Niccoli, da noi già ricordato, fecero allora in modo che fosse chiamato a leggere lettere umane Carlo Marzuppini nella speranza che il Filelfo si decidesse ad andarsene, trovandosi di fronte ad un competitore di grande valore. Ma anche in tale circostanza il Filelfo resistette e solo si trasferì nel 1434 nello Studio senese, perché, avvenuto il ritorno di Cosimo, essendo di parte avversa, fu costretto ad andarsene. Da un documento pubblicato da Mons. Fabroni [1] risulterebbe che il Filelfo avrebbe prezzolato un sicario per uccidere il Marzuppini ed anche Cosimo. Al sicario arrestato, vennero mozze le mani ed al Filelfo, se fosse venuto in possesso della Signoria di Firenze, si sarebbe mozzata la lingua.

Oltre agli Studi di Arezzo, Siena, Pisa, Firenze, altri ve ne furono in Toscana, come a Prato, a S. Gemignano ed a Pistoia. Appunto il padre Michelangiolo Salvi [2] nella sua Storia di Pistoia parla di uno Studio in questa città.

Ma Pistoia ebbe soprattutto il merito di avere avuto uno Studio pubblico di scienze, fondato e dotato dal suo illustre concittadino Cardinale Niccolò Forteguerri (senior), studio che era fornito anche di una biblioteca.

---

[1] Vedi *op. cit.* nella Bibliografia N. 39, Vol. II, pag. 111.

[2] M. A. Salvi, *Historie de Pistoja et Fazioni d'Italia*, Roma, 1656-1662,T. I, Appendice, pag. 85.

Opere manoscritte, la stampa, le biblioteche. - Malgrado che nel periodo repubblicano le città fossero travagliate da continue lotte interne per il contrasto delle fazioni, in esse, tuttavia, come abbiamo detto parlando degli Studi, ebbe luogo quello sviluppo della cultura che, dapprima modesto, brillò poi di luce meridiana nel secolo XIV, preparando la Rinascenza.

La necessità di studiare le opere di lettere umane, di filosofia, di diritto, di storia civile ed ecclesiastica richiese una considerevole attività per ottenere un numero di opere manoscritte tale da poter soddisfare alle suddette necessità. È poi oggetto di sorpresa sapere che molti dei copiatori appartenevano al popolo basso ed esercitavano i mestieri più modesti, come beccai, vinai, fornai.

Giovanni Targioni Tozzetti [1] ci dà importanti notizie sull'origine e sui progressi della stampa in Firenze, quali si ebbero soprattutto nella seconda metà del secolo XV per cui ne parleremo quando prenderemo in esame il periodo della Signoria medicea.

Poiché il costo delle opere manoscritte era assai elevato, venne in mente ad alcune persone più illuminate di giovare al pubblico mettendogli a disposizione i manoscritti per la lettura in biblioteche pubbliche e molti testarono disponendo che le loro raccolte di libri manoscritti passassero, dopo la loro morte, ad arricchire quelle biblioteche.

Elenca il Targioni Tozzetti [2] un grande numero di biblioteche aperte al pubblico nei secoli XII, XIII, XIV, così quelle del Convento di S. Spirito, la Metropolitana o dell'Opera del Duomo, quella di S. Croce, quella di S. Maria Novella dei Domenicani, quella della Badia di S. Trinita dei Vallombrosani, quella del Convento di S. Marco pure dei Domenicani, quella del Convento dei Serviti della SS. Annunziata e molte altre ancora. Oltre a queste di Firenze ve ne erano anche nelle altre città della Toscana e nei Conventi isolati nelle campagne, come la biblioteca del cenobio di Vallombrosa e del Monastero di Fontebuona di Camaldoli.

La stampa con caratteri di piombo fu inventata al principio della seconda metà del secolo XV, cioè subito dopo il ritorno di Cosimo. Prima si usavano delle matrici con lettere lignee poco

---

[1] Vedi *op. cit.* nella Bibliografia N. 110, pag. 63.
[2] Vedi *op. cit.* nella Bibliografia N. 110, pag. 56.

resistenti alla pressione del torchio ad imitazione di quelle tavolette che si usavano per le stoffe, per le carte da giuoco. Con lo svilupparsi dell'arte della stampa venivano ad aggiungersi ai manoscritti le opere stampate. Così nella biblioteca del Palazzo della Signoria era conservata la Divina Commedia, stampata nel secolo XV da Niccolò della Magna in una magnifica edizione, in finissima cartapecora, con bellissime miniature e borchie d'argento lavorate a niello. Quest'opera passò poi alla Biblioteca Magliabechiana.

3. La scienza di dante. - F. Severi [1] ha fatto una analisi molto accurata ed esauriente del pensiero scientifico di Dante, che in questo campo non è stato secondo a nessuno.

Al tempo di Dante non si era ancora ristabilito il contatto con il mondo greco, gli albori della Rinascenza erano ancora molto lontani, tuttavia nel terreno filosofico i contatti si erano mantenuti per mezzo della cultura monastica medievale che non si può onestamente dire priva di alta spiritualità e di vivida luce di pensiero.

Il pensiero dantesco era permeato di filosofia scolastica, alquanto venata di neoplatonismo; Dante non ebbe però della scienza il limitato concetto di ancella della teologia, ma attribuì ad essa il valore che per se stessa possedeva.

La predilezione di Dante era rivolta verso l'astronomia, la scienza più coltivata ed ammirata nel Medio Evo, ma tuttora legata strettamente all'astrologia, della quale Voltaire disse: « L'astrologie est la fille de l'astronomie, mais c'est la fille très folle d'une mère très sage ».

Dell'aritmetica scrisse Dante nel *Convito* che, come essenza del numero, dà lume a tutte le scienze, ond'è paragonabile al sole, e della geometria, sempre nel *Convito*: « Sono molti idioti che non saprebbero l'abbiccì e vorrebbero disputare in geometria ».

Moltissimi sono i teoremi e le proprietà della fisica dei quali Dante si valse per svolgere i suoi concetti ed il Severi ne fa una ampia scelta; noi ci limiteremo solo ad alcuni. Ecco che cosa fa dire Dante a S. Tommaso:

---

[1] F. Severi, *Dante e la scienza dei suoi e dei nostri tempi.* Sta in *Il Trecento* (Libera cattedra di storia della civiltà fiorentina), Firenze, 1950.

o se del mezzo cerchio far si pote
triangol sì ch'un retto non avesse.

Rivolgendosi al suo trisavolo Cacciaguida per sapere il proprio futuro gli dice:

O cara piota mia che sì t'insusi,
che come veggion le terrene menti
non capere in triangol due ottusi,

così vedi le cose contingenti
anzi che sieno in sé, mirando il punto
a cui tutti li tempi son presenti;
. . . .

Osserva il Severi che l'Alighieri intuisce a meraviglia che nella matematica il tecnicismo, pure essendo strumento necessario, non costituisce l'essenza, la quale risiede tutta nel pensiero e cita a proposito i seguenti versi:

Qual è 'l geomètra che tutto s'affige
per misurar lo cerchio, e non ritrova,
pensando, quel pensier ond'elli indige;
. . . .

Dalla catottrica di Euclide deriva il seguente concetto:

Come quando da l'acqua o da lo specchio
salta lo raggio a l'opposita parte,
salendo su per lo modo parecchio

a quel che scende, e tanto si diparte
dal cader della pietra in igual tratta,
sì come mostra esperienza ed arte;

così mi parve da luce rifratta
quivi dinanzi a me essere percosso;
. . . .

L'argomento delle macchie lunari (considerato nel Canto II del Paradiso) è degno di particolare considerazione perché chiarisce, osserva il Severi, l'orientamento sperimentale del pensiero dell'Alighieri, mentre la scolastica mira soprattutto al lato primitivo della osservazione la quale non è ancora esperienza.

Parlando a Guido, conte di Montefeltro, condottiero dei Ghibellini nella battaglia di Campaldino, così spiega l'origine della pioggia:

Ben sai come nell'aere si raccoglie
quell'umido vapor che in acqua riede,
tosto che sale ove 'l freddo il coglie.

A prescindere dalla dissonanza tra l'Almagesto di Tolomeo, basato sulle immediate apparenze dell'osservazione e la dottrina copernicana è sorprendente come non vi sia, come a prima vista potrebbe credersi, stridente contrasto tra il pensiero dantesco e le idee moderne sullo spazio e sul tempo.

4. Matematica. - In questo periodo storico i Toscani e particolarmente i Fiorentini, a causa del commercio allora fiorente, studiarono con impegno la matematica che veniva nelle scuole assai coltivata sotto il nome di abbaco. Sono pertanto molti gli abbachi che si conservano manoscritti nelle biblioteche.

Il più importante degli scrittori toscani di aritmetica è Leonardo Fibonacci pisano (ca. 1170 - ?), ricordato anche sotto il nome di Leonardo pisano. Suo padre era agente dei Pisani nelle dogane di Barberia, ciò che offrì al figlio occasione di apprendere le matematiche operazioni praticate dagli Arabi. Gli viene attribuito il merito di avere introdotto i numeri arabi, merito però contestato. Nella Biblioteca Magliabechiana era conservato il suo *Liber abaci* al cui inizio è scritto: *Incipit liber abaci compositus a Leonardo filio Bonacci pisano in a. 1202.* Per uso forense e mercantile si richiedevano nozioni di agrimensura e stereometria: nozioni di tale specie sono contenute nella *practica geometriae,* scritta dal Fibonacci nel 1220 e conservata nella stessa biblioteca.

Per quanto gli Arabi avessero tradotto alcuni libri di geometria dei Greci, i traduttori europei dei libri arabi non ne seppero afferrare il pregio. Nel secolo X le figure geometriche erano dai più considerate segni magici [1]. Solo un certo Giovanni de' Danti, aretino,

[1] Vedi *op. cit.* nella Bibliografia N. 70, Dissertaz. XLIII.

circa il 1370 tradusse in latino la geometria dell'arabo Macrobuono. Il ristabilimento delle lettere greche in Italia salvò dalla rovina le opere dei geometri greci, che, tradotte in latino, vennero adottate nelle Università. Lo studio dei libri di Euclide in Toscana non si iniziò che alla fine del secolo XV per opera di Luca Pacioli di Borgo S. Sepolcro, dell'ordine dei minori, del quale parleremo a suo tempo insieme all'opera matematica di Leon Battista Alberti che visse in questo e nel successivo periodo storico.

5. ASTROLOGIA, COSMOGRAFIA, ASTRONOMIA. - L'astrologia, già fiorente nel tempo del feudalesimo, continuò ad esserlo nel tempo dei Comuni: gli astrologi non erano solo tollerati, malgrado l'esistenza di forti opposizioni, ma consultati in eventi importanti e stipendiati. Infatti Giugurta Tommasi [1] racconta che nel 1227 il popolo di Siena consultò per certe sue particolari occorrenze i suoi astrologi; in Firenze nell'anno 1364 Galeotto Malatesta ricevette il bastone di capitano generale delle milizie fiorentine nel punto assegnato dagli astrologi.

Tra gli oppositori in Toscana alla superstizione astrologica merita di essere ricordato P. Francesco, fiorentino, minore conventuale, detto per soprannome, il Padovano, che fu decano della Facoltà teologica di Firenze nel 1441, ricordato dal Cerracchini [2] e che scrisse *De astrologorum parvipendendis Judiciis* e *De Incantatoribus et Divinatoribus nullo modo ferendis, ad universos et singulos hereticae pravitatis Inquisitores*. Alle sue confutazioni si aggiunsero in seguito quelle di Giovanni Pico della Mirandola contenute in *Dissertationes in Astrologiam*. Se introduciamo questo individuo nella nostra storia per quanto appartenente a famiglia non toscana e nato fuori di questa regione è a causa dei forti legami culturali che egli ebbe con la Toscana, essendo stato attivissimo collaboratore dell'Accademia Platonica.

L'astrologia si ricollegava direttamente alla regolamentazione delle feste ecclesiastiche, non che delle azioni civili e politiche, mediante la redazione dei *lunari* derivandone una incombenza degli

---

[1] Vedi *op. cit.* nella Bibliografia N. 113, Parte I, Cap. IV, pag. 215.
[2] P. G. CERRACCHINI, *Fasti teologali*, Firenze, 1738, pag. 124.

ecclesiastici per cui, osserva il Muratori [1], la maggior parte dei cristiani studiosi di astrologia sono gente di Chiesa.

Giovanni Targioni Tozzetti [2] cita un codice della Biblioteca Magliabechiana (Cl. XI, N. LXXXVIII, carte 35), posto al termine di un trattato di aritmetica di Paolo Gerardi ed intitolato *Del Corso della Luna e del Sole* ed un altro codice (Cl. VI, N. XXXII) scritto verso la fine del secolo XIV nel quale vi sono *Tabulae Planetorum ad Annum 1366* che, secondo P. Ximenes, sarebbero opere di Paolo Dagomari.

Lo studio della cosmografia, essendo molto in relazione con quello dell'astrologia veniva in quel tempo assai coltivato; nella biblioteca Gaddiana vi erano due traduzioni dall'arabo dell'Almagesto di Tolomeo passate poi alla Laurenziana. Il testo greco fu in seguito fatto venire a Firenze da Costantinopoli da Messer Palla di Noferi Strozzi, del quale fece una bella traduzione latina nel 1409 Iacopo, figlio di Angelo di Scarperia, uomo dottissimo ed allievo diletto di Manuele Crisolora.

Anche l'uso dell'orologio pubblico che suona le ore è assai antico in Firenze, ma non si sa chi ve lo abbia introdotto. In certi ricordi storici anonimi di Firenze, citati da Giovanni Targioni Tozzetti [3] dal 1339 al 1532, copiati nel Codice VII Magliabechiano, si legge « 1353 a dì 25 marzo cominciano a suonare l'ore nel Campanile del Palazzo dei Signori ».

Tra gli astrologi dell'epoca meno impostori, i quali hanno in qualche modo contribuito a migliorare gli studi dell'astronomia in Toscana merita di essere ricordato quel Fra' Currado che l'Ammirato [4] dice essere stato fatto vescovo di Fiesole. Ad esso succede in ordine di tempo Paolo Dagomari, detto anche Paolo il geometra o Paolo dell'Abbaco, perché di questo da qualcheduno fu ritenuto inventore. Egli nacque in Prato sul finire del secolo XIII o sul principio del successivo. Il Boccaccio [5] e Filippo Villani [6] che ne scrisse la vita

---

[1] Vedi *op. cit.* nella Bibliografia N. 70, Dissertaz. LIX.

[2] Vedi *op. cit.* nella Bibliografia N. 110, pag. 93.

[3] Vedi *op. cit.* nella Bibliografia N. 110, pag. 100.

[4] S. Ammirato, *Dei vescovi di Fiesole, di Volterra e di Arezzo*, Firenze, 1637.

[5] *Genealogia deorum gentilium Libri*, L. XV, Cap. VI.

[6] Vedi *op. cit.* nella Bibliografia N. 118.

tra gli illustri fiorentini dicono che egli superò tutti i contemporanei nella cognizione della matematica e dell'astrologia. Le sue opere si sono perdute. Fu precettore di Iacopo, un figlio di Dante, morì in Firenze circa il 1366 e fu sepolto nella chiesa di S. Trinita, Secondo il P. Negri [1] non fu il Dagomari ma un altro Paolo dell'Abbaco che fu precettore di Iacopo, figlio di Dante.

Si deve ricordare Paolo Del Pozzo Toscanelli (1397-1482), fiorentino, uomo di grandissima dottrina in matematica, astrologia, astronomia, geografia. Delle sue moltissime opere non ci resta che il manoscritto *Immensi labores et graves vigilie magistri Pauli de Paulo Toscanello super mensura comete* in cui il Toscanelli inizia per il primo lo studio scientifico delle comete. Determinò la possibilità di raggiungere l'Asia navigando ad occidente e con la sua autorità indusse Cristoforo Colombo a tentare la sua impresa.

Il merito del passaggio dall'astrologia alla sana astronomia spetta in gran parte a Lorenzo Bonincontri (1410-1491) di S. Miniato, il quale, essendo lettore di astrologia nello Studio fiorentino, prescelse per testo delle sue letture il poema di Marco Marsilio [2] che poi con erudito commento pubblicò in Roma nel 1484. Tra gli insigni astronomi toscani si deve ricordare maestro Domenico di Arezzo, autore della grande opera *Fons mirabilium universi* e del libro *De mundo* che si conservavano manoscritti nella biblioteca Magliabechiana (Cl. XII, N. XXII).

6. Medicina. - *Fonti della cultura medica.* - Le fonti della cultura medica nel periodo delle Repubbliche erano greche, latine ed arabe; una fonte importante erano le regole della Scuola salernitana. Non si era ancora arrivati a quel risveglio della cultura classica che indusse molti a volgere in latino le opere mediche dei greci e le traduzioni greche dall'arabo delle opere dei medici arabi.

Alberico da Bologna, vissuto intorno al 1150, avrebbe tradotto in volgare gli *Aforismi* di Ippocrate, per quanto ci afferma P. Girolamo Gradenigo [3], ma, secondo Giovanni Lami [4] la parola volgare

---

[1] G. Negri, *Historia degli Scrittori Fiorentini*, Firenze, 1722, pag. 444.

[2] Vedi *op. cit.* nella Bibliografia N. 70, Dissertaz. XLIV.

[3] G. Gradenigo, *Ragionamento Istorico-Critico intorno alla letteratura greco-romana*, Brescia, 1759, Cap. VIII, pag. 70.

[4] G. Lami, *Novelle letterarie pubblicate in Firenze l'anno 1740*, etc. 1744, N. 13.

LEONARDO FIBONACCI

PAOLO DEL POZZO TOSCANELLI

TADDEO ALDEROTTI

DINO DEL GARBO

deve intendersi per latino, perché il volgare era in quel tempo ancora agli albori e non introdotto nell'uso.

È molto probabile che ci si riferisse in massima parte all'opera di Celso *De re medica* una sezione di una grande opera enciclopedica; del *De re medica* fu ritrovato in epoca posteriore un codice antichissimo. La prima edizione stampata in Italia fu quella pubblicata a Firenze nel 1478. La prima edizione latina di Galeno è quella del medico bresciano Diomede Bonardo che fu stampata a Venezia da Filippo Pinzio di Caneto nel 1490, in piena epoca rinascimentale.

Esistevano traduzioni latine dei testi dei più rinomati autori arabi, così di Rhazes e Avicenna. Abû Bekr Mohammed ibn Zakariâ, detto Rhazese, persiano, visse tra l'865 ed il 925 e può essere considerato come un vero ippocratico. Dei suoi molti libri che ci sono stati conservati in lingua latina ricorderemo i due più importanti che andavano per le mani degli studiosi: il *Al Hawi*, conosciuto sotto il nome di *Continens*, una vera e propria enciclopedia di medicina pratica e terapia che fu tradotto per ordine di Carlo d'Angiò, re di Sicilia, dal medico ebreo Farag ben Salem di Girgenti che compì la traduzione nel 1279. L'altro libro è il *Liber medicinalis Almansoris*, dedicato al principe Almansor che contiene un compendio di dieci trattati, concernenti le cose più svariate ed importanti riguardanti la medicina.

Abû Alî al-Hussein-ibn Abdallâh ihn Sinâ (980 - 1037), persiano, il cui nome fu dagli scrittori medioevali sostituito con quello di Avicenna, rappresentò il fiore della cultura araba, un genio come Leonardo. Dei suoi cento libri interessanti la teologia, la metafisica, l'astronomia, la filosofia, la poesia, quello di argomento medico, il *Canon* (*Qānūm*) costituì la bibbia della medicina, seguita più di ogni altro libro: dopo cinquecento anni da quando era stato scritto esso era adottato come libro di testo nella Università di Vienna. Fu tradotto in latino nel secolo XII da Gerardo da Cremona. Il codice LXXXIV della Classe XV dei MSS. della Magliabechiana contiene i primi tre libri del Canone con il titolo *Liber Canonis Aboali Avisceni de Medicina translatus a Magistro Gerardo Cremonensi in Tolleceto.* La prima edizione latina è quella di Milano del 1473. Fece seguito una edizione in ebraico di Napoli nel 1491.

Fino dal secolo IX fioriva la Scuola salernitana, la quale raggiunse il suo maggiore splendore verso la fine del secolo XI in seguito alla penetrazione della influenza araba, dovuta in gran parte all'opera di Costantino Africano di Cartagine che, dedicatosi fino dalla gioventù allo studio della medicina, dopo lunghi viaggi a scopo di studio, raggiunse Salerno ove si racconta divenisse Segretario del duca Roberto Guiscardo; dopo qualche anno, divenuto monaco benedettino, fu accolto nel Chiostro di Montecassino ove morì nel 1087. Il poema *Flos medicinae* o *Regimen sanitatis salernitanum*, contenente i caratteri essenziali e didattici della Scuola salernitana, fu studiato da tutti i medici fino al Rinascimento, per cui divenne una delle fonti principali dalle quali si sviluppò la medicina italiana e quindi anche toscana. Le edizioni del *Regimen* furono numerosissime: ben venti prima del 1500. Con l'andar del tempo al testo originale furono fatte molte aggiunte. Una delle edizioni più celebri e più popolari fu quella di Arnaldo da Villanova, stampata nel 1553.

Origine della Scuola medica fiorentina: - Nel giugno del 1288 Folco di Ricovero dei Portinari (padre di Beatrice, immortalata da Dante), uomo ricco, potente e dalla mente aperta, richiamato dall'esilio per l'avvenuta pace nel 1280 tra Guelfi e Ghibellini, per suggerimento di Monna (Madonna) Tessa, governante della famiglia Portinari, fondò uno spedale lungo il lato di levante della strada che oggi porta il suo nome, ma che in antico si chiamava Via delle Pappe dalla minestra di pane bollito che si dava ai malati, i residui della quale venivano distribuiti ai poveri che li attendevano nella strada. L'ingresso dello spedale era in Via dell'Orivolo ed alla estremità opposta dell'edificio c'era e c'è tuttora una chiesa (oggi chiusa) sulla piazza attuale, la chiesa dedicata a S. Maria. In questa chiesa venne sepolto nel 1289 Folco Portinari, più tardi suo figlio Manetto e sua moglie Cilia di Gerardo Caponsacchi. Queste tombe furono in seguito trasferite nella attuale chiesa di S. Egidio.

Nel 1296 lo spedalingo Benedetto da Montebonello, per ingrandire l'ospedale, acquistò il convento di S. Egidio (da poco compreso nel terzo cerchio delle mura), che allora si chiamava di S. Gilio e vi trasferì il reparto uomini. Nel 1419 il nuovo ospedale venne ingrandito e, per distinguerlo dall'antico, si chiamò di Santa Maria Nuova.

Questo ospedale fu la sede in cui si sviluppò la futura Scuola medica. Già Folco Portinari volle che il personale si componesse di un *Infirmarius* (Infermiere) e di tre giovani medici (*Adstantes*) sempre presenti nell'ospedale e di altri sei medici i quali visitassero gli infermi e prescrivessero le cure. Il *Maestro curante* o *di turno*, al quale si corrispondevano annualmente venti staia di grano e dodici barili di vino (di quel di Maiano), era seguito nella visita dagli astanti che ricevevano vitto, alloggio e qualche regalia. Le cure prescritte erano trascritte in un libro tenuto da un *aromatarius* (speziale). Volle poi il Portinari che esistesse un *medicinarium* (medicheria) ove potessero venire a curarsi malati di fuori ed a questo ufficio erano addetti tutti i medici ed i chirurghi di maggior fama nella città con tre *servi aggiunti* i quali dovevano imparare l'arte chirurgica. Vi era poi una *taberna officina aromatarum* (farmacia) con un Maestro stipendiato e quattro praticanti convittori non stipendiati che dovevano imparare a preparare i medicamenti. Se ben si considera era questa *in nuce* l'organizzazione di qualunque ospedale moderno.

Fu tale il successo di una tale istituzione che la carità cittadina e la Chiesa concorsero al suo sviluppo. Nel 1312 si dovette edificare a fianco della chiesa e del convento di S. Egidio alcune infermerie per uomini lasciando per il momento le donne inferme nell'ospedale di S. Matteo, situato sull'angolo di Via Cesare Battisti e piazza S. Marco ove è ora l'Accademia di Belle Arti; fu anche necessario aumentare il numero dei maestri curanti e dividere i malati in *quartieri* (reparti), sia di medicina che di chirurgia.

Ma più che la istituzione ospedaliera per se stessa, della quale L. Passerini [1] dà esaurienti notizie, a noi importa mettere in evidenza che già nel secolo XIV esistevano gli elementi per la istruzione dei medici.

Daremo ora qualche notizia circa i medici toscani più illustri di questo tempo.

Appartenente alla scuola bolognese, ma fiorentino di nascita, fu Maestro Taddeo Alderotti (1223-1300), comunemente chiamato Taddeo o Maestro Taddeo, il quale raggiunse una grande riputa-

[1] Vedi *op. cit.* nella Bibliografia N. 76.

zione anche al di fuori della Toscana e di cui si raccontano straordinarie notizie circa le sue ricchezze e gli alti onorari che pretendeva. Dante, parlando di S. Domenico lo cita nei seguenti versi:

> Non per lo mondo, per cui mo s'affanna
> di retro ad Ostiense ed a Taddeo,
> ma per amor de la verace manna
> in picciol tempo gran dottor si feo;
> . . . .

Commentatore classico di Ippocrate, soggiacque al gusto del tempo di sacrificare la sostanza al formalismo. Amicissimo di Corso Donati, il celebre barone, per lui scrisse il libro *Della conservazione della salute*, contenente utili consigli di igiene. Si deve forse a Taddeo l'inizio di una nuova forma di letteratura medica, quella dei cosiddetti *Consilia*, che furono in gran voga alla fine del secolo XVII e che consistevano in raccolte di descrizioni di casi clinici, raccolte che furono di grande utilità in un'epoca dominata dalle disquisizioni scolastiche. Di lui scrisse la vita Filippo Villani.

Ugo Borgognoni di Lucca (? - 1352) apparteneva ad una celebre famiglia nella quale fiorirono molti illustri medici, seguì come medico la crociata dei Bolognesi in Siria ed in Egitto; chirurgo abile ed audace, semplificò la tecnica seguita nella cura delle ferite e delle fratture delle estremità. Suo figlio, Fra Teodorico di Lucca (1205-1298), che da alcuni è erroneamente ritenuto catalano, appartenente all'ordine dei Domenicani, fu vescovo di Cervia e fu sepolto nella chiesa di S. Domenico a Bologna. Fu contrario alla provocazione del pus che ritenne un grave errore contro l'opinione di Ruggero e Rolando, ed adottò la medicazione semplice delle ferite, evitando la introduzione di qualche sostanza che impedisse ai labbri delle ferite di riunirsi.

Ugo Benzi o Benzo (ca. 1370-1439), senese, chiamato comunemente Ugo da Siena o Ugone de Benciis, appartenente ad illustre famiglia patrizia, conseguita la laurea nello Studio della Repubblica, insegnò a Siena, a Bologna, a Parma, a Pavia, a Perugia, probabilmente anche alla Sorbona. Ritornato in Italia, fu chiamato da Eugenio IV a prender parte al Concilio del 1438. Scrisse il *Trattato utilissimo circa la conservazione della sanitade*, stampato per la prima volta a Milano da Pietro de Corneno nel 1481.

Appartiene a questa stessa epoca Maestro Aldobrandino da Siena che scrisse *Le régime du corps*, attingendo, come riferisce il Castiglioni [1], ampiamente dalla medicina araba, meno da Aristotele, Ippocrate e Galeno. Per quanto quest'opera sia stata quasi esclusivamente una compilazione, offre il particolare interesse di essere stata la prima opera medica scritta in francese, un fatto questo del quale si sono date varie interpretazioni. Sempre secondo il Castiglioni, la più accettabile è quella basata sul fatto che il libro era dedicato alla contessa di Provenza, madre della regina di Francia, della regina d'Inghilterra, della regina d'Alemagna e della contessa d'Anjou; cioè ad una principessa che, recatasi in Francia per visitare le figlie, aveva chiesto al medico, allora celebre, che doveva accompagnarla, una raccolta di consigli igienici per le figlie stesse.

Poche notizie si hanno circa la vita di Savino degli Armati, fiorentino, da alcuni ritenuto inventore degli occhiali. Morì in Firenze nel 1317 e fu sepolto nella chiesa di S. Maria Maggiore ove sulla lapide del suo sepolcro si legge: « Quì diace Savino d'Armato di Firenze, inventore degli occhiali. Dio gli perdoni le peccata. Anno Domini MCCCXVII ». La scoperta degli occhiali da parte di Savino degli Armati è stata sottoposta a forte critica e messa fortemente in dubbio, essendo risultato che gli occhiali si fabbricavano in Venezia su larga scala sin dal 1300.

Allievo di Taddeo fu Dino od Aldobrandino Del Garbo, senior, figlio di Nono, fiorentino; fu medico di papa Giovanni XXII e morì in Firenze nel 1327 o nel 1328. Nel codice Magliabechiano [2] vi sono varie ricette di Dino Del Garbo. Di lui scrisse la vita Filippo Villani. La sua *Expositio super tertio et quarto fen Canonis Avicennae* e l'altra opera intitolata *Unguenta* furono stampate a Ferrara nel 1489. Il suo nome è oscurato dal sospetto di avere contribuito alla condanna di Cecco d'Ascoli, arso in Firenze; non si sa quale opinione critica gli fosse attribuita. Cecco aveva un carattere strano ed invidioso come risulta da alcuni passi dell'*Acerba* nei quali attacca alcuni versi di Dante [3].

---

[1] Vedi *op. cit.* nella Bibliografia N. 19, pag. 313.

[2] Mss. Magl., Classe XV, N. CXII.

[3] Vedi *op. cit.* nella Bibliografia N. 82, T. IV, pag. 123.

Suo figlio Tommaso, morto a Firenze nel 1360, fu più celebre del padre; compilò una serie di consigli per combattere la peste che entrarono a far parte del *Regimen Sanitatis*, modificato in base alle esigenze dei tempi. Offre interesse il fatto che Tommaso del Garbo fu amico del Petrarca del quale è noto il disprezzo che aveva per i medici e le medicine. In un codice della Biblioteca Laurenziana vi è *Franciscii Petrarchae Invectivarum contra medicum quendam libri IV*. L'aforisma di Ippocrate *Ars longa, vita brevis* è così commentato dal Petrarca: *Vitam medici dum brevem dixerunt, brevissimam efficierunt*. Ed il Petrarca non si rifà dall'attaccare i medici, ora con seri ragionamenti, ora con comici racconti, ora descrivendo la pompa con cui si presentano in pubblico; né cessa di raccontare i falsi presagi medici riguardo ad altri ed a se stesso. Non si deve dimenticare che il Petrarca parla più contro i medici che contro la medicina; con molta maggior ragione gettò il ridicolo ampiamente anche sopra l'astrologia con cui la medicina aveva spesso la disgrazia in quel tempo di essere associata. Del resto l'errore era universale; la Repubblica fiorentina di quel tempo, rinomata per la saviezza del governo, faceva anch'essa muovere gli eserciti a seconda del responso degli astrologi.

Niccolò Falcucci (? - 1411), o Niccolò da Firenze, detto il *divino* per l'eccellenza raggiunta nell'arte medica, scrisse numerose opere che furono più volte ristampate nei secoli XV e XVI.

Oltre ai medici nominati, meritano di essere ricordati in quel periodo storico altri di minore ma pur sempre grande fama. Così: Fabricio Monaco, aretino, illustre fino dal principio del secolo XII, che, passato in Inghilterra, divenne abate del monastero di Aberdon; Sinigardo, aretino, che ad onta dei divieti canonici, unì la dignità ecclesiastica alla medicina ed insegnò a Bologna ove morì nel 1274; Guido Aretino, medico fisico, come si diceva dopo l'avvenuta distinzione dai chirurghi, di grande valore, stimato anche come uomo di lettere; Tommasino da Cortona, il quale anch'egli, benché ecclesiastico, esercitò ed insegnò la medicina a Bologna e di cui si trova menzione dal 1269 al 1286; Maestro Lionardo volterrano, *ocularius*, che fu fatto cittadino fiorentino; Ugolino da Montecatini che scrisse sulle acque minerali.

Non trova il Targioni Tozzetti, malgrado le sue diligenti ricerche, durante la Repubblica, alcun medico fisico o chirurgo, che meritasse di essere ricordato come anatomico. Il suddetto autore spiega perché l'anatomia non facesse gran passi fino al secolo XVI con il fatto che in quel tempo le cognizioni mediche si prendevano come erano dagli autori greci ed arabi e che d'altra parte se i Greci per ragioni religiose erano poco inclini ad aprir cadaveri, lo erano ancor meno gli Arabi pure per scrupoli religiosi. Ritiene inoltre il Targioni che malgrado che alcuni autori, come Jacopo Douglas e Alberto de Haller abbiano indicato Dino del Garbo ed il Turisano, un medico fiorito durante la Signoria medicea, come anatomici, essi non abbiano fatto nulla di originale, ma solo riportato le osservazioni degli altri.

Si hanno invece notizie di medichesse, cioè di donne che erano autorizzate ad esercitare alcune parti della chirurgia, ed anche della medicina. Nel registro delle matricole dell'Arte dei medici e speziali dal 1386 al 1408 al N. 1408 si legge: « Maestra Antonia del Maestro Daniello, ebrea medica ». In un Codice [1] Magliabechiano del secolo XV si legge: « Ai malori, per far maturare, assai usò la medica madonna Iacopa che medicava d'impiastro nel tempo della mortalità del 74 ». Probabilmente queste medichesse o chirurghe curavano certe malattie che le donne si vergognavano di manifestare ai medici fisici ed ai chirurghi: forse facevano da levatrici.

Verso la metà del secolo XIV, provenendo dal continente asiatico, si propagò in Europa la peste bubbonica, conosciuta sotto il nome di *peste nera*. Nell'anno 1348 l'epidemia scoppiò con grande violenza in Firenze: essa fu magistralmente descritta dal Boccaccio nella Introduzione al Decamerone. Le stragi si ripetevano a brevi intervalli di tempo, in Firenze gli intervalli non erano superiori ad una ventina di anni. Nello stesso tempo si diffondeva in Europa, e specialmente in Italia, una estesa letteratura circa i mezzi per preservarsi dalla malattia e combatterla. I punti più importanti del *Regimen Sanitatis* si trasformavano a questo scopo; tra i più celebri consigli che esso conteneva vi erano quelli di Tommaso del Garbo, come abbiamo narrato. Coluccio Salutati, dà nel suo epistolario frequenti notizie della peste fiorentina e delle misure da lui stesso accettate per difendersene, *quod regimina vitae receperim et pilam aromaticam manu gestem*. Verso la fine del secolo XIV incominciò

[1] Mss. Magl., Classe XXV, N. CXIII.

a farsi strada l'idea del contagio: Venezia fu la prima a proibire nel 1374 l'accesso nella città alla persone e merci sospette, seguita in queste misure dalle altre città italiane.

7. Industria e commercio. - Grande era il numero delle arti meccaniche praticate in Firenze al tempo della Repubblica. Per averne una idea basta leggere i nomi riportati da Mons. Vincenzo Borghini nello spoglio del libro P delle riformagioni, cominciato a dì 27 luglio 1316 [1].

Dell'arte della lana ne parla abbastanza estesamente il Pagnini [2]. Quest'arte che per tre secoli ha fatto la ricchezza di Firenze fu importata dai Frati Umiliati circa il 1200 e Girolamo Tiraboschi precisa che gli Umiliati attendevano particolarmente alla lavorazione dei panni per cui erano chiamati in diverse città. Dice che furono chiamati a Firenze nel 1251 e che si stabilirono nel Convento di Ognissanti da dove si diffusero nelle altre città della Toscana. Il dottor Giovanni Lami [3] racconta che il 25 settembre 1239, Ardingo, Vescovo di Firenze, concesse la chiesa e la canonica di S. Giovanni a Torri ad Amico, preposto della chiesa di S. Michele di Alessandria dell'Ordine degli Umiliati.

Nell'arte della lana vi erano cimatori e conciatori di panni fiorentini, cimatori e conciatori di panni francesi. Il Borghini [4] nota che tra le provvigioni della balia del 1° novembre 1378 per riformare lo Stato dopo la congiura dei Ciompi, ve ne è una che riguarda l'arte della lana.

Benedetto Dei nella sua *Cronica fiorentina* [5] racconta che ai suoi tempi Firenze aveva duecento botteghe di arte della lana che facevano panni per valuta di un milione e duecento fiorini d'oro. Per persuadersi di quanta importanza sia stata per Firenze l'arte della lana basta pensare che S. Maria del Fiore fu fatta con quelle ricchezze.

L'arte della seta è antichissima invenzione dell'Asia orientale, forse dei cinesi. L'introduzione dell'arte della seta in Europa è stata

---

[1] Mss. Magl., Classe XXV, N. XLV.

[2] F. Pagnini, *Della Decima e di altre gravezze imposte dal Comune di Firenze, etc.*, Lisbona, Lucca, 1765, T. II, pag. 80.

[3] Vedi *op. cit.* nella Nota N. 4 a pag. 136, N. 20.

[4] Mss. Magl., Classe XXV, N. XLVI.

[5] Mss. Magl., Classe XXV, N. LX.

illustrata dal Muratori [1]. In Firenze fu portata da alcuni appartenenti alla famiglia Capponi, provenienti da Lucca. Di quanta importanza essa sia stata ce lo fa sapere il Segretario Francesco Pagnini [2]. Benedetto Dei [3] ci dà il catalogo dei setaiuoli grossi che erano in Firenze nel 1472.

L'arte della lana e quella della seta esigevano grande perizia nell'uso delle tinte. Circa le droghe per le tinte allora usate fornisce molte notizie il Muratori [4]. Del modo di tingere con l'oricello ne siamo debitori ad uno della famiglia Rucellai che lo portò dal Levante fino dal 1300 [5]. Della invenzione dell'inchiostro, ottenuto con la galla, ne ha trattato Adriani Marcello Virgilio, il Vecchio [6].

Michele Bruto, citato dal Targioni Tozzetti, parla di una fabbrica di arazzi tenuta in Firenze da sei Fiamminghi [7], Alessandro Filipepi (Sandro Botticelli) avrebbe inventato una specie di arazzi, costituiti da pezzi di drappi commessi, cuciti insieme [8]. Mons. Vincenzo Borghini narra che Giorgio, terzo figlio di Niccolò di Dante Ughi, introdusse verso la fine del secolo XIV l'arte del battiloro da Milano in Firenze con Tommaso Baroncini [9].

7. Filosofia. - Nel secolo XIII la filosofia scolastica raggiunse il suo più alto sviluppo. I grandi cambiamenti politici, l'occupazione di Costantinopoli da parte dei Crociati, il passaggio della cultura araba dalla Spagna al resto dell'Europa, crearono nuove mete al pensiero scientifico. I libri di Aristotele venivano letti nelle traduzioni latine ottenute direttamente dal testo greco. Sorgevano due grandi ordini religiosi contemporaneamente: in Spagna, S. Domenico, fondava nel 1206 l'ordine domenicano; nel 1209 S. Francesco di Assisi fondava l'ordine francescano dei frati minori.

Alessandro di Hales, il *doctor irrefragabilis*, francescano, nato nella contea di Gloucester, venne a Parigi, ove insegnò, morendovi

---

[1] Vedi *op. cit.* nella Bibliografia N. 70, Dissertaz. XXV.
[2] Vedi *op. cit.* nella nota 2 a pag. 144.
[3] Mss. Magl., Classe XXV, N. XL.
[4] Vedi *op. cit.* nella Bibliografia N. 70, Dissertaz. XXX.
[5] Vedi *op. cit.* nella nota 2 a pag. 144, T. II, Cap. V.
[6] *Commentaria in Dioscoridem*, pag. 65.
[8] D. M. Manni, *De Florentinis Inventis*, pag. 76.
[7] M. G. Bruto, *Florentinae Historiae libri* VIII.
[9] Mss. Magl., Classe XXV, N. VII.

nell'anno 1245. Nella *Summa theologiae* raccolse tutta la filosofia aristotelica e compì il primo tentativo di utilizzare Aristotele a vantaggio della fede cristiana, di cristianizzarlo; in relazione agli Universali fu realista.

Alberto di Bollstaedt (Alberto Magno), domenicano, nato a Lavingen nella Svevia nel 1193, studiò a Padova ed a Bologna, insegnò a Colonia, a Parigi e poi nuovamente a Colonia, ove morì nel 1280. A causa della sua grande dottrina fu chiamato *Magno.* Fu il primo a proporre il *principio della individuazione*, cioè il problema: sotto quali determinazioni le essenze universali divengono individuali; egli pose l'individualità nella materia.

Compare a questo punto la grande figura di S. Tommaso d'Aquino, nato nel Napoletano, di nobile casata, nel 1227. Studiò a Montecassino, poi a Napoli ed entrò nell'ordine dei domenicani. Si recò a Colonia, ove seguì i corsi di Alberto Magno, quindi a Parigi, poi a Napoli; morì nel 1274 presso Terracina, in viaggio per recarsi al sinodo di Lione, inviatovi dal papa. Le Scuole lo chiamarono *Doctor angelicus.* Come filosofo seguì la dottrina aristotelica, modificata ed integrata da Abelardo e da Alessandro di Hales e la dottrina di S. Agostino, non trascurando le dottrine arabo-giudaiche. Risolse S. Tommaso il principale problema del Medio Evo e scopo principale della Scolastica, ammettendo che ragione e fede si differenziano, ma per meglio armonizzarsi: la scienza è un metodo di conoscenza. Non possiamo intender tutto, ma nessuna affermazione della ragione può contraddire la fede. L'esistenza di Dio è ragionevolmente dimostrabile, ma non *a priori*, come ritiene S. Anselmo, ma *a posteriori*, secondo Aristotele. In filosofia naturale si valse delle dottrine aristoteliche che però ritenne suscettibili di modificazioni preludendo così ai concetti che si sarebbero nel futuro affermati. Spiega il concetto di Alberto Magno che l'individualità consiste nella materia, nel senso che questa non si deve intendere indefinita, ma avente certe dimensioni. Delle sue opere sono famosissime la *Summa catholicae fidei contra gentiles* e soprattutto la *Summa theologiae*, il suo capolavoro.

Era naturale che fra le due scuole, dei domenicani e dei francescani vi fosse rivalità di dottrina e di insegnamento. Giovanni Duns Scoto, nato, si crede, a Dunston nel Northumberland, francescano, insegnò ad Oxford, a Parigi e poi a Colonia, ove morì nel

1308, giovanissimo. Egli fu il gran rivale di S. Tommaso: la sua opposizione riguarda la relazione tra volontà ed intelletto; mentre per S. Tommaso *voluntas intellectum sequitur*, per Scoto accade tutto il contrario: *voluntas superior intellectu.*

Guglielmo Occam, nato nel borgo di Occam nella Contea del Surrex, francescano, allievo di Duns Scoto ad Oxford e poi a Parigi, disconobbe l'autorità del pontefice sulle cose temporali, combatté lo sfarzo della Chiesa e difese la povertà evangelica.

Altre vie del pensiero, indipendenti dalla filosofia scolastica propriamente detta, della quale abbiamo indicato i più importanti artefici, con i quali può considerarsi esaurita, salvo successive rifioriture, come per esempio, ultimissimamente tra noi per opera del Padre Agostino Gemelli, sono state indicate da Ruggero Bacone, da Raimondo Lullo e da Maestro Eckhart.

Ruggero Bacone (1214-1292), inglese, francescano, è una figura molto interessante per gli scopi della nostra trattazione, in quando fu assertore e quindi precursore del metodo sperimentale: si occupò di fisica, matematica e alchimia, fu accusato di magia; nella sua opera capitale, *Opus maius*, l'esperienza è definita « signora delle scienze sperimentali »; ebbe l'appellativo di *doctor mirabilis.*

Raimondo Lullo (? 1235 - 1315), spagnolo, francescano, eccitò alla guerra contro i Mussulmani ed avido di martirio, si recò più volte in Africa ove morì martire; si occupò di tutto lo scibile, anche di alchimia, fu sospettato dalla Chiesa per certi suoi atteggiamenti occultistici; scrisse varie opere, sostenne, come richiede la Scuola francescana, la preminenza della volontà sull'intelletto e fece un tentativo di linguaggio scientifico universale.

Giovanni Eckhart (1260-1327), tedesco, domenicano, cadde in sospetto della Chiesa per certi aspetti panteistici del suo misticismo, ammise l'identità dell'intelletto umano con il divino: il suo indirizzo mistico alimenterà in seguito il pensiero di Lutero.

Questi germi, insiti nei concetti di questi tre ultimi pensatori, fecondati dal Rinascimento, daranno i maggiori frutti nella filosofia moderna. Ma per giungere al Rinascimento bisognò attendere che di esso si avessero le prime manifestazioni fino alla seconda metà del secolo XV, per cui sarà trattando del periodo della Signoria medicea che ne parleremo con quell'ampiezza che l'importanza dell'argomento richiede.

VI

PERIODO DELLA SIGNORIA MEDICEA

Dal governo di Cosimo il Vecchio a quello di Cosimo I (1434 - 1537)

1. Storia. - *Cosimo il Vecchio* (1389 [governò 1434-1464] 1464). - Rientrato in Patria Cosimo nel 1434, all'età di 45 anni, considerato come il cittadino più autorevole, ambiva ad uno stato di pace che avesse sollevato il popolo dalle spese della guerra, ciò che avrebbe contribuito ad accrescere, con la prosperità dello Stato, anche le sue ricchezze. Cercava quindi di rendersi propizi i governi esteri, infondendo in tutti l'opinione che nessuno avrebbe potuto condurre avanti le cose meglio di lui. Era però necessario che agisse con grande prudenza in modo da non far sorgere il minimo sospetto né suscitare gelosie: governava quindi egli di fatto *a latere* dei Gonfalonieri.

Rinaldo degli Albizzi che era stato mandato in esilio dopo il ritorno di Cosimo, la cui cacciata aveva egli determinato, indusse Filippo Maria Visconti, duca di Milano, ad assalire dal 1434 al 1436 la Repubblica, ma nel 1437 la vittoria di Barga segnò la vittoria dei Fiorentini.

Avvenuta in quello stesso anno la morte dell'imperatore Sigismondo, papa Eugenio IV, che per otto anni era stato ospite della Repubblica fiorentina, dopo essere stato costretto a lasciare il suo Stato, invaso da Niccolò Fortebraccio per incarico di Francesco Sforza, duca di Milano, entrò in conflitto con il Concilio di Basilea e ne indisse un altro a Ferrara allo scopo di discutere alcune proposte dell'imperatore di Oriente Giovanni Paleologo il quale d'altra parte era stimolato a venire in Occidente per sollecitare aiuti contro i Turchi. Il Concilio di Ferrara si aprì il 5 gennaio 1438. In quello stesso anno Cosimo si recò in quella città e riuscì ad ottenere da Eugenio IV che il Concilio fosse trasferito a Firenze il che accadde nel febbraio del 1439.

Il trasferimento del Concilio a Firenze ebbe conseguenze importantissime per la città, nella quale erano convenuti l'imperatore con il suo seguito, un patriarca di Costantinopoli, il papa, le principali autorità della Chiesa occidentale e gli uomini più dotti dell'Occidente e dell'Oriente. Tra questi vi era Giorgio Gemisto Pletone che Cosimo indusse a stabilirsi permanentemente a Firenze. Il suo vero nome era Giorgio Gemisto, ma egli lo aveva modificato in quello di Gemisto Pletone, a causa dell'affetto che egli nutriva per il filosofo greco. Portò con sé Gemisto Pletone molti manoscritti rari, la maggior parte dei quali costituirono il nucleo della futura Biblioteca Medicea. Conversando con il dotto greco Pletone sorse in Cosimo l'idea di fondare una accademia, la celebre Accademia Platonica, la quale divenne il centro intellettuale del tempo ed esercitò sul pensiero quella influenza da cui si sviluppò la Rinascenza italiana che poi si estese a molti paesi di Europa. A causa della sua importanza di questa accademia ne parleremo estesamente.

Poco dopo il termine del Concilio, nel 1440, Cosimo si trasferì con la moglie Contessina de' Bardi e con i figli Piero e Giovanni, nel palazzo di Via Larga, la cui costruzione era stata la causa della sua cacciata da Firenze. Nel 1444 Cosimo fondò la Biblioteca Medicea che da principio accolta nel suo palazzo ed accessibile da parte del pubblico, fu ingrandita dalle successive generazioni dei Medici i quali la trasferirono nel 1524 nell'edificio, costruito su disegno di Michelangelo, ove oggi ha sede la Biblioteca Laurenziana (nel Chiostro di S. Lorenzo) contenente opere di inestimabile valore.

Seguì la guerra del 1446 tra Filippo Visconti, duca di Milano, il papa ed il re di Napoli da una parte e Firenze, Genova, Venezia e Bologna dall'altra, nella quale Cosimo riuscì a favorire la pace, staccando Napoli dalla coalizione nemica, staccandosi da Venezia ed avvicinandosi a Milano. Il vantaggio di tale politica apparve manifesto nel 1452 quando Firenze, alleatasi con Milano, riuscì a respingere l'invasione del suo territorio provocata da Alfonso, re di Napoli, alleato di Venezia.

Nel 1453 la caduta di Costantinopoli in mano dei Turchi, provocata dalla mancanza di accordo tra le potenze occidentali, segnò la fine dell'Impero romano di Oriente, un evento di immensa importanza, non solo dal punto di vista politico, ma anche da quello morale, essendo Costantinopoli l'unica grande capitale di Europa che fosse stata cristiana fino dalle sue origini, e da quello culturale come deposito dell'antica cultura dell'Impero romano. Firenze però se ne avvantaggiò perché molti esuli erano intervenuti al Concilio di Firenze e ricordavano la signorile e benevola ospitalità di Cosimo. Questi esuli ritornarono allora a Firenze con preziosi codici salvati dalla distruzione. Tra essi vi erano Demetrio Calcondila, Giovanni Argiropulo, Giovanni Lascaris, Teodoro Gaza.

Cosimo, oltre a dirigere gli affari dello Stato, doveva occuparsi anche di quelli della sua banca, ciò che faceva con competenza da tutti riconosciuta.

Oltre al palazzo nell'interno della città, Cosimo fece costruire per la sua famiglia varie ville: le principali furono quella di Careggi, a poca distanza dalla città, verso nord-est, Cafaggiolo nel Mugello e la villa Medici sulla costa fiesolana. Careggi era la residenza favorita da Cosimo che amava raccogliervi una società di eruditi.

Ebbe Cosimo familiarità ed amicizia con molti letterati, tra i quali Ambrogio Traversari, detto il Monaco di Camaldoli, Marsilio Ficino, figlio di Ficino, medico di Casa Medici. Cosimo, avendo intuito il valore di Marsilio, lo accolse appena diciottenne nella sua casa e, divenuto più tardi anima dell'Accademia Platonica, disse di avere avuto due padri, Ficino medico che lo aveva messo al mondo e Cosimo che lo aveva richiamato a nuova vita.

Protesse Cosimo le arti e nei trent'anni del suo governo assistiamo ai grandi progressi dell'arte dovuti al genio di Donatello, di Fra Angelico, di Luca della Robbia, del Ghiberti e del Lippi, tra gli altri.

Cosimo invecchiò precocemente perché sofferente di gotta, la malattia della famiglia. Dovette quindi lasciare presto gli affari in mano di altri, riserbandosi la politica estera. La Signoria, in un documento ufficiale, cioè in una lettera alla Repubblica Veneta, lo chiama Capo della Repubblica. Ed infatti con Cosimo incominciava la Signoria della Repubblica. Scrive il Guicciardini:

« Cosimo fece lo Stato, e che poi che l'ebbe fatto, se lo godé trent'anni sicuramente, si può dire e senza contraddizione ».

A tale potere arrivò senza distruggere l'ordinamento repubblicano nella sua forma esteriore, ma vigilando che alla Signoria non accedesse chi poteva essere nemico della sua famiglia.

Cosimo morì nella sua preferita villa di Careggi il 1° agosto 1464. Una antica usanza della Chiesa proibiva per reverenza verso le reliquie dei martiri la sepoltura nelle basiliche; ma questo venne concesso a Cosimo che è sepolto davanti all'altare maggiore di S. Lorenzo. La sua lapide porta scritto: COSMUS MEDICES HIC SITUS EST DECRETO PUBLICO PATER PATRIAE; il titolo di *Pater Patriae* gli era stato concesso, dopo la morte, dalla Signoria.

Cosimo fu uomo colto per quanto il Machiavelli lo definisca « uomo senza cultura ». Per combattere questa opinione il Pieraccini [1] cita Bartolommeo Facio, scrittore contemporaneo che dice che Cosimo aveva appreso le lettere latine e greche, la filosofia e la politica. Enea Silvio Piccolomini, poi Pio II, dice [2]: *Litterae in eo plures, et Graecarum non prorsus ignarus, ingenium ei perspicax et ad omnia promptum quaex ageret...* Il Ficino tenne Cosimo in alta considerazione, non solo perché lo ebbe amico e protettore, ma perché veramente egli trovava nel suo signore consensi di pensiero. Il colto libraio fiorentino Vespasiano da Bisticci, familiare di Casa Medici, così lo descrive [3]:

« ...Egli era tanto universale in ogni cosa e di tutto sapeva bene ragionare... Aveva una memoria che si ricordava di ogni cosa. Egli era tanto universale in ogni cosa che con tutti quelli che parlava aveva materia: se egli era con un litterato, ragionava della sua facultà; se di teologia con teologi parlava, ch'egli ne aveva grandissima perizia; s'era di filosofia, quella medesimo. Se erano astrologi, egli ne aveva un universale giudizio, se fussino stati musici, egli ne aveva notizia e alquanto se ne dilettava. Se

---

[1] Vedi *op. cit.* nella Bibliografia N. 81, Vol. I, pag. 22.

[2] *Commentarii rerum memorabilium quae temporibus suis contingerunt.* Romae, 1584, pag. 89.

[3] Vedi *op. cit.* nella Bibliografia N. 117, pag. 247.

praticava con pittori e scultori egli se ne intendeva assai e aveva alcuna cosa in casa di singolari maestri. Di scultura egli era intendentissimo; e molto favoriva gli scultori e tutti gli artisti degni... Fu molto amico di Donatello e di tutti i pittori e scultori... Venendo all'architettura egli ne fu peritissimo ».

Circa il carattere di Cosimo così si esprime il Machiavelli:

« Era Cosimo uomo prudentissimo, di grave e grata presenza, tutto liberale, tutto umano, né mai tentò alcuna cosa contra alla parte, né contro allo Stato, ma attendeva a beneficar ciascuno, e con la liberalità sua farsi partigiani assai cittadini... Non solamente superò ogni altro dei tempi suoi d'autorità e di ricchezze, ma ancora di liberalità e di prudenza... tanto fu temperato dalla prudenza sua che mai la civil modestia non trapassò... Di qui nacque che in tanta varietà di fortuna, in sì varia e volubile cittadinanza, tenne uno stato XXXI anno ».

Piero il Gottoso (1416 [governò 1464 - 1469] 1469). - Alla sua morte Cosimo il Vecchio lasciò due figli, Piero di quarantotto anni al quale passò il governo della Repubblica e Giovanni di cinque anni più giovane. La diatesi gottosa familiare si era presentata in Piero in forma molto accentuata tanto che ne soffriva fino dall'infanzia, per cui la sua salute cagionevole gli impedì spesso di prendere parte agli affari dello Stato; ciò costrinse il padre a farlo coadiuvare dall'altro suo figlio, il quale spesso ne prese il posto divenendo quasi il prediletto del padre, ciò che non destò però nell'animo buono di Piero alcun risentimento; la grave infermità non ne inasprì affatto il carattere.

Seguendo la tradizione di famiglia Cosimo il Vecchio aveva cercato di sviluppare in Piero l'amore per le arti e per le lettere e certo con risultato. Egli fu infatti assertore e promotore di quel movimento democratico scientifico-letterario che si opponeva a coloro che ostacolavano — a favore del latino — la diffusione del volgare, ritenendo la letteratura, la filosofia, le scienze, un privilegio di pochi. L'evoluzione caldeggiata da Piero raggiunse la più efficace dimostrazione nel 1441 favorendo l'esecuzione di quel « Certame coronario » del quale Leon Battista Alberti fu l'ideatore. Esso segnò la prima manifestazione pubblica — e fu veramente solenne — contro quella parte degli umanisti, dispregiatori del volgare, i quali spesso si valevano del latino per avvolgere la vacuità del loro pensiero in formule non accessibili alla universalità dei cittadini. Insomma si trattava di una manifestazione di pochi coraggiosi nella lotta linguistica di quei tempi, di coloro che volevano migliorare, arricchire, rendere la lingua volgare in possesso di tutti, renderla « umana » come allora si diceva [1]. Ed appunto Piero faceva parte di quei pochi e fu lui che istituì un premio, una coppa di argento montata con serti di alloro per il miglior poeta del certame.

Incaricò Cosimo il Vecchio Piero di varie ambascerie, così a Milano presso il duca Francesco Sforza, a Venezia presso il doge Francesco Foscari, in Francia presso Luigi XI e fu ovunque apprezzato per le sue rare qualità d'ingegno e di carattere.

Il governo di Piero seguiva l'andamento di quello del padre, per cui mentre il governo continuava ad essere rappresentato dalla Signoria, con a capo il Gonfaloniere, Piero non aveva nessuna carica ufficiale, ma le misure che la Signoria adottava dovevano essere approvate dal capo della famiglia Medici.

Piero si era occupato con molto impegno della istruzione dei suoi due figli maschi, Lorenzo e Giuliano, affidandoli al Landino, ma quando Lorenzo che era il maggiore di età divenne più grande ne affidò l'istruzione a Marsilio Ficino. Cosimo poi, alla morte di Giovanni, avvenuta nel 1463, un anno prima della sua, preoccupato della salute di Piero che era rimasto senza l'aiuto di Giovanni, ebbe cura di istruire Lorenzo negli affari pubblici, con ottimo risultato a causa del suo non comune ingegno.

Dopo il fallito tentativo contro Cosimo, i nemici della famiglia Medici fecero un altro tentativo per sbarazzarsene, ordendo una congiura, capitanata da Luca Pitti, coadiuvato da Agnolo Acciaiuoli, Niccolò Soderini ed anche da Diotisalvi Neroni, che era stato intimo confidente di Cosimo. La congiura maturò nell'agosto del 1466 con un movimento armato di forze riunite a poca distanza da Firenze, mentre Piero era gravemente ammalato nella villa di Careggi. Al tempo stesso altre forze, comandate da Ercole d'Este, fratello del duca Borso, muoveva da Ferrara verso la frontiera in aiuto dei congiurati. È merito di Lorenzo, appena diciassettenne, se la congiura fu potuta sventare; egli riuscì a salvare il padre che veniva

---

[1] G. Mancini, *Un nuovo documento sul certame coronario di Firenze del 1441*, « Arch. St. Ital. », 1892, S. V., T. 9, pag. 326.

da Careggi trasportato a Firenze, facendolo deviare dalla sua strada, mentre con l'aiuto di forze milanesi ebbe il sopravvento sugli avversari. La nuova Signoria decretò la pena capitale per i congiurati, ma il nobile animo di Piero vi si oppose. Piero perdonò generosamente a Luca Pitti che gli rimase amico per la vita; gli altri ebbero ordine di lasciare Firenze. Grande fu la popolarità che ne venne alla famiglia Medici per tale generosità; se non che il Neroni ed il Soderini fecero cattivo uso della libertà ottenuta inducendo Venezia, che voleva vendicarsi dei Medici da quando Cosimo aveva stretto alleanza con Milano, a muover guerra a Firenze nel 1467; i Veneziani furono sconfitti ad Imola e la pace che ne derivò permise a Firenze di aumentare il suo territorio con la città di Sarzana.

L'anno 1469, l'ultimo della vita di Piero, fu un anno di pace e di festeggiamenti. Ebbe luogo un famoso torneo, ideato e diretto da Lorenzo per festeggiare il suo fidanzamento con Clarice Orsini e che costituì uno degli spettacoli più meravigliosi cui Firenze avesse mai assistito: fu detto il torneo di Lorenzo. Ebbe presto luogo, nel mese di giugno di quell'anno, il matrimonio e Piero con sua moglie Lucrezia Tornabuoni fecero grandi feste cui partecipò tutta la città.

Piero protesse l'Accademia Platonica e fu accolto sulle colline di Careggi tra gli uditori del Ficino: amava circondarsi di persone colte, letterati, filosofi, artisti. Il Botticelli lavorò quasi esclusivamente per Piero: commise al Gozzoli il celebre affresco della cappella del palazzo di via Larga, oggi Via Cavour, continuò la protezione che Cosimo aveva elargito al Donatello.

Piero morì nel dicembre del 1469, universalmente rimpianto, e fu seppellito nella sacrestia di S. Lorenzo nella stessa tomba di suo fratello Giovanni: i suoi figli collocarono sulla sua tomba il bel monumento del Verrocchio.

Lorenzo il Magnifico (1449 [governò 1469 - 1492] 1492). - Lorenzo, primogenito di Piero il Gottoso, aveva appena venti anni quando, nel 1469, per la morte del padre, divenne capo della famiglia, assumendo il governo di Firenze. Dice il Pieraccini [1]:

---

[1] Vedi *op. cit.* nella Bibliografia N. 81, Vol. I, pag. 125.

« Lorenzo il Magnifico sortì da natura una robusta struttura, una varietà di talenti e straordinaria energia volitiva: ebbe fermezza di carattere e direttive precise e costanti. Veloce nel conoscere e ben considerato nel giudicare fece sempre con grande prontezza seguire l'azione al pensiero ».

La cultura umanistica, il gusto per l'arte, la conoscenza dei bisogni del popolo, l'ascendente sugli uomini, tutto frutto di eccezionale intelligenza, unita a grandi qualità di statista, gli fecero meritare l'appellativo di « Magnifico ».

Fu la sua perspicacia e capacità di statista che gli fecero conoscere che il popolo fiorentino era troppo incline alle fazioni perché la Repubblica potesse prosperare e che, affinché ciò potesse realizzarsi, era necessario accentrare il potere, seguendo la via tracciata dai suoi predecessori: lasciò il governo in mano della Signoria, ma si attribuì ogni definitiva decisione.

Nel 1470 Diotisalvi Neroni ed altri esiliati, con l'aiuto di Ferrara, fecero un tentativo di por fine al dominio mediceo con l'occupazione di Prato: ma il tentativo fu facilmente represso.

È interessante osservare come Lorenzo potesse associare la difficile condotta degli affari, specialmente nei primi anni del suo governo, con l'attiva partecipazione alle continue feste che in quel periodo di esuberante vitalità del Rinascimento si facevano ad imitazione della antica Grecia. Si trattava di divertimenti fastosi, di tornei, di mascherate allegoriche, con costumi disegnati dai più celebri artisti, con discorsi preparati dai più dotti umanisti. Nel 1475 in Piazza S. Croce ebbe luogo lo spettacolare « torneo di Giuliano » che fu cantato dal Poliziano nella *Giostra di Giuliano de' Medici,* come Luigi Pulci aveva cantato il torneo di Lorenzo nella Giostra di Lorenzo de' Medici del 1469. Esso fu immortalato anche per avere ispirato alcuni dei più celebri quadri del Botticelli.

Sui primi del 1478 si preparò a Roma il celebre complotto detto la « congiura dei Pazzi » cui erano interessati Girolamo Riario che avrebbe dovuto ottenere il governo della città, Francesco Salviati, arcivescovo di Pisa, che avrebbe dovuto divenire arcivescovo di Firenze, Raffaello Riario, pronipote del papa e la famiglia Pazzi con l'aiuto di papa Sisto IV. L'epilogo della congiura si ebbe il 26 aprile 1478 nella cattedrale di Firenze: Giuliano venne ucciso e

Lorenzo riuscì a stento a salvarsi. Altri congiurati dovevano impossessarsi della Signoria, ma il Gonfaloniere Petrucci, venuto a cognizione di quanto accadeva nel Duomo, afferrato il Salviati lo fece appendere ad una finestra del Palazzo della Signoria. Gli altri congiurati furono uccisi a furor di popolo e le forze esterne comandate da Niccolò da Tolentino rinunziarono ad invadere la Repubblica. Il cardinale Raffaele Riario, pronipote del papa, venne salvato da Lorenzo stesso che mandò una parte del suo seguito a proteggerlo.

Il fallimento della congiura provocò la collera di Sisto IV che mosse guerra a Firenze per mezzo di una coalizione che comprendeva oltre allo Stato della Chiesa, Napoli, Siena, Lucca, Urbino ed altri Stati minori e scomunicò la Toscana. Ma Lorenzo, recatosi presso il re di Napoli, riuscì a farselo amico ed a distaccarlo dalla coalizione ciò che portò ad un trattato in forza del quale Firenze riacquistò il territorio perduto durante la guerra e venne tolto l'interdetto. Nel 1480 Lorenzo ritornò trionfalmente a Firenze, ma non approfittò della maggiore popolarità acquistata per divenire un sovrano assoluto.

Nel 1484 riuscì a favorire la pace tra Napoli, Milano e Venezia. A Sisto IV, deceduto dopo che apprese la notizia di questa pace, successe Innocenzo VIII che era amico dei Medici per cui il tredicenne Giovanni, uno dei tre figli maschi di Lorenzo, nel 1489, fu nominato cardinale con che gli si apriva la via a quel soglio pontificio che poi avrebbe occupato con il nome di Leone X.

Nel 1490 fra Girolamo Savonarola che da anni si era proposto di combattere la dissolutezza e la lussuria predicando nelle varie città, fu richiamato da Lorenzo perché predicasse anche in Firenze. Negli anni 1490-1491 riuscì Lorenzo ad impedire la rottura tra il re di Napoli ed il papa, dovuta a che il re di Napoli si rifiutava di dare esecuzione ai patti che nel 1486 aveva concordato con il pontefice. Lorenzo visse solo due anni dopo avere effettuato questa riconciliazione, la sua salute era andata rapidamente peggiorando per cui dovette affidare una parte dei suoi affari al suo primogenito Pietro. Il 12 marzo 1492 suo figlio Giovanni dovette recarsi a Roma dopo che era stato solennemente investito della dignità cardinalizia nella Badia Fiesolana. Nove giorni dopo Lorenzo si fece condurre nella sua villa di Careggi ove si preparò alla fine facendosi leggere dai suoi amici gli autori prediletti. Il 9 aprile 1492 morì in età di anni quarantatrè avendo vicino Agnolo Poliziano e Pico della Mirandola. Come il padre ed il nonno fu sepolto nella chiesa di San Lorenzo, nella Sacrestia Vecchia, nella stessa tomba nella quale riposava il fratello Giuliano; dopo sessantanove anni le due salme furono trasportate nella Sagrestia Nuova.

Grande è stato il contributo portato da Lorenzo allo sviluppo delle lettere e delle arti. Protesse la propria lingua difendendola dalle accuse di coloro che volevano si usasse nelle scritture di elevato argomento la lingua latina. Fino dalla adolescenza fu studioso dei nostri poeti, imitandoli nelle sue poesie, senza perdere della propria originalità. Trattò i più svariati generi poetici. Di conseguenza molti letterati furono suoi grandi amici: tra essi Marsilio Ficino, il Poliziano, Luigi Pulci, Pico della Mirandola, Cristoforo Landino. Componevano questi le brigate letterarie che Lorenzo aveva saputo creare intorno a sé e che si radunavano, o nella villa di Careggi od alla Badia Fiesolana o nel monastero di Camaldoli.

Continuò Lorenzo, come i suoi predecessori a prezzo di grandi spese a salvare una grande quantità di opere che altrimenti sarebbero andate distrutte; stipendiava una grande quantità di copisti che lavoravano incessantemente; fondò scuole e collegi e richiamò a nuova vita l'Università di Pisa; promosse pure grandemente lo Studio fiorentino, come vedremo in dettaglio quando faremo la storia di queste istituzioni.

L'incoraggiamento dato da Lorenzo all'arte non fu minore. Egli contribuì grandemente ad arricchire il Palazzo dei Medici con pitture e sculture: per lui lavorarono il Verrocchio, il Botticelli, il Ghirlandaio, il Lippi, il Signorelli, Benedetto da Maiano, Andrea del Castagno, il Pollaiolo.

Pietro lo Sfortunato (1471 [governò 1492 - 1494] 1503). - Il primogenito del Magnifico, Pietro, aveva ventun anno quando nel 1492 successe al padre. Di intelligenza mediocre, incurante degli affari dello Stato, divenne presto impopolare e questa impopolarità era fomentata dai cugini del ramo cadetto, Lorenzo e Giovanni, figli di Pier Francesco (il Vecchio), figlio questo di Lorenzo (il Vecchio), fratello di Cosimo Pater Patriae.

Avvenuta l'invasione dell'Italia da parte di Carlo VIII, re di Francia, per muover guerra al regno di Napoli, egli avrebbe dovuto attraversare la Toscana, per cui Pietro sarebbe stato costretto a difendere il suo territorio. Carlo trovò un aiuto in Lorenzo e Giovanni, desiderosi di sbalzare Pietro, ma furono scoperti ed imprigionati. Pietro fu più clemente di Piero il Gottoso, e si limitò a confinare Lorenzo nella villa di Cafaggiolo e Giovanni in quella di Castello, ma essi riuscirono ad evadere e raggiunsero Carlo VIII incitandolo ai danni di Pietro. Ritenendo questi impossibile difendere il territorio, tentò la manovra che era riuscita al Magnifico presso il re di Napoli, recandosi al campo di Carlo VIII dal quale ottenne di evitare l'assedio ed il sacco di Firenze concedendo l'occupazione di Pisa e di alcune fortezze e di riavere le terre dopo che il re di Napoli fosse stato vinto. Per quanto questo atto fosse stato sagace, la Signoria non lo approvò ed il 9 novembre 1494 i Medici furono cacciati per la seconda volta. Inoltre il Governo permise alla folla di saccheggiare il palazzo dei Medici, i cui tesori furono così dispersi. Pietro, dopo aver girovagato per l'Europa, raggiunse l'esercito di Carlo VIII e si mise al suo servizio, ma dopo la sconfitta del Garigliano, nella disastrosa ritirata verso Gaeta, essendosi capovolto il battello sul quale Pietro scortava alcuni pezzi di artiglieria, perì annegato nel 1503, passando giustamente alla storia con l'appellativo di Sfortunato.

Interregno (1494 - 1512) - Nei diciotto anni che seguirono il 1494, anno in cui i Medici furono cacciati, al 1512, anno in cui il governo fu assunto da Giuliano, duca di Nemours, terzogenito di Lorenzo il Magnifico, Firenze tenne inflessibilmente i Medici fuori del suo territorio. Per Firenze fu quello un periodo di grandi discordie interne. Durante i primi quattro anni l'autorità maggiore l'ebbe il Savonarola che estese la sua predicazione alla condanna della vita papale romana, finché papa Alessandro VI riuscì ad ottenere dalla Signoria la condanna del frate domenicano e degli altri due frati, fra Domenico e fra Silvestro, che, accusati di eresia, furono impiccati ed arsi il 23 maggio 1498 in Piazza della Signoria: sul lastricato della Piazza, un disco in bronzo con il ritratto del Savonarola in bassorilievo, indica il luogo preciso del martirio.

Dopo la morte del Savonarola Firenze cadde sempre più in preda all'anarchia ed alle fazioni per cui i cittadini decisero di nominare un Gonfaloniere a vita nella persona di Pietro Soderini, uomo di buona volontà, ma inetto e debole. Divenendo la situazione sempre più intollerabile, crebbe il numero dei cittadini che desideravano il ritorno di Giovanni e di Giuliano, fratelli di Pietro lo Sfortunato e figli di Lorenzo il Magnifico.

Dal governo di Giuliano, duca di Nemours, alla uccisione del duca Alessandro (1512 - 1537). - L'anno 1512 si inizia la guerra tra la Francia, Ferrara e Firenze, da una parte, papa Giulio II, la Spagna e Venezia dall'altra. Dopo la grave sconfitta dei papalini e degli Spagnoli a Ravenna il 6 aprile 1512, le sorti della guerra arrisero al papa che volse le armi contro Firenze, intimando la resa. Essendo questa stata rifiutata, seguì il terribile sacco di Prato. I Fiorentini attribuendo la colpa di tutto al Soderini, lo fecero dimettere, lo bandivano ed il 1° settembre 1512 facevano rientrare i Medici a Firenze.

Il cardinale Giovanni decise di porre il governo della città nelle mani di suo fratello Giuliano, duca di Nemours (1479 [governò 1512 - 1513] 1516), piuttosto che in quelle di Lorenzo, figlio di Pietro lo Sfortunato, perché riteneva che il carattere conciliante di Giuliano fosse più adatto per i sentimenti del popolo fiorentino. Ma il cardinale Giovanni divenne papa con il nome di Leone X. In seguito a questa elezione, Giulio, figlio naturale di Giuliano, fratello di Lorenzo il Magnifico (poi Clemente VII) e quindi cugino di Giuliano, duca di Nemours, che appunto teneva il governo di Firenze, incominciò a lavorare per la riuscita di un suo ambizioso progetto per cui il detto governo avrebbe dovuto essere sostituito da un altro basato unicamente sulla forza. Fu così che il governo di Firenze venne nelle mani di Lorenzo, duca di Urbino, (1492 [governò 1513 - 1519] 1519), figlio di Pietro lo Sfortunato e quindi nipote di Giuliano, duca di Nemours. Questi, di malferma salute, venne a morte il 17 marzo 1516 nella giovane età di trentasette anni, seguito poco dopo da Lorenzo, duca di Urbino, che morì il 4 maggio 1519. Entrambi furono seppelliti nella Sacrestia Nuova della chiesa di S. Lorenzo e sulle loro tombe furono eretti da Michelangelo i due monumenti che forse sono i monumenti funerari più celebri del mondo.

Poiché Ippolito, figlio naturale di Giuliano, duca di Nemours, era un ragazzo e Caterina, figlia di Lorenzo, duca di Urbino ed unica rappresentante del ramo diretto, era una piccola bambina, Giulio prese possesso del palazzo dei Medici. Frattanto Leone X, trasferendo a Roma il mecenatismo di Lorenzo il Magnifico, vi creava una atmosfera di paganesimo europeo, preparando il terreno alla Riforma. Morto Leone X, gli successe Adriano VI ed a questo Giulio, divenuto Clemente VII, il quale delegò gli affari del governo di Firenze al cardinal Passerini che si insediò nel maggio del 1524 nel palazzo mediceo con Ippolito che aveva quindici anni e con Alessandro, un altro ragazzo di tredici anni, figlio naturale di Clemente VII, il quale però accreditava la voce che fosse figlio di Lorenzo, duca di Urbino e quindi erede del potere. I disastri subiti dal papa dopo la battaglia di Pavia, il sacco di Roma e la sua prigionia in Castel S. Angelo, diedero ai Fiorentini occasione per sbarazzarsi del giogo che gli era stato imposto, mandando per la terza volta i Medici in esilio il 19 maggio 1527. Ma successivamente la sorte ritornò ad essere in favore di Clemente VII che si accordò con Carlo V, incoronato imperatore il 24 febbraio 1530, affinché l'indipendenza della città fosse abolita e fosse preposto al suo governo Alessandro, divenuto duca, come vassallo dell'imperatore. Seguì la eroica resistenza di Firenze, capitanata all'esterno da Francesco Ferruccio, ma che fu resa vana dal tradimento di Malatesta Baglioni. Nel maggio 1532 Alessandro si stabiliva in città come padrone assoluto inaugurando quel governo di terrore e di delitti che ebbe termine il 5 gennaio 1537 con la sua uccisione, ad opera di Lorenzino, giovane ventenne del ramo cadetto.

2. CONDIZIONI AMBIENTALI. - *Stato della cultura.* - Con il Rinascimento, cioè con il rinascere della cultura latina e greca, del quale abbiamo narrato la preparazione, l'origine e lo sviluppo nella seconda metà del secolo XV, risorgeva anche lo studio delle nuove lingue e, naturalmente, in Toscana si avevano i fatti più cospicui.

Il genere popolare era rappresentato da due poeti toscani che trattarono la satira burlesca, Giovanni, detto Burchiello, che faceva il barbiere in Via Calimala in Firenze e la cui bottega era il ritrovo di tutti i begli umori della città ed Antonio Cammelli che dalla sua patria fu chiamato il *Pistoia.*

Il merito di avere ingentilito la letteratura popolare toscana si deve attribuire a Lorenzo il Magnifico. Di lui dice il De Sanctis [1]:

---

[1] Vedi *op. cit.* nella Bibliografia N. 29, Vol. I, pag. 309.

« Aveva molto spirito e molta immaginazione, le due qualità della colta borghesia italiana... Cristiano e platonico in astratto e a scuola, in realtà epicureo ed indifferente, sotto abito signorile popolano e mercante dai motti arguti e dalle salse facezie... Era classico di cultura, toscano di genio, invescato in tutte le vivezze e le grazie del dialetto. Maneggiava il dialetto con quella facilità che governava il popolo ».

In questo assunto di nobilitare la lingua popolare gli furono compagni Luigi Pulci, fiorentino, che prese dal popolo il poema cavalleresco ed Agnolo Ambrogini, detto, secondo il costume degli Umanisti, il « Poliziano », da Montepulciano, considerato dal De Sanctis [1] « la più spiccata espressione della letteratura in questo secolo ».

La poesia lirica, imitazione elegante ma fredda del Petrarca, non ebbe in Toscana cultori di grido.

Fra i prosatori del tempo uno dei principali fu Leon Battista Alberti che, per quanto nato a Genova, era oriundo di Firenze; valente scrittore in latino, promosse lo studio del toscano ed a questo scopo, nel 1441, fece proporre dagli Ufficiali dello Studio un certame letterario per la lingua volgare sul tema « la vera amicizia » che fu tenuto nel Duomo di Firenze.

Tra le grandi figure degli storici fiorentini primeggiano quelle di Niccolò Machiavelli e di Francesco Guicciardini. Il Machiavelli, nelle sue tre principali opere politiche, *Il Principe, I discorsi sopra la prima Deca di Tito Livio* e *L'arte della guerra* mirava a sostenere il principio che per togliere gli Italiani dalle misere condizioni in cui si trovavano non vi era altro mezzo che un principe valoroso, che ordinasse bene lo Stato, che lo armasse con armi proprie e che « con qualunque mezzo » fondasse lo stato forte. Il concetto del « qualunque mezzo » anche tirannico, giustificato dall'altro che il fine giustifica i mezzi, gli attirò censure gravi e fece dare il nome di « politica machiavellica », nome anche oggi usato, a qualunque modo fraudolento e subdolo di governare. L'applicazione poi delle sue teorie è contenuta nelle *Storie fiorentine* che si estendono fino alla morte del Magnifico, avvenuta nel 1492.

Il Guicciardini fu schietto prosatore, meno filosofo e meno letterato del Machiavelli, vagheggiava un governo di ottimati che

[1] Vedi *op. cit.* nella Bibliografia N. 29, Vol. I, pag. 302.

temperasse la Signoria medicea; anche per il Guicciardini la virtù sta nell'abilità, come per il Segretario fiorentino, ma considerando le cose in modo meno rigido, con un certo adattamento ai tempi. La *Storia fiorentina* è un modello di lucidezza e di giusto apprezzamento, esposto in modo semplice. La *Storia d'Italia* è un maestoso ed epico quadro dei fortunosi avvenimenti che agitarono la penisola nel periodo delle invasioni francese e spagnola.

Tra gli storici minori primeggiano Iacopo Nardi, di illustre famiglia fiorentina, che scrisse le *Istorie fiorentine* dal 1494 al 1537, dettate con fiero animo repubblicano; Bernardo Segni, fiorentino, che scrisse le *Istorie fiorentine dall'anno* 1527 al 1555, ispirate alla tradizione repubblicana avversa ai Medici; Benedetto Varchi che scrisse le *Storie fiorentine* dal 1527 al 1538, rimaste inedite fino al 1721, e che seppe conciliare l'ammirazione per la Repubblica fiorentina con il biasimo per il duca Alessandro e per altri della famiglia Medici con la lode di Cosimo, da cui mostrò sperare la salvezza di Firenze.

Ecco in questo tempo due grandi artisti entrare nel campo dei letterati: il sommo Leonardo da Vinci nel Valdarno Inferiore che non fu solo sommo artista e sommo ingegnere, e nei cui preziosi codici si trovano frammenti di prosa rudi e potenti che contenevano i germi di un sapere universale, mentre faceva mostra di un incomparabile insegnamento dell'indagare la bellezza della natura quale traspare nel suo trattato *Della pittura*; Benvenuto Cellini, che visse metà della sua vita nel periodo della Signoria medicea e l'altra metà sotto il governo di Cosimo I che, grande nell'arte della oreficeria e sommo fonditore e scultore, fu rozzo nelle lettere imprimendogli le caratteristiche del suo carattere, la vivacità del suo ingegno e che nella sua autobiografia, la *Vita,* ci dà una vivace descrizione della società del tempo. Scrisse pure *Della orificeria e della scultura libri due.*

Nel periodo della Signoria medicea, come si ebbe il Rinascimento della cultura classica, si ebbe anche quello dell'arte la quale raggiunse in Toscana vette non più superate. L'alba del Rinascimento dell'arte si può porre all'origine del secolo XV con le sculture del Ghiberti e di Donatello mentre era in atto l'esecuzione delle porte del Ghiberti ed il Masaccio iniziava una nuova era della pittura.

A questi artisti abbiamo già accennato nel precedente capitolo perché sia il Ghiberti che Donatello avevano incominciato a svolgere la loro attività artistica sullo scorcio del periodo comunale ed il Masaccio tutta la assolse in quel periodo perché in quel periodo si iniziò e si concluse la sua breve vita.

Sotto la Signoria di Cosimo il Vecchio, nei trenta anni del suo governo, l'arte rifulse oltre che per opera di Donatello, del Ghiberti e di Luca della Robbia, anche per opera di Fra Angelico di Vicchio di Mugello, che, invitato da Cosimo a decorare le pareti del Convento di S. Marco che allora si costruiva, può considerarsi come uno dei più grandi pittori del suo tempo, insuperato nel rappresentare gli esseri celesti; di Filippo Lippi, fiorentino, che, seguendo nella chiesa del Carmine l'opera del Masaccio, l'aveva così bene assimilata, da potersi degnamente considerare come il continuatore del suo maestro; di Desiderio da Settignano e di Mino da Fiesole che pure acquistarono fama come scultori; di Michelozzo Michelozzi cui Cosimo commise l'esecuzione del Palazzo dei Medici e la villa di Cafaggiolo.

Quando Piero il Gottoso successe al padre nel 1464, molti dei grandi artisti che erano fioriti sotto la Signoria di Cosimo erano morti. Nei primi anni del suo governo rifulsero: Luca della Robbia che era vissuto nel periodo comunale, sotto il governo di Cosimo, di Piero e di Lorenzo, che, già celebre per la sua Cantoria, continuava ad eseguire i suoi magnifici bassorilievi con la sua particolare tecnica; Leon Battista Alberti che visse pure nel suddetto periodo storico e del quale abbiamo ricordato le sue qualità di umanista e che, dedicatosi alla pittura, alla scultura e alla prospettiva, con i suoi trattati acquistò fama indiscussa come teorico dell'arte; Benozzo Gozzoli, fiorentino, allievo del Beato Angelico, che divenne celebre per gli affreschi nella Cappella dei Medici e nel Camposanto di Pisa.

Ed ecco Sandro Botticelli, fiorentino, affermarsi durante il governo di Piero il Gottoso, e poi sviluppare la sua attività durante il governo del Magnifico al quale sopravvisse per quasi un ventennio. Quale importanza abbia rivestito l'opera del Botticelli nella storia dell'arte non ha bisogno di essere ricordata; egli riuscì a dare forma al contrasto tra il senso mistico e quello paganeggiante dell'umanesimo.

Molti furono gli artisti che beneficiarono della protezione del Magnifico nei ventitre anni del suo governo. Oltre a quelli nominati che sopravvissero alla morte di Piero il Gottoso nel 1469: lo scultore Andrea del Verrocchio, fiorentino, forse scolaro di Donatello, ma nella cui maniera si rilevano influenze del Ghiberti, di Luca della Robbia e del Pollaiolo; il pittore e scultore Antonio Pollaiolo, fiorentino, di formazione incerta, maestro della linea netta, incisiva, del movimento grande, impetuoso, grande anatomista, da considerarsi, con il Verrocchio, uno dei maggiori artisti della seconda metà del secolo XV; Domenico Corrado Ghirlandaio, fiorentino, orafo e pittore, genuino rappresentante del realismo fiorentino del Quattrocento; Lorenzo di Credi, fiorentino, pittore, scolaro del Verrocchio amante delle forme semplici ed alieno dalle composizioni complesse e mosse.

Si pongono negli ultimi anni del governo di Lorenzo e nel periodo che dopo la morte di questo nel 1492, precedette il governo di Cosimo I: il grande pittore Andrea del Sarto, fiorentino, pittore dalla tendenza coloristica; fra Bartolomeo della Porta, fiorentino, pittore, rappresentante con Andrea del Sarto dell'alto Rinascimento.

La grande figura di Michelangelo Buonarroti di Caprese, nel Casentino, con la sua lunga vita occupa il periodo del governo di Lorenzo fino a comprendere tutto il governo di Cosimo I. Offre interesse, allo scopo di rendere nella giusta luce la grande parte avuta da Lorenzo nel promuovere l'arte, il fatto che Michelangelo iniziò la sua istruzione artistica frequentando la scuola di scultura che Lorenzo, aveva fondato in un suo giardino, vicino a S. Marco, e che Lorenzo, avvertita la eccezionale disposizione di Michelangelo per l'arte, lo prese presso di sé nel suo palazzo, trattandolo come persona di famiglia e beneficiandolo di un assegno mensile.

Merita considerazione il fatto per cui per uno dei più grandi ingegni che siano apparsi nel mondo, Leonardo da Vinci, non sia avvenuto che il suo nome si sia congiunto con quello dei Medici. Nato nel 1452 in Vinci, presso Empoli, nel 1487 era stato inviato da Lorenzo il Magnifico a Lodovico il Moro come il migliore pittore che allora potesse raccomandarsi; rimase quindi per dodici anni in Milano fondandovi la scuola milanese. Tranne un breve ritorno in Firenze, continuò ad avere residenza a Milano, fino al 1516, quando, aderendo agli insistenti inviti di Francesco I, si trasferì in Francia ove morì nel 1519 in età di sessantasette anni. Pittore, scultore, architetto, matematico, ingegnere, idraulico, musicista e poeta, in tutte le arti e scienze diede saggi rivelatori del genio.

Costituiscono un gruppo di artisti a sé: Benvenuto Cellini, fiorentino, del quale abbiamo parlato per il suo apporto alla letteratura con la *Vita*, orafo, scultore, fonditore in bronzo, di grande fama; Giorgio Vasari, aretino, mediocre pittore, architetto, costruttore del corridoio che collega Palazzo Pitti con il Palazzo della Signoria, ma più di tutto celebre per le sue *Vite dei più eccellenti pittori, scultori ed architetti.*

L'arte in Toscana fiorì anche per merito di artisti non toscani che vi dimorarono per qualche tempo, come Raffaello ed il Perugino; ma fu per merito dei grandi artisti toscani se il Rinascimento dell'arte si propagò al resto dell'Italia. Dopo una fioritura così abbondante era naturale che si iniziasse un periodo di esaurimento, di decadenza che, incominciato dopo la morte di Raffaello, andò progressivamente accentuandosi.

Nel secolo XV i mutamenti inerenti al formarsi delle Signorie, determinarono un diverso indirizzo per la musica il quale risentì anche della influenza del Rinascimento delle lettere e delle arti non che della diffusione in Italia della Scuola fiamminga. La canzone perdette della sua purezza e spiritualità, della sua popolare freschezza e deviò dalla sua strada con vantaggio per le composizioni a più voci.

Fu quello il tempo in cui fioriva la *lauda*, definita come la forma popolare del canto sacro, favorita dal forte sentimento religioso, mistico e superstizioso. Un altro avvenimento che influì sull'indirizzo della musica fu la riforma luterana che le diede un carattere più appassionato, più umano, togliendo quel carattere vago che aveva nell'arte musicale cattolica.

Più tardi il Palestrina liberava la musica italiana dagli influssi della Scuola fiamminga e riusciva a compiere la fusione della scienza con il sentimento e si avverava la riforma fiorentina della quale parleremo nel seguente capitolo.

L'adattamento della stampa alla musica per opera specialmente di Ottaviano dei Petrucci di Fossombrone facilitava lo scambio ed il diffondersi della conoscenza della musica preparandone il periodo fulgido.

Un musicista che visse in questo periodo fu Antonio Squarcialupi, fiorentino, detto anche Antonio degli organi; fu organista in S. Maria del Fiore e godè di grandissima fama, non solo come musicista, ma anche perché da lui provenne una delle più importanti raccolte di composizioni di madrigalisti fiorentini, il *Codice Laurenziano 87*, che è appunto conservato nella Biblioteca Laurenziana.

Raccolte di opere; la stampa. - Nei Toscani, ma soprattutto nei Fiorentini, che avevano presenziato i primi albori della Rinascenza, si sviluppò una nobile gara nel rintracciare le opere degli antichi scrittori greci e romani. Fra tali veramente benemeriti della cultura umanistica meritano di essere particolarmente ricordati: Niccolò Niccoli di Bartolommeo, nato a Firenze nel 1363, che spese tutta la vita ed anche un considerevole patrimonio nel raccogliere manoscritti degli antichi scrittori, seguendo il consiglio di Cosimo Pater Patriae e che, morendo nel 1437, lasciò per pubblico uso la sua biblioteca, che, acquistata da Cosimo, andò ad arricchire la raccolta esistente presso i frati domenicani di S. Marco; Poggio fiorentino, amico ed ammiratore del Niccoli, che riuscì a salvare una infinità di libri preziosissimi; il cavaliere Palla Strozzi di Noferi (1372-1462), fiorentino, uomo dottissimo, che con grandi spese aveva raccolto libri di pregio, facendoli venire anche dalla Grecia e che posto a capo dello Studio fiorentino, vi attirò celebri docenti e sottopose quello Studio a nuovi regolamenti che ne aumentarono il prestigio.

Altri benemeriti raccoglitori di manoscritti furono: il cardinale Pietro Corsini che, morendo nel 1405, legò parte della sua ricca biblioteca al monastero di S. Gaggio; Mons. Ugolino di Filippo Giugni, vescovo di Volterra, che lasciò la sua biblioteca alla Badia di S. Maria di Firenze; Francesco Sassetti, seniore, cittadino e mercante fiorentino, amicissimo del Poliziano; Bernando Michelozzi, giureconsulto e canonico fiorentino che alla fine del secolo XV fece un lungo viaggio in Oriente, per poter portare in Firenze quanti più documenti potè trovare della sapienza greca; il canonico Francesco da Castiglione, uomo dottissimo, canonico di S. Lorenzo e poi della Cattedrale, che non risparmiò impegno e spese per l'acquisto di libri pregiati.

Il Poliziano mette in luce altri fiorentini diligenti raccoglitori di libri, tra i quali Francesco Pucci, suo successore di lettere umane a Firenze; il canonico fiorentino Giorgio Antonio Vespucci, erudito grecista e latinista; Cristoforo Landino, suo maestro e poi suo collega nello Studio fiorentito; Niccolò Michelozzo, segretario di Lorenzo il Magnifico.

Cospicue famiglie fiorentine si distinsero per l'abbondanza ed il pregio dei libri raccolti, così la potente famiglia de' Pazzi, la famiglia Ridolfi, la famiglia Gaddi.

Le notizie più sicure circa l'origine ed i progressi della stampa in Firenze alla fine del secolo XV si possono senza dubbio ricercare nelle opere di Giovanni Targioni Tozzetti [1] che mise in ordine nella pubblica biblioteca Magliabechiana appunto una raccolta di libri stampati nel secolo XV. Il Targioni Tozzetti descrive in dettaglio quello che egli ritiene sia stato il primo libro stampato in Firenze contenente il commento di Servio Onorato Mauro alle Bucoliche e Georgiche. Lo stampatore di questo libro fu Bernardo Cennini (1415-1498?), orafo e tipografo fiorentino, coadiuvato dai figli Pietro e Domenico. Viene considerato da alcuni come l'emulo del Gutenberg, perché quando ebbe sentore che in Germania si era scoperto il modo di fondere ed imprimere i caratteri, aiutato dai suoi figli, incominciò a fare dei tentativi e finalmente venne a capo di fare i punzoni di acciaio, coniare le matrici, fondere i caratteri ed imprimerli.

Sempre secondo il Targioni Tozzetti la seconda stamperia, dopo quella del Cennini, fu presso il convento di S. Jacopo di Ripoli. Enumera quindi il Targioni ben altre dodici stamperie aperte in Firenze e non esclude che altre ve ne siano state a lui sconosciute, concludendo con il ritenere che al paragone delle altre città ben più grandi ed importanti nelle quali fu introdotta la stampa nella seconda metà del secolo XV, Firenze occupava una posizione veramente ragguardevole. Cita il Targioni Tozzetti alcune delle opere stampate nelle suddette stamperie, così ricorda che in una furono nell'anno 1488 per la prima volta stampate con grande magnificenza le opere di Omero in greco, in ottima carta, bel sesto e buonissimi caratteri a spese di Bernardo e Neri de' Nerli, cittadini fiorentini.

Nel resto della Toscana sorsero pure stamperie, così una nel territorio di Pescia a causa della opportunità di usufruire delle cartiere che ivi erano sorte, un'altra nella località di Colle Val d'Elsa, ove pure da tempo esistevano cartiere. In Pisa, dopo il ristabili-

---

[1] Vedi *op. cit.* nella Bibliografia N. 110, pag. 64.

mento dell'Università per opera di Lorenzo il Magnifico, vi era una stamperia dalla quale uscì il trattato di Marsilio Ficino *De religione christiana, Impresso in Pisa per Ser Lorenzo e Ser Agnolo fiorentini, del mese di Giugno a dì II MCCCCLXXXIIII.*

Le Università. - Durante la Signoria medicea lo Studio senese, stabilitosi su solide basi, continuò a prosperare, specialmente dopo che Enea Silvio Piccolomini, allora papa Pio II, lo ebbe arricchito di nuovi privilegi e gli ebbe concesso prerogative delle quali godeva lo Studio di Roma. Il suo cospicuo patrimonio era amministrato da quattro *Savi*, eletti dal Consiglio Generale della Città, che esercitava sullo Studio una rigorosa tutela.

Merita ricordare che dal 1467 al 1470 vi fu lettore di leggi Francesco Accolti, detto Francesco l'Aretino, segretario eruditissimo della Repubblica fiorentina che morì in Arezzo nel 1472. Si ritiene, ma non con sicurezza, che sia stato lettore a Siena il celebre naturalista e medico senese Pietro Andrea Mattioli che visse in parte nella seconda metà del periodo della Signoria medicea ed in parte sotto il governo di Cosimo I.

Anche lo Studio pisano corse il pericolo di non sopravvivere alla libertà del Comune, caduto sotto la dominazione fiorentina; se non che Lorenzo de' Medici, volendo migliorare lo stato di Pisa, lo richiamò a nuova vita nel 1473. Già nel 1472 egli l'aveva ristabilito a Pisa da Pistoia ove era stato trasferito nel 1406 in seguito alla peste che infieriva nel pisano [1]. Molti insegnamenti furono trasferiti a Pisa da Firenze; speciali magistrati, gli *Ufficiali dello Studio fiorentino e pisano*, curavano la disciplina. Ottenne il Magnifico da Sisto IV di imporre una tassa sui patrimoni ecclesiastici a benefizio della Università, la quale ebbe statuti propri, mentre fino ad allora era stata retta insieme allo Studio fiorentino.

L'ordinamento dell'Università non differiva da quello delle altre: il Vescovo aveva il grado di Cancelliere e conferiva i gradi accademici: vi era un provveditore che si occupava della parte economica; il Rettore era uno scolaro eletto dagli scolari e non doveva essere né fiorentino né pisano e ad esso era attribuita la giurisdi-

[1] Fabrucius Steph., *Opusculum 6.*

zione civile e penale, coadiuvato da un consiglio composto di scolari eletti secondo la nazione alla quale essi appartenevano. Si ebbero fino a 18 nazioni di studenti compresi quelli che venivano dalle varie parti d'Italia.

A causa del numero e dei privilegi degli studenti lo Studio era turbato da frequenti disordini, ma questi non lo danneggiavano quanto la peste e gli sfavorevoli eventi politici. La peste comparve più volte in Pisa dal 1479 al 1486 per cui lo Studio venne trasferito a Pistoia, a Prato ed in altre sedi fino a che Pisa non lo riebbe nel 1486. Sopravvennero i tempi turbolenti di Carlo VIII ed i Pisani, ritenuto il momento favorevole per il recupero della libertà, si ribellarono a Firenze. La guerra che ne seguì disperse la Scuola, gli insegnamenti furono nel 1497 in parte aboliti, in parte trasferiti a Firenze. Nel 1505 lo Studio pisano venne chiuso per essere ripristinato nel 1515, dopo il ristabilimento della Signoria medicea.

Un carattere generale degli Studi corrispondente al nuovo indirizzo promosso dagli Umanisti e dai Medici protetto, fu che gli insegnanti dello Studio pisano si allontanavano, per quanto era possibile, dai sistemi scolastici, dialettici, allora dominanti. Ciò non accadeva in ugual grado in tutte le discipline, ma la suddetta tendenza si manifestava in tutte, e così nella teologia stessa, tra i cui maestri raggiunse fama maggiore Giorgio Benigni Salviati.

La tenacia degli antichi sistemi era assai forte nelle discipline giuridiche che costituivano la parte più importante dello Studio coferendogli celebrità ed affluenza di scolari. Abbondavano i canonisti, mentre scarseggiavano i civilisti, interpreti del diritto romano. Furono giureconsulti di grande nome, tra gli altri, Gian Paolo Lancilotti, perugino, Filippo Decio di Milano, Pietro e Francesco Accolti, aretini, Giasone del Maino di Pesaro, Bartolommeo e Mariano il giovane, senesi.

Nella filosofia, non ben nettamente specializzata, perché talvolta congiunta alla teologia ed alla matematica, ed altre volte alle scienze fisiche ed alla medicina, tenevano ancora il campo il sistema scolastico ed il culto di Aristotele. Per lo più gli insegnanti derivavano dagli ordini religiosi e per quanto il Magnifico cercasse i migliori, come Uliviero da Siena ed altri, tuttavia questo ramo di studi aspettava che sorgesse l'astro galileiano.

Per cura del governo fiorentino Pisa ebbe illustri insegnanti in questo tempo nella medicina e così, tra gli altri: Alessandro Sermoneta, Albertino da Cremona, Giovanni dall'Aquila, Stefano da Milano, ma soprattutto Pietro Leoni di Spoleto, elogiato dai contemporanei, come da Marsilio Ficino, dal Sannazzaro, dal Giovio. Questo medico era conteso dalle Università italiane e perciò lasciò Pisa per Padova per ritornare poi a Firenze per curare la malattia di Lorenzo de' Medici; ma questi morì e morì anche il medico, annegato nel pozzo della Villa medicea, il come si ignora. Altro celebre insegnante fu Cristoforo Pieri che dovette lasciare Pisa quando si scoprì che aveva preso parte alla ribellione contro Firenze del 1516: vi fu però richiamato. Questi medici insegnavano generalmente medicina teorica: quella pratica, come anche la chirurgia e l'anatomia erano tanto trascurate che gli insegnamenti rimanevano spesso vacanti.

Tutte rivolte verso l'indirizzo segnato dall'Umanesimo erano naturalmente le facoltà letterarie e ne era centro la Corte medicea. Quantunque i letterati più noti preferissero rimanere a Firenze presso il principe protettore, questo poté mandare ad insegnare a Pisa poeti, oratori, grecisti e latinisti di grande fama. Si ricordano tra gli altri Bartolommeo di Pratovecchio che fu maestro di Giulio de' Medici, poi Clemente VII, Lorenzo Lippi, discepolo di Marsilio Ficino, autore di opere poetiche molto lodate; Andrea Dati, peritissimo nella letteratura greca, Mariano Tucci, latinista di vaglia.

Una non grave pestilenza, ma di lunga durata, abbattutasi sulla città di Firenze, costrinse la Repubblica a chiudere lo Studio che venne riaperto nel 1439. Papa Eugenio IV, nel lungo tempo in cui dimorò a Firenze, specialmente quando si svolse il Concilio per la riunione delle due chiese, era venuto a conoscenza dei diversi abusi che si commettevano nella Facoltà teologica; a questi abusi egli pose termine con una bolla spedita a Bartolommeo Zabadella che fu arcivescovo di Firenze tra il 1440 ed il 1445, con la quale si disciplinava il dottorato in teologia.

Il canonico Bandini pubblicò [1] un elenco estratto dal Tomo VIII degli annali della Società Colombaria di quarantadue professori che

---

[1] A. M. Bandini, *Specimen literaturae florentinae saec. XI,* Florentiae, 1747, Vol. I, pag. 180.

nel 1451 leggevano nello Studio fiorentino. Nel 1456, e secondo alcuni anche prima, lo Studio fece il grande acquisto di Giovanni Argiropulo di Costantinopoli. A questo proposito così si esprime Niccolò Machiavelli:

« Fu Cosimo degli Uomini letterati amatore ed esaltatore, e perciò condusse in Firenze l'Argiropulo, uomo di nazione greca, ed in quel tempo letteratissimo, acciocché da quello la gioventù fiorentina la lingua greca e le altre sue dottrine potesse apprendere ».

Nell'anno successivo i Fiorentini nominarono a leggere nello Studio oratoria e poetica Cristoforo Landino di Pratovecchio del quale disse Giovanni Cinelli Calvoli nella *Toscana letterata* che si trovava inedita nella Biblioteca Magliabechiana:

« Fu di tutte le arti liberali perfettamente istruito, della filosofia e delle altre scienze coltivatore ed amatore diligentissimo, sublime nel dire, grave nelle sentenze, d'ingegno perspicacissimo, esquisito nell'invenzione, curioso nel comporre, e finalmente per riparatore delle lettere si può dire al mondo perfetto ».

Anche Marsilio Ficino divenne dopo non molto professore nello Studio fiorentino: di lui parleremo diffusamente a proposito della istituzione della Accademia Platonica.

Con Decreto del 19 dicembre 1472 venne ripristinato lo Studio pisano che venne aperto nel 1473, il che avrebbe certo nociuto allo sviluppo dello Studio fiorentino se il Magnifico non evesse procurato di attenuare il danno che ne veniva allo Studio fiorentino nel quale si sarebbero dovute insegnare le lettere umane soltanto, con il dare la qualifica di « Ufficiali dello Studio fiorentino e pisano » a coloro che dovevano sopraintendere ai due Studi. L'insegnamento delle lettere umane ascese subito dopo a maggiore altezza essendovi stato nominato nel 1475 a leggere filosofia morale e lettere greche Demetrio Calcondila, ateniese, versatissimo anche nella letteratura latina.

Cessate le conseguenze della congiura ordita contro i Medici dalla famiglia Pazzi nel 1478, Lorenzo, ispirato dal desiderio di giovare nel maggior modo allo Studio fiorentino, accedendo al desiderio del Filelfo che voleva ritornare a Firenze, gli fece revocare la sentenza di esilio, destinandolo allo Studio fiorentino nel luglio 1481, se non che il Filelfo venne a morte l'ultimo giorno di quello stesso mese e fu sostituito da Bartolommeo Fonte, fiorentino, che aveva dato prove di eccellere nelle lettere. Il comportamento di Lorenzo verso il Filelfo porta a mettere in dubbio che questi si fosse comportato contro Cosimo il Vecchio più che come semplicemente avversario.

Ma eccoci arrivati all'epoca più gloriosa dello Studio fiorentino. Grandissima fu la fama che questo acquistò quando nel 1483 fu destinato a professore di lettere umane Agnolo Poliziano, per cui non solo dall'Italia, ma da vari paesi di Europa, giovani studiosi affluivano a Firenze per studiare sotto la guida di un maestro così illustre, al quale facevano degna corona il Calcondila, il Landino ed il Fonte.

Il giorno 9 aprile 1492 cessò di vivere Lorenzo il Magnifico di soli 44 anni e l'amore che egli poneva nel proteggere le lettere risultò manifesto anche nelle ultime parole che egli disse a Pico della Mirandola ed al Poliziano che gli erano vicini lamentandosi che la morte non avesse atteso che egli avesse posto termine alla sua biblioteca.

Sotto il disgraziato governo di Pietro de' Medici non decadde però lo Studio troppo dalla sua fama con la nomina fatta il 2 ottobre 1492, subito dopo la morte di Lorenzo, di Giovanni di Giorgio Lascaris a leggere lettere greche e filosofia morale e di Guarino di Jacopo di Camerino ad insegnare eloquenza latina. Lo Studio ebbe però la disgrazia di perdere poco dopo il suo principale ornamento e motivo di fama per l'avvenuta morte del Poliziano il 24 settembre 1494.

Il 17 novembre 1494 Carlo VIII entrava in Firenze dopo l'ignominiosa fuga di Pietro che al monarca francese aveva consegnato le più importanti fortezze della Repubblica, un fatto questo che però, come abbiamo narrato, può essere diversamente giudicato. Un tale stato di cose non poteva non ripercuotersi che sfavorevolmente sullo Studio ed un segno eloquente se ne ebbe per l'abbandono del Lascaris che volle seguire quel monarca, forse, come osserva il Prezziner, per non essere più testimone della decadenza medicea. Al Guarino venne in tale occasione addossato il peso anche della lingua greca.

La venuta di Carlo VIII favorì la ribellione delle città, tra le quali Pisa, che erano state assoggettate, per cui Firenze venne a trovarsi impegnata in guerre, ciò che non poteva favorire lo sviluppo degli studi. Tuttavia quando lo Studio pisano si trasferì in Firenze nel 1497, mentre Firenze acquistava da Pisa le cattedre scientifiche, Pisa ritrovò in Firenze le cattedre di lettere delle quali era mancante e che si mantenevano assai floride per il contributo arrecato dagli accademici della Platonica, la quale, dopo la morte di Lorenzo, aveva trovato in Bernardo Rucellai uno splendido protettore. L'apertura del doppio Studio venne solennemente inaugurata nella cattedrale fiorentina.

I nomi dei professori che vennero a leggere a Firenze in quel 1497 sono stati celebrati da illustri biografi tra i quali il Fabroni ed il Fabrucci. Nell'anno 1500 Fra Luca Pacioli, minore conventuale, uomo di grande ingegno ed uno dei più illustri matematici del tempo, venne ad insegnare nello Studio e vi rimase per cinque anni.

Nel 1505 lo Studio pisano venne a cessare in Firenze in cui non rimasero che le abituali cattedre di lettere umane ed una di filosofia. Non vi furono pertanto eventi notevoli fino all'anno 1515 nel quale venne riaperta la cattedra di astrologia che fu affidata a Francesco Sirigatti, un fatto questo in armonia con le idee del tempo di avere in certi casi i reggitori di governi bisogno di astrologi per consultarli circa le loro decisioni. Sempre nel 1515 ed in data 31 gennaio è il Breve del pontefice Leone X all'arcivescovo di Firenze, cardinale Giulio de' Medici, che poi divenne papa con il nome di Clemente VII, con il quale si concedevano nuovamente all'arcivescovo fiorentino *pro tempore* tutti i privilegi che aveva in forza del Diploma dell'Imperatore Carlo IV, dato in Praga, di poter conferire i gradi accademici in teologia, in legge civile e canonica, in medicina ed arti. Tra i molti illustri professori che lo Studio aveva in quel tempo leggeva umanità Jacopo Cattani da Diacceto il quale, come narra l'Ammirato citato da Prezziner [1], ordì una congiura contro il cardinale Giulio de' Medici, che era allora a capo della Repubblica; se non che, essendo stata la congiura sventata, fu giustiziato il 7 giugno 1522. Questo evento segnava anche la fine della Accademia Platonica, come narreremo.

Il danno subito dallo Studio per la perdita del Cattani fu compensato con l'acquisto di Pietro Alcionio, veneziano, dottissimo nella lingua greca ed in quella latina, il quale però, non avendo ottenuto

[1] Vedi *op. cit.* nella Bibliografia N. 84, T. I, pag. 121.

dai reggitori della Repubblica il permesso di recarsi presso Giulio de' Medici che nel 1523 era stato innalzato al Pontificato con il nome di Clemente VII, se ne fuggì nel dicembre per cercare in Roma quella fortuna che poi non gli arrise.

Nel 1526 grande lustro venne allo Studio per l'acquisto del filosofo Francesco Verino e dell'umanista Antonio da Traeto, che con altri furono confermati dal Duca Alessandro.

Dei vari Collegi annessi allo Studio quello teologico fu il più prospero e poco risentì delle alterne vicende dello Studio per tutto il periodo della Signoria medicea che si chiuse nel 1537 con l'assassinio del Duca Alessandro per opera di Lorenzino de' Medici, mentre gli altri Collegi, il canonista, il giuridico, il medico e quello delle arti subirono fortissimamente le vicende dei tempi.

La banca Medici. - Da una lettura del Sapori [1], riportiamo che da una portata al catasto del 1458 risulta che Cosimo, titolare di un « banco grosso » fiorentino, partecipava alle filiali di Milano, Venezia, Roma, Bruges, Londra, Ginevra poi trasferita a Lione, svolgendo operazioni in tutti gli altri centri di mercato e per mezzo di viaggiatori od appoggiandosi ad altre compagnie che fungevano da rappresentanti. Gli oggetti del traffico erano della specie più svariata: stoffe, spezie, frutta, olio, argenterie, oggetti d'arte; vi erano poi due grandi imprese: l'acquisto di tre galee che Filippo il Buono aveva fatto costruire nell'arsenale di Pisa in vista di una Crociata che non fu fatta e lo sfruttamento dell'allume trovato a Tolfa, in territorio pontificio.

Cosimo che aveva ereditato dal padre una azienda assai estesa la ampliò con prudenza ed evitò di fare affari con nobili, re, alti prelati e funzionari, edotto dall'esperienza dei Bardi e dei Peruzzi.

Piero incominciò a cedere facendo dei prestiti a Carlo il Temerario, ma sempre entro certi limiti. Invece Lorenzo, più implicato nelle cure politiche, sollecitato dalla passione umanistica ad occuparsi più dei codici che delle cifre, fu portato a considerare l'azienda come elemento del giuoco politico, oltrepassando i limiti delle disponibilità economiche.

---

[1] A. Sapori, *I secoli d'oro dei mercanti di Firenze.* Sta in *Il Trecento* (Libera cattedra di storia della civiltà fiorentina), Firenze, Sansoni, 1950.

Nel 1478 ci fu la liquidazione della succursale di Bruges e poi di Londra: contemporaneamente vi fu la congiura dei Pazzi, dopo la quale rimasero in piedi, all'estero l'azienda di Lione ed in Italia quelle di Firenze, di Roma e di Milano. I Medici avevano favorito contemporaneamente principi avversari; per non ripetere l'errore che fu commesso anche dai Bardi e dai Peruzzi, Lorenzo si schierò con Luigi XI, ma a condizioni molto dure.

Nel 1494 quando Pietro di Lorenzo fu cacciato da Firenze e furono sequestrati tutti i beni dei Medici, nulla rimase di quanto era stato in possesso delle aziende dei Medici del ramo di Giovanni di Bicci.

L'Accademia Platonica. - Abbiamo già narrato, nella storia del governo di Cosimo il Vecchio, come in occasione del Concilio del 1439 venisse a Firenze Gemisto Pletone, uomo eruditissimo, sostenitore di un sistema filosofico-religioso che era una negazione del Cristianesimo. A causa però della opposizione del clero e degli Umanisti non poté divulgare le proprie dottrine che in via indiretta, cercando di scalzare l'autorità di Aristotele che dominava incontrastata nelle menti dell'Occidente, per sostituirla con quella di Platone, del quale le sue dottrine erano una emanazione.

L'erudizione e l'eloquenza di Gemisto Pletone esercitarono una grande influenza per cui in breve si costituì un forte gruppo di ammiratori tra i quali Cosimo il Vecchio, il quale, assistendo alle dispute di Gemisto, preso da grande entusiasmo, concepì, come abbiamo narrato, l'idea di fondare una accademia sul tipo di quella platonica. Un tale progetto non fu potuto in quel tempo essere realizzato e ciò per varie cause: perché Gemisto aveva urtato la suscettibilità dell'ambiente fiorentino devoto ad Aristotele, attaccandolo per sviluppare le idee platoniche; perché, a causa delle continue guerre e perturbazioni politiche avvenute dopo la partenza di Gemisto, non esistevano le condizioni adatte per la sua istituzione; per l'ostacolo opposto dalla intransigenza religiosa di Antonino, vescovo di Firenze dal 1445 al 1459, anno della sua morte; infine perché in quel periodo agitato lo Studio fiorentino non aveva docenti di vaglia, essendo alcuni deceduti, altri impiegati in ambascerie e pubbliche cariche.

Nel 1456 la cattedra di greco e filosofia venne affidata a Giovanni Argiropulo di Costantinopoli, uomo eruditissimo, intorno al quale si raccolsero molti giovani aristotelici costituenti il *Chorus Academiae Florentinae*. Per quanto dalla cattedra del pubblico Studio l'Argiropulo spiegasse Aristotele, sia nelle private riunioni, che nel *Chorus Academiae Florentinae*, seguiva la tendenza del cardinale Bessarione, dottissimo uomo di Chiesa che, come vescovo di Nicea, era venuto con Gemisto a Firenze in occasione del Concilio. Questa tendenza consisteva nel conciliare il pensiero del Peripato con quello dell'Accademia, attenuando le apparenti contraddizioni. Il *Chorus* si recava la domenica in corpo presso Cosimo, per discutere qualche questione filosofica e grande era il diletto che Cosimo ne provava.

Il germe dell'idea di fondare in Firenze una accademia di tipo platonico, che già un ventennio prima si era insediato nella mente di Cosimo, prese sviluppo in seguito alla forte propaganda che l'Argiropulo faceva delle teorie platoniche, sviluppo favorito dal fatto che essendo Marsilio Ficino figlio di Ficino, medico di Cosimo, pure caldo ammiratore di Platone, parve a Cosimo la persona più di ogni altra adatta per sviluppare le dottrine platoniche. Con questo scopo Cosimo indusse Marsilio Ficino a perfezionarsi nella lingua greca e nella filosofia platonica e neoplatonica e gli procurò le opere di questa filosofia. Gli donò inoltre Cosimo una casetta situata sull'altura di Montevecchio nel Popolo S. Piero a Careggi, di fronte alla splendida villa che Cosimo si era fatta costruire da Michelozzo e che venne chiamata *Academia* seguendo l'uso dei letterati del tempo di chiamare così le loro villette. Alla casetta era annesso un poderetto « di tanta entrata — dice Vespasiano da Bistici — che egli potesse vivere lui con dua compagni al più ». Gli alberi della circostante pineta di Montevecchio ricordavano i platani dell'Accademia e le limpide acque del Terzolle le placide correnti del Cefisio.

Come poi sui muri dell'Accademia Platonica vi erano delle iscrizioni che concisamente esprimevano la natura della Scuola ed il suo scopo, così sulle quattro pareti della stanza che serviva al Ficino di studio, scuola e luogo di riunione, erano scritti i seguenti detti, riassumenti il ritratto ideale del filosofo: *A bono in bonum omnia dirigentur-Laetus in praesens, neque censum existimes, neque appetas dignitatem-Fuge excessum, fuge negotia, laetus in praesens.* Inoltre il Ficino su una delle pareti fece dipingere il globo terrestre

UGOLINO DA MONTECATINI

LUCA PACIOLI

con Democrito da una parte che ride ed Eraclito dall'altra che piange, perché il riso di un filosofo e la commiserazione di un altro ben si attagliano a chi non seguisse le massime scritte sulle pareti.

In quella dolce solitudine della sua casetta campestre il Ficino non solo si famigliarizzava sempre più con le opere, ma anche con i pensieri più remoti di Platone del quale seguiva la maniera di insegnare non che quella di una vita sobria e morigerata. Ecco così risorta presso a poco l'Accademia che Platone aveva istituito nel suburbio di Atene. In essa il Ficino conversava e disputava come *Princeps Academiae* con i frequentatori che erano gli *Academici*, costituenti come *Frates in Platone* l'*Academica Familia* della quale il Ficino era *Pater Platonicae Familiae*. Gli accademici poi si salutavano con le parole *Salus in Platone*. Si deve ritenere che questa accademia non fosse istituita prima del 1459 in Careggi, da cui il suo nome di *Academia Careggiana*; fu anche chiamata *Ficiniana*, *Cosimesca*.

La villa di Careggi era la dimora che il Ficino prediligeva. Il Ficino aveva una casa anche in città, ma amava la vita di campagna che consigliava ai letterati i quali, quando non hanno la mente occupata nei loro studi, nella solitudine cadono facilmente, come accadeva anche al Ficino, nella malinconia. Molto rassomigliava il Ficino a Platone, oltre che nella facile tristezza accentuata dalla solitudine, della quale abbiamo parlato, nella piacevolezza del conversare, nella castità, nella sobrietà e nel disprezzo della ricchezza. Per questa rassomiglianza di temperamento e per lo studio che il Ficino faceva non solo nel modo di filosofare, ma anche nella vita esteriore, era considerato come *alter Plato*.

Ammiratori del Ficino, eruditi, si recavano a trovarlo nella sua villa di S. Piero a Careggi: si incominciava a conversare per poi passare a discutere per mezzo di domande e risposte alla maniera socratica ed i convegni si svolgevano senza regolarità, senza sedute plenarie. Il maestro insegnava le più recondite teorie del sistema platonico, ma quando l'esposizione di esse aveva un carattere più popolare, si facevano delle letture in chiesa. Riunioni avevano luogo anche nel Palazzo mediceo, o nel convento di Camaldoli, luogo di villeggiatura preferito dagli eruditi, o nella villa medicea di Careggi. La vita accademica si completava poi con le letture che si scambiavano gli accademici e con i simposi filosofici.

I banchetti eruditi erano divenuti consuetudine frequente nella vita della Rinascenza. Così il Ficino sentì il bisogno di rimettere in uso l'antica consuetudine dell'Accademia di celebrare con un banchetto la ricorrenza della nascita di Platone, che questi festeggiava appunto il 13 novembre, giorno della sua nascita. Questi banchetti dovevano essere causa di piacere in armonia con la sobrietà platonica e seguire particolari regole: i convitati non dovevano essere meno di tre, né più di nove (numero delle Muse); le vivande dovevano essere prevalentemente rappresentate da cereali, legumi e frutta, senza intingoli; i vini dovevano essere leggeri; le discussioni andavano tenute a digiuno; al termine del convito si cantavano sulla lira versi di Omero, di Esiodo e di altri poeti greci; dopo il convito non ci si doveva sentire oppressi per aver troppo mangiato e bevuto. Il Ficino considerava il convito come il diletto più completo concesso all'uomo.

Un 13 novembre nella medicea Villa di Careggi, in tutta prossimità dell'Accademia venne pure rimesso in uso il simposio platonico. Tolte le mense, il Rettore Bernardo Nuzi, dopo aver letto l'orazione del *Simposio* di Platone, invitò i commensali a commentarla estemporaneamente. Nell'epistolario del Ficino ritroviamo ricordato anche il simposio che la famiglia medicea teneva nella ricorrenza dei Santi Cosma e Damiano. La consuetudine dei simposi pare che si sia arrestata nell'anno 1475, mentre l'attività dell'Accademia pare che si sia protratta ancora per molto tempo.

Per essere ammessi all'Accademia bisognava essere persone di cultura, buone ed oneste, non occorreva essere filosofi professionali, i quali erano pochi, non potendo essere che i professori del pubblico Studio. Non occorreva neppure che gli accademici fossero platonici il che si accordava con la distinzione che il Ficino faceva tra un aristotelismo da respingere perché traviato, specialmente dalle scuole arabe, ed una aristotelismo genuino che doveva essere seguito. Così tra i frequentatori dell'Accademia vi erano persone di diversissima cultura: uomini politici, giureconsulti, poeti, medici, musicisti. In una lettera del Ficino a Martino Uranio è contenuto il nome di molti accademici tra i quali: Pico della Mirandola, Cristoforo Landino, Giovanni Cavalcanti, Filippo Valori, Leon Battista Alberti, Francesco Bandini, Antonio Agli, Cristoforo e Carlo Marsuppini, figli di Carlo, detto l'Aretino, Bernardo Rucellai, Fra Paolo Attavanti. Cosimo interveniva spesso alle adunanze platoniche e si interessava alla attività del Ficino, così alla traduzione dei dialoghi platonici che il Ficino aveva intrapreso. Si era ancora in un periodo di transizione tra le due grandi correnti del pensiero filosofico antico che però non doveva tardare a manifestarsi con il trionfo del platonismo.

Il 1° agosto 1464 morì il grande protettore del Ficino il quale ci fa sapere che se la patria e l'Accademia piangevano amaramente la perdita di Cosimo, questi aveva trasmesso nel figlio Piero lo stesso amore per l'Accademia che trovò in questo il suo più sicuro rifugio ed il più valido appoggio. Ma il principale impulso al platonismo venne dal Magnifico il quale successe nel primato della città al padre mancato ai vivi nel dicembre 1469. L'amicizia e la protezione che egli concesse al Ficino richiamarono sempre più su di lui la considerazione universale. Come prima si studiava Aristotele, ora tutti studiavano Platone e l'Accademia del Ficino era frequentata come non mai.

Il trionfo del platonismo non tardò ad estendersi fino ad invadere lo Studio, la cittadella dell'aristotelismo. L'Argiropulo, dopo circa 15 anni di insegnamento, nel 1471, lasciava Firenze e fu sostituito per breve tempo da Andronico Callisto, aristotelico, che nel 1475 era alla sua volta sostituito come professore di greco da Demetrio Calcondila, che era invece convinto seguace dell'Accademia, la quale aveva anche nello Studio come strenuo propugnatore Cristoforo Landino.

Ma ecco il neoplatonismo non soddisfare più, come religione, la mente e l'anima del Ficino che, ispirandosi all'esempio di S. Agostino ed alle sue opere, si decise di abbracciare lealmente il Cristianesimo fino a farsi prete nel 1473, senza però rigettare completamente i filosofemi del sistema fino ad allora seguito. La congiura dei Pazzi (1478) non che le guerre e le carestie che le tennero dietro fino al successo nel 1480 di Lorenzo, quando riuscì a distaccare il re di Napoli dalla coalizione nemica, allontanarono il Ficino dalla professione di filosofo, attratto com'era dalla politica nella quale operò con la penna in favore della patria.

La morte del Magnifico nel 1492 non determinò lo scioglimento dell'Accademia, la quale dopo la morte del Ficino nel 1499 aveva trovato un valido appoggio in Francesco Zanobi Cattani da Diacceto, il Giovane, che occupò la cattedra di etica filosofica nel 1502. Questi assunse la direzione delle adunanze, che poterono attuarsi con successo in grazia della munificenza di Bernardo Rucellai il quale aprì agli accademici la sua casa ed i magnifici Orti Oricellari, più anticamente detti « la Selva », compresi tra le vie della Scala, degli Orti Oricellari e del Prato, ornandoli di statue antiche, salvate all'epoca del saccheggio del Palazzo dei Medici. Di questi Orti ci ha lasciato un'ampia descrizione il Passerini [1].

Se non che la politica prese il sopravvento sulle speculazioni metafisiche e sull'idealismo platonico fino al punto che nel 1522 Jacopo Cattani da Diacceto, lettore di umanità nello Studio, si pose a capo di una congiura contro il cardinale Giulio de' Medici, che poi divenne Clemente VII, il quale allora era alla testa del governo della Repubblica. Altri congiurati erano Luigi Alamanni, il celebre poeta, un altro Luigi Alamanni, Antonio Brucioli, Zanobi Buondelmonti. La congiura venne scoperta: Luigi Alamanni si pose in salvo riparando in Francia ove fu accolto con onori da Francesco I che lo mandò ambasciatore presso Carlo V; altri congiurati si salvarono con la fuga, ma l'altro Luigi Alamanni e Jacopo Cattani da Diacceto ebbero mozzo il capo il 7 giugno 1522. Ebbe così in questo anno fine l'Accademia Ficiniana: dopo il tragico epilogo della congiura anche quegli accademici sui quali non poteva cadere alcun sospetto evitarono di riunirsi e così il sodalizio andò disperso né poté più ricostituirsi.

3. Matematica. - Dopo il Fibonacci, Luca Pacioli, o Paccioli (ca. 1445-1509) di Borgo S. Sepolcro, quindi chiamato *Paciolus de Burgo*, dell'ordine dei minori, è il matematico toscano più importante del periodo della Signoria medicea. Insegnò a Napoli, a Roma, a Venezia, a Firenze. Scrisse una *Summa de arithmetica et geometrica* (1494) nella quale sono trattate le equazioni algebriche e la mirabile opera, *Divina proportione, opera a tutti gli ingegni perspicaci e curiosi necessaria* (1503) in cui tratta della sezione aurea di un segmento e che contiene figure di Leonardo da Vinci. Nella *Summa de arithmetica et geometrica* sono contenute anche nozioni dell'*Arte di tenere un libro di ragioni in doppia scrittura* per cui il Pacioli può considerarsi il fondatore della contabilità moderna.

---

[1] L. Passerini, *Degli Orti Oricellari, Memorie storiche,* Firenze, 1854.

Tra i matematici minori di questo periodo storico merita di essere ricordato Antonio Manetti (1423-1497), fiorentino, che era anche astronomo, ma che però è più noto perché gli viene attribuita da alcuni la famosa *Novella del Grasso Legnaiolo*, nomignolo con il quale si chiamava Manetto Ammannatini (1384-1450) intagliatore ed architetto fiorentino, che divenne appunto celebre per quella novella.

Sarebbe ingiusto non annoverare tra i matematici Leon Battista Alberti, del quale abbiamo già parlato come letterato e come architetto, non che come teorico dell'architettura. Infatti nella sua opera *De re aedificatoria* le regole dell'architettura che vi sono stabilite implicano nozioni matematiche. Ecco che così la figura di Leon Battista Alberti appare degna di essere considerata come precorritrice di quella di Leonardo, per la molteplicità dei talenti. Leon Battista Alberti fu ritenuto anche inventore della camera oscura, un merito ordinariamente attribuito al Porta del secolo seguente, come pure di uno scandaglio per le grandi profondità. Ebbe anche straordinarie qualità di carattere, incurante delle ricchezze, saldo nelle amicizie, facile a correggere le sue opere, pensatore taciturno, ma anche ottimo parlatore, se era necessario.

4. Navigatori fiorentini. - Firenze ebbe l'onore di dare in questo periodo storico i natali a due celebri navigatori e scopritori di nuove terre: Amerigo Vespucci e Giovanni da Verrazano.

Amerigo Vespucci (1454-1512), nacque in Firenze, da nobile famiglia, fu istruito nella grammatica da Giorgio Antonio Vespucci, suo zio, frate nel convento di S. Marco, e fu condiscepolo di Piero Soderini, Gonfaloniere della Repubblica; in giovane età entrò nella casa commerciale di Pier Francesco de' Medici; recatosi a Siviglia nel 1492 ebbe occasione di venire in contatto con Cristoforo Colombo a causa dell'incarico avuto di armare la terza spedizione di Colombo. Giunta nel 1498 la relazione e le carte delle nuove scoperte di Colombo, l'avventuriero A. de Ojeda, fu incaricato da Ferdinando il Cattolico, re di Aragona, geloso del prestigio di Colombo, di armare una flotta per proseguire nelle scoperte ed il Vespucci prese parte alla spedizione. Il 18 maggio 1499 la flotta salpò da Cadice e si diresse verso le coste della Gujana francese, ove si divise in due parti: Ojedo si diresse verso il nord per esplorare le coste intraviste da Colombo, il Vespucci verso il sud fino al Rio delle Amazzoni che risalì per lungo tratto, per cui il Vespucci merita di essere considerato lo scopritore del Brasile. Ritornato nel mare fu dalle correnti costretto a volgersi verso il nord costeggiando il Venezuela e la Colombia fino a che non si ricongiunse con l'Ojedo a S. Domingo. Frattanto re Emanuele di Portogallo avendo saputo delle scoperte di Cabral più a sud del punto raggiunto dal Vespucci, inviò una spedizione per sapere se vi era continuità tra il punto raggiunto dal Vespucci dal nord e quello raggiunto dal Cabral, dandone il comando al Vespucci stesso. Questi, oltrepassato il punto prima raggiunto, proseguì verso il sud fino quasi allo stretto di Magellano. Il 22 luglio 1502 era di ritorno a Lisbona. Accadde così che mentre nel primo viaggio il Vespucci scoperse per conto della Spagna terre che in virtù dei trattati dovevano essere assegnate al Portogallo, nel secondo viaggio re Emanuele trovò inutile farlo proseguire perché ad un certo punto il deflettersi della costa stava ad indicare che le terre si sarebbero trovate ad oriente della linea di demarcazione per cui sarebbero dovute appartenere alla Spagna. Subito dopo il suo ritorno il Vespucci ritornò in Spagna di cui ottenne la cittadinanza nel 1505 insieme alla carica di *piloto mayor* che esercitò in piena attività fino alla morte avvenuta in Siviglia nel 1512.

L'opera del Vespucci fu diffamata dai detrattori dei due paesi in gara per l'acquisto delle terre. Alberto Magnaghi [1] ne attribuisce essenzialmente la causa alla persistenza con cui si insistette nel prestar fede a documenti in apparenza autentici ma falsi ed a diffidare di documenti apparentemente falsi ma autentici. Le prove migliori sono costituite dalle tre relazioni, tutte dirette al cardinale Lorenzo di Pier Francesco de' Medici e precisamente: dalla lettera del 18 luglio 1500 da Siviglia, contenente il racconto del primo viaggio conservata in due copie nella Riccardiana; dalla lettera del 4 giugno 1501 dal Capoverde, all'inizio del secondo viaggio, conservata nella Riccardiana; dalla lettera di Lisbona della fine luglio 1504, in continuazione della precedente, in due copie sincrone, una delle quali conservata nella Riccardiana.

Quanto all'origine del nome di America il cartografo tedesco Martino Waldseemüller nel pubblicare come aggiunta alla sua *Co-*

[1] Vedi *Amerigo Vespucci* in Enciclopedia Treccani, ediz. 1949.

smographiae Introductio nel 1507 la traduzione di una delle due operette a stampa attribuite al navigatore fiorentino, propose di nominare le terre da questo scoperte, cioè la massa meridionale, con il nome del suo scopritore. Di tale denominazione non si può fare al Vespucci alcuna colpa perché l'operetta apocrifa era stata pubblicata a sua insaputa. Ritiene il Magnaghi il Vespucci esperto ed audacissimo navigatore, cosmografo perito più di ogni altro del suo tempo, uomo equilibrato ed onesto.

Di Giovanni da Verrazano, da preferirsi a Verazano od a Verrazzano, esistendo una sua unica firma autografa *Janus Verrazanus*, apparteneva a famiglia fiorentina, ma se si ignorano le date esatte di nascita e di morte, lo si deve però ritenere appartenente a questo periodo storico per la data dei suoi viaggi. Navigò al servizio del re di Francia Francesco I che gli commise di prendere possesso in suo nome di tutte le terre scoperte navigando verso nord-ovest. Salpato da Madera il 17 gennaio 1524, visitò le coste atlantiche dell'America settentrionale, del Canadà e del Labrador, scoprendo il fiume al quale più tardi l'Hudson diede il suo nome ed occupando in nome del re di Francia l'isola di Terranova, già scoperta da Sebastiano Caboto. Ritornato, mandava la relazione del suo viaggio al re Francesco. Nel 1528 avrebbe eseguito un secondo viaggio dal quale non avrebbe fatto ritorno; secondo notizie non controllate sarebbe stato ucciso dagli indigeni.

La gloria del grande navigatore è costituita dal suo primo viaggio. Della relazione di questo a Francesco I esiste una copia molto scorretta (codice Magliabechiano XIII, 89); vi è poi la relazione del Ramusio [1] meno scorretta; infine vi è la copia più completa e corretta che il Verrazano aveva fatto della relazione al re di Francia e che aveva mandato, il 7 luglio 1524 al banchiere fiorentino Bonaccorso Rucellai, legato da affari a Bernardo Verrazano, parente di Giovanni, passata alla biblioteca di Paolo Giovio, amico dei Verrazano e poi ai Conti Macchi di Cellere, venuta in luce per merito di uno studioso italiano, il prof. Alessandro Bacchiani.

Ricostruendo la vita e l'opera del Verrazano in base a quanto sappiamo, ricostruzione suscettibile di ulteriori perfezionamenti, si può affermare che le esplorazioni da lui compiute sulle coste atlanti-

[1] G. B. Ramusio, *Delle Navigationi et Viaggi*, Venezia, 1550-1559.

che dell'America del Nord, bastano per fargli meritare un posto di onore tra i più arditi esploratori del suo tempo.

Nell'ottobre del 1909 fu posta una lapide commemorativa sulla facciata del palazzo che appartenne alla famiglia Da Verrazano, nella via di Firenze che porta il suo nome, palazzo situato sull'angolo di Via Ghibellina, in occasione del 5° centenario della morte.

5. L'ALCHIMIA. - La ragione principale che ostacolò il progresso delle scienze nel Medioevo fu costituita soprattutto dalla ignoranza, cui si aggiungevano il fanatismo dominante in quel tempo, l'attribuzione all'opera del demonio dei più semplici ritrovati della mente umana, i rischi di condanne che si correvano allontanandosi dalla tradizione e dalle verità dogmatiche.

Per quanto basata sull'errore bisogna riconoscere nella alchimia una forza propulsiva in quanto stimolo alla ricerca. Di origine antichissima, probabilmente egiziana, congiunta con la magia e con la astrologia fu coltivata da tutti gli antichi. Essa si proponeva la ricerca di un misterioso principio, la *pietra filosofale* (*lapis philosophorum*) per mezzo del quale sarebbe stato possibile trasformare qualunque sostanza in metallo nobile (oro, ed anche argento). Ammettevano gli alchimisti una materia elementare unica ed è facile riconoscere in questa concezione, come nella ipotesi della trasmutabilità della materia, i germi di quanto oggi la fisica moderna riesce a realizzare.

Ma vi è un altro campo nel quale l'alchimia sviluppava la sua attività, nell'arte cioè di falsificare i metalli, ben nota ai tempi di Dante che pone i falsari

> . . . . là 've la ministra
> de l'alto sire infallibil giustizia,
> punisce i falsador che qui registra.

La pietra filosofale avrebbe dovuto avere anche la virtù di prolungare la vita, di essere un *elisir di lunga vita*, la *panacea*, l'*acqua di gioventù*.

Dagli scopi veramente straordinari che l'alchimia si proponeva deriva che non deve fare meraviglia che fosse coltivata da uomini di grande valore, come Alberto Magno, Arnaldo da Villanova, Raimondo Lullo, Basilio Valentino e dai principi, come Roberto di Napoli, Ercole ed Alfonso d'Este, papa Giovanni XXII che scrisse l'*Elisir dei filosofi od arte trasmutativa dei metalli*, non che da appartenenti alla famiglia medicea come racconteremo. Con il progredire del tempo l'alchimia andò sempre più chiarificandosi, preludendo ad una scienza nuova e feconda; dal secolo XIII al secolo XVI le sue dottrine si intrecciavano, ma mentre l'alchimia perdeva sempre più di credito e di seguaci, si andava sempre più affermando la vera chimica. Paracelso, nei suoi tentativi di dare alla medicina una base sperimentale, soprattutto nel terreno chimico-farmaceutico, contribuì efficacemente a creare la suddetta distinzione.

Gli alchimisti si credevano *adepti*, predestinati da Dio a possedere il segreto della *grande opera*, i loro libri, per la maggior parte manoscritti, contenevano perifrasi incomprensibili, segni e sigle ancor meno comprensibili.

6. FARMACIA. - Le arti medica e farmaceutica nella Repubblica fiorentina erano riunite nella unica « Arte dei medici e speziali » alla quale sarebbe stato ascritto Dante. A Pisa gli speziali formavano un'arte a sé.

Ritiene Giovanni Targioni Tozzetti [1] che nel periodo delle Repubbliche non vi fossero progressi notevoli nella chimica inerente alla farmacia. Fra Teodorico dei Borgognoni, lucchese, medico a Bologna, del quale abbiamo precedentemente parlato, scrisse un trattato sulla sublimazione dell'arsenico [2].

A Firenze si pubblicò verso la fine del secolo XV il *Ricettario dei dottori delle Arti, ad istantia dei Signori Consoli della Università degli Speziali*. Saladino di Ascoli, medico pratico rinomatissimo, che visse intorno al 1450 e che fu medico del Principe di Taranto, fu indotto, come egli dice

« dall'ignoranza degli speziali i quali per la loro imperizia spesso traggono nell'infamia e nel disprezzo i dottori più famosi »

a scrivere il *Compendium aromathariorum* (1488), nel quale parla dell'esame cui dovrebbero essere sottoposti gli speziali: egli inoltre dice:

---

[1] Vedi *op. cit.* nella Bibliografia N. 110, pag. 159.

[2] M. SARTIUS, *De claris Arcigymnasi professoribus a saeculo XI usque ad saeculo XIV*, Bononiae, 1769, T.I.; T. II *cum continuatione* M. FATTORINI.

« l'officio dello speziale è di pestare, lavare, infondere, cuocere, distillare, comporre bene e i composti ben conservare ».

Sono aggiunte le qualità che deve avere uno speziale perfetto, come si deve contenere con il pubblico. Il libro di Saladino d'Ascoli è un vero trattato di materia medica e farmaceutica che per molti secoli fece testo: in esso si parla di tutti i farmaci composti, descritti nel famoso *Antidotario* di Nicola Salernitano, vi si tratta del peso e dosi dei medicamenti, del modo di fare i rimedi composti, delle piante medicinali ed anche della maniera di costituire una spezieria. Il primo ricettario fiorentino in volgare fu compilato nel 1473 e pubblicato nel 1478 dalla Compagnia del Drago. Di esso si fecero successive edizioni e venne più volte riformato.

In una notizia sullo stato di Firenze del 1438[1] si dice che la città era di centomila abitanti e che vi erano sessanta spezierie e sessanta tra medici e cerusici. Benedetto Dei nelle sue *Notizie istoriche di Firenze*[2] dice che nell'anno 1472 le botteghe di speziali erano sessantasei. Si deve però tener presente che gli speziali non erano solo farmacisti, ma anche venditori di spezie, di droghe.

Il Grassini[3] ci dà alcune interessanti notizie su alcune spezierie che sorsero in Firenze sulla fine del secolo XV e che tuttora esistono. La spezieria del Saracino (oggi Farmacia del Moro) sull'angolo di Piazza S. Giovanni con Borgo S. Lorenzo fu fondata ai tempi di Dante. Fu in essa che sotto la Presidenza dello speziale Anton Francesco Grazzini (1503 - 1583) si riunivano vari giovani amanti delle lettere; da tali riunioni ebbe origine l'« Accademia degli Umidi » per la quale lo speziale adottò come impresa una lasca che si slancia fuor d'acqua « a ghermir l'incauta farfalla » per la quale cosa il Grazzini fu poi denominato « il Lasca ». Nella attuale Farmacia del Moro vi è appunto una lapide che ricorda i sopraddetti eventi. L'Accademia degli Umidi si trasformò poi in quella della Crusca, come narreremo in dettaglio.

Quasi contemporanea della spezieria del Saracino è quella del Canto alle Rondini che ha importanza storica a causa di Ser Matteo Palmieri (1406 - 1475), speziale e letterato che fu incaricato dalla

---

[1] Mss. Magl. Classe XXV, N. CIV.
[2] Mss. Magl. Classe XXV, N. LXVI.
[3] Vedi *op. cit.* nella Bibliografia N. 50.

Repubblica fiorentina di importanti legazioni e la cui opera più notevole fu il *Trattato della vita civile* pubblicato nel 1529, in cui si immagina un dialogo nel quale si tratta del modo di governare l'infanzia, l'adolescenza e l'età matura dell'uomo nella vita privata e pubblica.

Nel 1508 fu aperta la spezieria di S. Maria Novella dei PP. Domenicani alla quale presiedeva uno speziale secolare: viene però ritenuta come data di fondazione quella del 1612, anno in cui incominciò ad essere diretta da uno speziale frate, che fu Fra Angelo Marchissi.

Dal 1527 circa datano le spezierie del Canto alle Macine e del Porcellino in Piazza S. Lorenzo e dal 1580 la spezieria o fonderia di S. Marco fondata da Fra Girolamo da Falgano.

7. Storia naturale. - Gli studi di storia naturale vennero in uso solo più tardi per cui il Targioni Tozzetti non trova nei primordi di questo periodo da segnalare che un miserabile compendio della Storia naturale di Plinio [1], scritto nel secolo XV. Ad imitazione di Plinio, Raffaele Maffei (metà del secolo XV - 1522) di Volterra e quindi denominato *Volaterranus*, nei suoi *Commentarî urbani*, trattò superficialmente, ma elegantemente tutta la storia naturale [2]. Alla storia naturale appartiene anche un poema non spregevole in ottava rima, *Dell'universo,* scritto intorno al 1504 da Ser Matteo Fortini [3]: ha il merito di essere uno dei più antichi poemi di filosofia naturale che abbia la nostra lingua ed è ricco di notizie assai curiose.

La zoologia si studiava in libri pieni di errori. Per l'ornitologia Lodovico, lucchese, scrisse un trattato *De cura accipitrum* [4]. Alla storia naturale dei pesci contribuì non poco Lorenzo Lippi di Colle Val d'Elsa, figlio di Ser Giovan Pietro; amicissimo di Marsilio Ficino, promosso dal Magnifico alla lettura di lettere umane nella Università di Pisa. Bravo grecista e poeta, da non confondersi naturalmente con l'omonimo, autore di *Il Malmantile riacquistato,* che vis-

---

[1] Mss. Magl. Classe XIV, N. XX.

[2] Vedi *op. cit.* nella Bibliografia N. 110, pag. 102.

[3] Mss. Magl. Classe VII, N. CLXXII.

[4] Vedi *op. cit.* nella nota 2 a pag. 185, pag. 457.

se in epoca molto posteriore, tradusse in esametri latini il poema di Oppiano, *Halieuticon,* cioè delle cose dei pesci, che fu stampato per la prima volta in Colle Val d'Elsa, sua patria, da Bono, francese, nel 1478; lasciò tradotto in latino anche i *Cynogetici* pure di Oppiano, i quali con gli *Halieutici* ed il testo greco furono stampati in Venezia nel 1517 con il titolo *De Piscatu et de Venatu.*

Messer Giovanni Rucellai (1475 - 1526), gentiluomo fiorentino e imparentato con la famiglia de' Medici, si assicurò una perenne fama con il poema in versi sciolti *Le Api,* composto in Roma nell'anno 1524 ma pubblicato postumo, essendo castellano di Castel S. Angelo.

Venendo alla botanica verso la fine del secolo XV od al principio del secolo XVI sarebbe stato fatto una specie di erbario che si conserva tra i manoscritti della Biblioteca Riccardiana di Firenze, contenente figure di molte piante ottenute comprimendo tra due fogli di carta rametti freschi di piante cosparsi di nerofumo. Era certamente miserabile la condizione degli erbari in Toscana in quei tempi, ma non era più felice in altri paesi, perché la botanica non si insegnava nelle scuole e si erano perduti gli esemplari degli antichi e migliori scrittori di essa. I medici, i quali avrebbero dovuto coltivarla, la trascuravano perché, essendo pochi, erano moltissimo occupati nelle cure e troppo avvezzi a giurare in *verba magistri;* contenti di studiare bene i medicamenti composti e magistrali, allora solamente nell'uso, lasciavano interamente agli speziali di manipolare i semplici; questi poi continuamente occupati nel manipolare, bisognava che si fidassero degli erbaiuoli per lo più ignoranti.

Vennero finalmente i tempi in cui si condussero a salvamento i testi greci, fra cui quello di Teofrasto *De plantis,* non che quelli di Dioscoride. Essi vennero nelle mani di vari studiosi fiorentini, uno dei quali fu il Magnifico, il quale indusse messer Marcello Adriani, figlio di messer Virgilio, noto sotto il nome di Marcello Virgilio, a tradurre Dioscoride fedelmente dal greco in latino.

Marcello fino dalla fanciullezza si era molto affezionato allo studio della storia naturale e si accorse, come dice nella prefazione al suo Dioscoride, di quanta importanza fosse il conoscere la materia medicinale; considerò che i libri che andavano per le mani degli studiosi erano pieni di errori e che nessuno meglio di Dioscoride aveva trattato questa parte del sapere, ma che d'altra parte i testi greci erano per lo più viziati dagli ignoranti copisti, mentre le traduzioni latine erano state fatte nei tempi barbarici e da testi greci già corrotti.

Se Marcello fece cosa utile per i botanici, con il tradurre ed illustrare Dioscoride, non meno benemerito fu per i medici; valendosi della nomenclatura usata dai più grandi maestri greci e valendosi della descrizione che essi avevano fatto delle malattie, spiegando il nome di esse, delle parti e funzioni del corpo umano e la composizione dei medicamenti con le parole di Celso e di Plinio, insegnò ai medici a parlare bene in latino. Da alcuno Marcello Virgilio è stato criticato per l'imperizia nell'arte medica: ma esaminando bene le cose, si vedrà che se egli non possedeva bene la pratica, era in possesso della parte teorica molto più di alcuni medici di professione.

Tanta fatica di così grande uomo non riscosse subito la meritata approvazione, ma ciò dipese dalla cattiva stampa della sua opera nel 1518 presso gli eredi di Filippo Giunti. La traduzione di Dioscoride di Giovanni Ruellio, medico nato a Soisson, anteriore di due anni a quella di Marcello prese il sopravvento soprattutto per opera di Pietro Andrea Mattioli, medico senese, del quale avremo ancora occasione di parlare, il quale nei suoi *Commenti sopra Dioscoride* si acquistò un gran posto nella botanica. Pur avendo dichiarato che la traduzione del Ruellio contiene degli errori, per cui ha dovuto correggerla, si giustifica di averla messa in credito per il fatto che per comune giudizio dei medici era preferibile a quella di Ermolao Barbaro ed a quella di Marcello Virgilio. Più savio è il giudizio di Ottone Brunfels di Magonza, ritenuto da Leonardo Fuchs, botanico tedesco di grande autorità, primo tra i botanici della Germania, il quale nella sua opera *Herbarum vivae hicones ad naturae imitationem etc.* fa grande conto dell'autorità di Marcello Virgilio e delle sue descrizioni di piante.

Due altri insigni studiosi, anch'essi non medici di professione, meritano di essere ricordati come restauratori della botanica. Uno fu Pandolfo Collenuccio, nato a Pesaro nella prima metà del secolo XV, che fu Podestà di Firenze. Nella sua dimora in questa città strinse amicizia con il Poliziano, grande amico ed ammiratore di Ermolao Barbaro. Tale amicizia, secondo il Targioni Tozzetti, fu la causa per la quale il Collenuccio fu indotto a prendere la difesa del Barbaro dalla censura che ne pubblicò nel 1491 Niccolò Leoniceno, medico vicentino. L'opera del Collenuccio ha per titolo: *Pliniana Defensio Pandolphi Collenuccii Pisauriensis adversus Nicolai Leoniceni accusationem* (Ferrara, ca. 1493). L'altro grande che si occupò di botanica fu il Poliziano, del quale abbiamo già precedentemente parlato per la sua attività nelle lettere. È presumibile che anch'egli si mettesse ad emendare ed illustrare Dioscoride, ma che ne desistesse per lasciare questa impresa tutta al suo amico Ermolao Barbaro come si ricava dalle sue lettere [1]. Un decisivo saggio della competenza del Poliziano nella botanica lo si ricava dalla controversia che egli sostenne contro Niccolò Leoniceno a favore di Plinio.

Merita mettere in luce che Leonardo, interessato alle cose della natura, si occupò anche delle proprietà delle erbe, come ci attesta il Vasari nelle *Vite*: il Borghini [2] osserva che Leonardo nelle sue pitture rappresentò con somma diligenza, piante, fiori ed animali.

Non fu alieno dagli studi di storia naturale e specialmente di botanica Pietro del Riccio de' Lotteringhi, noto comunemente sotto il nome latinizzato di Pietro Crinito. Nato circa il 1465 a Firenze, fu discepolo del Poliziano e suo successore nella cattedra di eloquenza ed amico di Pico della Mirandola. Nel suo libro *De honesta disciplina* (1504), del genere delle *Notti attiche* di Aulo Gellio ha trattato di varie utili questioni attinenti alla storia naturale. Tra gli scrittori toscani di botanica merita di essere ricordato anche Domenico di Maestro Bandino di Arezzo.

L'istituzione degli orti botanici o medici, detti *giardini dei semplici,* vale a dire luoghi ove si coltivano e si raccolgono piante originarie di diversi paesi, è stato uno dei mezzi che ha facilitato lo studio della botanica; ed appunto la Toscana si può vantare di essere stata una delle prime regioni ad avere avuto orti botanici. Marcello Virgilio, del quale abbiamo parlato, fino dal secolo XV parla di un orto di semplici annesso allo spedale di S. Maria Nuova in Firenze [3]. Egli infatti dice: *Vidimus, nos in majoris civitatis nostrae nosocomii hortis, natam plantam, quae omnibus a Dioscoride traditis notis, veram Eupatorium se ostenderet, praesertimque semine in terram declivi, et postquam aruerat vestibus haerente.*

---

[1] ANGELI POLITIANI, *Operarum T. I., Epistolarum LXII* apud Seb. Gryphium in Lugduni, 1558. Vedi T. I., pag. 17 la lettera del Poliziano ad Ermolao Barbaro.

[2] R. BORGHINI, *Il riposo o trattato della pittura,* Firenze, 1584, pag. 369.

[3] *In Dioscoridem,* L.IV, Cap. 38, pag. 232.

Pare che oltre a piante per uso farmaceutico in questi orti si coltivassero piante per l'alimentazione degli ammalati.

Quanto alla mineralogia il suo studio fu del tutto negletto in quel tempo. Fra Teodorico dei Borgognoni, lucchese, da noi ricordato tra i medici eminenti del precedente periodo scrisse un trattato *De aluminibus et salibus;* maestro Domenico di Arezzo scrisse *Fons mirabilium universi;* ne ha anche trattato in tempi più remoti Fazio degli Uberti nel *Dittamondo,* Francesco degli Stabili, noto sotto il nome di Cecco d'Ascoli, nella sua *Acerba*; Ser Zuccaro Bencivenni ha tradotto dal francese il trattato delle pietre preziose da attribuirsi, probabilmente a Martodeo, vescovo di Rennes nel secolo XII.

Qualche pratica dei metalli l'avevano i Toscani, come rileva Targioni Tozzetti; questi parla anche di minerali osservati nel Volterrano da Bastiano Guidi; a questa famiglia appartiene anche Giovanni Guidi Seniore che visse dal 1464 al 1530, il quale, benché giureconsulto di grande valore, scrisse *De mineralibus* [1].

Comunque l'interesse per i minerali non pare che si sia accentuato sotto la Signoria medicea.

8. METALLURGIA. - In questo periodo di tempo la Toscana ebbe il vanto di dare i natali a Vannuccio o Vannoccio Biringucci, nato a Siena nel 1480. Godendo della protezione di Ser Pandolfo Petrucci, sopraintese negli anni della sua gioventù alla lavorazione del ferro nelle fabbriche che il Petrucci aveva nello Stato senese, ove fece gran pratica delle miniere esistenti in questo Stato, come anche di quelle dell'Elba, e costruì una ingegnosa macchina con la quale azionava più mantici. In quel medesimo tempo si interessò anche alle miniere di allume di vetriolo (denominazione antica dei solfati di ferro e di rame) ed a quelle di zolfo nel Senese e nel Volterrano ed intraprese anche viaggi fuori della Toscana per impratichirsi della metallurgia approfittando della pratica di valenti maestri di lavori a fuoco.

Coinvolto in moti politici con la caduta della parte del Petrucci, fu cacciato ed accusato di aver falsato le leghe delle monete, ma, con il risollevarsi della sua parte, rientrato in Siena, riprese l'uf-

[1] Vedi *op. cit.* nella Bibliografia N. 108, pag. 36.

ficio che aveva dovuto abbandonare. Nel 1526 dovette ancora fuggire da Siena contro la quale combattè nella battaglia di Porta Camollia. Nel 1529 era al servizio della Repubblica fiorentina per la quale fece il famoso cannone, detto il *Liofante,* perché nella culatta era rappresentata la testa di un elefante. Nel 1538 fu chiamato a Roma da papa Paolo III come Maestro della Fonderia e Direttore della Artiglieria; in quella città fuse la campana di Castel S. Angelo ed inventò un ordigno per far muovere il solo battaglio. Non si sa esattamente quando sia morto, ma era certamente vivo nei primi mesi del 1539.

Il Biringucci è una delle più importanti figure del periodo rinascimentale: mineralogo, metallurgico, chimico e tecnico, fu uno dei più importanti instauratori del metodo sperimentale. Contemporaneo del naturalista tedesco Giorgio Bauer (1494 - 1555), detto Agricola, autore di *De re metallica,* ma anche di *De lapide philosophorum*, prese energica posizione contro i vaneggiamenti e le imposture dell'alchimia, pur riconoscendole i meriti per l'aiuto indiretto dato nel promuovere la chimica. La sua opera principale, pubblicata postuma nel 1540 a Venezia, è *De la pirotechnia, libri dieci, ove ampiamente si tratta non solo di ogni genere di miniere, ma anche quanto si ricerca intorno alla pratica di quelle cose di quella che si appartiene all'arte della fusione ovver gitto di metalli come d'ogni altra cosa simile a questa.* In questo libro si tratta delle miniere, del saggio dei metalli, della fusione dei minerali, della purificazione dell'oro e dell'argento, della fonditura delle artiglierie, campane, statue, delle polveri piriche, etc.

Uno dei più grandi assertori del valore del suddetto libro fu Bacone che ne definì l'autore con Agricola « pioniere della rivoluzione industriale ». Egli cita il *De re metallica* nel 3° libro di *De dignitate et augmentis scientiarum,* ne fa un elogio e ne riconosce l'importanza pratica. Se ne valse validamente a sostegno della sua opposizione alla filosofia non costruttiva degli antichi e della sua preferenza per una conoscenza della natura diretta ad aumentare il benessere dell'uomo. La filosofia dei fatti esercitò una irresistibile attrazione su Bacone che reagì violentemente contro la filosofia delle parole.

9. Agricoltura. - A causa della difficoltà di descrivere separatamente lo stato dell'agricoltura nel lungo periodo delle repubbliche

LEON BATTISTA ALBERTI

AMERIGO VESPUCCI

GIOVANNI DA VERRAZANO

VANNOCCIO BIRINGUCCI

ed in quello più breve della Signoria medicea, abbiamo riunito le notizie in questo capitolo, valendoci largamente di quanto ha scritto il Targioni Tozzetti, sia nelle *Notizie sulla Storia delle Scienze Fisiche in Toscana,* che nella sua *Relazione di alcuni viaggi fatti in diverse parti della Toscana per osservare le produzioni naturali e gli antichi monumenti di essa* [1]. In questa opera il Targioni Tozzetti ha associato la sua qualità di naturalista a quella di storico delle scienze.

È facile persuadersi che essendo le antiche città e castelli — per ragion di difesa — posti in luoghi montuosi ed aspri, anche i relativi territori dovevano essere di poco frutto, se si eccettuano le pianure della Maremma e della Chiana. Ma essendo la Toscana molto popolata ha dovuto mettere tutto l'impegno nell'intensificare le coltivazioni.

I Fiorentini adunque, appena stabilito il governo repubblicano, pensarono ad ampliare le terre coltivate ed a ridurle quanto mai fosse possibile fruttifere, quindi non fa meraviglia se la principale premura della Repubblica fiorentina fu quella di obbligare ognuno con l'autorità della legge a ben coltivare le proprie terre. Nel libro segnato E.E. delle Riformagioni dell'anno 1374 si trova una Provvisione contro i contadini che non lavorassero le terre e poiché, essendo in Firenze tanto florido il lanificio, i contadini spesso abbandonavano il loro faticoso mestiere per prendere il domicilio in città, il governo della Repubblica si trovò più volte costretto ad allettare con esenzioni, privilegi e premi i contadini di altri Stati ad emigrare e domiciliarsi in Toscana per supplire ai bisogni delle campagne. In un Repertorio di Leggi e Bandi della Città di Firenze dal 1388 al 1628, fatto da Girolamo Targioni, avo materno di Giovanni, Cancelliere del Magistrato supremo, sono contenute moltissime leggi in favore dell'agricoltura [2].

Per quanto riguarda le piantate di alberi ed i boschi il Targioni Tozzetti nei suoi viaggi riporta le notizie che Messer Jacopo Nardi fornisce circa il taglio dei boschi nel territorio fiorentino [3]. Il taglio dell'abetina di Monte Morello, fu fatto poco dopo il 1294, anno in

[1] Vedi *op. cit.* nella Bibliografia N. 108.
[2] Vedi *op. cit.* nella Bibliografia N. 110, pag. 116.
[3] Vedi *op. cit.* nella Bibliografia N. 108, T. I., pag. 6.

cui fu ampliata la Chiesa di S. Croce, perché le travi di questa chiesa sono di quella specie di abete.

La perdita di molte memorie non ha permesso al Targioni Tozzetti di trovare notizie sul regolamento dei fiumi altro che scarse, e che egli ha desunto dal *Ragionamento sopra le cause e sopra i rimedi dell'insalubrità d'aria della Valdinievole,* nella *Disamina d'alcuni progetti fatti nel secolo XVI per salvar Firenze dalle inondazioni dell'Arno* e dai suoi viaggi, notizie quest'ultime riportate nella *Relazione di alcuni viaggi, etc.*

I Fiorentini, poiché i possessi dei privati erano molto ristretti, furono costretti a non lasciare incolto alcun angolo delle loro terre, con che appena si soddisfacevano i bisogni delle famiglie; laonde le campagne toscane risvegliarono sempre l'ammirazione dei forestieri per le buone regole delle loro coltivazioni.

Un altro impulso agiva tra i Fiorentini ad intensificare la coltivazione delle terre e cioè il fatto che molti di nobilissime famiglie erano sospetti al popolo basso e perciò tenuti lontano dalla magistratura, per cui disdegnando dedicarsi alle arti meccaniche ed alla mercatura, si ritiravano nelle loro ville attendendo a far coltivare le terre; i cittadini poi che erano occupati nella magistratura o nella mercatura, nei giorni festivi si recavano nelle ville per riposo e sollievo dell'animo, da dove tenevano d'occhio il progresso delle coltivazioni; se queste poi non davano risultati sufficienti, provvedevano a importare derrate alimentari da fuori, specialmente dal Levante.

La Repubblica pisana, benché per mezzo del suo vasto commercio marittimo potesse facilmente ottenere quanto era necessario per l'alimentazione della sua popolazione, e trascurare quindi la cultura delle terre, tuttavia pensò che sarebbe stato di grande utilità procedere alla bonifica delle sue campagne facendo deviare il Serchio e scaricandolo direttamente nel mare con foce propria, bonificando la val d'Osoli e con la escavazione di fossi tra i quali il fosso Arnonico [1]. Nel prezioso codice di Statuti di Pisa pubblicati l'anno 1161, (stile pisano) [2] vi è aggiunta una rubrica di provvedimenti relativi all'agricoltura. Il Conte Guido di Montefeltro nel tempo che era

---

[1] Vedi *op. cit.* nella Bibliografia N. 108, T. II, pag. 183.
[2] Vedi *op. cit.* nella Bibliografia N. 108, T. II, pag. 187.

Signore di Pisa nel 1292 fece fare copiose seminagioni nella maremma pisana [1].

Volterra era in quei tempi molto popolata ed il suo vasto territorio ricco di terre coltivate. Ne parla il Targioni Tozzetti nella *Relazione* dei suoi viaggi, nella quale si occupava pure di Massa di Maremma e di varie parti dello Stato. Ma la Maremma senese era insalubre prima del secolo XV come lo dice scherzando Agnolo Firenzuola:

« Avev'io fatto certe carni strane, ch'io pareva un Sanese ritornato dalla Maremma di poche settimane ».

Quanto a Pescia nel 1419 i priori e capitani di quella Comunità accordarono che il Vescovo Scopense che abitava a Pietrabuona potesse ridurre a cultura i boschi della Comunità a condizione che esso potesse godere di quei terreni fino alla morte dopo la quale avrebbe dovuto ritornare alla Comunità. Di Pistoia parla pure il Targioni Tozzetti nella *Relazione* [2] e di essa meritano di essere considerati i vecchi Statuti, pubblicati dal Muratori nelle *Antiquitates Italicae Medii Aevi.*

Il bel territorio del Mugello, avanti che fosse soggetto ai Fiorentini, era diviso in molte tenute appartenenti a potenti famiglie. Qualche idea dell'antico Mugello può ricavarsi dalla Cronica di Paolo Morelli [3]. Merita menzione soprattutto il fortilizio di Monte Accinico ed il magnifico podere, o piuttosto Principato, del cardinale Ottaviano degli Ubaldini, potentissima famiglia del Mugello.

Il Casentino, dominato per la maggior parte dai Conti Guidi, non poteva a meno di essere in quei tempi fruttifero. La costituzione fertilissima del vasto territorio aretino non richiedeva regolamenti per promuovere la cultura, ma solo per regolarla; così fu disposto per legge « che permettendo il piantar le vigne nelle colline abili a far buon vino, lo proibiva severamente nelle pianure basse destinate

---

[1] Vedi *op. cit.* nella Bibliografia N. 108, T. II, pag. 215.

[2] Vedi *op. cit.* nella Bibliografia N. 108, T. V, pag. 79.

[3] *Istorie ovvero Ricordi dell'origine e progressi della famiglia dè Morelli, fino dal 1170.*

alla semenza dei grani [1]. La Valdichiana ci è descritta dal Boccaccio [2] per insalubre, e lo era anche ai tempi del Vasari [3].

Fra le circostanze che in quei tempi influivano sulla cultura di certi tratti delle campagne e sulla bonifica bisogna considerare i molti monasteri situati per lo più in luoghi alpestri e deserti: i monaci molto facevano per modificare l'aspetto di certe zone inospiti della Toscana ed il Muratori ha trattato questo argomento con molta erudizione [4]. Quelle terre ritornarono deserte e selvatiche dopo che ne fu tolto il possesso ai monaci.

Il terreno essendo in gran parte di poggio e sassoso era adattissimo per la vite: non è quindi da meravigliare se i vini della Toscana, non solamente nei tempi antichi, ma anche dopo, abbiano goduto la riputazione di ottimi.

La regola di coltivare le viti, piuttosto raccolte in vigne che sparse a filari nei campi, come si pratica in Toscana, fu molto apprezzata anche dal Targioni Tozzetti, ciò che indica che questa regola era seguita già ai suoi tempi. Le vigne non si facevano solo sulle colline, ma anche nelle pianure.

La coltivazione della vite fu considerata sempre come molto importante. Ed ecco Franco Sacchetti [5] lodare la coltivazione della vite e le qualità del vino: così pure Battista Platina [6], Giorgio Vasari [7] lodare la vernaccia di S. Gemignano; Benedetto Dei [8] nella sua Cronica fiorentina lodare il trebbiano di S. Giovanni Valdarno e Poggio Bracciolini [9], pur inveendo contro il Valla pone il trebbiano accanto ai vini più famosi. E che dire del Redi: quale vino si è sottratto alla sua lode nel Ditirambo? Anche Luigi Alamanni, benché esule in Francia, non si poté dimenticare del buon trebbiano del Valdarno, come cantò nel terzo libro della sua *Coltivazione*:

---

[1] Vedi nota del Redi al v. 46 del suo Ditirambo.

[2] *De fluminibus.*

[3] *I Ragionamenti,* vedi *Le Opere di Giorgio Vasari,* Firenze, G. C. Sansoni ed., 1878-1882, vol. 8⁰, pag. 202.

[4] Vedi *op. cit.* nella Bibliografia N. 70, Dissertaz. LXV.

[5] Novella 177.

[6] *De re culinaria.*

[7] Vedi *op. cit.* nella nota 3.

[8] Mss. Magl., Classe XXV, N. LX.

[9] *Opera,* 1513.

Alcun vid'io che con più ingegno ed arte
Come il tosco villan che dotto intende
Al dorato suo vin, la cui dolcezza
Tutte altre abbatte che Trebbiano appella.

In quanto agli ulivi il Targioni Tozzetti non ha trovato alcuna notizia circa la loro coltivazione in Toscana, e specialmente nel territorio fiorentino, ma non ha trovato neppure ricordi di grandi carestie di olio, anzi è da ritenere che le raccolte fossero copiose. Grande uso di olio si faceva per i lanifici ma non si sa se venisse dal di fuori.

Non è riuscito neppure il Targioni Tozzetti a chiarir bene l'origine e la storia delle varie specie di grani, biade, civaie e legumi che annualmente si seminano in Toscana. Quanto al granturco pare si introducesse tardi nelle campagne toscane perché il Fiaschi, fiorentino, nel 1534, descrive il mais come una cosa meravigliosa da lui osservata nelle Indie e mai veduta o sentita nominare in Europa. Nel suo *Prodromo* [1] il Targioni Tozzetti accenna a Bernardo Giambullari che scrisse in ottava rima un trattato delle sementi, nel quale si insegna quando si deve seminare, quando è il tempo di trasporre e raccogliere.

I castagni debbono essere stati introdotti in Toscana in tempi antichissimi; per quanto riguarda le frutta il Targioni Tozzetti dà molte notizie e per quelle che si coltivano nel territorio fiorentino rimanda alla rubrica 89 del libro degli Antichi Statuti di Firenze.

Oltre alle piante necessarie per l'alimentazione si aveva cura di coltivarne altre che si usano per usi medici come la sena [2]. Poiché le principali sorgenti di ricchezza dei Fiorentini erano le Arti della lana, della seta ed altre manifatture, varie zone di terreno erano destinate a seminare piante utili per le tinte: sono quindi da ricordarsi le vaste seminagioni di guado, di robbia e di luteola, che si facevano allora in Val di Chiana e lungo il Tevere [3]. Si sa inoltre che si coltivava con grande diligenza lo zafferano e che pure con grande diligenza si raccoglievano le galle di quercie e cerri per uso delle tinte; si coltivava inoltre la mortella per le conce.

Gli alberi furono coltivati espressamente per diversi usi, come

[1] Vedi *op. cit.* nella Bibliografia N. 107.
[2] Vedi *op. cit.* nella Bibliografia N. 110, pag. 136.
[3] Vedi *op. cit.* nella Bibliografia N. 110, pag. 136.

i castagni e gli ontani per farne pali di sostegno alle viti; anche i pioppi servivano per questo scopo; pioppi e vetrici si adoperavano per fortificare i sostegni degli argini. Memorabile è poi la introduzione in Toscana dei mori gelsi per allevare i bachi da seta.

Niccolò Niccoli, il celebre raccoglitore di opere antiche, del quale abbiamo parlato, potè ottenere in prestito dal Vescovo di Arezzo un Codice antichissimo del *De re rustica* di Catone del quale si valse per correggerne uno suo ed il Poggio ritrovò e portò a Firenze il *De rustica* di Columella. Un bel testo ed assai corretto del *De re rustica* di Rutilio Tauro Palladio era un codice Gaddiano che poi passò alla Laurenziana. La bellezza e l'importanza di queste tre opere magistrali di agricoltura insieme all'opere *Rerum rusticarum libri tres* di Marco Terenzio Varrone fu presto riconosciuta ed apprezzata e Niccolò Augelio di Bucine, professore di lettere nello Studio fiorentino, molto si affaticò per ricavare dai codici antichi le migliori lezioni, affinché le opere dei nominati maestri di agricoltura si pubblicassero più corrette possibile [1].

L'eruditissimo Agnolo Poliziano merita particolare menzione tra gli scrittori di agricoltura, perché oltre agli emendamenti portati ai testi degli antichi scrittori, nel 1485 compose la bellissima selva intitolata *Ambra* nella quale descrive elegantissimamente le delizie della Villa di Poggio a Caiano del Magnifico. Una sicura riprova della competenza del Poliziano nella agricoltura ce la dà l'altro suo mirabile poema *Rusticus,* recitato dalla cattedra dello Studio fiorentino come introduzione alle lezioni sopra il poema *Le opere e i giorni* di Esiodo e le *Georgiche* di Virgilio. Queste *Georgiche* furono sempre tenute in grande stima e molti si adoperarono a commentarle, tra i quali Marcello Virgilio, del quale nella Biblioteca Strozziana si conservavano le lezioni fatte dalla cattedra dello Studio fiorentino su di esse.

La ricchezza contribuì a dare sviluppo ai giardini con i quali le più ricche famiglie vollero abbellire le loro case e ville; di questi giardini, costruiti negli ultimi tempi della Repubblica, Benedetto Varchi ci dà notizie nella sua Istoria Fiorentina [2].

---

[1] Fabrucius Steph., *Opusculum* 12.

[2] Vedi *op. cit.* nella Bibliografia 116.

10. Medicina. - La spinta rinascimentale non poteva non riflettersi in un impulso alla latinizzazione delle opere dei greci. Lorenzo Laurenziano, professore di medicina a Firenze ed a Pisa nel secolo XV, tradusse in latino i *Prognostici* di Ippocrate ed il *Libro delle febbri* di Galeno; si accinse anche ad un Commento ad Aristotele, opera che non fu potuta compiere per la sopravvenuta morte. Manente Leonzio tradusse in latino il libro degli *Epidemici* di Ippocrate con il titolo *Manentis Leontii de vagantibus, vulgo mortis ex Hippocrate facta ad Leonem X. Pont. Max.* che si trova nella Biblioteca Laurenziana. Costantino Africano, del quale abbiamo parlato come introduttore della cultura araba nella Scuola salernitana, aveva fatto una traduzione degli *Aforismi di Ippocrate* dalla versione araba che andò in giro per ben tre secoli.

La prima traduzione latina del *Corpus hippocraticum,* ma incompleta, fu stampata a Roma nel 1525. Delle tante opere di Galeno poche andavano per le mani degli studiosi di medicina. La prima traduzione latina delle opere di Galeno è quella del medico bresciano Daniele Bonardo, pubblicata a Venezia nel 1490. Delle opere di altri medici greci posteriori a Galeno, non erano pervenute neppure notizie per quanto i Pisani avessero degli stabilimenti di commercio in vari luoghi dell'Oriente e soprattutto ad Alessandria di Egitto, ove per lungo tempo era fiorita la più rinomata scuola medica fino all'anno 642 d. C., nel quale i Saraceni si impadronirono di quella città incendiando la famosa biblioteca dei Tolomei, notizia questa da alcuni ritenuta leggendaria.

Merita di essere ricordato il ritrovamento di un antichissimo ed ottimo testo del *De Medicina* di Aulo Cornelio Celso, l'Ippocrate latino. Questo testo pervenne nelle mani di Alberto Parisio, Cancelliere della Repubblica di Bologna, dal quale se lo fece prestare il celebre raccoglitore di libri Niccolò Niccoli, del quale abbiamo già parlato, che lo copiò, e questa copia si conserva nella Biblioteca Laurenziana. Il testo del Parisio passò poi nelle mani del march. Battista Pallavicino, vescovo di Reggio, che lo confrontò con un altro antico testo che aveva presso di sé e lo emendò nel 1465. Dopo la morte del Parisio il testo pervenne nelle mani di Stefano da Milano, dotto medico dello Studio di Bologna, il quale, nel 1490, lo mandò a Firenze ad Agnolo Poliziano che lo fece collazionare da Pier Matteo Uberti, fiorentino, suo valente allievo, confrontandolo con un esemplare fatto stampare da Bartolommeo Fonzio o della Fonte in Firenze nel 1478; l'Uberti eseguì il confronto con somma diligenza terminandolo, *Florentiae die 4 febr. paulo post tertiam noctis horam* MCCCCXXXX. Il testo Parisiano fu acquistato da Lorenzo il Magnifico e si conserva nella Laurenziana.

L'opera dell'anatomico bolognese Mondino de' Luzzi (1270? - 1326), allievo di Taddeo Alderotti, aveva già preannunziato il risorgere della anatomia, se non che i progressi furono molto lenti nel secolo XIV, essendo ancora l'anatomia ancorata alla tradizione galenica. Tuttavia in questo secolo la maggior frequenza delle dissezioni anatomiche preparava quel rinnovamento dell'anatomia che si sarebbe sviluppato nel secolo XV.

La Toscana ebbe l'onore di avere dato i natali ad Antonio Benivieni, (1443? - 1502), fiorentino, considerato dal De Renzi fondatore dell'anatomia patologica e precursore del Morgagni. Nella sua opera *De abditis nonnullis ac mirandis morborum et sanationum causis,* pubblicata postuma dal fratello Girolamo, e che ebbe molte edizioni, sono per la prima volta descritte in modo esatto la perforazione intestinale, i calcoli della vescica biliare e gli ascessi tra le lamine del peritoneo.

Ma se fu esigua l'opera dei medici anatomici in Toscana in questo periodo, essa fu largamente compensata da chi, pur non essendo medico professionale, diede all'anatomia tutte le caratteristiche rinascimentali associando arte e scienza, da Leonardo da Vinci (1452 - 1519). Amico dell'anatomico Marc'Antonio della Torre (1478-1511), veronese, collaborò con esso fornendogli i disegni delle sue preparazioni anatomiche. Avvenuta la morte immatura dell'amico, Leonardo, per quanto si deduce dalle memorie del cardinale d'Aragona, sezionò trenta cadaveri di *mascoli e femmine* d'ogni età. Il programma di Leonardo era di fare un trattato di anatomia di 120 capitoli, ma non fu potuto condurre a termine. Osserva il Castiglioni [1] che « la tecnica anatomica di Leonardo si può dire perfetta perché egli si servì di iniezioni nelle vene, di iniezioni di cera liquida nelle cavità, di tagli in serie ». Il Garrison dice che « i disegni di Leonardo per l'accuratezza scientifica eclissano quelli di Vesalio

[1] Vedi *op. cit.* nella Bibliografia N. 19, pag. 360.

e per la bellezza artistica non sono mai stati da alcuno raggiunti prima del tempo di Sömmering e Scarpa ». MacMurrich dice che « il suo metodo è ciò che noi chiamiamo metodo moderno — il metodo veramente di Ippocrate ed Aristotele — e che fu l'uso di esso che ci costringe a considerare Leonardo come un gigante tra i pigmei del mondo scientifico del suo tempo ».

L'influenza di Leonardo sul corso degli studi anatomici sarebbe stata enorme se le sue ricerche anatomiche fossero state pubblicate durante la sua vita o poco dopo la sua morte, invece che rimanere sepolte per secoli. Tuttavia, molti artisti ed alcuni scienziati del suo tempo videro il suo libro di appunti e ne subirono l'influenza. Dopo la morte di Leonardo vi fu una certa stasi nella storia dell'anatomia, l'attenzione dei medici e dei chirurghi essendo rivolta verso altri pressanti problemi.

Quanto alla Scuola medica si può dire che nel corso del secolo XVI la sua esistenza era assicurata e che in essa si insegnava l'anatomia, la medicina, la chirurgia e la terapia medica.

11. Filosofia. - La scuola aristotelica, sostenuta con grande impegno in Italia dagli eccesiastici esercitò un fascino sulle menti più vivaci e le fece innamorare del metodo eristico che per tanti secoli ha tiranneggiato le scuole. Aristotele aveva stabilito bellissimi precetti di dialettica, ma i suoi seguaci peripatetici esagerarono tanto, sottilizzarono tanto che della dialettica fecero una scienza importantissima la quale richiese cattedre apposite e la gioventù per più anni venne miseramente occupata nel suo studio.

La dialettica o logica, detta anche *sermocinatio,* fu in parte opera degli Arabi, dotati di ingegno sottile ed amanti delle dispute, e ma molto vi contribuirono i teologi cristiani, per confutare gli eterodossi per cui divenne una delle più importanti e serie occupazioni. Divenne pertanto la dialettica una delle scienze del *trivio* scolastico e di necessità indispensabile per chi si applicava allo studio di qualunque scienza. Si sa che l'imperatore Federigo II ordinò che i medici dovessero studiare tre anni di logica nella Scuola salernitana per conseguire il grado di dottore. Poiché adunque l'indirizzo dominante era di trattare le scienze per mezzo di argomentazioni di *forma,* non deve recare meraviglia se lo studio della logica era necessarissimo. L'Università di Pisa ebbe un numero grandissimo di lettori di logica ed i libri sui quali i nostri antichi studiavano la logica non erano i primi testi di Aristotele, ma le esposizioni di Porfirio e di altri o le storpiate traduzioni latine da altre arabe, anch'esse storpiate.

La filosofia platonica che per molto tempo fu in auge in Toscana, come abbiamo narrato, per la generosa protezione di Casa de' Medici e per le premure di Marsilio Ficino e di tanti altri, proponendo il bello ed efficace modo socratico di conoscere la verità e confutare il falso, avrebbe potuto vittoriosamente prevalere sulla logica aristotelica, se l'influsso benefico di Lorenzo il Magnifico non fosse venuto troppo presto a mancare ed i campioni dell'Accademia Platonica avessero potuto essere sostituiti, mentre questa Accademia ebbe breve vita. Si deve poi aggiungere che troppi erano i vecchi dialettici, per cui la loro autorità si mantenne nelle scuole.

Quanto alla metafisica peripatetica Gregorio o Giorgio Benigno o Benignino, francescano, ne fu fatto lettore nel 1493. Il suo vero nome è Giorgio Drachish di Iace nella Bosnia. A causa delle sue *Profeticae solutiones,* scritte in difesa di Fra Girolamo Savonarola, fu nel 1500, da un Seggio di Priori del partito contrario al Savonarola, esiliato fuori dello Stato fiorentino [1].

---

[1] FABRUCIUS STEPH., *Opusculum* 10.

VII

PERIODO DEL PRINCIPATO MEDICEO

Governo di Cosimo I (1537 - 1574)

1. Storia. - *Cosimo I* (1519 [governò 1537-1574] 1574). Grande fu la confusione in Firenze dopo l'uccisione di Alessandro avvenuta il 5 gennaio 1537: il governo esisteva solo nominalmente perché durante il dominio di Alessandro non aveva esercitato alcun potere. Quand'ecco scendere dal Mugello un giovane di soli diciassette anni, di nome Cosimo, figlio di Giovanni dalle Bande Nere del ramo cadetto, ma al tempo stesso discendente del ramo diretto perché sua madre Maria Salviati era nipote di Lorenzo il Magnifico. Assunto un contegno di grande umiltà, promettendo che se fosse stato accettato come capo dello Stato, non si sarebbe sovrapposto al governo, riuscì a divenirlo con l'approvazione dei principali senatori. Se non che, subito dopo, dimostrò il suo vero volto dando prove del suo potere tirannico.

Filippo Strozzi e Baccio Valori, che erano usciti dallo Stato in esilio volontario, prepararono un esercito, comandato da Filippo Strozzi che era abile capitano. Cosimo affidò ad Alessandro Vitelli il comando delle sue forze: il 1° agosto 1537 fu combattuta la battaglia di Montemurlo vicino a Prato, che si concluse con la vittoria del Vitelli, il quale consegnò a Cosimo i suoi avversari tra i quali Filippo Strozzi e Baccio Valori che furono torturati e giustiziati.

Il potere tirannico di Cosimo non gli impedì di fare della Toscana lo Stato più potente d'Italia, sollevandola fino a farle acquistare la maggiore importanza politica ed il più grande benessere, del quale non aveva goduto neppure al tempo del Magnifico. A questa ascesa si associava la perdita del suo primato nel campo letterario ed artistico.

Ottenuto dall'imperatore, cui Cosimo si mostrava desideroso di divenire vassallo, un diploma con il quale gli veniva riconosciuta tutta l'autorità precedentemente goduta dal Duca Alessandro, nel 1539 ottenne in sposa Eleonora, unica figlia di Don Pedro di Toledo, vicerè di Napoli. Dopo questo matrimonio Cosimo trasferì la sua dimora dal Palazzo Medici in Palazzo Vecchio, ciò che gli offriva maggiore sicurezza; rimase in quel palazzo per dieci anni ingrandendolo e facendo decorare con molto gusto le stanze del Gonfaloniere, destinate ad Eleonora.

Nell'anno 1542, riaccesasi la guerra tra Francesco I e Carlo V, Cosimo, abbandonando la tradizionale amicizia di Firenze per la Francia, parteggiò per l'imperatore, con grande vantaggio in seguito alla accresciuta potenza di Carlo V, dopo l'avvenuta fine nel 1547 di una lotta che durava da un quarto di secolo, con la morte di Enrico VIII e di Francesco I. In quello stesso anno, con il pretesto di vendicare la morte del Duca Alessandro, ma con il vero scopo di eliminare un eventuale pretendente al trono, fece uccidere da dei sicari Lorenzino, figlio di Pier Francesco (il Giovane) pure del ramo cadetto.

Desideroso di più ampia dimora, con il denaro della moglie Eleonora, Cosimo comperò le terre situate al lato nord-ovest della collina di Boboli insieme a quella parte del palazzo che Luca Pitti aveva incominciato a costruire circa ottant'anni prima, cioè la parte centrale del palazzo, limitata al primo piano, munito di sette finestre; l'aggiunta di due piani fu fatta eseguire da Cosimo I, affidandola a Bartolommeo Ammannati che però la terminò quattro anni dopo la morte di Cosimo; il palazzo era pertanto di tre piani, con 7 finestre. Cosimo si era trasferito nel nuovo palazzo nel 1553: già nell'anno 1550 erano incominciati i lavori per creare il famoso giardino di Boboli, su disegno del Tribolo, lavori proseguiti poi dal Buontalenti, per l'avvenuta morte del Tribolo in quell'anno stesso. Molto si appassionò Cosimo I alla creazione del giardino: infatti egli aveva sempre manifestato questo interesse per i giardini, fondando l'Orto botanico di Pisa ed il Giardino dei semplici a Firenze.

Gli anni 1551 - 1553 furono anni disgraziati per Carlo V, impegnato in varie guerre, che però non si estesero all'Italia per merito di Cosimo I. Nel 1552 Siena si ribellò nuovamente all'imperatore, scacciandone la guarnigione spagnola; a causa della morte di Don Pedro di Toledo, vicerè di Napoli, Cosimo intraprese la conquista di Siena per conto suo. L'esercito senese era in gran parte formato da truppe francesi comandate da Piero Strozzi, figlio di Filippo Strozzi che sperava, vincendo Cosimo, di vendicare la morte del padre. L'esercito dello Strozzi fu sconfitto nell'agosto del 1554 a Marciano e Siena, dopo aver sopportato un terribile assedio di molti mesi che ridusse la popolazione da quarantamila a seimila abitanti, dovette arrendersi nell'aprile del 1555, segnando la caduta dell'ultima delle gloriose repubbliche italiane del Medio Evo. Nell'ottobre di quello stesso anno Carlo V abdicò in favore del figlio Filippo II.

Nel 1557 la famiglia di Cosimo soffrì del suo primo lutto con la morte della sua figlia maggiore Maria di sedici anni: da alcuno fu attribuita questa morte al padre che l'avrebbe avvelenata perché si era accorto che amoreggiava con un paggio, mentre avrebbe dovuto andare sposa a Tabriano, nipote del papa Paolo IV; questa opinione non merita però credito. In quello stesso anno vi fu una terribile inondazione dell'Arno che distrusse il ponte di S. Trinita che fu ricostruito dall'Ammannati, e che poi, distrutto dai tedeschi nell'ultima guerra mondiale, fu ricostruito come era.

Nell'anno 1559, nel febbraio, il trattato di Château-Cambrésis tra Enrico II, Filippo II e la regina Elisabetta mise fine a quel lungo conflitto, con un risultato dovuto al fatto che la Toscana aveva costantemente parteggiato per la Spagna per cui Siena, insieme a Montalcino, rimase a Cosimo. Nel 1560 Cosimo si valse della sua influenza sul papa Pio IV inducendolo a nominare cardinale suo figlio Giovanni. Nel 1562, essendosi recato in Maremma perse la moglie e due figli; anche su questo fatto si accreditò la leggenda di una lite tra i due fratelli dei quali uno, Garzia, avrebbe ucciso l'altro, Giovanni e Cosimo, irato per la morte del figlio prediletto, avrebbe ucciso Garzia; la madre sarebbe morta per il dolore. La critica avrebbe tolto credito alla suddetta leggenda e ad altra analoga; sta di fatto che Cosimo risentì molto di queste perdite.

Un mese dopo i funerali della moglie e dei figli, Cosimo ottenne che suo figlio Ferdinando di soli quattordici anni fosse nominato cardinale. Nel 1563 terminò il Concilio di Trento, incominciato diciotto anni prima. Nel 1564 morì l'imperatore Ferdinando I e gli successe il figlio Massimiliano II; Cosimo riuscì a dare in moglie al suo figlio maggiore Francesco, l'arciduchessa Giovanna d'Austria, figlia di Ferdinando I e nipote di Carlo V.

Morto Pio IV, gli successe Pio V, che si dimostrò austerissimo e tutto dominato dal pensiero di realizzare la riforma ecclesiastica seguendo i canoni del Concilio di Trento. Cosimo non poteva ostacolarlo per poter continuare ad esercitare la sua influenza sul Vaticano. Fu quella l'epoca in cui un amico di Cosimo e suo consigliere, Pietro Carnesecchi, che si era dichiarato favorevole alle dottrine protestanti, anzi era divenuto protestante ed uno dei capi del protestantesimo, ritornato in Italia, da dove era fuggito per sottrarsi alle persecuzioni dei pontefici, cercava di persuadere Cosimo a valersi del suo ascendente sull'imperatore per indurlo ad indire un concilio ecumenico in Germania al quale avrebbe dovuto prender parte il pontefice Pio V. Questi fece di tutto per impadronirsi del Carnesecchi e Cosimo, che per i suoi disegni non voleva alienarsi la simpatia del pontefice, glielo consegnò ed il papa lo fece ardere vivo nell'ottobre 1567 come eretico. Di questo atto infame il pontefice non tardò a mostrare la sua gratitudine a Cosimo che nel febbraio del 1570 veniva incoronato a Roma Granduca di Toscana.

Il primo ponte che ebbe Firenze fu il Ponte Vecchio la cui lontana origine rimonta all'epoca della colonia romana. Subì varie ricostruzioni, l'ultima delle quali nel 1345 gli diede l'aspetto che oggi presenta. I lati, al principio del secolo XVI, erano occupati da macellerie: Cosimo fece sloggiare i macellai e volle che le botteghe fossero occupate da orefici, come lo sono tutt'ora. Nel 1564 il Vasari costruì su un lato del ponte il corridoio che unisce il palazzo Pitti a quello della Signoria.

Negli ultimi quattro anni della sua vita, Cosimo lasciò il governo nelle mani del suo figlio Francesco I e visse ritirato nella sua villa di Castello con la sua seconda moglie Camilla Martelli, ove morì il 21 aprile 1574 in età di cinquantacinque anni e dopo un regno di trentasette. Fu sepolto nella Chiesa di S. Lorenzo: la sua tomba porta l'epigrafe « *Magnus Dux Etruriae Primus* ».

Secondo il Pieraccini [1]

« Cosimo I apparisce come uno dei più grandi tra i Medici, e sta alla pari, per intelligenza e sapienza politica, forza di volere ed assiduità nelle faccende dello Stato, al Magnifico Lorenzo... per cultura, in parte per gusti estetici e forse anche per senso morale ».

Cosimo I promosse le lettere, le arti e le speculazioni scientifiche, non solo allettando e premiando i migliori cultori di esse, ma anche per proprio piacere e sollievo dalle cure dello Stato. Era il Granduca dotato sì grandemente per cui il Segretario Vincenzo Fedeli che dalla Repubblica veneta era stato mandato a Cosimo, al suo ritorno nel 1561, trattando delle qualità del duca così si espresse:

« Voglio pure dire una cosa rara di questo Principe che a tutte cose attende, e a tutte pare sì atto, e così di tutte s'intende e fa professione et ancora pare che sia sua propria » [2].

Ecco alcuni concetti nei quali con molta efficacia lo Young [3] nella sua storia dei Medici ritrae la figura di Cosimo I:

« Il tratto più spiccato del carattere di Cosimo I è la sua spietata ferocia; egli non fu mai mosso da nessun sentimento di generosità, di magnanimità, di clemenza... Un'altra sua caratteristica era l'estrema grettezza della sua natura, dimostrata anche dal fatto che il figlio del più gran condottiero d'Italia dava spesso prova di quella mancanza di coraggio spesso osservata in persone crudeli per natura. Egli non si avventurò mai infatti su un campo di battaglia... Ma i difetti di una natura crudele e ignobile non devono far dimenticare l'opera indubbiamente grande da lui svolta in pro della patria... Non si hanno forse esempi di uno Stato così piccolo assurto in meno di trent'anni a una condizione di potere e d'importanza di poco inferiore alla maggior parte delle monarchie di quel tempo ».

2. Condizioni ambientali. *Stato della cultura.* - Imitò il duca Cosimo i suoi maggiori nella protezione delle lettere; pur non avendo avuto una sufficiente preparazione, era provvisto abbastanza di talento da potercisi dedicare; predilesse lo studio della storia, cui

---

[1] Vedi *op. cit.* nella Bibliografia N. 81, Vol. II, pag. 24.

[2] G. B. Cini, *Vita del Serenissimo Signor Cosimo de' Medici, primo Granduca di Toscana,* Firenze, 1611.

[3] Vedi *op. cit.* nella Bibliografia N. 122, Vol. II, pag. 262.

si dedicò con maggiore impegno dopo avere lasciato il governo nelle mani del figlio Francesco. Il suo autore prediletto era il Guicciardini. Molti scrittori furono da Cosimo incaricati di particolari lavori e ricompensati. Si interessava della traduzione dei classici e volle che il volgare toscano si mantenesse all'altezza raggiunta nel secolo XIV. Volse le sue cure al perfezionamento dello Studio senese e di quello fiorentino e ripristinò lo Studio pisano. Istituì una accademia nel suo proprio palazzo e fondò l'Accademia Fiorentina.

Per quanto non mancassero accreditate tipografie in Firenze, il Granduca si interessò per rendere più elevata l'arte tipografica ed a questo scopo nel 1547 fece venire da Anversa il celebre tipografo Giuseppe Torrentino [1], il quale fece elegantissime edizioni con svariate specie di bei caratteri. Nel 1552 progettò di fondare in Firenze una tipografia per la stampa dei manoscritti greci nella loro lingua. Purtroppo alle iniziative non corrisposero sempre i successi: fu di grande ostacolo alla stampa dei libri ed al loro commercio l'Indice redatto sotto Pio IV.

La Toscana sotto il governo di Cosimo I non offrì quella ricchezza di letterati che si era manifestata nel periodo della Signoria; molti di essi, sorti in questo periodo di larvato dominio, protrassero la loro esistenza sotto il nuovo non più dissimulato dominio.

Ciò accadde per Benedetto Varchi che scrisse le *Storie fiorentine* per incarico di Cosimo; per Bernardo Segni e per Iacopo Nardi. Il Machiavelli era deceduto nel 1527 ed il Guicciardini morì nel 1540, tre anni dopo che Cosimo aveva preso il potere. La predilezione di Cosimo per gli studi storici lo indusse ad incaricare Scipione Ammirato di Lecce, ma per origine e per lungo soggiorno fiorentino, a scrivere quelle *Storie fiorentine* (dalle origini al 1574) che gli procurarono meritata fama. Tre importanti storici, tutti fiorentini, di questo tempo furono: Francesco Giambullari, canonico di S. Lorenzo e dotto grammatico che, con la sua incompiuta *Historia dell'Europa* (dal 887 al 947) fornì il primo esempio di una storia dell'Europa che comprendesse un ampio periodo di tempo; Bernardo Davanzati, autore tra l'altro di una *Storia dello Scisma d'Inghilterra* e che per dimostrare come la nostra lingua superasse per brevità quella francese, seppe rendere Tacito con minor numero di parole

[1] Vedi *op. cit.* nella Bibliografia N. 110, pag. 229.

ANTONIO BENIVIENI

LEONARDO DA VINCI

in modo robusto e vivace; Vincenzo Borghini, benedettino, che nei suoi *Discorsi* trattò dei primi secoli di Firenze. Altri letterati che vissero nei due periodi storici furono l'Alamanni, il Buonarroti, il Gelli, il Doni, il Della Casa, l'Aretino ed il Lasca.

Cosimo, ispirandosi a quel mecenatismo che costituiva la caratteristica dei principi italiani di quel tempo e soprattutto agli esempi che ne avevano dato i suoi predecessori, fino dal principio del suo governo promosse le Belle Arti. Alcuni dei suoi interventi sono stati narrati parlando della storia di questo periodo, ma altri molti vi vanno aggiunti.

Richiamò Cosimo il Cellini dalla Francia il quale, dopo vari anni di lavoro, compì la statua del Perseo, che adorna la Loggia dell'Orcagna e che fu inaugurata il 28 aprile 1554. Nel 1547 Cosimo fece costruire la Loggia del Mercato Nuovo: il 26 agosto 1547 ne fu posta la prima pietra e la loggia fu terminata dopo due anni. Nel 1547 Baccio Bandinelli iniziò la costruzione del recinto ottagono del coro dell'altare maggiore del Duomo che era prima di legno. Venne ampliata la villa di Poggio a Caiano che il Magnifico, acquistatala nella seconda metà del secolo XV, aveva fatto ridurre a splendida dimora da Giuliano di S. Gallo.

Nel 1524 papa Clemente VII aveva dato ordine a Michelangelo di disegnare e costruire un edificio ove si potesse collocare quella preziosa collezione di libri che da principio custodita dai Domenicani di S. Marco era stata trasportata a Roma da Leone X che l'aveva acquistata. La costruzione fu iniziata nel 1525, ma poi interrotta, fu quasi completata sotto il governo di Cosimo I nel 1558 e poi aperta al pubblico nel 1571. Sorse l'attuale Biblioteca Mediceo-Laurenziana.

Fino dall'epoca del suo matrimonio con Eleonora di Toledo, disponendo Cosimo dei mezzi necessari intraprese diligenti ricerche di oggetti etruschi facendo eseguire degli scavi a Chiusi, Arezzo ed in altre città, mentre al tempo stesso comperava tutte le antichità etrusche ed egiziane che gli capitavano sotto mano. Queste ricerche furono continuate dai suoi discendenti e si costituì il Museo Etrusco-Egiziano che, dopo la caduta della dinastia lorenese, venne aggregato al Museo Archeologico.

Trasferitosi Cosimo nel 1553 nel suo nuovo palazzo con l'aiuto del Bronzino e del Vasari, volle formare una collezioni di quadri, riuscendo a ricuperare quanto era stato disperso ma non distrutto quando le collezioni formate dal ramo primogenito erano state saccheggiate nel 1494 e nel 1527. Agnolo Tori di Cosimo (1535-1607), fiorentino, detto il Bronzino, era uno dei più valenti ritrattisti del suo tempo: ad esso commise Cosimo di dipingere i ritratti di tutti i Medici, per arricchire la sua collezione di quadri; si costituiva così il nucleo della famosa Galleria Pitti (Palatina) che venne poi ordinata in maniera organica da Ferdinando II verso il 1640. I ritratti del Bronzino sono ora nella Galleria degli Uffizi.

Nel 1545 Cosimo fu preso dal desiderio di creare una fabbrica di arazzi, arte fino ad allora limitata alla Fiandra. Per tale scopo fece venire due fiamminghi, Nicola Karcher e Jean van der Roost, per dirigere quella che fu la Fabbrica di Arazzi Fiorentina la quale fu floridissima per due secoli, ma che poi decadde e fu chiusa con la morte dell'ultimo granduca mediceo nel 1737. Nel 1562 Cosimo fondò l'Accademia delle Arti del Disegno come successione alla Compagnia di S. Luca, fondata prima del 1350, come narreremo.

Le Università. - Con sagace previdenza fino dal 1541 i magistrati senesi, d'accordo con Cosimo I, avevano stabilito che gli studenti degli Studi pisano e fiorentino si perfezionassero nello Studio senese nelle facoltà che ivi fiorivano. Ciò impedì che, caduta la libertà senese nel 1555, lo Studio percorresse la fatale china della decadenza fino alla definitiva cessazione. Esso non poté tuttavia più raggiungere il precedente splendore a causa del declino della libertà del pensiero che sempre accompagna quello delle civiche libertà, con lo stabilirsi del predominio degli interessi privati sulle necessità della cultura. Non si può però negare che le cure di Cosimo I e più tardi quelle di Ferdinando I non fossero rivolte al perfezionamento dello Studio. L'amministrazione del patrimonio rimase nelle mani dei quattro Savi, nominati dalla magistratura secondo le norme in uso al termine della Signoria medicea.

Le cattedre senesi di diritto poterono conservare il loro splendore mentre verso la fine del secolo XVI gli studi della natura e di medicina accentuavano il loro tanto che si protrasse nel secolo successivo.

Seppure ritornato lo Studio pisano, dopo il passaggio di Carlo VIII, sotto il dominio fiorentino ed avvenuto il suo ripristino nel 1515, grandi difficoltà si opponevano a che il governo potesse rivolgervi le sue cure a causa delle turbolenze che agitavano la città, né d'altra parte il duca Alessandro, troppo alieno dalla cultura, avrebbe potuto interessarsene.

Il merito della restaurazione spettava quindi alla illuminata mente di Cosimo I ed a quella del suo consigliere Campana. Nel 1538 il Principe diede nuovi statuti che nella loro sostanza furono conservati per tutto il secolo XVIII. Si provvide a quanto poteva contribuire ad accrescere la prosperità dello Studio. Grandi furono le difficoltà incontrate da Cosimo per vincere la ripugnanza di scolari e professori a venire nella città di Pisa, sia per l'insalubrità dell'aria che per la mancanza di comodità in una città sconvolta dalla guerra tra una popolazione di recente assoggettata e quindi ostile. Ma Cosimo seppe aver ragione di tutte queste difficoltà e nel 1542 incaricò Filippo del Migliore di recarsi in Lombardia per reclutarvi le persone più accreditate attraendole con larghi stipendi.

Venne completato l'edifizio della Sapienza; si proibì ai Toscani di recarsi a studiare in altre regioni; si dispose che l'Università per gli scolari che venivano a studiare dal di fuori fosse un luogo libero e franco; si obbligarono gli Ordini religiosi a chiudere gli Studi che avessero nel dominio e per concessione di Pio IV una parte delle rendite ecclesiastiche furono devolute a benefizio della Università; per favorire gli scolari poveri furono fondati vari collegi per opera di principi e di privati. L'apertura dello Studio fu solennemente inaugurata il 1° novembre 1543.

Lo studio del diritto subì un notevole sviluppo attestato dal fatto che esso si arricchì di nuove cattedre, staccatesi dal tronco comune per l'importanza che i rami particolari della giurisprudenza andavano acquistando. Si ebbero perciò particolari insegnamenti di diritto feudale e penale, rimanendo sempre le cattedre fondamentali di diritto canonico e di diritto romano e civile.

Nella filosofia furono lettori veri luminari del secolo, come Matteo da Corte, Simone Porzio, Robertello da Udine, Pietro Angeli di Barga.

Gli studi di medicina ebbero sotto Cosimo I un potente risveglio; gli studi erano teorici e pratici; i testi, seguendo l'uso del tempo, erano Ippocrate, Galeno, Avicenna e Dioscoride, ma molto era lasciato al giudizio degli insegnanti; per l'insegnamento della chirurgia era espressamente stabilito che venisse insegnata praticamente « *prout ut eis videbitur* ». Gli studenti di medicina non dovevano essere digiuni di filosofia per cui nel primo biennio dovevano seguirne i corsi.

Istituì Cosimo la cattedra di anatomia chiamandovi il celebre Andrea Vesalio, fiammingo, medico di Carlo V, ed espressamente richiesto dall'imperatore; curò che a quell'insegnamento non mancasse il materiale necessario inviandolo anche da Firenze per le dissezioni. Al Vesalio succedettero Realdo Colombo di Cremona ed il modenese Gabriele Falloppio.

Nel 1544 istituì Cosimo I l'Orto botanico per la coltivazione dei semplici dandone la direzione a Luca Ghini imolese, appositamente chiamato da Bologna.

Tra i medici più illustri che ebbe in quell'epoca lo Studio pisano si debbono ricordare Baccio Baldini, fiorentino, primo medico del Granduca Cosimo, Matteo da Corte, pavese, che fu archiatro di Clemente VII, Leonardo Jacchini di Empoli, cui si aggiunge il celebre Guido Guidi, fiorentino, già archiatro di Francesco I di Francia e venuto ad insegnare a Pisa nel 1548. Tommaso Cornacchia tenne la cattedra dal 1547 al 1562; Andrea Cesalpino, di cui tratteremo ampiamente, dopo aver tenuto la cattedra di botanica, passò nel 1569 a quella di medicina pratica che tenne fino al 1592, nel quale anno passò a Roma come archiatro di Clemente VII.

Quando Cosimo assunse il governo della Toscana nel suo dominio non era aperto che lo Studio fiorentino. Infatti Siena aveva il suo Studio ma non faceva ancora parte del territorio fiorentino e lo Studio pisano, aggregato a quello fiorentino nel 1505 e riaperto nel 1515, era molto decaduto fino a che Cosimo, munitolo nel 1538 di nuovo statuto, non lo ripristinò del tutto nel 1543.

Malgrado le difficoltà che Cosimo incontrò per consolidare il suo potere appena acquistato, pensò subito di migliorare le condizioni dello Studio fiorentino, poco buone in conseguenza degli eventi politici, per cui scarso era il numero dei lettori. Ciò ottenne Cosimo nominando nel 1538 alla prima cattedra fiorentina di eloquenza greca e latina Pietro Vettori che tenne questo insegnamento fino al 1585, anno della sua morte, proprio quando il governo di Francesco I stava per aver fine. Nel 1539 aprì Cosimo la cattedra di teologia di S. Scrittura che affidò a Fra Romolo Lorenzi, servita, il che conferì maggior pregio al Collegio teologico mancante in quel tempo di un pubblico professore. Un'altra cattedra aperta contemporaneamente fu quella di astrologia, che, rimasta vacante da quando l'aveva occupata il Sirigatti, venne affidata a Fra Giuliano Ristori, pratese, dell'ordine dei Carmelitani, il quale, avendo predetto la morte del duca Alessandro e l'ascesa al potere di Cosimo, confermò l'opinione dominante nel tempo che gli astrologi potessero prevedere il futuro. Confermò infine Cosimo nella cattedra di filosofia Francesco Verino che la tenne fino al 1541, anno della sua morte.

L'avvenuta riapertura dello Studio pisano nel 1543 non ebbe l'effetto che si produsse al tempo di Lorenzo il Magnifico di limitare il numero dei professori dello Studio fiorentino. Venne inoltre interdetto all'Arcivescovo di Firenze di continuare a valersi dei privilegi concessi da Carlo IV e da Clemente VI, confermati poi da Leone X, di poter cioè conferire lauree anche in leggi, medicina ed arti, rimanendo l'uso di quel privilegio limitato a vantaggio del Collegio teologico.

I lettori dell'Accademia Fiorentina non erano pubblici professori, ma due di essi, per espresso volere di Cosimo I vennero stipendiati come pubblici lettori nel 1553. Essi furono Benedetto Varchi che ebbe l'incarico di spiegare pubblicamente il Canzoniere del Petrarca e Giov. Batt. Gelli che ebbe l'incarico di spiegare la Commedia. Ciò accadeva dopo che Cosimo I per migliorare lo Studio vi aveva nominato fin dal 1549 Giov. Batt. Adriani, detto Marcellino e figlio di Marcello Adriani, il Vecchio, uomo di vasta erudizione nelle lettere latina e greca e di meravigliosa facondia.

Molta fu la fortuna del Collegio teologico sotto il governo di Cosimo I, soprattutto in seguito all'opera riformatrice di Fra Zaccaria Faldossi, Generale dell'Ordine dei Serviti.

Le Accademie. - Dalla riunione di alcuni giovani studiosi in casa di Giovanni Mazzuoli, detto Padre Stradino, nella contrada di S. Gallo in Firenze, allo scopo di promuovere lo studio della lingua toscana, sorse l'*Accademia degli Umidi*. La riunione avvenne il 1° novembre 1540; il 14 novembre fu appunto deciso di dare al sodalizio il nome di *Accademia degli Umidi*, volendo con questo appellativo indicare la forza e la durata, perché si pensava che le cose create per mezzo della umidità, sempre si accrescono e si conservano. Furono approvati i Capitoli proposti con i quali si stabilì che ogni domenica ed ogni giovedì si dovesse leggere un sonetto del Petrarca ed anche in toscano con lo scopo di poter a poco a poco leggere in lingua toscana ogni libro di scienza [1]. Il Rilli dà l'elenco dei Soci fondatori con i loro curiosi soprannomi [2].

Malgrado che le aspre e sanguinose lotte di parte impedissero in quel tempo ogni tranquilla occupazione, Cosimo I, spinto dall'esempio dei suoi avi, si sentiva attratto ad ampliare lo sviluppo delle lettere. Contribuivano a ciò anche necessità politiche e fu appunto perché la sorta Accademia degli Umidi non contribuisse al rafforzamento della corrente repubblicana che Cosimo I, mediante l'intervento di Pirro Colonna, suo familiare e confidente, indusse gli Umidi ad abbandonare il loro nome trasformando il sodalizio nella *Accademia Fiorentina o Società di Eloquenza Toscana*, la quale subentrò a quella degli Umidi dopo soli tre mesi e pochi giorni della sua esistenza.

Cosimo I può quindi considerarsi il fondatore della nuova Accademia con lo scopo stesso della precedente di favorire lo sviluppo della lingua toscana. Nella solenne deliberazione del 23 febbraio 1541, registrata nel Libro delle Leggi del Supremo Magistrato, e riportata quasi per esteso dal Rilli fu stabilito che la « sua (di Cosimo) felicissima Accademia » dovesse indirizzarsi al culto della patria favella e far sí che il volgare divenisse, a preferenza del latino, lingua degli eruditi con la dichiarazione

« che l'autorità, onore, privilegj, gradi, salario ed emolumenti, ed ogni, e tutto, che ha conseguito, e si appartiene al Rettore dello Studio di Firenze, da ora innanzi si appartenga, e sia pienamente del Magnifico Consolo della già detta Accademia Fiorentina. E così per vigore di qualunque podestà, tale autorità, onori, privilegj, gradi, salario, ed emolumenti

---

[1] *Libro di capitoli, leggi e composizioni dell'Accademia degli Umidi di Firenze, creata l'anno del Signore 1540, Regnante lo Illustriss. ed Eccellentiss. Don Cosimo Medici, in casa di Padre Stradino.* Questo libro, conservato nella Magliabechiana, è stato reso pubblico da V. Lastri, *L'Osservatore fiorentino, etc.* 1776, T. I., pag. 146.

[2] J. Rilli, *Notizie letterarie ed istoriche intorno agli uomini illustri della Accademia Fiorentina*, In Firenze, 1700.

trasferiscono nel nominato Consolo dell'Accademia Fiorentina e Rettor Generale dello Studio fiorentino ».

Opina il Prezziner [1] che il solenne Decreto di Cosimo a favore dell'Accademia Fiorentina fosse stato provocato dal rifiuto del Rettore dello Studio fiorentino ad intervenire alle esequie del filosofo Francesco Verino il Vecchio che morì il 18 febbraio 1541, per non aver potuto ottenere il primo posto che aveva domandato. Così si legge infatti nel Libro primo degli Atti della Accademia Fiorentina:

« Invitossi alle dette esequie il Rettore dello Studio, che era spagnolo, et perché ei voleva il primo luogo, che non gli fu conceduto, non vi volle venire » [2].

A questo puntiglio accenna anche il Lastri [3]. Il 26 settembre 1553 si venne ad una Riforma degli Statuti, anch'essa pubblicata nel Libro delle Leggi del Magistrato Supremo.

Baccio Baldini, fiorentino, protomedico di Cosimo, nella orazione in morte di questo, pronunciata nella Accademia e poi stampata nella sua vita di Cosimo [4], così si esprime:

« Essendo molto desideroso (Cosimo) di honorare la Patria sua quanto egli poteva il più, e veggendo quanta gloria recava a quella la bellezza della lingua e la leggiadria del parlare, che ella usa, s'impegnò quanto egli potette di dare occasione ai suoi Cittadini d'accrescere la leggiadria e la bellezza della lor lingua, e perciò ordinò che si facesse un'Accademia la quale si dicesse la Accademia Fiorentina ».

Aldo Manuzio, il Giovane, scrisse nella sua vita del Granduca Cosimo che egli « eresse l'Accademia Fiorentina della lingua volgare, la quale voleva far regolare, e accrescere e abbellire ancor più che non è delle ricchezze et eleganze delle altre lingue più nomate e la formò con belli ordini e leggi e grandi privilegi e favorilla sommamente ». Bernardo Segni nelle sue *Istorie* dice:

« Perché allora si traducessero dal greco scienze, e col parlare di

---

[1] Vedi *op. cit.* nella Bibliografia N. 84, Vol. II, pag. 31.

[2] Vedi *op. cit.* nella Bibliografia N. 95, pag. 5.

[3] M. Lastri, *L'osservatore fiorentino etc.*, Firenze 176, pag. 163.

[4] *Vita di Cosimo I, Granduca di Toscana, descritta da Mes. Baccio Baldini suo protomedico. In Firenze, nella stamperia di Bartolommeo Sermantelli, 1578, in folio. Dedicata al Sereniss. Sig. D. Francesco Medici secondo Granduca di Toscana.*

cose gravi, e scientifiche con molta eleganza di dire, s'acquistò (la lingua) per molti gran fama d'ingegno ».

L'Impresa dell'Accademia era costituita dal fiume Arno in figura di un vecchio mezzo giacente ed appoggiato ad un vaso che versa acqua, una pianta di alloro, un leone ed il segno del Capricorno. Il motto dell'Impresa era: « Per adornarsi con più verdi fronde ». Il primo console prese possesso il 25 marzo 1541, giorno in cui nacque il Granduca Francesco: egli fu Lorenzo Benivieni che non ebbe però la carica di Rettore, dignità che per primo l'ebbe Filippo del Migliore. La scelta cadde su Lorenzo Benivieni a causa del nome di questa famiglia reso illustre dall'avolo Antonio Benivieni, medico e filosofo, da Domenico Benivieni, sottilissimo teologo, e da Girolamo Benivieni, filosofo platonico e poeta. Messer Francesco di Vieri, detto Verino il Vecchio, fece la prima lezione leggendo il Canto 17° del Purgatorio.

Salvino Salvini nei suoi Fasti Consolari ci fornisce notizie di tutti i Consoli che ebbe l'Accademia fino al 1710, anno nel quale egli ottenne il Consolato a vita fino al 1751, anno della sua morte, dopo il quale si seguirono le più illustri persone per nascita e per dottrina. Furono Consoli durante il governo di Cosimo I Bernardo Segni, Benedetto Varchi, Pier Francesco Giambullari, Giov. Batt. Gelli, Baccio Valori, Leonardo Salviati.

Non avendo l'Accademia una sede fissa si facevano private riunioni in casa di Messer Franco Campana: quando erano pubbliche, nel palazzo di Cosimo in Via Larga, rimasto nel 1541 libero per essersi Cosimo trasferito nel Palazzo della Signoria. Dopo poco, sia le private che le pubbliche adunanze vennero tenute in una stanza dello Studio fiorentino in Via dello Studio, da dove, a causa della ristrettezza dello spazio, si trasferirono presso il Chiostro dei Frati Domenicani di S. Maria Novella e precisamente nella cosiddetta *sala del Papa* perché vi abitarono i pontefici Martino V ed Eugenio IV. Quando poi, per testamento di Maria di Toledo, la sala del Papa passò alle monache della Concezione, all'Accademia fu concesso nel 1560 il salone dei Duecento nel palazzo della Signoria, per le funzioni pubbliche e nel 1582 una stanza in quello stesso luogo.

Già prima del 1350 era stata formata la Compagnia dei Pittori con scopi essenzialmente religiosi e di mutuo soccorso, sotto la protezione di S. Luca Evangelista. Nei Capitoli della Compagnia affermavano i fondatori

« nostro intendimento sia di avere, mentre che semo in questo pellegrinaggio pericoloso, lo Beato Messere Santo Luca Evangelista per nostro speciale avvocato dinanzi alla Maestà divina ».

Ne derivò che per sigillo si usava il bue alato giacente con diadema, emblema allusivo al santo protettore. La Compagnia era allora governata da un determinato numero di ufficiali dei quali alcuni dovevano appartenere all'Arte dei Pittori, mentre altri potevano essere scelti tra « quelli dell'Arte e fuori dell'Arte ».

Per molti anni le funzioni religiose e le adunanze si tenevano nella Chiesa di S. Maria Nuova; nel 1503 per concessione dello Spedalingo in una stanza del Convento di S. Maria degli Angioli, situato a tergo dell'Ospedale di S. Maria Nuova. Successivamente la Compagnia si trasferì nella cappella della Confraternita di S. Luca contigua al Chiostro dei Morti o del Pozzo della SS. Annunziata. Ciò accadeva nel 1562.

Fu appunto in quell'anno che per iniziativa di Fra Giovanni Angelico Montorsoli, con il concorso di Giorgio Vasari, dell'illustre letterato Vincenzo Borghini e di molti eletti artisti la Compagnia si trasformò in una vera accademia, allo scopo di promuovere l'incremento delle Arti, posta sotto la protezione di Cosimo I. Mediante nuovi statuti il governo dell'Accademia fu affidato ad un Presidente, che per qualche tempo fu Michelangelo Buonarroti, coadiuvato da ufficiali minori. Il nuovo istituto era composto di due classi: una prima classe era costituita da artisti distinti per merito; la seconda da tutti gli altri iscritti, che potevano anche non essere artisti, ma

« coloro ancora, quali essendo gentiluomini, come persone nobili, sono ornati delle scienze appartenenti all'Architettura ed Arti del Disegno ».

Si ebbe così l'*Accademia delle Arti del Disegno,* che nel 1571 assunse il grado di Magistratura, subordinata solo al supremo Magistrato della Mercanzia, ciò che determinò a farne parte artisti come il Tiziano, il Palladio, il Tintoretto, il Veronese. All'impresa del bue alato giacente, vennero sostituite tre ghirlande intrecciate, una di quercia, una di lauro ed una di olivo, simboleggianti le tre arti del disegno: pittura, scultura, architettura con la leggenda « Levan di Terra al Ciel nostro intelletto! ». Con gli statuti del 1571 l'Accademia del Disegno si governò per secoli, fino al 1784, quando Pietro Leopoldo determinò una radicale trasformazione dell'Istituto.

Nel 1568 sette giovani fiorentini, a capo dei quali era Antonio Albizzi, fondarono l'*Accademia degli Alterati.* Il suo scopo principale era di trattare questioni letterarie, interpretando Dante ed il Boccaccio, ma non fu trascurata la purezza della lingua. Per « Impresa » le fu dato un tino pieno di uva con il motto tolto da Orazio: *Quid non designat.* La voce di chiusura « ebrietas » venne omessa per decenza.

Il sodalizio era governato da un Reggente che si cambiava ogni sei mesi. Deposto l'ufficio, veniva dagli accademici accusato e difeso ed in caso fosse prevalsa l'accusa, quale ammenda del cattivo governo doveva tenere una orazione. Talvolta gli accademici si esercitavano su temi tratti a sorte da un'urna; il Reggente poteva poi imporre dissertazioni estemporanee. Le riunioni avevano luogo in Palazzo Pitti, od in casa di Giov. Batt. Strozzi che era divenuto uno dei più caldi fautori delle adunanze; le prime adunanze sembra che avessero avuto luogo in casa di Tommaso del Nero, uno dei fondatori. Il Prezziner infatti riporta che in una sala della casa suddetta era dipinta l'Impresa degli Alterati e che di fronte ad essa si leggeva l'iscrizione: *Eligitur ab Alteratis Academia, scribendi dicendique studio creata. A. MDLXVIII.*

3. Matematica, cosmografia, astrologia. - Nel 1560 era lettore di matematica nello Studio pisano Francesco dell'Ottonaio. Ad esso successe Giuseppe Nozzolini, pisano, ed a questo D. Filippo Fantoni, fiorentino, monaco camaldolense, il quale oltre ad Euclide leggeva Tolomeo; a questo successe D. Francesco Piffari, pure monaco camaldolense, che lesse anche a Siena e che scrisse *La sfera di Giov. da Sacrobosco tradotta e dichiarata* (Siena, 1604).

Insegnò in quel tempo nello Studio di Firenze Ignazio Dante o Danti (1537-1586) di cui il Tiraboschi parla nella *Storia della Letteratura Italiana* che può essere consultata per maggiori notizie. Apparteneva all'ordine dei Domenicani ed insegnò le matematiche anche a Siena. Fu incaricato da Cosimo I e da Gregorio XIII di vari lavori astronomici e geografici. Nella facciata di S. Maria Novella di Firenze costruì il quadrante di marmo e l'armilla equinoziale e meridiana, lavoro che non poté compiere avendo dovuto partire in fretta da Firenze, quando fu chiamato a coprire la cattedra di matematiche nello studio bolognese. Costruì delle tavole geografiche e mappamondi per Cosimo I. Nel 1575 disegnò in S. Petronio di Bologna quella grande meridiana che fu poi perfezionata dal Cassini; chiamato a Roma per la celebre riforma del calendario gregoriano, dipinse nella galleria vaticana le carte geografiche dell'Italia. Scrisse molte opere di matematica e di astronomia. Nel 1560 era cosmografo di Cosimo I P. Don Miniato di Girolamo Pitti; un altro monaco, olivetano, che si distingueva nella matematica ed in particolare nella cosmografia fu Stefano Bonsignori, che nel 1570 circa disegnò carte geografiche per Cosimo I.

Secondo quanto narra il Galluzzi, Cosimo istituì una cattedra di astrologia nello Studio pisano. Secondo il Targioni Tozzetti sarebbe stata una cattedra di astronomia, ciò che si spiega per il fatto che in quel tempo non erano molto netti i confini tra astronomia ed astrologia: pur condannando l'astrologia alla luce della scienza moderna non si può disconoscere l'importanza che ebbe quando era in voga: esaltando l'influenza del mondo celeste su quello terrestre, attenua, per quanto in forma fantasiosa, il contrasto tra il cielo e la terra, soddisfacendo la tendenza a ricercare una spiegazione causale di tutti gli avvenimenti senza ricorrere al soprannaturale (La Manna). Si ricollegavano con l'astrologia la magia e l'alchimia: la prima non era solo pregiudizio, ma sforzo per assoggettare le forze occulte della natura, come l'alchimia è contatto diretto con la natura, analisi sperimentale, forse anticipazione delle concezioni moderne circa la natura e la trasformazione della materia. A coprire la cattedra di astronomia fu chiamato Fra Giuliano Ristori, nato a Prato nel 1492 e morto a Firenze nel 1555[1].

4. Chimica. - Cosimo si interessò con passione alla chimica, nel significato che si può dare a questa parola per quei tempi. Egli avrebbe trovato il modo di temperare il ferro per lavorare il porfido, invenzione però che P. Agostino del Riccio[2], citato da G. Targioni

---

[1] Vedi *op. cit.* nella nota 1 a pag. 98; pag. CVII.

[2] A. del Riccio, *Istoria delle pietre*, Cap. I.

Tozzetti, attribuisce a Maestro Ferruccio Ferrucci. Filippo Cavriana nel manoscritto che si conserva nella Biblioteca Magliabechiana ed in cui narra in elegante latino la vita di Cosimo I, gli attribuisce il tentativo di fare le porcellane e le gioie false; se non che per queste ultime Girolamo Cardano [1] è di opinione che in quel tempo il metodo era già stato conosciuto. Altri autori poi attribuiscono al figlio il merito di aver saputo fare la porcellana.

Il Grassini [2] esprime il dubbio che Cosimo I si occupasse di alchimia ed aggiunge che un Segretario di Cosimo, cioè Bartolommeo Concini, si diede cura di raccogliere varie ricette e segreti su tale argomento; queste ricette furono trovate tra i manoscritti appartenenti ai Medici da Giovanni Targioni Tozzetti quando questo fu incaricato di riordinare la Biblioteca Magliabechiana. Un riassunto di questi manoscritti doveva completare gli *Aggiornamenti delle Scienze fisiche in Toscana* dello stesso Targioni, ma rimase inedito.

Una nota assai completa di questi segreti può trovarsi nell'Aggiunta che alla Storia della Chimica nel Medio Evo del Bergman fece Giovanni Tofani [3]. Il Grassini riporta l'opinione che le note contenute nella edizione italiana della opera del Bergman e che portano il nome del Tofani siano invece del dr. G. Cioni, uomo eruditissimo e fondatore della Tipografia detta Galileiana.

Che poi Cosimo I si occupasse di alchimia non deve fare alcuna meraviglia, dati i tempi; vedremo infatti che anche i suoi successori se ne occuparono. Quando nel 1553 trasferì la sua dimora nel palazzo Pitti trasferì dal primo piano del palazzo della Signoria nel giardino di Boboli il suo laboratorio chimico e farmaceutico, dove si distillavano piante per fare acque aromatiche, essenze, oli; si fondevano metalli grezzi per purificarli. Fu in questo laboratorio, che si chiamò « fonderia », che si sarebbe scoperto il modo di fabbricare una porcellana simile a quelle provenienti dall'Oriente. Dice però il Galluzzi che questa esperienza sarebbe stata preceduta da alcune esperienze di Orazio Fontana. Nacque questi in Urbino e fiorì dal 1540 al 1560, raggiungendo il punto più elevato dell'arte di dipingere le maioliche, sia per la perfezione dei disegni che per la perfezione delle vernici.

---

[1] *De subtilitate Libri XXI,* Lugduni, 1559, L. VII, pag. 266.

[2] Vedi *op. cit.* nella Bibliografia N. 50.

[3] *Opuscoli chimici e fisici di Tornbern Bergman,* Tofani, Firenze, 1788.

5. Farmacia. - Racconta il Targioni Tozzetti[1] che

« Cosimo I diede splendido principio alla famosa "fonderia", o vogliam dire, al laboratorio chimico-farmaceutico, del quale abbiamo precedentemente parlato e col quale ed egli ed i suoi successori hanno arricchito la medicina di tanti preziosi medicamenti, dispensandoli generosamente per benefizio dei Toscani e mandandoli anche in tutte le parti del mondo ».

Vincenzo Fedeli, inviato dalla Repubblica veneta alla Corte toscana e da noi già ricordato, dice:

« Dove si fanno tante mirabili prove è in un luogo grande che si chiama la fonderia del Duca, nella quale si lavora di continuo, con infinita varietà di fuochi di fucine, di fornelli e di lambicchi e S. E. vive spesso e vi lavora di sua mano con sua grandissima dilettazione; ed è cosa rara a vedersi per l'ordine e per la copia di rimedi trovati e fatti per la salute dei corpi umani, dimodoché ancora alle cose naturali attende questo Principe per scoprire i segreti della natura, tra i quali si comprende di più l'investigazione dei metalli ».

È questa frase che fece sorgere nel Grassini il dubbio che Cosimo I si occupasse di alchimia, come abbiamo narrato.

Una forte corrente di medici giovani, sostenuta da Andrea Pasquali, archiatro di Cosimo I, riuscì ad ottenere da questo una riforma del vecchio Ricettario fiorentino, compilato nel 1473 e che ebbe varie successive ristampe, con la quale vennero fissate le ricette dei medicamenti che si dovevano comporre e dispensare dagli speziali e furono prescritte le regole che si dovevano seguire per la scelta conservazione e manipolazione dei medicinali, così semplici, come composti. Del Ricettario riformato del 1567 vennero fatte tre edizioni sotto il governo di Cosimo. In questo nuovo Ricettario i Riformatori avevano introdotto delle preparazioni nuove, ma anche delle oscurità per cui un certo Fra Filippo, fiorentino, osservante minore, pubblicò nel 1572 un dizionario delle erbe e droghe con il titolo *Compendio delle facoltà de' Semplici, di tutte quelle cose che son più in uso nella medicina, con le ordinationi, nuovamente fatte da' riformatori,* dedicato a Cosimo I.

6. Storia naturale. - La storia naturale che in precedenza era stata molto trascurata ricevette sotto il governo di Cosimo un forte

[1] Vedi *op. cit.* nella Bibliografia N. 110, pag. 208.

impulso con la fondazione della cattedra dal titolo *Lettura de' medicamenti semplici.* Volendo che fosse affidata ad uno dei più celebri professori del tempo invitò Cosimo dalla Germania il celebre medico botanico Leonardo Fuchs, ma questi non volle accettare l'invito, perché, secondo il Targioni, seguendo il consiglio del teologo Melantone che aveva abbracciato la causa della Riforma, si fece prendere dall'ambizione di fare il riformatore anche lui della religione [1]. Ed effettivamente dopo essere divenuto dottore in medicina nel 1524, non aveva potuto ottenere la cattedra ad Ingolstadt per l'opposizione dei cattolici per cui il Duca del Württenberg lo chiamò all'Università di Tubinga ove morì nel 1566. È del resto molto logico pensare che, data la sua predilezione per la riforma luterana alla quale aveva aderito fino dalla gioventù, non se la sentisse di cadere sotto i rigori della Inquisizione in Italia.

Riuscì però al Granduca di far venire Luca Ghini, o Chini, o Guini, nato alla fine circa del sec. XV, a Corvara d'Imola, castello dello Stato bolognese. Si era meritato grande riputazione per cui nel 1534 era stato nominato lettore di materie medicinali nello Studio di Bologna che lasciò per trasferirsi nel 1544 a Pisa, appunto dietro invito di Cosimo. Così lo Studio pisano acquistò con Luca Ghini colui che può giustamente considerarsi come uno dei fondatori della storia naturale ed uno dei più celebri naturalisti che fiorirono alla fine del secolo XV ed al principio del secolo XVI.

Comprese Cosimo I l'importanza di avere un luogo ove si coltivassero a pubbliche spese piante di paesi differentissimi affinché potessero essere più facilmente oggetto di studio e decise la fondazione in Pisa di un « Giardino di semplici », la cui apertura venne stabilita nel 1547 [2].

Afferma Domenico Vigna [3] che il Ghini diede principio alle sue lezioni pubbliche sui semplici nel 1547 (stile fiorentino), ciò che fa pensare che si fosse principiato a fare il giardino prima, se il Ghini potè nel 1547 incominciare a fare le dimostrazioni pubbliche. È poi da osservarsi che negli Statuti della Università di Pisa è ordinato

---

[1] M. Amadi, *In vitis Germanorum medicorum.*

[2] P. Castelli, *In Epist. ad lect. praefixa Horto suo messanensi*, Messanae, 1640.

[3] *Animadversationes sive observationes in libros de historia et de causis plantarum Theophrasti*, Pisis, 1626.

che nella lettura dei semplici si deve leggere Dioscoride. Il Targioni Tozzetti ammette che il giardino appunto si cominciasse a fare nel 1544 ed osserva che Pier Andrea Mattioli nella prefazione ai *Discorsi sopra Dioscoride,* mentre nelle edizioni del 1559 e 1585 afferma che il Ghini aveva fatto sorgere a Pisa un giardino dei semplici ad imitazione di quello padovano, non vi fa alcun accenno nelle edizioni anteriori del 1548 e 1550. Giulio Pontedera, che, nato a Vicenza nel 1688, era morto a Padova nel 1757 e che era direttore del Giardino dei semplici padovano così scrive: *Primum hortum botanicum in publicum usum hominumque commodum Pisis constitutum, dum Pisani cives affirmant, pietatem quidem caritatem eorum laudo et probo, eorumque tamen sententiam laudare nequeo... Primus hortus patavinus existit, qui ab anno* 1545 *principium ducit, pisanum autem secundum titulus januae superpositus ostendit* [1]. Questo « titulus » è stato però tolto. In base al suddetto scritto la fondazione del Giardino pisano dovrebbe essere posteriore al 1545, come infatti risulta dalla data del 1547 (1548, stile pisano), nel quale anno fu terminato.

Racconta il Fabroni [2] che il Giardino dei semplici pisano è stato da alcuno chiamato *hortus navalis* perché era vicino all'edifizio che Cosimo aveva fatto costruire sulla riva dell'Arno per fabbricare le navi. Ma poichè questo edificio aveva dovuto subire un ampliamento, il giardino venne trasferito vicino al convento di S. Viviana. Nel fondare il « Giardino dei semplici » Cosimo aveva seguito il consiglio del Ghini stesso. Dice infatti Pier Andrea Mattioli nella prefazione dell'edizione dei *Discorsi sopra Dioscoride* del 1555 che dall'esempio del Senato veneto,

> « invitato lo illustrissimo et excellentissimo Cosimo Duca di Firenze e di Siena, a persuasione del chiarissimo medico Messer Luca Ghini, ha ancora egli fatto fabbricare un altro giardino nell'antica città di Pisa, ove per opera del suo promotore verdeggiano oggi moltissime rare piante, a comodo e ornamento dei medici, degli scolari, e d'ogni altro che di questa facoltà si diletti ».

Benché il Ghini prediligesse lo studio della botanica, tuttavia

[1] G. Pontedera, *Epistolae ac Dissertationes, opus postumum in duos tomos distributum, Praefactione et notis auctum ab J. A. Donato,* Patavii, 1791.

[2] Vedi *op. cit.* nella Bibliografia N. 38.

fece anche notevoli osservazioni negli animali e nei minerali, studi dei quali si hanno notizie indirette perché non furono pubblicati. Così Guglielmo Rondelet, professore della Università di Montpellier, ebbe dal Ghini un rostro di pesce sega [1] e Benedetto Varchi, medico e letterato del secolo XVI, da non confondersi con lo storico, nella sua *Questione se l'alchimia è vera o no* dice che

« Messer Luca Ghini, medico e semplicista singolarissimo (ha) oltre la grande non solamente cognizione, ma pratica di minerali tutti quanti ».

Cosimo apprezzando grandemente l'abilità del Ghini gli diede singolari prove della sua predilezione e della sua stima volendo che durante le vacanze stesse a Corte presso di lui per discutere sulla natura di diverse droghe. Ranieri Solenander, medico, nato nel ducato di Cleves, che viaggiò in Italia, ci ha lasciato la descrizione di una di queste conversazioni del Granduca col Ghini dicendo [2]:

« Aveva ragione il Ghini col sostenere che questo carbon fossile, abbondantissimo nelle colline del Valdarno, era simile al " gagate ", descritto da Dioscoride, ma aveva ragione anche il Granduca a non lo voler creder pietra, perché veramente era legno di albero, colla corteccia impregnata di bitume ».

Avvenuta la morte del Ghini in Bologna, con molta probabilità nell'anno 1556, la sua cattedra fu dal Granduca affidata ad uno dei suoi più illustri allievi, cioè ad Andrea Cesalpino, nato ad Arezzo nel 1519, del quale dice il Fabroni che *tanto pollebat ingenii, docilitate et acumine, ut ad omnem scientiam factus esset videretur.* Ed infatti dal Ghini aveva appreso la botanica, da Realdo Colombo l'anatomia, da Guido Guidi la medicina. Continuò Cosimo I a valersi del Cesalpino per i suoi Studi e volendo avere presso di sé gli esemplari delle più pregevoli piante si fece fare dal Cesalpino un « orto secco », cioè un erbario, che, pervenuto nelle mani di Mons. Alfonso dei Tornabuoni, passò poi alla famiglia Nencini nel 1818, dalla quale il Granduca Ferdinando III lo acquistò per la sua biblioteca; nel gennaio del

[1] *G. Rondeletii... libri de Piscibus marinis in quibus variae piscium effigies expressa sunt*, Lugduni, 1554-1555.

[2] *De caloriis fontium medicatorum causa.* Le opere del Solenander sono raccolte in *Consilia medica*, Francoforte, 1596.

1844 il Granduca Leopoldo II lo fece trasportare dalla biblioteca di Palazzo Pitti nel Museo della Specola. Questo erbario consistente in un solo volume è il più prezioso di tutti gli erbari antichi: il suo pregio, secondo il Micheli, non sarebbe consistito tanto nel numero delle piante, quanto nel metodo della loro classificazione.

Il Cesalpino fece ripetuti viaggi per le terre di Toscana, ed anche all'Elba in differenti epoche per poter arricchire il giardino pisano. Dal 1555 al 1569 continuò a tenere lezioni di materia medica a Pisa, per passare poi alla cattedra di medicina pratica. Tuttavia fino al 1591 continuò durante le vacanze e nei giorni festivi a fare delle lezioni sui semplici. Il Granduca volendo alleggerirlo delle sue fatiche conferì la cattedra dei semplici ad un certo Tommaso Mesman, tedesco, il quale la tenne solo l'anno 1571. Al Mesman successe il dottor Baldello Baldelli di Cortona che la tenne onorevolmente dal 1572 al 1596. Della importanza del Cesalpino nella medicina tratteremo quando illustreremo gli eventi accaduti sotto il governo di Francesco I.

Quasi contemporaneamente all'istituzione del Giardino dei semplici pisano, il Granduca fondò un altro Giardino dei semplici in Firenze, affinché gli scolari di Pisa nei tempi delle vacanze trovandosi a Firenze a far pratica di medicina potessero continuare lo studio della botanica. Sorse così il Giardino dei semplici in un campo presso la Chiesa di S. Marco, ove, come abbiamo narrato, Niccolò da Uzzano aveva disposto per testamento che vi si facesse un collegio per studenti. Mancano documenti ufficiali circa la formazione di questo giardino ma è certo che la sua istituzione fu da Cosimo affidata a Luca Ghini che leggeva sui semplici a Pisa e che dirigeva il giardino di quella città. Si sa però che esso era terminato prima del 1557. Avvenuta la morte del Ghini l'ufficio di *semplicista genèrale* nella sua Corte che egli ricopriva fu affidato a Luigi Leoni Cividal di Belluno.

Tra i botanici dell'epoca meritano di essere ricordati Marcantonio Montisiano o Montigiani senior di S. Gimignano [1], dottore in medicina, che fece in lingua italiana un buon commento di Dioscoride e Pietro Andrea Mattioli. Questo illustre botanico la cui gloria offuscò

---

[1] G. V. Coppi, *Memorie ed Homini illustri di S. Gimignano*, Firenze, 1695, pag. 192.

quella di qualunque altro botanico dei suoi tempi, nacque a Siena nel 1500. La sua riputazione è basata quasi esclusivamente sui suoi *Discorsi sopra Dioscoride* nei quali raccolse tutta l'erudizione botanico-medica del tempo, aggiungendo alla traduzione dal greco la descrizione di un grandissimo numero di piante, di animali e di minerali che egli aveva trovato nei suoi viaggi in Italia ed in Germania, corredando il testo di belle figure. Illustrò in modo particolare le piante della Toscana. La sua opera fu pubblicata dapprima in italiano (Venezia, 1544); nel 1554 ne uscì una edizione latina, *Commentarii in sex libros Ped. Dioscorides*. Moltissime furono le edizioni che si succedettero dell'opera classica del Mattioli: ottima quella del Valgrisi (Venezia, 1565). Morì a Trento ove si era ritirato negli ultimi anni, nel 1577.

Oltre ai giardini dei semplici annessi agli Studi a scopo di istruzione generale ve ne erano dei privati, anzi si può dire che fu appunto l'istituzione dei grandi giardini dei semplici di Pisa e di Firenze, associata alla divulgazione dei vecchi testi di storia naturale, che stimolò i privati ad occuparsi di queste scienze, non che dell'agricoltura ed a formare giardinetti di semplici e raccolte di cose naturali. Così Alamanno Salviati, dotto e ricco mercante in un suo giardino di Firenze, vicino a Porta a Pinti, aveva un luogo destinato ai semplici; il poeta fiorentino messer Fabio Segni aveva un giardino di semplici che meritò la lode di Pietro Andrea Mattioli nella Prefazione ai suoi *Discorsi sopra Dioscoride.*

Lo stesso Cosimo I aveva creato una raccolta di cose naturali che poi venne accresciuta da suo figlio Francesco. Fece inoltre cercare e trasportare nel giardino pisano rare piante per cui il Sanleonini scrisse che non solo vi erano le piante che nascono in Toscana ed in Italia ma ancora *quasque legunt Arabi laeti in montibus herbas; India quas campis; Nilus aquisque rigat.*

Bernardo Vecchietti, intelligente ed appassionato cultore della storia naturale e dell'agricoltura si era costruito nei pressi della città una grandiosa villa detta « il Riposo » della quale ci ha lasciato una elegante descrizione Raffaello Borghini nel suo *Trattato della pittura e scultura.* L'amico di Giovanni Targioni Tozzetti, Niccolò Gualtieri comprò — è da supporsi dagli eredi — un gran numero di piante, di animali e di minerali, come da confessione dello stesso Gualtieri al Targioni [1], aggiungendo che di molti oggetti non si interessò perché li aveva già nel suo Museo.

Queste raccolte granducali e private acquistano grande importanza rappresentando i primi nuclei con i quali vennero a formarsi i grandi musei pubblici, costituendo degli esempi che furono imitati in altri paesi. Così nel 1570 papa Pio V, avendo le stesse inclinazioni di Cosimo e volendo creare un giardino dei semplici nel Belvedere, mandò in Toscana il suo medico, Michele Mercati di S. Miniato, perché unitamente con il Cesalpino scegliesse i semplici da trapiantarsi nel giardino di Roma. A questo giardino fu preposto in giovanissima età lo stesso Mercati, nato a S. Miniato nel 1541; oltre che medico era naturalista e si occupò di raccogliere produzioni naturali, specialmente minerali; morì nel 1593. Tra gli altri scritti lasciò *Methallotecha*, una descrizione del museo che egli aveva creato nel Vaticano e che fu pubblicata postuma.

7. Industrie minerarie. - Cosimo I pensò di trarre profitto da tutte le numerose miniere esistenti nel suo dominio ed a questo scopo nel 1547 fece venire degli esperti ungheresi, diretti da Giovanni Zeglier, i quali compilarono delle regole sulle quali fu costruita una legislazione idonea allo scopo del massimo sfruttamento delle ricchezze minerarie. Le miniere che richiamarono una maggiore attenzione furono quelle di piombo, argento e ferro a Pietrasanta ed in più luoghi del Volterrano e del Senese; quelle di vetriolo (solfati di rame, ferro o zinco) a Monterotondo ed all'Elba.

Le miniere di allume furono quelle che presentavano il massimo interesse e la massima utilità. Fino dal secolo XIII la Repubblica attendeva con impegno alla escavazione delle miniere di allume, sostanza necessaria per la colorazione della lana e la spedizione del Magnifico contro i Volterrani aveva la sua ragione nelle miniere di allume del Sasso. Nel 1483 il governo trasferì all'Arte della lana ogni diritto sulle miniere di allume del dominio; da allora i Conservatori di quell'arte attesero con molta vigilanza a raccogliere un materiale così utile per la loro manifattura. Sotto il governo di Cosimo I non si ristette dalla attività mineraria per ottenere l'allume e dalla sua successiva lavorazione.

---

[1] Vedi *op. cit.* nella Bibliografia N. 110, pag. 202.

Cosimo I si interessò pure molto alle cave di marmo statuario di Pietrasanta. Di un tale interesse, congiunto a quello delle miniere, ci parlano due biografi del Granduca, Baccio Baldini [1], suo protomedico ed Aldo Mannucci [2].

8. Medicina. - Grande lustro venne allo Studio pisano e grande onore a Cosimo I per l'interesse che questo pose nel promuovere lo studio dell'anatomia, fino ad allora piuttosto negletto, provvedendo che i cadaveri dei condannati a morte fossero utilizzati per le dimostrazioni anatomiche, come risulta dagli Statuti della Università, e richiamando nello Studio i più celebri anatomisti. Basterà che ricordiamo Andrea Vesalio di Bruxelles, Realdo Colombo cremonese e Gabriele Falloppio modenese: tutti e tre vi fecero però delle brevi dimore. Il Vesalio vi venne da Padova dopo avere pubblicato nel 1543 il *De corporis humani fabrica.* Il Colombo proveniva pure dalla cattedra di Padova e si trattenne a Pisa per tutto il 1547; notizie circa il suo viaggio in Toscana si possono ricavare dalla sua stessa opera postuma *De re anatomica, Lib. XV.* Il Falloppio proveniva dalla Università di Ferrara, venne a Pisa nel 1548 continuandovi le sue lezioni fino al 1551 per poi passare a leggere anatomia a Padova.

Abbiamo già messo in luce i vantaggi che il rifiorito studio delle lingue classiche e la conseguente conoscenza dei testi antichi di medicina greci e latini avevano portato all'esercizio della medicina già nei tempi più floridi della Rinascenza, facendo sì che i medici, abbandonando le regole della medicina araba si attenessero piuttosto a quelle promulgate da Ippocrate e da Galeno. Le nuove idee dovevano di necessità trovare ostacolo nei vecchi medici ancorati alle concezioni tradizionali, come accade in ogni periodo di transizione; ma la mente aperta di Cosimo non poteva non accettarle e si deve pensare che in questo senso esercitasse una forte influenza Andrea Pasquali, archiatro del Granduca: la conseguenza fu la riforma nel 1567 del Ricettario fiorentino, della quale abbiamo già parlato.

Provvide Cosimo ad emanare disposizioni per impedire l'introduzione nello Stato e la diffusione della peste della cui natura contagiosa si erano già persuasi i medici del periodo della Signoria

---

[1] Vedi *op. cit.* nella nota 4, a pag. 215; pag. 28.
[2] *Vita di Cosimo I de' Medici*, Pisa, 1823.

medicea. Fu pure disposto con bando 12 ottobre 1548 che nessuno potesse esercitare l'arte salutare, sia nella forma completa di medico fisico o di chirurgo, od in quella limitata di barbiere, se non fosse stato prima « immatricolato », cioè approvato da una Commissione esaminatrice composta di quattro medici, deputati dal Magistrato dei Consoli dell'Arte dei medici e speziali.

Era naturale che per far conseguire allo Studio i maggiori vantaggi, sia per quanto riguarda la salute dei singoli, che per la sanità pubblica, Cosimo cercasse di richiamare all'insegnamento universitario della medicina pratica i più accreditati maestri. Fra i più illustri merita di essere ricordato Matteo Curzio o da Corte, pavese, che fu lettore di medicina a Pisa fino dall'anno 1515, che passò quindi a leggere medicina a Padova ed a Bologna e che fu archiatro di Clemente VII; richiamato da Cosimo I a leggere medicina in Pisa con grosso stipendio, al suo secondo anno di lettura, venne a morte nel 1544; volle allora il Granduca onorarne la memoria facendogli erigere un cenotafio in marmo nel Camposanto di Pisa ove è chiamato *Hyppocratis Galenique vindex*. Burlacchino Burlacchini, lucchese, fu protetto da re Francesco I, ma alla morte di questo fu da Cosimo incaricato di occupare la cattedra di medicina nello Studio pisano che tenne dal 1547 al 1562, nel quale anno abbracciò la vita ecclesiastica e fu eletto dal Granduca Preposto di Pescia, ove morì nell'anno 1569. Leonardo Giachini di Empoli fu uno dei più validi sostenitori dell'indirizzo galenico fiorentino, quindi lettore a Pisa. Tommaso Cornacchini di Arezzo fu dal Granduca nominato lettore, prima di filosofia, poi di medicina nello Studio pisano.

Molti furono i medici che godettero grande riputazione sotto il governo di Cosimo I, tra i quali: Andrea Pasquali, già da noi ricordato per aver forse consigliato al Granduca, del quale era archiatro, la riforma del Ricettario fiorentino; Balduino Balduini di Barga che fu archiatro di papa Giulio III; Pierantonio Contughi di Volterra che fu archiatro di papa Pio IV; Giovanni Francesco Manovelli, fiorentino, che fu archiatro di papa Paolo III.

La chirurgia si sollevava in quel tempo in Francia al grado di scienza per merito preminente di Ambroise Parè; tuttavia re Francesco I chiamò ad insegnare chirurgia nella Università di Parigi Guido Guidi, seniore e lo nominò suo primo medico; alla morte di Francesco I Cosimo lo richiamò a leggere, prima filosofia e poi medicina nello Studio pisano; della stima che aveva di lui parla il Cellini nella sua vita.

Con tanta affluenza di uomini dotti era naturale che Pisa, già prima deserta e spopolata, divenisse una città fiorente le cui condizioni sanitarie si avvantaggiarono con il prosciugamento delle circostanti paludi, mentre veniva riaperto il porto con la costruzione di una nuova darsena. Livorno da un piccolo villaggio di pescatori fu trasformata in una piccola città con un porto mentre si preparavano i piani che dovevano in seguito dare i migliori frutti.

La Scuola medica fiorentina continuò sotto il governo di Cosimo I la sua attività sulle basi precedentemente costituite.

9. Filosofia. - Durante il governo di Cosimo la filosofia peripatetica e con questa la scolastica dominavano ancora sovrane: il Rinascimento letterario non avendole completamente debellate, esse persistevano con ostinata tenacia, favorita dalle persecuzioni cui potevano andare soggetti gli innovatori: all'*ipse dixit* aristotelico se ne andava sostituendo un altro, fortemente ancorato al dogma. Dieci anni prima della morte di Cosimo I nasceva Galileo che, nella sua tarda età, doveva affrontare la crudele opposizione delle scuole teologiche.

Tra i lettori più stimati di filosofia merita di essere ricordato Marcantonio Montigiani che abbiamo già ricordato come botanico, che scrisse varie opere di medicina e che leggeva filosofia naturale nello Studio pisano con grandissimo concorso di scolari, per cui i suoi colleghi, presi da invidia, lo accusarono presso il Granduca di non insegnare materiale di dottrina. Il Granduca volle chiarire le cose da sé e recatosi alle lezioni del Montigiani poté persuadersi che si trattava di una montatura calunniosa per cui non solo gli accrebbe lo stipendio, ma lo nominò Lettore primario di filosofia.

Ma ancor più meritevoli di essere ricordate sono le questioni circa i fenomeni naturali che fornirono materia di discussione tra i vari dotti e che, promosse da Leonardo Giachini, empolese, professore di medicina in Pisa, del quale abbiamo già parlato, furono esposte in latino dal Giachini stesso sotto il titolo *Quaestionum naturalium libellus* e pubblicate postume a Basilea nel 1563 insieme ad altre opere di soggetto medico.

Era naturale che lo studio della logica e della metafisica, per le ragioni che abbiamo spiegato, continuassero ad avere favore sotto Cosimo I. Molte notizie si possono trovare in uno « zibaldone » di Mons. Girolamo da Sommaja (Cod. Magliab. Classe VIII, N. XLIX) che fu Provveditore dello Studio di Pisa al tempo del Granduca Cosimo II e dal quale molte notizie attinse Giovanni Targioni Tozzetti alla stessa guisa che noi da quest'ultimo le attingiamo.

Tra i lettori di logica e filosofia in Pisa meritano di essere ricordati: Francesco Buonamici, filosofo peripatetico; Francesco Piccolomini, di cui parla Mons. Girolamo da Sammoja in altro suo « zibaldone » (Cod. Magliab. Classe VIII, N. LXXXI.); Remigio Migliorati di Borgo S. Sepolcro che fu lettore di filosofia peripatetica anche nello Studio padovano e che morì in Pisa nel 1554; Luigi Benvenuti che tenne una cattedra di logica nello Studio di Pisa ove morì nel 1569; padre Alberto Campana che fu lettore di metafisica per moltissimo tempo nello Studio pisano e consigliere del Granduca nella riforma della Università.

VIII

PERIODO DEL PRINCIPATO MEDICEO

Dal governo di Francesco I al governo di Ferdinando II (1574 - 1620)

1. STORIA. - *Francesco I* (1541 [governò 1574-1587] 1587). - Negli ultimi anni della sua vita Cosimo I lasciò quasi completamente gli affari nelle mani del figlio primogenito, incurante che il negligente governo del figlio spargesse i semi di futuri mali. Francesco aveva ereditato dal padre la ferocia e l'amore per la scienza, quest'ultimo però fino al punto di trascurare gli affari dello Stato, ciò che però il padre non aveva fatto. Di lui dice il Pieraccini: « fu un cattivo principe ».

Era quella l'epoca nella quale i governanti sembravano affetti da estrema ferocia, conseguendone uno stato di indifferenza per le continue esecuzioni capitali. La crudeltà di Francesco, associata alla corruzione generale dell'amministrazione e ad una politica fiscale difettosa provocarono contro Francesco un odio violentissimo. Come era accaduto a Cosimo I al principio del suo regno, essendo succeduto al padre dopo la sua morte nel 1574, Francesco riuscì a sventare una congiura diretta contro la sua persona, che fu crudelmente repressa, ciò che gli aumentò l'odio che la popolazione nutriva contro di lui. Nel 1576 l'imperatore Massimiliano II, suo cognato, avendone Francesco sposato la sorella, l'arciduchessa Giovanna d'Austria, gli conferì formalmente il titolo di Granduca senza tenere in conto il precedente conferimento al padre da parte del pontefice Pio V.

LUCA GHINI

PIETRO ANDREA MATTIOLI

GALILEO GALILEI

ANDREA CESALPINO

Nell'estate del 1576 la famiglia medicea fu funestata da due tremende tragedie domestiche nel corso di una settimana: l'uccisione della moglie di Pietro, fratello di Francesco, anch'essa chiamata Eleonora di Toledo e figlia di Don Garcia di Toledo, per opera del marito stesso ed a causa della sua amicizia con Bernardino Antinori e l'uccisione di Isabella, sorella di Francesco, pure ad opera del marito Paolo Giordano Orsini, ad istigazione della sua amante Vittoria Accoramboni. Rimasto vedovo Francesco nel 1578, nel successivo anno sposò Bianca Cappello, della quale era stato l'amante per quindici anni, appartenente a potente famiglia veneziana, donna fornita di irresistibile fascino, dopo l'uccisione di Piero Buonaventura, suo primo marito.

Francesco morì nell'ottobre del 1587, in età di anni 46, dopo un governo di soli 13 anni nella sua villa di Poggio a Caiano e quasi contemporaneamente morì Bianca Cappello. Questa contemporaneità delle morti ed il fatto che Ferdinando con la morte del fratello sarebbe salito al trono, oltre all'altro dell'odio che egli nutriva per Bianca Cappello fecero sospettare che egli li avesse fatti avvelenare. Furono fatte altre ipotesi, ma oggi generalmente si ritiene che i due fossero morti di morte naturale in armonia con i risultati delle autopsie che Ferdinando aveva fatto fare. La figura di Bianca Cappello non ha fatto che guadagnare con il tempo ed il costante e fedele amore per Francesco e di questo per lei gettano una luce romantica sulle loro vicende in tempi di delitti e di infedeltà. Francesco I fu sepolto nella Sacrestia Nuova di S. Lorenzo; successivamente la salma fu trasportata nel Mausoleo Mediceo.

Ebbe Francesco inclinazione per i letterati e per i dotti con i quali amava intrattenersi in familiare conversazione: li aiutava e proteggeva, quando fosse stato necessario, specialmente se avessero contribuito a spargerne le lodi. Aldo Manuzio junior era molto nella considerazione del Granduca che lo prescelse per scrivere la vita del padre. Amò Francesco fortemente le scienze occupandosene lui stesso, come racconteremo in dettaglio.

A Francesco spetta il merito di aver dato inizio alla sistemazione di quell'edifizio che oggi è a tutti noto come Galleria degli Uffizi. Suo padre aveva fatto costruire la parte inferiore per adibirla ad Uffizi statali, mentre al di sopra vi erano dei semplici laboratori artigiani. Fu la loggia sovrastante a questo secondo piano che Francesco fece adattare a galleria trasferendovi alcuni quadri della collezione di famiglia.

Ferdinando I (1549) [governò 1587-1609] 1609). - Ferdinando I, quartogenito di Cosimo I e di Eleonora di Toledo, aveva venticinque anni quando il padre morì e poiché il fratello non aveva eredi, quando questo morì, lasciato il titolo di cardinale che aveva acquistato a quattordici anni, gli successe sul trono di Toscana. D'altra parte l'individuo che passava sotto il nome di Don Antonio Medici aveva firmato un atto di rinuncia ad ogni pretesa sul trono di Toscana, dopo che una inchiesta aveva dimostrato che non era figlio di Francesco.

Ferdinando aveva vissuto costantemente separato dal fratello ed a Roma aveva mostrato una grande abilità nell'amministrazione degli affari ecclesiastici fondando il Collegio « De Propaganda fide » e come abile collezionista di arte classica, ricuperando molte opere che erano andate disperse durante gli ultimi pontificati. Queste opere egli raccolse nella celebre villa Medici che pure egli aveva fatto costruire.

Appena sul trono incominciò ad abbandonare la parte della Spagna per ristabilire cordiali rapporti con la Francia. Dopo la morte di Caterina de' Medici nel 1589, sposò sua nipote Cristina di Lorena che fu per Ferdinando una moglie eccellente e di esemplare condotta. Accrebbe Ferdinando la marina che all'ordine dei Cavalieri di S. Stefano conquistò molti onori nel Mediterraneo, tanto per le sue vittorie sui Turchi quanto per aver liberato i mari dai pirati di Barberia. Restituì Ferdinando alla Corte l'ordine e la moralità, ma non poté opporsi allo strapotere dei Gesuiti, il cui ordine, riconosciuto da Paolo III nel 1543, aveva acquistato sul popolo un dominio quasi assoluto.

Ferdinando aiutò Enrico di Navarra a salire sul trono di Francia come Enrico IV, facendogli abbandonare la religione protestante per la cattolica e riuscendo a combinare il suo matrimonio con la nipote Maria figlia di Francesco. Gli ultimi mesi del suo regno furono occupati nel fissare il matrimonio del suo primogenito Cosimo con l'arciduchessa Maria Maddalena, figlia dell'arciduca Carlo di Austria. Questo matrimonio ebbe luogo con grande fasto nel giugno del 1608; il 7 febbraio 1609 ebbe luogo la morte del Granduca dopo ventidue anni di regno. Fu sepolto nella Sagrestia Nuova di S. Lorenzo e la salma successivamente fu trasportata nel Mausoleo Mediceo.

Grandi opere compì Ferdinando I per il risanamento della Toscana. Aprì una comunicazione acquea tra Pisa e Livorno per mezzo di un canale detto Naviglio. Condusse a termine l'opera iniziata dal padre con la trasformazione di un piccolo villaggio di pescatori in un piccolo porto, fondando Livorno. Il piccolo porto venne trasformato in un porto importantissimo: furono disegnati e scavati i moli, le fortificazioni vennero progettate e costruite, vennero applicati regolamenti fiscali che favorivano il commercio, venne promulgata una legge per la quale il porto doveva funzionare con la maggiore tolleranza possibile in modo da costituire un asilo per tutti i perseguitati.

Il Pieraccini definisce Ferdinando I « principe di sentimenti dolci e umani, onde il suo governo fu moderato e pacifico; fu signore magnifico, munificiente ed affabile ».

Cosimo II (1590 [governò 1609-1620] 1620). - Cosimo era il maggiore degli otto figli di Ferdinando I e di Cristina di Lorena; successe al padre nel 1609 all'età di diciannove anni. Il padre aveva avuto cura di elevare l'istruzione di Cosimo, affidandolo a precettori valentissimi. Tra questi si deve ricordare Celso Cittadini, senese, versato in ogni genere di studi; Giovanni Battista Strozzi, il giovane, uomo assai erudito che fu anche precettore di Ferdinando II e dei suoi fratelli. Nella orazione fatta da Michelangelo Buonarroti, il giovane, in occasione delle esequie di Cosimo II, esso si dilunga a parlare della educazione di Cosimo II.

Gli studi preferiti da Cosimo erano quelli di scienze naturali e di matematica: in questa materia ebbe Cosimo come maestro Galileo, il quale, essendo allora professore nello Studio padovano ove si era trasferito da Pisa nel 1592, soleva trascorrere le vacanze estive in Firenze, provvedendo alla istruzione di Cosimo.

Particolari poi di grande interesse circa le riunioni che Ferdinando I faceva fare nelle sue stanze, con discussioni circa ogni ramo di erudizione, in modo che Cosimo ed i suoi fratelli ne approfittassero, si possono trovare nel *Diario di corte*, tenuto da Cesare Tinghi, Aiutante di Camera del Granduca Ferdinando, uomo che il Targioni Tozzetti definisce « piuttosto idiota, ma sincero ».

Nei primi anni del secolo Galileo aveva fatto molte osservazioni sul magnetismo e sul modo migliore di armare la calamita, per cui è ragionevole credere che avendone tenuto parola con il principe si ridestasse in lui il desiderio di avere una potente calamita come risulta da una lettera di Galileo a Curzio di Picchiena, Segretario di Stato del Granduca, scritta da Padova il 16 novembre 1607.

Aveva Cosimo sposato nel giugno del 1608 Maria Maddalena, figlia dell'arciduca Carlo d'Austria. La giovane coppia introdusse nella Corte una attrattiva di gioventù, di letizia ed anche di onestà, congiunte ad un gusto raffinato ed all'amore per le arti e per le scienze. In relazione a questo evento Cosimo decise di ingrandire ed abbellire il palazzo grandemente accrescendo la facciata fino a 13 finestre e costruendo le due grandi ali posteriormente con il cortile centrale. Ferdinando II aggiunse due ali a due piani in prolungamento della parte centrale portando le finestre a 23. I due avancorpi laterali e porticati furono aggiunti regnando Pietro Leopoldo e Ferdinando III di Lorena. Oltre a ciò Cosimo costruì per sua moglie la villa del Poggio Imperiale ed il magnifico viale di accesso.

Nel gennaio del 1610 Galileo scopriva i satelliti di Giove cui dava il nome di *Stelle Medicee*, forse per acquistare la grazia della Corte di Firenze, con l'intento di valersene per ottenere un alto ufficio in Toscana, il che gli fu poi, per sua disgrazia, concesso. Ed infatti se egli aveva accettato l'invito della Repubblica veneta di recarsi a Padova, dopo tre anni di insegnamento a Pisa, fu perché amareggiato dalle inimicizie che erano sorte per il fatto che egli non aveva dato parere favorevole ad una macchina inventata da Giovanni de' Medici, figlio naturale di Cosimo I, per svuotare la darsena di Livorno.

Nella occasione di quella scoperta così Galileo si esprimeva in una lettera a Belisario Vinta, Segretario del Granduca, il 18 giugno 1610 da Venezia, dopo avere accennato alle macchie lunari, alla scoperta di altre stelle fisse ed aver stabilito che cosa è la Via lattea:

« ma quello che eccede tutte le meraviglie, ho ritrovato quattro Pianeti di nuovo e osservati i loro movimenti propri e particolari, differenti tra di loro e da tutti gli altri movimenti delle stelle e questi Novi Pianeti si muovono intorno ad un'altra stella molto grande, non altrimenti che si muovono Venere e Mercurio, e per avventura gli altri Pianeti conosciuti intorno al Sole. Stampato che sia questo Trattato (cioè il *Nuncius Sidereus*) che in forma di avviso mando a tutti i Filosofi e Matematici, ne manderò una copia al Serenissimo Granduca (al quale lo aveva dedicato) insieme con un canocchiale eccellente da poter riscontrare tutte queste novità ».

Di conseguenza una delle prime premure del Granduca Cosimo II, appena ebbe preso possesso del governo, fu quella di richiamare in patria da Padova al suo servizio Galileo il 10 luglio 1610, avendo allora Galileo quarantacinque anni. Gli regalò una villa ad Arcetri e gli creò la carica di « Primario Filosofo e Matematico » del Granduca con uno stipendio annuo di 1000 scudi ed inoltre dandogli la carica di « Primario Straordinario Matematico » dello Studio di Pisa, senza obbligo di leggervi o risiedervi. Da queste cariche Galileo traeva abbastanza per il suo mantenimento da poter essere libero di proseguire i suoi studi protetto da tutte le macchinazioni dei suoi nemici.

Il Granduca si interessava anche di studi di meccanica ed aveva piacere che fossero fatti nelle riunioni dei più illustri scienziati, soprattutto se interveniva Galileo e ciò diede a questo il maggior impulso a scrivere il *Trattato delle galleggianti*, ciò che fu causa di una disputa tra diversi studiosi avanti al Granduca, della quale ci parla il Viviani nella sua *Vita di Galileo.*

Nel 1610 incominciarono a nutrirsi i primi sospetti su Galileo da parte del cardinale Bellarmino: nel 1611 Galileo si recò a Roma ove fu bene accolto da papa Paolo V; nel 1615 fu denunciato al S. Uffizio e nel 1616 dovette ritornare a Roma ove fu ammonito di abbandonare il sistema copernicano. Non gli giovò certamente l'*Apologia pro Galileo,* scritta nel 1616 da Tommaso Campanella dal carcere. Ripresi i lavori, dovette sostenere vivaci polemiche con il gesuita Orazio Grassi a proposito di comete comparse nel 1618.

Nel 1610 accadde la morte violenta di Enrico IV, pugnalato nella sua vettura mentre si recava ad una cerimonia. Maria de' Medici, cugina di Cosimo, essendo figlia di Francesco I, assumeva la reggenza durante la minore età del figlio Luigi, ma nel 1617 il figlio Luigi XIII scosse l'autorità materna, la fece rinchiudere a Blois, da dove fuggì ed alla fine la esiliò dalla Francia. Morì a Colonia nel 1642 nella più squallida miseria.

Cosimo II dopo la sua ascensione al potere, chiuse la banca di famiglia, considerandola come una attività non degna di un sovrano regnante. Nel 1614 si ammalò gravemente di una malattia che non lo risparmiò più tanto che il 28 febbraio 1620 cessò di vivere in età di trent'anni, dopo un regno di undici anni, molto rimpianto da tutti. Fu provvisoriamente sepolto nella Sagrestia Nuova di S. Lorenzo in attesa che fosse finito il nuovo Mausoleo.

2. Condizioni ambientali. - *Stato della cultura.* - Questo breve periodo storico comprendente il governo di tre Medici e della durata di un cinquantennio è caratterizzato dal sorgere di numerose accademie. Era una conseguenza del risorto studio delle lettere classiche che aveva portato all'abitudine di erudite conversazioni, sia per diletto che per istruzione, conversazioni che riguardavano quasi esclusivamente argomenti letterari. Tuttavia il conflitto tra il vecchio indirizzo del pensiero che ricercava le leggi della natura basandosi sulle parole, sulle discussioni dialettiche e sul principio di autorità e quello nuovo che le ricercava direttamente dall'esame dei fatti, non che il comparire dei primi raccoglitori di cose naturali, i primi curiosi della natura, aveva per effetto che nelle riunioni accademiche si discutessero anche qualche volta problemi di natura scientifica, per cui sorgessero accademie di scienze, lettere ed arti. A non molta distanza di tempo, con l'Accademia del Cimento si inaugurava in Italia la serie delle accademie puramente scientifiche.

Le accademie sorsero in ogni parte d'Italia in grande numero, stimolate oltre che dagli argomenti, dallo spirito di emulazione, assumendo i nomi e le imprese più strane. In Toscana l'avvio a questo nuovo indirizzo era stato dato in modo magnifico, per quanto di durata effimera dalla Accademia Platonica, sorta durante il governo di Cosimo il Vecchio. Durante il governo di Cosimo I erano sorte l'Accademia Fiorentina che cessò tardi con il governo di Pietro Leopoldo e l'Accademia degli Alterati che cessò presto sotto il governo di Ferdinando II. Durante il governo di Francesco I sorsero la gloriosa Accademia della Crusca che dimostrò tale vitalità per cui è anche oggi attiva dopo tanti secoli dalla sua origine; inoltre l'Accademia dei Desiosi che si unì durante il governo di Ferdinando I a quella degli Alterati da cui fu assorbita e l'Accademia degli Oscuri divenuta poi Accademia Lucchese di Scienze, Lettere ed Arti. I Principi non erano inerti spettatori in queste accademie, ma spesso prendevano parte alla loro attività, dandole così maggiore importanza.

Dato il carattere prevalentemente letterario e filosofico delle accademie di quel tempo l'Inquisizione concedeva ai loro soci di esercitare i loro talenti con una certa libertà, mentre le nuove dottrine basate sullo studio diretto della natura, e non sulla autorità degli antichi, con metodo sperimentale e non dialettico, validamente sostenute da Bernardino Telesio, Giordano Bruno, Giulio Cesare Vannini e Tommaso Campanella trovarono forte opposizione negli Inquisitori. Sorgeva frattanto in Toscana in questo periodo il fulgido astro galileiano, che doveva illuminare il pensiero scientifico del tempo della massima luce sotto il governo di Ferdinando II, durante il quale Galileo dovette sottoporsi all'abiura e poi alla condanna della Inquisizione come narreremo in dettaglio.

A questo periodo storico si affacciano per chiudervi la loro vita alcuni letterati che fiorirono sotto il governo di Cosimo I, come Scipione Ammirato, fiorentino per lunga dimora e formazione culturale, che morì nel 1601, Bernardo Davanzati, fiorentino, che morì nel 1606, Anton Francesco Grazzini, pure fiorentino, che morì nel 1583.

Un letterato vissuto in questo periodo occupandolo nella sua interezza è il fiorentino Ottavio Rinuccini, che aveva coltivato l'ode anacreontica e scritto poesie in versi sciolti. La sua importanza risiede nel fatto che egli scrisse composizioni che furono musicate, dando origine all'opera lirica.

Per lo sviluppo dato allo studio delle lettere in Roma merita particolare ricordo Ferdinando I. In quella città infatti egli aprì la famosa stamperia di lingue orientali, nella quale tra le tante opere fece stampare intere opere arabe di Avicenna. Se Ferdinando si fosse trattenuto a Roma più a lungo invece di dovere succedere al fratello Francesco, questa stamperia avrebbe sviluppato una maggiore attività per il fatto che egli aveva acquistato un grande numero di codici orientali, specialmente arabi, che facevano parte della Biblioteca Palatina di Firenze e che poi nel 1771 furono trasportati nella Biblioteca Laurenziana. Voleva Ferdinando anche far pubblicare una raccolta di manoscritti greci di matematica, le cui copie si trovano in diversi codici della Biblioteca Magliabechiana.

Pure sotto il governo di Ferdinando I, nel 1600 circa, Riccardo

Riccardi fondò la Biblioteca Riccardiana, dalla fine del secolo XVII situata nella parte posteriore del palazzo Medici-Riccardi, con ingresso da Via de' Ginori ed aperta al pubblico nel 1715, contenente un grande numero di libri e manoscritti di grande pregio. Curò infine Ferdinando I a sue spese le spedizioni in Egitto, Etiopia e Persia allo scopo di raccogliere manoscritti.

Fiorivano in quell'epoca nella pittura: Alessandro Allori, fiorentino, detto il Bronzino, che, passato a Roma, subì l'influsso di Michelangelo e dell'arte antica ed a Firenze incominciò con gli affreschi della chiesa della SS. Annunziata, affrescò il soffitto della Cappella Gaddi in S. Maria Novella, decorò la villa ed il Palazzo Salviati e la villa di Poggio a Caiano e dipinse una quantità di tavole di soggetto prevalentemente sacro, affermandosi valente ritrattista per cui ebbe da Cosimo I l'incarico di fare i ritratti della famiglia Medici; Bernardino Poccetti, fiorentino, che, abile disegnatore e provvisto di fervida fantasia, affrescò molte storie sacre nei chiostri di S. Marco, di S. Maria Novella, della SS. Annunziata nel refettorio di S. Spirito e di cui si considera come capolavoro l'affresco della volta dell'ingresso dell'Ospedale degli Innocenti.

Teneva il primato tra gli scultori Giambologna, nato a Douai, ma di elezione fiorentino, che in Firenze eseguì molte opere, tra cui il « Mercurio volante » conservato nel Museo Nazionale, il monumento equeste di Ferdinando I in piazza della SS. Annunziata, il « Ratto di una Sabina » nella Loggia dei Lanzi, il monumento equestre di Cosimo I, pure in Piazza della Signoria. La scuola di scultura, accusando una certa debolezza, passò quindi nelle mani di Pietro Tacca di Carrara, autore delle due belle fontane di Piazza della SS. Annunziata.

Erano eminenti architetti: Bartolommeo Ammannati di Settignano che costruì il celebre ponte di S. Trinita, distrutto nell'ultima guerra dai tedeschi e poi ricostruito come era ed il cortile interno di Palazzo Pitti oltre a moltissimi palazzi per privati; Bernardo Buontalenti, fiorentino, che eresse la fortezza di Belvedere e che manifestò il suo genio soprattutto nel disegnare ville e giardini.

Cosimo I aveva incaricato il Buontalenti di insegnare il disegno al figlio Francesco che così crebbe con il gusto dell'arte. Incaricò Francesco I il Buontalenti di adattare a Galleria la terrazza coperta che sormontava il lato a levante dell'edifizio, che va da via della Ninna fino all'Arno, la cui costruzione era stata da Cosimo I iniziata: in quella Galleria fece trasportare alcuni quadri delle collezioni di famiglia. Fu questo il principio dell'attuale Galleria degli Uffizi. Nel 1580 si terminava la costruzione del lato di ponente, verso la Loggia dell'Orcagna. Nel 1585 venne costruito un teatro, sempre nello stesso edifizio, nel quale la prima rappresentazione ebbe luogo il 16 febbraio 1585 con l'*Amico fido* di Giovanni de' Bardi.

Francesco I mise molto interesse nella costruzione di nuovi edifizi e nell'ingrandimento dei vecchi. Acquistata, ancora non regnante, la villa di Pratolino, affidava al Buontalenti l'incarico di rimodernarla, ingrandirla, contornarla di splendidi giardini, mentre una schiera dei migliori artisti ne decoravano l'interno e l'Ammannati e Giambologna riducevano il parco ad un luogo incantato. Terminati tutti questi lavori Francesco donò la villa a Bianca Cappello che sposò nel 1579.

Amava grandemente Francesco I l'arte artigiana, che richiedeva manipolazioni chimiche ed a questo scopo aveva destinato la Fonderia del Casino di S. Marco, situato ove è oggi la Corte di Assise, trasportata poi nelle stanze annesse alla R. Galleria. In questa fonderia si lavorava il vetro, il corallo, le ceramiche, si facevano gioie false e si attendeva all'« arte del commesso », cioè all'arte del mosaico di pietre dure. Il padre Agostino del Riccio [1] nella sua *Istoria delle pietre* afferma che il merito di avere introdotto in Firenze la suddetta arte si deve a Giov. Batt. Soderini.

Fece costruire Ferdinando I, prima di divenire Granduca, la splendida Villa Medici a Roma raccogliendovi le più preziose opere di scultura greca e romana tra le quali la Venere medicea. Egli poi trasportò queste sculture gradatamente a Firenze per collocarle nella Galleria sopra gli Uffizi, cui fece aggiungere varie sale ove, seguendo l'esempio di Francesco, raccoglieva pure i quadri che andava mano mano acquistando.

Ma l'opera più importante incominciata da Ferdinando I è il grande Mausoleo unito alla chiesa di S. Lorenzo destinato a contenere le tombe di famiglia, iniziato nel 1604. Ne derivò nuovo in-

---

[1] Vedi *op. cit.* nella Nota N. 2 a pag. 219.

cremento all'arte del mosaico: il Granduca incaricò Bernardo Buontalenti e Costantino de' Servi e Giovanni Biliverti di raccogliere marmi e pietre preziose che dovevano ornare la cappella, ciò che richiese si facessero viaggi in ogni parte dell'Italia in Boemia, nella Sassonia, in Egitto, con vantaggio anche per gli studiosi di rocce e minerali. Tutto il lavoro di intarsio necessario per la Cappella fu eseguito in un apposito laboratorio, situato al primo piano del fabbricato degli Uffizi, il quale fu la prima origine dell'Opificio delle Pietre Dure, trasferito nel 1796 in Via degli Alfani.

Fece Ferdinando I costruire la fortezza di S. Giorgio, già ideata dal duca di Atene e le dette il nome di Fortezza di Belvedere, dal bel panorama che vi si gode. Fece costruire dal Giambologna il monumento equestre di se stesso che si trova in piazza SS. Annunziata.

Anche Cosimo II dimostrò un grande interesse per l'arte. Protesse la pittura ed il 6 novembre 1610 pubblicò una *Proibizione di cavar pitture fuori dello Stato*, pensionando uomini di merito in questa arte.

Una delle sue più importanti intraprese fu l'ingrandimento di palazzo Pitti e la costruzione della Villa del Poggio Imperiale con il magnifico viale di accesso, come abbiamo narrato nella introduzione storica. Si interessò alla fabbricazione dei bicchieri artistici ed è verosimile che si assumesse la fabbricazione delle ceramiche alla villa di Cafaggiolo che era già del Granduca Francesco. Nella Real Galleria fece Cosimo lavorare nelle pietre dure una grande quantità di egregi artisti tra i quali Fabrizio Colonna e Raffaello Curradi i quali scolpirono nel porfido i busti di Cosimo I e di Cosimo II. Fu anche lavorato un diamante che era stato comperato da Ferdinando I nel 1608 e la cui lavorazione fu completata nel 1618; pesava 115 carati ed è uno dei più famosi del mondo, noto sotto il nome di « Granduca di Toscana ». Fece venire da Parigi alcuni operai per tessere arazzi, tra i quali il più famoso era tal Picaer Fever, per molti anni ammirato a Firenze.

Del Rinascimento ha profondamente risentito l'influenza anche la musica e come il Rinascimento letterario aveva avuto la sua culla in Toscana, anche in Toscana, e precisamente a Firenze, si svolse il Rinascimento della musica.

Nel secolo XVI si era trovata la maniera di fondere la musica con il testo: si doveva ora trovare la forma più adatta per la rappresentazione teatrale. La teoria musicale compiva fondamentali progressi per opera di Gioseffo Zarlino di Ghioggia che fu anche madrigalista di talento e di Vincenzo Galilei, fiorentino, e padre di Galileo, conoscitore profondo dei sistemi musicali greci, cui insieme a Giulio Caccini, romano, spetta l'onore di avere introdotto per primo nella nuova arte musicale il canto ad una voce sola, la monodia, che doveva costituire la nuova forma dell'arte musicale.

Per dare forma concreta a questa nuova specie di arte si riunivano a Firenze, in casa di Giovanni Bardi, conte di Vernio, i più illustri letterati del tempo ed amanti della musica, costituendo la « Camerata dei Bardi ». E come al tempo del Magnifico era risorto lo studio delle lettere greche, così si andava sviluppando una serie di ricerche e di studi sulla musica greca, con lo scopo di far risorgere quest'arte che si riteneva dovesse la sua perfezione al suo intimo connubio con la poesia. Spettava ad Ottavio Rinuccini, studiosissimo dell'arte greca e del quale abbiamo già parlato, il merito di avere fornito ai compositori il testo per la riforma cooperando alla realizzazione del nuovo ideale.

Ed ecco Jacopo Corsi, in casa del quale si riuniva la Camerata dei Bardi, dopo che il conte si era allontanato da Firenze, musicare alcuni brani della *Dafne* del Rinuccini e d'accordo con questo rivolgersi ad Jacopo Peri, romano, per completare il saggio incominciato. La *Dafne* venne rappresentata la prima volta in casa del Corsi nel 1594, alla presenza di Ferdinando I e dei più noti letterati ed artisti del tempo con immenso successo. L'opera di rinnovamento così felicemente iniziata si completava a breve distanza di tempo per opera del Peri, aiutato dal Caccini, con rappresentazione della *Euridice*, avvenuta il 6 ottobre 1600, secondo alcuni a Palazzo Pitti, secondo altri nel teatro mediceo che era stato creato nel palazzo degli Uffizi, in occasione delle nozze di Maria de' Medici con Enrico IV. Grandissimo fu l'entusiasmo destato da questa rappresentazione, ciò che era naturale se si pensa che con l'*Euridice* si iniziava il nuovo periodo dell'arte musicale, quello dell'opera teatrale. Ecco così che l'Italia e particolarmente Firenze, acquistavano il vanto di aver creato questa nuova forma di arte che doveva poi espandersi negli altri paesi. Tre sere dopo, il 9 ottobre, sempre in occasione del matrimonio di Maria de' Medici, veniva rappresentato il *Ratto di Cefalo*, musicato dal Caccini. Così la riforma caldeggiata dalla Camerata dei Bardi veniva completamente attuata.

Le Università. - Durante il governo di Francesco I lo Studio senese era frequentatissimo da studenti tedeschi e polacchi i quali formavano corpi nazionali con leggi proprie e particolari privilegi. Ma allorché nel 1585 l'Inquisitore ne fece arrestare alcuni, tra i quali due nipoti del maggiordomo dell'imperatore, poco mancò che non abbandonassero in massa la città.

Il Granduca conferiva da se stesso le cattedre, una conseguenza questa del predominio del potere politico e delle cessate libertà e con tale indipendenza che, essendogli stato domandato nel 1581 da un frate una cattedra di filosofia nello Studio, rispose di suo pugno di non voler frati in quell'insegnamento.

Durante il governo di Ferdinando I e di Cosimo II non vi furono variazioni di rilievo da segnalare nell'andamento dello Studio senese il quale continuò a rimanere alle dipendenze del potere politico.

Durante il governo di Francesco I lo Studio pisano continuò a prosperare, per quanto il Principe riducesse alquanto gli assegnamenti che il padre aveva destinato a quello Studio. Ferdinando I, appena fu sul trono, nel 1587, si diede premura di favorire la prosperità dello Studio con grandi vantaggi e privilegi, sia per gli scolari che per i lettori; fondò il Collegio Ferdinando per scolari poveri dello Stato di Firenze il cui numero iniziale di 32 fu successivamente portato a 40; per favorire l'incremento dello Studio il 21 giugno 1588 pubblicò un bando « che non si possa andare a studiare fuori dello Stato di S.A.S. ma che ciascun suddito di quello vadia a Pisa per udirvi i lettori di detto Studio ».

Cercò il Granduca di fornire l'Università dei più rinomati maestri. Ampliò l'Orto botanico, istituito da Cosimo I, ed essendo nel 1592 Andrea Cesalpino, che allora teneva la cattedra di medicina pratica, passatovi dalla botanica, nella quale era succeduto al Ghini dopo la morte di questo avvenuta molto probabilmente nel 1556, andato a Roma, come archiatro di Clemente VII, ebbe come successore Girolamo Mercuriale, uno dei più grandi clinici del suo tempo, illustre igienista e che a buon diritto può dirsi padre della laringologia. L'insegnamento di Galileo si iniziò a Pisa sotto il governo di Ferdinando I nel 1589, all'età di 25 anni e si protrasse fino al 1592, quando Galileo si trasferì presso lo Studio padovano.

Molti furono i miglioramenti dello Studio pisano sotto il governo di Cosimo II. L'Università fu regolata con nuovi ordini e provveduta di valenti lettori tanto che nel 1616 contava 427 scolari. Con motuproprio del 23 ottobre 1618 provvide il Granduca a migliorare i regolamenti dei due collegi di scolari, il Ducale (cioè della Sapienza) ed il Ferdinando.

Le grandi trasformazioni del pensiero non possono aver luogo che lentamente ed attraverso grandi contrasti, per cui non deve recare meraviglia se la grande luce accesa da Galileo non fu così presto bastante a dissipare le nebbie della filosofia peripatetica. Tra gli oppositori merita di essere ricordato Claudio Guillerminet de Beauregard, nativo di Moulins in Francia, che nelle sue opere si chiama Berigardus, vulgo Beriguardi, e che da Ferdinando I era stato fatto lettore di filosofia nello Studio pisano, ove rimase fino al 1618, anno in cui passò a leggere filosofia nello Studio padovano; qui, al principio del 1643, un anno dopo la morte di Galileo, pubblicò il suo famoso « Circolo pisano » nel quale sono contenute molte osservazioni di fisica. Egli aveva stima di Galileo e non poteva non arrendersi all'evidenza, ma, peripatetico convinto, fece ogni sforzo per conciliare le dottrine peripatetiche con le galileiane.

Un altro dei più illustri filosofi del tempo fu Mons. Giovanni Ciampoli, amico di Galileo, assai stimato anche da Cosimo II, che recatosi a Roma per ambire cariche nel 1632, cadde in disgrazia di Urbano VIII che gli tolse l'impiego di Segretario dei Brevi, forse a causa dell'impegno con il quale sosteneva in Roma la nuova dottrina galileiana e gli artifizi che usò in quell'anno per ottenere dal Padre Maestro del Sacro Palazzo la stampa del famoso dialogo. In quel tempo Aristotele era ancora venerato nella Scuola come un oracolo: pure il Ciampoli osò combattere la filosofia aristotelica nel suo *Frammento I della Filosofia Naturale*, ove tocca alcuni tasti allusivi ai rigori della S. Inquisizione, diretti verosimilmente alla difesa di Galileo.

Fu merito di Cosimo II l'aver voluto che di Galileo non fosse più privato lo Studio pisano, per cui nel 1610 poté riacquistarlo dallo Studio padovano a condizioni straordinarie e molto onorevoli, cui abbiamo già accennato parlando della vita di Cosimo II.

Poche notizie si hanno circa lo Studio fiorentino sotto il governo di Francesco I. Si sa però che esso fu floridissimo e che vi continuavano a leggere lettere umane Pietro Vettori e Giov. Batt. Adriani, che, venuto a morte nel 1579, fu sostituito dal figlio Marcello Virgilio Adriani, detto il Giovane, per distinguerlo dall'altro Marcello Virgilio Adriani, detto il Vecchio, che pure aveva tenuto una cattedra di lettere umane e di cui era nipote. Leggeva poi teologia nello Studio fiorentino Fra Tommaso Buoninsegni, senese, dell'ordine dei Predicatori.

Malgrado il grande patrocinio dato da Ferdinando I alle lettere, pochi documenti ci sono rimasti circa lo Studio fiorentino sotto il suo governo. Marcello Virgilio Adriani, il Giovane, che teneva, come abbiamo detto, la cattedra di lettere umane sotto il governo di Francesco I, continuò a mantenere alta la fama dello Studio fiorentino anche sotto il governo di Ferdinando I. Professore di teologia era sempre Fra Tommaso Buoninsegni, mentre la cattedra di matematica era tenuta da Ostilio Ricci di Fermo, del quale avremo occasione di riparlare perché fu maestro di geometria di Galileo nel 1586, dopo il quale anno ottenne la lettura nello Studio.

Le notizie circa lo Studio fiorentino continuano ad essere scarse durante il governo di Cosimo II. La mancanza nello Studio di Piero Vettori, morto nel 1585, e di Marcello Virgilio Adriani, il Giovane, portò ad una grande decadenza dello Studio nelle lettere. Fu in quel tempo che divenne membro della Facoltà dei teologi, Scipione Ammirato, che oltre che filosofo, fu anche storico e del quale abbiamo già parlato.

Le Accademie. - Con la morte nel 1574 del Granduca Cosimo I, l'Accademia Fiorentina perdette il suo principale sostenitore, colui che l'aveva fondata. Ciò nondimeno si mantenne floridissima come si può desumere dai Fasti Consolari del Can. Salvini [1]. Fra i Consoli di questo periodo meritano di essere ricordati Bernardo Davanzati e Giov. Batt. Dati.

---

[1] Vedi *op. cit.* nella Bibliografia N. 95.

Nel 1581 gli accademici ebbero una più comoda stanza nello Studio fiorentino, su una parete della quale vi era l'Impresa dell'Accademia, cioè, come abbiamo narrato precedentemente, il fiume Arno, rappresentato da un vecchio giacente e appoggiato ad un vaso che versa acqua, un leone, il segno del capricorno ed il lauro, con sopra la scritta: « Accademia Fiorentina »; dalle parti era scritto: « Il Granduca Francesco a favore delle toscane lettere ha donato questo luogo alla Accademia Fiorentina e gli accademici lo hanno adornato. MDCXXXI ». Il Granduca dimostrava così la sua notevole inclinazione per i letterati e per i dotti, non venendo meno alla tradizione della famiglia.

Con rescritto 12 agosto 1583 gli accademici ebbero confermato l'uso della Sala del Consiglio dei Duecento.

Sotto il governo di Ferdinando I l'Accademia continuò a mantenersi in floridissimo stato ed a proseguire il suo scopo di promuovere lo sviluppo della lingua toscana. Ciò si desume dai *Fasti Consolari* del Can. Salvini, il quale annovera tra i Consoli di questo periodo Michelangelo Buonarroti, nipote del sommo artista, che nacque nel 1568 e morì nel 1642. Dai citati Fasti si desume che l'Accademia conservò il suo splendore anche sotto il governo di Cosimo II.

L'Accademia degli Alterati, che, come abbiamo narrato, sorse nel 1568, sotto il governo di Cosimo I, in breve volger di tempo acquistò grande sviluppo mercé la protezione e gli aiuti di Casa Medici. Il Clasio [1] mette in evidenza il grande nome acquistato da questo sodalizio sotto il governo di Francesco I. Di esso facevan parte dei dotti fiorentini, ed alcuni appartenenti alla Casa Medici, come il Principe Don Giovanni, figlio di Cosimo I, che ne fu Reggente, Eleonora di Toledo, nipote della omonima moglie di Cosimo I e moglie di Don Pietro de' Medici. L'Accademia nelle dispute allora molto vivaci intorno al Tasso ed all'Ariosto, intervenne con giudizi imparziali tenendo in grande onore entrambi quei grandi poeti.

Sotto il governo di Ferdinando I questo sodalizio continuò nella sua prospera vita. Una consuetudine veramente singolare faceva sì che esso fosse oltre che un seminario di cultura anche una scuola di educazione, e ciò per la consuetudine di fare assistere alle adu-

[1] *Collezione di opuscoli scientifici e letterari ed estratti di opere interessanti*, Firenze, 1808, Vol. VI, pag. 23.

nanze anche i figli degli accademici, ancor giovanissimi, per cui venivano educati alla virtù, al rispetto dei genitori, all'amor di patria, mentre assimilavano cultura preparandosi a far parte del sodalizio.

L'Accademia della Crusca, che, come narreremo, si era costituita nel 1582 e non in epoca molto anteriore come da alcuni è stato affermato, dopo la perdita del Salviati, suo principale sostenitore il 12 luglio 1589 e dopo avere iniziato la compilazione del vocabolario, avendo bisogno di nuove energie, pensò di attrarre a sé, sia gli Alterati, sia i Desiosi, facenti parte, come narreremo, di un sodalizio sorto nel 1587, ultimo anno di governo e della vita di Francesco I e che nel 1591 con la morte di Agostino Del Nero, avevano perduto il loro fondatore. La proposta di unione venne comunicata agli Alterati nella adunanza del 16 gennaio del 1591 (stil comune), ma essa venne male accolta e l'indignazione assunse forma concreta nella adunanza del 20 febbraio alla quale intervenne il Principe Don Giovanni. I Desiosi seguirono l'esempio degli Alterati anzi si congiunsero ad essi, forse nel 1593. Il sodalizio degli Alterati così si rinforzò ed è probabile che la situazione si sia mantenuta buona durante il governo di Cosimo II, essendo scarse le notizie che se ne hanno in proposito.

Verso la fine del secolo XVI erano attivissime in Firenze l'Accademia Fiorentina, quella degli Alterati ed altre di minore importanza; tuttavia a cinque dei più anziani accademici fiorentini, e precisamente ad Anton Francesco Grazzini, detto « il Lasca », a Bernardo Canigiani, a Giovan Battista Dati, a Bernardo Zanchini ed a Bastiano de' Rossi, venne in mente di fondare un nuovo sodalizio. Secondo il Salvini [1], i proponenti furono mossi dal desiderio di rendere più piacevoli le adunanze accademiche, privandole di quella gravità che avevano nella Fiorentina e seguendo piuttosto le consuetudini di altre accademie, che, pure essendo serie nella sostanza, avevano una veste di piacevolezza. Si venne così nel 1582, sotto il governo di Francesco I, alla fondazione della brigata detta dei « Crusconi », ché così vollero chiamarsi i cinque fondatori, dei quali, secondo il Maylender, il principale sarebbe stato il Grazzini che si trovava a disagio

[1] S. Salvini, *Ragionamenti sulla origine della Accademia della Crusca*, Firenze, 1814.

nella Fiorentina, dopo la trasformazione in questa dell'Accademia degli Umidi, della quale egli era stato l'anima. Il titolo di « Crusconi » era l'unico contrassegno del sodalizio, non essendovi né leggi, né capo, né impresa.

Grande fu l'impulso che il nuovo sodalizio ricavò dall'assunzione di un altro socio, pure accademico della Fiorentina, del Cav. Lionardo Salviati, uomo di grande ingegno e cultura, il quale verso la fine del 1582 si aggiunse agli altri cinque. Il sodalizio assunse allora il nome di « Accademia della Crusca », in sostituzione del precedente. L'Accademia si propose lo scopo di curare la purezza della lingua toscana, di ridurre alla più pura lezione le opere dei più celebri autori italiani e di compilare un vocabolario delle voci da questi usate. Nel 1586 furono completate le leggi del sodalizio.

Nel 1588, proprio al principio del governo di Ferdinando I, l'Accademia posava su solide basi. Le leggi subirono nel 1589 una riforma nella quale fu decisa l'Impresa da adottare. Si scelse il « Frullone », l'arnese con il quale si separa la farina dalla crusca con il motto allusivo allo scopo del sodalizio: *Il più bel fior ne coglie.* L'Accademia ebbe un capo con il nome di Arciconsolo, carica che per la prima volta fu assunta da Giov. Batt. Dati; inoltre gli accademici presero dei nomi in armonia con l'Impresa adottata, per cui il Salviati si chiamò l'« Infarinato ».

Il Salviati, inorgoglito dei successi che conseguiva la nuova accademia, si propose di renderla arbitra nel giudicare il valore degli scrittori. Fu così che, seguito da qualche altro accademico, come Bastiano de' Rossi, iniziò una campagna contro il Tasso, la cui Gerusalemme liberata alcuni avevano anteposto all'Orlando furioso. Il Tasso aveva però dato occasione a queste inimicizie con il dir male della Fiorentina nel suo dialogo *Del piacere onesto.*

Fu sotto il governo di Cosimo II che ebbe luogo il grande avvenimento della stampa della prima edizione, in un volume, del vocabolario della lingua italiana sotto il nome di *Vocabolario degli Accademici della Crusca* (Venezia, 1612), impresa che ha avuto tanta importanza per conservare la purezza della nostra lingua. È da notarsi che in questo vocabolario non è inclusa la *Gerusalemme liberata.* Questa poco onorevole azione non piacque ai Fiorentini ed anche in seno all'Accademia venne riprovata, per cui il nome del

Tasso venne incluso nella terza edizione del vocabolario nel 1691, sotto il governo di Cosimo III.

L'idea di procedere alla compilazione di un vocabolario della lingua italiana si era manifestata fino dalle origini del sodalizio; un progetto questo che anticipava la tendenza dell'Accademia alla egemonia; questa tendenza si manifestò in varie occasioni, così nel tentativo di assorbimento degli Alterati e dei Desiosi, negli Statuti con il titolo di Arciconsolo dato al Capo, negli attacchi al Tasso, nell'atteggiamento di arbitra, non solo per mantenere la purezza della lingua, ma anche nel giudicare del valore dei letterati. Uscita nel 1612 la prima edizione del *Vocabolario*, la storia dell'Accademia si identifica con quella del *Vocabolario*.

Dopo la metà del secolo XVI erano sorti in Lucca ben quattro ritrovi per conversazioni letterarie. La cosa si concretò nel 1584 per opera di Lorenzo Malpighi, gentiluomo lucchese ed amico del Tasso, il quale aveva raccolto nella sua casa un gruppo di persone allo scopo di dare alle conversazioni un andamento regolare e proficuo. Nel 1586 si venne alla formazione ufficiale di una accademia letteraria sotto il nome di « Accademia degli Oscuri »; vennero compilate le leggi e si scelse come Impresa una massa di carboni ardenti con poca fiamma, in modo da rappresentare un braciere con il motto *Coruscant accensi.* La solenne apertura delle adunanze ebbe luogo nel 1586 in casa di Stefano Buonvisi.

Delle vicende e della attività degli Oscuri nei primi anni di vita del sodalizio poco si sa. La fonte più autorevole cui ricorrere è la *Storia dell'Accademia Lucchese* di Angelo Bertocchi (Lucca, 1881) che forma il T. XIII delle *Memorie e Documenti per servire alla Storia di Lucca.* Nella Appendice dello *Statuto e Regolamento interno della R. Accademia Lucchese* (Lucca, 1937) si trovano ampie notizie, cenni storici e bibliografici. Sta di fatto che il sodalizio in conformità delle usanze del tempo, malgrado le frequenti interruzioni e cambiamenti di sede, ebbe notevole parte nella cultura della città.

Alla fine del governo di Cosimo II, nel 1619, l'Accademia venne sottoposta alla sorveglianza del Magistrato dei Segretari. Questa sorveglianza aveva apparentemente il carattere di amichevole e paterna protezione ma in effetti era una misura di controllo statale, resa necessaria dai gravi diverbi sorti tra gli accademici che erano degenerati anche in vie di fatto.

Subito dopo la costituzione dell'Accademia della Crusca, nel 1587 sorgeva l'« Accademia dei Desiosi », fondata da Agostino del Nero, figlio di Tommaso, che era stato uno dei fondatori dell'Accademia degli Alterati. Il fondatore diede ai Desiosi le leggi e la sede nella propria casa. Abbiamo già narrato come i Desiosi si unissero agli Alterati sotto il governo di Ferdinando I, forse nel 1593, cessando di esistere come accademia autonoma, dopo il tentativo di assorbimento sia degli Alterati che dei Desiosi da parte dell'Accademia della Crusca.

3. Matematica, cosmografia, astronomia. - Ostilio Ricci, merita di essere ricordato, se non per il valore matematico, per il fatto che fu colui che istruì Galileo nelle matematiche. Nato a Fermo nel 1540, fu fino da giovinetto ammesso a far parte dei paggi del duca di Toscana, apprendendo la matematica che poi insegnò ai paggi stessi. Sta di fatto che nel 1586 era matematico del Granduca Francesco. Era amicissimo del padre di Galileo e questo, udendo le lezioni che il Ricci impartiva ai paggi, vi pose tanto interesse che il Ricci gli impartì lezioni di matematica, inducendo il padre di Galileo, Vincenzo, che voleva che il figlio si dedicasse alla medicina, ad acconsentire a quegli studi. Il Ricci dalla scuola dei paggi fu trasferito a Pisa come lettore di matematica e poi nello Studio fiorentino.

Promosse il Granduca Francesco gli studî per la riforma del calendario. Trattarono di questo argomento: mons. Alessandro Piccolomini, nato a Siena nel 1508, arcivescovo di Siena e di Patrasso, peritissimo nelle lingue greca, latina ed ebraica e nelle matematiche; mons. Ugolino Martelli, fiorentino, matematico e cosmografo, vescovo di Glandèves che scrisse *De anni integra in integrum restitutione* (Fir. 1578); Antonio Lupicini, fiorentino, matematico ed esperto di architettura militare che per ordine del Granduca Francesco scrisse un *Breve discorso sopra la reduzione dell'anno, et emendazione del Calendario* (Fir. 1578). Nel 1582 papa Gregorio XIII procedeva alla celebre riforma del calendario che porta il suo nome; questo calendario venne pubblicato ed adottato in tutti i paesi cattolici, per cui anche in Toscana si diede ordine per la sua adozione.

Anche Ferdinando I si interessava alla cosmografia, per cui

tenne ai suoi stipendi: Matteo Neroni da Peccioli che fece per il duca varie carte geografiche miniate e dipinte, un gran dipinto a tempera che rappresentava la grande isola del Giappone e le isole vicine ed una grandiosa sfera armillare; Antonio Santucci di Pomarance la cui opera manoscritta *Trattato nuovo delle Comete*, conservato nella Biblioteca Magliabechiana ed un'altra opera manoscritta, *Trattato di Cosmografia*, pure conservato in quella biblioteca, sono entrambe dedicate al Granduca Ferdinando I.

Il 15 febbraio 1564, sotto il governo di Cosimo I, nasceva in Pisa Galileo Galilei, che il padre Vincenzo, del quale abbiamo parlato a proposito della evoluzione della musica in Toscana in questo tempo, avrebbe voluto si dedicasse alla medicina, condiscendendo poi che si applicasse alle matematiche a causa della grande disposizione manifestata per queste. Ostilio Ricci, come pure abbiamo narrato, gli fu maestro di matematica, segnatamente di geometria, nel 1583. Ma già precedentemente aveva scoperto in Pisa la legge dell'isocronismo del pendolo osservando le oscillazioni della lampada del Duomo di quella città; nel 1586 nel breve scritto *La bilancetta* descriveva la bilancia idrostatica.

Entrato nelle grazie del Granduca Ferdinando I, questi gli conferì nel 1589 la lettura di matematica nello Studio pisano che tenne fino al 1592, quando accettò dalla Repubblica veneta la cattedra di matematica vacante fino dal 1588 per la morte di Giuseppe Moleti. Nell'intervallo dal 1589 al 1592 Galileo fece le note esperienze sulla caduta dei gravi. Il passaggio da Pisa a Padova avvenne con il consenso del Granduca e sembra che ad esso non fosse stato estraneo un certo malessere che si era creato tra Galileo e Don Giovanni de' Medici, fratello di Ferdinando I, per alcune critiche che Galileo aveva fatto ad un suo progetto di macchina per svuotare la darsena di Livorno. La benevolenza del Granduca verso Galileo non aveva trovato ostacolo da parte dei Gesuiti il cui ordine, riconosciuto da papa Paolo III nel 1540, aveva acquistato in quarant'anni un dominio al quale Ferdinando non si era sottratto. Galileo non simboleggiava ancora in modo evidente quel cambiamento di indirizzo del pensiero scientifico che successivamente doveva urtarsi con le immobili concezioni dogmatiche e con i residui del peripatetismo.

Favorito dalla libertà che godeva nella Repubblica veneta, Galileo perfezionò la scoperta del telescopio facendo molte osservazioni che furono pubblicate nel 1610 nel *Sidereus Nuncius*, dedicato al Granduca, tra le quali la scoperta dei quattro pianeti medicei, che erano satelliti di Giove. In quello stesso anno aderisce al desiderio di Cosimo II di riaverlo, in parte per senso nostalgico della patria, in parte allettato dalle ottime condizioni morali e materiali che gli venivano fatte, malgrado che gli amici lo mettessero in guardia contro i pericoli cui andava incontro in un paese ove i Gesuiti avevano grande potere. Ripreso il suo posto nello Studio pisano, le sue scoperte sulla Via lattea e le nebulose, su Saturno, sulle fasi di Venere e sui satelliti di Giove avevano destato qualche sospetto di deviazione dai dogmi nel cardinale Bellarmino del S. Uffizio. Nel 1611 si reca a Roma ove fu benignamente accolto da papa Paolo V. Nel 1615 Niccolò Lorini, frate domenicano di S. Marco che già precedentemente aveva fatto delle prediche contro il moto della terra, denuncia Galileo al S. Uffizio per la lettera al Castelli,

> « dove, a giudizio di tutti questi nostri Padri di questo religiosissimo convento di S. Marco, vi sono dentro molte proposizioni che ci paiono o sospette o temerarie ».

Nel 1616, recatosi nuovamente a Roma è ammonito dal cardinale Bellarmino di abbandonare la teoria copernicana perché contraria alle Sacre Scritture. Ritornato in patria, Galileo dovette sostenere vivaci polemiche con il gesuita Orazio Grassi a proposito delle comete nel 1618.

Questi che abbiamo narrato sono i fatti salienti della vita di Galileo prima che Ferdinando II succedesse nel dominio della Toscana a Cosimo II; nel seguente capitolo racconteremo gli eventi successivi fino alla morte di Galileo, avvenuta nel 1642, sempre regnando Ferdinando II.

4. Chimica e farmacia. - Amava grandemente Francesco I le manipolazioni chimiche ed a questo scopo aveva destinato la Fonderia del Casino di S. Marco, situata ove è ora la Corte di Assise, trasportata poi nelle stanze annesse alla R. Galleria. In questa fonderia si lavorava il vetro, il corallo, lavorazioni che secondo alcuni già Cosimo I aveva introdotto in Toscana, facendo venire appositamente esperti dalla Sicilia e dalle fabbriche di Murano. Vi si lavorava anche la porcellana, vi si facevano distillazioni di essenze, vi si preparavano dei medicamenti.

L'arte di costruire vasi di porcellana era molto sviluppata. Racconta il Del Riccio, citato da G. Targioni Tozzetti [1], che egli stesso « vidde artefici che di ogni cosa lavoravano e specialmente facevano bei vasi di porcellana ». M. Lastri [2] nota che la prima porcellana si fece appunto in Firenze sotto Francesco I ed i pezzi portavano « il segno della cupola della metropolitana, nel rovescio, con la lettera F ». Ciò accadeva verso il 1580 [3]. Lo stesso Granduca costruiva da sé vasi molto eleganti ed aveva l'ambizione di mandarli in regalo a principi ed amici. La fabbrica di porcellane di Firenze è ricordata anche da Ulisse Aldovrandi [4], dal Vasari [5] e dal padre Filippo Bonanni nella descrizione del Museo Kircheriano. Altre notizie su queste porcellane fatte in Firenze si trovano in una lettera del conte Lorenzo Magalotti [6] a Mons. Leone Strozzi in data 1693.

Non si sa bene ove si basi l'opinione che Francesco I abbia per primo trovato la maniera di fare la porcellana simile a quella orientale; alcuni, come abbiamo narrato, ne danno il merito a Cosimo I ed altri ancora ritengono che il metodo era già noto. Nel periodo in cui Francesco sostituì Cosimo nel maneggio degli affari, questo interveniva spesso nelle esperienze del figlio dandogli utili consigli ed è così probabile che gliene desse anche per la fabbricazione della porcellana. Poiché Francesco non era dedito quanto il padre, alla caccia, alla pesca ed agli esercizi fisici, amava passare molto tempo tra gli artigiani lavorando con essi ed ivi riceveva ministri e segretari con i quali aveva più confidenza trattando con essi affari del governo.

Si interessò Francesco della lavorazione del vetro con un metodo che il Vasari afferma trovato da Timante Bonaccorsi; si interessò alla fabbricazione delle gioie false. Un codice [7], scritto dal dottor Giovanni Nardi, chirurgo nell'ospedale, dal 1585 in poi, contiene oltre ad annotazioni chirurgiche, molte notizie di segreti chimici, me-

---

[1] Vedi *op. cit.* nella Bibliografia N. 110, pag. 236.

[2] M. Lastri, *L'Osservatore fiorentino etc.*, Firenze, 1797, T. I, pag. 217.

[3] *Di Cafaggiolo e di altre fabbriche di ceramiche in Toscana, secondo studi in parte raccolti dal Comm. G. Milanesi, Commentario storico di G. Guasti*, Firenze 1932.

[4] *Museum metallicum in libros quatuor distributum etc.*, Bononiae, 1648.

[5] G. Vasari, *Le vite dei più eccellenti Pittori, Scultori e Architetti*, Firenze, 1896, parte III, Degli Accademici.

[6] L. Magalotti, *Lettere*, Firenze, 1736, pagg. 36 e 45.

[7] Mss. Magl. Classe XV, N. CXLII.

dicinali e di altra specie da lui raccolti fra i quali ve ne sono dedotti dal *Libro del Granduca Francesco.* Racconta il Galluzzi nella sua *Storia del Granducato di Toscana sotto il governo della Casa Medici* che il principe cercò di ottenere l'incubazione artificiale delle uova, come si praticava in Egitto, ma che pure avendo fatto venire persone perite in quell'arte, i suoi tentativi andarono falliti. Sempre secondo il Galluzzi il Granduca avrebbe inventato una bomba che però non sarebbe riuscito a fare scoppiare a tempo.

Riferisce il Targioni Tozzetti l'opinione che Francesco I si dedicasse all'alchimia, ciò che troverebbe conferma in uno « zibaldone » di Mons. Girolamo da Sommaja [1], non che in altro codice [2], ove è un *Breve discorso di messer Francesco de' Vieri, detto il Verino secondo, intorno all'arte dell'alchimia, al Serenissimo Francesco I, Granduca di Toscana.*

All'alchimia si dedicò con maggior passione di tutti i Medici, Don Antonio, Principe di Capistrano, che, essendo stato protetto da Francesco I, fu ritenuto un suo figlio. Contemporaneamente alle strampalate operazioni di alchimia, questo principe poté trovare e verificare un grande numero di segreti appartenenti alla medicina ed alle varie arti. I medicamenti che in seguito vennero distribuiti da Ferdinando I e da Cosimo II provenivano dal Casino di S. Marco, ove Don Antonio aveva la sua fonderia [3].

Tra i vari ricordi di questa attività, dice il Targioni Tozzetti che le ricette ed i processi chimici che Don Antonio aveva messo insieme fino all'anno 1604 si trovano ricopiati alla rinfusa in quattro grossi volumi [4] dal comune frontespizio *Apparato della Fonderia dell'Illustrissimo ed eccellentissimo Signor D. Antonio Medici, nel quale si contiene tutta l'arte spagirica di Teofrasto, Paracelso e sue medicine et altri segreti bellissimi, stampati l'anno 1604.* In questo libro sono descritti l'acetato di mercurio, l'olio di zolfo, il regolo di antimonio, etc.

---

[1] Mss. Magl. Classe VIII, N. LXXV.

[2] Mss. Magl. Classe XVI, N. LXXVIII.

[3] P. F. Covoni, *Don Antonio de' Medici al Casino di S. Marco*, Firenze, 1893. Oltre a documenti interessanti vi è riportato un elenco di ciò che esisteva in quel Casino il 3 maggio 1621.

[4] Mss. Magl. Classe XV, N. LXIII.

Fra coloro che abusarono della credulità di Don Antonio e gli dettero ad intendere di saper fare l'oro, vi era Prete Antonio Neri, ciò che fa meraviglia, essendo persona di merito che scrisse *Arte vetraria* (Fir. 1612). In un manoscritto del Targioni Tozzetti, citato dal Tofani [1], si racconta che Prete Neri, il quale era maestro di casa Bartolini di S. Trinita, aveva trovato una descrizione del modo di fare il *lapis philosophorum* e che nelle botteghe di un Guidi, orefice sul Ponte Vecchio, fece la trasmutazione del mercurio in oro alla presenza di varie persone, ciò che conferì al Neri molto credito, ma gli fu anche causa di molte noie. Tra i più illustri proseliti di Prete Neri, in fatto di alchimia, si debbono ricordare Agnolo di Ghezzo della Casa ed Emanuele Ximenes.

Ferdinando I non si discostò dalla passione che il fratello Francesco aveva avuto per le manipolazioni chimiche che però manifestò in modo minore. Roderico da Fonseca [2] narra che Ferdinando I oltre ad una spezieria in Boboli per uso della Corte continuava a tenere attiva la fonderia fondata dal padre ed accresciuta dal fratello che allora era situata presso il Giardino pensile della Loggia dei Lanzi. Dal ricordato Diario del Tinghi si desume che i prodotti farmaceutici preparati nella fonderia, avevano acquistato grande credito. Amava il Granduca donare a Principi ed a persone di riguardo cassette più o meno riccamente decorate contenenti particolari medicine. Gabriello Chiabrera nella sua *Vita* mena vanto di avere ricevuto in dono dal Granduca una cassetta con rimedi e quintessenze.

Sembra che questo principe avesse bene intesa la distinzione tra la chimica e l'alchimia, se il celebre viaggiatore vicentino Antonio Pigafetta dice: « Il Granduca vieta nondimeno a quei ministri, che per niuna maniera dieno opera all'alchimia, e alle prove di trasmutare i metalli in oro, ovvero aumentarlo, stimando ciò arte dannosa e del tutto falsa ».

Ci pare opportuno ricordare perché attinente alla materia medica l'importante opera di Andrea Cesalpino, *De metallicis* (Lib. III, Roma, 1596) la quale contiene le letture tenute a Pisa dal Cesalpino e poi riordinate e corrette mentre il Cesalpino era a Roma, archiatro

---

[1] Vedi *op. cit.* nella nota 3 a pag. 220.

[2] R. Fonseca, *De sanitate tuenda*, Cap. 26, pag. 126.

di Clemente VII, ed infine pubblicate al termine della sua vita, essendo sempre il governo nelle mani di Ferdinando I.

Cosimo II proseguendo la tradizione aveva fatto costruire nel giardino di Boboli una fornace per fare bicchieri artistici che erano allora di gran moda e per questa arte fece venire da Venezia alcuni maestri in essa: un'altra fornace fece costruire in Via S. Gallo, forse situata in quel palazzetto con i portici che apparteneva a Don Antonio.

Cosimo II seguitò a sviluppare la fonderia e non solo distribuiva generosamente nel suo dominio i rimedi che vi venivano fabbricati, ma li mandava anche in altri paesi. Veniva anche fabbricato un olio contro i veleni come narra Giovanni Nardi. Questo autore narra pure che Cosimo II comperò a caro prezzo da un mercante arabo l'« opobalsamo » e lo donò alla spezieria di S. Maria Nuova per fare la triaca [1].

Il Targioni Tozzetti ha trovato in un codice Magliabechiano [2] una « Ricetta del Beriguardi per il mal francese » nella quale entrano le radici di china, di salsapariglia ed il legno di aloe. Questo rimedio fu poi adottato nell'Ospedale degli Incurabili sotto il governo di Ferdinando II. Questo Beriguardi era forse parente del celebre Beauregard, che, nato a Moulins nel 1578, aveva insegnato filosofia nello Studio pisano, poi in quello di Padova, ove morì nel 1663; aveva coltivato con successo anche le matematiche ed era così vissuto durante il governo di quattro granduchi, da quello di Francesco I a quello di Ferdinando II. Aveva scritto il *Circulus pisanus* che è un commento alla *Fisica* di Aristotele ed aveva preso parte alle dispute del tempo scrivendo *Dubitationes in Dialogos Galilei pro immobilitate terrae.*

Il Targioni Tozzetti da certe schede di Mons. Sommaja in un codice Magliabechiano [3] ricava che in un laboratorio di chimica annesso al Giardino dei semplici di Pisa, faceva « ostensioni e lezioni » Giovanni Macolo, fratello di Jacopo che era custode di quel giar-

---

[1] *Epistula ad Paulum Zecchiam et Baldovino Baldium*, Florentiae, 1640; vedi anche *Baldi Baldii Opobalsami Orientalis in conficienda theriaca, Romae, apud medicae Propugnationes.*

[2] Mss. Magl. Classe XV, N. CXLII.

[3] Mss. Magl. Classe XV, N. LXV.

dino. Di entrambi i fratelli fa menzione l'erudito scozzese Tommaso Dempster [1] che era stato pure in Pisa lettore di Pandette sotto i governi di Ferdinando I e Cosimo II. Questo Dempster si dilettava pure dell'« arte di Raimondo Lullo », il filosofo francescano nato a Majorca, nel 1235, che si riteneva avesse coltivato le scienze occulte.

Si dilettava di chimica pure il fratello di Cosimo II, Don Lorenzo (1600-1648), del quale rimane una ricetta per fare una « vernice nera per dare sopra il legno », e che morì avvelenato avendo erroneamente ingerito un preparato di arsenico invece di uno di ferro [2].

5. Storia naturale. - Portò il Granduca Francesco I un particolare interesse alla cognizione dei semplici e con l'aiuto di abili semplicisti tra i quali occupano un posto particolare Giuseppe Benincasa (o Casabuona) fiammingo e Lorenzo Mazzanghi di Barga che venivano mandati ad erborizzare per i monti della penisola, della Sicilia e delle isole venete. Molte piante esotiche furono coltivate nei giardini medicei.

Vicino alla dimora granducale, nella magnifica Loggia dei Lanzi, il Granduca fece fare un giardino pensile del quale ci ha lasciato il ricordo P. Agostino del Riccio [3].

Questo interesse per la botanica del Granduca non si limitò ai suoi particolari giardini ma si estese ai due Orti dei semplici ad uso degli studiosi di Pisa e di Firenze. L'interesse si estendeva poi anche agli animali e ad altre produzioni naturali come risulta dalla corrispondenza che Francesco I teneva con Ulisse Aldovrandi, il celebre naturalista bolognese, e dagli scambi che con questo aveva di semi, di piante e di figure di comune interesse. Ecco che cosa scriveva al Granduca l'Aldovrandi l'8 settembre 1578:

« Con l'occasione del ritorno del signor Conte Polidoro Castelli a Firenze, non ho voluto mancare, serenissimo Granduca, a far riverenza a V. A. e insieme mandarle per il suddetto Signor Conte, sei figure, cioè quattro di animali e due di piante peregrine, dipinte al vivo. Supplico V. A. che mi faccia favore di farmi havere le pitture del Ceraste e del-

[1] *De Etruria regali Libri VII*, Florentiae, 1723-24, T. II, pag. 256.
[2] Vedi P. Verzoni, *Ricordi*, Mss. Magl. Classe XXV, N. CCCCLXIV.
[3] *Agricoltura sperimentale*.

l'Hammodite, serpenti che l'anno passato fece dipingere a un suo pittore... Mi sarà carissimo havere un vaso di porcellana et di cristallo fatto di sua inventione. Questi giorni passati ho avuto da Polonia le figure dell'Uro, del Turo e dell'Alce, che sono animali bellissimi, dipinti dal vivo; e se V. A. ne vorrà la copia, la farò fare molto volentieri ».

Anche i sudditi partecipavano a quell'amore per la botanica e se ne trovano copiose tracce nella letteratura. Ricorderemo solo Filippo Sassetti, mercante fiorentino, ma diligente osservatore di cose naturali che avendo dimorato per vari anni nelle Indie Orientali, comunicava per lettera le sue osservazioni ai suoi dotti amici. A Baccio Valori soleva anche mandare produzioni naturali per arricchire il suo museo privato, tra le quali alcune pietre bezoar (concrezioni che si formano nelle viscere dei ruminanti) ritenute in quel tempo cose preziose e che si adoperavano anche in Firenze come medicamenti.

Anche ai minerali rivolse Francesco la sua attenzione ed era naturale che con questo amore per la storia naturale non solo Francesco accrescesse la raccolta delle produzioni naturali che il padre gli aveva lasciato, ma anche un'altra che egli aveva formato nel Casino di S. Marco.

Non venne meno il Granduca Ferdinando I al tradizionale amore della sua famiglia per le scienze naturali ed infatti non si limitò a fare una sua privata raccolta di cose naturali, ma concepì il grandioso e fecondo progetto di fondare un Museo di Storia Naturale in Pisa, accanto al nuovo Giardino dei semplici in Via S. Maria, che venne poi modificato ed ampliato. In questo Museo mandò il Granduca quanto di meglio aveva nella sua galleria di Firenze, affidandone l'ordinamento a fra Francesco Malocchi, minore osservante e custode del Giardino stesso [1], onde è che giustamente ne fu elogiato dal Collegio dei Medici di Firenze nella dedicatoria del Ricettario fiorentino del 1597. Conteneva tra gli altri oggetti il Museo un cranio umano molto antico, alcuni minerali di rame ed un prezioso tronco di agalloco, già descritto dal Vigna e che fu poi ricollocato nella Galleria di Firenze. Con questa istituzione del Museo

[1] Vedi *op. cit.* nella Nota N. 3 a pag. 222.

pisano si ha il passaggio dalle raccolte di cose naturali di privati alla istituzione statale di pubblica utilità. È questa del resto la genesi dei musei di storia naturale ovunque sono sorti attraverso una prima fase di raccolte private di curiosità e di esemplari scelti per la loro bellezza, o rarità, o dimensioni, senza interesse ad alcun altro carattere e neppure alla provenienza; segue la fase di arricchimento di queste raccolte per l'apporto di oggetti procurati da viaggiatori; si ha infine la fase di interesse scientifico che coincide con la fine del secolo XVI e l'inizio del secolo XVII. Si deve pertanto considerare il Museo pisano, voluto da Ferdinando I nel 1595 come uno dei più antichi se si deve giungere al 1662 per vedere sorgere a Vienna per opera dei Gesuiti un altro importante museo a scopo didattico. Per quanto Ferdinando I continuasse ad alimentare il Museo pisano con le cose naturali della sua privata raccolta, tuttavia non cessò di accrescere anche questa, come ne fa fede l'acquisto fatto a Venezia del cranio dell'uccello Semenda, descritto dall'Aldovrandi [1]. L'esempio mediceo non poteva non esercitare una notevole influenza sul gusto per le raccolte di cose naturali da parte dei privati.

I progressi che la botanica aveva fatto in Toscana durante i governi di Cosimo I e di Francesco I si accrebbero grandemente per opera di Ferdinando I. Grandi furono le cure che ebbe il Granduca per accrescere il Giardino dei semplici di Firenze e di questi progressi ne fa ampia menzione il Targioni Tozzetti nella sua prefazione al Catalogo Micheliano. In questa impresa il Granduca fu con grande abilità aiutato dal botanico Giuseppe Casabuona (o Benincasa) il quale era già stato semplicista di Francesco I. Per ordine di Ferdinando I il Casabuona negli anni 1590-1592 intraprese un viaggio nell'isola di Candia per ricercare piante rare ed il Targioni Tozzetti è riuscito a dimostrare che appunto il Casabuona aveva scoperto molte delle piante che i botanici, e specialmente Prospero Alpino (*De plantis exoticis*), avevano descritto.

Volendo estendere all'Università di Pisa i vantaggi che aveva procurati a Firenze con il miglioramento del Giardino dei semplici, Ferdinando I, constatato che il Giardino dei semplici pisano era troppo piccolo e troppo lontano dalla Sapienza, cioè dalla sede della Università, ordinò che un altro se ne facesse più grande in Via S.

[1] U. Aldovrandi, *Ornitologiae*, T. I, Bononiae, 1599; T. II, III, Bononiae, 1637.

Maria e ne diede l'incarico al medesimo Casabuona. Poiché un solo professore di botanica non poteva sopperire alle esigenze dell'insegnamento ed alla custodia del giardino, seguendo l'esempio di quanto si faceva a Padova, affidò quest'ultimo al Casabuona togliendolo a Baldello Baldelli il quale mantenne la sola lettura dei semplici. Il Casabuona morì nel 1595 ed il suo posto venne affidato a Polidoro Matteini di S. Mummé e successivamente a P. Francesco Malocchi, fiorentino, minore osservante, al quale era stata affidata anche la cura del Museo. Questo padre aveva imparato la botanica nel Convento di Ognissanti di Firenze e tenne il suo ufficio fino al gennaio 1614, nel qual mese morì. Ed infatti, per iniziativa di Ferdinando I nel Convento dei PP. minori osservanti era stata istituita una scuola di botanica da Salvatore Scalandroni, fiorentino. Molte sono le benemerenze di P. Malocchi riguardo al Giardino pisano avendolo arricchito di molte piante tanto che l'autore dell'*Itinerarium Italiae totius*, citato da G. Targioni Tozzetti, parlando del Giardino di Pisa scrive: « *Director et custos harum rerum Monachus quidam est, arte et experientia insignis* ». Domenico Vigna, scolaro del Malocchi, dice che al tempo di questo si trovavano nel Giardino molti semplici non da altri veduti [1].

Né meno benemerito per l'incremento della botanica in quel tempo fu Orazio Cornacchini, aretino, che era già lettore di logica e filosofia a Padova e che, assunto il nuovo insegnamento, si diede a percorrere gli Appennini toscani in cerca di nuove piante, finché, nell'isola d'Elba, contratta una grave malattia, venne a morte senza lasciare alcuna notizia dei suoi laboriosi viaggi, per cui dobbiamo valerci di quanto ci ha lasciato scritto Domenico Vigna per stabilire la sua fama di illustre botanico.

Anche nell'Orto dell'Ospedale degli Innocenti di Firenze si coltivavano semplici e giardini di semplici avevano i privati tra i quali meritano di essere soprattutto ricordati Niccolò Gaddi e Matteo Caccini. Il primo aveva un giardino di semplici annesso al suo palazzo di Piazza Madonna; questo palazzo era adorno di opere d'arte, ma conteneva anche raccolte di cose naturali; il giardino conteneva rarissime piante e la sua direzione era stata affidata al Casabuona. Le qualità di Niccolò Gaddi sono state messe in luce dal Targioni Toz-

[1] Vedi *op. cit.* nella nota 3 a pag. 222.

zetti nella sua prefazione al Catalogo Micheliano dell'Orto fiorentino, ma di lui fa menzione anche Scipione Ammirato, il giovane ed il P. Negri [1], non che P. Agostino del Riccio nella sua *Agricoltura sperimentale*. Matteo Caccini, nel giardino annesso al suo palazzo in Via dei Pinti, coltivava con grande passione piante rare che faceva venire di fuori con grande spesa, mentre con grande signorilità faceva dono di semi e radici ad altri botanici e specialmente a Carlo des Ecluses, professore di botanica nella Università di Leiden.

Molti furono gli scrittori che in quell'epoca si occuparono dell'uso delle piante medicinali e tra questi Paolo Mini, fiorentino, medico, il quale pubblicò anche un *Discorso sulla natura del vino e del suo uso retto* (Fir. 1596).

Era naturale che i progressi della botanica si associassero a quelli dell'agricoltura. Padre Agostino del Riccio, domenicano, del quale il Targioni Tozzetti ha pubblicato un elogio nella prefazione al Catalogo Micheliano dell'Orto cesareo fiorentino, nacque in Firenze circa nel 1541, fece il noviziato nel Convento di S. Marco e morì il 18 dicembre 1598 nel Convento di S. Maria Novella. Il suo ritratto si vede nel quadro del martirio di S. Lorenzo, dipinto da G. Macchietti nella stessa chiesa di S. Maria Novella. Ha lasciato manoscritto il *Trattato di agricoltura* diviso in quattro parti, delle quali la prima è l'*Agricoltura sperimentale*, da intendersi agricoltura pratica; l'opera non fu potuta condurre a termine per la sopraggiunta morte di Del Riccio.

Continuò in Cosimo II il tradizionale interessamento dei Medici per la botanica. Così in luogo di Orazio Cornacchini, morto nel 1608, conferì il Granduca la lettura dei semplici nello Studio pisano al dottor Domenico Vigna, fiorentino, discepolo di Baldello Baldelli e che era stato prima medico condotto a Vicopisano. Iniziò le sue lezioni nel febbraio del 1609, nel mese di ottobre di quello stesso anno fu incaricato di tenere l'insegnamento regolare ed in tale ufficio continuò fino al 1684, anno della sua morte. Nel 1625 stampò *Animadversationes, sive observationes in libros de Historia et de Causis Plantarum Theophrasti* (Pisis, 1625), nel quale pretese di

[1] P. Negri, *Istoria degli scrittori fiorentini colla distinta delle loro opere*, Ferrara, 1722, pag. 425.

ritrovare le piante che Teofrasto aveva nominato nei suddetti libri. Nel libro del Vigna, al quale abbiamo pure noi attinto, vi sono molte notizie relative allo Studio pisano, al Museo ed al Giardino dei semplici di quella città.

Morto che fu P. Francesco Malocchi, custode del Giardino e del Museo di Pisa, il Granduca conferì questi impieghi in via provvisoria a Giacomo Rocchi, fiorentino, che si diceva nipote di P. Francesco Malocchi. Successivamente il Granduca conferì tali impieghi a Jacopo Macolo (forse Macaulay), scozzese, il quale era anche lettore straordinario di medicina teorica del quale ci ha conservato il ricordo il Vigna nelle citate *Animadversationes etc.* Nel 1617 la custodia del Giardino e del Museo passò al dottor Pancrazio Mazzanghi di Barga che intraprese vari viaggi per raccogliere piante e che dopo la partenza di Jacopo Macolo divenne professore pubblico di botanica.

Fra i botanici che fiorirono in Toscana sotto il governo di Cosimo II si debbono ricordare: Zenobio Pacini, fiorentino, autore di un codice *Zenobii Pacini Florentini Aromatari Plantarum Icones* del quale Filippo Labbe ci informa che si trovava nella biblioteca del re di Francia; Riccardo Raffaelli del quale esiste manoscritta una lettera latina *De Cinae radicibus facultate.*

Il Targioni Tozzetti ebbe poi occasione di vedere nella biblioteca di Benedetto Coletti un libretto dal titolo: *Compendio delle mirabili virtù dell'Erba detta Tabaco, et sua mirabile virtù stata trasportata dalle Indie Occidentali in Spagna, dipoi in Toscana, dove infino ad oggi è chiamata Erba Tornabuona, raccolta da Michelagnolo di Messer Baccio Bandinelli, da più autori che ne hanno scritto e per relazione avuta da molti forestieri, per sperienza fatta, scritto in 24 capitoli e sua tavola.* La dedicatoria al Granduca è appunto in data 1 novembre 1615. Il tabacco fu appunto chiamato *Erba Tornabuona,* perché introdotto in Firenze da un mons. Niccolò Tornabuoni: tra gli altri molti nomi che ebbe ricordiamo: *Herba Reginae, Herba Medicaea, Catherinaire* (da Caterina de' Medici).

Dello stato del « Giardino dei semplici » di Firenze sotto il governo di Cosimo II ne parla a lungo il Targioni Tozzetti nella prefazione al Catalogo Micheliano, non che di Benedetto Ponte, senese, che nel 1609 era custode di quel Giardino, di Francesco Casabuona che era figlio di Pietro, già da noi nominato, e di Pietro

Manetti, semplicista del Granduca. Continuava questi a rendere florida la scuola di botanica del Convento di Ognissanti della quale abbiamo parlato.

Giovanni Nardi nel suo libro *De igne sotteranea* ci dà notizia che negli ultimi anni del governo di Ferdinando I o nei primi di quello di Cosimo II per la prima volta si utilizzarono le stufe per creare condizioni favorevoli allo sviluppo di particolari piante e per sottrarle ai rigori invernali.

Contemporaneamente all'interesse per i « Giardini dei semplici » si sviluppava nel Granduca l'interesse per i giardini di ornamento: egli fece infatti modificare da Cosimo Lotti, pittore ed architetto fiorentino, tutte le fonti della villa di Pratolino in modo da produrre i ben conosciuti scherzi di acqua minutamente descritti da Filippo Baldinucci. Anche il giardino di Boboli fu oggetto di miglioramenti.

Il principe Giovanni Carlo, figlio di Cosimo II, abitava in Firenze nel palazzo che Bernardo Rucellai aveva fatto costruire insieme al grandioso parco noto sotto il nome di « Orti Oricellari »; in quel palazzo si riuniva l'Accademia Platonica ed ivi fu ordita la congiura contro Giulio de' Medici, che, sventata, costò la vita a Luigi Rucellai e ad Jacopo da Diacceto. Il palazzo e gli Orti furono venduti dai Rucellai ai Medici che ne fecero luogo di delizie e di dissolutezze. In quei giardini il Principe Giovanni Carlo faceva coltivare piante esotiche e fiori rari, tenendo presso di sé un certo Jacopo Rovai che aveva trovato la maniera di dorare a fuoco i cristalli. Un altro figlio di Cosimo II, il Principe Mattia, viaggiò molto in Germania e portò in Firenze, tra le altre cose, la meravigliosa raccolta di lavori in avorio che oggi si trova nel Museo di Palazzo Pitti.

Faceva altresì il Granduca arricchire i suoi « serragli », corrispondenti in certo qual modo ai moderni giardini zoologici, con animali rari tra i quali, dice il Targioni Tozzetti merita di essere ricordato l'onocrotalo ed una pantera della quale parla Giovanni Fabro [1], filosofo e semplicista di Sua Santità. Comperò poi il Granduca,

---

[1] J. Faber, *Aliorum Novae Hispaniae animalium imagines et nomina*, 1651; fa parte di Fr. Hernandez, *Rerum medicarum Novae Hispaniae Thesaurus*, Romae, 1651.

per quanto sempre ci riferisce il Targioni Tozzetti [1], delle tavole di rame dedicate dal pittore Teodoro Filippo De Liagno a Giovanni Fabro e rappresentanti gli scheletri dell'Uomo, del Cavallo, del Cignale, del Coniglio, del Riccio, della Testuggine terrestre, del Pipistrello, del Rospo, dell'Ardea pescatrice, dell'Oca, del Gallo d'India, della Cornacchia, dello Storno, del Cuculo e del Pesce cappone.

Il dottissimo Tommaso Dempster, nobile scozzese, da noi già ricordato, benché fosse stato professore di storia, di diritto, a Tournai, a Tolosa, a Parigi e dal 1616 al 1619 lettore delle Pandette nello Studio pisano e poi in quello di Bologna, si dedicò anche alla storia naturale e si prese la pena di stendere la storia dei quadrupedi a piede fesso dalle schede di Ulisse Aldovrandi, la quale fu pubblicata in Bologna nel 1621.

Contemporaneamente all'interesse per le cose naturali si sviluppava il gusto di farne oggetto di ornamento di interni e specialmente di grotte nei giardini. P. Don Placido Puccinelli [2] racconta che Don Gabbriello Finiguerri, fiorentino, monaco cassinese, ritiratosi da molte cariche che ricopriva e datosi alla vita solitaria nella villa delle Campora, aveva con molto gusto ornato due camere con frutti di mare che aveva raccolto a Letino, ove era stato abate e che Cosimo II e sua moglie Maria Maddalena d'Austria andarono a vederle e molto lodarono il gusto e l'arte del Finiguerri.

6. Agricoltura. - I Medici di questo periodo non trascurarono l'agricoltura: soprattutto Ferdinando I se ne occupò con impegno. Grande vantaggio per la campagna fiorentina derivò dall'aver fatto ripiantare con abeti la cima di Montemorello, avendo precedentemente la Signoria fiorentina fatto abbattere le abetine che ornavano quel monte con l'idea falsa che alimentando così il vento boreale fosse più facile evitare che l'aria della città, ristagnando, si corrompesse e ne derivassero le frequenti epidemie di peste che desolavano la città. Era naturale che mentre tale vantaggio non si conseguisse, ne derivasse un peggioramento del clima, specialmente nella stagione invernale.

---

[1] Vedi *op. cit.* nella Bibliografia N. 109, T. III, pag. 17.

[2] P. Puccinelli, *Origo et progressus historicus sive apparatus de illustribus abbatiae florentinae viribus*, Mediolani, 1645.

Favorì con grande impegno Ferdinando I la cultura dei gelsi per alimentare i bachi da seta. Plinio ed altri autori antichi affermano che una specie di moro con more nere esisteva in Italia fino dai tempi più remoti, ma che non era utilizzato che come alimento o medicamento. Nel 1434 Francesco Buonvicini [1] introdusse in Italia il moro bianco ed i bachi da seta. Marcello Virgilio nel suo commento a Dioscoride, scritto intorno al 1518, racconta che appunto il moro bianco era stato introdotto in Toscana al tempo dei suoi genitori, che si era diffuso dappertutto e costituiva una fonte di grande ricchezza. Negli anni successivi questa coltivazione venne trascurata, forse in seguito a guerre e calamità, per cui fu necessario che il Granduca Cosimo I favorisse quella coltivazione e che il Granduca Francesco la promuovesse con un bando. Ma l'impulso maggiore è da attribuirsi alla ordinanza di Ferdinando I. Questi procurò di far venire di fuori nuovi pregevolissimi alberi da frutta e soprattutto viti delle quali si possono trovare notizie nella bellissima storia dei vini (*De naturali vinorum Historia*) scritta da Andrea Baccio nel 1595.

Importanti opere di bonifica furono eseguite da Ferdinando I. Fra queste il prosciugamento temporaneo della Val di Chiana, importantissima opera circa la quale può vedersi quanto ne dice P. Onorato Corsini nel suo discorso storico sulla Val di Chiana; questo prosciugamento divenne definitivo solo duecento anni dopo, sotto il regno del Granduca Pietro Leopoldo. La pianura di Pisa deve la sua coltivabilità all'acquedotto che da Asciano le porta abbondante ed ottima acqua.

Anche il regolamento del corso dei fiumi richiamò l'interesse del Granduca Ferdinando I; tra queste imprese vi è quella di aver reso l'Arno navigabile.

7. MEDICINA. - Tra i molti medici toscani che si distinsero in questo periodo storico e che furono docenti nelle Università eccelle Andrea Cesalpino del quale abbiamo già dato qualche notizia. Nato in Arezzo nel 1519 (data incerta), visse sotto i governi di Cosimo I, di Francesco I e di Ferdinando I. Eminente botanico, successe al Ghini nella cattedra dei semplici nello Studio pisano nel 1554, nel 1569 passò alla cattedra di medicina pratica che tenne fino al 1592

[1] Vedi *op. cit.* nella Bibliografia N. 108, T. V, pag. 276.

quando si trasferì a Roma come archiatro di Clemente VIII e professore nel Collegio della Sapienza, morì in Roma nel 1603. Filosofo peripatetico, si accostò agli averroisti; fu sospettato di panteismo e di ateismo, ma non fu perseguitato. Con il Ghini, l'Aldovrandi ed il Mattioli fu restauratore della botanica. Non era infrequente in quel tempo che la botanica fosse coltivata insieme alla medicina, ciò che può spiegarsi con l'importanza che avevano le piante come agente terapeutico, perché ancora da esse non se ne erano estratti i costituenti attivi.

La figura del Cesalpino come medico è stata al centro di interminabili controversie circa il primato della scoperta della circolazione del sangue in confronto di William Harvey. Non vi è dubbio che al Cesalpino spetta il merito di avere rivoluzionato la concezione galenica della circolazione del sangue, non argomentando come filosofo, ma con prove anatomiche. Egli demolì due capisaldi della concezione galenica della circolazione del sangue e precisamente che il fegato fosse al centro di essa e che l'aria penetrasse nel sangue per contatto diretto, spiegando lucidamente come avviene la circolazione pur non essendo riuscito a dare la prova definitiva del suo meccanismo. Nelle sue *Quaestionum peripateticarum Libri V* (Fir. 1569) sono esposte alcune sue concezioni sulla circolazione del sangue. La sostanza delle lezioni tenute a Pisa si può trovare in *Ars medica* (Roma 1601), ristampata postuma sotto il titolo *Catoptron, sive speculum artis hippocraticae etc.* (Francoforte, 1605).

Studi accuratissimi sono stati fatti sull'opera del Cesalpino da moltissimi eminenti studiosi della storia della medicina, tra i quali il De Renzi, il Cerradini, il Bilancioni, per stabilire la parte che spetta al Cesalpino nella scoperta della circolazione del sangue. L'opera di W. Harvey, *Exercitatio anatomica de motu cordis et sanguinis in animalibus* fu pubblicata in Francoforte nel 1628, dopo quasi sessanta anni dalla pubblicazione delle *Quaestionum* etc. In questo libro è contenuta l'importante affermazione che la circolazione del sangue ha luogo dal ventricolo destro al sinistro passando per i polmoni e che vi sono due vasi che terminano nel ventricolo destro e due nel sinistro, uno dei quali è afferente, l'altro efferente.

Tra i medici toscani che meritano pure di essere ricordati in questo periodo vi sono: Giov. Batt. Ruschi, pisano, che fu lettore di anatomia nello Studio pisano dal 1605 al 1609; Orazio Cornacchini, aretino, che abbiamo già ricordato come lettore di botanica nell'Ateneo pisano durante il governo di Ferdinando I, che fu lettore di medicina in quello stesso Studio; suo fratello Marco, la cui fama è un po' oscurata da un sospetto di ciarlataneria, quale si desume dal seguente titolo di un suo libretto: *Methodus quo omnes humani corporis affectiones ab humoribus copia, vel qualitate peccantibus, tuto, cito et jucunde chimice et galenice curantur,* libretto che si propone di accreditare una polvere curativa che era chiamata la « polvere del Cornacchini »; Baccio Baldini che lesse medicina nello Studio pisano, scrisse un commento ad Ippocrate *In librum Hippocratis de aquis, aere et locis commentaria* (Fir. 1586) dedicato a Francesco I e che fu archiatra di Cosimo I; Prospero Tedeschi di Castiglion Fiorentino che fu lettore ordinario di medicina teorica nello studio pisano durante il governo di Cosimo II e che è ricordato da Claudio Beriguardi nel suo « Circolo pisano »; Giov. Battista Aggiunti di Borgo San Sepolcro che fu archiatro di Cosimo II ed anche del Granduca Stefano di Castro, portoghese.

La chirurgia ebbe valenti professori durante il governo di Cosimo II tra i quali: Francesco Peccetti Fiorentini, cortonese, che dedicò al Granduca nel 1616 un corso di chirurgia; Giovanni Castellini della Lunigiana che nell'anno 1613 pubblicò un'opera chirurgica di piccola mole ma di grande utilità pratica sull'argomento se in caso di cangrena di un arto si doveva ricorrere all'amputazione o si doveva sperare nella separazione spontanea. Una vivace polemica si accese tra i sostenitori delle due teorie nella quale intervenne Giovanni Nardi esponendo concetti molto giudiziosi nella sua *Terza notte geniale.*

Erano quelli i tempi nei quali docenti di vaglia venivano ad insegnare nelle nostre Università dai più svariati paesi, attratti dalla rinomanza dei nostri Studi i quali erano luminosi centri di irradiazione culturale su tutto il mondo. Basta pensare all'insegnamento anatomico del Vesalio nello Studio padovano. Ma poiché lo scopo del nostro libro è di illustrare l'apporto culturale dei toscani allo sviluppo del pensiero scientifico e non quello degli stranieri, dobbiamo esimerci dall'occuparci dell'opera di questi, anche se si è manifestata in Toscana, od accennarvi molto sommariamente. Aggiungeremo pertanto che sotto il governo di Cosimo II fu lettore primario di medicina nello Studio pisano Gabriello da Fonseca, portoghese, che nel 1614 passò a Roma come medico del cardinale Gaspero Borgia; anche Rodrigo da Fonseca, pure portoghese, fu lettore di medicina in quello stesso Studio.

Sotto il governo di Ferdinando I fu eseguita la riforma di due ospedali che erano molto decaduti. Uno era l'Ospedale di S. Paolo, derivato da un ricovero istituito nel 1220 da alcuni pii cittadini per i malati poveri e situato sul lato meridionale della Piazza di S. Maria Novella, dal 1395 divenuto un vero ospedale diretto da Terziari francescani, successivamente abbellito da una graziosa loggia; Ferdinando I destinò questo ospedale per ricovero dei convalescenti provenienti da altri ospedali.

L'altro ospedale è l'ospedale detto della Trinità o degli Incurabili, istituito nel 1552 per curarvi il *mal francese,* diffuso dalle truppe di Carlo VIII al loro ritorno da Napoli fino dal 1496, e poi inglobato nell'ospedale di S. Giovanni Battista detto di Bonifazio, fondato nel periodo 1369 - 1376 da Bonifazio Lupi, marchese di Sorana e capitano del popolo nel 1369. Di questo ospedale ritorneremo a parlare ampiamente quando tratteremo del governo di Pietro Leopoldo di Lorena, a causa della importanza che esso assunse in relazione alla evoluzione del pensiero medico.

Anche l'Ospedale di S. Maria Nuova era assai decaduto dall'antico splendore e vi si erano introdotti molti abusi. Sotto il governo di Ferdinando I, questi sovvenne del proprio la cassa dell'ospedale e con motuproprio 22 dicembre 1597 provvide ad un completo riordinamento. Poiché Dionigi di Odoardo Portinari, unico discendente in linea retta di Folco Portinari che aveva fondato l'ospedale nel 1288 e risiedente in Milano, aveva rinunciato ad ogni ragione che aver potesse sul patronato dell'ospedale, questo passò direttamente sotto il patronato dei sovrani di Toscana, della cui protezione continuò poi sempre a godere.

Nello spedale di S. Maria Nuova aveva sede la Scuola medicochirurgica fiorentina, la quale si avvantaggiò moltissimo per il fatto che Ferdinando I istituì un vero insegnamento chirurgico; a questo parteciparono Giovanni Signi, pistoiese, Giovanni Castellini di S. Gimignano e Filippo Ciucci aretino.

IX

PERIODO DEL PRINCIPATO MEDICEO

Governo di Ferdinando II (1620-1670)

1. STORIA. - *Ferdinando II* (1610 [regnò 1620-1670] 1670). - Il testamento di Cosimo II impartiva disposizioni molto precise perché il buon governo fosse assicurato durante la minore età del figlio Ferdinando, che al momento della sua morte aveva dieci anni, avendo affidato la reggenza alla madre granduchessa Cristina di Lorena ed alla moglie granduchessa Maria Maddalena, sorella dell'imperatore Ferdinando II. Entrambe erano molto più desiderose di far buona vita e di divertirsi che di ben governare; inoltre la granduchessa Cristina era molto bigotta e quindi ligia agli ecclesiastici che così stabilirono il loro controllo su tutti gli affari dello Stato, indirizzandoli secondo i loro interessi.

Dopo la morte di Giuliano, duca di Nemours, nel 1516, papa Leone X aveva occupato il Ducato di Urbino, togliendolo al duca regnante Francesco della Rovere per darlo al nipote Lorenzo, figlio di Pietro lo Sfortunato, che divenne duca di Urbino, ma cinque anni dopo, alla morte di Leone X, il duca Francesco della Rovere venne rimesso sul trono da papa Adriano VI. La figlia di Ferdinando I, Claudia, aveva sposato Federico della Rovere, figlio di Francesco; la figlia Vittoria di Federico della Rovere e di Claudia alla morte del nonno Francesco, ne sarebbe dovuta essere l'erede. Con lo scopo di fare unire alla Toscana il Ducato di Urbino, nel 1623, Ferdinando, che aveva tredici anni, fu fatto fidanzare con Vittoria della Rovere, una piccola bambina. Se non che papa Urbano VIII, vantando dei diritti sul Ducato di Urbino, vi fece entrare le truppe allo scopo di impadronirsene alla morte del duca Francesco pur concedendo che Vittoria ereditasse i beni mobili.

Nel 1627 Ferdinando, che aveva raggiunto i diciassette anni, per istruzione fece due viaggi; un primo viaggio a Roma ove i Barberini, alla cui famiglia apparteneva Urbano VIII, gli fecero cattiva accoglienza a causa della rivalità con la famiglia Medici per il possesso del ducato di Urbino; un secondo viaggio a Vienna presso lo zio materno, l'imperatore Ferdinando II. Ritornato nel 1628 a Firenze, prese la direzione del governo.

Nel 1630 la peste dalla Lombardia invase la Toscana, decimando, come di consueto, la popolazione, per la durata di molti mesi e producendo la più grande miseria. Nulla fu trascurato, compatibilmente con i tempi, per arginare la malattia, né da parte del Granduca, né da parte di Cosimo dei conti Bardi, arcivescovo di Firenze: si ordinò la quarantena, si aprirono dei lazzaretti a Monte S. Miniato, alla Badia ed a S. Marco Vecchio [1]. Dal Belvedere, ove la famiglia Medici si era ritirata, il Granduca ed i fratelli si recavano ogni giorno in città a contatto con la popolazione morente. Stabilì Ferdinando un regolamento di igiene molto severo costringendo frati e monache ad obbedirvi, ad accogliere nei conventi ed assistere i convalescenti. Il clero si oppose alle suddette disposizioni, il papa chiese che l'ufficio di igiene fosse sottoposto a censura e che i suoi componenti fossero puniti. Ferdinando non seppe opporsi alle imposizioni, per quanto indignato con tutto il popolo, anche per il favore con il quale esse erano accolte dall'ava bigotta.

Frattanto, morta nel 1631 la granduchessa Maria Maddalena, madre di Ferdinando, si riaccese l'odio tra i Medici e la famiglia Barberini, sempre a causa delle pretese dei Medici sul ducato di Urbino e della occupazione di questo avvenuta da parte di Urbano VIII, per cui questo, durante tutto il suo pontificato, fece di tutto per creare ostacoli ai Medici e non è da escludersi che l'atteggiamento della Chiesa sfavorevole a Galileo, non fosse una conseguenza della suddetta opposizione per il fatto che Galileo godeva della considerazione e della amicizia del Granduca.

Da questo momento gli eventi della vita di Galileo si innestano talmente con quelli del Granduca che è utile narrarli insieme.

---

[1] Vedi *op. cit.* nella Bibliografia N. 109, Vol. III, pagg. 298, 315.

Fu appunto durante il governo di Ferdinando II che si verificarono gli episodi più drammatici della vita del sommo scienziato e che la lotta tra il nuovo realismo sperimentale ed il residuo peripateticismo, associato alla massima immobilità dogmatica, raggiunse il suo più alto grado. La protezione di Cosimo II era riuscita a salvare Galileo da ulteriori fastidi, dopo che, essendosi recato a Roma nel 1616, era stato ammonito di abbandonare la teoria eliocentrica che l'Inquisizione aveva condannato perché contraria alle Sacre Scritture. Nel 1624 Galileo si era recato nuovamente a Roma per ottenere la licenza di stampare il *Dialogo dei massimi sistemi* che fu finito di stampare nel febbraio 1632 dal tipografo Giov. Batt. Landini.

La stampa del *Dialogo* offrì occasione al papa di assumere una posizione di violenta opposizione a Galileo, in parte per l'inimicizia verso i Medici, come abbiamo spiegato, in parte perché premuto dai frati e specialmente dei Gesuiti che erano invidiosi della generale ammirazione che Galileo riscuoteva e che si preoccupavano di schiacciare sul nascere la nuova filosofia naturale che minacciava di sopprimere con i suoi principi quella da loro professata, aderenti come erano a concezioni dogmatiche e peripatetiche ed incapaci di qualunque evoluzione. Si è anche supposto che i Gesuiti, persone di grande ingegno e cultura, fossero persuasi della verità delle idee professate da Galileo e che volessero appropriarsene.

Tra gli artifizi escogitati dai nemici di Galileo per mettergli contro Urbano VIII vi fu quello di far credere al pontefice che Galileo lo avesse raffigurato e messo in ridicolo nella persona di Simplicio nel *Dialogo dei massimi sistemi.* Ed effettivamente Galileo aveva messo in bocca a Simplicio alcuni discorsi che il papa gli aveva veramente fatto, ma nel riferirli Galileo non aveva avuto in animo di schernire il pontefice.

Il 1° ottobre 1632 l'Inquisitore di Firenze ordinò a Galileo di trovarsi per tutto il mese di ottobre in Roma a disposizione del S. Uffizio. Galileo supplicò che a causa del suo stato di salute, convalidato da dichiarazioni dei medici e dalla sua tarda età, gli fosse concessa una dilazione. Ferdinando II, cui Galileo si era rivolto per consiglio, avrebbe potuto opporsi agli ordini di Roma, se il timore della Chiesa, le pressioni che gli si facevano, l'atteggiamento della granduchessa Cristina ligia al clero, la viltà e la venalità dei ministri non avessero avuto il sopravvento costringendolo a macchiare la sua gloria di quella veramente colpevole accondiscendenza. Egli ebbe certo momenti di angosciosa esitazione, come racconta il Cioli, il più vile dei ministri, il quale scrive all'ambasciatore di Roma il 9 novembre 1632 in questi termini:

« Il Granduca ha sentito la sua lettera in materia del signor Mariano — tale Mariano Acidosi di Castel del Rio, cui si voleva usurpare quel feudo, col pretesto di eresia — e per quello del signor Galileo, resta in tanta alterazione che io non so come le cose passeranno. Io so bene che Sua Santità non avrà mai cagione di dolersi dei ministri, né de' mali consigli loro ».

Così tradiva questo indegno ministro la gloria del suo sovrano ed opprimeva l'uomo degno della massima considerazione.

Si cercò di placare la collera di Urbano VIII, si propose che Galileo fosse inteso dall'Inquisitore di Firenze, ma tutto fu inutile. Il 30 dicembre il papa rinnova l'ordine in termini minacciosi; se in grado di viaggiare deve essere condotto a Roma incatenato, se il viaggio si doveva rimandare, cessato il pericolo, doveva essere condotto *carceratus et ligatus ac cum ferris.*

Il 20 gennaio 1633 fu il giorno destinato per la partenza di Galileo, il quale, benché fosse stato fornito dalla Corte di tutti i comodi per il viaggio, era nondimeno esposto ai rigori della stagione ed agli inconvenienti della quarantena che dovette fare a Ponte a Centina, a causa della peste.

« So — scriveva egli al cardinal de' Medici — quanto Ella compatisce il mio infortunio e come conosce l'iniquità dei miei persecutori, e in conseguenza mi rendo sicuro, che sentirà con piacere la mia discolpa, e se non il castigo, almeno la discoperta delle fraudi dei miei nemici ».

Il Tribunale della Inquisizione non sottopose veramente Galileo alla tortura materiale forse in vista della sua tarda età e del malandato stato di salute e non voleva apparire disumano. Con sentenza del 21 giugno 1633, viene ricordata la diffida precedentemente fatta nel febbraio 1616 di dover lasciare le proposizioni assurde e contrarie alle Sacre Scritture della immobilità del sole e del movimento della terra, né di poterle né difendere, né insegnare, non che la promessa di obbedire; viene ricordata la messa all'Indice dei libri che trattano di tale dottrina; si constata che con il *Dialogo dei due massimi sistemi* si era trasgredito al precedente precetto; ritenuto che nel tempo concesso per fare le difese, non sarebbe apparso che Galileo avesse detto interamente la verità circa le sue intenzioni; per cui venne giudicato necessario sottoporlo « al rigoroso esame », dopo il quale Galileo viene dichiarato fortemente sospetto di eresia, per cui è incorso nelle conseguenti censure e pene dei sacri canoni, ma da cui può essere assolto purché abiuri agli errori ed eresie secondo la formula che verrà proposta; inoltre il libro del *Dialogo* viene proibito e Galileo condannato al carcere nel S. Uffizio oltre che a dire per tre anni, ogni settimana, i sette salmi penitenziali. Il giorno dopo Galileo, in ginocchio, toccando con le mani i Santi Vangeli, giura che crederà quanto predica ed insegna la Chiesa, ammette di essere con il libro dei *Dialoghi* venuto meno alla promessa fatta, afferma di essere stato giudicato fortemente sospetto di eresia; abiura, maledice e detesta gli errori ed eresie contrarie alla Chiesa, promette di toglier da sè ogni sospetto e di denunziare qualunque persona sospetta di eresia, non che di sottostare alle pene comminate.

L'abiura è fatta il 22 giugno nel Convento della Minerva, dopo di che Galileo è tradotto al Palazzo del S. Uffizio; il 23 giugno viene fatto passare nel palazzo del Granduca di Toscana alla Trinità dei Monti; il 30 giugno il Papa stabilisce di relegare Galileo nel palazzo arcivescovile di Siena, accolto con affettuosa ammirazione dall'arcivescovo Ascanio Piccolomini; il 1° dicembre il papa concede a Galileo di andare ad abitare nella villa di Arcetri *ubi vivat in solitudine.* Nel 1634 perdette Galileo la sua figlia Suor Maria Celeste che gli era stata di tanto conforto. Nel 1637 gli viene concesso di ritornare nella sua casa sulla Costa S. Giorgio. Alla fine del 1637 Galileo è completamente cieco. L'8 gennaio 1642 muore in Arcetri. Avrebbe voluto Ferdinando erigergli un monumento, ma vi si oppose Urbano VIII perché non era conveniente *fabricare sepulchrum cadaveri dicti Galilei poenitentiati in Tribunali S. Officii et defuncti durante illius poenitentia...* Venne quindi sepolto nella Cappella dei Medici in S. Croce ma il torto venne riparato con l'erezione di un monumento in S. Croce nel 1737, l'ultimo anno della dominazione medicea.

Riprendiamo ora la storia di Ferdinando II al punto in cui l'abbiamo interrotta. Nel 1634, anno in cui Vittoria della Rovere compiva il suo quattordicesimo anno, furono celebrate le sue nozze con Ferdinando. Allevata in convento, univa ad un carattere frivolo la più assoluta ignoranza delle cose del mondo e la maggiore sottomissione alla Chiesa. Oltre ad altri beni mobili portò in dote una collezione di magnifici quadri che oggi adornano la Galleria degli Uffizi e quella di Pitti.

Venuta a morte la granduchessa Cristina, Ferdinando avrebbe voluto opporsi al prepotere dei Gesuiti, ma poi si rassegnò ad attendere la morte di Urbano VIII; avvenuta questa nel 1644, la Toscana fu liberata dal suo implacabile avversario, mentre la benevolenza verso Ferdinando adottata dal nuovo pontefice Innocenzo X fu causa di grandi vantaggi.

Ma ecco Ferdinando II verso la metà del suo governo prendere una decisione della massima importanza, quella di associarsi i tre fratelli nella amministrazione della cosa pubblica. Il principe Mattia, che era un buon soldato e che aveva servito per molti anni in Germania durante la guerra dei trent'anni, comandava l'esercito e teneva la carica di Governatore di Siena. Il cardinale Giovanni Carlo assolveva benissimo il compito di dirigere le finanze, era inoltre appassionato e competente collezionista di quadri e di oggetti artistici, per cui si dimostrò prezioso nello sviluppo dell'arte. Ma il più intelligente di tutti i cinque fratelli era il giovane principe Leopoldo che aveva la direzione della politica e che divenne cardinale prima della fine del governo di Ferdinando II; a lui soprattutto si deve la formazione delle due grandi Gallerie, degli Uffizi e di Pitti; ma anche di cose scientifiche si occupava con competenza e passione: di lui avremo occasione di occuparci ancora in seguito. Circa la parte avuta da Ferdinando II nello sviluppo delle arti e delle scienze tratteremo nei corrispondenti paragrafi di questo capitolo.

Nel 1661 Cosimo, primogenito di Ferdinando II compiva diciotto anni per cui si pensò di dargli moglie; la scelta cadde sulla principessa Margherita Luisa d'Orléans, allora sedicenne, figlia di Gastone, duca di Orléans, e cugina di Luigi XIV. Mai coppia poteva essere peggio assortita. Cosimo, in conseguenza della educazione ricevuta, era un giovane poco simpatico, bigotto e superstizioso, non stava bene che con preti e frati, detestava le lettere, l'arte e la musica non che le scienze e la filosofia; poco virile, era però facile ad adirarsi. Margherita Luisa, educata per divenire regina di Francia, era bella, vivace, brillante, spiritosa, innamoratissima del giovane principe Carlo di Lorena. Avvenuto il matrimonio con Cosimo al Louvre per procura nell'aprile del 1661, Margherita Luisa venne a

Firenze, accompagnata dal principe Mattia che le era andato incontro. L'incompatibilità delle due nature esplose subito e non vi furono né esortazioni, né minacce che la inducessero ad accettare con pazienza la sua triste sorte. Il suo odio per la sua condizione, per la Toscana, per l'Italia non ebbero limiti ed essa non trascurò occasione per dimostrarlo.

Ferdinando nel 1667 pensò saggiamente di mandare il figlio a fare un lungo viaggio in modo da separarlo dalla moglie: poco dopo venne a morte nel 1670 e fu sepolto in una tomba provvisoria nella Sagrestia Nuova di S. Lorenzo, in attesa che il mausoleo di famiglia fosse terminato.

2. Condizioni ambientali. - *Stato della cultura.* - La potenza della monarchia spagnola favorì, soprattutto nella prima metà del secolo XVII, il gusto per l'esagerazione, per la pomposità di quella nazione, che fu imitato negli usi di Corte in un tempo in cui andavano consolidandosi le grandi monarchie, derivandone il cosiddetto *secentismo*, cioè la tendenza alla esagerazione, all'artifizio, non solo nelle lettere, ma anche nelle arti e nel costume. Fu questo un fenomeno non solo italiano, ma anche francese, inglese, e, naturalmente, spagnolo.

Allo sviluppo di tale degenerazione del gusto e dell'arte concorsero vari elementi: una certa reazione alla eccessiva imitazione del classicismo del Cinquecento, la mancanza di una sincera ispirazione artistica, la moltiplicazione delle accademie con i loro titoli strani e con le ancora più strane regole, la tendenza alla cortigianeria ed anche una certa ipocrisia per sottrarsi ai rigori della Inquisizione, associata ad una concezione paganeggiante della vita che il secolo precedente aveva alimentato. Una reazione ad un tale stato di cose si ebbe come conseguenza della riforma del metodo scientifico che si manifestò soprattutto nella prosa, ma che si fece sentire meno nella poesia.

La *Gerusalemme liberata* divenne il modello principale di una infinità di poemi eroici che celebravano i più svariati fatti storici e lodavano principi con il consueto contenuto di amori, incanti e miracoli. Con l'*Adone* il Marino creò il poema idillico per eccellenza ed il Tassoni con la *Secchia rapita* scrisse, in forma di poema eroicomico, una efficacissima satira del falso sentimento del tempo.

La Toscana, mai assente in ogni manifestazione del pensiero e dell'arte, seguì anch'essa l'indirizzo del tempo. Francesco Bracciolini, pistoiese, scrisse *Lo scherno degli Dei*, un poema eroicomico, molto inferiore a quello del Tassoni, Lorenzo Lippi, fiorentino, pittore, scrisse, in quello stesso genere di poesia, il *Malmantile riacquistato*; Bartolommeo Corsini del Mugello, con il *Torracchione desolato* diede di quel genere di poesia l'esempio più forbito ed elegante.

La poesia drammatica ebbe in Toscana importanti cultori, tra i quali emerse Michelangelo Buonarroti, detto il giovane, per distinguerlo dal sommo artista che era suo zio e che, per onorarne il ricordo, aveva fondato nella sua casa in Via Ghibellina un museo di cimeli del suo grande antenato, museo ancora esistente e di proprietà del Comune; scrisse il Buonarroti due commedie in versi assai apprezzate, la *Fiera* e la *Tancia.*

Nella seconda metà del secolo XVII la gonfiezza e la falsità crearono il bisogno di ritornare alla semplicità ed alla naturalezza. Delle conseguenze di questo cambiamento di indirizzo daremo un cenno quando nel capitolo prossimo parleremo del declino della potenza medicea.

Grande fu il contributo portato alla prosa da Galileo, prosa che si distinse perché condotta con sana logica dal lato concettuale e perché immune dall'orpello secentesco dal lato artistico. Questi caratteri si riscontrano anche nella prosa degli scienziati galileiani. Francesco Redi, aretino, non scrisse opere di lunga lena, ma opuscoli, consulti, lettere familiari, scritti che si distinguono per efficacia di descrizione, per stile facile e puro; Lorenzo Magalotti, nato a Roma, ma di famiglia fiorentina, noto più che altro per i *Saggi di naturali esperienze fatti nell'Accademia del Cimento*, della quale egli fece da segretario e per le *Lettere familiari contro l'ateismo* in difesa della religione; Lorenzo Bellini, fiorentino, scrisse i *Discorsi di anatomia.* Di questi seguaci della scuola galileiana ritorneremo a parlare quando illustreremo l'apporto dei toscani alle singole scienze.

Alla letteratura relativa ai due grandi avvenimenti storici, la riforma luterana e la restaurazione cattolica che ebbero come principali esponenti: Fra Paolo Sarpi, veneziano, che scrisse la *Storia del Concilio Tridentino*, con animo avverso alla curia romana, Sforza Pallavicino, romano, che scrisse la *Istoria del Concilio di Trento*, confutando la *Storia* del Sarpi, Paolo Segneri di Nettuno nel territorio romano, celebre soprattutto per il *Quaresimale*, come pure alla storia civile che ebbe come esponenti principali: Famiano Strada, gesuita romano, che narrò in *De bello belgico decades duae* la guerra che seguì alla ribellione della Fiandra contro la Spagna, Guido Bentivoglio, ferrarese, addetto alla curia romana, che scrisse la *Storia della guerra di Fiandra,* ed Enrico Caterina Davila di Pieve del Sacco, nel padovano, che scrisse la *Storia delle guerre civili in Francia,* non contribuirono cultori di rilievo in Toscana.

Si distinsero invece i toscani nella storia e nella critica delle belle arti: Giov. Batt. Doni, fiorentino, che visse lungamente a Roma sotto la protezione di Urbano VIII, ha lasciato profonde ricerche, elegantemente scritte, sulla musica dei greci, contribuendo così a quel risveglio musicale del quale abbiamo parlato nel capitolo precedente; Carlo Roberto Dati, fiorentino, letterato, professore di greco e latino nello Studio fiorentino, compilò sulle memorie degli antichi le *Vite dei pittori antichi* (Zeusi, Parrasio, Apelle, Protogene) congiungendo l'esattezza della critica alla limpidezza della narrazione; Filippo Baldinucci, fiorentino, scrisse le *Notizie dei professori di disegno da Cimabue in poi,* rifacendo e correggendo l'opera del Vasari.

Nella filologia e critica propriamente detta emerse in Toscana Benedetto Fioretti di Mercatale nel Pistoiese che pubblicò i *Proginnasmi*, raccolta di osservazioni critiche su autori greci, latini ed italiani.

Con l'aiuto dei fratelli Giovanni Carlo e Leopoldo, Ferdinando II fondò la Biblioteca Palatina di Palazzo Pitti che, aggiuntasi in seguito alla Biblioteca Magliabechiana, portò alla formazione del nucleo principale dell'attuale Biblioteca Nazionale Centrale. Essa conteneva opere preziosissime, tra le quali ci limiteremo a ricordare il *Dialogo* di Galileo e molti scritti dei suoi scolari, un messale miniato appartenuto all'imperatore Ottone III (903-1002), una Bibbia appartenuta al Savonarola con i suoi commenti scritti in margine, la *Divina Commedia,* stampata nel 1481, con il commento del Landino, la copia delle Pandette di Giustiniano, fatta per ordine della Signoria quando Leone X fece portare a Roma l'originale, molti autografi del Boccaccio, del Poliziano, del Machiavelli, di Michelangelo, del Tasso, del Redi.

Le cause che nelle lettere impressero al secolo XVII quel carattere deteriore proprio del *Seicento*, agirono anche sull'arte, togliendole ogni ragione di nobiltà. Per quanto ancora protetta dal mecenatismo dei principi non diede più quegli splendidi frutti che aveva precedentemente dato.

Il Seicento fu un secolo di transizione, quello del trapasso dalla grande civiltà rinascimentale alla civiltà moderna. I due elementi che, fusi nel Rinascimento, il classicismo od idealismo ed il realismo, avevano portato l'arte al suo massimo splendore, si scindono creando due scuole, quella degli eclettici che si riconnettono idealmente ai classicisti del Rinascimento e quella dei naturalisti, discendenti dai veristi.

L'arte del secolo XVII è caratterizzata dal *barocco*, da uno stile che pur continuando a dare segni di esagerazione, giunse a tali altezze che hanno permesso una sua rivalutazione contro l'opinione che ha tentato di diminuirne il valore. La fede impetuosa che accompagnava la restaurazione religiosa, agiva sulle manifestazioni esteriori imprimendo loro un intenso carattere di drammaticità, di teatralità che, meno evidente nella pittura e nella scultura, si manifestò soprattutto nell'architettura. Sorsero così imponenti chiese, ricche di ornamenti architettonici, artificiosi ma suggestivi, uno stile che si propagò ai palazzi ed alle ville.

Nella pittura i due elementi costitutivi del Rinascimento danno origine a due scuole, quella detta bolognese, dei Carracci, eclettica, e quella naturalista del Caravaggio.

Dei pittori toscani che si distinsero nel nuovo indirizzo dell'arte ricorderemo: Carlo Dolci, fiorentino, celebre soprattutto per le sue madonne, dalle forme graziose, morbide, ma alquanto leziose; Pietro Berrettini di Cortona, che, superando il Dolci per la straordinaria varietà e vivacità di composizione, eccelse soprattutto nella decorazione; così, per esempio, nella volta della Sala Barberini a Roma e nelle sale del palazzo Pitti a Firenze.

Nella scultura si distinse fra tutti gli altri il Bernini riuscendo ad esprimere il classicismo che gli ispira la bella forma e la purezza delle sue prime opere come nell'*Apollo e Dafne* ed il michelangiolesco che gli ispira il movimento, la vita ed in parte la terribilità, come nel *Costantino*.

In Toscana la scultura languiva, esercitata dai discepoli del

Giambologna, soprattutto da Pietro Tacca cui abbiamo precedentemente accennato.

Ma è nell'architettura che si manifesta il barocco con tutta la sua forza portando al massimo quelle deviazioni dalle forme pure del Rinascimento che Michelangelo aveva moderatamente introdotto. Grandiosità, movimento, sfarzo dominano l'architettura; si rifugge dalla linea retta, tutto si riempie dei più svariati accessori, conchiglie, maschere, statue, festoni. Ma tutto ciò non è sgradevole dal punto di vista estetico, fornendo una sincera interpretazione del secolo del Marinismo e dei Gesuiti. Il Bernini se era stato un grande artefice del barocco nella scultura, ne fu grandissimo nell'architettura.

Scarsissimo fu il contributo dei toscani all'architettura barocca: forse fece da remora il fatto che Firenze fu la culla del più puro Rinascimento. Ricordiamo in questo periodo storico Matteo Nigetti, fiorentino, allievo del Buontalenti il cui capolavoro fu la chiesa di S. Gaetano a Firenze.

Grande fu l'interesse dimostrato da Ferdinando II per l'arte. Al palazzo Pitti, cioè al palazzo ducale, che era già stato ingrandito da Cosimo II, con l'aggiunta di un piano, Ferdinando II fece aggiungere dagli architetti Giulio Parigi e suo figlio Alfonso, ai due lati, due ali a due piani come prolungamento della parte anteriore del palazzo portando la facciata a ventitré finestre. Fece quindi decorare le sale del primo piano facendone dipingere i soffitti con figure ricordanti le opere di Galileo.

Il fratello di Ferdinando II, Giovanni Carlo, aggiunse la collezione di quadri che egli possedeva alla raccolta che costituiva la Galleria Palatina (Pitti), costituita dalle opere d'arte che Ferdinando II aveva ereditato come capo della famiglia e da quelle che costituivano la dote di sua moglie Vittoria della Rovere; altre opere furono aggiunte dal principe Leopoldo. Essendo divenuto lo spazio insufficiente Ferdinando II fece ampliare la Galleria degli Uffizi con molte sale. Così si costituì la grande Galleria degli Uffizi, completando l'opera iniziata da Francesco I e da Ferdinando I.

Continuò Ferdinando II l'impulso che il suo avo aveva dato all'arte dell'intarsio o del mosaico, stimolato dalle necessità dell'Opificio delle Pietre dure, sia per la decorazione del mausoleo tombale dei Medici non ancora terminato, sia per la costruzione di tavole e stipi per ornamento della dimora ducale non che della Galleria Palatina.

Le Università. — Nello Studio senese continuò a rifulgere lo studio delle scienze naturali e della medicina che già si era mostrato attivo fino dal principio del secolo XVII. È da notarsi un forte sviluppo dello studio della logica, spesso abbinato a quello delle scienze naturali e della medicina; anche la matematica ebbe distinti cultori, ma nel complesso i docenti dello Studio senese non raggiunsero la fama di quelli dello studio pisano.

Nello studio del diritto lo Studio pisano si arricchì di nuove cattedre, rimanendo sempre quelle fondamentali di diritto romano (civile) e canonico. Il diritto romano, quantunque risentisse alquanto della influenza degli umanisti, continuava secondo gli antichi indirizzi. Fu cura del governo di assicurare allo Studio ottimi maestri. Ci limiteremo a ricordare lo scozzese Tommaso Dempster, da noi già citato, che ebbe la cattedra delle Pandette nel 1616 e la cui fama è soprattutto legata alla sua opera *De Etruria regali*, il primo tentativo di sintesi delle conoscenze lasciate dal mondo antico sull'Etruria.

Al diritto canonico davano il maggior contributo gli ordini religiosi; lo stesso accadeva per l'insegnamento della filosofia. Gli studi letterari si mantenevano separati dai filosofici; l'umanesimo, fondamento della cultura letteraria, non era facilmente conciliabile con i vecchi metodi aristotelici; inoltre gli studi letterari avevano anche materialmente un'altra sede: il centro del loro sviluppo era Firenze, attorno ai principi che se ne facevano cultori e protettori.

Gli studi matematici e fisici avevano già nel periodo del governo di Cosimo II risentito la potente influenza della personalità di Galileo; questa influenza perdurava sotto il governo di Ferdinando II su tutti gli studi che potevano avere una base di osservazione o di esperienze. Ciò accadeva anche per la medicina. Nel 1655 Ferdinando II conferiva a Giovanni Alfonso Borelli la cattedra di matematica nello Studio pisano; fu a Pisa che, successivamente, il Borelli trovò l'ambiente più adatto per creare l'edificio della sua opera il *De motu animalium*, uno dei primi tentativi di applicazione del metodo matematico-sperimentale che doveva poi dimostrarsi così fecondo di risultati.

Insegnò medicina teorica nello Studio pisano dal 1656 al 1659 Marcello Malpighi, anatomico modenese di gran fama che, legatosi di amicizia con il Borelli, veniva da questo istruito nella nuova filosofia. Un altro illustre anatomico che insegnò a Pisa fu Carlo Fracassati, bolognese, che lesse medicina teorica e che si legò pure di amicizia con il Borelli. Lorenzo Bellini, fiorentino, insegnò anatomia nello Studio pisano.

Dopo la morte di Cosimo II, avvenuta nel 1620, essendo il figlio Ferdinando di soli dieci anni, lo Stato dovette essere governato dalle granduchesse tutrici, come abbiamo già narrato, cioè da Maria Maddalena d'Austria, sua madre, e da Cristina di Lorena, sua nonna, le quali preferivano spendere somme ingenti in cose futili, ma per nulla si occupavano della istruzione di Firenze.

Prese le redini del governo nel 1628, Ferdinando II, per avere raggiunto la maggiore età, non tardò a dimostrare il suo interessamento per lo Studio fiorentino. Nel 1632 fu ripristinata ed affidata a Benedetto Buonmattei, fiorentino ed uno dei più illustri grammatici, la cattedra di lingua toscana che era stata abolita. Se non che, dopo un solo anno, domandò ed ottenne dal Granduca di trasferirsi nello Studio pisano, purché in quella città continuasse nella lettura della lingua toscana. Nel 1637, non contento del suo impiego a Pisa, ottenne di riprendere la lettura nello Studio fiorentino che mantenne fino al 1646, due anni prima della sua morte avvenuta nel 1648.

Molto interessava al Granduca di porre sulla cattedra di lettere umane un letterato illustre, per cui nel 1638 invitò ad occuparla Giov. Batt. Doni, il quale solo nel 1640 riuscì a disimpegnarsi da Segretario delle lettere latine presso il cardinale Barberini, nipote di Urbano VIII. E veramente grande fama acquistò lo Studio con tale maestro del quale dice il Tiraboschi: [1]

« Pochi scrittori ebbe nel secolo XVII l'Italia, che nella moltitudine, nella varietà e nella erudizione delle opere loro potessero al Doni paragonarsi ».

---

[1] Vedi *op. cit.* nella Bibliografia N. 112, T. VIII, Parte I, pag. 275.

Aveva appena il Granduca terminato le pratiche per l'acquisto del Doni, che volle aggiungere nello Studio come successore di Galileo e come suo matematico e filosofo Evangelista Torricelli, del quale parleremo diffusamente parlando dell'Accademia del Cimento.

Ma nell'anno 1647 lo Studio doveva avere due grandi perdite per la morte sia del Doni che del Torricelli. Il Doni morì nel dicembre di quell'anno a soli cinquantatrè anni di età e ad esso successe nella cattedra di lettere umane, per poco tempo occupata da Alessandro Adimari, Carlo Roberto Dati, fiorentino, al quale, dedicando il Redi alcune sue esperienze, così si espresse:

« In voi tutti gli uomini dotti veggon risplendere un sovrano sapere della Filosofia fatta robusta e da varia erudizione così nobilmente ornato, che pregiandosene la nostra Toscana non invidia i Varroni al Lazio ed i Plutarchi alla Grecia ».

Il Dati restò professore di lettere umane fino al giorno della sua morte, avvenuta il dì 11 gennaio 1675.

Avvenuta la morte del Torricelli nell'ottobre del 1647, il Granduca nominò suo successore Vincenzo Viviani del quale pure ci occuperemo, facendo la storia dell'Accademia del Cimento. Nel 1666 Francesco Redi venne destinato alla cattedra di lettere toscane ed avvenuta la morte di Domenico Galli che occupava la cattedra di teologia, questa fu affidata a Fra Enrico Fioravanti, fiorentino, dell'ordine dei Predicatori.

Il Collegio teologico continuò a prosperare durante il governo di Ferdinando II, come qualunque altro ente di cultura.

Le Accademie. - Ferdinando II ed il Principe Leopoldo non potevano non interessarsi di una accademia così importante come l'Accademia Fiorentina. Infatti il 13 dicembre 1632, la nomina di Benedetto Buonmattei, socio di quell'Accademia, alla cattedra di lettere toscane, poteva considerarsi come il massimo onore che all'accademia potesse venire.

Moltissimi furono i soci dell'Accademia in quel tempo, tra i quali Galileo Galilei; dai *Fasti consolari* del can. Salvini risulta che Galileo Galilei, Giov. Batt. Doni e Carlo Roberto Dati ricoprirono la carica di consoli.

Le adunanze nella sala dei Duecento erano per lo più onorate dalla presenza del Granduca, del Principe Leopoldo e degli altri componenti la casa regnante.

Durante il governo di Ferdinando II avvenne la cessazione dell'Accademia degli Alterati che però esisteva ancora nel 1634. Non si conosce con esattezza la data della sua fine né le cause di essa. Il Mazzucchelli [1] l'attribuisce alla morte di Giov. Batt. Strozzi, suo principale protettore. Anche il Salvini [2] è dello stesso avviso. Ma forse la ragione più convincente è che essa non potesse competere con lo splendore della Fiorentina e della Accademia della Crusca.

Moltissimi furono gli iscritti all'Accademia degli Alterati; tra essi Scipione Ammirato, Don Giovanni de' Medici, il cav. Maffeo Barberini (Urbano VIII), Bernardo Davanzati, Lorenzo Giacomini, Marcello Adriani, Gabriello Chiabrera, Francesco Bracciolini. Una breve storia di questa accademia è stata scritta da Domenico Maria Manni [3].

La caratteristica dell'Accademia degli Oscuri, che poi divenne Accademia Lucchese di Scienze, Lettere ed Arti durante il governo di Ferdinando II è costituita dalle frequenti interruzioni delle quali ben cinque se ne ebbero dal 1626 al 1643. Ciò malgrado gli Oscuri lasciarono una gran quantità di composizioni di ogni genere, prevalentemente letterarie e poetiche, qualche commedia, poche dissertazioni scientifiche. Fu loro grande merito essere riusciti ad emanciparsi dalle pastoie letterarie del seicento. Dopo il 1643 si hanno poche notizie degli Oscuri.

Nell'anno 1631, malgrado che la peste desolasse l'Italia, l'avvocato Agostino Coltellini, uomo eruditissimo, gettò in Firenze i fondamenti di un nuovo sodalizio nella sua abitazione in via dell'Oriolo, nelle case dette degli Sporti, ove la via sbocca in Via S. Egidio, mediante la « virtuosa conversazione » di giovani usciti dalle Scuole di lettere umane.

---

[1] Vedi *op. cit.* nella Bibliografia N. 61, T. I, pag. 530.
[2] Vedi *op. cit.* nella Bibliografia N. 95, pag. 251.
[3] *Memoria della famosa fiorentina Accademia degli Alterati*, Firenze, 1748.

Nel 1633 il sodalizio lasciò il nome di « virtuosa conversazione » e prese quello di « Comunità di virtuosi e letterati » ed in seguito con il crescere dei frequentatori e delle materie trattate quello di « Università dei Letterati ». Contrassegnò il Coltellini questa Università con l'Impresa del sole adattandovi il motto preso dalla « Gerusalemme liberata »[1]: *Oltre confini ancor del mondo nostro*, volendo forse alludere alla fama che si sarebbe acquistata nel mondo.

Il Coltellini volle creare come subalterna della sua Università una accademia che doveva particolarmente occuparsi dell'ampliamento delle lettere e la chiamò « Accademia degli Apatisti » (parola che dalla etimologia greca significa privi di passione) e le diede per Impresa lo specchio piano con il motto tolto dal « Purgatorio »[2]: *Che la figura impressa non trasmuta.* A capo di essa elesse uno con il titolo di Reggente il quale durava in carica non più di un mese. Il capo della Università che si chiamava Priore innalzò al grado di gran Priore e, se era Principe della casa regnante, gli diede il titolo di Protettore. Procurò il Coltellini che all'Accademia si iscrivessero non solo letterati di fama, sia italiani che stranieri, ma anche Principi e Prelati. Nell'Accademia si trattava di teologia, filosofia, filologia, diritto ed anche di medicina. Il Granduca Ferdinando II volle iscriversi all'Accademia che prese sotto la sua protezione.

Sia il Granduca Ferdinando che il Principe Leopoldo accordarono all'Accademia della Crusca la stessa protezione accordata alle altre.

Gli accademici non erano rimasti molto soddisfatti della loro prima edizione del vocabolario, per cui si accinsero ad una seconda ristampa nel 1623, in un volume, pure in Venezia.

Molti furono gli illustri letterati che appartennero all'Accademia in questo periodo: un grande acquisto fu fatto nella persona di Carlo Roberto Dati, professore di lettere umane nello Studio fiorentino, uomo di grande erudizione, del quale abbiamo già parlato.

Nel 1650 le leggi del sodalizio furono riformate: l'evento più

[1] Canto XIV, Str. 35.
[2] Canto XXXIII, v. 80.

importante fu la scelta del Principe Leopoldo a « Protettore celeste dell'Accademia ».

3. L'ACCADEMIA DEL CIMENTO. - La mente del Principe Leopoldo, aperta a favorire lo sviluppo delle lettere e delle arti, non poteva rimanere indifferente di fronte al sorgere della nuova filosofia sperimentale. Sorse così in essa la felice idea di stabilire delle regolari adunanze nelle quali essa potesse essere sistematicamente coltivata. Ferdinando II, per quanto, occupato nelle cure dello Stato, non potesse dedicarsi regolarmente a questi studi anche da lui prediletti, favorì la felice idea del fratello, concesse i mezzi necessari, rilasciò alla nuova istituzione i suoi strumenti non che i risultati delle sue esperienze, alcuni dei quali passarono in nome della nuova istituzione.

Già nell'anno della morte di Galileo, nel 1642, prima della morte di Urbano VIII, che avvenne nel 1644, il Granduca aveva fondato l'« Accademia medicea sperimentale », anche detta « Conversazione filosofica di Palazzo », la quale teneva le sue sedute in una vasta sala contigua alla biblioteca del Principe Leopoldo [1]. Di questa Accademia fu anima il Torricelli fino al 1647, anno della sua morte, e poi il Viviani, fino al 1657, anno in cui fu fondata l'Accademia del Cimento.

Le esperienze fatte nell'Accademia medicea sperimentale sono state registrate da P. Minucci e possono trovarsi nelle *Notizie degli aggrandimenti etc.* di Giovanni Targioni Tozzetti. Ma poiché le esperienze divenivano sempre più numerose e si sentiva la necessità di un maggiore numero di accademici nell'anno 1657 il Principe Leopoldo fondò, sotto il Patronato del Granduca, l'« Accademia del Cimento » che fu la prima società formata in Europa per esperimenti di Scienze Naturali.

Si è appunto molto discusso per stabilire quale sia stata in Europa la prima accademia che si occupasse esclusivamente di scienza. Vi è chi dice che fu l'Accademia dei Lincei, ma è noto che essa, oltre che di matematica e di fisica, si occupò anche di filosofia, di filologia e di poesia. Anche la napoletana Accademia degli Investiganti non si limitò ad interrogare la natura con ricerche

[1] Vedi *op. cit.* nella Bibliografia N. 84, Vol. II, pag. 83.

sperimentali, ma in essa troviamo in prevalenza filosofi, fervidi seguaci dell'aristotelismo. A suo tempo diremo come le più celebri accademie scientifiche straniere furono posteriori all'Accademia del Cimento.

Il giorno 18 giugno 1657 l'Accademia tenne la sua prima adunanza e

« quel giorno di gloriosa ricordanza — come dice Vincenzo Antinori [1] — dovrebbe tenersi in onore e rammemorarsi con solenne pompa in Toscana, siccome star sempre scolpita nella mente e nel cuore di tutti coloro che prendono la via della scienza e la coltivano per schietto amor del vero, animati da quello spirito stesso che animò già i nostri maggiori ».

Lo scopo della nuova accademia fu la ricerca del vero per mezzo dell'esperienza, con la mente sgombra da qualunque idea preconcetta, e prese appunto il nome di « Cimento », perché qualunque opinione non doveva essere accettata che dopo sottoposta al cimento dell'esperienza. E poiché solo provando e riprovando può giungersi alla scoperta del vero, così gli accademici presero per loro divisa il motto « provando e riprovando » e per insegna un fornello acceso con tre vasi d'incerta forma, ma da ritenersi logicamente crogioli.

Il Principe Leopoldo non volle mai essere Capo o Presidente, ma sibbene accademico e collaboratore, e, per quanto richiesto, non volle mai usare della sua autorità di principe, desiderando che gli intelletti nella discussione potessero godere della più illuminata libertà come racconta il Magalotti in una lettera ad Ottavio Falconieri [2]. Grande però fu il contributo del Principe Leopoldo per lo sviluppo della istituzione. Appartengono infatti a questo principe le belle osservazioni sugli « agghiacciamenti » dell'acqua, le esperienze delle due caraffine per conoscere se « il freddo fosse qualità positiva », la proposta delle esperienze sullo scolo dei liquidi, le osservazioni sulla fosforescenza, sia nell'aria che nel vuoto, tra le quali quelle delle lucciole e della carne putrefatta dei pesci.

Il Granduca poi non si interessava soltanto di ricercare e preparare i materiali più necessari al funzionamento dell'Accademia, ma, come abbiamo detto, regalò alla stessa i risultati delle sue pre-

[1] Vedi *op. cit.* nella Bibliografia N. 3.

[2] *Delle lettere familiari del Conte Lorenzo Magalotti e di altri insigni uomini a lui dirette* (raccolte da A. Fabroni), Firenze, 1769, T. I, pag. 85.

cedenti esperienze. Da una nota di pugno del Viviani si desume che la maggior parte degli strumenti all'inizio dell'Accademia erano stati immaginati e suggeriti dal Granduca stesso, come varie specie di termometri, ed un igrometro a condensazione.

Nel secolo XVIII nacque controversia tra Francesco Marchetti, figlio di Alessandro, allievo del Borelli, professore di filosofia e di matematica nello Studio pisano e rinomato traduttore di Lucrezio e Giov. Batt. Clemente de' Nelli, benemerito per le memorie da lui raccolte sulla vita di Galileo, sulle persone e sul numero degli accademici. Seguendo a preferenza il Nelli, l'Antinori nelle sue *Notizie istoriche relative all'Accademia del Cimento*, da noi citate, accetta come componenti della celebre società: Vincenzo Viviani, Alfonso Borelli, Carlo Rinaldini, Alessandro Marsili, i fratelli Paolo e Candido del Buono, Antonio Oliva, Lorenzo Magalotti e Francesco Redi; accetta poi anche Carlo Roberto Dati seguendo in ciò quanto afferma Giovanni Targioni Tozzetti nei suoi preziosi *Aggrandimenti etc.*

Il Principe Leopoldo nominò in primo tempo Segretario della nuova accademia il suo segretario particolare Alessandro Segni perché tenesse il registro dei lavori dell'Accademia e ne custodisse le carte. Nominato Segretario dell'Accademia della Crusca nel 1660, fu sostituito nella sua carica da Lorenzo Magalotti che infuse nuova vita alla benefica istituzione. Furono accademici corrispondenti tra gli italiani: Michelangiolo Ricci, comasco, nato nel 1619, che, raccomandato al Castelli dal Torricelli, quando questo lasciò Roma per venire in Toscana, fu matematico e filosofo, poi sacerdote e cardinale; Giov. Domenico Cassini, nizzardo, nato nel 1625, restauratore dell'astronomia in Francia; Geminiano Montanari, nato a Modena nel 1632, prima astronomo presso i Medici, poi matematico presso Alfonso IV, duca di Modena, matematico a Bologna ed astronomo a Padova; Rossetti, livornese, scolaro del Borelli e del Bellini, prima professore di logica e filosofia a Pisa, poi professore a Torino il quale ebbe con il Montanari vivaci polemiche sui fenomeni capillari e sulle lacrime bataviche; Ottavio Falconieri, prelato romano, uomo dottissimo nelle lettere ed anche nella archeologia, che ebbe parte nella revisione delle bozze dei *Saggi*, come narreremo.

Furono corrispondenti stranieri: il danese Niccolò Stenone, del quale avremo occasione di riparlare; il viaggiatore Melchisedecco Thévenot, parigino, che, visitata l'Italia, vi conobbe il Ricci, il Vi-

LORENZO MAGALOTTI

VINCENZO VIVIANI

viani ed il Borelli con i quali tenne corrispondenza, ma la sua domanda di entrare in corrispondenza con l'Accademia del Cimento fu accolta con fredda riserva per il timore — come dice il Borelli al Principe Leopoldo in una lettera dell'11 novembre 1658 —

« che delle invenzioni e speculazioni dei nostri maestri e di quelle che abbiamo trovato noi, se ne abbiano, secondo l'usanza vecchia, a fare autori e ritrovatori gli stranieri » [1];

il gesuita francese Onorato Fabbri, che esercitò in Roma l'ufficio di penitenziere, e che fu un po' di tutto: teologo, fisico, astronomo e che volle mostrarsi fautore della nuova filosofia, e lo fu più a suo modo, tanto che fu processato dal S. Uffizio, che con guadagno per la scienza.

Nella prima adunanza del 18 giugno 1657 non ebbero luogo esperienze, ma furono determinati e discussi i soggetti da trattare e le cose da preparare per gli esperimenti. Fu poi stabilito che tre accademici, il Rinaldini, il Borelli e l'Oliva, tutte le sere si recassero al Palazzo per ordinare e disporre quanto occorreva per gli esperimenti del giorno successivo. Dagli Atti dell'Accademia si desume anche che qualche volta, quando il Principe Leopoldo era assente, le esperienze si facevano nella casa di qualche accademico: così in una lettera del Magalotti al Principe Leopoldo, in data 17 settembre 1660, si parla di esperienze fatte in casa del Borelli durante la lontananza del Principe [2]. Qualche volta l'Accademia si scioglieva temporaneamente. Dagli Atti dell'Accademia si ricava anche che un accademico, che era quasi sempre il Viviani, od il Borelli, od uno dei fratelli Del Buono, proponeva una esperienza. Se questa incontrava l'approvazione degli altri soci e del Principe si faceva, altrimenti no. Una volta fatta e riuscita felicemente, il segretario ne doveva compilare una minuta descrizione, corretta e ricorretta e corredata da numerose figure.

Spesso si davano notizie delle esperienze alle accademie straniere che potevano muovere delle obiezioni. Alcune di scienziati inglesi si possono leggere negli *Aggrandimenti etc.* [3]. La corrispon-

---

[1] *Lettere inedite di Uomini illustri* (raccolte da A. Fabroni), Firenze 1773-1775, T. I., pag. 115.

[2] Vedi *op. cit.* nella nota precedente T. I, pag. 97.

[3] Vedi *op. cit.* nella Bibliografia N. 109, T. II, Parte I, pag. 133.

denza con l'Accademia di Francia, chiesta nel 1658 dal Thévenot e rifiutata, come abbiamo narrato, venne poi concessa e le osservazioni fatte furono ricevute in Francia con grande compiacimento.

Nel 1657, anno di fondazione dell'Accademia, l'attività di questa fu assai notevole, ma scarseggiò nei successivi 1658, 1659. Sospesi i lavori, questi furono ripresi con la riapertura dell'Accademia il 20 maggio 1660. Nominato Segretario il Magalotti, l'istituzione risorse a nuova vita, ma l'assenza del Segretario per affari domestici, il parto della Granduchessa e le nozze del principe ereditario portarono ad una sospensione dei lavori nel 1661, che non furono ripresi che nella seconda metà di ottobre. Poco fu fatto nello scorcio del 1661 e nei primi mesi del 1662. Dopo un effimera ripresa sulla fine di quest'anno, i lavori furono nuovamente trascurati nel 1663 ed abbandonati del tutto nel 1664, specialmente per l'assenza del Viviani e del Magalotti. Con la comparsa della famosa cometa del 1665, l'Accademia fece molte osservazioni astronomiche: queste furono continuate nei primi mesi del 1666, finché l'attività dell'Accademia cessò in modo definitivo al principio del 1667.

Tra gli accademici non erano rari i malumori ed i dissidi, che per lo più erano provocati dall'indole turbolenta del Borelli, il quale, consapevole dei suoi meriti come accademico ed invidioso di quelli degli altri, voleva ad ogni costo primeggiare. Il 4 dicembre 1661 il Magalotti scrive al Viviani dolendosi vivamente che il Borelli

« separasse come proprie le esperienze fatte nella Accademia del Cimento sopra la positiva leggerezza dei corpi, non avendo riguardo alle leggi della medesima, che volevano tutto in comune »,

lamento che troviamo anche altrove ripetuto.

Sembra che prima del 1662 gli accademici avessero in animo di pubblicare i loro lavori, molto più che libri del genere erano stati pubblicati dal Pascal, dal Pecquet, dallo Schott e dal Boyle. Così al Magalotti venne dato l'incarico di scegliere tra le innumerevoli descrizioni di esperienze che gli pervenivano continuamente come Segretario e continuatore del Segni e che si trovavano commiste ad una quantità enorme di scritture dell'Accademia, quelle che sembrassero le migliori e le più degne di essere conosciute.

L'opera fu in breve portata a buon punto. In una lettera infatti del 1° febbraio 1663, Carlo Roberto Dati avvisa il Principe Leopoldo che « quattro casse di carta bonissima eran già pronte per la stampa del libro delle esperienze »[1].

I *Saggi di Naturali Esperienze* fatte nell'Accademia del Cimento, mano mano che erano pronti per la stampa, venivano mandati al Borelli perché li rivedesse e questo faceva delle osservazioni delle quali si teneva conto, al Viviani che era meno difficile ed al Ranaldini. Infine si mandava tutto al Ricci delle cui censure sembra che il Magalotti non fosse molto soddisfatto se scriveva al Falconieri:

« Capperi!, quest'uomo mi riesce stitico o la difficoltà nasce dalla cosa in sè, o da ignoranza, o da sottigliezza del revisore; se nasce di qui, perché non si può render capace? »[2].

Alla revisione per la parte scientifica si aggiungeva quella per la parte letteraria: così per questa revisione interveniva il card. Sforza Pallavicino, come risulta da una lettera del Falconieri in data 26 luglio 1664[3]; altri censori erano Francesco Ridolfi ed Alessandro Segni, come risulta da una lettera del Magalotti in data 5 agosto 1664[4]. Per la verità, il Magalotti, venuto da poco in Toscana, non poteva conoscere profondamente la lingua; si deve però pensare che i censori non modificassero lo stile, limitandosi ad indicare qualche piccola menda.

Fu pertanto solo nel 1667 che i *Saggi* corretti e ricorretti, sia per la parte scientifica che per la parte letteraria, incominciarono ad essere stampati. Tuttavia all'ultimo momento il Magalotti aveva delle esitazioni ed il 30 marzo 1666 scriveva al Falconieri di considerarli come « un mezzo che lo doveva affatto screditare »[5]. Il Fermi[6], nella sua pregiata monografia su Lorenzo Magalotti, afferma essere certo che essi non uscirono che nel settembre 1667, pur con la data del 1666. Questa edizione di soli 160 esemplari, dei

---

[1] Mss. Galil. Cimento, T. XVI, pag. 130.
[2] Vedi *op. cit.* nella nota 2 a pag. 287, T. I, pag. 173.
[3] Vedi *op. cit.* nella nota 2 a pag. 287, T. I, pag. 83.
[4] Vedi *op. cit.* nella nota 2 a pag. 287, T. I, pag. 87.
[5] Vedi *op. cit.* nella nota 2 a pag. 287, T. I, pag. 155.
[6] S. Fermi, *Lorenzo Magalotti, scienziato e letterato*, Piacenza, 1903, pag. 88.

quali ve ne è uno bellissimo intonso nella Biblioteca Nazionale Centrale di Firenze, fatto con i tipi di Giovanni Cocchini a Firenze all'Insegna della Stella, di pagine 269 in folio con tavole ripetute ad ogni pagina per comodo del lettore e con un ritratto di Ferdinando II. Il titolo è: *Saggi di Naturali Esperienze fatte nell'Accademia del Cimento, sotto la protezione del serenissimo Principe Leopoldo di Toscana e descritte dal Segretario di essa Accademia.* La prefazione fa l'elogio del metodo sperimentale, dell'Accademia e del suo protettore e mostra brevemente l'indole dell'opera. Vi è infine un sommario delle materie ed un indice delle cose più notabili contenute nel libro.

Alle relazioni delle esperienze precede la descrizione, in vari capitoli, di alcuni strumenti che servono per farle. Sono descritti: il termometro ad alcool (acquarzente); uno strumento per la misura della umidità dell'atmosfera, basato sul fatto che il vapore acqueo dell'aria appanna un vetro a temperatura più bassa dell'aria circostante, quanto maggiore è la sua quantità; il pendolo che — dice il Magalotti — è molto più atto a misurare le minime frazioni di tempo dell'orologio. Venendo alle esperienze, la prima, ed anche la più famosa, è quella della pressione atmosferica, dovuta, come è noto, al Torricelli. Gli accademici non seppero resistere al desiderio di illustrare i loro *Saggi* con questa bellissima osservazione e ve la introdussero, per quanto non fosse opera loro e fosse nota a tutto il mondo scientifico fino dal 1643. Nei *Saggi* essa è però illustrata da molte altre esperienze. Segue una serie di esperienze intorno al vuoto, tra le quali le più notevoli sono quelle riguardanti gli effetti del caldo e del freddo, le attrazioni delle sostanze cosiddette elettriche, il moto del fumo, il suono e l'azione della calamita negli spazi vuoti; vi sono poi osservazioni circa accidenti capitati a diversi animali posti in vasi privi di aria. Le esperienze intorno agli « artificiali agghiacciamenti » comprendono quelle intorno alla dilatazione che subisce l'acqua nel congelarsi e quelle intorno al congelamento di altri liquidi (olio, vino, aceto, sugo di limone, vetriolo, etc.); vi sono osservazioni intorno al ghiaccio naturale ed alle variazioni della capacità dei vasi di metallo e di vetro. Seguono alcune esperienze circa la compressione dell'aria, la « leggerezza positiva », gli effetti della calamita, la virtù elettrica di certe sostanze, i cambiamenti di colore in diversi fluidi. Fanno seguito le interessantissime esperienze sul suono, che però non sono che controlli di quelle di Gassendi, ma eseguite con tale precisione da dare risultati quasi identici a quelli ottenuti un secolo dopo dall'Accademia di Francia. Il titolo di *Saggi* comprova che non tutte le esperienze degli accademici vennero registrate, ciò che era del resto, come abbiamo narrato, nel proposito del libro.

Non vi è dubbio che — malgrado qualche riserva sul valore scientifico dei *Saggi* considerati alla luce della scienza moderna — essi costituiscono la prima guida alle ricerche sperimentali, il primo corso di fisica e furono senza esagerazione chiamati dal Caverni [1] « il più insigne monumento che sia stato eretto alla scienza sperimentale italiana ». Malgrado ciò i *Saggi* non ebbero da principio una favorevole accoglienza. Già l'autore ed i suoi amici presentirono che il libro sarebbe stato avversato da una parte dei lettori. Non deve recare meraviglia infatti che nell'ombra operassero le forze, non ancora debellate, dei peripatetici che si preparavano a dare una veste aristotelica alle nuove esperienze.

« Ingegnoso è l'assunto di quei Gesuiti — scriveva il Magalotti al Principe Leopoldo il 27 aprile 1668 — che tirano a favore di Aristotile le nostre esperienze, ma dice il signor Paolo Falconieri che un pezzo avanti che egli partisse da Roma, si vantavano che non sarebbe loro mancato che rispondere, come il libro fosse comparso » [2].

Ed è noto che il Bartoli scrisse alcuni trattati di fisica con l'intento di ridurre con essi a principi peripatetici i risultati medesimi che Galileo aveva ottenuto con le sue esperienze.

Se al libro dei *Saggi* non mancarono i detrattori, non mancarono gli ammiratori. Oltre al nominato Caverni, fra gli Italiani ricorderemo Matteo Campani, fratello del celebre ottico, che ne fece l'elogio nella sua opera *Experimenta physico-mathematica*, stampata nel 1666; massimi encomi ne fece Francesco Nazario nel suo *Giornale dei Letterati d'Italia*, che si incominciò a stampare a Roma nel 1668, ma in ciò vi ebbe parte Michelangelo Ricci.

All'estero la solita noncuranza per le cose italiane — lo diceva l'Antinori più di un secolo fa — non fece apprezzare il libro dei

---

[1] Vedi *op. cit.* nella Bibliografia N. 20, T. I, pag. 197.

[2] Vedi *op. cit.* nella nota 1 a pag. 289; pag. 305.

Saggi al quale nocque il fatto in primo tempo che ad esso non fosse stata data subito quella diffusione che il libro meritava. Tuttavia, nel marzo del 1668, la Società Reale di Londra accolse con onore l'esemplare dei *Saggi* presentato dall'autore da parte del Principe Leopoldo. Lo Sturm, professore ad Altdorff, se ne valse per il suo *Collegium experimentale sive curiosum*, stampato nel 1672: encomi ne fecero anche il Thévenot, Newton ed il Waller.

Varie furono le edizioni dei *Saggi*. Ci limiteremo a ricordare la settima, riportata per intero negli *Aggrandimenti etc.* di Giovanni Targioni Tozzetti che vi fece varie osservazioni ed aggiunte ricavate dal *Diario* originale e da altre scritture dell'Accademia del Cimento. Ricordiamo infine la nona edizione (terza fiorentina) del 1841 alla quale precedono le *Notizie istoriche dell'Accademia del Cimento* dell'Antinori, da noi più volte citate ed una aggiunta del prof. Gazzeri. Questa edizione fatta in onore della Terza Riunione degli Scienziati in Firenze, venne offerta in dono agli scienziati intervenuti dalla munificenza del Granduca Leopoldo II.

Venendo alle traduzioni, la prima è quella del 1684 dell'inglese Riccardo Waller [1]; la seconda è in latino del 1731 di Pietro Van Musschenbroek [2] con osservazioni ed aggiunte; la terza è quella fatta in Francia nell'anno 1755 quando gli autori della *Collection Académique* diedero principio alla loro periodica pubblicazione. Più che di una fedele traduzione si tratta di un riassunto dell'opera del Van Musschenbroek.

Ma ecco in coincidenza con la pubblicazione dei *Saggi* la celebre Accademia che in sì breve periodo di tempo aveva tanto illustrato la dottrina del suo maestro e posta su solide basi la filosofia sperimentale, dare tali segni di debolezza da spengersi rapidamente. Si è molto discusso sulle cause di un tale inaspettato scioglimento. Non vi è dubbio che una delle principali fu la sorta inimicizia tra il Viviani ed il Borelli che rappresentavano la parte più notevole di quella Accademia. Giunti al 1667, quasi contemporaneamente, l'Oliva, il Borelli ed il Rinaldini abbandonarono l'Accademia sotto vari pretesti. Questo esodo dispiacque molto al Principe Leopoldo, ma ecco allo spirare di quel medesimo anno venire a questo con-

[1] *Philosophical Transactions*, Londra, 1684, n. 169, pag. 757.
[2] Lugduni Batavorum, Verbeck, 1731.

ferito il cappello cardinalizio per cui con il suo trasferimento a Roma, l'Accademia cessò di esistere del tutto. Merita a questo punto riportare quanto scrive il Fabroni nella vita del Magalotti:

« Essendovi allora, per la malignità dei tempi, molti giurati nemici della diritta maniera di filosofare, quasi che si opponesse alla Religione, il Principe Leopoldo si trovò in necessità di accomodarsi al genio di questi, per spiegare le vele al suo onore; così l'anno 1667 finì di essere questa Academia in tanto credito, ed egli sul termine di quel medesimo anno fu creato Cardinale ».

Per quanto non vi siano prove dirette che la celebre istituzione si spegnesse per opera dei suoi maligni persecutori, i quali forse attizzarono gli odi tra gli accademici, dal carteggio di questi appare manifesto che la loro opera trovò fino da principio accanite opposizioni.

Accadde così che gran parte della gloria toscana si travasasse altrove ed altrove prosperasse. A Bologna, a Napoli, a Torino, si diffuse l'amore dei buoni studi ed anche al di là delle Alpi trovò ovunque favore presso i principi. Dice il Napier [1] che dopo l'abbandono della Presidenza da parte del Principe Leopoldo,

« le opposte pretese dei genii irascibili scoppiassero in tutta la loro veemenza mandando in frantumi l'accademia; i suoi frammenti ancor vivi e preziosi furono raccolti con ardore dalle altre nazioni che le usarono come pietre fondamentali di istituzioni più solide ».

Sull'esempio infatti dell'Accademia del Cimento si fondarono quelle di Vienna, di Londra e di Parigi. La prima, iniziata dal medico Bausch, fu privata e non ebbe forma di accademia né protezione di principi fino al 1670; la seconda, la Società Reale di Londra, non ebbe il suo vero principio prima dell'anno 1663 e dei lavori degli accademici toscani vide fregiarsi i primi volumi dei suoi Atti; la terza, l'Accademia Reale delle Scienze di Parigi non ebbe valida forma né sovrano favore fino al 1666.

Troncata l'impresa, le carte e gli strumenti che ne costituivano le preziose reliquie caddero in abbandono. Gli strumenti che non andarono dispersi, verso la metà del secolo XVIII, furono raccolti

---

[1] H. E. Napier, *Florentine history from the earliest authentic records to the succession of Ferdinand the third, Grand Dukes of Tuscany*, London, 1866.

nella casa del celebre meccanico Vayringe, macchinista dell'imperatore Francesco I di Lorena, il quale, dopo averlo mandato in Francia alla Scuola del pur celebre Desaguillieres, lo fece venire in Toscana e lo destinò ad insegnare la fisica sperimentale nel Collegio dei Nobili di Firenze. Questi strumenti che Giovanni Targioni Tozzetti ebbe agio di vedere in casa del Vayringe, alla morte di questo, in parte furono mandati a Vienna al gran Collegio Teresiano, in parte riportati in palazzo Pitti. Questi furono poi trasferiti nell'I. e R. Museo fisico, quando il Granduca Pietro Leopoldo concepì il progetto di fondare questo Museo. Gli strumenti di vetro soffiato necessari per le varie esperienze, erano stati fabbricati con rara abilità da Iacopo (secondo altri, Giuseppe) Moriani, detto perciò il « Gonfia »: alcuni di essi si ammirano ancora nel Museo di Storia della Scienza di Firenze. I lavori di tornio furono eseguiti da Teodoro Laugher e le figure incise da Stefano della Bella.

Quanto ai preziosi scritti dell'Accademia, in parte furono conservati dal primo Segretario Segni, per poi passare, estinta la sua famiglia, al R. Fisco ove furono consultati da Giovanni Targioni Tozzetti [1]; in parte vennero depositati nell'Archivio mediceo. Allorché Leopoldo II che — come dice l'Antinori — parve col nome ereditasse dal Principe Leopoldo de' Medici l'amore per Galileo e per la celebre sua scuola, raccolse i Mss. galileiani, volle a questi unire le carte dell'Accademia come continuazione e corredo e tutto fece conservare nella Biblioteca Palatina.

L'Accademia del Cimento non risorse più a nuova vita: infatti il tentativo del Granduca Pietro Leopoldo di farla rivivere nel Museo di Fisica e Storia Naturale che egli aveva fondato rimase infecondo, e vita di soli pochi istanti ebbe l'Accademia allorché, sul sorgere del secolo XIX, venuto Giovacchino Murat al governo della Toscana, fu tenuta in quel Museo la prima ed ultima adunanza il 16 marzo 1801, come narreremo in dettaglio.

Malgrado lo scioglimento dell'Accademia del Cimento, né Ferdinando, né Leopoldo, diminuirono la loro protezione ed il loro fervore per le scienze mentre coloro che più avevano conferito fama all'Accademia continuarono con la loro opera a dare lustro all'Italia.

---

[1] Vedi *op. cit.* nella Bibliografia N. 109, T. I, pag. 373.

Alcuni di essi erano toscani e ne avremo ancora occasione di parlare: così del Viviani e del Redi.

3. MATEMATICA, FISICA, ASTRONOMIA. - Nella matematica brillò in questo tempo di gran luce Vincenzo Viviani (1622-1703), fiorentino, allievo prediletto di Galileo e del Torricelli. Fu nominato da Ferdinando II insegnante di matematica nella scuola dei paggi di Corte e suo geometra. Fu accademico del Cimento, della Società Reale di Londra e della Accademia Reale delle Scienze di Parigi. Molte sono le sue opere; ci limiteremo a ricordare *De maximis et minimis geometrica divinatio in quintum Conicorum Apollonii Pergaei nunc desideratum* (Fir. 1659). Il Viviani sapendo che il quinto libro di Apollonio sulle coniche — solo posteriormente trovato e precisamente dal Borelli — trattava delle « linee rette più grandi e delle più piccole », svolse questo argomento non solo indovinando quanto aveva scritto Apollonio, ma procedendo oltre. Ciò ebbe per conseguenza di estendere la fama del Viviani oltre la Toscana in tutta l'Europa. Ricorderemo anche *Euclidis, i dodici libri degli Elementi piani e solidi, tradotti, spiegati ed illustrati*, opera che è stata adottata come libro di testo nelle nostre scuole. Scoperse il Viviani la curva detta *finestra del Viviani* che si ottiene tagliando la volta emisferica con un cilindro tangente al cerchio di base e di raggio metà.

Il contributo alla fisica in questo periodo è stato descritto nella storia dell'Accademia del Cimento. Non è possibile stabilire quanto di quel contributo sia da attribuirsi ai toscani e quanto ai non toscani, perché i risultati delle esperienze venivano considerati come un prodotto dell'attività di tutti gli accademici. Ma poiché quei risultati erano una emanazione della nuova filosofia naturale, cioè del nuovo metodo sperimentale galileiano, essi si debbono considerare come emanazione del pensiero scientifico toscano, come conseguenza di quella Rinascenza scientifica, più tardiva, ma non per questo indipendente da quello spirito rinascimentale che aveva dato una impronta nuova alle lettere e dalle arti. Il contributo portato da Galileo ai problemi della fisica (leggi del pendolo, caduta dei gravi, leggi del moto nei *Dialoghi delle nuove scienze*) come pure le sue scoperte di istrumenti ed astronomiche sono stati considerati nella introduzione storica di questo capitolo, a causa della importanza che dal punto di vista storico appunto acquistavano le scoperte galileiane, non solo per quanto riguardava la scienza, ma soprattutto in relazione alla evoluzione del pensiero scientifico.

5. Chimica, farmacia. - La fonderia medicea che Francesco I aveva creato nelle sale vicino alla R. Galleria presso la Loggia dei Lanzi e che Ferdinando I aveva pure mantenuto attiva venne riordinata da Ferdinando II e vi furono trasportati strumenti e preparazioni chimiche che Don Antonio aveva nel Casino di S. Marco. Fu nominato Soprintendente di essa il Redi che era anche archiatro del Granduca. Fu in quella rinnovata fonderia che il Redi fece la maggior parte delle sue esperienze. La fonderia si arricchiva ogni giorno di nuovi prodotti con grande vantaggio sia della chimica che della medicina.

Tra i chimici di una certa fama vi era il piovano Jacinto Antonio Talducci della Casa « eccellente chimico e primo uomo della fonderia medicea » che aveva lavorato con Don Antonio e che era molto considerato dal Granduca; vi era anche un Filippo Talducci, ingegnere militare che si occupava pure di chimica, ma che risiedeva a Praga.

Il Grassini [1] fa menzione di un Domenico Baldi che scrisse una *Dissertatio de auro*, esaltando le qualità dell'oro come medicamento, anticipando così la crisoterapia, ed aggiungendo che fa bene anche portarlo indosso, potendo l'organismo umano assimilarlo, specialmente se in foglio sottile, nel quale caso si aiuta l'eliminazione del mercurio dai soggetti che lo avevano preso. Ricorda anche Francesco Giraldini che scrisse una memoria sul « bezoar minerale » che doveva essere una calcite cristallizzata di Val di Mugnone e che, inghiottita, aveva effetti straordinari.

Fu quello un tempo interessante per la introduzione in Toscana di nuovi rimedi e di nuove droghe. Jacopo Berengario da Carpi, medico rinomatissimo, aveva introdotto la pomata mercuriale per la cura della lue, e non occorre indugiarci per mettere in evidenza l'importanza di questo fatto. Un certo Pellicini raccomandava l'acqua sbattuta con l'argento vivo per preservarsi dalla peste:

---

[1] Vedi *op. cit.* nella Bibliografia N. 50.

« non negando per questo che non potesse essere di qualche particolare utilità servirsi di qualche acqua stillata cordiale, come di acetosa, cupraggine o simili ».

Ma eccoci a narrare avvenimenti di grande importanza. La contessa di Cinchon, moglie di un governatore del Perù, introdusse per la prima in Spagna l'uso della chinachina, droga che da essa derivò il suo nome, ma che era anche chiamata *polvere della contessa, pulvis comitidae.* Ciò accadeva nel 1640. La contessa Cinchon, che era affetta da febbre malarica era guarita con quel rimedio. La diffusione della china in Europa fu rapidissima e poiché essa veniva importata in grandi quantità dall'America dai Gesuiti, questi si arricchirono immensamente, ciò che suscitò le ire dei loro nemici. Per questo fatto venne anche chiamata *polvere dei Gesuiti, pulvis patruum, polvere cardinale.* Il Magalotti parla dell'uso della china che si faceva nel 1669 [1].

Nel 1668 si incominciò ad adoperare la cioccolata, importata dal viaggiatore fiorentino Francesco Carletti (1573-1636), la relazione dei cui viaggi fu data in luce postuma, nel 1701, dal Manni con emendamenti, note ed indice copioso del Magalotti con il titolo *Ragionamenti di Francesco Carletti, fiorentino, sopra le cose da lui vedute.* La prima che si fabbricasse in Firenze fu quella della spezieria di Boboli e veniva regalata dai principi come cosa deliziosa, profumata con ambra, gaggia o gelsomino. Il Redi, scrivendo a Don Francesco Urea a Madrid ne parla insieme ad altre cose importate dal Cile [2].

Quasi contemporaneamente alla cioccolata, nel 1671, si incominciò per opera dei Cristiani, reduci dall'Oriente, l'uso del caffè (Kafè) e le prime botteghe sorsero in Birmania. Il Redi parla del thè (o cià) come di cosa ben nota ai suoi tempi, proveniente dalla Cina e dal Giappone e ne prescriveva l'uso volentieri agli ammalati come diuretico, dissetante e confortante dello stomaco [3]. A questo proposito non possiamo fare a meno di ricordare i celebri versi del *Bacco in Toscana*:

---

[1] L. Magalotti, *Lettere scientifiche ed erudite*, Venezia, 1740.

[2] *Opere*, Venezia, 1712, Vol. V, *Lettere*, pag. 65.

[3] *Consulti*, Firenze, 1726, pag. 326.

Non fia già, che il cioccolatte
V'adoprassi (contro il male), ovvero il tè,
Medicine così fatte
Non saran giammai per me;
Beverei prima il veleno,
Che un bicchier che fosse pieno
Dell'amaro e rio caffè.

Già precedentemente il Redi aveva detto:

Ma frattanto qui sull'Arno
Io di Pescia il Burïano,
Il Trebbiano, il Colombano
Mi tracanno a piena mano:
Egli è il vero oro potabile
Che mandar suole in esilio
Ogni male irrimediabile.

Contemporaneamente all'uso della cioccolata, del tè e del caffè, prese grande sviluppo quello delle bevande ghiacciate per temperare gli ardori estivi e sorsero botteghe nelle quali si vendevano in caraffine ghiacciate acque di cedro, di limone o con cannella ed indolcite con zucchero. Esistevano anche delle vere ghiacciaie ed il Redi nel *Bacco in Toscana*, dopo aver detto

Son le nevi il quinto elemento
Che compongono il vero bevere;
. . . .

fa menzione della ghiacciaia della « grotta del monte di Boboli » che era però adibita ad uso della sola Corte. L'invenzione delle ghiacciaie a Firenze viene attribuita a Bernardo Buontalenti che per ricompensa avrebbe ottenuto dal Granduca Ferdinando I l'entrata che si ricavava dalla vendita del ghiaccio.

Il Magalotti [1] ci fa sapere quanto in quel tempo fosse di moda la passione per i profumi. Sino dal 1608 i Padri Domenicani e le Monache di S. Annalena erano rinomate in tutto il mondo per la varietà e quantità delle quintessenze dei fiori e delle pomate; al tempo del Magalotti la predilezione per i profumi aveva raggiunto un grado di vero furore.

---

[1] Vedi *op. cit.* nella nota 1 a pag. 299; pag. 94.

6. Storia naturale. - Sarebbe stato sufficiente ad illustrare il progresso della scienza durante il governo di Ferdinando II la fondazione dell'Accademia del Cimento e la sua breve ma efficace attività nel campo della fisica sperimentale. L'interesse però del suddetto governo si estese anche ad altri campi, così a quello della chimica già illustrato ed a quello delle scienze naturali che imprendiamo ad illustrare.

Non venne meno il Granduca alla tradizione familiare per l'interessamento alla botanica. Giovanni Targioni Tozzetti nella sua prefazione al Catalogo Micheliano [1] descrive lo stato del Giardino dei semplici durante quel governo per la generosità ed il buon gusto del granduca e del suo fratello, il principe Leopoldo, e per la vigilanza del dottor Angelo Donnini, giardiniere generale del Granduca. Angelo Donnini tenne la carica di semplicista fino al 1668. Di lui ci resta un catalogo delle piante cresciute nel Reale Giardino dei semplici, stampato nel 1662, con il titolo *Plantarum florentinos hortos hornantium etc.* Nello sviluppare il giardino Angelo Donnini ebbe valido aiuto da parte di suo fratello Ferdinando e del palermitano Paolo Boccone, il quale ebbe il titolo di Regio Botanico. Ma poi il giardino incominciò a deperire e tale deperimento si accentuò fino a che sotto il governo di Cosimo III questo principe lo affidò alle cure del celebre botanico Pier Antonio Micheli del quale parleremo trattando della Società Botanica da lui costituita.

Anche il Museo della Università di Pisa formò oggetto delle cure del Granduca e meritò di essere lodato da eruditi stranieri. Il Granduca aveva dato allo Stenone l'incarico di fare un catalogo ragionato di questo Museo pisano, dopo averlo chiamato a dirigerlo. Dello Stenone avremo ancora occasione di parlare per cui riteniamo opportuno darne qualche notizia.

Niels Stensen o Nicolò Stenone nacque a Copenhagen nel 1638. Studiò medicina prima a Copenhagen sotto Bartolino, poi ad Amsterdam sotto Blasius. Scoprì il dotto escretore della ghiandola parotide che descrisse nelle sue *Observationes anatomicae* (Leyden, 1662) quando aveva solo 24 anni. In *Observationum anatomicarum de muscolis et glandulis specimen* (Copenhagen, 1664) riconobbe la

---

[1] *Praefactio ad Michelii Catalog. Plant. H. Caes. Flor.*, pag. XXXV.

natura muscolare del cuore. *In Elementorum myologiae specimen, seu muscolorum descriptio geometrica* (Fir. 1667) dimostrò che i muscoli sono formati da fibre che si contraggono, mentre i tendini rimangono immutati. Nel 1666 venne in Italia come medico di Ferdinando II, posto che continuò ad occupare sotto Cosimo III. Si convertì in questo tempo al cattolicesimo. Nel 1672, aderendo all'invito di Cristiano V, ritornò a Copenhagen occupando per due anni il posto di professore di anatomia e descrivendo la malattia che oggi va sotto il nome di tetralogia di Fallot. Osteggiato però dai suoi nemici a causa delle sue opinioni religiose, ritornò in Toscana ove il Granduca Cosimo III gli affidò l'educazione del figlio Ferdinando. Abbandonati gli studi naturalistici, entrò allora nel sacerdozio: papa Innocenzo XI lo nominò vescovo di Titiopoli e vicario apostolico nella Germania del nord. Stabilì da principio la sua dimora in Hannover: morì in Schwerin nel 1686.

Amava il Granduca organizzare spedizioni scientifiche in varie parti del mondo per raccogliere nuove piante e curiosità naturali. Nel febbraio del 1659 partivano a questo scopo per le Indie un medico, un farmacista ed un pittore. Viaggiarono e soddisfecero le dotte curiosità di Ferdinando, raccogliendo notizie e prodotti naturali il Brunetti, il Tani, il Lucardesi, l'Acciaiuoli, l'Altavanti, il Pagni. Ferdinando ebbe la utile idea di riunire nella sua Reale Galleria quanto costoro avevano raccolto, quanto si trovava sparso nei suoi palazzi e quanto aveva acquistato lui stesso gettando così le basi del futuro Museo di Fisica e Storia Naturale. La raccolta del Granduca conteneva anche minerali di rame e di argento, provenienti dalla Germania; su questi minerali fece lo Stenone osservazioni assai importanti.

Nella raccolta del Granduca aveva grande importanza una ricca collezione di testacei, come allora si chiamavano gli animali provvisti di conchiglia, dei quali una parte erano stati trovati nelle diverse coste dell'Africa, dell'Asia e dell'America, una parte era stata acquistata in Olanda; questa raccolta era poi stata affidata alle cure di Jacopo Mariani. Secondo Giovanni Targioni Tozzetti una chiara idea del numero, della bellezza e della rarità dei testacei che formavano la collezione del Granduca, si può dedurre dalla « Lista » che detto Mariani ne fece, lista che se anche non fu condotta con criterio, tuttavia serve a farci conoscere la magnificenza della collezione.

Giovanni Targioni Tozzetti, come narreremo, sotto il governo di Francesco II di Lorena, ebbe l'incarico di compilare il Catalogo della Imperiale e Reale Galleria, la quale conteneva naturalmente la raccolta medicea.

S'indugia il Targioni Tozzetti a parlare di due stupende « conche intricate » che non esistendo nel Catalogo del Museo Rumfiano, acquistato da Cosimo III, avrebbero potuto essere state provvedute durante il governo di Ferdinando II; dopo averle minutamente descritte nel suo Catalogo il Targioni Tozzetti narra che questi magnifici pezzi furono per ordine di S.M.C. portati a Vienna per essere collocati nella sua grandiosa Galleria di cose naturali. Continuando il Targioni Tozzetti ad enumerare le rarità possedute dal Granduca nella sua Galleria ricorda una pietra bezoar naturale che gli era stata portata dal Brasile. Conteneva poi la Galleria diversi minerali di rame e di argento provenienti dalla Germania e dei quali abbiamo detto che servirono allo Stenone per le sue osservazioni.

Don Francesco Uria od Urea nel 1670, ultimo anno della vita di Ferdinando II, gli portò diversi frutti esotici tra i quali è notevole una specie di pepe con sapore di ginepro [1]; lo stesso dottor Uria nel 1671 mandò al Redi alcuni minerali di argento del Perù per i quali il Redi ringraziandolo gli disse [2]:

> « La scatola con pezzi di miniere di argento del Perù m'è stata gratissima... Dodici buccheri rossi sono arrivati sani e salvi, siccome sani e salvi sono arrivati dodici buccheri neri, i quali veramente mi sono stati gratissimi quanto mai posso dire... ».

Oltre alle rarità naturali il Granduca Ferdinando II rivolse la sua attenzione ad arricchire la Galleria di antichità e di meravigliosi cimeli [3]. Fra queste rarità vi erano delle mummie ed altre antichità egiziane che furono poi descritte e riprodotte in rame dal medico e letterato toscano Giovanni Nardi [4]. Non fa quindi meraviglia che la Galleria fosse fino da quei tempi ammirata ed enco-

---

[1] REDI, *Esperienze intorno a diverse cose naturali,* Firenze, 1671, pag. 118.

[2] Vedi *op. cit.* nella nota 2 a pag. 299; pag. 65.

[3] *Saggio storico della Reale Galleria di Firenze del Signor Segretario Giuseppe Pelli,* Firenze, 1779.

[4] *Explanatio in T. Lucretii Cari De rerum naturae,* Flor. 1647, L. VIII, pag. 633.

miata, né ciò quindi che ne scrisse mons. Laffles [1] il quale descrive anche la magnificenza di palazzo Pitti. A dirigere questo nuovo Museo chiamò il Granduca lo Stenone, cui aveva già dato l'incarico di fare un catalogo ragionato del Museo pisano, e poi il Magalotti.

Già Cosimo II si era interessato a creare un serraglio, come si chiamava allora l'odierno giardino zoologico. Ferdinando II ed il principe Leopoldo molto si adoperarono per migliorarlo ed arricchirlo di animali singolarissimi, per la maggior parte provenienti dall'Africa, ma di molti animali la descrizione è così imperfetta che — come dice l'Antinori — non è possibile riportarla a specie conosciute.

Nel 1665 fu fatto venire a Firenze, ove poi morì, un elefante africano giovane. Paolo Verzoni nei suoi ricordi manoscritti racconta che Francesco Boninsegni, senese, gentiluomo di Corte, ha lasciato una bella descrizione di questo elefante in una elegia latina [2]. Di questo elefante fu ricavato lo scheletro dal Bellini [3] e la pelle venne applicata ad una armatura di legno. Questo pezzo era conservato nella R. Galleria e fu poi trasferito nel Museo di Fisica e Storia Naturale.

A Ferdinando II si deve anche la fondazione della prima Stazione metereologica centrale nel 1654. L'Osservatorio era sulla torre del Convento degli Angeli (in Via degli Alfani a tergo dell'Ospedale di S. Maria Nuova), fu diretto da P. Luigi Antinori e vi si facevano osservazioni di confronto con quelle di Vallombrosa, di Cutigliano e di Bologna.

Per tutti i fatti esposti era naturale che il Granduca Ferdinando II meritasse la considerazione e l'ammirazione degli scienziati e dei naturalisti del tempo. Molti elogi furono fatti da mons. Laffles il quale ha anche descritto, come abbiamo detto, la magnificenza di palazzo Pitti. Il Redi [4], scrivendo a P. Anastasio Kircker gli diceva:

« Non v'ingombri di maraviglia il sentimento che d'altronde che da Voi io n'abbia avuto cognizione (delle pietre di Cabras de Cabelo), per-

---

[1] *Nouveau voyage en Italie par sept rues différents,* T. I, pag. 490.

[2] *De obitu elephantis etc.* (Mss. Magl. Classe VII. N. XXXII.).

[3] Vedi *op. cit.* nella Bibliografia N. 108, T. VIII, pag. 403.

[4] Vedi *op. cit.* nella nota 1 a pag. 303; pag. 3.

NICOLO' STENONE

LORENZO BELLINI

ché vi è noto, che ho l'onore di servire in una Corte, alla quale da tutte le parti del mondo corrono tutti que' Gran'Uomini, che con i loro pellegrinaggi van cercando, e portando merci di virtude; e quando ci arrivano, son con maniera così begnina accolti, che nella Città di Firenze confessano esser rinati gli antichi deliziosissimi Orti dei Feaci... ».

Ebbe infatti Firenze in quei tempi visite da parte di illustri stranieri, tra i quali, oltre il già ricordato Mons. Laffles, Olaus Borrichius, medico danese, uno dei primi storici della chimica, ma anche molti che viaggiavano a scopo scientifico da un paese all'altro come Paolsanti, Tani, Fra Filippo Acciaiuoli.

7. Medicina. - Sotto il governo di Cosimo II l'Ospedale di S. Maria Nuova di Firenze era passato, come abbiamo narrato, sotto il patronato dei sovrani di Toscana. Sotto il governo di Ferdinando II l'Ospedale aveva acquistato nuovi vantaggi e così anche la Scuola Medico-Chirurgica fiorentina acquistò nuovo lustro, soprattutto per l'insegnamento della anatomia, impartito dallo Stenone, dal Malpighi e da Lorenzo Bellini. Fu aperto il nuovo ospedale per le donne e « furono messe una per letto, con grandissima loro allegrezza e soddisfazione ». Il Targioni Tozzetti [1] riporta il Regolamento dell'Ospedale, creato con motuproprio del 31 ottobre 1661, che presenta grande interesse.

Tra i medici toscani di notevole importanza ricordiamo: Giovanni Nardi, anche letterato e predecessore del Redi come archiatro: era stato anche Soprintendente del Museo egizio del Granduca: attese ad una edizione del *De rerum natura,* corredata di note, ma gli nocque, come filosofo peripatetico, aver tentato di combattere la filosofia galileiana; Lorenzo Bellini (1634 - 1704), fiorentino, fu allievo del Redi e del Borelli: a ventun anno assunse la cattedra di anatomia nello Studio pisano: fu ricercatore instancabile cui si debbono ricerche fondamentali sulla struttura dei reni, esposte in *Exercitatio anatomica de Structura et Usu renum* e sull'organo del gusto, esposte in *Gustus organum novissime deprehensum.* Scrisse con eleganza e chiarezza.

È difficile assegnare gli scienziati di questo periodo ad una piuttosto che ad un'altra categoria, a quella dei veri medici od a

[1] Vedi *op. cit.* nella Bibliografia N. 109, Vol. III, pag. 377.

quella dei naturalisti, perché coltivavano generalmente insieme le due specie di studi: non di rado erano anche letterati. L'individuo che dimostrò nella maggior maniera in questo tempo una tale sintesi di talenti fu senza dubbio il Redi, del quale abbiamo già parlato come accademico del Cimento e come letterato.

Francesco Redi (1626 - 1698), aretino, fu dal De Renzi chiamato « padre della entomologia », con maggiore ampiezza di significato dal Castiglioni « precursore della biologia sperimentale ». I suoi studi sul veleno della vipera, esposti in *Le osservazioni intorno alla vipera;* quelli sulla generazione degli animali inferiori, esposte in *Esperienza intorno alla generazione degli insetti;* quelli sui parassiti animali, esposte in *Osservazioni intorno agli animali viventi che si trovano negli animali viventi* (Fir. 1684) con i quali dimostrò per primo gli organi di riproduzione dell'ascaride, lo pongono in primo piano tra i ricercatori di ogni tempo. Fu instancabile nel ricercare in mosche, pesci, piccioni, polli, tartarughe, fenomeni di ogni specie, cercando di spiegare i fatti quali si presentavano alla osservazione senza ricorrere ad idee preconcette od a teorie. Nei *Consulti medici* si rivelò quel medico equilibrato ed onesto che sempre fu, suggerendo rimedi semplici, sane e regolari norme di vita e prodigando incoraggiamento agli ammalati. Nelle *Lettere,* nei *Sonetti,* nei *Poemetti* si dimostrò letterato insigne; per assicurargli la gloria nelle lettere basterebbe il *Bacco in Toscana,* da noi già ricordato. Di lui scrisse la *Vita* il Fabroni in *Vitae italorum illustrium.*

8. La nuova filosofia naturale. - Nella parte introduttiva di questo libro abbiamo narrato come nel nostro Rinascimento, dopo alcuni tentativi antiscolastici di ritorno ai genuini Platone ed Aristotele con Bernardino Telesio, Tommaso Campanella e Giordano Bruno, si obbedisce alla necessità di una nuova concezione del mondo. La filosofia tende a divenire pratica, all'ideale medioevale delle *Civitas Dei* si tende a sostituire il *Regnum hominis.*

Ne derivò la necessità di stabilire le vie da seguire nello studio della natura e quindi la scelta del metodo. Spetta a Bacone il merito di avere teorizzato il metodo. La natura deve essere interpretata partendo dall'*esperienza,* depurata da ogni aggiunta esterna da parte dell'intelletto, con un processo di *induzione* che porti alla conoscenza delle leggi naturali.

Il *Novum Organum* baconiano si contrappone alla logica aristotelica chiamata dagli antichi *Organo.* L'induzione si contrappone al sillogismo e mediante essa si giunge a conoscere le leggi della natura volgendole a nostro vantaggio. Il *Novum Organum* insegna l'arte di scoprire (*ars inveniendi*); la natura si interpreta mediante l'esperienza che deve essere non solo raccolta, ma interpretata; si deve partire dai fatti, non si deve fare come fanno gli *empirici* che si limitano a raccoglierli e, neppure come i *razionalisti,* che partono da ragionamenti aprioristici, ma si deve ragionare sui risultati della esperienza. Eliminati gli *idoli,* cioè le aggiunte ed anticipazioni dell'intelletto, purificata così l'esperienza, la quale non deve essere semplice osservazione, ma creazione dei fatti, spetta alla logica con l'induzione di ordinare i risultati dell'esperienza permettendo di formulare le leggi naturali.

Il Rinascimento in Italia, fino dal suo sorgere, si era opposto al verbalismo, all'astrattismo, cercando di valorizzare l'esperienza. Bacone teorizzò il metodo che Galileo, nato nel 1564, tre anni dopo la nascita di Bacone, aveva applicato nella spiegazione dei fenomeni. Per ottenere questa spiegazione bisogna stabilire i loro rapporti, le leggi del loro movimento che è alla base di ogni fenomeno; le variazioni dei fenomeni debbono essere espresse in formule matematiche, ciò che presuppone la sostituzione delle differenze qualitative con differenze quantitative. La meccanica diviene la legge universale della natura. Ecco una sintesi del pensiero di Galileo in una lettera a F. Liceti del 15 settembre 1640:

« Tra le sicure maniere per conseguire la verità è l'anteporre l'esperienze a qualsivoglia discorso essendo noi sicuri che in esso, almanco copertamente, sarà contenuta la fallacia, non sendo possibile esperienza sia contraria al vero; e questo è pure precetto stimatissimo da Aristotele e di gran lunga anteposto al valore e alla forza dell'autorità di tutti gli uomini del mondo, la quale V. S. medesima ammette che non pure non doviamo cedere alle autorità di altri, ma doviamo negarlo a noi medesimi, qualunque volta incontriamo il senso mostrarci contrario ».

Alleate fino dalla seconda metà del secolo XV nella lotta sorta per opera degli umanisti contro la filosofia scolastica e l'aristotelismo, Roma e Firenze, cune ed officine di ogni civile sapienza, già negli ultimi anni del secolo XVI e prime tra le città di tutte le nazioni, entrarono in gara per aprire la via alla nuova filosofia sperimentale. E come ai tempi di Paolo II, di Cosimo I e di Lorenzo il Magnifico, le umanistiche e platoniche accademie sulle rive del Tevere e dell'Arno furono il mezzo più idoneo ed efficace per liberare le menti dalle pastoie delle vecchie scuole, così lo furono anche in questo nuovo compito di aprire nuove vie alla filosofia naturale. Se l'Accademia dei Lincei, essendo stata fondata nel 1603, aveva quasi un mezzo secolo di precedenza su quella del Cimento, fondata nel 1657, si deve tener presente una certa contemporaneità di opere, in quanto bene un quarto dei Lincei era costituito da toscani.

Morto nel 1630 Federico Cesi, fondatore dell'Accademia dei Lincei, questa andò disciolta, né fu possibile la ricostruzione del sodalizio, specialmente dopo che in seguito alla condanna ed alla abiura di Galileo, la severità di papa Urbano VIII ed i sospetti di eresia che i cultori delle discipline matematiche e fisiche si erano tirati addosso, avevano reso impossibile ogni attività scientifica. Aure più favorevoli alle nuove scienze spiravano invece in Toscana, come abbiamo raccontato in dettaglio narrando la storia dell'Accademia del Cimento. Ed infatti in Firenze regnava ancora il platonismo, molti erano i filosofi avversi alle dottrine aristoteliche e di una certa libertà di pensiero godevano gli studiosi. La prevalenza scientifica così acquistata da Firenze non ebbe però come conseguenza il completo abbandono in Roma degli studi della matematica e della fisica. Al contrario, come prima gli studiosi fiorentini erano cooperatori dei Lincei, quelli della scuola romana divennero collaboratori della galileiana ed alcuni vi si ascrissero, come il Borelli, il Magalotti, il Ricci, il Falconieri.

X

PERIODO DEL PRINCIPATO MEDICEO

Dal governo di Cosimo III al governo di Francesco II di Lorena (1670 - 1737)

1. Storia. - *Cosimo III* (1642 [governò 1670 - 1723] 1723). Cosimo III, figlio primogenito di Ferdinando II, nel 1670, anno della morte di questo, successe al padre in età di anni ventotto. Da quel momento si inizia la fatale decadenza della famiglia Medici e con essa quella della Toscana, come Stato dominato da una famiglia toscana, che cesserà di esistere come tale per essere governato da una stirpe straniera nel 1737.

La decadenza della famiglia Medici e dello Stato di Toscana si manifesta in ogni campo: in quello delle lettere, in quello delle arti, in quello delle scienze, nel disordine amministrativo dello Stato, nella debolezza delle forze militari, nella mancanza di prestigio presso le Corti estere, nella assenza di partecipazione attiva ai grandi eventi politici del tempo, dominati da Luigi XIV.

Dal matrimonio di Cosimo III con Margherita Luisa di Orléans, figlia di Gastone, duca d'Orléans e cugina di Luigi XIV, era nato Ferdinando nel 1663, Anna Maria Ludovica nel 1667; subito dopo l'assunzione al trono era nato Gian Gastone nel 1671. Questo avvenimento non influì in alcuna maniera nel moderare la tensione sempre esistita tra Cosimo III e sua moglie, fino dall'epoca del loro matrimonio e che culminò nel 1674 con la separazione di Margherita Luisa dal marito e con il suo ritorno in Francia.

La morte dello zio di Cosimo III, del cardinale Leopoldo, avvenuta nel 1675, contribuì a peggiorare grandemente le condizioni dello Stato, essendo venuto a mancare il suo intelligente e competente consiglio nonché l'ascendente esercitato dalla sua personalità. Il governo di Cosimo III, un lungo governo che si protrasse per più di cinquanta anni, recò alla Toscana gravissimi danni: il popolo era oppresso dalle tasse, la povertà aveva raggiunto il suo massimo grado, il bigottismo imperava, i preti in tutto si inframettevano, le pene erano gravissime. Cosimo III, fornito di scarsa intelligenza, debole e tirannico al tempo stesso, circondato da cortigiani ipocriti e bigotti, rese infelice uno Stato che aveva raggiunto il più alto grado di benessere, di sviluppo culturale, di considerazione da parte delle altre Corti.

La simpatia di Cosimo III si era tutta concentrata nella figlia Anna Maria Ludovica, mentre i maschi erano poco considerati, tenuti in disparte ed anche avversati. Il principe Ferdinando, l'erede al trono, coadiuvato dal fratello minore del padre, Francesco Maria e, da lontano, dalla madre Margherita Luisa cercò di opporsi all'andamento delle cose, ponendosi a capo di un gruppo di persone che aspirava a favorire lo sviluppo delle lettere, delle arti, della musica ed a sopprimere l'atmosfera monastica della Corte, alimentata dal bigottismo della granduchessa madre, Vittoria della Rovere. Ma essendosi il suddetto gruppo lasciato andare ad intemperanze e stravizi, ciò fornì al Granduca l'occasione di istituire un sistema di spionaggio che fu affidato agli ecclesiastici. Ferdinando, persa la speranza di migliorare le condizioni dello Stato, intraprese un viaggio e si fidanzò con la principessa Violante Beatrice di Baviera; il matrimonio avvenne a Firenze nel 1688.

Nel 1693 venne a morte la granduchessa madre Vittoria, ciò che parve determinare un miglioramento nelle condizioni dello Stato. Nel 1691 la principessa Anna Maria Ludovica che aveva ventitrè anni era andata sposa a Guglielmo, Elettore Palatino. Il secondogenito maschio di Cosimo III, Gian Gastone, aveva allora venti anni, era amante della scienza, specialmente della botanica e dell'antiquariato, viveva molto isolato, in compagnia del cardinale Noris che divenne poi bibliotecario capo della Biblioteca Vaticana. A ventiquattro anni fu indotto a sposare Anna di Sassonia-Lauenburg, figlia del defunto duca di Sassonia-Lauenburg e vedova del conte Palatino Filippo di Neuberg, fissando la sua dimora in un piccolo possesso situato nel villaggio di Reichstadt, nella Boemia.

Gian Gastone che non aveva trovato nella moglie quelle doti intellettuali e di cultura idonee alla sua mentalità si trasferì a Praga ove conduceva una vita alquanto disordinata, fino a che il padre lo fece rientrare in Toscana perché la salute di Ferdinando andava sempre più declinando tanto da far temere una prossima morte.

Nel 1712 gli Stati di Europa, resisi conto che ad un certo momento nessun discendente mediceo avrebbe potuto occupare il trono di Toscana, pur ognuno avendo qualche diritto da vantare, con il trattato di Utrecht riconobbero a Cosimo III il diritto di nominare preventivamente un successore al trono.

Avvenuta la morte di Ferdinando nel 1713, il Senato fiorentino approvò un decreto, confermato dal Granduca, secondo il quale alla morte di Gian Gastone la successione al trono sarebbe toccata alla sorella Anna Maria Ludovica. Nel 1715 morì Luigi XIV, avvenimento che determinò molti cambiamenti nella politica europea. Nel 1716 l'Elettrice Anna Maria Ludovica, rimasta vedova, lasciò Düsseldorf e ritornò a Firenze acquistando una posizione di primato nella Corte. Nel 1718 si costituì una quadruplice alleanza tra Inghilterra, Francia, Olanda ed Austria e si decise in un trattato concluso a Londra che alla morte di Gian Gastone la Toscana dovesse andare a Don Carlo di Spagna, figlio maggiore di Elisabetta di Parma, regina di Spagna. Forte fu la reazione di Cosimo ed anche del popolo toscano e ci si preparò a fronteggiare con le armi l'esecuzione della suddetta decisione. Intanto una nuova guerra era scoppiata tra l'Inghilterra e l'Olanda; ristabilitasi la pace nel 1720, nel Congresso di Cambrai l'ambasciatore di Cosimo, Corsini, combattè con efficacia la decisione presa con il trattato di Londra, sostenendo il diritto che il governo della Toscana passasse alla morte di Gian Gastone nelle mani della sorella, diritto che fu poi espresso nel 1723 in una solenne protesta. Il 31 ottobre 1723 morì Cosimo III, dopo un governo durato più di cinquant'anni, il peggior governo che mai abbia avuto la Toscana.

Gian Gastone (1671 [governò 1723 - 1737] 1737). - Quando Gian Gastone successe al padre aveva già cinquantadue anni. Si mise subito all'opera per eliminare gli abusi che si erano accumulati durante il governo del padre. Poiché sua moglie Anna di Sassonia-Lauenburg si rifiutava di venire in Toscana e non aveva simpatia per la cognata Anna Maria Ludovica Elettrice, chiamò presso di sé la brillante vedova di suo fratello Ferdinando, la principessa Violante Beatrice di Baviera, che aveva allora cinquanta anni, la quale riuscì ad esercitare un forte ascendente, con una opera altrettanto illuminata quanto benefica; le condizioni del popolo migliorarono, le pene furono alleviate, fu soppresso lo spionaggio, si cercò di divertire il popolo.

Di fronte agli intrighi delle potenze avide di assicurarsi il possesso della Toscana alla sua morte, Gian Gastone ottenne che l'eredità privata della famiglia dovesse andare alla sorella; si trattava di ville e palazzi ripieni di oggetti d'arte di grande valore. Sventati i primi tentativi dell'Austria e della Spagna di occupare la Toscana, dopo la morte della principessa Violante, avvenuta nel 1731, Gian Gastone si diede a vita dissoluta disinteressandosi completamente degli affari dello Stato.

Perdurando l'intenzione delle potenze di occupare la Toscana, le flotte riunite di Spagna e di Gran Bretagna occuparono Livorno mentre forze spagnole ponevano il loro quartiere nelle varie zone della Toscana e l'imperatore Carlo VI inviava un forte esercito per occuparla con lo scopo di destinarla alla figlia Maria Teresa. La guerra non ebbe però luogo, perché le forze spagnole dovettero andare contro Napoli e gli Austriaci venivano sconfitti sul Po. Nel 1735 si venne ad un accordo tra Austria, Francia, Inghilterra ed Olanda, ratificato alla pace di Vienna nel gennaio 1736, in base al quale la Toscana sarebbe stata data a Maria Teresa che avrebbe sposato Francesco, duca di Lorena, il quale, in cambio della Toscana, avrebbe ceduto la Lorena alla Francia.

I Fiorentini molto si agitarono all'idea di essere consegnati ad una potenza straniera e Gian Gastone fece delle violente proteste. Se non che, dopo l'avvenuto matrimonio il 12 febbraio 1736 di Francesco di Lorena con Maria Teresa, nel gennaio 1737 le forze austriache sostituirono le forze spagnole nella Toscana giurando fedeltà al Granduca il 5 febbraio 1737. Il 9 luglio Gian Gastone morì e fu sepolto nel Mausoleo di famiglia.

Un atto importante eseguito da Gian Gastone al termine della sua vita fu l'erezione del monumento a Galileo in S. Croce su disegno di Giov. Batt. Foggini: esso è decorato con un busto di Galileo e con due statue, una delle quali rappresenta l'astronomia, l'altro la geometria.

2. CONDIZIONI AMBIENTALI. - *Stato della cultura.* - Questo periodo storico che va dal 1670 al 1737, comprendendo quindi quasi settanta anni e buona parte della seconda metà del secolo XVII e della prima metà del secolo XVIII, dimostra l'inaridirsi del genio toscano nelle lettere in confronto dei periodi storici prima considerati. Il contributo dei toscani alla poesia fu scarso ed ancor più scarso quello alla prosa.

Per quanto riguarda la poesia questo periodo vede accentuarsi la reazione alla falsità ed alle esagerazioni del Seicento ed il bisogno di ritornare alla semplicità ed alla naturalezza. Una tale reazione aveva avuto già molto prima un valido rappresentante in Pirro Schettini di Cosenza che aveva combattuto il gusto dei marinisti, riunito una scuola di antimarinisti e rimesso in onore l'imitazione del Petrarca.

La riforma poetica prese corpo e si organizzò per opera di Cristina di Svezia che, ceduto il trono al fratello, si stabilì in Roma nel 1668 e creò una accademia privata, in cui accolse i poeti italiani, interessandosi essa stessa alla poesia italiana che coltivò. Essa fu ammiratrice specialmente di Alessandro Guidi, pavese, lo richiese a Ranuccio Farnese, duca di Parma, del quale era cortigiano, ne fece il suo confidente e lo pose a capo della riforma. Il Guidi si ricollega con l'origine dell'Accademia dell'Arcadia la quale diffuse la riforma poetica iniziata da Cristina di Svezia. Questo sodalizio, istituito nel 1690 dai frequentatori di Cristina di Svezia subito dopo la sua morte, nacque a Roma ma poi si diffuse a tutta l'Italia, con lo scopo di bandire il cattivo gusto e ricondurre lo scrivere alla semplicità ispirandosi agli antichi poeti pastorali, ma con effetti esagerati, con tendenza al lambiccato ed all'effemminato.

Cristina amava aiutare fino a pensionare i poeti bisognosi di aiuto; tra i pensionati vi furono i due migliori poeti toscani di questo tempo: il Menzini ed il Filicaia. Benedetto Menzini, fiorentino, di condizione poverissima, si era dato al sacerdozio e per consiglio del Redi alla poesia; venuto a Roma nel 1685, fu ammesso da Cristina alla sua Accademia e godette di una pensione; morta Cristina, godette della protezione di Innocenzo XII che lo fece canonico in

S. Angelo in Peschiera e da Clemente XI dal quale fu fatto professore supplente alla Sapienza; imitatore di Dante, del Petrarca e soprattutto del Tasso, riuscì elegante poeta nei più svariati generi.

Vincenzo da Filicaia, fiorentino, uomo virtuoso, dedicò la sua lira alla religione ed alla morale. Vennero incontro alle sue difficili condizioni Cristina di Svezia che lo ammise alla sua Accademia e ne mantenne i figli e poi Cosimo III che lo nominò senatore affidandogli importanti incarichi; dovette la sua fama essenzialmente alle sue splendide canzoni per l'assedio e la liberazione di Vienna che meritarono gli onori dell'Imperatore Leopoldo ed ai sonetti sulle sciagure d'Italia. Del valore di Francesco Redi come letterato abbiamo parlato nel capitolo precedente, considerandolo soprattutto come scienziato seguace della scuola galileiana.

Tra i prosatori toscani ricordiamo Anton Francesco Bertini di Castel Fiorentino in Val d'Elsa, allievo del Bellini e professore di medicina pratica nell'Ospedale di S. Maria Nuova di Firenze: la sua principale opera è *La medicina difesa dalle calunnie degli uomini volgari e dalle opposizioni dei dotti*: scrisse anche una satira, la *Giampagolaggine* che per agilità di forma e spirito ricorda l'*Apologia* di Annibal Caro; Anton Maria Salvini, fiorentino, uomo di grandissima memoria, conoscitore perfetto delle lingue classiche e moderne, professore nello Studio fiorentino nel quale successe a Carlo Dati: fu scrittore originale ed efficace: tesoro di erudizione sono le sue note alle commedie del Buonarroti, non che i molti *Discorsi* accademici come facente parte dell'Accademia degli Apatisti. Di Lorenzo Bellini abbiamo parlato nel capitolo precedente essendo, come anatomista, seguace della nuova scuola galileiana.

La scuola di pittura fiorentina fiorente alla fine del secolo XVI ed al principio del secolo XVII, non diede artisti di grande valore durante questo periodo storico. Ricorderemo: Anton Domenico Gabiani, fiorentino, allievo di Cino Ferri romano; Benedetto Luti, pure fiorentino, allievo del Gabiani e che si può considerare come l'ultimo pittore della scuola fiorentina di questo tempo e che fu eccellente per il colorito.

Nella scultura e nella architettura non si ebbero artisti di particolare rilievo.

Durante il Governo di Cosimo III molte ed importanti collezioni furono aggiunte a quelle della Galleria degli Uffizi, ma non si può dire che i due ultimi Medici abbiano dimostrato una particolare simpatia per lo sviluppo dell'arte.

Le Università. - Durante il governo di Cosimo III lo Studio senese ritornò a rifulgere di rinnovato splendore perché questo principe, per accattivarsi l'animo dei Senesi, aumentò il numero delle cattedre ed accrebbe il patrimonio dello Studio; questo fatto e l'altro di avere docenti di indiscusso valore accrebbe la rivalità con gli Studi pisano e fiorentino.

Durante il governo dell'ultimo rappresentante della stirpe medicea non si ebbe nello Studio senese alcun avvenimento degno di nota: alla stanchezza della vecchia dinastia si accompagnava quella degli studi universitari.

Lo Studio pisano continuò ad eccellere durante il governo di Cosimo III, ma non tanto da mantenere quel grado di eccellenza che aveva acquistato sotto il governo di Ferdinando II, soprattutto come centro di irradiazione della nuova filosofia naturale.

Tra i suoi più illustri lettori di diritto ricorderemo Bernardo Tanucci di Stia noto soprattutto per la disputa che ebbe con il matematico Guido Grandi, pure insegnante in Pisa, intorno alla scoperta delle Pandette in Amalfi, facendosi sostenitore dei diritti di Pisa. Tra i più illustri insegnanti di medicina che ebbe lo Studio pisano in questo tempo meritano di essere ricordati: il dottor Federico Gornia, bolognese, che fu archiatro di Cosimo III e che fu molto versato nell'anatomia; il dottor Giuseppe Zambeccari, fiorentino, discepolo del Redi, che scrisse un *Trattato dei Bagni di Pisa e di Lucca;* il dottor Giuseppe del Papa, di Empoli, che fu pure allievo del Redi, che è autore di varie opere e che visse anche sotto il governo di Gian Gastone, essendo morto un anno prima della morte di questo.

Anche nello Studio pisano non ebbero luogo cambiamenti di rilievo durante il governo dell'ultimo dei Medici; lo stato dello Studio si può definire stato di abbandono, simile a quello di altri enti culturali.

Al principio del governo di Cosimo III lo Studio fiorentino era reso illustre dalla presenza in esso di Carlo Roberto Dati, di Vincenzo Viviani e di Francesco Redi. Molti vi furono successivamente eletti, ma non ne nomineremo che alcuni di quelli che diedero maggior lustro allo Studio.

Il 15 marzo 1677 nella giovanissima età di ventiquattro anni l'abate Anton Maria Salvini ottenne la cattedra di lettere greche, possedendo non solo la lingua greca, ma anche il latino, il francese, il provenzale, il tedesco, lo spagnolo, l'inglese, l'ebraico ed il caldeo, per cui di lui disse nel *Ditirambo* il Redi: « Il mio Salvin ch'ha tante lingue in bocca ».

Nei secoli XIV e XV erano stati promossi nello Studio fiorentino con felice successo gli studi legali, ma da tempo non esisteva più una cattedra di giurisprudenza per cui molti giovani che non potevano recarsi nelle Università di Pisa e di Siena dovevano rinunziare allo studio delle leggi. Per evitare questo inconveniente il Granduca Cosimo III nell'anno 1685 chiamò dallo Studio pisano in quello fiorentino a leggere istituzioni civili Jacopo Rilli che non fu solo valente giureconsulto, ma anche profondo conoscitore delle lettere.

Nel 1692 ebbe la cattedra di lingua ebraica Paolo Sebastiano Medici, che, nato ebreo in Livorno, si era poi convertito al Cristianesimo ed era divenuto prete. Essendo il Viviani che teneva la cattedra di matematica assai inoltrato negli anni, venne chiamato a sostituirlo l'abate Jacopo Panzanini il 29 ottobre 1694. Nell'anno successivo, volendo Cosimo III ripristinare nello Studio la cattedra di filosofia morale che aveva avuto in passato illustri docenti, vi chiamò il 28 ottobre 1695 il prete dottor Domenico Franchi di Prato. Il 30 ottobre 1708 fu chiamato alla cattedra di lettere toscane il canonico fiorentino Marcantonio de' Mozzi.

Il 4 novembre 1712 l'arcivescovo di Firenze Tommaso Buonaventura della Gherardesca riuscì a fondare il Seminario Diocesano, ciò che indusse Cosimo III a creare nello Studio fiorentino una cattedra di teologia scolastica per la quale fu scelto il dottor Ippolito Rosselli che già aveva occupato la carica di Decano nel Collegio dei Teologi.

Nell'ottobre 1718 divennero professori di medicina nello Studio fiorentino i dottori Giov. Batt. Rossi, Lorenzo Gaetano Fabbri e Giovanni Massetani. L'insegnamento della medicina nello Studio fiorentino era stato felicemente promosso nei secoli XIV e XV, ma poi abbandonato. Con il richiamo da Pisa dei due ultimi medici si ebbe una forte ripresa dello studio della medicina nello Studio fiorentino.

Nel 1722 venne concesso al dottor Anton Maria Salvini, che abbiamo già nominato, di avere un sostituto nella persona del dottor Angelo Maria Ricci; avvenuta la morte del Salvini nel 1729, il Ricci gli successe nella cattedra di lettere greche: morì nel 1767 e fu l'ultimo dei professori nominati a leggere nello Studio fiorentino da Cosimo III.

Il Collegio teologico, non venendo meno alla tradizione, ebbe vita assai prospera anche durante il governo di Cosimo III e valenti allievi, dei quali ci dà ampie notizie il Cerracchini [1].

Doveva essere ben radicata nella stirpe medicea la passione per gli studi, se di essi si occupò anche Gian Gastone, malgrado le difficoltà dei tempi.

Al principio del suo governo lo Studio fiorentino era in condizioni di grande floridezza, riccamente provvisto di cattedre e di valenti professori per cui già nel 1728 fu nominato alla cattedra di teologia morale il P. Gaetano Giacomini, gesuita, in seguito alla avvenuta morte in quell'anno di P. Sebastiano Pennoni, pure gesuita, del quale il Giacomini era il sostituto. Nel settembre 1729 venne istituita una nuova cattedra, quella di diritto pubblico, alla quale venne nominato il dottor Pompeo Neri Badia che leggeva a Pisa diritto naturale o delle genti ed al quale furono dal governo affidati molti delicati incarichi.

Nel 1730 lo Studio fece il grande acquisto di Anton Francesco Gori, eruditissimo nelle lettere e nell'antiquariato, il quale fu chiamato a leggere storia sacra e profana in sostituzione dell'abate Giov. Batt. Casotti, che aveva ottenuto la pieve dell'Impruneta. Un acquisto ancor maggiore fece lo Studio nella persona del dottor Antonio Cocchi che avendo professato la medicina nello Studio pisano, era stato nominato il 30 ottobre 1731 a leggere nello Studio fiorentino. Di questo illustre medico avremo occasione di occuparci diffusamente in seguito.

Il 13 gennaio 1733 fu concessa al dottor Giovanni Lami la cattedra di storia ecclesiastica, materia nella quale era eruditissimo seb-

[1] Vedi *op. cit.* nella nota 2 a pag. 134; pag. 537.

bene si possa dire che aveva un sapere enciclopedico. Il 2 febbraio 1734 fu nominato lettore di medicina pratica, il dottor Giuseppe Avanzini, medico di grande fama. Nello stesso tempo ottenne la cattedra di filosofia morale il can. Salvino Salvini, uomo amantissimo dell'erudizione per cui divenne presto biografo di uomini celebri, gran cultore della storia e della lingua toscana, ornamento delle varie accademie toscane, autore dei *Fasti Consolari della Sacra Accademia Fiorentina,* pubblicati nel 1717.

Molti furono i lettori eletti nell'anno 1736, l'anno precedente a quello della morte di Gian Gastone. Il 9 giugno di quell'anno ottenne la cattedra di lettere toscane il cav. Anton Francesco Marmi, in sostituzione del can. Marcantonio de' Mozzi che era deceduto nel mese di aprile. Ma il 3 dicembre anche egli veniva a morte ed era sostituito da Bindo Simone Peruzzi.

Il 5 gennaio 1737 venne nominato alla cattedra di botanica, allora costituita, il dottor Giovanni Targioni Tozzetti che nella Introduzione abbiamo chiamato « padre spirituale di questo libro », che abbiamo ampiamente citato essendo stato per noi una miniera di notizie e del quale avremo occasione di parlare ancora. L'ultimo professore nominato sotto il governo di Gian Gastone fu Giuseppe Ermenegildo Marmi, nominato il 9 luglio 1737, anno della morte di Gian Gastone, lettore di matematica.

Il Collegio dei Teologi fu floridissimo anche sotto il governo di Gian Gastone e fu arricchito di vari privilegi con breve di Benedetto XIII, in data 5 maggio 1725.

Le Accademie. - Durante il governo di Cosimo III l'Accademia Fiorentina si mantenne in quel florido stato nel quale l'aveva lasciata Ferdinando II, come risulta dai *Fasti Consolari* del can. Salvino Salvini, da noi più volte citati, il quale ci ha dato notizie dell'Accademia fino all'anno 1717, cioè fin verso la fine del governo di Cosimo III. Nelle frequenti sedute si leggevano memorie di accademici, orazioni e componimenti poetici di ogni specie. Spesso le adunanze erano pubbliche.

Sotto il governo di Gian Gastone l'Accademia abbondò di soci, dottissimi: basterà che ricordiamo Anton Francesco Gori, dottissimo nell'antiquariato, il dottor Giovanni Lami che leggeva Storia ecclesiastica nello Studio fiorentino, l'erudito e storico Salvino Salvini, il dottor Giovanni Targioni Tozzetti ed il dottor Antonio Cocchi.

Sotto il governo di Cosimo III l'Accademia della Crusca continuò nelle sue abituali attività. Il fatto saliente fu la pubblicazione in Firenze nel 1691 della terza edizione del Vocabolario in tre volumi. Nuove riforme furono apportate all'ordinamento del sodalizio negli anni 1696 - 1697 e poi negli anni 1704 - 1705.

Sotto il governo di Gian Gastone l'Accademia era in floridissimo stato. Quasi tutti i fiorentini colti erano suoi membri e continuavano con impegno a promuovere l'attività del sodalizio. Non essendo riuscita perfetta neppure la terza edizione del Vocabolario nel 1691, nel 1729 venne iniziata la quarta edizione che uscì in Firenze in sei volumi: il primo volume nel 1729; il secondo nel 1731, il terzo nel 1733, il quarto nel 1735 e nel 1738, l'anno dopo la morte di Gian Gastone, i due ultimi.

La decadenza che dopo il 1640 si era prodotta nell'attività dell'Accademia Lucchese di Scienze, Lettere ed Arti, trovò un argine al termine del governo di Cosimo III e durante quello di Gian Gastone, per merito soprattutto del suo Segretario Giulio Marchini che procedette anche ad una riforma dello Statuto.

L'Accademia degli Apatisti continuò a seguire il suo fondatore, l'avv. Agostino Coltellini, per cui ebbe sede presso di lui in Via dei Pescioni, ove, avvenuta la sua morte nel 1693, poco mancò che anche essa soccombesse. Se non che il Coltellini nel suo testamento l'aveva raccomandata alla protezione del Granduca Cosimo III, il quale con motuproprio del 5 giugno 1694 assegnò al sodalizio una stanza nello Studio fiorentino. La protezione di Cosimo III, come narra il Salvini [1], contribuì a mantenere in attività il sodalizio, le cui funzioni accademiche continuavano a svolgersi discutendo su « Dubbi » proposti dall'Apatista reggente.

Lo zelo degli accademici apatisti non diminuì sotto il governo di Gian Gastone, anzi introdusse un giuoco letterario con lo scopo di farsi conoscere ed apprezzare ovunque. Era questo il giuoco del

---

[1] Vedi *op. cit.* nella Bibliografia N. 95, pag. 611.

« Sibillone » cioè della grande Sibilla. Così era chiamato un giovanetto al quale, montato in cattedra, venivano rivolte delle domande alle quali si doveva rispondere con una sola parola. Pronunziata questa, i due interpreti che sedevano ai due lati della cattedra, dovevano sciogliere per mezzo di essa la questione proposta. Carlo Goldoni nelle *Memorie della sua vita* [1] racconta di essersi trovato, passando per Firenze, ad assistere al giuoco del Sibillone; ecco come egli lo narra:

« L'interrogatore, che era forestiero come me, prega la Sibilla di avere la compiacenza di dirgli perché le donne piangono più spesso e più facilmente degli uomini. La Sibilla pronunciò come risposta la parola "paglia" e l'interprete, indirizzando il discorso al dubitante, sostenne che l'oracolo non poteva essere né più decisivo né più soddisfacente. Questo dotto accademico... fece l'analisi delle piante molli e provò che la paglia supera le altre in fragilità; passò poi dalla paglia alla donna; riepilogò con franchezza e chiarezza uguale una specie di saggio anatomico del corpo umano; spiegò la sorgente delle lacrime in entrambi i sessi; dimostrò la delicatezza delle fibre nell'uno e la resistenza nell'altro e finì con un grazioso complimento alle dame che erano presenti, dando la prerogativa della sensibilità alla debolezza e tenendosi ben lontano dal parlare del pianto non naturale ».

Per questo giuoco del Sibillone crebbe assai l'importanza dell'Accademia degli Apatisti con grande concorso di persone anche straniere quando il giuoco veniva fatto. Questo giuoco metteva infatti l'ingegno a cimento; i letterati potevano far pompa del loro talento e delle loro cognizioni, riuscendo così a farsi meglio conoscere ed apprezzare.

Si ritiene che da una conversazione erudita avvenuta nella bottega del libraio Anton Maria Piazzini nella attuale Via del Corso in Firenze dirimpetto alla Chiesa della Madonna de' Ricci, sotto il governo di Gian Gastone nel 1729, si originasse la Società Colombaria fiorentina. Dopo quell'anno le riunioni avevano luogo anche presso il cav. Giov. Girolamo de' Pazzi nel palazzo Pazzi in Borgo degli Albizzi. Avvenuta la morte del Piazzini nel 1735 le adu-

[1] *Mémoires de M. Goldoni pour servir à l'histoire de sa vie*, Paris, 1787, T. I, Chap. 53.

nanze si svolgevano solo presso il Pazzi. Tali notizie sono state divulgate da Bindo Simone Peruzzi, uno degli accademici [1] e poi riprodotte dal dottor Lorenzo Cantini [2] e dal Segretario dell'Accademia, dottor Giovanni Prezziner [3]. Dovendo gli accademici con grande fatica salire le molte scale che conducevano alle stanze della vecchia torre del palazzo Pazzi, per ivi riunirsi, incominciarono a dire per scherzo che andavano in « colombaia », per cui gli ospiti si chiamarono « colombi » e « torraiuolo » fu chiamato il Pazzi.

Nell'adunanza del 15 maggio del 1735 fu deciso di dare stabile assetto alle adunanze, costituendo un vero e proprio sodalizio che si chiamò « Società Colombaria », con sedute regolari e pubblicazione di quanto si faceva e diceva negli Annali. Fino da principio si pensò a dare al sodalizio una Impresa e fu scelta una torre sulla cui sommità si vedevano volare alcuni colombi e fu adottato come motto: « Quanto veder si può » prendendolo da Dante. Tra i primi soci vi erano Pier Antonio Micheli e Giovanni Targioni Tozzetti.

Quanto alle applicazioni della Società si volle da principio che comprendesse tutti i rami del sapere, ma poi l'argomento fu ristretto all'« Antiquaria ». Francesco Gori nella prefazione alle citate Memorie della Società dice:

« La Società Colombaria fu istituita per accrescere il tesoro della varia erudizione con togliere dalle fauci del tempo distruggitore le antiche erudite memorie, posizione considerevole del sapere, quelle non solo registrando con industriosa continua esattezza nei suoi Annali, ma con studiose ricerche ancora e con scambievole comunicazione di studi osservando ».

Nel 1735 fu iniziata la pubblicazione degli Annali.

Nella Biblioteca del Comune e della Accademia Etrusca di Cortona si conserva un codice manoscritto, *Notizie della Società degli Occulti, istituita in Cortona questo giorno 29 dicembre 1726 per la compra di alcuni libri registrati da me Marcello de Venuti.*

---

[1] *Notizie dell'origine e dell'Istituto della Società Colombaria* (Memorie di varia Erudizione della Società Colombaria, Vol. I, Firenze, 1747).

[2] *Prefazione alle Memorie istoriche della Società Colombaria degli anni 1800-1803*, Firenze, 1803.

[3] Vedi *op. cit.* nella Bibliografia N. 84.

Questo sodalizio il 9 novembre 1727 si arricchì per il dono fattogli da Marcello de Venuti della sua ricca biblioteca e del suo museo. In quello stesso giorno il sodalizio cambiò il suo nome in quello di « Accademia di antica erudizione » divenuta poi « Accademia Etrusca di Cortona » e che fu ufficialmente costituita nell'anno successivo. Il nome di « Etrusca » fu suggerito dall'idea [1] che lo studio dell'antichità « doveva cominciare da quella illustre Nazione, le memorie della quale, antichissime e frequenti, ritrovi in questa parte della Toscana... ». Però fu subito dichiarato [2] di non credere « che sulla fede del nome di Accademia Etrusca, noi non saremmo occupati se non in decifrare oscuri caratteri Etruschi o in ispiegare solo monumenti alla Etrusca gente appartenenti... così egli è da sapersi che ella abbraccia ogni genere di erudizione antiquaria, cioè la Storia, i Riti e i Costumi di que' secoli de' quali vi è memoria di Popoli o di Nazioni ».

Emblema dell'Accademia fu il tripode apollineo avvolto tra le spire del serpente con il motto: *Obscura de re lucida pango.* Il Presidente ebbe il titolo di Lucumone. Il Granduca Gian Gastone concesse per residenza del sodalizio due stanze del Palazzo pretorio. Il 1° gennaio 1728 furono emanati i primi statuti.

Era da poco tempo stata istituita questa Accademia ed essa aveva acquistato tale credito nel perseguire il suo scopo di mettere in luce le vicende della città di Cortona da essere chiamata come arbitra in una polemica sorta tra Bernardo Tanucci, poi famoso riformatore del Regno di Napoli, e Guido Grandi, dotto insegnante nello Studio pisano a proposito delle Pandette.

Nel 1735 uscì il primo volume dei *Saggi di Dissertazioni Accademiche lette nella nobile Accademia Etrusca dell'antichissima città di Cortona.* Altri otto volumi seguirono dal 1735 al 1791.

3. ACCADEMIE SCIENTIFICHE. - L'Accademia del Cimento, malgrado la sua breve vita, non poteva non avere esercitato una grande influenza sul pensiero scientifico del tempo e non aver stimolato una tendenza alla imitazione. Ed infatti ad imitazione di quella gloriosa accademia, dietro iniziativa di Pirro Maria Gabbriel-

[1] *Saggi di Dissertazioni dell'Accademia Etrusca di Cortona,* Vol. I, 1735.

[2] *Saggi di Dissertazioni dell'Accademia Etrusca di Cortona,* Vol. II, 1738-1842.

li, patrizio senese e lettore di medicina teorica e di botanica nello Studio senese, con la partecipazione di altri quattro suoi amici ed allievi, il 17 marzo 1691, regnando Cosimo III, si istituiva in Siena il sodalizio, detto dei *Fisiocritici*. In quella stessa prima riunione, avvenuta nella biblioteca del grande ospedale, furono stabilite le leggi costitutive del sodalizio, il quale si propose di promuovere lo studio dei fenomeni della natura con completa libertà di pensiero e con rigorosa aderenza al metodo sperimentale.

Nel febbraio 1692 l'Accademia scelse per Impresa la pietra del paragone con il motto di Lucrezio: *Veris quod possit vincere falsa.* Nel 1694 venne concessa all'Accademia, a mezzo del suo Presidente e fondatore Pirro Maria Gabbrielli una sala più ampia — l'attuale sala della biblioteca comunale — per le riunioni e precisamente nell'edifizio della Sapienza, con che i Rettori della Sapienza divenivano Protettori dell'Accademia. In questa nuova sede il lavoro scientifico degli accademici, reso più facile dall'acquisto di strumenti scientifici, come dice il Sanquirico, autorevole storico del sodalizio, si svolse con tale spirito di indipendenza e di libero esame, cui davanti non rimase indifferente l'Inquisizione, la quale incominciò a creare ogni specie di difficoltà, talché, malgrado la resistenza opposta dagli accademici, il loro primitivo zelo finì per indebolirsi. Ma forse più di ogni altra causa contribuì all'indebolimento dell'Accademia, l'ammissione in essa, nel 1700 di una colonia di Arcadia per cui si popolò di sacerdoti e frati i quali curarono più la festa di S. Giustino, Patrono dell'Accademia, che le dissertazioni scientifiche, mentre si sviluppava il culto della poesia con sonettini sdilinquiti e futili pastorellerie, uno stato di cose che si protrasse sotto il governo di Gian Gastone.

L'Orto dei semplici di Firenze versava sotto il governo di Cosimo III in condizioni tristi soprattutto perché aveva acquistato il carattere di un orto di agrumi e di un giardino di fiori perdendo quello più importante di giardino di piante medicinali. Fu per questo motivo che il celebre botanico Pier Antonio Micheli, prese un campo in affitto nella via detta di Boffi, con una casa ad esso contigua, allo scopo di farne un giardino botanico privato. A sostenere le spese concorsero tra gli altri il can. Giuseppe Soarez della Concha, che divenne poi vescovo di S. Miniato, il medico lucchese Gian Sebastiano Franchi, il senatore Cerchio Cerchi, il dottor Bartolomeo Gomia, il dottor Cipriano Antonio Targioni ed il dottor Niccolò Gualtieri. Quest'ultimo ed il dottor Gian Sebastiano Franchi molto contribuirono per l'acquisto di piante rare. Dall'unione di tutte queste forze il 10 luglio 1716 si venne alla costituzione della « Società Botanica » della quale fu Presidente il dottor Franchi, custode il dottor Gualtieri e professore di botanica il Micheli. Il nuovo sodalizio si diede un particolare statuto.

Nel 1718 non potendo più l'orto contenere le piante, la Società chiese al Granduca l'uso del Giardino dei semplici che fu volentieri concesso con un contributo per il suo mantenimento, nella speranza di migliorarne lo stato. Il giardino di Boffi venne allora abbandonato. Il Micheli intraprese in tale occasione vari viaggi per procurarsi altre piante.

Nel 1733, sotto il governo di Gian Gastone, la Presidenza del sodalizio venne affidata al can. Vincenzo Capponi il quale molto si adoperò per aumentare il numero degli iscritti ed a che l'attività accademica si estendesse ad altre scienze. Ciò richiese nuovi statuti che vennero approvati il 9 gennaio 1734, in base ai quali la Società acquistava il carattere di una « società filosofica » interessata allo sviluppo della scienza. La riforma venne pubblicamente celebrata con una orazione del dottor Antonio Cocchi che da poco si era iscritto al sodalizio insieme al dottor Giovanni Targioni Tozzetti. Questi poi subentrò al Micheli nella custodia del Giardino dei semplici in seguito alla morte del Micheli, avvenuta nello stesso anno della morte di Gian Gastone, nel 1737.

Nei Documenti etc. della Società Botanica Fiorentina dall'anno 1724 all'anno 1774, si trovano molte Memorie lette nella Società, risultato della sua rinnovata costituzione.

4. Matematica. - La matematica ebbe in questo periodo storico buoni cultori in Toscana, eredi degli insegnamenti della scuola galileiana. Ricordiamo Bartolomeo Intieri (1676 - 1757), pistoiese, che si valse della matematica per le applicazioni alla economia, scrivendo opere sull'agricoltura, sul commercio e sui cambi e che fondò a Napoli nel 1754 la prima cattedra di economia politica.

Ricordiamo anche Lorenzo Lorenzini (1652 - 1721), fiorentino, la cui vita lumeggia alcuni aspetti di quella della Corte di Cosimo III.

Faceva parte di questa Corte quando avvenne la separazione del Granduca dalla moglie Margherita Luisa di Orléans. Avendo il Granduca scoperto che favoriva lo scambio di lettere tra la moglie che era in Francia ed il figlio Ferdinando, nel 1681 lo fece rinchiudere nel forte di Volterra ove lo tenne per ben venti anni. Viene raccontato nel *Dizionario biografico universale* (Fir., Passigli) che, avendo il Lorenzini manifestato il desiderio di avere qualche libro di matematica, gli venne concesso, se non che il direttore di quel carcere, veduto nei libri segni algebrici e figure geometriche, ed avendoli presi per segni magici, non li volle lasciar passare. Malgrado queste difficoltà il Lorenzini scrisse un pregevole trattato *De sectionibus conicis et cylindricis et earumdem solidis lib. XII,* opera che rimase inedita. Fu invece pubblicata la *Exercitatio geometrica* nel 1721, anno della morte del Lorenzini.

5. FISICA. - L'atteggiamento di Cosimo III di fronte alla nuova filosofia naturale non fu aderente ai principi di questa filosofia che si erano così validamente affermati durante il governo di Ferdinando II. Il Galluzzi [1] riporta una circolare nella quale è detto:

« Esser mente della A. S. che da niuno dei professori della sua università di Pisa si legga né insegni pubblicamente né privatamente in iscritto, o in voce, la filosofia democratica, ovvero degli atomi, ma solo l'aristotelica; a chi in modo alcuno contravvenisse alla volontà di S. A. s'intende *ipso facto* licenziato dalla cattedra che tiene ».

Con questi principi non è da meravigliarsi se le tenebre del peripateticismo, dissipate da Galileo e dalla Accademia del Cimento, minacciavano di oscurare di nuovo la filosofia naturale. Tuttavia il Bianchini [2] parla di un « desiderio efficace che ebbe il Granduca Cosimo III di promuovere lo studio della filosofia sperimentale » citando a sostegno della sua affermazione l'ampliamento della Reale Fonderia, l'acquisto dello specchio ustorio e della macchina pneumatica, ben poche cose per un regno così lungo.

Il Granduca si diede di fatto premura per perfezionare ed ampliare la Reale Fonderia che era già stata da Ferdinando II trasferita in

---

[1] Vedi *op. cit.* nella Bibliografia N. 45, Vol. VII, pag. 279.

[2] Vedi *op. cit.* nella Bibliografia N. 10, pag. 120.

palazzo Pitti e che, ricca di balsami, di quintessenze e di medicamenti aveva perduto il carattere di laboratorio sperimentale per acquistare quello di una qualunque spezieria.

Nel 1690 acquistò il Granduca il grande specchio ustorio del Tschirnhausen. Questo specchio, costruito dall'ottico Benedetto Bregans di Dresda, era migliore degli altri due famosissimi, pure da lui costruiti, uno dei quali era stato dato al duca di Parma, mentre l'altro era pervenuto nelle mani del duca d'Orléans. Ordinò il Granduca che lo specchio fosse adoperato in diverse occasioni, come quando da Giuseppe Averani, celebre giureconsulto, e da Cipriano Targioni, ottimo medico e filosofo, furono fatte con quello specchio alcune esperienze sopra alcune gemme e pietre dure somministrate generosamente dallo stesso Granduca. La descrizione di queste esperienze fu stampata a Venezia ed inserita nel Tomo VIII del *Giornale dei letterati d'Italia.* Queste esperienze furono poi ripetute nel 1814, come narreremo, da Humphrey Davy, durante il suo soggiorno a Firenze. Lo specchio è conservato nel Museo di Storia della Scienza di Firenze.

Fece infine il Granduca venire da Leida la macchina pneumatica della quale fece dono alla Università di Pisa.

6. Storia naturale. - Il Granduca dimostrò un particolare interesse per l'incremento della botanica, seguendo in ciò la tradizione medicea. Egli non poteva meglio manifestare il suo interesse che destinando Pier Antonio Micheli a pubblico professore di botanica e prefetto del Giardino dei semplici di Firenze.

Pier Antonio Micheli era nato a Firenze l'11 dicembre 1679, dopo nove anni da quando Cosimo III aveva preso il potere e morì il 1° gennaio 1737, quattordici anni dopo la morte di Cosimo III, nell'anno della morte di Gian Gastone. Fu il primo a riconoscere la vera struttura delle graminacee e gli organi riproduttori dei funghi. Durante la sua vita pubblicò solo *Nova plantarum genera juxta methodum Tournefortii disposita* (Fir. 1729) che contiene la descrizione di 1400 specie di piante, prima sconosciute, opera molto lodata ed apprezzata da Linneo che dedicò all'autore il genere *Michelia* (Magnoliacee), mentre molte specie di piante portano il suo nome. Dopo la sua morte fu pubblicato il *Catalogus plantarum horti caesarei florentini* (Fir. 1748) da lui compilato. Il Boerhave lasciò scritto: *Mortalium omnium in pervestigandis stirpibus sagacissimus Petrus Antonius Michelius in quo uno illustrem Fabium Columnam, nobilem Curtusium, acutissimum Anguillaram renatos sibi jure Italia gloriatur.* Il Micheli fu poi il fondatore della Società Botanica fiorentina per lo studio dei semplici. Cosimo III si diede cura di mandare il Micheli a fare più volte viaggi allo scopo di trovare nuove piante. Il Bianchini [1] riferisce avergli detto Giovanni Lami, archeologo e letterato toscano, di aver saputo dallo stesso Micheli che Cosimo divisava mandarlo in Egitto alla ricerca di molte piante per illustrare Teofrasto. Del Micheli scrisse l'elogio il dottor Antonio Cocchi per incarico della Società Botanica stessa. Questo illustre medico si occupò anche di botanica come narreremo in seguito.

Il Granduca si interessò direttamente per procurarsi le specie più rare; fece venire dai più lontani paesi fiori rarissimi, non solo per i suoi giardini, ma anche semplici per i Giardini botanici di Pisa e di Firenze, per cui Michelangelo Tilli nella dedica del suo Catalogo di Piante dell'Orto botanico di Pisa potè scrivere: *Plantasque undique inquisitas et ab extremis terrarum oris adductas in Pisanum hortum transtulit.*

Tra gli insigni botanici che il Granduca tenne al suo servizio ricordiamo Filippo Dominici, del quale è inedito il viaggio al monte Baldo e Paolo Bacconi, celebre indagatore di cose naturali, del quale vi sono alcune opere da esso dedicate al Granduca.

Al Bianchini fu riferito che Cosimo mandò ad Amsterdam in diversi tempi Antonio Marmi ed Angelo Giannetti affinché nell'orto botanico famosissimo di quella città facessero profitto nello studio delle piante e ne portassero in Toscana delle rarissime come effettivamente fecero.

Il Granduca stesso amava raccogliere — per quanto racconta Giovanni Targioni Tozzetti — quanto poteva trovare di prodotti naturali singolari che gli venivano anche portati da viaggiatori e missionari. Seguendo il consiglio del Redi e del Magalotti, il Granduca acquistò da Giorgio Everardo Rumpf, il celebre naturalista olandese, nel 1682, una collezione di conchiglie, piante marine ed oggetti etnografici, raccolti dal Rumpf stesso in molti anni e durante

---

[1] Vedi *op. cit.* nella Bibliografia N. 10, pag. 126.

lunghi e pericolosi viaggi nelle Indie Orientali e, particolarmente, nelle isole Molucche e Maldive. Questa raccolta costituisce da se sola un museo di storia naturale perché comprende non solo gli originali di quanti testacei e crostacei il Rumpf descrisse nel suo *Rabifarbkamer,* in olandese, o *Thesaurus Amboinicus,* secondo il compendio latino, e tutte le piante marine da lui descritte nel libro 12° del suo *Herbarium Amboinense,* ma anche oggetti che non furono descritti in quei libri. Acquistò poi il Granduca uno stipo fatto di 86 legni diversi pure raccolti dal Rumpf nei suoi viaggi. Di tutto ciò ritorneremo a parlare a proposito del Catalogo manoscritto del Targioni Tozzetti il quale comprende anche la collezione Rumpfiana.

Ha interesse esporre in dettaglio alcuni particolari, accaduti durante il governo di Gian Gastone, che hanno importanza per la storia delle collezioni del Museo della Specola. Un certo Giovanni di Baillon, emigrato fiammingo, che si era stabilito a Parma come impiegato, passò quindi a Livorno come Ispettore delle fortificazioni del granducato ed appassionato di cose naturali, fece collezione di minerali, conchiglie e pietre preziose. Venuto a Firenze e conosciuto il medico di Corte Niccolò Gualtieri, medico naturalista ed amico di Giovanni Targioni Tozzetti, del quale abbiamo già parlato, fu da questo presentato a Corte e Gian Gastone lo nominò Direttore della R. Galleria. Intanto arrivavano le casse della collezione del Di Baillon che vennero aperte nel Giardino dei semplici alla presenza del Micheli e del Targioni. Secondo quanto riporta lo Schiff [1], deducendolo certo da quanto avrebbe scritto il Targioni, si trattava di poca cosa. Racconta il Targioni che Gian Gastone accordò al dottor Gualtieri, suo archiatro, ed al Cav. Giovanni di Baillon, di prendere alcuni esemplari delle specie più numerose della Raccolta Rumpfiana che il Granduca aveva acquistato, ma che, malgrado ciò, rimase copiosissima. Restaurò pertanto subitamente il Serenissimo Granduca Gian Gastone la piccola falcidia fatta al suo museo naturale con l'aggiungervi una numerosa e preziosa serie di minerali d'oro, di argento e di smeraldi, provenienti dalla Spagna.

7. Medicina. - L'interesse per la medicina di Cosimo III si rivelò in varie occasioni, nel dare un incarico al dottor Antonio

---

[1] Vedi *op. cit.* nella Bibliografia N. 98, pag. 13.

Cocchi di riordinare l'Ospedale di S. Maria Nuova, nel promuovere l'insegnamento della chirurgia, nel promuovere quello dell'anatomia, derivandone una maggiore efficienza della Scuola medico-chirurgica fiorentina.

Circa l'incarico al Cocchi di riordinare l'Ospedale di S. Maria Nuova, si doveva trattare di un perfezionamento di quegli ordinamenti che erano stati già precedentemente predisposti da Ferdinando II, ma che trovarono il loro completamento nel regolamento del 1747, emanato sotto il governo di Francesco II di Lorena e del quale quindi parleremo al momento apportuno.

Per l'incremento della chirurgia l'opera di Cosimo III consistette nel mandare a Parigi il dottor Antonio Calligrani che aveva mostrato attitudine alla chirurgia perché si perfezionasse soprattutto nella operazione della pietra che allora costituiva un intervento altrettanto difficile quanto frequente: il Granduca nominò questo medico suo litotomo e lo incaricò di sviluppare quella chirurgia che egli aveva appreso a Parigi nell'Ospedale di S. Maria Nuova.

Era ancora in quei tempi poco in uso la dissezione dei cadaveri per lo studio dell'anatomia, per cui si presentava l'utilità di valersi di preparazioni anatomiche in cera. Per questo motivo Cosimo III chiamò a Firenze il prete Zumbo, che alcuni chiamano Michele, altri Gaetano, altri ancora Gaetano Giulio, che era nato a Siracusa nel 1656 e che, dotato di naturale facilità per le preparazioni plastiche, dopo essersi esercitato in quelle per la fabbricazione di voti, munitosi della necessaria conoscenza anatomica aveva richiamato su di sé l'interesse per le sue preparazioni anatomiche in cera, le quali, secondo il De Renzi [1] gli erano state consigliate dal chirurgo fiorentino Ricci. Altre gli furono richieste da Bologna, Genova, Marsiglia. Dello Zumbo era conservata nel Museo della Specola di Firenze una testa di bellissima fattura artistica, secondo il Castaldi [2] forse la più bella del Museo, nella quale sono rappresentati i muscoli della faccia, la carotide, il condotto stenoniano e parti dell'encefalo. Con questa testa si può considerare iniziata fino dal tempo

---

[1] Vedi *op. cit.* nella Bibliografia N. 28, T. IV, pag. 156, T. V, pag. 933.

[2] L. Castaldi, *Francesco Boi (1767-1860), primo cattedratico di anatomia umana a Cagliari e le cere anatomiche fiorentine di Clemente Susini*, Firenze, 1947.

di Cosimo III la collezione delle cere anatomiche della Specola. In primo tempo si tennero nel palazzo Pitti e poi alla Specola tre cere dello Zumbo rappresentanti cadaveri in via di putrefazione, le quali per il loro alto valore artistico, tale da essere considerate il capolavoro dello Zumbo, furono trasportate nel 1800 dal Museo della Specola in quello del Bargello. Secondo l'Oliaro [1], cere dello Zumbo rappresentanti i diversi gradi della putrefazione dei cadaveri umani « dapprima fecero parte della raccolta della Galleria di Belle Arti di Firenze e poi furono regalate dall'arciduca Leopoldo al medico Lagusio ». Le cere anatomiche dopo queste prime notizie introduttive saranno oggetto di una particolare trattazione per l'importanza che esse hanno.

La medicina di tutto questo periodo storico ed anche dell'inizio del successivo è dominata dalla grande figura del dottor Antonio Cocchi che, nato sotto il governo di Cosimo III, esercitò la sua influenza per tutta la durata del governo di Gian Gastone e per una parte di quello di Francesco II di Lorena. L'attività del Cocchi non si limitò alla medicina, ma si estese anche alle scienze naturali seguendo le direttive del Micheli. Per il Corsini [2], che ha fatto un esauriente studio del Cocchi, questo impersonifica proprio l'erudito del secolo XVIII, di quell'epoca in cui il desiderio di sapere acquistò una spiccata intensità e tutto fu ritenuto buono per divenire oggetto di osservazione. Il nome del Cocchi godette al suo tempo di grande celebrità non solo in Toscana, ma in tutta l'Italia e fuori di questa.

Nacque Antonio Cocchi a Benevento nel 1695, ma da famiglia toscana, fece gli studi di umanità in Firenze e si recò quindi a Pisa per studiare medicina, coltivando al tempo stesso la filosofia, la matematica e la storia naturale. Laureatosi nel 1716 ritornò a Firenze per iniziarvi la carriera professionale. Si recò quindi in Francia, in Germania ed in Inghilterra ove stette a lungo, conobbe il Boerhave, il Newton, il Meed ed altri uomini celebri. Ritornato in Toscana gli fu offerta dal Granduca Gian Gastone la cattedra di

---

[1] T. Oliaro, *L'Istituto di Storia della medicina di Vienna*, Minerva Medica, XXV, Vol. I, n. 20, 19 maggio 1932.

[2] A. Corsini, *Antonio Cocchi*, Milano, 1928.

medicina teorica nel 1726 nella Università di Pisa quando aveva 31 anni, ma poco la tenne, fortemente osteggiato dall'invidia dei colleghi. Nel 1735 fu nominato archiatro del Granduca Gian Gastone, ufficio che tenne per poco per l'avvenuta morte del Granduca nel 1737. Nel 1736 fu nominato lettore di anatomia e fisiologia nello Studio fiorentino; nel 1742 fu dal Granduca Francesco II incaricato di fare una relazione sull'andamento dell'Ospedale di S. Maria Nuova e di preparare un regolamento, ciò che gli procurò la carica di Protomedico e di Deputato dell'Ospedale medesimo.

Fu il Cocchi appassionato studioso dell'antichità per cui coprì la carica di Antiquario dell'Imperiale Galleria Fiorentina, carica che tenne fino alla morte; fu appassionato bibliofilo e con il dottor Giovanni Targioni Tozzetti riordinatore della Biblioteca Magliabechiana.

Grande fu la passione che ebbe il Cocchi per la botanica; formò un erbario; strinse relazione con molti illustri botanici, come con G. G. Dillenio, autore dell'*Hortus Helthamensis* e dell'*Historia muscorum*, publicata ad Oxford nel 1741 e che aveva conosciuto nel suo viaggio in Inghilterra, e con il dottor Sherard, pure inglese, che aveva conosciuto a Leida; descrisse ed elencò piante e fiori, ricercò l'etimologia di alcuni nomi di piante e contribuì con il Micheli a dare impulso alla Società Botanica, dalla quale prese nuova vita l'Orto fiorentino e si originò poi l'Accademia dei Georgofili. Fu il Cocchi che propose che la direzione dell'Orto botanico di Firenze fosse affidata al Micheli e che gli fosse affidato l'incarico di preparare il Catalogo delle piante. Per consiglio del Cocchi la Società Botanica estese i suoi confini comprendendo altri rami delle scienze naturali fino a che, per il sopraggiungere di altre vicende, il Cocchi se ne allontanò con altri.

Aveva il Cocchi in casa, oltre l'erbario, una ricca collezione di zoologia, paleontologia e mineralogia che, dopo la sua morte, passò ad arricchire il Museo di Fisica e Storia Naturale della Specola. Si interessava il Cocchi anche alle collezioni degli altri. Così nel suo Diario, che è costituito da qualche centinaio di libretti scritti in varie lingue tra le quali l'ebraico, il greco e l'arabo e che sono sparsi nelle varie biblioteche fiorentine, vi è questa annotazione: « Dal dottor Targioni veduta la sua raccolta di piante, minerali, uccelli, quadrupedi, pesci etc. ». Il Cocchi ritornò dal Targioni più volte, ed anche nel maggio del 1755, tre anni cioè prima della sua morte per ammirare le piante sottomarine delle quali molto si parlava perché si incominciava a credere che invece di piante si trattasse di produzioni animali: *De plantis submarinis locuti sumus quas nunc animalium opera credunt.* Faceva anche il Cocchi osservazioni quotidiane astronomiche e metereologiche e, come risulta dai suoi appunti, continuò a farle per vari anni.

Lo spirito di osservazione del Cocchi appare soprattutto nel suo *Trattato dei Bagni di Pisa*; l'intuizione naturalistica nel Discorso letto in una adunanza della Società Botanica di Firenze nel 1734 dal titolo *Dei vermi cucurbitini dell'uomo*, nel quale egli prelude alle future scoperte in questa materia; il concetto altissimo delle scienze naturali nel *Discorso sopra l'Istoria Naturale* con il quale vennero inaugurate le adunanze della Società Botanica fiorentina e l'Elogio di Pier Antonio Micheli, letto nella medesima sede commemorando la sua morte.

Fu anatomico e clinico. Incominciò ad insegnare l'anatomia nel 1736 quando fu nominato lettore di anatomia e fisiologia nello Studio fiorentino e dimostrò l'eccellenza e la necessità di quella scienza nella sua prolusione al corso, *De usu artis anatomiae*; nella *Prefazione ai Discorsi di anatomia di Lorenzo Bellini* conferma il Cocchi l'importanza da lui data a questa scienza.

Come clinico fu il Cocchi un prosecutore del Redi, del Borelli e del Bellini, seguace convinto del metodo sperimentale. La sua attività in questo campo è dimostrata dai suoi molti *Consulti*, dal suo discorso *Medicinae laudatio*, letto nel 1726 per inaugurare in Pisa l'insegnamento della medicina teorica a lui affidato e dalle traduzioni di autori greci dai manoscritti esistenti nella Biblioteca Mediceo-Laurenziana, nelle quali la qualità di medico appare direttamente collegata con quella di letterato.

Morì il Cocchi in Firenze nel 1758, in età di anni 63, dopo che il governo era da 21 anni nelle mani di Francesco II, nella sua casa in Corso dei Tintori, lasciando una biblioteca molto ricca ed una collezione di materiale di scienze naturali. Di formazione culturale toscana, valido propulsore della cultura toscana, meritava il Cocchi che ne parlassimo ampiamente in questo libro.

Altri medici toscani che meritano di essere ricordati sono: Tommaso Alghisi (1669-1713), fiorentino, che professò in Firenze e che scrisse un *Trattato sulla litotomia;* Flaminio Pinelli (?-ca. 1750), di Montalcino nel Senese, ove fu professore pubblico di anatomia in quello Studio e che pubblicò una dotta *Lettera sui bagni di Petriolo* (Roma, 1716); Lorenzo Gaetano Fabbri (1680-?), fiorentino, che fu lettore di medicina nell'Ospedale di S. Maria Nuova; Francesco Folli (1624-1685) di Poppi in Toscana che scrisse *Recreatio physica, in qua de sanguinis et omnium viventium universali analogica circulatione disseritur* (Fir. 1665) e *Stadera medica* (Fir. 1670) e che in questo secondo libro afferma di avere ideato la trasfusione del sangue nel 1654 e propone per attuarla di servirsi di un tubo di argento applicato all'arteria del donatore e di una cannula d'osso da porsi nella vena del ricevente e di congiungere i due tubi mediante una pipetta formata da un vaso sanguigno di animale appositamente preparato.

Per il fatto di avere esercitato nell'Ospedale di S. Maria Nuova merita di essere ricordato Antonio Benevoli (1685-?) di Spoleto che pubblicò dal 1724 al 1747 le *Dissertazioni chirurgiche*, molto apprezzate dai medici del tempo.

8. Biblioteche. - Antonio Magliabechi era nato nel 1633 da poveri genitori di famiglia mugellana che aveva preso il nome dal Castello di Magliabeco. Ancor ragazzo il padre lo mise nella bottega del pittore Matteo Rosselli; passò poi in una bottega di orefice sul Ponte Vecchio. Amante della lettura, impiegava tutti i suoi piccoli risparmi nell'acquisto di libri, aiutato dal consiglio dell'Ermini, bibliotecario del cardinale Leopoldo. Nel 1673, quando aveva già 40 anni, per mezzo della protezione del cardinale Leopoldo, ottenne da Cosimo III il posto di bibliotecario della Biblioteca Palatina (in Palazzo Pitti). Dotato di ferrea memoria, ricordava un infinito numero di nomi di autori, i titoli delle loro opere ed il contenuto di queste; era considerato come uno degli uomini più eruditi del suo tempo; era amante della vita solitaria, schivo di ogni onore. Morì nel 1714 in età di anni 81 nelle Infermerie del Convento di S. Maria Novella e fu sepolto in quella chiesa. Lasciò la sua biblioteca che allora comprendeva 50.000 volumi alla città di Firenze; essa fu aperta al pubblico nel 1747 sotto il governo di Francesco II.

XI

PERIODO DEL PRIMO DOMINIO LORENESE

Dal governo di Francesco II alla istituzione del Regno di Etruria (1737 - 1801)

1. Storia. - *Francesco I, imperatore del Sacro Romano Impero e di Austria* (1708 [Granduca di Toscana con il nome di Francesco II 1737 - 1763] 1763). Francesco, secondogenito di Leopoldo di Absburgo, duca di Lorena, è considerato come il fondatore del ramo Absburgo-Lorena; nel 1729 fu duca regnante di Lorena e nel 1732 governatore imperiale di Ungheria. Il 12 febbraio 1736 sposò Maria Teresa, figlia dell'imperatore Carlo VI, la quale doveva succedergli sul trono imperiale in conseguenza della prammatica sanzione del 1713 che estendeva la successione anche alla linea femminile, con precedenza alle figlie di Carlo VI, su quella del fratello predecessore Giuseppe I, morto anch'esso senza figli maschi. Alla fine della guerra di successione polacca con la pace di Vienna del 1738, veniva confermata la rinunzia di Francesco al ducato di Lorena, precedentemente fatta, in favore di Stanislao Leszczynsky, candidato al trono di Polonia, sostenuto da Luigi XV. In compenso, alla morte di Gian Gastone de' Medici, doveva subentrargli come Granduca di Toscana, il che accadde appunto nel 1737.

Pochi giorni dopo il 9 luglio 1737, giorno della morte di Gian Gastone, al quale erano state fatte esequie sfarzosissime, Marco di Beauvan, principe di Craon, ministro plenipotenziario dell'assente duca Francesco di Lorena, entrò nell'esercizio dei suoi poteri sovrani in virtù di un mandato che aveva avuto appunto dal duca Francesco. Fatto divulgare il diploma di Carlo VI di investitura del granducato sul suddetto duca, con cerimoniale di etichetta il Principe di Craon si recò alla residenza del Senato fiorentino per ricevere il giuramento di sudditanza e fedeltà. Il Granduca non era potuto venire nel suo nuovo dominio perché al comando di un corpo di esercito operante alla frontiera dell'Ungheria contro i Turchi.

Il 19 gennaio 1739, con il titolo di Francesco II, Granduca di Toscana, Francesco di Lorena fece il suo ingresso in Firenze accompagnato dalla moglie Maria Teresa e fu accolto con le solite feste, spettacoli pubblici, luminarie e corse a spese dell'erario. Perché di tale fatto rimanesse un perenne ricordo fu eretto nel 1739 nella Piazza Cavour, oggi Piazza della Libertà, di fronte al Parterre un Arco trionfale dall'architetto lorenese Francesco Schamant, su disegno di J. N. Jadod, ornato di brutte statue. Le due lapidi alle pareti interne dell'arcata centrale sono: una del 1745, a ricordo della elezione di Francesco II ad imperatore del S. Romano Impero e di Austria sotto il nome di Francesco I; l'altra a memoria della grande vittoria delle armi italiane nel 1918 a Vittorio Veneto. La permanenza di Francesco II fu brevissima per l'urgenza di riassumere il comando delle sue truppe. Prima di partire offrì per la seconda volta la reggenza alla Elettrice Palatina Anna Maria Ludovica, ma essa oppose un secondo rifiuto; istituì allora un Consiglio di Reggenza affidandone la Presidenza al principe di Craon e due Consigli minori, uno per le finanze, e l'altro per la guerra, riserbandosi la direzione politica degli affari.

Le condizioni nelle quali i Medici avevano lasciato la Toscana erano assai tristi: gravissima la situazione economica, invadente il clero, attiva l'Inquisizione — basterà che ricordiamo le persecuzioni contro Tommaso Crudeli casentinese, uno dei migliori poeti del secolo XVIII — cui si aggiungevano le angherie del risorgente feudalismo. Di fronte ad un tale stato di cose il Consiglio di Reggenza si mise con sollecitudine ed impegno all'opera per un radicale lavoro di riforma, perché, come osserva il Caggese [1]

« bisogna liquidare tutto un passato e gettare le fondamenta di un nuovo regime consono ai bisogni del paese ed ai postulati dell'organismo monarchico riformatore ».

---

[1] Vedi *op. cit.* nella Bibliografia N. 16, Vol. III, pag. 359.

Il 18 febbraio 1743 morì in età di 76 anni l'Elettrice Palatina. Come abbiamo narrato, nel 1716, rimasta vedova, aveva lasciato Düsseldorf per ritornare a Firenze. Durante i lunghi contrasti per il governo della Toscana alla morte di Gian Gastone, condusse i negoziati con le potenze straniere mostrando grande capacità negli affari. Dopo la morte del padre nel 1723 e fino alla morte del fratello nel 1737, aveva condotto una vita ritiratissima occupandosi solo di raccogliere oggetti d'arte. Profuse energie e denari per il completamento del Mausoleo tombale della famiglia; dispose nel suo testamento che gli oggetti d'arte, disseminati in tutti i palazzi e ville medicee, andassero ad aumentare le Gallerie di Firenze, delle quali aumentò così in modo considerevole il valore.

« Con l'Elettrice — dice lo Zobi — finì il sangue granducale dei Medici, ugualmente famoso per qualità viziose e virtuose ». Essendo morto Carlo VI nel 1740, Maria Teresa ne assunse la successione ma volle che il marito fosse coreggente nei domini degli Absburgo, sotto il nome di Francesco I, mantenendo quello di Francesco II come Granduca di Toscana. Questa continuò ad essere governata dalla Reggenza fino alla morte di Francesco avvenuta in Innsbruck il 18 agosto 1763.

Per quanto la dominazione di Francesco non fosse molto accetta ai Toscani, aborrenti dai regimi stranieri, fu peraltro sotto di essa che si gettarono le basi del magnifico edificio di rinnovamento civile innalzato da Pietro Leopoldo.

Pietro Leopoldo (1747 [Granduca di Toscana con il nome di Leopoldo I 1765 - 1790] 1792). Avvenuta la morte di Francesco II, nel 1763, poiché al primogenito Giuseppe era riserbata la corona di Austria che egli cinse con il nome di Giuseppe II, rimanendo il governo nelle mani della madre Maria Teresa, divenne Granduca di Toscana Pietro Leopoldo, terzogenito, con il nome di Leopoldo I, essendo Carlo, secondogenito, morto nel 1760.

Leopoldo arrivò a Firenze il 13 settembre 1765 in età di appena 18 anni e governò ancora con il Consiglio di reggenza e con i savi consigli della madre Maria Teresa. Ma poi ebbe agio di mettere in luce splendide qualità personali. Leopoldo I fu principe riformatore per eccellenza, continuando nell'opera che la Reggenza aveva intrapreso prima della sua assunzione al trono. Egli impersonava il tipo dei sovrani settecenteschi progressisti ed illuminati.

Diede luogo ad una radicale riforma del sistema penale. La legge 30 novembre 1786 ottenne una risonanza europea e vale la pena di riportare il seguente passo del suo proemio che getta molta luce sulla mentalità del principe:

« Con la più grande soddisfazione del nostro fraterno cuore, abbiamo finalmente riconosciuto che la mitigazione delle pene congiunta con la più esatta vigilanza per prevenire le ree azioni, mediante la celere spedizione dei processi, e la prontezza e sicurezza delle pene dei veri delinquenti, invece di accrescere il numero dei delitti, ha considerevolmente diminuito i più comuni, e resi quasi inauditi i più atroci, siamo quindi venuti nella determinazione di non più lungamente differire la riforma della legislazione criminale, con la quale, abolita per massima costante la pena di morte, eliminato affatto l'uso della tortura, la confiscazione dei beni dei delinquenti, come tendente per la massima parte al danno delle loro innocenti famiglie che non hanno complicità nel delitto, e sbandita dalla legislazione la moltiplicazione dei delitti propriamente detti di lesa maestà, con raffinamenti di crudeltà inventati in tempi perversi, e fissando le pene propriamente ai delitti, inevitabili nei rispettivi casi, ci siamo determinati di ordinare, etc. ».

È certa l'influenza esercitata sul Granduca dall'opera riformatrice di Cesare Beccaria per quanto riguarda la pena di morte ed espressa nel celebre libro *Dei delitti e delle pene,* pubblicato segretamente a Livorno nel 1763 e poi a Milano nel 1764.

Un'altra grande opera compiuta da Pietro Leopoldo fu la fondazione dell'« Archivio diplomatico » in quanto si proponeva la conservazione di un immenso patrimonio storico, esposto a grandissimi pericoli, perché non solo di interesse letterario, ma anche scientifico. Considerando che molti antichi documenti esistenti nei vari dicasteri del governo, nelle abbazie e luoghi pii, non che nelle famiglie private, potevano andare facilmente dispersi, risolse il Granduca di farli raccogliere in un pubblico deposito. A ciò fu indotto non solo dai vantaggi che potevano derivare agli eruditi ed agli storici, quanto dalla utilità che ne sarebbe derivata per i diritti dello Stato e per quelli dei privati. Il motuproprio di fondazione porta la data del 24 dicembre 1778.

La disciplina ecclesiastica fu oggetto di profonde riforme: nessuna fanciulla avrebbe potuto prendere il velo prima dei 20 anni; fu raccomandato ai vescovi del granducato di interessarsi perché la disciplina ecclesiastica si mantenesse pura; fu abolito il tribunale della Inquisizione e quello della Nunziatura; fu diminuito il numero delle parrocchie ed a quelle rimaste fu aumentata la congrua; nel 1787 fu riunito un sinodo dei vescovi dello Stato per uniformare la disciplina ecclesiastica.

Nel campo del diritto civile furono modificate nel 1769 le leggi sui beni delle manimorte, già istituite nel 1751 sulla interdizione della primogenitura, dei maggioraschi e di altri modi di successione vincolanti il patrimonio familiare, con che veniva dato l'ultimo colpo al sistema feudale.

Ma in molti altri campi, in quelli della istruzione, della igiene, il Granduca Pietro Leopoldo lasciò l'impronta della sua attività riformatrice: di ciò parleremo in dettaglio.

Malgrado tante benemerenze, quando il Granduca partì per salire sul trono di Austria rimasto vacante per l'avvenuta morte nel 1790 del fratello, imperatore Giuseppe II, la popolazione non lo compianse perché, osserva il Caggese:

« non solo la coscienza pubblica era rimasta estranea all'intenso lavoro rinnovatore durato un quarto di secolo, ma perché la riforma aveva destato una legittima contrarietà nella grande maggioranza della gente toscana ».

Questa contrarietà era sobillata dai nobili e dal clero i cui privilegi erano stati diminuiti.

Durante i tredici mesi di Reggenza fino alla venuta del nuovo Granduca Ferdinando III, essa aveva dovuto distruggere molto di quanto era stato costruito. Del Consiglio di Reggenza facevano parte come Luogotenente Lorenzo Ginori ed i senatori Mario Covoni, Vincenzo Capponi, Gio. Batt. Nelli ed altri. Si chiuse così in Toscana il governo di Pietro Leopoldo i cui meriti di grande legislatore e riformatore sovrastano di gran lunga qualche deficienza.

Ferdinando III (1769 [Granduca di Toscana 1791 - 1801] 1824). Dopo la morte del fratello, imperatore Giuseppe II, Pietro Leopoldo abdicava in favore del figlio secondogenito Ferdinando e lo faceva riconoscere Granduca di Toscana come Ferdinando III.

Era nato in Firenze nel 1769 ed era perciò appena maggiorenne. Poiché a Pietro Leopoldo doveva succedere sul trono di Austria il figlio Francesco II, nato pure in Firenze il 12 febbraio 1768, la Toscana divenne legalmente e per la successione al trono indipendente dall'Austria.

Ferdinando III giungeva a Firenze nell'aprile del 1791, accompagnato dall'imperatore stesso, dalla moglie Luisa Maria, dai suoceri sovrani di Napoli e da due suoi fratelli. Fu accolto con grandi feste soprattutto perché la popolazione, in grande maggioranza contraria alle riforme del padre, sperava che le cose sarebbero state rimesse come prima. Ed infatti, in parte per opera di coloro cui era stata affidata la Reggenza, in parte per opera di Ferdinando III stesso, l'edificio leopoldino venne quasi interamente distrutto, con grande soddisfazione dei partiti reazionari.

La politica estera di Ferdinando III fu incerta e per quanto egli parteggiasse sinceramente per la neutralità, era in sospetto sia dell'Inghilterra che del partito dei monarchici, devoto a casa Lorena, associato ai papisti che mettevano la Chiesa al di sopra di ogni cosa, come pure del club dei giacobini che reclutava letterati, filantropi, aristocratici democratizzanti, celebrità scientifiche, spiriti riformatori. Nel partito dei giacobini vi era l'anatomista senese Paolo Mascagni, del quale ci riserbiamo di parlare in dettaglio, sia per quanto riguarda l'opera di scienziato, sia per quanto si riferisce a quella politica.

Avvenuta l'occupazione della Toscana nel 1799 da parte dei Francesi fu intimato al Granduca di partire da Firenze, ciò che egli fece il 27 Marzo 1799. Non mancarono le dimostrazioni contro i Francesi, favorite dai fautori della restaurazione granducale. Una prima manifestazione si ebbe in Firenze il 12 aprile 1799; il 5 maggio si sollevarono gli abitanti di Volterra, ma l'avvenimento più terribile fu l'insurrezione detta del « Viva Maria » che, iniziatasi ad Arezzo il 6 maggio 1799 si estese alle regioni limitrofe assumendo un andamento anarcoide e delittuoso. Entrati gli insorti in Siena agli ordini di don Francesco Romanelli fu data una caccia feroce ai giacobini ed agli ebrei moltissimi dei quali furono arsi vivi.

Frattanto, a causa dei rovesci subiti dalle armi francesi alla Trebbia, il 30 giugno 1799 partì il commissario civile Reinhard da Firenze ed il 4 luglio tutta la guarnigione francese con a capo il generale Gaultier per la stessa porta S. Gallo per la quale era entrata. Liberata Firenze dai Francesi, la città fu preda del movimento reazionario in favore dell'antico regime e si abbandonò ai più deplorevoli eccessi come era avvenuto per Siena. Ricostituitosi un potere senatoriale, esumazione di un vecchio Senato di creazione medicea, si trovò costretto ad accogliere le bande degli insorti, capitanate da Lorenzo Mari, antico ufficiale dei dragoni toscani, che non si lasciarono scappare l'occasione per saccheggiare, rubare e che già si apprestavano ad entrare nel ghetto, ove avrebbero ripetuto l'orribile massacro di Siena senza il coraggioso intervento dell'arcivescovo Martini. La mattina del 7 luglio arrivarono i primi drappelli di cavalleria austriaca e nei giorni successivi il grosso dell'esercito comandato dal tenente colonnello barone d'Aspre. Il popolo accolse con grande entusiasmo le forze imperiali ed il primo vantaggio fu di liberarsi dalle orde degli insorti che lasciarono la città il 6 agosto.

Si riteneva quasi sicura la restaurazione di Ferdinando III quando, dopo la vittoria di Marengo del 14 giugno 1800, le truppe francesi invadevano di nuovo la Toscana, condotte dal generale Dupont. Accanita fu la resistenza opposta dagli Aretini il 19 ottobre 1800, ma i Francesi, entrati in città per una breccia aperta dall'artiglieria presso la porta S. Tolentino, la saccheggiarono facendo così vendetta del precedente contegno antifrancese degli aretini.

Il 9 febbraio 1801 si concluse il Trattato di Lunéville tra Napoleone e l'imperatore di Austria; la Toscana veniva tolta a Ferdinando III al quale si dava come compenso il granducato di Würzburg in Germania. Il granducato di Toscana veniva trasformato in Regno di Etruria creato dalla convenzione di Madrid del 21 marzo 1801, conclusa con Carlo IV di Spagna che per compenso cedette la Lunigiana alla Francia. Il Regno di Etruria veniva assegnato a Lodovico di Borbone, figlio del duca di Parma e restava in tal modo unito alla corona di Spagna.

In questo periodo, dalla assunzione di Ferdinando III nel 1791 alla istituzione del Regno di Etruria nel 1801, le condizioni politiche della Toscana, le continue guerre e rivoluzioni non costituivano il terreno più propizio per lo sviluppo delle scienze. Anche il pensiero delle persone che di queste si occupavano non poteva non essere distratto dalle nuove idee che, originatesi dalla rivoluzione francese, con l'aiuto delle armi della Francia, andavano diffondendosi nel mondo facendo presa sugli spiriti più elevati e più colti. Il giacobinismo in Italia ed in Toscana non si deve considerare come un fanatismo incosciente che con le sue intemperanze poteva eccitare la reazione antifrancese ed antigiacobina. Il suo vero spirito bisognava ricercarlo non già negli elementi fanatici, ma in quelli intellettuali che avevano promosso quel movimento e ne erano i dirigenti. Erano spiriti eletti e menti illuminate in cui si alimentava il germe dell'idea unitaria nazionale, idea che non deve considerarsi sorta ad un tratto dall'ondata repubblicana e demagogica che aveva invaso l'Italia dal 1789 al 1799, ma era un rifiorire di quella antica idea che era stata viva e continua nel corso dei precedenti secoli. Il giacobinismo era un vero risveglio patriottico anelante alla unità nazionale e come aderenti a questa debbono essere considerati i « patriotti toscani ». S'intende sempre parlare degli intellettuali dirigenti i quali, come quelli di ogni altra parte della penisola, anelavano ad un rinnovamento politico e speravano che, cessata la bufera rivoluzionaria in Francia, tutta l'Europa avrebbe avuto un nuovo assetto e l'Italia avrebbe potuto conseguire la sua unità.

Siamo agli albori di quel patriottismo politico che si sviluppò soprattutto nel secolo XIX e che derivò dalla formazione di una coscienza nazionale favorita dai contatti con gli indirizzi di cultura specialmente francese ed inglese ed attraverso l'assimilazione delle idee illuministiche in essi dominanti; di quel movimento di cultura generale che tende a rischiarare con i « lumi » della ragione la realtà ed a combattere l'« oscurantismo », ovunque esso si annidi.

2. Condizioni ambientali. - *Stato della cultura.* - L'illuminismo, destinato a produrre un radicale e permanente cambiamento anche nell'ordine sociale e politico dell'Europa, trovò gli animi degli intellettuali ben disposti ad accogliere i suoi princìpi per cui la letteratura divenne strumento di progresso civile e di riforme. Se Leopoldo I, Granduca di Toscana, fu il principe riformatore per eccellenza, per forza di cose lo spirito della riforma fu attivo anche in altri Stati d'Italia ed anche nello Stato della Chiesa. Benedetto XIV fu onorato anche da Voltaire e Clemente XIV procedette alla

abolizione dell'ordine dei Gesuiti (1773) che fu però ristabilito nel secolo successivo.

Era naturale che lo spirito dell'illuminismo si manifestasse soprattutto nella storia, nella filosofia, nel diritto e nell'economia, ciò che accadde assai presto. Il maggiore contributo venne portato dai meridionali. Giovan Battista Vico, napoletano, creava la critica storica ed indagava le relazioni tra la storia e la filosofia e con i *Princìpi di una scienza nuova intorno alla comune natura delle nazioni* iniziava in questo campo di ricerche quel movimento che per importanza si può paragonare alla rivoluzione galileiana del pensiero scientifico; Pietro Giannone, nato nella Capitanata, scriveva la *Storia civile del regno di Napoli* e, precorrendo i tempi, si dichiarava sostenitore dei diritti dello Stato di fronte alle inframmettenze ecclesiastiche; l'abate Ferdinando Galiani di Chieti scriveva su materie economiche; Gaetano Filangieri, napoletano, con la *Scienza della legislazione,* si innalzava, come dice il Settembrini a « legislatore dell'umanità ». Nell'alta Italia Cesare Beccaria coltivava le scienze politiche ed economiche e scriveva *Dei delitti e delle pene;* Pietro Verri coltivava anche lui le scienze politiche ed economiche; Lodovico Antonio Muratori volgeva la critica più specialmente alla ricerca ed alla analisi dei documenti, creando i fondamenti della storia di Italia: sempre nell'Italia settentrionale Apostolo Zeno e Scipione Maffei creavano la critica letteraria ed il gesuita Girolamo Tiraboschi compilava la prima storia sistematica della letteratura italiana.

La Toscana contribuì agli studi storici così attivi di questo tempo che fece seguito al periodo mediceo. Pietro Leopoldo, presente in ogni ramo di attività culturale, non poteva essere assente nel promuovere gli studi storici. Fu per incarico appunto di Pietro Leopoldo che Riguccio Galluzzi di Volterra scriveva l'*Istoria del Granducato di Toscana sotto il governo della casa Medici.* Il prete Angelo Fabroni di Marradi, carissimo al Granduca Pietro Leopoldo, scriveva in elegante latino le *Vitae italorum doctrina excellentium qui saeculis XVII et XVIII floruerunt,* e, come Rettore dello Studio pisano, la *Historia Academiae Pisanae.* Lorenzo Pignotti di Figline, medico, professore a Firenze e poi nello Studio pisano, molto caro al granduca Ferdinando III che lo nominò istoriografo regio, scrisse la *Storia della Toscana sino al Principato con diversi saggi sulle scienze lettere ed arti.*

Tra la fine del secolo XVII ed il principio del secolo XVIII fece in Italia la sua comparsa il romanzo storico di argomento greco-romano per opera di Alessandro Verri, milanese, e di Vincenzo Cuoco, napoletano, ma la Toscana non coltivò questo genere. Neppure prese parte la Toscana al miglioramento della tragedia che altrove avveniva per opera soprattutto di Scipione Maffei, veronese, e dell'abate Antonio Conti, padovano, cui si affiancava la riforma del melodramma per opera del Metastasio.

In Toscana si continuò invece a coltivare la commedia, con eleganza di stile ma con poca originalità e vigore per opera specialmente di Girolamo Gigli, di Giov. Batt. Fagiuoli e di Iacopo Angiolo Nelli. Girolamo Gigli, senese, scrisse due commedie rimaste famose, il *Don Pilone,* graziosa imitazione del *Tartufo* e la *Sorellina di Don Pilone* che contiene una acerba satira di sua moglie, avara e bigotta; divenuto il Gigli professore di lettere toscane nello Studio pisano, sostenne che il primato del parlar toscano spettava a Siena e non a Firenze e ristampò le opere di S. Caterina accompagnate da un vocabolario cateriniano; le villanie contro i fiorentini contenute in questo vocabolario irritarono l'Accademia della Crusca e Cosimo III; la sua opera fu messa all'Indice, fino a che fu perdonato e morì a Roma nel 1722. Giov. Batt. Fagiuoli, fiorentino, dopo molte ristrettezze fu preso a proteggere dal Cardinale Francesco Maria de' Medici, fratello di Cosimo III; scrisse epistole, capitoli, commedie adoperando la lingua parlata in Firenze e nel contado fiorentino. Iacopo Angiolo Nelli, senese, scrisse numerose commedie nelle quali congiunse gli intrecci della commedia dell'arte alla imitazione di Molière, rivelando un acuto e vivace spirito di osservazione della vita popolare.

Nei generi di poesia ricordiamo: Niccolò Forteguerri, pistoiese, che con vena di ridicolo riprese la tradizione romanzesca del Cinquecento e che scrisse il *Ricciardetto*, poema cavalleresco nel quale introdusse personaggi dell'Ariosto e del Pulci, ma con eccessiva frequenza, con stile però vivace ed arguto ed in lingua toscana elegante; Domenico Batacchi, pisano, che scrisse le licenziose *Novelle galanti del padre Anastasio da Verrocchio;* Tommaso Crudeli, di Poppi di Casentino, vivacissimo ingegno, autore di graziose liriche erotiche e che ebbe a subire le persecuzioni della Inquisizione di Firenze.

Nella lirica vera e propria non si ebbe in Toscana abbondanza di componimenti di tale specie. L'Arcadia aveva ovunque diffuso le sue colonie e divenne moda il verseggiare per ogni circostanza, per ogni matrimonio o natalizio, o nascita, o partenza, od arrivo di personaggi illustri. Fu quella l'epoca in cui Maria Maddalena Morelli, pistoiese, nota sotto il nome di Corilla Olimpica, ricevette nel 1776 in Campidoglio quella corona di lauro che il Tasso non ottenne che dopo la morte.

La canzonetta amorosa che avevano trattato Pietro Metastasio e Paolo Rolli fu in Toscana coltivata dal Pignotti del quale abbiamo parlato come storico. Salomone Fiorentino di Monte S. Savino nell'Aretino, scrisse sonetti, poemetti, imitando il genovese Innocenzo Carlo Frugoni, fecondissimo poeta, ma altrettanto avaro nell'uso della lima.

Le fasi dello sviluppo dell'arte non si seguono come i periodi storici. Si può però dire che in questo primo periodo del dominio lorenese si compie il passaggio dal Settecento all'Ottocento, per cui molti artisti sono vissuti in un'epoca che, travalicando la fine del secolo XVIII si inoltra nel secolo XIX. Era l'epoca nella quale avveniva il trapasso dal neoclassicismo che, sorto come reazione alle intemperanze del barocco, con lo scopo di rivalutare il bello ideale, caduto nell'accademismo, determinò a sua volta la reazione romantica.

Nella pittura l'indirizzo neoclassico ebbe in Roma il suo maggiore artefice in Luigi David, francese, a Milano, in Andrea Appiani ed in Giuseppe Bossi. Anche la Toscana partecipò attivamente a questo indirizzo con Pietro Benvenuti e con Luigi Sabatelli. Pietro Benvenuti, aretino, che era stato allievo di David, affrescò la volta della cupola della Cappella dei Principi medicei, cupola che era stata terminata sotto il governo di Leopoldo II, dipingendovi argomenti del Nuovo e del Vecchio Testamento; Luigi Sabatelli, fiorentino, dipinse gli affreschi della sala dell'Iliade in Palazzo Pitti, costituenti il suo capolavoro.

Il neoclassicismo aveva trovato nella scultura in Antonio Canova il suo più grande interprete; in minor grado lo fu il danese Thornvaldsen. Tra gli imitatori di entrambi emerse in Toscana Lorenzo Bartolini il quale, dopo avere studiato a Parigi con il David, era venuto in Toscana dopo la caduta dell'Impero; pur conservando le strutture del suo grande predecessore, del Canova, fece emergere da esse l'intenzione realistica e l'elemento romantico senza però ancora giungere ad un netto superamento del neoclassicismo. Le sue opere maggiori sono la Carità educatrice nella Galleria Pitti, il Sepolcro Zamoyski nella chiesa di S. Croce e la Fiducia in Dio nel museo Poldi-Pezzoli di Milano. Fece seguito un verismo accademico che si sviluppò soprattutto nella prima metà del secolo XIX e che si svolse quindi in Toscana durante la Restaurazione lorenese.

Il neoclassicismo architettonico ebbe in Toscana il suo maggiore esponente in Gaspare Maria Paoletti il quale costruì il Quartiere della Meridiana in Palazzo Pitti, le Terme Leopoldine a Montecatini ed ampliò la Villa del Poggio Imperiale a Firenze, rinnovando il primo piano e costruendo i due grandi cortili all'ingresso.

A Leopoldo I spetta l'idea della pinacoteca annessa all'Accademia delle Belle Arti, la quale venne iniziata ed ampliata con le strutture raccolte dalle soppresse comunità e confraternite religiose.

Le modificazioni del diritto sono essenzialmente costituite dalla riforma penale, della quale, essendo opera esclusiva di Pietro Leopoldo, abbiamo parlato trattando del suo governo.

Le Università. - Durante il governo del primo rappresentante della dinastia lorenese non si ebbe alcun cambiamento degno di nota dello Studio senese.

Le prime leggi sulle manimorte, cui abbiamo accennato, riuscirono di danno allo Studio senese che in conseguenza di esse fu costretto a vendere con pubblico bando tutti i suoi beni patrimoniali.

Malgrado queste leggi così funeste continuarono i lasciti a favore dello Studio, tra i quali merita di essere particolarmente menzionata l'eredità Tolomei che nel 1763, in seguito a rescritto sovrano passò alla Cassa dello Studio. Invece dei quattro Savi che fino dall'inizio della Signoria medicea avevano amministrato lo Studio, all'amministrazione di questo era stato preposto un *Provveditore,* al quale con motuproprio granducale venne affidato il governo della Università.

All'insegnamento vennero chiamate persone di grande merito, così Ambrogio Soldani insegnò matematica nel 1781, Domenico Bartoloni insegnò fisica e chimica nel 1769, nel 1783 insegnò medicina

Domenico Battini. Ma chi diede più lustro allo Studio senese in questo periodo fu Paolo Mascagni, del quale parleremo estesamente.

Non vi è alcun fatto importante da segnalare nella storia dello Studio senese durante il governo di Ferdinando III.

Sul principio del secolo XVIII l'esausta dinastia medicea lasciò in abbandono il già fiorente Studio pisano. Iniziato con Francesco II il dominio lorenese, ebbe inizio un periodo di attività e di progresso. La biblioteca fu arricchita ed aperta al pubblico nel 1742, venne migliorata la specola astronomica, l'Orto botanico, il teatro anatomico, i locali e le collezioni dei musei di storia naturale, gli istituti di fisica e di chimica. Furono riformati anche gli Statuti ed è da ricordarsi che nel 1744 il Rettore cessò di essere uno scolaro eletto dagli scolari, ma invece un insegnante come accade tuttora.

Nelle scienze fisiche e matematiche si ebbe un notevole sviluppo. Al celebre matematico Guido Grandi, succedette Claudio Fromond, fedele seguace nelle scienze fisiche del metodo sperimentale, difendendo i risultati che se ne ottenevano tenacemente contro gli avversari. Tommaso Perelli, soprannominato il secondo Leibnitz, ebbe nel 1739 la cattedra di astronomia che inaugurò in Pisa. Nel 1755 entrava nell'insegnamento il celebre matematico Paolo Frisi. Logica e fisica insegnò successivamente Bartolommeo Bianucci. L'insegnamento della chimica sperimentale si può dire che fosse inaugurato in Pisa nel 1757 da Anton Nicola Branchi, che lo tenne fino al 1801. Gli fu collega Lorenzo Pignotti, che abbiamo già nominato come letterato di merito e che fu professore di fisica e collega del Bianucci, il quale alla sua volta era stato successore di Carlo Alfonso Guadagni, che per il primo insegnò fisica sperimentale in quello Studio.

Fra i medici illustri ricorderemo Giuseppe del Papa, successore del Redi; Antonio Matani, pistoiese, che insegnò per venti anni, fino al 1779 medicina teorica; Angelo Gatti, mugellese, che fu chiamato a Parigi a servizio del re e che fu uno dei più ardenti apostoli della vaiolizzazione dimostrando nei suoi scritti di avere intuito il meccanismo di difesa dell'organismo dalla infezione vaiolosa, affermato poi dalla scoperta di Jenner. Si debbono poi anche ricordare: Bonaventura Martini, pisano; Giuseppe Petri, lettore di medicina pratica che poi passò come archiatro alla corte granducale; Francesco Torrigiani di Pescia che si era perfezionato nella Università di Padova; Luigi Morelli, persona eruditissima che era stato clinico nelle scuole tedesche ed inglesi.

In anatomia si segnalarono Domenico Brogiani ed Antonio Castellucci. Felice Fontana, del quale avremo occasione di parlare estesamente, fu uno dei più celebri naturalisti del suo tempo ed insegnò in Pisa per un anno (1765); Pietro Rossi, illustre naturalista, per 38 anni illustrò lo Studio pisano e pubblicò un'opera entomologica di grande valore.

Sotto il governo di Pietro Leopoldo, come per lo Studio senese, vennero introdotte nello Studio pisano delle modificazioni statutarie: i due antichi uffici del Provveditore e dell'Auditore furono nel 1782 riuniti in uno solo per togliere gli inconvenienti che derivano dall'essere diviso tra due persone il governo della Università. Le dotazioni furono aumentate, nessun mezzo fu trascurato perché il primo istituto della Toscana mantenesse la sua alta tradizione, avendo cura soprattutto che le singole discipline fossero insegnate da uomini di alta fama.

Nelle scienze naturali tra i lettori di alta fama merita di essere ricordato Michelangelo Tilli di Castelfiorentino che fu naturalista e specialmente botanico di grande valore e che iniziò il primo insegnamento regolare di storia naturale nel 1782, insegnamento che fu continuato da Giorgio Santi di Pienza che era stato scolaro a Parigi del Boscovich, del Buffon e del Lavoisier.

Grandi perfezionamenti furono introdotti nell'insegnamento della medicina. La clinica medica, con diritto ad avere un sufficiente numero di letti nell'ospedale di S. Maria Nuova di Firenze, fu affidata nel 1781 al professore Alessandro Bicchierai con il titolo di professore nella Università di Pisa; nel 1784 si incominciò per ordine granducale ad insegnare sugli ammalati le istituzioni di medicina pratica nell'ospedale di S. Chiara di Pisa dal lettore universitario e finalmente nel 1786 fu qui fondata la clinica medica ed affidata a Francesco Torrigiani. La chirurgia fu insegnata più che nella Università in una scuola ospedaliera floridissima, ma nel 1766 le istituzioni chirurgiche furono insegnate da Francesco Vaccà-Berlinghieri, pisano, che rifiutò gli inviti della Università di Pavia e del re di Polonia per rimanere a Pisa ove effettivamente pose termine alla sua carriera sotto il governo dell'impero napoleonico.

Pietro Leopoldo si interessò anche dell'incremento della biblioteca alla quale furono inviati per ordine del Granduca molti sceltissimi libri della biblioteca palatina di Firenze. Nel 1788, abolito il monastero dei Camaldolesi di S. Michele in Borgo di Pisa, la biblioteca di esso, ampliata e dotata dal P. Guido Grandi, professore di matematica nella Università, venne in grandissima parte ad accrescere la biblioteca pisana. Altre edizioni di libri rari furono lasciati alla biblioteca pisana nel 1787 dal prof. Francesco Albizzi, pisano; nel 1803 agli albori del Regno di Etruria varie migliaia di importanti volumi venivano legati alla Università dal mons. Angelo Fabroni, di essa Provveditore.

Nel suo breve governo poco poté attendere Ferdinando III allo Studio di Pisa, come del resto anche a quello senese. Quando nel 1799 dovette rifugiarsi a Vienna di fronte alla occupazione francese, con lettera 13 ottobre, diretta a mons. Angelo Fabroni, Provveditore dello Studio, ne ordinò la chiusura.

Il cambiamento della dinastia non arrecò alcun danno allo Studio fiorentino i cui professori furono tutti mantenuti nelle loro cattedre con i loro stipendi. Ma molti altri ne furono eletti, e, naturalmente, a seconda delle varie discipline erano mandati a leggere o all'Ospedale di S. Maria Nuova, ove risiedeva la Scuola medico-chirurgica, od al Giardino dei semplici, od al Museo. Non tutti però gli insegnanti in sedi diverse da quelle dello Studio erano lettori da questo nominati, pur dovendo avere bisogno del mandato del Provveditore dello Studio per riscuotere lo stipendio.

Offre una certa curiosità il caso del dottor Domenico Gaetano Pasquali, livornese, che insegnava medicina teorica nella Università di Pisa, quando il 24 dicembre 1738 fu destinato contemporaneamente alla cattedra di medicina pratica nell'Ospedale di S. Maria Nuova e di filosofia morale nel pubblico Studio. Il Prezziner [1] riporta da altra fonte lo stato dello Studio negli anni 1750 - 1751. Ad esso appartenevano tra gli altri il dottor Lorenzo Fabbri che non

[1] Vedi *op. cit.* nella Bibliografia N. 84, T. I, pag. 157.

leggeva nello Studio, ma aveva l'obbligo di istruire i giovani nella medicina pratica nell'Ospedale di S. Maria Nuova; il dottor Giovanni Targioni Tozzetti, lettore di botanica che « non legge nello Studio, ma esercita tale professione nel Giardino dei semplici spiegando ciò che è di proprietà de' Semplici e Naturali »; il dottor Antonio Benevoli, maestro di chirurgia nell'Ospedale di S. Maria Nuova che « non ha titolo di lettore, ma passa un mandato di sua Provvisione nella forma dei lettori e con l'obbligo d'istruir Giovani nella sua professione »; Giovanni Ermenegildo Marmi, lettore di matematica, che « non legge nello Studio, ma in casa propria »; Francesco Tanucci, Maestro di chirurgia nell'Ospedale di S. Maria Nuova « con l'obbligo di istruir Giovani nella sua professione ». Il Prezziner riporta i nomi di altri lettori nelle materie letterarie, filosofiche e giuridiche nell'anno scolastico 1750 - 1751.

Il Tanucci morì in quell'anno scolastico e gli fu dato come successore il dottor Angiolo Nannoni, la sua cattedra non appartenendo propriamente allo Studio; nel 1758 morì il dottor Antonio Cocchi, del quale abbiamo già precedentemente parlato, al quale successe nella cattedra di anatomia il figlio Raimondo; presso a poco in quell'epoca venne istituita nell'Ospedale di S. Maria Nuova la cattedra di ostetricia che venne affidata nel 1761 al dottor Giuseppe Vespa. Di questi insigni cultori dell'arte sanitaria avremo ancora occasione di parlare.

Un'altra cattedra istituita durante il governo di Francesco II fu quella di botanica nell'Ospedale di S. Maria Nuova, alla quale fu nominato l'abate Giovanni Lapi di Borgo S. Lorenzo. Così si ebbero in quel tempo in Firenze due professori di botanica: il Lapi, destinato ad insegnare ai giovani medici nell'Orto botanico contiguo alle infermerie delle donne nell'Ospedale di S. Maria Nuova ed il dottor Giovanni Targioni Tozzetti, lettore di botanica nello Studio fiorentino fino dal 1737. Il Lapi tenne il suo posto fino all'anno 1783, in cui fu giubilato, ma negli ultimi due anni per l'avvenuta soppressione del soprannominato Orto botanico nell'Ospedale, leggeva nel Giardino dei semplici; anzi per l'avvenuta trasformazione di questo in Giardino Agrario ne divenne Direttore, poco prima della sua morte, avvenuta nel 1783.

Il Collegio dei Teologi si mantenne floridissimo sotto il governo di Francesco II come sempre ed in tanto credito che il principe di Craon, che, come abbiamo narrato, era ministro plenipotenziario dell'assente Granduca, volle che suo figlio Francesco Vincenzio vi fosse ascritto.

Assunto che ebbe Leopoldo I il governo, i professori che leggevano nello Studio fiorentino furono tutti confermati nelle loro cattedre. L'opera riformatrice di un sovrano così illuminato doveva naturalmente estendersi anche alla istruzione.

Infatti già nell'anno 1767 venne conferita la cattedra di lettere greche all'abate Cosimo Bartoli. Nello stesso tempo fu eletto alla cattedra di anatomia e di fisiologia nell'Ospedale di S. Maria Nuova il dottor Ranieri Maffei, livornese, che era stato allievo di Raimondo Cocchi cui successe: anche questi però, come altri che insegnavano nel suddetto Ospedale, non apparteneva propriamente allo Studio, pur dipendendo da questo per il pagamento degli stipendi. Il Maffei venne a morte nel 1774.

Nel 1770 il dottor Pietro Ferroni venne a succedere ad Ermenegildo Marmi, che aveva chiesto di essere messo a riposo, nell'insegnamento della matematica. Questa cattedra volle il Granduca riformare in modo che servisse precipuamente alla istruzione dei giovani architetti, ingegneri ed agrimensori ed il Ferroni fu incaricato di adeguare le sue lezioni al nuovo scopo. Fu anche destinato a leggere nell'Istituto dei Nobili. Dopo tre anni il Ferroni venne nominato professore nello Studio pisano, avendo però sempre l'incarico di insegnare la matematica pura ed applicata nello Studio fiorentino. Esso veniva poi di frequente consultato per questioni idrometriche e topografiche, specialmente dopo la morte dell'abate Leonardo Ximenes.

La giurisprudenza civile fu soggetta a riforma per cui doveva contemplare tanto le istituzioni civili come l'arte notarile. La cattedra così riformata venne affidata al dottor Anton Filippo Montelatici nel 1772.

Continuava ad insegnare medicina pratica il dottor Lorenzo Fabbri nell'Ospedale di S. Maria Nuova. Nel 1773, il dottor Alessandro Bicchierai, professore clinico che leggeva nell'Ospedale di S. Maria Nuova, venne considerato come addetto all'Ospedale ed allo Studio pisano. Nel 1775 il dottor Michelangiolo Gianetti ottenne in S. Maria Nuova la cattedra di anatomia e fisiologia che era rimasta vacante per la morte del dottor Ranieri Maffei, mentre quasi contemporaneamente veniva incaricato di dar lezioni di chimica e farmacia il Signor Ignazio Mini.

Rivolse il Granduca Leopoldo una particolare attenzione alle istituzioni criminali, la cui cattedra era rimasta da qualche anno vacante. In data 5 marzo 1778 emanò il Granduca particolari istruzioni e dichiarò

« di avere aperto in Firenze la cattedra di istituzioni teorico-pratiche criminali, acciocché la gioventù desiderosa di abilitarsi agli impieghi di giudice o di attuario criminale, potesse con tale mezzo più utilmente e più facilmente che per l'avanti restare istruita delle cose necessarie per detti impieghi ».

Già fino dal 22 febbraio era stato nominato a coprire la suddetta cattedra il dottor Jacopo Maria Paoletti.

Nel 1779 venne destinato alla cattedra di teologia morale il dottor Francesco Bucelli, essendo la detta cattedra rimasta vacante per la morte di Fra Tommaso Griselli che l'occupava; nel 1780 venne nominato alla cattedra di lingua toscana il dottor Giuseppe Moretti che però doveva fare annualmente all'Accademia fiorentina diciotto lezioni « sopra ogni genere di erudizione, storia letteraria toscana, cognizione e critica di tutti i migliori autori sì in verso che in prosa »; nel 1781, essendo rimasta vacante la cattedra di lettere greche per la morte dell'abate Cosimo Bartoli che la occupava, vi fu nominato il dottor Giuseppe Sarchiani. Questo professore merita un cenno particolare per le sue eccezionali qualità: infatti alla cattedra di lettere greche fu aggiunta quella di eloquenza toscana, il cui insegnamento fu più che altro rivolto alla illustrazione di Dante e del *Decamerone;* più volte ebbe quel professore occasione di recitare dotte ed eleganti orazioni in latino, comporre versi latini; fu di più versato in materie economiche.

Il 7 gennaio del 1783 venne a morte il dottor Giovanni Targioni Tozzetti che già nel 1737 sotto il governo di Gian Gastone era stato nominato professore di botanica nello Studio fiorentino. A succedergli fu nominato il figlio Ottaviano, che doveva fare le lezioni ai giovani medici dell'Ospedale di S. Maria Nuova; in questo non leggeva più, come abbiamo narrato, l'abate Giovanni Lapi che invece leggeva nel Giardino dei semplici. Ebbe Ottaviano Targioni anche l'incarico di presiedere alla biblioteca dell'Ospedale; poco dopo fu nominato lettore di botanica e Direttore del nuovo Giardino che fu ordinato di fare dalla parte di Via degli Alfani.

In occasione del restauro ed abbellimento dell'Ospedale di S. Maria Nuova nel 1783 il Granduca Leopoldo volle che vi fossero aperte sei cattedre: il dottor Pietro Paolo Visconti fu nominato professore di fisiologia e di istituzioni chirurgiche; il dottor Francesco Valle fu nominato a coprire la cattedra di ostetricia che cessò di occupare il dottor Giuseppe Vespa; il dottor Giuseppe Cavallini fu nominato lettore di casi pratici di chirurgia; il dottor Ottavio Targioni venne nominato lettore di botanica in luogo del dottor Giovanni Lapi cui fu accordato il riposo, come abbiamo narrato; il dottor Giovanni Bicchierai fu confermato lettore di medicina pratica; Pietro Giuntini fu nominato lettore di chimica e farmacia e Sopraintendente alla Farmacia di S. Maria Nuova.

Nell'anno 1783 accadeva la grande riforma leopoldina per cui mentre le Accademie, Fiorentina, della Crusca e degli Apatisti venivano inglobate nella nuova Accademia Fiorentina Seconda, l'Accademia Botanica veniva incorporata nell'Accademia dei Georgofili, avvenimenti dei quali ritorneremo a parlare nella storia delle accademie. Per rendere più attiva l'Accademia dei Georgofili dopo il suddetto incorporamento e d'altra parte interessandosi molto il Granduca allo sviluppo dell'agricoltura, venne creata nello stesso anno la cattedra di agricoltura, la quale venne affidata al can. Andrea Zucchini che venne anche nominato Direttore del Giardino dei semplici.

Nel 1784 volle il Granduca dare all'Accademia delle Belle Arti una nuova costituzione aprendovi una cattedra di meccanica, la quale fu affidata al dottor Giuseppe Pigri che la occupò fino alla sua morte avvenuta nell'anno 1804.

Nel 1786 ad iniziativa dell'abate Leonardo Ximenes venne nominato il P. Gaetano del Ricco a professore di astronomia ed il P. Stanislao Canovai a professore di idraulica, ambedue scolopi.

Nel 1790, ultimo anno del governo di Pietro Leopoldo, il dottor Lorenzo Nannoni che da due lustri era lettore e dimostratore di operazioni chirurgiche nell'Ospedale degli Innocenti, venne chiamato allo stesso insegnamento nell'Ospedale di S. Maria Nuova succedendo al padre dottor Angiolo. Ma di tutti questi medici ci riserbiamo di parlare in dettaglio nel trattare dello sviluppo storico del-

FRANCESCO REDI

PIER ANTONIO MICHELI

la medicina: in tale occasione dedicheremo un apposito paragrafo al dottor Vincenzio Chiarugi il cui nome è strettamente legato a quella riforma manicomiale che costituì un altro fulgido esempio della illuminata opera riformatrice di Pietro Leopoldo.

Il Collegio dei Teologi continuò nella sua normale attività e floridezza. Ricorderemo solo che sotto il governo di Pietro Leopoldo furono emessi diversi decreti, tra i quali quello con cui si stabiliva che qualunque teologo fiorentino si fosse assoggettato ad un esame in qualche altra università per conseguire un altro titolo accademico si sarebbe considerato decaduto dal rango di dottore del Collegio fiorentino; con ciò si volle dimostrare che la laurea ad esso concessa non si poteva considerare inferiore a quella rilasciata dalla più celebre università.

Si accrebbe sotto il governo di Ferdinando III il lustro dello Studio fiorentino con l'apertura del pubblico insegnamento delle lingue orientali con due professori, con l'abate Michelangiolo Luchi cassinense, bresciano, uomo eruditissimo che scrisse opere molto pregiate in greco ed in ebraico e che leggeva nel convento di Badia e con don Francesco Raynal, nato a Tolosa, monaco vallombrosano che leggeva nel convento di S. Trinita.

Venuto a morte nel marzo del 1797 il dottor Alessandro Bicchierai, il 19 marzo 1799 fu nominato nella cattedra di clinica medica al suo posto il dottor Spirito Costanzo Mannaioni il quale continuò ad applicare i nuovi regolamenti in base a quella riforma che era stata fatta per quell'insegnamento dal precedente governo.

Ebbe in questo tempo il Collegio teologico una certa deflessione per cui il numero dei teologi era molto diminuito, quando nell'ottobre del 1790 venne eletto decano il dottor Carlo Rossini, il quale impresse un forte impulso all'istituto, favorito dall'interesse del nuovo sovrano, opportunamente stimolato.

Le Accademie. - Durante il governo di Francesco II l'Accademia Fiorentina continuò ad essere governata da un Consolo che era al tempo stesso Rettore dello Studio. Il can. Salvino Salvini ottenne il consolato a vita e dopo la sua morte, avvenuta nel 1751, ebbe di anno in anno per successori persone illustri per famiglia e dottrina. Non solo si leggevano nelle adunanze ordinarie eleganti e dotte memorie, ma anche componimenti poetici di varia specie. Si tenevano anche solenni sedute pubbliche.

Sotto il governo di Pietro Leopoldo, con decreto 7 luglio 1783, questa accademia venne soppressa, insieme a quelle della Crusca e degli Apatisti e con queste fu inglobata nella cosiddetta Accademia Fiorentina Seconda.

Sotto il governo di Francesco II l'Accademia della Crusca continuò ad essere abbastanza attiva e ad essa appartenevano i principali letterati d'Italia. È interessante sapere che nel 1741 si incominciò a pensare alla compilazione della quinta edizione del Vocabolario che non potè essere condotta a termine per varie circostanze, tra le quali la soppressione dell'Accademia nella riforma delle accademie voluta da Pietro Leopoldo, soppressione che avvenne nell'anno 1783, come abbiamo narrato a proposito della soppressione della Accademia Fiorentina.

Durante il governo di Francesco II l'Accademia degli Apatisti mantenne la sua celebrità per il giuoco del Sibillone.

Una delle più originali soluzioni trasmesseci dalla tradizione è la seguente: la Sibilla venne interrogata « in quale cosa l'uomo potesse trovare la felicità sulla terra ». A questa domanda il fanciullo pronunciò dalla cattedra la parola « corbezzola ». Allora uno degli interpreti, che si dice sia stato il dottor Giovanni Lami, dichiarò subito che dalla Sibilla non si sarebbe potuta ottenere una più savia ed opportuna risposta. Egli provò il suo asserto con la seguente analisi della parola pronunciata dalla Sibilla. Egli la dimostrò composta di tre voci: Cor, Bezzo, La, le quali esprimono le cose delle quali l'uomo ha bisogno per essere felice. Bisogna che egli abbia il « Cor » ben solido in modo da non perdere la calma e stare tranquillo: deve avere mezzi indicati dalla parola « Bezzo » che vuol dire appunto denaro; deve infine sollevare lo spirito dalle inquietudini, ciò potrà farsi per mezzo della musica, indicata dalla parola « La ».

Ma questa accademia non doveva sopravvivere a lungo ai suoi successi in seguito alla sua soppressione avvenuta nel 1783, insieme a quelle dell'Accademia Fiorentina e dell'Accademia della Crusca.

L'Accademia Lucchese di Scienze, Lettere ed Arti continuò la sua normale atttività sotto il governo di Francesco II durante il quale avvenne la morte del Segretario Giulio Marchini che tanto aveva contribuito a sviluppare l'attività dell'Accademia. Egli però trovò un degno successore in Carlo Antonio Giuliani, il cui merito principale fu quello di indirizzare l'interesse dell'Accademia alle scienze fisiche e specialmente alla storia. Grave danno subì pertanto il sodalizio durante il governo di Pietro Leopoldo, e precisamente nel 1769, in seguito alla morte del Giuliani. Un grande risveglio si ebbe per merito di Teresa Bandettini, lucchese, dal nome arcadico di *Amarilli etrusca,* celebre improvvisatrice di versi, che meritò la stima dei più grandi poeti del tempo, tra i quali basti ricordare il Monti e l'Alfieri.

Durante il governo di Francesco II, la Società Colombaria in aggiunta all'Impresa creò il Sigillo della Società in figura di due colombi in atto di porsi in bocca scambievolmente il cibo con intorno il motto *Mutuis officiis* ed al di sotto la lettera *S. C.,* cioè *Societas Columbaria.* I soci continuavano ad adunarsi in casa del cav. Girolamo de' Pazzi, istitutore della Società. Avvenuta la sua morte nel 1743, la vedova, donna Lavinia Rucellai, concesse agli accademici di riunirsi in una sala a pianterreno del palazzo. Ma dopo due anni dovettero sloggiare e riunirsi in casa or dell'uno, or dell'altro, così in casa del cav. Andrea da Verrazano. Grande fu lo sviluppo della Società che con intensità crescente continuò ad occuparsi di quanto aveva attinenza con le antichità, specialmente toscane. Nel 1747 avvenne la pubblicazione del I volume delle *Memorie di varia erudizione della Società;* nel 1752 fu pubblicato il II volume; della stampa del III volume parla il Prezziner, Segretario della Società. Durante il governo di Pietro Leopoldo la Società continuò ad essere una privata conversazione di eruditi. Essa non ambì ad essere considerata pubblica e non richiese la protezione sovrana, ciò che forse contribuì a che non fosse inglobata nella riforma leopoldina. I soci continuarono a riunirsi, occupandosi sempre particolarmente dell'antiquariato e fissarono la loro sede nel palazzo della Arcipretura fiorentina. Presero inoltre la consuetudine di fare un lauto pranzo nel mercoledì precedente il giorno di Berlingaccio (penultimo mercoledì del carnevale) imitando così gli *Stravizzi* della Crusca. In tale occasione uno dei soci recitava una piacevole « cicalata » per dare alla festa una maggiore allegria.

Durante il governo di Ferdinando III la Società Colombaria continuò a mantenere la sua floridezza: i soci si riunivano nella biblioteca dell'accademico Alessandro Rivani da dove poi si trasferirono in Via dei Bardi. Il Signor Francesco Sassi della Tosa, Conservatore della Società, in questo tempo le fece dono di un notevole numero di medaglie di argento fatte per premiare gli autori di qualche erudita memoria. Il 5 giugno 1800 il Sassi venne nominato Presidente della Società. In questo stesso anno egli fece coniare una medaglia d'oro con il sigillo da una parte e dall'altra un monumento antico e diversi strumenti delle remote età con intorno il motto *Amica vetustas.*

L'Accademia Etrusca di Cortona, sotto il governo di Francesco II aveva introdotto l'uso di tenere nell'ultimo giorno di carnevale ed in altre occasioni dei convegni per spiegare una delle pubbliche solennità dei Greci e dei Romani. Un accademico spiegava lo scopo della festa antica ed il modo di celebrarla: venivano poi declamate le composizioni sul soggetto trattato e si estraeva a sorte tra i concorrenti il vincitore di un premio: generalmente un anello d'oro con gemma antica.

Parallela all'attività ufficiale dell'Accademia si svolgeva quella degli accademici in conversazioni private. Scrive Ridolfino Venuti, antiquario cortonese:

« Fin dall'anno 1744 alcuni cavalieri, la maggior parte accademici nostri, formarono in Cortona una conversazione erudita per mettersi a profitto le loro veglie ordinarie ed a quelle dettero il nome di Notti coritane ad imitazione delle notti attiche di Aulo Gellio. Sogliono essi registrare in volume quello che hanno giornalmente registrato degno di memoria, riguardante la storia in generale, e in particolare quella della patria, la fisica, le arti liberali, l'antiquaria ».

L'interessantissima raccolta che originariamente comprendeva venti volumi manoscritti, comprese poi i primi dodici completi ed un tredicesimo composto di frammenti; degli altri otto andati dispersi fu fatto l'indice degli argomenti trattati e Giuseppe Landi Passerini ne estrasse nel 1895 uno più ristretto per ciò che aveva attinenza alle cose cortonesi. Nel 1753 furono promulgate nuove leggi accademiche.

Avvenuta la morte di Ridolfino Venuti nel 1763 al termine del governo di Francesco II e di Filippo, suo fratello, pure antiquario e letterato, nel 1769, proprio al principio del governo di Pietro Leopoldo, l'Accademia andò a poco a poco declinando e non fu più possibile ripristinare le Notti coritane. Questo regresso si accentuò in occasione dei moti antifrancesi del 1799, che, si noti bene, non avevano un carattere antiliberale, ma antistraniero. Inseparabile dalla attività culturale propria dell'Accademia, fu quella di accrescere la sua biblioteca ed il suo museo.

Essendo l'Accademia Fiorentina, come pure quella degli Apatisti e quella della Crusca alquanto inattive, il granduca Pietro Leopoldo, con rescritto del 7 luglio 1783 le soppresse e ne creò una nuova con il nome di Accademia Fiorentina (Accademia Fiorentina Seconda). Dice il decreto:

« Il Granduca, informato che l'Accademia Fiorentina, quella della Crusca e l'altra detta degli Apatisti, allontanatesi da quegli oggetti per cui furono istituite, attualmente si trovano senza vigore ed attività e volendo altresì che nella città di Firenze sia animato e promosso un più perfetto studio delle Belle Lettere, per cui si fa strada alle Scienze, ha ordinato: Primo, che soppresse le tre suddette Accademie, ne sia formata una sola che potrà denominarsi Accademia Fiorentina; secondo, quest'Accademia sarà unita alla Biblioteca Magliabechiana ove dovrà adunarsi ed esercitare le sue funzioni; ed in conseguenza di ciò a detta Biblioteca saranno inorganati i fondi delle altre Accademie, etc. ».

Con motuproprio del 14 settembre dello stesso anno venne stabilita una doppia Deputazione, una per attendere alla illustrazione della storia antica, l'altra per quanto poteva avere relazione con la liturgia ed anche con la ristampa del Vocabolario. Nella sua riforma ebbe l'Accademia un Presidente, due Segretari e vari Censori. Inoltre, per rendere più solenni e più utili le pubbliche adunanze, fu prescritto che i professori dello Studio fiorentino facessero nell'Accademia alcune lezioni e quelle del loro ingresso alle cattedre.

Il 27 novembre 1784 si aperse solennemente la nuova Accademia che ebbe vita relativamente prospera, per quanto limitata nella sua attività dalla censura ed anche dal malcontento creatosi nei soci delle disciolte accademie. Questi malumori vennero all'orecchio del fiero astigiano che nel sonetto « L'idioma gentil sonante e puro » scagliava su Pietro Leopoldo l'ingiuria di « barbaro goto ». Lo Zobi prende invece le difese del Granduca:

« L'antica fama dell'Accademia della Crusca — egli dice — veramente grande, ma a quell'epoca non comparve che larva e meglio un nome. Leopoldo la fuse con la Fiorentina con l'oggetto di infonderle nuova vita: se l'Alfieri avesse meditato i motivi della ordinanza granducale, non avrebbe lanciato una ingiuria che fa più torto al Poeta che al Principe ».

Sotto il governo di Ferdinando III nulla accadde di notevole nella riformata Accademia Fiorentina. Nelle consuete adunanze si avevano le dissertazioni di illustri letterati, tra le quali quelle dei professori dello Studio fiorentino.

Per quanto la perdita della Toscana da parte dell'Austria e la cessazione del dominio di Ferdinando III fosse stata stabilita con la pace di Lunéville del 9 febbraio 1801, la Toscana era stata invasa dalle truppe francesi subito dopo la vittoria di Marengo del 14 giugno 1800. Ecco perché per volontà del generale Miollis, comandante di quelle truppe, il 25 novembre 1800, ebbero luogo nell'Accademia Fiorentina le solenni esequie di Maria Maddalena Morelli, cui abbiamo già precedentemente accennato. Nata in Pistoia nel 1728 ed appartenente all'Accademia degli Arcadi con il nome di *Corilla Olimpica,* aveva acquistato tanta celebrità, come improvvisatrice di versi, che nel 1776 aveva ricevuto in Campidoglio la corona di lauro. È interessante ricordare che il mattino seguente alla incoronazione si trovò attaccato alla famosa statua di Pasquino il seguente epigramma:

Ordina e vuole monsignor Maffei,
Che se passa Corinna con l'alloro,
Nessun le tiri bucce e pomodoro,
Sotto la pena di baiocchi sei.

La pasquinata fu generalmente approvata come critica a ciò che costituiva evidentemente una esagerazione.

Le esequie ebbero luogo nella sala della Biblioteca Magliabechiana e la seduta accademica, aperta dal generale Miollis stesso, proseguì con l'elogio della defunta poetessa, letto dal Vicepresidente dell'Accademia, abate Giulio Perini. Nello stesso giorno fu apposta alla casa che aveva abitato Corilla, al n. 2 di Via de Conti, una lapide con l'iscrizione: « Quì abitò Corilla nel secolo XVIII ».

Francesco II aveva incaricato la Reggenza di riunire in un solo istituto i diversi rami di insegnamento delle Belle Arti, ma nulla era stato fatto. Dell'Accademia del Disegno, sorta nei lontani tempi del governo di Cosimo I, non rimaneva si può dire che il locale in via delle Crocette con la scuola di scultura in Via dei Pinti. Pietro Leopoldo, seguendo i consigli del celebre scultore boemo Raffaello Antonio Mengs, sanzionò il progetto redatto dal Consigliere di Stato Seratti e dal senatore Giovanni Federighi. Con il Regolamento accademico approvato il 3 ottobre 1784, tutte le Scuole delle Belle Arti erano poste sotto la Sopraintendenza dell'Accademia: con l'inizio dell'anno successivo furono ridotti ad uso dell'Accademia i due monasteri ed ospedali di S. Matteo e di S. Niccolò, presso Piazza S. Marco, l'ospedale di S. Matteo venendo riunito a quello di S. Maria Nuova. Sulla porta della attuale Accademia delle Belle Arti fu apposta una lapide per ricordare questo fatto storico. Ogni spesa veniva assunta dall'Erario.

Il Granduca Pietro Leopoldo istituì, come abbiamo già detto, nell'Accademia la cattedra di meccanica facendo così il primo passo in aiuto dei giovani che volevano dedicarsi alla ingegneria ed alla architettura.

R. Scuole Leopoldine. - Avvenuta nel 1783 la soppressione in Toscana dei Barnabiti, erano rimaste chiuse le scuole di quei religiosi. Il Granduca volle rimediare al danno che ne veniva ai giovani, specialmente a quelli che abitavano nel quartiere di S. Spirito, per cui aprì a proprie spese in quella zona a lato della chiesa del Carmine delle scuole che furono chiamate R. Scuole leopoldine, la cui solenne apertura fu fatta il 12 novembre di quello stesso anno. Ottimi insegnanti furono adibiti a quelle scuole. Esse furono soppresse nel 1800 e poi riaperte nel 1801, ma per brevissimo tempo.

Biblioteche. - La biblioteca dello Studio di Siena ebbe a fondatore l'economista arcidiacono Sallustio Bandini, patrizio senese, il quale con grande liberalità, nel dicembre del 1758, sotto il governo di Francesco II, fece dono della sua ricca biblioteca alla Università. Ne fu nominato bibliotecario l'abate Giuseppe Ciaccheri, uomo erudito, che non risparmiò cure e sacrifici per accrescere l'importanza ed il decoro della biblioteca, provvedendola di diligenti cataloghi ed arricchendola a sue spese di libri, codici, stampe, disegni e quadri. Nel 1760 si aggiunsero i doni del cav. Giov. Sansedoni, della signora Adelasia, moglie di Fedro Bandini e figlia ed erede del grande erudito veneziano Uberto Benvoglienti.

Sotto il governo di Pietro Leopoldo, nel 1771, il nominato Fedro Bandini, legava alla biblioteca dello Studio una notevole collezione di monete, sigilli ed altri oggetti di antiquariato. Occasione di notevole accrescimento fu la soppressione di alcuni conventi e compagnie laicali, avvenuta nel 1784.

Sotto il governo di Ferdinando III la biblioteca si arricchì nel 1796 in seguito al sovrano motuproprio con il quale la biblioteca medico-chirurgica, allora esistente nell'Ospedale di S. Maria delle Scale, veniva inglobata nella biblioteca universitaria.

Lo Studio pisano non ebbe una vera e propria biblioteca prima del 1742. I vari Collegi possedevano ognuno una loro biblioteca per procurare agli alunni i mezzi di studio; ma in quell'anno le varie biblioteche furono riunite in due grandi sale situate sotto l'Osservatorio che venne poi demolito al primo piano dello stabile di Via S. Maria. Fu primo bibliotecario il prof. Gualberto Soria *qui habitabat in aedibus bibliothecae cui praeerat*, come ci informa il Fabroni.

Ai libri dei suddetti Collegi furono aggiunti quelli legati all'Università dai professori di giurisprudenza Giuseppe Maria Baffini e Giuseppe Averani e gran parte della biblioteca dell'erudito archeologo F. A. Gori, acquistata dallo Stato. Nel 1762 si aggiunsero, per acquisto fatto sempre dal governo, le biblioteche del professore di clinica medica Cristoforo Teodoro Verzani di Barga e del senatore Mascelli Malaspina.

Per ordine del granduca Pietro Leopoldo la biblioteca dello Studio pisano si arricchì di molti libri che facevano parte della Biblioteca Palatina. Nel 1788, abolito il monastero dei camaldolesi di S. Michele in Borgo di Pisa, la biblioteca di esso, ampliata e dotata da P. Guido Grandi, venne in massima parte ad unirsi alla biblioteca dello Studio pisano il quale così si arricchì oltre che di preziosi manoscritti, delle corrispondenze epistolari del Grandi stesso, che insegnava matematica nello Studio. Nel 1787 il prof. Francesco Albizzi, pisano, lasciò alla biblioteca dello studio 4000 volumi di edizioni rare e preziose.

Alla morte del bibliotecario prof. Giuseppe Soria, avvenuta nel 1767 gli successe Giovanni del Turco ed a questo, dopo il 1780, il prof. Cesare Malanima fino al 1819.

Abbiamo già narrato come nel 1747, sotto il governo di Francesco II la biblioteca Magliabechiana venisse aperta al pubblico. Molto si accrebbe con le librerie dei Gaddi (1755), di Anton Maria Biscioni (1756), con la biblioteca Mediceo-Palatina-Lotaringia, con i libri delle varie congregazioni monastiche soppresse dal 1775 in poi.

Sotto il governo di Francesco II la città di Firenze si arricchì di un'altra importante biblioteca. Nel 1752 venne aperta al pubblico la Biblioteca Marucelliana che Francesco Marucelli, dotto prelato fiorentino, deceduto nel 1703, aveva, come il Magliabechi, lasciato alla città di Firenze. Lasciò anche una parte del suo patrimonio con la condizione che nel suo palazzo di Via Larga (oggi via Cavour) venisse creato uno stabile adatto a biblioteca: questo stabile fu iniziato nel 1747 su progetto dell'architetto romano A. Doria. Essa possiede circa 400.000 tra volumi ed opuscoli, una ricchissima raccolta di manoscritti, tra cui il *Mare magnum* del Marucelli, la prima enciclopedia bibliografica, una grande quantità di autografi, incisioni, disegni, incunabuli, libri rari; è molto ricca di opere riguardanti la vita cittadina.

3. Le accademie scientifiche. - Malgrado che la colonia di Arcadia che era stata costituita nel 1699 in seno all'Accademia senese dei Fisiocritici e che ne era stata causa di decadenza, distraendo il sodalizio dalle sue osservazioni scientifiche, fosse nel 1733 divenuta indipendente, la decadenza non si arrestò per cui dal 1737 al 1759, durante il governo di Francesco II, non venne più fatta alcuna comunicazione scientifica. Nel 1759 però, anno nel quale era ministro in Toscana Pompeo Neri, persona illuminata, il Principe dell'Accademia Sallustio Bandini poté ottenere una annua sovvenzione della quale molto beneficiò il sodalizio; fu inoltre disposto che tutti i professori della Sapienza fossero di diritto accademici. Anche questa misura diede ottimi frutti. Il Neri affidò

all'Accademia l'incarico di descrivere la storia dell'innesto del vaiolo per confutare le opinioni contrarie. Risorto il sodalizio a nuova vita nel 1761 gli « Atti pubblici » videro per la prima volta la luce, continuando da allora a pubblicarsi.

L'avvento al trono del Granduca Pietro Leopoldo determinò un maggiore sviluppo nelle attività del sodalizio il quale nel 1772 modificò la sua costituzione per cui quella attività che fino ad allora era rimasta limitata alle scienze matematiche, naturali e mediche, venne estesa anche alle lettere umane. Fu in questo periodo che figurarono nell'albo dell'Accademia scienziati e letterati di massima fama, come il Van Swieten, lo Spallanzani, il Mascagni, il Baglivi, il Muratori, il Metastasio, il Morgagni, l'Algarotti, il Fontana, il Vallisnieri. A questo periodo di floridezza fece però seguito una progressiva decadenza che non si arrestò fino al tempo della restaurazione lorenese.

Fu per l'interesse di Pompeo Neri, del dottor Antonio Cocchi e del dottor Giovanni Targioni Tozzetti che Francesco II prese grande interesse alla Società Botanica che era stata fondata nel 1716 sotto il governo di Cosimo III. Con motuproprio del 6 luglio 1739 disponeva:

« Essendo noi informati dell'Istituto della Società Botanica di Firenze si è lodevolmente proposta di impiegarsi nello studio della Storia Naturale e sperando tutto il buon successo dell'applicazione de' Soci che la compongono; quindi è che volendo noi promuovere per quanto è possibile tutto ciò che può favorire il perfezionamento delle buone arti e delle scoperte scientifiche, e in specie l'illustrazione della Storia Naturale di Toscana, approviamo però e confermiamo l'Istituto della Società predetta e prendiamo la medesima sotto la Nostra speciale ed immediata protezione, assicurandola di tutta la nostra più graziosa assistenza per agevolare in qualunque riscontro il corso dei suoi studi e per ricompensare opportunamente il merito di coloro che più faranno distinguere la loro dottrina ed attenzione nelle comuni ricerche ».

Accordò quindi il Granduca alla Società la libera amministrazione del R. Giardino dei semplici con un annuo assegnamento di 300 scudi. Le adunanze che prima erano fatte nella sede della Accademia Fiorentina, od in quella degli Apatisti, vennero da allora tenute nel Giardino stesso.

Con la riforma della costituzione del 1745 il numero dei soci non poteva oltrepassare i 100, dei quali 50 « onorari » o « corrispondenti » tra i quali figuravano i primi naturalisti di Europa. Grande fu l'interesse per la cultura del Giardino dei semplici e si inviavano spesso botanici in varie parti per cercare nuove piante. Particolare importanza ebbero i viaggi del dottor Saverio Sebastiano Manetti e del dottor Giovanni Targioni Tozzetti. Se non che questi, nello stesso anno 1745, a causa delle sue incombenze e soprattutto della Prefettura della Biblioteca Magliabechiana, dovette rinunziare alla funzione di semplicista che fu assunta dal dottor Saverio Sebastiano Manetti.

Nel 1758 l'Accademia ed il Giardino dei semplici avevano raggiunto grande floridezza che però si mantenne per poco perché con motuproprio del 28 maggio 1783, contemporaneamente all'inglobamento nell'Accademia Fiorentina Seconda dell'Accademia Fiorentina, di quella degli Apatisti e di quella della Crusca, l'Accademia Botanica venne incorporata in quella dei Georgofili, adducendosi nel rescritto del 6 maggio come motivo della incorporazione sia la stentata esistenza che da tempo conduceva, sia il desiderio che molti soci avevano di applicare la botanica alla agricoltura. I soci della Società Botanica passarono all'Accademia dei Georgofili, il Giardino dei semplici fu trasformato in un orto sperimentale adatto per l'avanzamento delle scienze agrarie e la Società Botanica cessò di esistere.

Mentre la Società Botanica era in floridissimo stato, Don Ubaldo Montelatici, canonico lateranense, riunì varie persone in una casa di Piazza Pitti e parlò loro per incoraggiarle a voler porre ogni impegno

« per far continue e ben regolate sperienze, ed osservazioni per condurre a perfezione l'arte tanto giovevole della Toscana coltivazione ».

Così il 4 giugno 1753, essendosi associati al can. Montelatici, Saverio Manetti, Giovanni Targioni Tozzetti, l'abate Giovanni Lami ed il canonico Domenico Maria Manni, venne fondata l'Accademia dei Georgofili, la prima Accademia agraria di Europa.

Gli inizi del nuovo sodalizio non furono facili, osteggiato da inveterati pregiudizi per i quali si riteneva che solo nella pratica esistesse l'arte di coltivare. Ma il solerte fondatore del sodalizio non si perse d'animo e dopo avere interessato alle sue vedute il conte di Richecourt, Capo dell'Imperiale Consiglio di Reggenza in Toscana, si recò a Vienna per ottenere l'appoggio dell'Imperatore Francesco I, Granduca di Toscana. La giovane Accademia divenne presto celebre anche in altri paesi per cui nel 1755 la R. Società di Madrid entrò con essa in corrispondenza. Con rescritto del 27 gennaio 1757 venne concesso all'Accademia l'uso di un locale in Piazza S. Marco.

Sotto il governo di Pietro Leopoldo l'Accademia dei Georgofili acquistò ancora maggiore importanza. Con decreto reale le venne accordata la protezione sovrana; fu stabilito un premio annuo di 25 zecchini per la migliore memoria. Nel 1767 si pensò all'opportunità di avere degli Statuti che furono presto attuati [1]. Da allora i soci divennero sempre più solerti nello scrivere memorie di agraria, molte delle quali venivano lette nelle adunanze accademiche.

Nel 1783 il Granduca stabilì, come abbiamo narrato, l'inglobamento nell'Accademia dei Georgofili della Società Botanica, ciò che le conferì lustro maggiore. In tale occasione l'Accademia aggiunse al suo nome la qualità di Economico-Agraria, vennero istituite nuove leggi che furono dal Sovrano approvate [2]. Come pure abbiamo narrato, il Giardino dei semplici, che apparteneva alla Società Botanica, venne dato alla Accademia dei Georgofili e ne fu nominato Direttore l'abate Giovanni Lapi cui successe il can. Andrea Zucchini di Cortona.

È da notarsi in questo periodo il contributo che l'Accademia dette alle opere di bonifica della Maremma e della Val di Chiana per opera soprattutto di Leonardo Ximenes e di Vittorio Fossombroni.

Grande sviluppo ebbe l'Accademia dei Georgofili sotto il governo di Ferdinando III. Molte erano le memorie che venivano lette e stampate e non vi era socio distinto venuto a morte, del quale non si leggesse l'elogio che veniva poi pubblicato negli Atti, il cui primo volume fu pubblicato nel 1791.

---

[1] *Atti,* T. I, pag. 56.
[2] *Atti,* T. II, pag. 2.

4. MATEMATICA. - Fiorirono nella Toscana in questo tempo molti illustri matematici, i quali non erano solamente matematici, ma anche letterati, o naturalisti, o medici, a dimostrare l'eccezionale vivacità e versatilità dell'ingegno dei figli di questa regione. Ne ricorderemo qualcuno.

Vincenzo Brunacci (1768-1818), fiorentino, nel 1788 fu nominato professore soprannumerario di matematica, ma fu poi giubilato da Pietro Leopoldo perché si dedicasse all'idraulica. Giunti i Francesi in Toscana passò a Parigi ove conobbe i grandi matematici Legendre, Lagrange e Laplace; ritornato in Toscana nel 1800, fu lettore di matematica nello Studio pisano e poi in quello pavese, del quale fu più volte nominato Rettore; fu uno dei primi cinquanta membri dell'Istituto italiano; scrisse numerose memorie, delle quali alcune attinenti all'idraulica, e varie opere tra le quali il *Corso di matematica sublime* ed il *Trattato dell'ariete idraulico.*

Pietro Franchini (1768-1857), lucchese, offre l'esempio di una vita nella quale il merito non è qualche volta sufficiente a dare sicurezza di vita materiale. Non essendo riuscito ad ottenere la cattedra di matematica vacante in Lucca, per sopperire ai suoi bisogni, dovette insegnare lettere umane, greco e filosofia finché entrò nel sacerdozio. Con la protezione del matematico francese Gaspero Monge fu eletto membro dell'Istituto Nazionale e nominato professore di matematica, fu scelto tra gli italiani che presero parte a Parigi alle riunioni per stabilire il sistema metrico decimale. Ritrovatosi nuovamente in ristrettezze, dovette impiegarsi in una stamperia finché da Napoleone, divenuto imperatore, gli fu nuovamente affidato l'incarico dell'insegnamento della matematica in patria. Scrisse numerose opere.

Tommaso Perelli (1704-1783), aretino, studiò giurisprudenza, medicina, botanica, chimica, ma fu nella matematica e nell'astronomia che soprattutto eccelse, non che nella fisica, sotto la guida del P. Guido Grandi, nella Università di Pisa; fu professore nella Specola astronomica della Università di Pisa, eseguì per conto del governo vari lavori idraulici specialmente nell'agro pisano e nel Valdarno; malgrado il suo eccezionale talento lasciò poche opere.

Lorentino Presciani (1721-1799), aretino, medico e matematico. Studiò la medicina nello Studio pisano sotto l'anatomista Brogiani e l'astronomia sotto il Perelli. Si trasferì a Firenze nella scuola di Antonio Cocchi, ma, ritornato in patria, insegnò matematica in quel seminario. La sua fama di medico gli meritò la stima del Borsieri e dello Scarpa, rifiutò la cattedra che gli fu offerta nella Università di Pavia. Coltivò forse con più passione la matematica, lasciando delle osservazioni metereologiche da lui continuate per un lungo periodo di anni.

Gianfrancesco Salvemini (1700-1791), nato nel Lucchese, matematico e letterato, peregrinò per diversi paesi fino a che non fu chiamato alla Corte di Federico II; fu nominato socio dell'Accademia berlinese e professore nel Collegio di artiglieria. Scrisse *Aritmetica universalis* e tradusse Pope e Cicerone.

Pio Fantoni (1721-1804), matematico toscano, visse in Toscana sotto il primo governo lorenese, ma essendo ammiratore della rivoluzione francese, caduto in sospetto al Granduca Pietro Leopoldo, fu fatto oggetto di persecuzioni per cui fu costretto a riparare nella Repubblica Cisalpina.

Bartolommeo Intieri (ca. 1676-1757), nacque nel contado fiorentino; matematico e meccanico, da giovane si trasferì a Napoli ove si rese noto per il suo vivacissimo ingegno e per le più svariate invenzioni, tra le quali la stufa dei grani, descritta in una operetta dal titolo *Della perfetta conservazione del grano* (Napoli, 1754).

5. Chimica, farmacia. - Fino dal 1752 Antonio Nicola Branchi Della Torre dimostrava nella farmacia fiorentina del Cinghiale — allora di proprietà dei PP. Carmelitani di S. Paolino — diversi esperimenti di chimica ad un circolo di amici. Si trattava oramai di veri esperimenti di chimica, la quale si era a quell'epoca liberata dal peripateticismo come dalle infruttuose e false pratiche dell'alchimia. Nella Biblioteca Nazionale di Firenze esiste manoscritto un *Indice di esperienze chimiche che saranno mostrate nel corrente anno 1753 in Firenze nel laboratorio della spezieria del Cinghiale in Mercato Nuovo*; questo Indice fu poi stampato[1]. Nella Prefazione dell'*Indice* il Branchi dichiara espressamente di non voler fare dell'alchimia ma sibbene « di quella Chimica che alla Fisica ed alla Medicina appartiene ».

---

[1] Firenze, 1753, appresso A. Bonducci.

Le lezioni del Branchi destarono grande interesse negli scienziati e nei medici e fu in seguito ad esse che nel 1754 fu fatto Socio della Accademia dei Georgofili. Il governo di Francesco II non lo trattenne a Firenze ma lo mandò nel 1757 a coprire la cattedra nella Università di Pisa, ove fu giubilato nel 1801 e dove morì nel 1810 in età di 87 anni. Questa occupata dal Branchi fu, secondo lo Schiff[1], la prima cattedra di chimica in Italia ed una lapide fu apposta nella Università di Pisa, poi conservata nella Domus Galileiana, per ricordare tale istituzione per opera di Francesco II. Infatti, prima di questo insegnamento del Branchi, alla chimica non era destinata nelle Università una cattedra particolare, per cui veniva generalmente insegnata insieme alla medicina, alla materia medica ed alla botanica; vi fu poi un progresso quando venne insegnata insieme alla fisica ed alla mineralogia.

La ragione del fatto per il quale il nuovo insegnamento fu fondato in Pisa e non in Firenze, risiedeva nella maggiore affluenza di studenti in quella Università. Lo studio della farmacia era però ben sistemato in Firenze in cui, pur non avendo un insegnante di chimica, si apprendeva la materia medica dal « maestro di spezieria » utilizzando l'Orto botanico allora esistente nell'Ospedale di S. Maria Nuova.

La chimica, appena uscita dall'alchimia, dopo avere rifiutato i principi aristotelici, aveva subito una lunga sosta nel suo progresso. Si riteneva che il fuoco elementare, chiamato *flogisto*, avesse la virtù di mescolarsi con i combustibili, rimanendovi racchiuso allo stato latente. Giorgio Ernesto Stahl (1660-1734) riteneva potersi con il flogisto riprodurre i corpi combusti dai prodotti della combustione. Ma ecco Olaf Tornbern Bergman (1735-1784) e Carlo Guglielmo Scheele (1742-1786), svedesi, e l'inglese Giuseppe Priestley (1733-1804), per quanto non completamente distaccati dalla teoria del flogisto, segnare il passaggio ad un'opera nuova iniziando la chimica quantitativa dei composti. Grande importanza per questo passaggio ebbe la scoperta dell'ossigeno per opera di Priestley e dello Scheele e della vera natura della combustione per opera del Lavoisier (1743-1794).

[1] Vedi *op. cit.* nella Bibliografia N. 98, pag. 91.

Tra gli scienziati che più emergevano nel periodo storico costituito dal primo governo lorenese emergeva Felice Fontana (1730-1805), tirolese, la cui vita si può dire si iniziasse con il principio del dominio lorenese e con la fine di questo si estinguesse, e del quale avremo occasione ancora di parlare, essendosi la sua attività svolta essenzialmente in Toscana. In cordiale corrispondenza con i grandi chimici del tempo il Fontana compì importanti studi sull'acido carbonico, inventò per il primo l'« eudiometro », secondo la denominazione data dal Landriani di Milano, per la misura di ciò che allora si poteva chiamare la salubrità dell'aria, un apparecchio che segnava un progresso in confronto di quelli esistenti, basato sulla determinazione dell'ossigeno per mezzo dell'aria nitrosa (biossido di azoto). Di questa specie di apparecchi il Fontana fece la descrizione in *Descrizioni ed usi di alcuni strumenti per misurare la salubrità dell'aria* (Fir. 1774). Osserva lo Schiff [1], che l'apparecchio del Fontana dava risultati troppo incerti, ma contenuti entro tali limiti che permettevano di arrivare a conoscere la costante composizione dell'aria atmosferica, dimostrata solo in epoca molto posteriore. L'eudiometro del Fontana venne abbandonato dopo quello del Volta, basato sull'accensione elettrica del miscuglio di aria ed ossigeno. Alcuni ritengono che il Fontana sia stato il primo (1769) a riconoscere la costante composizione dell'aria in qualunque luogo, tempo e stagione. A questa specie stessa di indagini appartengono le *Ricerche fisiche sull'aria* (Fir. 1775).

È interessante osservare come il Granduca Pietro Leopoldo continuasse la tradizione medicea di occuparsi di chimica. Il Granduca aveva un suo proprio gabinetto e per le sue esperienze di chimica adoperava un banco, attualmente conservato nel Museo di Storia della Scienza di Firenze. È un bellissimo banco che ha al centro una lampada con soffieria a pedale e che contiene vari strumenti, mortai di avorio e di pietra dura, non che dei vasi e delle bottiglie superbamente incise. Per segnalare questi ricordi della chimica del Granduca, nella stanza ove erano raccolti i suoi strumenti, si trovava la seguente iscrizione, dettata da Luigi Lanzi:

Chimicae opificinae reliquia
Maxyma artis molimina

[1] Vedi *op. cit.* nella Bibliografia N. 98, pag. 42.

ANTONIO COCCHI

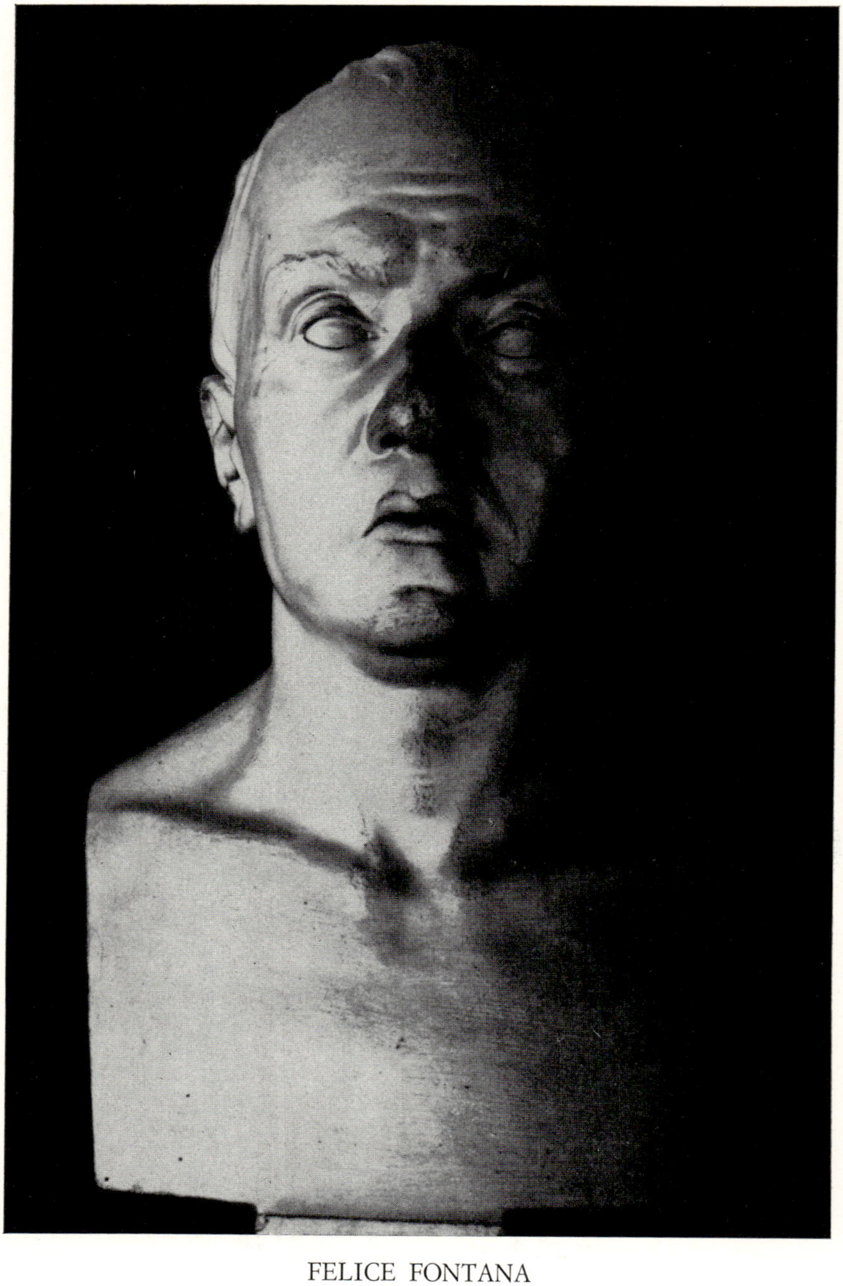

FELICE FONTANA

Heic collecta servantur
Artificem majestate parem
Reges aemulantur
Sapientes admirantur.

Lo Schiff ci fornisce interessanti notizie sulla attività personale di Pietro Leopoldo. Aveva questi una ricca collezione di preparati chimici, tra i quali notevole un preparato di *Phosphorus urinae*, interamente trasformato in una placca rossa. Sopra una boccia piena di *Lac Martin*, si leggeva: « preparato da S. A. R. il 20 dicembre 1780 ». Questa vernice Martin a base di mastice fu molto rinomata tra i pittori. Uno dei consiglieri in questo ordine di idee fu il Pittore di Corte di re Ferdinando IV di Napoli, Filippo Hackert, nato nella Prussia, che avrebbe dato al Granduca informazioni sul restauro dei quadri e sui mastici per i quadri stessi.

Purtroppo però non tutte le notizie che ci fornisce lo Schiff meritano credito, soprattutto quelle che si riferiscono ai rapporti tra il Granduca ed il celebre chimico svedese Torbern Bergman (1735-1784), professore ad Uppsala: così che il Granduca avrebbe invitato il Bergman a Firenze e che avrebbero collaborato in ricerche di chimica; che il Bergman avrebbe fatto fare il grande quadro ad olio, *Tavola delle affinità chimiche*, conservato nel Museo di Storia della Scienza di Firenze; che infine lo scultore svedese Giov. Tobia di Sergel, allora presente in Firenze, avrebbe scolpito i medaglioni di Pietro Leopoldo e del Bergman. In una lettera diretta alla Prof. Maria Luisa Bonelli Righini, Direttrice del Museo di Storia della Scienza di Firenze, pubblicata sotto il titolo *Torbern Bergman n'a jamais visité Florence* in « Physis », Vol. III, Fasc. 3, 1961, Johan Nordström, Segretario della Società svedese di Storia delle scienze, afferma che il Bergman non ha mai fatto viaggi in paesi stranieri e che perciò non è stato a Firenze; che di conseguenza non può aver collaborato con il Granduca né preso parte alla creazione della ricordata *Tabula affinitatum*; che infine il Sergel, che aveva risieduto a Roma dal 1767 al 1778, dal 1779 aveva dimorato a Stoccolma, ove nel 1783 aveva fatto il medaglione del Bergman, del quale, quello di Firenze non sarebbe che una mediocre copia.

Tra i meriti del Granduca Leopoldo vi è anche quello di avere fatto esaminare i prodotti naturali del paese per vedere se si potevano ottenere cose utili all'industria ed alla agricoltura. Questi lavori furono in gran parte eseguiti nella R. Fonderia dal Farmacista di Corte H. E. Hoefer di Colonia che aveva accompagnato il Granduca nel 1765. Nel 1777 l'Hoefer scoprì l'acido borico (acido sedativo di Homberg) nei lagoni di Monte Rotondo e poi in altre acque provenienti dai soffioni di Pomarance. Hoefer espose le sue scoperte nella *Memoria sopra il sal sedativo della Toscana e sul borace che in quello si compone, scoperto da H. E. Hoefer* (Fir. 1778).

Paolo Mascagni, allora professore a Siena, dopo due anni verificava la presenza dell'acido borico nel Lagone Cerchiato ed in altri lagoni [1]; in una *Memoria sui lagoni*, negli Atti della Società italiana di Verona (1779) indicava il modo di utilizzare l'acido borico contenuto nell'acqua, nella terra, e nelle pietre prossime ai lagoni, suggerendo un metodo di estrazione dell'acido borico che fu messo a profitto quando fu impiantata in Toscana la prima fabbrica di acido borico. Il metodo consisteva nello sciogliere nell'acqua dei lagoni stessi le efflorescenze prodotte dai soffioni, nel raccogliere l'acido borico che si separa con il raffreddamento e nell'evaporare infine le acque madri in basse e larghe caldaie di piombo.

Fu in quel tempo che sotto la guida di Gaetano Cioni, il dotto tipografo Giuseppe Tofani pubblicò gli *Opuscoli fisici e chimici* (1786-88), traduzione delle opere chimiche del Bergman, tradotte in parte dal Cioni, in parte dal Tartini ed in parte da Giovanni Fabbrini, provviste di note pregevoli con la firma del Tofani, ma che probabilmente sono dovute ai suoi collaboratori, soprattutto all'erudito Cioni che amava spesso nascondere il suo nome.

6. Storia naturale. - Il 1° gennaio 1737, sei mesi prima della morte di Gian Gastone, moriva Pier Antonio Micheli, il Linneo italiano, da venti anni Direttore del Giardino dei semplici di Firenze. Il 5 febbraio di quello stesso anno veniva nominato a sostituirlo in quel posto ed anche a professore di botanica il dottor Giovanni Targioni Tozzetti. Per il contributo da questo dato alle scienze natura-

[1] *I lagoni del Senese e del Volterrano, commentati da Paolo Mascagni*, Siena, 1779.

li, per la sua ampia storiografia delle scienze naturali in Toscana, alla quale abbiamo abbondantemente attinto, è giusto che ne parliamo con una certa ampiezza. Le notizie che lo riguardano riassumono lo stato delle scienze naturali in questo periodo. La vita del Targioni Tozzetti, iniziata sotto il governo di Cosimo III, si prolungò sotto i governi di Gian Gastone e di Francesco II e per molto anche sotto quello di Pietro Leopoldo.

Nacque Giovanni Targioni Tozzetti in Firenze l'11 settembre 1712, dunque sotto il governo di Cosimo III, da Benedetto Targioni e da Cecilia Tozzetti, dalle cui famiglie trasse il cognome. Proveniva Giovanni da antica famiglia fiorentina che aveva dato il suo contributo allo sviluppo delle scienze mediche e naturali. Luca di Giovanni di Luca Targioni aveva stampato una relazione sulla peste di Firenze degli anni 1630-31 e Cipriano Targioni insieme con Giovanni Averani era stato incaricato da Cosimo III di eseguire esperimenti con la celebre lente ustoria del Tschirnhausen.

Racconta il Targioni di dovere la prima passione per la storia naturale ad un suo orticciuolo ed al piccolo museo che lui stesso andava arricchendo di quelle produzioni naturali che andava raccogliendo per ogni dove. Nel 1730 andò allo Studio di Pisa ove in seguito alla raccomandazione di Pier Antonio Micheli ottenne un posto di convittore nella Sapienza. Si laureò in medicina nel 1734 con la tesi *De praestantia et usu plantarum*. Nello stesso anno fu lettore straordinario. Ritornato a Firenze frequentava l'ospedale, studiava matematica e lingua greca, era assiduo frequentatore della casa del Micheli dal quale apprese la botanica a fondo. Abbiamo narrato come appunto succedesse al Micheli nella Direzione del Giardino dei semplici ottenendo anche la lettura di botanica nello Studio fiorentino: a ciò contribuirono molto i buoni uffici del suo amico ed appassionato naturalista, il dottor Niccolò Gualtieri, archiatro del sovrano.

Nel 1739 fu nominato Prefetto della Biblioteca Magliabechiana con l'incarico di riordinare il catalogo e disimpegnò questo ufficio senza cessare dall'altro di Direttore del Giardino dei semplici che tenne fino al 1746 quando vi fu sostituito da Saverio Manetti, medico e naturalista, uno dei fondatori della Accademia dei Georgofili, e dall'esercizio della medicina. L'ufficio di bibliotecario gli facilitava i suoi compiti di erudizione, di archeologia e di storia scientifica della Toscana.

Offre interesse conoscere la storia delle collezioni e dei manoscritti del Micheli dopo la sua morte, storia che si ricollega strettamente alle attività del Targioni. Il Micheli nel suo testamento aveva incaricato gli esecutori testamentari, tra i quali vi era il dottor Targioni, a far publicare postume, a spese della sua eredità, quelle opere per le quali era stata anticipata la spesa dai sottoscrittori. Poiché non era stato possibile porre in vendita il museo, la biblioteca e qualche mobile, il 17 agosto 1738, un anno e mezzo circa dopo la morte del Micheli, il Targioni, stimolato dal desiderio di non lasciar perdere le opere del maestro, stipulò il contratto di acquisto di queste opere per 1384 scudi, con l'obbligo di pubblicare quella parte delle opere che potessero servire a pagare il debito. Ma grandi furono le difficoltà incontrate dal Targioni, soprattutto a causa delle spese rilevanti per la stampa [1]. Nella *Vita del Micheli* del Targioni [2], è narrata con molti dettagli la storia di questa eredità. Ed ecco il Targioni non peritarsi di venire ai particolari:

« I miei guadagni sono questi: cinquantatrè scudi al netto della lettura, cinquantacinque del bibliotecario, ventiquattro del Giardino, e circa sessanta dalla medicina e qualche altro utile... Io non posso far denaro di me, né usare arti cattive e disdicevoli... Dal 17 agosto 1738 che comprai il Museo Micheliano e mi addossai il peso, non ho avuto un'ora di bene. Infino ad ora mi sono trovato a passare una gioventù così tribolata che io non la desidererei tale al peggiore nemico (il Targioni aveva nel 1738 ventisei anni). Mi convien fare di continuo il mestier del medico, del bibliotecario, del botanico, non molto affini. Con tutto ciò che io abomini la vita servile del medico e non faccia parte nessuna per introdurmi; pure è tanta la bontà e la stima che alcuni hanno in me, che mi vogliono credere medico in ogni maniera ed essere medicati da me. Avrei qualche motivo di esserne contento, se mi lasciasse più tempo per i miei studi, perché io fo il medico con tutto il decoro ».

Questo contrasto — osserviamo — tra l'esercizio meccanico di una professione e la passione per gli studi è una situazione fre-

[1] Vedi l'Introduzione all'*op. cit.* nella Bibliografia N. 110, pag. XIII.

[2] Vedi l'*op. cit.* nella Bibliografia N. 111, pag. 2, nota alla lettera dell'A. al figlio.

quente in quanti sono costretti a ricavare i mezzi di vita da un'arte e non trovano mecenati o provvidenze statali che li aiutino a dedicarsi agli studi.

Per mezzo della influenza di Pompeo Neri, fiorentino e professore di diritto pubblico nello Studio pisano, il Targioni ed il dottor Cocchi ottennero che Francesco II prendesse in considerazione particolare la Società Botanica che ne trasse forte impulso. Fu in seno a questa Società che nacque nel Targioni l'idea di intraprendere la perlustrazione delle province granducali allo scopo di esaminare e raccogliere quanto di più interessante e curioso poteva trovarsi nel regno vegetale e minerale, per osservare al tempo stesso lo stato delle industrie agrarie e per fare incetta di trascurate memorie della storia municipale.

Con lettera 24 febbraio 1763 l'imperatore Francesco I ordinò al maresciallo Botta Adorno, capo del governo di Toscana, di mandargli un catalogo con descrizione esatta delle cose naturali della sua Galleria di Firenze da farsi da persona intendente di tale materia. L'ordine di fare tale catalogo fu appunto dato a Giovanni Targioni.

Un emigrato fiammingo, Giovanni Di Baillon, che da principio si era stabilito a Parma come impiegato, venne poi a stare a Livorno come Ispettore delle fortificazioni del granducato. Aveva il Di Baillon fatto collezione di minerali, pietre preziose e conchiglie. Venendo spesso a Firenze aveva conosciuto il dottor Targioni ed il dottor Niccolò Gualtieri, medico di Corte, che lo presentò a Gian Gastone il quale lo nominò Direttore della Galleria. Pare che la collezione del Di Baillon fosse poca cosa, ma che si accrescesse a Firenze. Il Di Baillon, verso il 1760, la vendette all'imperatore e nello stesso tempo andò a Vienna come Direttore del Museo imperiale. Le relazioni tra il Di Baillon ed il Targioni non erano amichevoli da quando il Targioni aveva acquistato le collezioni del Micheli: il Di Baillon era uno degli esecutori testamentari e forse avrebbe voluto comperare lui le collezioni. Lo Schiff[1] pensa che il Di Baillon abbia suggerito all'imperatore il nome del Targioni come quello della persona più adatta per la compilazione del Cata-

[1] Vedi *op. cit.* nella Bibliografia N. 98, pag. 14.

logo. Di questo Catalogo ci occuperemo in modo particolare a causa della sua importanza in quanto ci dà la descrizione dello stato della Galleria granducale in quel periodo, galleria che costituisce il nucleo intorno al quale si sviluppò il Museo di Storia naturale. Il Targioni morì il 7 gennaio 1783 in età di anni 71, nel diciottesimo anno del governo di Pietro Leopoldo.

Molte sono le opere del Targioni lasciate nei più diversi campi, ciò che non deve recare meraviglia quando si pensi che era medico, naturalista, erudito, che faceva parte dell'Accademia della Crusca, di quella degli Apatisti e della Società Botanica; che si occupò di problemi medici adoperandosi come Commissario straordinario per l'inoculazione del vaiuolo, che incoraggiò il prosciugamento delle paludi e prese vari provvedimenti per rendere meno frequenti le inondazioni dell'Arno cui andavano soggette parecchie zone della Toscana e che si occupò di archeologia. Tra tutte le sue opere ci limiteremo a ricordare quelle che hanno attinenza con la storiografia delle scienze naturali in Toscana, cioè: *La Corografia o Topografia fisica della Toscana* (Fir. 1754) della quale pubblicò solo il *Prodromo;* le *Relazioni di alcuni viaggi in diverse parti della Toscana per osservare le produzioni naturali e gli antichi monumenti di essa* (Fir. I^a ed. 1751-54, 6 vol.; 2 ed. 1768-69, 12 vol.); le *Notizie degli Aggrandimenti delle scienze fisiche nel corso di anni LX del secolo XIX in Toscana* (Fir. 1784, 4 vol.) le quali contengono, come scrive il Targioni,

« le copie fedeli delle più pregiabili scritture appartenenti all'Accademia del Cimento, fortunatamente prese dalle originali che di poi si sono per la maggiore e miglior parte perdute »

La Selva di Notizie, spettanti all'origine de' progressi e miglioramenti delle scienze fisiche in Toscana, messe insieme dal dottor Giovanni Targioni Tozzetti per uso del dottor Ottaviano suo figlio, opera manoscritta che, secondo la volontà dell'autore, non doveva essere pubblicata, ma che lo fu per volontà ed a spese del Granduca Leopoldo II sotto il titolo: *Notizie sulla storia delle scienze fisiche in Toscana ricavate da un manoscritto inedito di Giovanni Targioni Tozzetti* (Fir. 1852); le *Notizie della vita e delle opere di Pier Antonio Micheli pubblicate per cura di Adolfo Targioni Tozzetti*

(Fir. 1858). Adolfo era figlio di Antonio, questo di Ottaviano ed Ottaviano di Giovanni.

Nel corso della nostra esposizione siamo venuti narrando come si formò la collezione costituente la Galleria granducale. La migliore sintesi di un tale avvenimento è contenuta nella prefazione del Catalogo che Giovanni Targioni Tozzetti ebbe l'incarico di fare quando però le raccolte avevano già subito gravi falcidie, sia per i regali che troppo spesso si facevano, sia per le distruzioni accadute in conseguenza dell'assalto al palazzo ducale del 1494, sia infine per le vendite che si facevano allo scopo di rimediare alla mancanza di fondi nelle casse dello Stato. Alfredo di Reamont, un buon conoscitore di Firenze antica, scrivendo della società e della Corte fiorentina sotto Francesco di Lorena e Leopoldo I e valendosi della corrispondenza tra Orazio Mann, per quarant'anni ministro plenipotenziario inglese alla Corte granducale, ed il suo amico Orazio Walpole, parla delle ristrettezze finanziarie di quei tempi e delle vendite che venivano fatte anche a Pitti. Ne derivò la necessità ad un certo momento di fare un inventario della consistenza della Galleria. Così si venne all'incarico al Targioni, come abbiamo narrato parlando della sua vita. Offre grande interesse la prefazione al Catalogo che riproduciamo:

« Tra le tante meravigliose raccolte che formano il meraviglioso complesso della Imperiale Galleria di Firenze non è minore né la meno istruttiva quella delle Produzioni Naturali e se fosse tutta messa insieme con buon ordine e arricchita di molti pezzi che stanno qua e là dispersi per i palazzi di S.M.C. farebbe di sé una grandiosa comparsa e risveglierebbe l'ammirazione degli eruditi forestieri.

Essa è stata presso a poco formata dai Serenissimi Granduchi di Toscana e col far trasportare a Firenze da lontanissimi paesi, e perfino dalle stesse Indie Orientali, quanto di più pregevole vi si andava scoprendo, e col comperare a caro prezzo o comperare con generosi regali ciò che veniva loro presentato di più bello e di più singolare in questo genere.

Degli acquisti fatti dai tre primi Serenissimi Granduchi, cioè da Cosimo I e da Francesco I e da Ferdinando I, suoi figli, veramente nella moderna Galleria Cesarea vi resta pochissimo, perché il Serenissimo Granduca Ferdinando I, nell'anno 1595, fece fare una scelta di quanto era nei suoi Palazzi appartenente alla Storia Naturale e quasi tutto fece trasportare a Pisa e collocare nel Museo di quella Accademia, da sé istituita per vantaggio degli studiosi.

Il breve regno e la poca sanità del Serenissimo Granduca Cosimo II non gli permise di fare grandi acquisti di Cose Naturali, ma al Serenissimo di lui figlio, Granduca Ferdinando II, si deve la principale gloria di avere incominciato la moderna Raccolta di Produzioni Naturali, esistenti nella Galleria Imperiale di Firenze, e di averla ridotta copiosissima per quei tempi e ben degna di un Gran Principe. Egli fra le altre cose ebbe in dono dal Serenissimo Elettore di Sassonia una copiosa serie di Miniere diverse dei suoi Stati, acquistò tutta la bella raccolta di Minerali, di Cristallizzazioni e di vaghissime Pietrificazioni che per suo studio aveva formato il celebre Niccolò Stenone, e comprò in Olanda una magnifica serie di Testacei trovati in diversi lidi d'Africa, d'Asia e d'America ed allora quasi tutti non descritti, dei quali poi Filippo Bonanni prese le figure dei più rari per la sua opera.

Dall'esempio dei Genitori stimolato, il Serenissimo Granduca Cosimo III, si fece piacere di raccogliere anch'esso quanto poté avere di vaghi prodotti della natura, presentatigli da viaggiatori e da missionari; ricevé in dono da S. M. il Re di Danimarca diverse bellissime mostre di metalli dei suoi Regni e comprò nel 1682 in Amboina dal famoso Giorgio Edoardo Rumphio, tutta la doviziosa raccolta di cose naturali che egli aveva formata in molti anni e con molti lunghi e pericolosi viaggi, per le Indie Orientali, massimamente per le Isole Molucche e Maldive. Questa sola raccolta Rumphiana costituirebbe da se stessa un ricchissimo Museo di Storia Naturale perché comprende non solo gli originali ed archetipi di quasi tutti i Crostacei e Testacei che il Rumphio descrisse nel suo *Amboinsche Rarifaibkamer* in olandese o *Thesaurus Amboinicus* secondo il compendio latino, e di tutte le piante marine che egli descrisse nel lib. 12 del suo *Herbarium Amboinense*, ma comprende quasi il doppio più di cose che non furono descritte in essi libri, come si potrà giudicare dai soli Animali, massimamente Testacei, che io ho l'onore adesso di registrare. Per vero dire, essi Testacei sono di una bellezza e di una varietà che sorprende, e fanno conoscere che il Rumphio non è stato molto accurato nel descriverli e figurarli: sono oltracciò in numero così grande che quantunque il Serenissimo Granduca Gian Gastone accordasse la grazia al dottor Niccolò Gualtieri, suo archiatro, ed al Signor Giovanni Di Baillon di prenderne alcuni delle specie più numerose, ciò non ostante la raccolta Rumphiana resta magnifica e copiosissima, conforme mostra il mio Catalogo. Restaurò peraltro esauberantemente il Serenissimo Gian Gastone la piccola falcidia fatta al suo Museo Naturale, coll'aggiungervi una numerosa e preziosa serie di Miniere d'Oro, d'Argento e di Smeraldi del Perù e del Chilì, avuti in dono, come intesi dire, dalla Corte di Spagna.

Queste poche notizie di fatto spero che basteranno per darci una qualche idea dell'origine degli accrescimenti più importanti del Museo Naturale di S.M.C... Dei capi di cose che lo compongono pochissimi sono registrati, e materialmente, nell'Inventario generale della Galleria... Sono stato dunque costretto a fare tutto di pianta il presente Catalogo, al quale diedi principio la mattina del 20 aprile 1763, e non l'ho potuto compiere prima del dì 19 gennaio 1764, stante l'aver dovuto nel medesimo tempo supplire alle mie indispensabili occupazioni mediche, e a molte altre incombenze che mi sono state addossate... Il mio scopo è stato di mettere in veduta ciò che possa contribuire a formare con somma facilità e prestezza un Museo di Produzioni Naturali annesso alla Imperiale Galleria, copiosissimo, prezioso e ben degno dell'Augustissimo Padrone, vale a dire di un Gran Principe intenditissimo della Storia Naturale.

Oh! se agli altri immensi benefizi compartiti alla Toscana, si degnasse S.M.C. di aggiungere anche quello di far mettere in buon ordine e far godere al Pubblico il suo magnifico Museo di Storia Naturale, allora sì che la sua Imperiale Galleria diverrebbe completa ed invidiabile cosicché in proposito di essa i più ragguardevoli forestieri pieni di meraviglia, sarebbero costretti ad esclamare:

et quae divisa beatis
efficiunt collecta benes!

Narra quindi il Targioni come gli venne dato l'ordine dal maresciallo Botta Adorno, capo del Governo di Toscana, di completare il Catalogo, fatto questo che abbiamo pure narrato. Racconta quindi il Targioni di avere curato lui la copia del Catalogo in due volumi in folio, con bellissimo carattere, di averli fatti riccamente legare e porre in una cassetta che il maresciallo portò a Vienna per presentarla alla S.M.C. Dice di aver fatto tutto a sue sole spese che « montavano alla somma di scudi ottantaquattro e lire quattro ». Con lettera di Vienna del 6 agosto 1764 il signor Consigliere Giuseppe Richard si compiaceva di dire:

« In contrassegno del gradimento di S. M. Imperiale, per la descrizione da lei molto esattamente fatta delle Cose naturali contenute nel Gabinetto di codesta Imperiale Galleria, le trasmetto d'ordine della Medesima la qui annessa medaglia, e debbo altresì assicurarla della sua beneficenza in tutte le occasioni che si presenteranno, conforme Ella avrà luogo di convincersene al ritorno costà di S. E. il Signor Maresciallo, quale non ha tralasciato di renderle presso la predetta M. S. dovuta giustizia... ».

« La medaglia d'oro — scrive il Targioni — è di quelle più grandi di S.M.C. di peso circa di tre once e di valuta di 25 zecchini in circa. La grazia poi accennata nella lettera del Signor Richard fu di essere eletto per medico della Corte di S. M. I. in Toscana, con provvisione di 100 scudi l'anno, ridotti posteriormente a soli 70, e per i quali dovetti pagare scudi 44 e 4 crazie per la spedizione del Brevetto ».

Nel 1903, festeggiandosi ad Haarlem il secondo centenario della morte del celebre naturalista olandese Giorgio Everardo Rumpf (1627-1702), per onorarne la memoria, Ugolino Martelli, professore di botanica nella Università di Pisa, pubblicò la descrizione delle collezioni di oggetti naturali da lui messe insieme durante la lunga permanenza che fece in Amboina che esistevano quando il Targioni fece il *Catalogo della Galleria Imperiale* della quale esse facevano parte [1].

La consultazione del *Catalogo* originale del Targioni non è possibile perché le ricerche che fece il Martelli per trovarlo ebbero esito negativo. Fortunatamente di esso era stata fatta una copia manoscritta dal prof. Parlatore circa il 1870 che si trova nella Biblioteca dell'Istituto di Botanica della Università di Firenze. È questa una informazione che può avere interesse per quanti volessero fare degli studi sulla origine del Museo di Fisica e Storia Naturale (Museo della Specola) che venne aperto, come narreremo in dettaglio, nel 1775. Alcuni dati relativi al detto *Catalogo* sono citati nella memoria del Martelli.

In una nota alla dedica delle *Notizie della vita e delle opere di Pier Antonio Micheli* del dottor Adolfo Targioni Tozzetti, è descritta l'eredità lasciata dal dottor Giovanni comprendente un grande numero di minerali, fossili, testacei, l'orto secco (erbario) Micheliano ed uno stipo fatto fare da Giorgio Everardo Rumpf con legni dell'isola di Amboina e descritto nell'*Herbarium Amboinense,* stipo che, descritto nel Catalogo del Targioni come facente parte della Galleria, poi fu acquistato dal Targioni stesso. Narra sempre il dottor

[1] U. Martelli, *La collezione di Giorgio Everardo Rumpf*, Firenze, 1903.

Adolfo che Ottaviano, figlio di Giovanni, conservò ed accrebbe la preziosa eredità, ma che alla sua morte, avvenuta il 6 maggio 1829, i minerali ed i fossili con il Catalogo rispettivo furono acquistati dal barone Bettino Ricasoli dal quale passarono all'I. e R. Museo di Fisica e Storia Naturale. L'erbario con la biblioteca ed i manoscritti restarono al dottor Antonio Targioni Tozzetti, primogenito di Ottaviano, il quale nel 1845 cedette l'erbario a quello centrale dell'I. e R. Museo, insieme con le opere inedite Micheliane, ordinate con grandissima pena da Giovanni. La biblioteca con i manoscritti estranei ai Targioni e gli epistolari del Micheli, di Giovanni, Ottaviano e di Antonio passarono poi alla I. e R. Biblioteca Palatina, per acquisto fatto da S.A.I. il Granduca Leopoldo II (1858). Lo stipo del Rumpf rimase di proprietà della figlia del dottor Antonio.

Nel periodo storico di cui ci occupiamo in questo capitolo era Governatore giudiziale della Lombardia il conte Carlo di Firmian, tirolese, il quale non solo cercò la prosperità del popolo e la giustizia, ma protesse le arti e le scienze: raccolse una ricca biblioteca e promosse lo sviluppo della Università di Pavia provvedendola di una biblioteca, di un orto botanico, di strumenti fisici e di musei di storia naturale. Poiché era bibliofilo chiamò nel 1768 Gregorio Fontana, tirolese ed illustre matematico, nato nel 1735, per ordinare la Biblioteca universitaria e per insegnare matematica subentrando al Boscovich. Avendo raccomandato a Maria Teresa il fratello di Gregorio, Felice, tosto che Pietro Leopoldo fu in Toscana, con decreto 10 ottobre 1765 lo nominò alla cattedra di logica, allora vacante nello Studio pisano. Un anno dopo, con decreto del 7 novembre 1766, passava alla cattedra di fisica e veniva destinato a prestare servizio nel Gabinetto di fisica del Palazzo Pitti, rimanendo sempre inscritto nei ruoli della Università di Pisa.

Poiché il Granduca aveva deciso, secondando il desiderio già espresso dal Targioni, stimolato dagli incitamenti del Fontana di riunire in un museo tutte le collezioni e di aprire al pubblico tale museo, acquistò, nel 1772, nelle vicinanze del Palazzo Pitti, il Palazzo Torrigiani, già dei Bini, nel quale nell'ultimo periodo dell'assedio di Firenze (1530) Malatesta Baglioni aveva posto il suo quartiere generale. Le case dei Bini si estendevano lungo il Giardino di Boboli dalla piazzetta di S. Felicita sino alla Via S. Maria.

Nei locali furono trasferite le collezioni ed anche le officine per la tassidermia, per i lavori di meccanica e di ceroplastica.

Al Fontana venne affidata la Direzione dell'« Imperiale e Reale Museo di Fisica e Storia Naturale », aperto nel 1775 e detto anche « della Specola » a causa della torre sulla quale vi era un osservatorio astronomico e metereologico. Il Fontana aveva allora 45 anni e Giovanni Targioni 63. Al tempo stesso l'amministrazione del Museo passò dalla « Guardaroba di Corte » alla superiore tutela del Ministero delle Finanze, come patrimonio dello Stato.

Il Fontana ebbe come aiuto Giuseppe Pigri, professore di meccanica, Giovanni Fabbroni ed i meccanici Gori. Il Fontana ed il Fabbroni intrapresero dei viaggi (1775-1780) allo scopo di arricchire il Museo. Infatti, al loro ritorno, portarono con sé una grande quantità di apparecchi che avevano acquistato a Parigi ed a Londra, esemplari di storia naturale e preparazioni chimiche. Inoltre venne in quell'epoca comperata a Livorno la collezione così ricca e pregevole, soprattutto per i minerali, del mercante fiammingo di droghe Van Sprôgel. Furono inoltre spediti viaggiatori in ogni parte di Europa e di America per fare incetta di oggetti idonei a favorire lo studio delle scienze fisiche e naturali e darne fama al Museo.

Nel Museo avvenivano frattanto molti importanti avvenimenti. Nel 1780 fu creata una amministrazione autonoma il cui capo fu il Direttore, cioè il Fontana ed il Fabbroni, che fino ad allora era stato il suo assistente; fu nominato Vice-direttore.

Il giardino di Boboli che era stato disegnato e costruito dal Tribolo sotto Cosimo I, ultimato dal Buontalenti, dal Giambologna e da altri, come adiacenza del Reale Palazzo Pitti, nel 1737, sotto il governo di Francesco II, fu in parte adibito ad orto botanico perché servisse per il corso di botanica che teneva Giovanni Targioni, divenuto Prefetto dell'orto stesso. Nel 1746 questa carica passò al dottor Saverio Manetti ed alla morte di questo nel 1782 ad Attilio Zuccagni. Con disposizione del 20 aprile 1780 Francesco Piombanti, segretario dello Scrittoio delle R. Fabbriche e Giardini, ordinò a Leopoldo Prucher, capo-guardiano del Giardino dei semplici che stava per essere ceduto alla Accademia dei Georgofili (1783) e trasformato in orto sperimentale agrario, di consegnare al Fontana tutte le piante che erano nelle stufe e che « occorreranno pel Gabinetto di Fisica ».

Sempre nel 1780 fu incominciata la costruzione dell'Osservatorio astronomico su disegno dell'architetto Gaspare Paoletti, modificato da Giovanni III Bernoulli e da altri, per poter mettere a posto molti strumenti già da tempo raccolti ed altri che il Fontana aveva comperato in Inghilterra; nel 1789 non era ancora terminata la costruzione esterna per le ragioni che spiegheremo.

Fino a quell'epoca il Museo non aveva avuto una biblioteca propria; ci si serviva della Biblioteca di Palazzo Pitti. Il Fontana aveva portato dai suoi viaggi molti libri in gran parte a lui regalati ed al Gabinetto di Fisica; molti altri seguitavano ad arrivare mandati dagli scienziati che il Fontana aveva conosciuto. Si costituì così il primo nucleo della biblioteca, molti libri della quale passarono successivamente in dote ai vari Gabinetti: ve ne erano con le dediche dei più celebri scienziati del tempo, del Priestley, del Lavoisier, del Laplace, di Volta, etc.

La morte della imperatrice Maria Teresa avvenuta il 29 novembre 1780 non fu senza conseguenze sull'andamento delle cose in Toscana. Sino dalla morte di Francesco di Lorena, Giuseppe II aveva fatto valere dei diritti sul patrimonio di Francesco di Lorena, con estensione di questi diritti anche alle tasse dello Stato ed ai beni allodiali appartenenti al Granducato. Forti somme furono spedite a Vienna, ma Maria Teresa riusciva ad attenuare il disaccordo. Dopo la morte di questa le richieste di Giuseppe II si fecero più insistenti e quindi più sensibili le ristrettezze finanziarie in Toscana. Leopoldo fu costretto ad introdurre economie delle quali risentì il Museo. Da ciò derivò la lentezza nella costruzione dell'osservatorio.

Una grande importanza acquistò fino dal primo sorgere del Museo la ceroplastica per la formazione di cere anatomiche. Questo argomento è stato trattato con grande ampiezza dall'anatomista Luigi Castaldi [1]. Il Castaldi rivendica il primato della modellazione di cere anatomiche a Lodovico Cardi da Cigoli che modellò una statuetta detta l'« anatomia del Cigoli » o « lo scorticato del Cigoli »: questa statuetta ha più un valore artistico che anatomico e si conserva nel Museo del Bargello. Destarono poi molto interesse le preparazioni in cera del prete Zumbo, delle quali abbiamo parlato a

[1] Vedi *op. cit.* nella nota 2 a pag. 230.

proposito del governo di Cosimo III. Uno dei centri di maggiore importanza per la produzione delle cere anatomiche fuori di Firenze fu Bologna, soprattutto per merito della « dimostratrice di anatomia » Anna Morandi Manzolini (1716-1774), di Ercole Lelli (1702-1765) e del chirurgo Giovanni Antonio Galli (1737-1782) che formò una raccolta di modelli ostetrici.

Ritornando alle cere anatomiche di Firenze, il professore di ostetricia Giuseppe Galletti, dopo avere veduto le cere del Galli in Bologna nel 1770, incominciò ad eseguire una serie di cere e di terrecotte che si conservavano nella Clinica ostetrica fiorentina [1] dalla quale furono di recente trasferite nel Museo della Specola. Il Fontana aveva incominciato ad eseguire cere nello stesso Palazzo Pitti, ciò che si rileva anche da una lettera dell'anatomista Marcantonio Leopoldo Galvani [2]. A questo scopo il Fontana aveva sistemato nel Museo, dopo la sua apertura nel 1775, una vasta officina di ceroplastica valendosi della collaborazione dell'amico Paolo Mascagni e chiamando ad eseguire le preparazioni cadaveriche da farsi in cera i dissettori anatomici Antonio Matteucci, Tommaso Bonicoli e Filippo Uccelli. Non si deve credere — osserva il Castaldi, dalla cui citata memoria abbiamo tratto molte di queste notizie — che il Fontana fosse l'esecutore materiale delle cere: egli dirigeva i lavori dei vari « lavoranti in cera » che riproducevano in essa e componevano le riproduzioni delle dissezioni anatomiche. Essi erano specializzati: alcuni facevano i vasi, altri i muscoli e così via e poi le varie parti venivano composte insieme sotto la supervisione dell'« uomo che assiste » che era Clemente Susini, modellatore di rara abilità.

Secondo quanto è scritto nell'Elogio pubblicato dopo la sua morte [3], egli sarebbe nato nel 1754, mentre A. Corsini [4] pone la sua data di nascita intorno al 1750. Nel suddetto Elogio è detto che

« questo valente artista superò quanti lo avevano preceduto nel travaglio dell'anatomia in cera... si può dire che egli superasse se stesso, perché

---

[1] E. G. Roederer, *Elementi di ostetricia, tradotti da G. Galletti*, Firenze, 1775.
[2] La lettera è pubblicata in *Nozze Rossetti-Pegorelli; Alcune lettere di Felice e Gregorio Fontana*, Trento, 1873.
[3] Supplemento della « Gazzetta di Firenze », 15 Ottobre 1814.
[4] A. Corsini, *Spogli di antichi carteggi*, « Riv. di Storia di Sc. Med. e Nat. », 1924.

nulla di più perfetto, di più veridico, di più elegante si può vedere... Né il Susini era solo eccellente nell'arte di lavorare la cera, egli travagliava mirabilmente la scagliola, egli incideva in rame con molta maestria ed era il più perfetto conoscitore di pittura e scultura... ».

Mediante l'opera collegata di sì valenti artisti e degli altri abilissimi collaboratori sotto la supervisione del Fontana si formò quella meravigliosa ed imponente raccolta di cere anatomiche che costituiva una delle maggiori attrazioni del Museo della Specola.

Il Susini morì il 22 settembre 1814 e fu sepolto nel Chiostro della Basilica della SS. Annunziata. Il conte Girolamo Bardi che nel 1806 era successo al Fabbroni, che alla sua volta era successo al Fontana per pochi mesi nella direzione del Museo, dettò l'iscrizione che fu posta sulla pietra tombale.

L'attività delle cere anatomiche aveva raggiunto una tale perfezione che non poteva non richiamare l'attenzione degli stranieri. L'imperatore Giuseppe II, venuto a Firenze con il suo chirurgo e consigliere Alessandro Brambilla, nato nel Pavese, e che ebbe tanta parte nel miglioramento della Università di Pavia, facendovi chiamare lo Scarpa, ordinò al Fontana una collezione di cere come materiale di studio per l'Accademia militare medico-chirurgica da lui fondata a Vienna e che poi chiamò Accademia Giuseppina. È una splendida collezione che fu conservata nel Palazzo detto *Josephinum*, ove ha sede l'Istituto di Storia di medicina [1]. L'imperatore diede al Fontana il titolo di cavaliere di S.A.I. e cospicui doni.

Il Rettore della Università di Cracovia, Felice Oraczewski, in un suo rapporto alla Commissione di Educazione in Varsavia nel 1786, in base ad una relazione del professore di anatomia Vincenzo S. Zaster (Schaster), che si era addottorato in medicina a Bologna nel 1780, chiese che si facesse venire a Cracovia una certa quantità di cere anatomiche, di quelle della Specola, per ovviare alla mancanza delle preparazioni anatomiche [2].

Anche i Francesi si interessarono alle cere ed il De Genettes le giudicò « grande monumento elevato alla scienza ». Napoleone scriveva al Direttorio nel luglio 1796:

---

[1] MAX NEUBURGER, *The anatomical collection in Josephinum*, « Medical Life », 1923.

[2] W. SZUMOSKI, *Notizie sulla importanza di modelli in cera del Granduca di Toscana nel XVIII secolo*, « Riv. St. Med. e Nat. », 1924.

« Ho visto a Firenze la celebre Venere (dei Medici) che manca al nostro Museo ed una collezione anatomica di cere che sarebbe bene avere ».

Una serie di copie di cere della Specola fu commissionata al Fontana. Scrive su questo argomento l'Adami [1]:

« Lo (il Fontana) contristò molto la sorte della collezione di cere anatomiche che per commissione del Governo Francese aveva mandato a Parigi. Non ci son note con piena sicurezza le vicende di quei preparati, crediamo che dovettero soffrire un lungo viaggio, per la natura della materia loro. E pare che cercasse di disprezzarle, per astio di rivale, il Lammonier che ne aveva lavorate di simili per la stessa scuola parigina. Certo è che nel 1802 furono rimandate alla Scuola anatomica di Montpellier. Questo, scrive il Delambre [2], fu il più grande dolore della sua vita ».

Era naturale che anche le università italiane richiedessero riproduzioni delle cere della Specola. Così furono richieste da Torino, per il Museo di Pisa, per i Musei anatomici di Bologna, di Pavia, di Perugia; per il Gabinetto fisico della Università di Siena, per il Museo di antichità e storia naturale della Università di Cagliari.

Riportando alcune opinioni di italiani sulle cere della Specola scrisse il De Renzi [3] che

« le cere fontaniane, da una parte aggiunsero un'altra illustrazione a Firenze, d'altra parte popolarizzarono, per così dire, l'anatomia, perché ne tolsero tutto ciò che produce ribrezzo e disgusto. La naturalezza di queste preparazioni riuscì sorprendente, sì che i membri sembravano ancora palpitanti: non l'anatomia severa vi avrebbe cercato maggior diligenza nei particolari, sembrando che il gusto artistico avesse fatto prevalere l'effetto sulla esattezza anatomica ».

Ha scritto C. Tumiati [4]:

« Lo stesso Granduca era ostile alla dissezione dei cadaveri e si deve al Fontana di averlo indotto a consentirla con lo specioso argomento che se si fosse riusciti a riprodurre in cera tutte le meraviglie della

---

[1] Vedi *op. cit.* nella Bibliografia N. 2, pag. XVIII.

[2] *Dictionnaire encyclopedique des sciences médicales*, N. S., III T. Paris, 1877, pag. 396.

[3] Vedi *op. cit.* nella Bibliografia N. 28, T. V, pag. 934.

[4] C. Tumiati, *Le cere della Specola*, « Corriere della Sera », 18 gennaio 1939.

GIOVANNI TARGIONI TOZZETTI

LEONARDO XIMENES

nostra macchina animale, non vi sarebbe stato più bisogno di dissezioni e gli studiosi, i medici, i chirurghi e gli artisti avrebbero trovato in ogni tempo incorrotti — e inodorosi — i modelli desiderati ».

Circa la delusione provata dal Fontana per il comportamento di Parigi verso le cere, osserva lo Schiff [1] che essa aveva radici più profonde ed un carattere più generale.

« Egli sperava — dice lo Schiff — poter compiere una completa rivoluzione nello studio della anatomia e della medicina; negli ultimi anni della sua vita egli acquistò però un barlume di convinzione che quella rivoluzione nello studio dell'anatomia non è praticamente possibile. Fu la Scuola di Parigi praticamente ad opporvisi. Le preparazioni artistiche non possono rimpiazzare le dissezioni e lo studio sul corpo medesimo ».

Anche a Firenze, in tempi non molto remoti, il giudizio del professore di anatomia era questo:

« essersi alcuni preparati per l'esame di anatomia sulle cere di Via Romana, aveva il significato di non saper niente di anatomia ».

Abbiamo parlato del Fontana in relazione alla fondazione del Museo ed alla ceroplastica anatomica; la sua figura ha però troppa importanza per la storia del pensiero scientifico in Toscana, perché essa non meriti un maggiore esame a complemento di quanto narrammo nel paragrafo di questo capitolo che si occupa della chimica; ed infatti, anche se non era toscano, fu in Toscana che si svolse la sua attività di scienziato.

Nacque Felice Fontana il 15 aprile 1730 a Pomarolo presso Rovereto; frequentò l'Università di Padova ove iniziò gli studi anatomici e fisiologici; nel 1775 si trasferì a Bologna ove iniziò gli studi sulla irritabilità; nel 1760 era in Firenze ove gli studi anatomici erano fortemente coltivati per opera di Paolo Mascagni nell'Arcispedale di S. Maria Nuova: pubblicò il Fontana allora la sua opera *Del moto dell'iride* (Lucca, 1765).

Abbiamo narrato come nel 1765 ottenesse la cattedra di logica nella Università di Pisa e come, nel 1766, passato a quella di Firenze, fosse chiamato a prestar servizio presso il Gabinetto di Fi-

[1] Vedi *op. cit.* nella Bibliografia N. 98, pag. 43.

sica di Palazzo Pitti ove era una ricca collezioni di istrumenti, raccolti intorno al canocchiale di Galileo, non che ricchissime collezioni di zoologia, botanica, mineralogia e geologia. Le prime prestazioni del Fontana piacquero tanto al Granduca Pietro Leopoldo che lo nominò Sopraintendente del Gabinetto. Proseguiva frattanto il Fontana i suoi studi sulla irritabilità pubblicando nel 1767 i risultati delle sue osservazioni nelle Memorie dell'Accademia dei Fisiocritici, non che studi sul veleno della vipera e sulla ruggine del grano, opere che stanno a testimoniare la sua grande versatilità. Nel 1771 l'attività del Fontana si rivolse alla fabbricazione delle cere.

Con l'apertura del Museo nel 1775 e con la sua nomina a Direttore di questo, avvenne la pubblicazione del *Saggio del Real Gabinetto di Fisica e di Storia Naturale di Firenze* (Roma, 1775). Questo saggio non porta il nome del Fontana, ma è stato certamente scritto da lui o su dati da lui forniti tanto che Casimiro Adami nella sua esauriente monografia sui fratelli Fontana [1] lo include tra le opere di Felice Fontana. Questo saggio è rarissimo ed una copia si può trovare nella Biblioteca Moreniana che fa parte della Riccardiana: esso è una succinta relazione degli strumenti di fisica e di astronomia raccolti fino a quella data.

Abbiamo dato notizia dei viaggi compiuti dal Fontana dal 1775 al 1780 in compagnia dell'assistente Giovanni Fabbroni allo scopo di stringere relazioni personali con gli scienziati stranieri, di acquistare oggetti, macchine, strumenti per il Museo. L'Adami nella citata memoria riporta una lunga relazione *Sopra un viaggio da farsi*, dedotta da un autografo e nella quale sono indicati gli scopi che il viaggio si doveva proporre perché riuscisse utile al Museo.

Durante i viaggi non tralasciò il Fontana i suoi studi raggiungendo importantissimi risultati che pubblicò in varie memorie. La sua attività scientifica culminò con la scoperta delle ghiandole del veleno viperino, dei canali che mettono capo ai denti, dell'operare diretto dei veleni sul sangue; con la scoperta dei « cilindri nervosi primitivi » (cilindrassi), il merito della cui scoperta fu appunto da Filippo Pacini [2] rivendicato al Fontana; con gli studi

[1] Vedi *op. cit.* nella Bibliografia N. 2.

[2] F. Pacini, *Memorie in propria difesa. Appendice sui lavori di anatomia microscopica di Felice Fontana*, « Gazz. Tosc. di Sc. medico-fisiche », Aprile 1848.

sulla struttura dei muscoli, del cervello, della retina. Tutte le suddette osservazioni ed altre ancora, tra le quali la descrizione del canale dell'occhio (*spatia anguli iridis Fontanae*) vennero pubblicate come semplice appendice al *Traitè sur le venin de la vipère, sur les poissons americains, sur le laurier-cerise et sur quelques autres poissons vegetaux etc.* (Fir. 1780).

Molto contribuì a mettere in luce gli eccezionali meriti del Fontana nella istologia l'anatomista Guglielmo Romiti scrivendo:

« Felice Fontana fu uno degli osservatori più esatti che ebbero le scienze sperimentali ed in istologia ci ha lasciato delle scoperte meravigliose, alcune disgraziatamente poco conosciute e poco divulgate... Egli scoprì il nucleo delle cellule, né si può fare a meno di ricordare le sue preziose osservazioni sui muscoli, sul connettivo, nelle fibre nervose... ».

Molte altre pubblicazioni del Fontana comparvero in quel tempo, ma in cima al suo pensiero stava sempre il Museo, il cui stato in questo periodo è descritto in una autobiografia del Fontana sotto il titolo *Memorie del R. Direttore del Museo, F. Fontana* (1786). Dopo avere accennato all'ampiezza del Museo, 64 stanze in grado di potersi mostrare, dice il Fontana:

« Le trenta stanze di anatomia hanno costato non solo l'ultimo sforzo della pazienza umana, ma anche il più grande rischio della salute la più robusta e la più coraggiosa. Ho bisognato lavorare tanto nel freddo più duro del verno, che nel caldo più ardente della state, che nessuno ha mai fatto, perché il rischio di perire è quasi certo per le pestilenziali esalazioni dei cadaveri nei grandi caldi, ed infatti nei sette anni decorsi cinque volte sono stato a letto della morte, e fuor di speranza di salute, e benché per fortuna continuo a vivere, vivo però una vita infelice, piena di incomodi e dolori e vicino ogni momento di ricadere nelle mie già troppo ordinarie malattie mortali di colica ».

Parla quindi il Fontana di due lavori di grande importanza ai quali attendeva: una grande statua anatomica in legno decomponibile che riassumeva trenta stanze di cere anatomiche ed un cerchio murale astronomico di dodici piedi di diametro.

In quello stesso anno, nel 1786, avvenne uno spiacevole incidente. Per quanto le osservazioni del Fontana posteriori al 1780, non avessero dato risultati così felici come quelle eseguite nel periodo 1775-80 e ciò per l'avvenuto cambiamento nelle vedute generali secondo le quali si dovevano interpretare i risultati, tuttavia non meritavano di essere poste in dubbio fino al punto di screditare il Fontana. Fu ciò che invece fece il dottor Ferdinando Giorgi, aizzato da invidiosi; ne nacque una polemica ed una azione giudiziaria che si trascinò per le lunghe, ma che terminò con la completa soddisfazione del Fontana.

Ma un'altra iniziativa fu causa per il Fontana di grandi disillusioni: il suo progetto di fare costruire la grande statua anatomica della quale abbiamo parlato. Nel 1793 questa statua era ancora in lavorazione e nel dicembre del 1795 non era ancora terminata, come risulta da una lettera al nobile tirolese signor Francesco Chiusola, citata dall'Adami, il quale racconta che il Fontana

« aveva fatto venire da varie parti, e fin dall'America, diverse qualità di legni, lusingandosi di poterne trovare uno che resistesse ad ogni azione dell'umidità e della temperatura. Pure usando una speciale verniciatura più e più volte ripetuta, troppo spesso gli veniva fatto di trovare la sua macchina alterata in alcune parti essenziali. Così tra prove e riprove non l'ebbe finita mai; né la parte del tronco che lasciò alla sua morte invogliò gli altri a continuare l'opera; apparve questa di sì enorme difficoltà da incutere sacro terrore a chi non fosse stato un Fontana redivivo ».

Secondo l'Adami anche le vicende delle cere che il Fontana aveva mandato a Parigi e che da questa città furono respinte alla scuola anatomica di Montpellier, come abbiamo narrato, molto lo rattristarono. Negli ultimi anni della sua vita si era dedicato ad un lavoro intorno alle « leggi della generazione », ma fu impedito nel raggiungere qualche conclusione dagli avvenimenti politici degli ultimi anni del governo di Ferdinando III. Il Fontana simpatizzava per la Francia, per cui quando i Francesi lasciarono la Toscana e vi ritornarono gli Austriaci, pur per breve tempo, venne tratto in arresto, ma poco dopo fu liberato. Dopo la morte del fratello Gregorio avvenuta nel 1803, colpito da apoplessia, Felice Fontana morì il 10 marzo 1805, in età di 75 anni dopo avere pregato l'amico Mascagni di fargli l'autopsia. Osserva l'Adami che

« il Fontana passò in mezzo alla gloria come in mezzo alle delusioni ed ai dolori serbando l'integrità del suo carattere ».

Ritornando ora alla storia del Museo al momento in cui il governo passò nelle mani di Ferdinando III, si può dire che con questo passaggio si iniziò un periodo di minore attività per quanto riguarda la fisica e la chimica, soprattutto a causa dell'età del Fontana, in contrasto con le scienze naturali che continuarono ad essere attive. Infatti il professore Ottaviano Targioni che era successo al padre Giovanni, morto nel 1783, nella cattedra di botanica nello Studio fiorentino, mentre faceva le sue lezioni nell'Ospedale di S. Maria Nuova ai giovani medici, era anche direttore del nuovo Orto botanico che era stato ripristinato nell'ospedale. Ma nel 1793 per motuproprio del Granduca Ferdinando III anche quest'Orto cessò di esistere ed il prof. Ottaviano Targioni trasferì le sue lezioni nel R. Museo. Conservatore dell'Orto botanico di questo era però Attilio Zuccagni che era successo a Saverio Manetti e che conservò quel posto fino al 1806, anno in cui ne divenne Prefetto Ottaviano Targioni.

La costruzione dell'Osservatorio era stata completata nel 1799 e vennero messi a posto molti importanti strumenti, ma non fu nominato un astronomo. Ne fu forse causa la ristrettezza delle finanze dello Stato, delle cui cause abbiamo parlato, e che, manifestatesi dopo la morte di Maria Teresa, andarono sempre più accentuandosi. Secondo lo Schiff [1] può aver anche contribuito il fatto che il gesuita matematico ed astronomo P. Leonardo Ximenes, siciliano (1716-1786), aveva fondato l'Osservatorio di S. Giovannino che ha sempre funzionato per cura dei gesuiti prima e dei P. Scolopi dopo. Il P. Ximenes era venuto a morte il 3 maggio 1786, lasciando fondi per migliorare questo Osservatorio il quale ha continuato a funzionare egregiamente con il suo ricco materiale astronomico, sismografico e metereologico. Inoltre il P. Ximenes chiamò anche i due scolopi P. Gaetano del Ricco e L. Stanislao Canovai a coprire i due insegnamenti di astronomia e di idraulica, né la scelta poteva essere migliore.

Il 16 luglio 1795 fu compiuta, proprio a Firenze, la prima ascensione areostatica della Toscana da Giov. Batt. Luder. Il Gran-

---

[1] Vedi *op. cit.* nella Bibliografia N. 98, pag. 27.

duca volle premiare l'audacia del « volatore aereo » donandogli 34 zecchini e nominandolo fontaniere regio [1].

L'origine del Museo di storia naturale senese si iniziò con una raccolta di oggetti di storia naturale ed occupava la maggior parte del vasto locale dell'Accademia dei Fisiocritici, servendo all'insegnamento universitario.

7. AGRICOLTURA. - Già nel 1741 il Granduca Francesco II aveva avuto l'intenzione di bonificare la pianura di Grosseto, ma la cosa non era riuscita. Stefano Bertolini, Auditore generale dello Stato di Siena, perlustrata attentamente la Maremma, compilò un Regolamento generale per giovare a quella provincia ed affidò a P. Leonardo Ximenes il compito della bonifica della regione. Se non che i primi lavori idraulici intrapresi dallo Ximenes non riuscendo allo scopo, Pompeo Neri poté persuadere il Granduca Pietro Leopoldo che per incamminare quelle regioni verso il sospirato miglioramento, si dovevano dotare di una conveniente legislazione economico-agraria consistente in primo luogo nel favorire il popolamento della regione.

Fu nel 1770 che il Granduca iniziò la bonifica della Val di Chiana, non più ricorrendo allo Ximenes, ma a Tommaso Perelli, matematico ed idraulico peritissimo, del quale abbiamo già parlato, al quale ordinò l'esecuzione dei lavori prestabiliti con motuproprio del 25 aprile 1770. Il Granduca intervenne di persona alla visita fatta alla regione dal Perelli. La storia della regione e della bonifica è esposta nelle *Memorie idraulico-storiche sopra la Val di Chiana* (Fir., 1789), compilate dal Conte Vittorio Fossombroni, anch'esso idraulico di rara valentia. Così, per opera del Perelli, del Fossombroni e con l'illuminato appoggio di Pietro Leopoldo l'opera della bonifica venne felicemente compiuta.

In questo periodo di tempo la chimica incominciò ad interessarsi alle sue particolari applicazioni, così all'agraria. Nel 1785 l'Accademia economico-agraria dei Georgofili aveva messo a premio la risoluzione del seguente problema:

---

[1] Vedi L. CARIBBO, *Cenni storici sull'areonautica*, Fir. 1838. Vedi anche *Memorie pubblicate per cura di Luigi Giuseppe Luder nella ricorrenza del I centenario della Ascensione areostatica della Toscana*, Firenze, 1895.

« Trovare la fisica teorica della fermentazione vinosa, appoggiata all'analisi del liquido fermentabile e confermata con l'esperienza; trovare un criterio facile, adattato all'intendimento della gente di campagna, per giudicare della qualità dei mosti; indicare i mezzi di applicare i suggerimenti della teoria alla pratica onde risulti, relativamente all'indole di ogni specie di mosto, secondo che è costituito di conosciute qualità di principî, un vino dotato delle migliori qualità e specialmente di quelle di essere adatto al trasporto e capace di lunga conservazione ».

Un tale Adamo Fabbroni, da non confondere con Giovanni Fabbroni, che era Vice-direttore del Museo quando ne era Direttore il Fontana, ma che pure era addetto al Museo, vinse il premio pubblicando in tale occasione il *Regolamento sull'arte di fare il vino* (Fir., 1790).

8. Medicina. - Francesco II, avvertendo la necessità di alcune riforme sull'andamento dell'Ospedale, in parte di natura economica, in parte di carattere scientifico, queste ultime riflettenti sulla Scuola medica, ne affidò il compito al dottor Antonio Cocchi, al dottor Sebastiano Franchi ed al dottor Giuseppe Bertini. Ne derivò la relazione presentata da quella Commissione al governo il 23 dicembre 1742 che è un monumento poco conosciuto di sapienza toscana. Le proposte approvate furono rese di pubblica ragione con un Regolamento a stampa in data 1 febbraio 1747. Il Regolamento, in gran parte emanazione dell'ingegno del dottor Cocchi, perfezionò quello approvato da Ferdinando II con motuproprio del 31 ottobre 1661, obbligando i giovani indistintamente ad assistere alle lezioni cattedratiche ed alle esercitazioni pratiche. Nel motuproprio del 9 settembre 1756 si faceva obbligo ai Maestri di turno di insegnare al letto dell'infermo.

Alle donne sedotte e gravide illegittimamente, le *pericolate*, come si chiamavano, ma anche alle donne abbandonate o seviziate dai mariti, povere, prive di casa e di mezzi, di parenti, dette *orbatelle* (da orbate) fino dal 1300 aveva provveduto la carità di un cittadino, Niccolò di Jacopo Alberti il quale, in Via della Pergola, tra il canto alla Catena (crocevia ove si incontrano Via degli Alfani e Via della Pergola) detto così appunto dalla casa degli Alberti, la quale portava sulla facciata scolpita nell'arme una catena, aveva a sue spese eretto il Conservatorio detto di Orbatello (nome che invece che da orbate, alcuni considerano come una corruzione di *Albertorum Tellus*) con duecento letti per accogliere quelle povere donne. Poiché la disciolta Congregazione di S. Filippo Neri aveva inviato ad Orbatello le pericolate, si fece sentire la necessità di provvedere Orbatello di un valente ostetrico cui affidare la Direzione sanitaria di quel ricovero. La persona indicata dal principe fu il dottor Giuseppe Vespa che con motuproprio 23 maggio 1763 fu nominato insegnante di ostetricia. Questo medico aveva dato buone speranze di sé nella branca chirurgica, specialmente nelle malattie degli occhi. Francesco II lo aveva inviato nel 1757 a Parigi perché si perfezionasse nella scuola medica del Laurent. Era ritornato nel 1759 ricco di dottrina e di esperienza, per cui fu nominato insegnante di ostetricia. Continuò il Vespa in questa attività durante il governo di Pietro Leopoldo, ma quando questi divenne imperatore, in seguito alla morte del fratello Giuseppe II, il Vespa passò al servizio di quella Corte imperiale e con questo ufficio visse fino alla sua morte avvenuta il 22 gennaio 1804.

Dopo la morte, nel 1758, del dottor Antonio Cocchi, gli successe nella cattedra di anatomia che aveva occupato nell'Ospedale di S. Maria Nuova il figlio Raimondo che dopo avere tenuto quella cattedra con molto onore vi rinunziò per dedicarsi all'impiego di Antiquario della Reale Galleria che pure aveva occupato l'illustre suo padre. Di lui dice il Fabroni [1]: *Fuit Raymundus multis et gravissimis artibus atque doctrinis et ingenio prorsus singularis instructus atque ornatus.*

L'opera illuminata e riformatrice di Pietro Leopoldo non poteva non estendersi anche alla medicina, ed infatti essa si manifestò nelle più svariate iniziative.

Nel 1767 Pietro Leopoldo ebbe l'idea di istituire un posto di « Istoriografo per i casi chirurgici », preziosa misura con la quale si rendeva nota l'attività dei Maestri che venivano chiamati a curare gli infermi in S. Maria Nuova. Questo ufficio venne però abolito nell'anno 1790.

Appena ebbe saputo il Granduca che l'Ospedale di Orbatello versava in difficili condizioni e che non poteva sopperire alle necessità ostetriche, pensò di stabilire soccorsi a domicilio per ogni

---

[1] Vedi *op. cit.* nella Bibliografia N. 39, Vol. III, pag. 652.

quartiere della città, creando così le prime condotte ostetriche che continuarono a funzionare fino oltre alla metà del secolo XIX. Per le gravide legittime fondò nel 1772 in S. Maria Nuova una sala intitolata a San Filippo e fu allora che l'insegnamento della ostetricia venne trasferito a S. Maria Nuova. Con motuproprio del 25 gennaio 1774 fu ordinato l'ampliamento di Orbatello che fu poi aggregato a S. Maria Nuova. Questo ospedale venne restaurato ed abbellito nell'anno 1783.

Nel 1773 era stato chiamato a coprire la cattedra di clinica medica il dottor Alessandro Bicchierai. Nel 1781 questa cattedra fu riformata in modo da essere resa più utile. Prima di quell'anno il professore clinico di S. Maria Nuova non aveva da fare altro che esporre nell'Ospedale ai giovani un caso pratico alla settimana. Con la suddetta riforma furono ad esso assegnati dieci letti nella infermeria delle donne ed altrettanti in quella degli uomini con l'obbligo di istruire ogni giorno gli studenti nei casi più notevoli che venivano posti in quei letti a scelta del professore. Questi poi doveva nel corso di due anni fare delle lezioni che nel loro insieme costituissero una trattazione completa della pratica medica.

Una importante istituzione promossa dal Granduca nel campo degli studi medico-chirurgici fu l'apertura in Firenze del Collegio medico-chirurgico. Abbiamo narrato al principio della storia dello Studio fiorentino come accanto al Collegio teologico fiorissero nei secoli XIV e XV altri Collegi, tra i quali un Collegio medico che cessò però di esistere con la riforma dello Studio che fece seguito al ripristino della Università di Pisa nel 1742, per cui le sue incombenze passarono all'*Arte dei medici e speziali.* Soppresse Pietro Leopoldo tutte le Arti e le loro magistrature ed istituì un nuovo Collegio medico al quale fu dato l'incarico di fare gli esami per il conferimento della matricola nell'Ospedale di S. Maria Nuova.

Fino dal 1772 il Collegio medico fiorentino aveva pubblicato le istruzioni per tentare il ravvivamento degli annegati e degli asfittici. Fu quindi proibita l'inumazione dei deceduti per morte violenta o repentina prima che fossero visitati dai medici periti o fosse intervenuta l'autorità giudiziaria, il che avvenne con motupropri del 25 marzo 1773 e 30 novembre 1775. Si stabilì che non si potesse dar sepoltura prima delle 24 ore dal decesso ed anche dopo un tempo maggiore nei casi dalla legge considerati.

Il Granduca inoltre, in considerazione del fatto che l'inumazione nelle chiese ed in altri luoghi frequentati dai vivi era una grande infrazione all'igiene, aveva fatto costruire ampi camposanti a sterro presso Livorno ed aveva divisato di crearne uno sul colle di S. Miniato a Firenze. Ad ovviare a questa savia iniziativa, che venne attuata solo nel 1839 dalla Pia Opera di S. Miniato, venne in uso la consuetudine di seppellire i defunti nelle molte chiese suburbane esistenti. Avendo Pietro Leopoldo ritenuto il Magistrato di sanità incapace di provvedere, lo abrogò ed affidò l'attuazione dei Regolamenti di igiene ai funzionari della polizia. Si decise allora nel 1784 che nella località di Trespiano, al lato nord di Firenze, si creasse il camposanto generale della città a spese del pubblico erario. Un tale provvedimento, malgrado la forte ostilità degli ecclesiastici, venne esteso a tutto il granducato.

Offre interesse conoscere l'armamentario chirurgico in uso in questo tempo. Nel Museo di Storia della Scienza di Firenze è contenuta manoscritta la *Spiegazione delle piante esprimenti le cassette componenti l'armamentario chirurgico e dell'I. e R. Arcispedale di S. Maria Nuova fatta da Vincenzio Chiarugi. A. D. MDCCLXVIII.* Queste cassette in numero di ventinove, foderate all'esterno di pelle rossa con bronzi dorati, e rivestite internamente di velluto verde, contengono gli istrumenti dell'armamentario chirurgico militare austriaco di Giovanni Alessandro Brambilla, chirurgo castrense dell'imperatore Giuseppe II. Questi strumenti erano stati fabbricati in Vienna e furono donati per sovrana munificenza del Granduca Pietro Leopoldo, che li aveva avuti in dono dal fratello Giuseppe II, all'Ospedale di S. Maria Nuova nel 1785.

Durante il governo di Pietro Leopoldo la cattedra di chirurgia venne occupata dal dottor Angiolo Nannoni, allievo di Antonio Benevoli, da noi ricordato nel precedente capitolo. Angiolo Nannoni (1715-1790) dell'Incisa fu uno dei più valenti operatori dei suoi tempi e di lui scrisse l'Elogio il figlio dottor Lorenzo [1]; migliorò l'operazione della pietra con il taglio laterale e lasciò un gran numero di pregevoli opere di argomento chirurgico; la sua attenzione fu particolarmente rivolta alle malattie della mammella riguardo alle quali scrisse il *Trattato sopra i mali della mammella* (1746).

---

[1] L. Nannoni, *Elogio del chirurgo Angiolo Nannoni, suo padre,* Firenze, 1790.

Una dettagliata esposizione merita la riforma manicomiale eseguita in questo tempo dal dottor Vincenzio Chiarugi, la cui iniziativa trovò in Pietro Leopoldo la massima comprensione ed il massimo aiuto. Si tratta di un evento che segna una pietra miliare nella storia del pensiero medico ed una grande gloria della medicina italiana.

Di famiglia oriunda pratese, nacque Vincenzio Chiarugi in Empoli il 20 febbraio 1759, si laureò a Pisa il 19 maggio 1779. Racconta il Passerini [1] che fino al 1600 gli alienati erano considerati come « fulminati dallo sdegno di Dio », davano di sé spettacolo orrendo per le strade e per la maggior parte finivano suicidi; i dementi, gli idioti

« erano racchiusi, i più agiati, nella Fortezza da Basso, i più poveri nelle orribile carceri delle Stinche, mal nutriti, senza assistenza nei loro bisogni, presto mancavano per lo stento, il sudiciume e l'inedia. Era proibito di accogliere negli spedali i pazzi di veruna sorte; e se per caso avvenisse che in S. Maria Nuova alcuno degli ammalati divenisse maniaco o demente, veniva subito trasportato in anguste celle, ove appena arrivava per un pertugio la luce, oppure in un angusto cortile, senza alcun riparo dalle intemperie e dai rigori delle stagioni; e le statistiche degli spedali danno riscontro che tutti gli infelici che in codesti luoghi venivano trasferiti, terminavano in breve miseramente la vita ».

Tra il XIV ed il XV secolo, e più diffusamente nel XVI, erano sorti ricoveri per malati di mente, ma per Firenze bisogna giungere fino al 1642. Il primo a sentire pietà per questi infelici fu Padre Alberto Leoni, nato nel Mantovano, appartenente alla Congregazione dei Carmelitani riformati di Mantova, il quale, stabilitosi in Firenze nel Convento di S. Maria Maggiore, vi morì nello stesso anno. Padre Leoni, colpito dalla infelicissima condizione nella quale si trovavano gli alienati, pensò di fondare una casa per la loro custodia. Fu questa la « casa de' pazzerelli », od ospedale di S. Dorotea, situato in Via Ghibellina all'angolo di Via della Mela (l'odierna Via dei Macci). Nello Statuto del 1643 si chiamavano « carceri » le celle nelle quali venivano racchiusi i dementi: vi fu però fino da principio addetto un medico, senza che ciò significasse in alcun

[1] Vedi *op. cit.* nella Bibliografia N. 76, pag. 241.

modo cura di malattie mentali, ridotta solo a coercizione più o meno grave. Nel 1688 fu costruita nell'estremo settentrionale dell'Ospedale di S. Maria Nuova una « pazzeria » per una trentina di alienati e vi furono trasportati quelli poveri che si trovavano nelle carceri delle Stinche. Resisi insufficienti i due ricoveri di S. Maria Nuova e di S. Dorotea, furono fusi nel 1754 e si adattò a manicomio l'antico convento di S. Marco e S. Niccolò del Ceppo in Via delle Torricelle (oggi Via Tripoli). A questo manicomio fu conservato il nome di S. Dorotea ed ebbe per suo ultimo Direttore appunto il dottor Vincenzio Chiarugi.

Visitò il Granduca quell'asilo ed apprese da quel giovanissimo medico i suoi progetti di riforma che se incontravano molte opposizioni, erano però approvati da persone pie e da autorità, le quali godevano della più ampia fiducia del principe. Venne così nel 1785 emanato l'ordine granducale che prescriveva la costruzione

« di una fabbrica ricca di tutti i comodi necessari per concorrere alla loro (dei pazzi) guarigione, od almeno per rendere la loro vita meno incomoda e tormentosa ».

Sorse così l'« Ospedale della Carità per i dementi », incorporato nel vecchio « Ospedale di S. Giovanni Battista », detto « di Bonifazio » perché fondato nel 1369-1376 da Bonifazio Lupi, marchese di Sorana, podestà e capitano del popolo. Sorti intorno all'edifizio conventi e fraterie, vi si affiancarono altri ospizi, tra i quali quelli della SS. Trinità e degli Incurabili e quello dei Broccardi. Papa Eugenio IV fece piazza pulita di tutto e donò al « Bonifazio » orti e conventi allo scopo di affermare la funzione ospedaliera. Seguì un lungo periodo di scandali amministrativi e di abusi fino a che venne l'ordinanza granducale del 1785. A Lorenzo Martelli venne affidata la costruzione del nuovo Ospedale e l'architetto Giuseppe Salvetti lo ornò di un bel porticato sulla facciata. Questa è quasi ciò che è solo rimasto del vecchio edificio che fu demolito in questi ultimi anni per dare luogo a case da abitazione. La facciata è quella oggi della sede della Questura in Via S. Gallo.

Il 19 maggio 1788 il nuovo Ospedale venne inaugurato ed alla direzione generale di tutti i reparti (incurabili, dementi e « cutaneo ») venne chiamato Vincenzio Chiarugi con il titolo di primo « infermiere » e medico curante, coadiuvato da un chirurgo. Nel

1789 venne promulgato il Regolamento Leopoldino, la cui compilazione era stata dal Granduca affidata al Chiarugi negli anni che precedettero il compimento dell'edifizio e che contiene le basi di quelle riforme sulla custodia dei pazzi alla quale deve il Chiarugi fama imperitura. Dice il Tumiati [1]:

« Chi rilegga oggi il Regolamento Leopoldino degli Ospedali di S. Maria Nuova e di Bonifazio, stampato nel 1789 in Firenze, non può trattenere la sua sorpresa e la sua commozione. Il volume della Biblioteca Palatina, nella Biblioteca Nazionale Centrale di Firenze, che lo contiene, è veramente il libro d'oro della psichiatria italiana. La novità dei principi che vi sono sanciti è una sola e può riassumersi nell'assioma da secoli dimenticato: il pazzo è un infermo ».

Ci limiteremo a citare il seguente passo del suddetto Regolamento:

« Il Primo Infermiere (cioè il Direttore) di Bonifazio avvertirà scrupolosamente che niun Ministro, Professore, Assistente, o altra persona addetta allo Spedale o estranea ardisca mai per qualunque occasione o sotto qualunque pretesto, percuotere i dementi, dir loro ingiurie o far loro burle di alcune sorta od obbligarli a servire l'ospedale in cose laboriose senza l'espressa licenza del Medico Infermiere il quale talora potrà ordinare ciò fare sia per medicina, per sollievo e talora per prova di singoli individui senza lasciarli mai a disposizione o capriccio dei suoi subalterni ».

Con motuproprio del 13 novembre 1805, fu istituito l'insegnamento delle malattie cutanee e mentali ed affidato al Chiarugi.

Il Pinel è stato da alcuni opposto al Chiarugi nel primato della riforma manicomiale. In Francia tale merito era appunto attribuito a Filippo Pinel (1745-1826); il 13 luglio 1883 fu inaugurata nel piazzale della Salpêtrière una statua dello scultore Derrand dedicata a Pinel che si ispira ad un commovente episodio simbolico: Pinel in piedi, con la testa leggermente inclinata guarda una giovane alienata assisa ai suoi piedi; la malata, della quale egli ha spezzato le catene, gli offre dei fiori. Questo motivo della catena spezzata è ripetuto in altra forma in un affresco di Muller nella *Salle des pas perdus* dell'Accademia di medicina di Parigi. È però facile risolvere il primato della riforma in favore del Chiarugi quando si

[1] C. TUMIATI, « Civiltà », Riv. trim. dell'esposizione di Roma, Luglio 1941.

consideri che Pinel successe a Cullerier a Bicêtre nel 1793, dunque quattro anni dopo il 1789, anno in cui venne emanato il Regolamento compilato dal Chiarugi per la cura ed assistenza degli ammalati ricoverati nell'Ospedale di Bonifazio.

Dopo cinque anni dalla creazione dell'ospedale della Carità si ha il frutto degli studi del Chiarugi sulla pazzia con l'opera *Della pazzia in genere, in specie: trattato medico-analitico con una centuria di osservazioni* (Fir. 1793-94). Anche per questa opera è stata sollevata la questione del primato. Anche qui la domanda: Chiarugi o Pinel? Anche in questo caso però la questione del primato si risolve felicemente in favore del Chiarugi quando si consideri che il *Traité médico-philosophique sur l'aliènation mentale, ou de la manie*, è stato pubblicato nel 1801, quindi ben otto anni dopo la pubblicazione di quello del Chiarugi. Ma vi è chi attribuisce il primato a José Daquin (1733-1815), il medico savoiardo, nato a Chambery, amico del Rousseau, con il quale amava andare ad arborizzare e che pubblicò la *Philosophie de la folie ou essai philosophique sur les personnes attaquées de folie* nel 1791, quindi due anni prima del libro del Chiarugi. Effettivamente il Daquin nella casa per alienati di Chambery applicava l'abolizione dei mezzi coercitivi, a malincuore coadiuvato, per cui dopo la sua morte il suo insegnamento venne del tutto dimenticato.

Il Chiarugi morì a Firenze il 20 dicembre 1820 e fu sepolto nella villa detta il « Gigallo di Sopra » in Val Terzolle sopra Careggi: esumato, insieme alla moglie, la salma venne trasportata ad Empoli, nella città natale [1].

Nel 1789 era stato pubblicato, come abbiamo narrato, un Regolamento per l'Ospedale di S. Maria Nuova dal Commissario sen. Marco Covoni. Questo Regolamento ebbe per nucleo quello già pubblicato nel 1747 sotto il Governo di Francesco II e si chiamò Regolamento Leopoldino. Le bellissime disposizioni di questo Regolamento che abbiamo messo in luce a proposito della riforma manicomiale, contribuirono moltissimo a dare credito alla Scuola medico-chirurgica fiorentina che fu presa a modello da altre scuole.

[1] Esaurienti notizie circa il Chiarugi si trovano in M. Nistri, *La vita e le opere di Vincenzio Chiarugi*, Atti del Convegno Psichiatrico tenuto in Empoli il 22-2-1859, Editrice Caparrini, Empoli.

È probabile che il Commissario Marco Covoni il quale con il Regolamento del 1789 aveva realizzato un così perfetto connubio tra la funzione ospedaliera e la funzione didattica avesse esagerato nelle spese perché questo connubio potesse mantenersi durante la sua gestione dal 17 gennaio 1782 al 2 settembre 1792. Il Granduca Ferdinando III per rimettere le cose al posto, partì dal principio che lo spedale non si dovesse considerare una università per tutto lo studio della medicina, ma invece un luogo destinato ai poveri bisognosi di soccorso medico-chirurgico. Furono di conseguenza con motuproprio del 6 giugno 1793 decretate forti falcidie e furono mantenute solo tre cattedre, quella di medicina pratica, quella di chirurgia e quella di ostetricia; contemporaneamente si ebbe cura di migliorare l'assistenza agli infermi.

Sotto il governo di Francesco II si promosse il rifiorimento delle abbandonate terme pisane mediante il restauro dei vecchi edifizi e la costruzione dei nuovi, valendosi del consiglio dei medici Cocchi, Gotti e Versani. L'arcivescovo Guidi vi eresse una chiesa parrocchiale che servì di richiamo ai fedeli e che fu intitolata a S. Giuliano, dal quale santo presero nome le terme. Per favorire l'incremento della popolazione vennero eseguite importanti bonifiche nelle adiacenti campagne. Il Cocchi poi pubblicò un utilissimo libro, il *Trattato dei Bagni di S. Giuliano* che fu stampato a Firenze nel 1750 e che contribuì ad aumentare notevolmente la fama di quelle terme.

Oltre ai medici ricordati nell'esporre questo periodo storico merita di essere menzionato Pietro Tabarrani, nato a Lucca nel 1702; seguì il cardinale Salviati a Roma, ove si dedicò allo studio dell'anatomia, da cui passò a Bologna e poi a Padova; nel 1759 fu chiamato a coprire la cattedra di anatomia nello Studio di Siena, nella quale citta morì nel 1779.

Una esposizione dettagliata della vita merita Paolo Mascagni che, nato sotto il governo di Francesco II, morì nei primi anni della restaurazione lorenese. Egli fu coinvolto negli avvenimenti politici di questa epoca molto movimentata, ma per dare un carattere organico e continuativo alla sua biografia, la esporremo quì completamente, anche se svoltasi in parte in un periodo successivo.

Nacque il Mascagni a Pomarance nel Volterrano nel 1752.

Coltivò con forte impegno l'anatomia ed a Siena compì gli studi sui linfatici che raccolse nel 1787 nella celebre *Vasorum lymphaticorum corporis humani Historia et Iconographia* (Siena, 1787). In quell'anno divenne professore dell'Università di Siena. Accettate le idee liberali della Rivoluzione francese, dopo che Ferdinando III ebbe lasciato la Toscana il 27 marzo 1799, i Francesi, insediatisi in Siena, elessero il Mascagni membro della municipalità. Il 28 gennaio 1799 alcuni soldati aretini che facevano parte dei Toscani che si erano rivoltati contro i Francesi, penetrati nella casa del Mascagni, lo trascinarono nella Piazza del Campo ove fu percosso e salvato da una sciabolata dal fabbro Pertini; venne quindi gettato in carcere sotto l'accusa principalmente di irreligione e di giacobinismo [1]. In una sua autobiografia [2] conservata nell'Istituto anatomico di Siena e poi pubblicata, oltre a dare notizie sul periodo delle rivoluzioni politiche toscane di quel tempo, il Mascagni racconta le sue personali peripezie. Fu messo in libertà il 28 giugno 1800.

Dopo la battaglia di Marengo del 14 giugno 1800, la Toscana ritornò sotto i Francesi nell'ottobre ed il triumvirato (Chiarenti, Pontelli, De Chores) il 1° dicembre 1800 riaprì l'Università di Pisa che era stata chiusa per ordine di Ferdinando III il 13 ottobre 1799 e vi nominò nella stessa data il Mascagni lettore di anatomia in sostituzione di Antonio Catelacci che passò alla cattedra di anatomia comparata, allora creata. Il Mascagni prese dimora in Pisa nel palazzo Agostini sul Lungarno ed ivi si recavano alcuni giovani pittori a colorire, sotto la sua direzione, le sue tavole anatomiche [3]. Il Mascagni faceva dissezioni anatomiche nell'Ospedale di S. Chiara, ove lo trovò Giorgio Cuvier di passaggio da Pisa nel 1801, e vi tenne lezioni nell'anno accademico 1800-01.

Creato il Regno di Etruria con la pace di Lunèville e la successiva Convenzione di Madrid, decaduti i triumviri e nominati i

---

[1] P. Bertini, *Ricerche e studi di Paolo Mascagni*, Siena, 1874; C. Fedeli, *Paolo Mascagni e l'Università di Pisa*, « Arch. Stor. delle Scienze », III, pagg. 97-124, 1922.

[2] G. Tramontano Guessidori, *Ricerche e studi su Paolo Mascagni, Nota 2ª*, Atti R. Accad. dei Fisiocritici, Serie X, Vol. III, 1928: vedi anche *op. cit.* nella Bibliografia N. 123, III, Docum. XCCXII, pag. 193.

[3] A. Feroci, *La scuola chirurgica di Pisa*, 1911, Arch. di Stato di Firenze, prot. 85, N. I, 1801.

VINCENZIO CHIARUGI

PAOLO MASCAGNI

quadrumviri, ritornarono i vecchi sospetti contro i lettori giacobini. Ma mons. Antonio Fabroni, reintegrato nell'ufficio di Provveditore della Università di Pisa, in una lettera del 6 aprile 1801 scrisse:

« Il solo Mascagni tra i nuovi dotti può meritare qualche riguardo per la celebrità del nome quando vi sia speranza di ravvedimento per la condotta »[1].

Il 27 fu ritirata la nomina del Mascagni a Pisa e destinato di nuovo a Siena, ma mons. Fabroni difese il Mascagni che desiderava rimanere a Pisa la cui Università era più frequentata, per cui il Catelacci protestava per essere reintegrato nella cattedra che prima occupava. In seguito a proposta di mons. Fabroni con motuproprio del 22 ottobre 1801 del nuovo re di Etruria, Lodovico I di Borbone, già Infante di Spagna e duca di Parma, si disponeva:

« Sua Maestà elegge il dottor Paolo Mascagni alla cattedra di anatomia e di fisiologia della Università di Pisa con provvisione annua di scudi quattrocento della Cassa della medesima, ma con l'obbligo di dare le lezioni nell'Arcispedale di S. Maria Nuova di Firenze per tutto il corso dell'anno di martedì e di venerdì di ogni settimana, fermo stante quanto al resto quel che dispone il Regolamento vegliante nello stesso Arcispedale ».

Il Mascagni si trasferì così a Firenze al posto di Lorenzo Nannoni e rimase da allora a S. Maria Nuova, pure appartenendo ai ruoli di Pisa. Ottenne il Mascagni che fosse ripristinato in S. Maria Nuova, con rescritto del re del 17 dicembre 1801, l'ufficio di « Direttore anatomico » che era stato abolito con risoluzione del 6 gennaio 1793, ufficio esistente in tutte le Università e scuole che avessero l'insegnamento dell'anatomia per le necessità delle dissezioni dei giovani apprendisti. Fu nominato dissettore Tommaso Bonicoli, del quale abbiamo già parlato a proposito della ceroplastica. Il Bonicoli, per quanto abilissimo, non ebbe successo per cui, avvilito, si suicidò il 18 luglio 1802.

Il Mascagni aveva proposto per la sua sostituzione il cortonese Filippo Uccelli, allievo del Bonicoli, che, dissettore a Pisa, sotto la direzione del Catelacci, era stato arrestato nel 1799 per le sue idee

---

[1] Arch. di Stato di Firenze, fasc. 30, prot. 40, 1801.

francofile e poi liberato con il ritorno dei Francesi. Il governo borbonico non voleva che il Mascagni avesse come dissettore l'Uccelli, ma il Mascagni insistette ed ottenne il suo scopo.

Il Mascagni trovò in S. Maria Nuova il materiale che gli serviva per lavorare intorno alla *Anatomia universa XLIV tabulis aeneis juxta archetypum hominis adulti accuratissime repraesentata* (Pisa, 1825-1832), il magnifico atlante con figure incise in rame di grandezza naturale ed alla *Anatomia per uso degli studiosi di scultura e pittura* (Fir. 1816), opere che furono pubblicate postume. Infatti con motuproprio 10 giugno 1807 era stata istituita la cattedra di anatomia pittorica ed affidata al Mascagni al quale era stata data anche la cattedra di chimica, già abolita nel 1797 e ripristinata con motuproprio del 5 marzo 1804 [1].

Nel Museo anatomico di Firenze si conservano ancora preparazioni originali di vasi del Mascagni, in parte da lui fatte quando era professore a Siena, prima di passare a Pisa, in parte fatte a Firenze. Il Mascagni morì nell'anno 1815 poco più che sessantenne.

9. Filosofia. - Il periodo storico da noi considerato in questo capitolo comprende una gran parte del secolo XVIII, il secolo dell'illuminismo. Due erano le correnti filosofiche preponderanti in quel tempo, l'empirismo inglese ed il razionalismo cartesiano. Entrambe emanano dalla sistematizzazione baconiana del metodo e della sua applicazione galileiana, ma seguono vie diverse. L'empirismo inglese non ammettendo principi od idee innate, afferma che la conoscenza deriva solo dal contatto con le cose esterne e con i propri stati interni per mezzo delle sensazioni ed ha i suoi maggiori rappresentanti in Locke, Berkeley ed Hume. Il razionalismo, avendo fede assoluta nella ragione, afferma che la conoscenza della verità non deriva dai sensi, ma dalle più alte funzioni dello spirito, le quali permettono di penetrare nella realtà, comprenderla e volgerla a benefizio dell'uomo mediante il dominio della natura: esso ebbe il suo maggiore rappresentante in Cartesio, seguito da Spinoza e da Leibnitz. Se l'Italia non avesse avuto Giov. Batt. Vico si sarebbe

---

[1] Vedi *op. cit.* nella Bibliografia N. 42, 1923.

potuta considerare completamente avulsa dallo sviluppo filosofico di quel tempo: Vico fu un oppositore del cartesianesimo e negò che dovesse essere estromesso dalla scienza quanto non si presenta alla ragione in modo chiaro giungendo ad una visione prevalentemente metafisica della realtà. Le due direzioni di pensiero di cui abbiamo parlato troveranno una spiegazione unica nella critica kantiana.

I due grandi indirizzi filosofici, l'empirismo ed il razionalismo, pur essendo contrastanti in quanto mentre il primo tendeva a non ammettere altra realtà che quella corporea ed il secondo non sacrificava lo spirito alla natura fisica, contribuirono a creare l'ambiente idoneo allo sviluppo dell'illuminismo. L'empirismo infatti indirizzava a cercare la verità mediante semplici associazioni di fatti sensoriali ed il razionalismo poneva la chiarezza delle idee come criterio supremo della verità.

L'illuminismo — come abbiamo già precedentemente detto — dominò la cultura degli ultimi decenni del secolo XVII e tutto il secolo XVIII; esso mirava ad « illuminare » con i « lumi della ragione » tutti i campi della attività umana, combattendo la tradizione, il principio di autorità, l'« oscurantismo medioevale »; sottoponeva a critica in nome della ragione ogni istituzione politica, economica, giuridica, religiosa, ponendo in luce la vera natura umana soffocata dalla ignoranza e dai pregiudizi; implicava uno stato di uguaglianza.

I francesi nella prima metà del secolo XVIII consideravano l'Inghilterra come la patria del libero pensiero e del razionalismo, ma in seguito queste idee assunsero nel loro paese un impeto più potente fino al costituirsi una religione della Dea Ragione che ebbe il suo testo nella Enciclopedia.

Dopo il secolo d'oro di Ferdinando II l'influenza dell'Italia cessò di esercitarsi nel mondo; alla cessazione dell'Accademia del Cimento si contrapponeva il rigoglio delle Accademie di Parigi, di Londra e di Berlino. La scienza italiana si dedicava piuttosto alla ricerca di singoli fatti che alla formulazione di leggi generali: abbondarono i ricercatori, i collezionisti, gli eruditi piuttosto che i veri scienziati: tuttavia un risveglio si avverte verso la fine del secolo XVIII che si accentua al principio del XIX.

A contatto con gli sviluppi della cultura francese ed inglese e con le concezioni dell'illuminismo, l'assimilazione di questi elementi agisce piuttosto favorendo il ridestarsi di una coscienza nazionale che prelude ai movimenti di liberazione dallo straniero, di unificazione nazionale e l'attività dei pensatori predilige le discipline più attinenti alla vita civile con il Genovesi, il Filangieri, i Verri ed il Beccaria a Milano.

XII

PERIODO DEL REGNO DI ETRURIA (1801 - 1808)

1. Storia. - Un proclama di Giovacchino Murat del 28 luglio 1801 annunciava ai fiorentini l'imminente arrivo di Ludovico I, figlio di Ferdinando, duca di Parma, di soli ventotto anni, divenuto re di Etruria, ché così si sarebbe chiamata la Toscana dopo la cessazione del governo di Ferdinando III. Ciò avveniva in forza della Convenzione del 21 marzo 1801, conclusa con Carlo IV di Borbone, re di Spagna e successiva al Trattato di Lunéville tra Napoleone e l'imperatore di Austria del 9 febbraio 1801. Il generale Murat il 12 agosto 1801 consegnava lo Stato al nuovo sovrano borbonico il quale assunse il titolo di Re di Etruria.

In questa occasione il re fu invitato ad una seduta dell'Istituto Nazionale, nella quale gli fu presentata dal celebre astronomo Jerôme de Lalande, come atto di cortesia, una determinazione della longitudine di Firenze che gli era stata mandata da Luigi Ciccolini di Macerata che faceva delle osservazioni nel nuovo osservatorio di Firenze. Il re si propose allora di mettere un astronomo stabile nel nuovo istituto, ampiamente provvisto di strumenti nuovi di precisione con l'aiuto di Giuseppe Antonio Slop, professore di astronomia a Pisa e del P. Del Ricco, direttore dell'osservatorio Ximeniano, che però nel 1802 non era ancora pronto per le osservazioni [1].

Ma benché il nuovo sovrano fosse uomo di grande bontà, non

[1] Jerôme de Lalande, *Bibliographie astronomique*, Paris, 1803, *passim* pagg. 814, 841, 852, 861, 877. Notizie sull'osservatorio di Firenze.

riuscì a conquistare il cuore dei toscani, non dimentichi del buon governo di Pietro Leopoldo, malgrado l'opposizione delle forze retrograde alla sua azione riformatrice. Poco dopo il suo arrivo dovette ritornare alla Corte di Spagna insieme alla regina, accompagnato da Attilio Zuccagni come medico. Di costituzione debole, ritornò malato a Firenze ove morì il 27 maggio 1803, lasciando la moglie Maria Luisa reggente per il figlioletto Carlo Luigi Ludovico nato a Parma il 22 dicembre 1799 e quindi di soli quattro anni di età.

La reggenza di Maria Luisa fu di breve durata perché il 23 novembre 1808 le fu annunziato che doveva partire avendo la Spagna ceduto la Toscana all'impero francese.

2. CONDIZIONI AMBIENTALI. - *Le Università.* - Alla rivoluzione francese seguì un difficile periodo per le università, sia per la irrequieta mutabilità delle istituzioni pubbliche, sia per le contraditorie disposizioni legislative. Nel 1799 lo Studio senese fu sospeso per ordine del patrio senato; poi riaperto per ordine del generale Dupont, comandante delle truppe francesi; poi chiuso per ordine del governo provvisorio; e, sul cadere del 1800, ancora riaperto per ordine del generale Miollis. Sotto il breve dominio borbonico lo Studio ebbe una vita assai incerta.

Meritano di essere ricordati tra i docenti di questo periodo Giacomo Barzellotti che insegnava istituzioni chirurgiche nel 1803: in questo stesso anno insegnava fisica Domenico Vecchi e matematiche superiori Massimiliano Ricca di Novara.

Nello Studio pisano non avvennero mutamenti sostanziali dell'ordinamento universitario avendo il predominio gli interessi politici i cui effetti si facevano sentire più che altro sui professori a seconda che erano più o meno sospetti alle forze dominanti. Nel 1803 la Biblioteca della Università si arricchiva di alcune migliaia di volumi ad essa legati dal Provveditore Angelo Fabroni.

È forse opinione inesatta che sotto il dominio borbonico lo Studio fiorentino conducesse una vita assai incerta. Il Prezziner [1] afferma che sotto quel dominio furono aperte nuove cattedre. Ne

---

[1] Vedi *op. cit.* nella Bibliografia N. 84, Vol. II, pag. 244.

daremo ora qualche notizia, ma per quanto riguarda i professori della Scuola medica ne parleremo a proposito di questa per il fatto che essi dovevano essere considerati come addetti allo Studio di Pisa e quindi a carico di questo, ma con l'obbligo di insegnare nella Scuola fiorentina.

Nel 1802 il dottor Jacopo Maria Paoletti, che era stato nominato professore di istituzioni teorico-pratiche criminali e che aveva avuto il compito di applicare le nuove istruzioni del Granduca Pietro Leopoldo, fu giubilato e la sua cattedra affidata all'avv. Guido Angiolo Poggi della Rocca San Casciano. Nello stesso anno ottenne la cattedra di lettere greche il signor Francesco del Furia, uomo di grande erudizione.

Avvenuta il 10 febbraio 1804 la morte del dottor Giuseppe Pigri che da molti anni teneva la cattedra di meccanica che era stata istituita dal Granduca Pietro Leopoldo presso l'Accademia di Belle Arti, la cattedra venne riformata in modo che per l'avvenire comprendesse tutte le discipline matematiche in modo simile alla analoga cattedra esistente nella università pisana. Ad occupare la cattedra riformata fu nominato il dottor Francesco Focacci come lettore di geometria, di algebra e di meccanica.

Nel 1805 fu istituita sempre nella Accademia delle Belle Arti la cattedra di idrometria, affidata all'abate Giuseppe Fondelli, ma avendo questo dopo due anni ottenuta la giubilazione, essa venne aggregata alla cattedra di matematiche della quale abbiamo parlato.

Nel 1807 venne aperta la nuova cattedra di storia e mitologia nella Accademia delle Belle Arti ed affidata a Giov. Batt. Niccolini. Questa istituzione si accordava con le modifiche apportate al Regolamento dell'Accademia e rispondeva alla necessità che i giovani conoscessero quelle discipline a causa della grande frequenza delle rappresentazioni figurate di eventi storici e mitologici.

L'istituzione del Liceo nel Museo della « Facoltà di Scienze fisiche e naturali » nel 1807 portò alla estensione di nuove cattedre delle quali è più opportuno che teniamo parola quando verremo a parlare di tale importante avvenimento.

Anche durante il Regno di Etruria il Collegio teologico si mantenne in floridissimo stato. Un Breve di Pio VII del 24 luglio 1806 dichiarò tutti i dottori teologi presenti e futuri dello Studio fiorentino Protonotari apostolici, come con un altro erano stati dichiarati tali i canonici della Cattedrale fiorentina.

Le Accademie. - Abbiamo raccontato le trasformazioni avvenute nell'Accademia di Belle Arti con l'ampliamento della cattedra di meccanica e con l'istituzione di quella d'idrometria. Un sovrano rescritto del 10 giugno 1807 stabiliva in particolare la materia da trattarsi nei suddetti corsi ad istruzione dei giovani che si sarebbero dedicati alle professioni di architetto o di ingegnere.

Dopo lo sprazzo di luce che illuminò l'Accademia Lucchese di Scienze, Lettere ed Arti sulla fine del secolo XVIII, subentrarono profonde tenebre fino all'anno 1805 quando Lucca e Piombino divennero Principato retto da un nobile corso, Felice Pasquale Baciocchi e da Maria Anna Elisa Bonaparte, sua moglie, la quale governò personalmente il Principato. Questa donna, di mente elevata, avida di popolarità, prese l'occasione di emergere quando le fu raccomandata l'Accademia Lucchese. Essa invece cercò di istituire con scopi eminentemente scientifici un nuovo sodalizio, ad imitazione dell'Accademia di Francia, della quale il Principe era il protettore, dopo averne firmato il nuovo statuto il 15 agosto 1805 e che fu chiamata Accademia Napoleone. Fu grande merito di Elisa Bonaparte di avere accolto la proposta del Grande Scudiero Bartolomeo Cenami, Vice-Presidente dell'Accademia, di dare sviluppo alla storia patria con la metodica esplorazione degli Archivi civili ed ecclesiastici. Questa Accademia non può però considerarsi come una istituzione italiana, come era quella degli Oscuri; comunque ebbe una vita assai brillante fino al 1814, quando riprese l'antico nome, come narreremo.

Durante questo periodo storico molto si accrebbe il numero dei soci della Società Colombaria fiorentina e vi fu grande gara per fare le più dotte comunicazioni.

Per rendere più solenne l'aggregazione di nuovi soci il Presidente Sassi fece disegnare una artistica patente nella quale era riprodotta la prima Impresa della società consistente in una torre verso la quale si vedevano volare dei colombi con il motto « Quanto veder si può ». Nel 1800 le *Memorie della Società Colombaria Fiorentina* presero il nome di *Memorie Istoriche della Società Colombaria*; nel 1805 la nuova denominazione fu *Atti della Società Colombaria di Firenze*.

L'Accademia dei Georgofili mantenne in questo periodo la sua consueta attività, come risulta dai T. v e vi degli Atti. L'Accademia era poi spesso consultata dal governo circa argomenti relativi alla scienza agraria ed alla pubblica economia.

Durante il breve dominio borbonico l'Accademia Fiorentina Seconda continuò a seguire i suoi consueti sistemi con dotte dissertazioni tenute anche dai professori dello Studio fiorentino.

Sotto questo governo sorse la Società degli amatori di storia patria, i cui membri non potevano essere più di 20, ma che poi nel 1807 divennero 24 in seguito a nuove costituzioni. Essi si riunivano in qualche casa privata, o nelle Stanze della Società Colombaria o nella Biblioteca Riccardiana. Fu un progetto di questa società l'erezione di un monumento a Dante nella cattedrale, progetto che non fu potuto eseguire a causa delle forti spese necessarie.

3. La nuova accademia del cimento. - Nel primo periodo che fece seguito all'abbandono della Toscana da parte di Ferdinando III, malgrado lo stato di anarchia nel quale il paese si trovava, accadde un avvenimento assai interessante il quale, per quanto caduco, stava ad attestare il profondo e tradizionale attaccamento dei toscani alle istituzioni culturali: esso fu il tentativo di far rivivere l'Accademia del Cimento.

Tra i governi più o meno provvisori che ebbero in quell'epoca maggiore stabilità, almeno nei primi anni, vi fu quello Chiarenti, Pontelli, De Ghores. Francesco Chiarenti era medico a Montaione e godeva di una certa riputazione come agrario ed economista; il Pontelli era un nobile cortonese portato dai rivoluzionari; il De Ghores era ufficiale dell'armata a Livorno.

Grande era l'influenza esercitata sulla cosa pubblica da Pietro Ferroni (1746-1825), professore di matematica nello Studio pisano e matematico regio a Firenze, il quale veniva consultato dal governo per problemi di bonifica. Dalla stampa del tempo risulta che il Ferroni, il Chiarenti ed il Fontana, che godeva prestigio malgrado la sua età molto avanzata avessero intrapreso qualche passo per giungere a creare una nuova Accademia del Cimento. Ed infatti il 27 febbraio 1801 venne emanato un Decreto che tra l'altro diceva:

« È ripristinata nel Museo di Firenze l'antica Accademia del Cimento, ossia sperimentale-scientifica. Il piano della medesima, la sua dote stabile, i membri che debbono comporla saranno in breve fissati dal governo, come parte integrale del presente decreto »[1].

Seguono le firme di Chiarenti, Pontelli e De Ghores.

A questo Decreto fece infatti seguito l'Elenco dei soci componenti l'Accademia del Cimento richiamata a vita. Ecco l'elenco: Protettore: Napoleone Bonaparte, Primo Console della Repubblica francese. Seguono i nomi dei soci: Felice Fontana, Presidente; Paolo Mascagni, Giovanni Fabbroni, Ottaviano Targioni Tozzetti, dei quali abbiamo già parlato; Gaetano Savi (1759-1844), fiorentino, professore di botanica nella Università di Pisa; Claudio Berthollet (1748-1822), savoiardo, chimico; Alessandro Volta (1745-1814), il celebre fisico comasco; Giuseppe Antonio Slop von Cadenberg (1740-1808), nato a Coden nel Trentino, astronomo; Pietro Ferroni (1744-1825), fiorentino, matematico, Segretario. Seguono i nomi dei soci aggiunti e dei membri stranieri che si possono trovare elencati nella citata memoria dello Schiff[2] con qualche notizia di ciascuno.

Il 27 febbraio 1801 furono dal governo pubblicate le *Costituzioni della Nuova Accademia del Cimento, ossia sperimentale scientifica.* La « Gazzetta Universale » n. 21 del 13 marzo 1801 fissa l'inaugurazione della Accademia per il 16 marzo e nel n. 23 è contenuta la Relazione della cerimonia di apertura. Questa cerimonia si svolse nella sala della Biblioteca del Museo ed in una sala attigua molto più ampia. La cerimonia fu aperta con l'ingresso del generale Giovacchino Murat seguito dal suo stato maggiore e dai tre componenti il governo. Il Segretario lesse quindi la dedica a Napoleone della prima adunanza accademica e poi il discorso inaugurale nel quale furono rievocati i fasti della defunta Accademia, e si accennò ad alcune recenti scoperte scientifiche. Gli accademici quindi acclamarono come primo degli accademici Napoleone Bonaparte che era Presidente dell'Istituto Nazionale di Parigi.

Il governo provvedette ai fondi per il mantenimento della Accademia con un Decreto in data 28 febbraio 1801 nel quale « considerando che le corporazioni religiose in ogni tempo ed in ogni Stato hanno favorito e protetto i progressi delle scienze e delle lettere

---

[1] Vedi Estratti n. 21 e n. 28 della Gazzetta Universale del 1801.

[2] Vedi *op. cit.* nella Bibliografia N. 98, pag. 33.

e che particolarmente i monaci nella barbarie dei tempi hanno sottratto alla violenza delle vicende i più insigni monumenti dell'arte, che senza le loro commendevoli cure la tarda posterità non avrebbe potuto ammirare; considerando infine che è delle loro particolari istituzioni il concorrere con tutti i mezzi che sono in loro potere alla conservazione dei grandi stabilimenti ed a tutto ciò che richiede il bene ed il decoro di quella grande famiglia di cui essi pure sono parte, decreta che i monasteri di Certosa, Benedettino e Camaldoli di Firenze verseranno mensilmente nella Cassa del Museo... la somma di scudi ottanta ».

La nuova Accademia era però nata sotto cattiva stella, per cui morì sul nascere. Essa doveva costituire il coronamento dell'opera di Pietro Leopoldo, ma mentre Giovanni Fabbroni caldeggiava l'idea che dovesse servire all'insegnamento superiore, il Fontana e Pietro Ferroni volevano rimanere aderenti alla forma della sua costituzione non rispondente alle necessità di quell'insegnamento; neppure avrebbe dovuto ricalcare le orme dell'antica Accademia, essere cioè una unione di scienziati che di tempo in tempo si incontrano per discutere dei loro studi, ma avrebbe dovuto essere piuttosto una assemblea sul tipo di quella di Francia.

Pochi giorni dopo l'inaugurazione della nuova Accademia, e precisamente il 26 marzo 1801 i triumviri si dimisero perché di essi non faceva alcun conto Giovacchino Murat che, giunto a Firenze il 19 gennaio, aveva preso prima alloggio nel palazzo Riccardi, poi in quello Corsini sull'Arno. Ai triumviri successero i quadrumviri Pierallini, Cercignani, Lessi e Piombanti i quali il 28 marzo pubblicarono una notificazione con la quale dichiaravano di prendere come nota di governo regolamenti e decreti anteriori al 14 ottobre 1800, data alla quale i triumviri erano entrati in carica. Questi protestarono e provocarono una dichiarazione in data 1 aprile 1801 per la quale sarebbero rimasti validi i recenti decreti che si riferivano agli istituti scolastici, scientifici ed artistici; la nuova Accademia sarebbe rimasta nello stato di ripristino che le era stato accordato, salvo la conferma permanente da parte del sovrano della Toscana. Se non che la Convenzione di Madrid del 21 marzo 1801, successiva al Trattato di Lunéville del 9 febbraio precedente, per la quale la Toscana si trasformava nel regno di Etruria creava una situazione affatto nuova per cui all'Accademia nessuno pensò più. La prima adunanza del 16 marzo 1801 fu così anche l'ultima. Sulla sua pietra tombale si potrebbe ripetere l'epitaffio scritto sulla tomba di un neonato che morì appena nato: « In breve tempo nacque, visse e morì: oh, compendio della più lunga vita! ».

4. CHIMICA. - Fu in questo periodo che ebbe luogo in Toscana una scoperta di grande importanza industriale. Per effetto del blocco continentale (21 novembre 1806) essendo interdetto alle nazioni marittime l'accesso nei porti del Mediterraneo, il governo francese prometteva grandi ricompense a chi trovasse un succedaneo della canna da zucchero. Un tale dottor Giuseppe Guerrazzi di Livorno, riuscì ad estrarre lo zucchero dalle castagne secche e comunicò il suo risultato alla Accademia dei Georgofili la quale nominò una commissione che verificasse le esperienze del Guerrazzi e che ne riferì favorevolmente. Non fu però di questo parere la commissione francese nominata per l'aggiudicazione del premio. Comunque sorsero in Toscana due fabbriche di zucchero, una in Firenze e l'altra a Lucca che funzionarono fino al termine del blocco continentale.

5. IL MUSEO DI FIRENZE. - Nel 1805 era avvenuta la morte di Felice Fontana e la direzione del Museo passò nelle mani del Vice-direttore Giovanni Fabbroni, persona che per le sue qualità merita ne parliamo più ampiamente.

Il Fabbroni era nato in Firenze il 13 febbraio 1752 sotto il governo quindi di Francesco II, da famiglia oriunda della Romagna, ma che fino dal secolo XVI si era stabilita in Firenze. Frequentò i corsi di storia naturale e di matematica nello Spedale di S. Maria Nuova e nella Accademia di Belle Arti; accompagnò Giuseppe Pigri, uno dei primi assistenti del Fontana, nei suoi viaggi dal 1775 al 1780, anno in cui fu nominato Vice-direttore del Museo; fu socio dell'Accademia dei Georgofili dal 1783, anno in cui la Società Botanica fu incorporata da Pietro Leopoldo nell'Accademia dei Georgofili. Tra i suoi lavori di fisica meritano di essere ricordati i suoi importanti esperimenti galvanici e voltaici e sull'azione galvanica e chimica dei metalli (Georgofili, 1793); nel 1794 si occupò dei mattoni galleggianti di farina fossile (Kieselgühr) che si scavano presso il Monte Amiata e che furono già ricordati da Plinio; per incarico del governo esaminò le saline del Cecina, le ligniti del Senese, le miniere dell'Elba; nel 1798 fu mandato a Parigi a far parte della commissione per la riduzione dei pesi e delle misure; dal 1802 fu professore onorario a Pisa, nel 1805 commissario di sanità a Livorno, nel 1809 fu fatto membro del Corpo legislativo di Parigi, nel 1816, al principio della restaurazione lorenese, direttore delle miniere del granducato; collaborò alla edizione italiana delle opere del Bergman, si occupò anche di letteratura; morì il 17 dicembre 1822; Giovanni Gazzeri ne scrisse l'Elogio [1].

Molte sono le opere scritte dal Fabbroni: una memoria sui mattoni galleggianti (Fir. 1790); una monografia sull'antracite o carbon fossile (Fir. 1798); *La vicendevole azione chimica di diversi metalli a temperatura ordinaria e sulla spiegazione di alcuni fenomeni galvanici* (Journ. de Physique par Délametherie, Ann. VII, 1799), riportata da Ostwald (*Elektrochemie. Ihre Geschichte und Lehre,* Leipzig, 1896). La citata memoria fu quella che gli diede maggior fama. Dalle sue osservazioni e da altre simili maturò nella mente del Fabbroni il concetto della teoria chimica della pila secondo la quale la sede della forza elettromotrice non sarebbe stata nel punto di contatto dei metalli eterogenei, come il Volta aveva asserito, ma invece in corrispondenza del contatto del metallo con il conduttore di seconda classe (acqua acidulata) ammettendo altresì che i fenomeni elettrici fossero una conseguenza di quelli chimici. Queste idee furono in seguito riprese, modificate e sviluppate da Wollaston, de La Rive, Oersted e da altri. Ideò il Fabbroni di sciogliere la gomma elastica nel petrolio in modo da ottenere una vernice che applicata sulla stoffa, la rendesse impermeabile all'acqua; si dedicò a ricerche attinenti all'arte tintoria ed applicò l'acido fluoridrico alla incisione non solo sul vetro ma anche sulle pietre dure.

Sovraccarico d'impegni il Fabbroni dovette dopo pochi giorni lasciare la direzione del Museo che fu affidata nel 1806 al conte Girolamo de' Bardi. Era questi l'ultimo rampollo in linea diretta della antica e celebre famiglia fiorentina. Era nato in Firenze il 19 agosto 1777 e dall'abate Giovanni Babbini che insegnava latino, greco, fisica e matematica nel Seminario fiorentino derivò l'inclinazione per lo studio della fisica e delle scienze naturali. Dopo poco

---

[1] *Atti Georgofili,* C-4-70 (1823).

tempo da quando aveva assunto la direzione del Museo, contribuì, come narreremo in dettaglio, a superare le difficoltà che si opponevano alla trasformazione del Museo in un istituto di insegnamento superiore. Nel 1814 seppe valorosamente difendere questa istituzione dalla furia distruggitrice della reazione lorenese, cosicchè, come dice lo Schiff [1]

« in Girolamo de' Bardi, accanto a Giovanni Targioni ed a Felice Fontana, dobbiamo riconoscere il terzo fondatore della nostra facoltà di Scienze fisiche e naturali e degli Annali del Museo nei quali si trovano molti suoi scritti ».

Non avendo eredi diretti, destinò la cospicua somma di 50.000 scudi per un Istituto per l'insegnamento popolare agli artigiani e vi aggiunse le sue collezioni e la sua biblioteca e volle che ne fosse direttore il dottor Filippo Nesti. La ricca fondazione, L'Istituto Bardi, non raggiunse però lo scopo che si era proposto.

Il Bardi potè conservare la direzione del Museo fino al giorno della sua morte avvenuta il 28 febbraio 1829 a soli 53 anni di età, dopo avere vissuto sotto tanti governi: di Pietro Leopoldo, di Ferdinando III, del regno di Etruria, dell'impero francese, della restaurazione lorenese fino ai primi anni del governo di Leopoldo II. Ne ha fatto l'Elogio Emanuele Repetti [2].

6. La facoltà di scienze fisiche e naturali. - La regina di Etruria volle che il suo nome rimanesse legato a qualche nuova istituzione da molti desiderata; ciò allo scopo di acquistare simpatie presso la popolazione, che era restia ad accordargliela, ed ecco come. Persone molto influenti e scienziati di fama come il conte Bardi, Ottaviano Targioni, Paolo Mascagni e l'astronomo De Lalande erano riusciti ad interessare la regina ed il governo per creare un istituto annesso al Museo. Fu soprattutto il conte Bardi che oltre ad essere direttore del Museo era anche ciambellano di Corte che riuscì ad influire sulla regina.

Si venne così alla fondazione della « Facoltà di scienze fisiche e naturali » che fu chiamato « Liceo » seguendo la nomenclatura

---

[1] Vedi *op. cit.* nella Bibliografia N. 98, pag. 46.

[2] *Atti Georgofili,* C-7-234 (1829).

dell'impero francese che le armi napoleoniche avevano introdotto in Italia. Il giorno 20 febbraio 1807 di tale istituzione venne pubblicata una elaborata notificazione nella quale tra l'altro è detto:

« Per un tratto dell'alta protezione che noi accordiamo alle Scienze, vogliamo che il nostro Real Museo di Fisica sia da oggi in poi dedicato alla Pubblica Istruzione, ed a tale effetto, nella pienezza della nostra Autorità, vi stabilischiamo (sic) un pubblico Liceo il quale verrà aperto al principio del prossimo mese di maggio ».

Furono stabilite sei cattedre: di astronomia, di fisica teorico-sperimentale, di chimica, di anatomia comparata, di mineralogia e zoologia, di botanica. Il suddetto decreto era accompagnato da un altro della stessa data nel quale la regina, su proposta del direttore sopraintendente, conte cav. Girolamo de' Bardi, distribuisce gli insegnamenti, stabilisce le attribuzioni di ciascuno di essi e la parte pecuniaria. Con un altro Decreto del 26 febbraio vengono nominati i professori insegnanti dei quali lo Schiff [1] ci dà alcune notizie rare, con molta diligenza raccolte che in parte riproduciamo.

Per l'astronomia fu nominato il sacerdote Domenico De Vecchi (1768-1852), casentinese, che era stato professore di fisica a Siena, aveva pubblicato varie memorie negli Annali del Museo e si era occupato anche di idraulica e di agricoltura. Per la fisica teorico-sperimentale fu nominato l'abate Giovanni Babbini (1755-1819), fiorentino, che, educato nel Collegio Eugeniano, aveva insegnato nel Seminario fiorentino le lingue classiche e la matematica, aveva diretto l'educazione dei figli di famiglie aristocratiche, e così anche di Girolamo de' Bardi, come abbiamo narrato, che fu Segretario del Museo e fece il discorso inaugurale del nuovo istituto. Per la chimica fu nominato Giuseppe Gazzeri (1771-1847), fiorentino; fu scienziato molto attivo, direttore degli studi di farmacia e professore onorario a Pisa; nel 1814 ebbe il merito grande di avere ottenuto i soffioni artificiali di acido borico mediante la trivellazione del terreno; nel 1841 descrisse un congegno automatico per lo studio delle arie insalubri; fornito di abilità stilistica, se ne valse per polemizzare con efficacia con i suoi avversari; nel 1748, anno suc-

---

[1] Vedi *op. cit.* nella Bibliografia N. 98, pag. 50.

cessivo a quello della sua morte, venne pubblicata la seconda edizione del suo trattato di chimica. Per l'anatomia comparata fu nominato Filippo Uccelli (1770-1832), cortonese, dissettore nell'Ospedale di S. Maria Nuova: egli aveva sistemato nel Museo le collezioni zoologiche e con Antonio Matteucci e Tommaso Bonicoli faceva le preparazioni anatomiche che servivano di modello per quelle di cera; fece la prima collezione di scheletri e rimase come dissettore sotto Paolo Mascagni come abbiamo narrato. Per la mineralogia e la zoologia venne nominato Attilio Zuccagni (1754-1807), fiorentino, medico; aveva accompagnato Lodovico di Parma, re di Etruria, nel suo viaggio in Spagna; fu aiuto del Fontana, Prefetto dell'Orto botanico del Museo fino al 1806; nominato professore quando era già gravemente ammalato ebbe come aiuto Filippo Nesti che lo sostituì; è sepolto nella Badia di Vallombrosa, accanto al botanico fiorentino abate Bruno Tozzi. Filippo Nesti (1780-1849), fiorentino, aveva studiato a Pisa scienze naturali; nel 1807 ricoprì la cattedra dello Zuccagni; accompagnò il Cuvier nelle sue gite paleontologiche quando venne in Toscana come Commissario imperiale universitario; contribuì molto all'accrescimento delle collezioni del Museo; il conte Bardi lo nominò suo esecutore testamentario e direttore del suo Istituto. Per la botanica fu nominato Ottaviano Targioni (1755 - 1826), fiorentino, figlio di Giovanni; insegnò botanica e materia medica nell'Ospedale di S. Maria Nuova e fu direttore del ripristinato Orto botanico annesso all'Ospedale da parte di Via degli Alfani; soppresso definitivamente quest'orto, nel 1793 continuò le sue lezioni nel Museo, divenendo Prefetto del Giardino botanico, annesso al Museo, solo nel 1807 in seguito alla morte dello Zuccagni che ricopriva quel posto; fu direttore della Biblioteca medica e nel 1801 divenne Direttore del Giardino dei semplici, essendosi dedicato all'agraria, posto che occupò fino alla morte.

Il nuovo Istituto fu manifestamente fondato sul tipo del Collegio di Francia di Parigi; non si richiedevano denari per l'ammissione, ma vi era l'obbligo di frequentare le lezioni; non vi erano esami e non veniva rilasciato alcun diploma ad eccezione di un certificato del professore.

L'inaugurazione del nuovo Istituto che doveva avere luogo il 6 luglio 1807, per difficoltà finanziarie venne rimandata all'8 agosto e poi al 15 agosto, compleanno di Napoleone. Filippo Covoni racconta particolari piccanti del come si sarebbe venuti a questa apertura. Racconta il Covoni[1] che nella Corte si erano introdotte le cinque sorelle Paglicci che asserivano di essere nobili decadute di Castiglion fiorentino e di avere perduto il loro patrimonio in occasione dei moti aretini in favore di Ferdinando III. Esse che erano delle semplici maestre elementari, ma certo molto astute, riuscirono ad essere reintegrate come nobili aretine ed a divenire dame della regina. Lasciamo ora la parola al Covoni: « Le Paglicci, le quali in Corte cercavano di adocchiare buoni partiti tra i signori fiorentini, si erano accorte da qualche tempo che il Conte Girolamo de' Bardi faceva spesso il grazioso con loro nei circoli di Corte; e conosciuto il conte quanto le Paglicci avessero ascendente sull'animo della Regina, si era molto raccomandato a queste signorine perché Maria Luisa si decidesse ad aprire l'Istituto al pubblico. Lusingate le Paglicci di avere da lui questa delicata commissione, procurarono difatti d'introdurre colla regina il discorso su tale argomento e tanto fecero che appena n'ebbe l'approvazione dei ministri, Maria Luisa dette tosto al conte Bardi il titolo di Sopraintendente e l'incarico di aprire il Museo con una solenne inaugurazione. Intanto le Paglicci si erano date a questa briga sperando che il conte in benemerenza si sarebbe deciso a dare ad una di loro la mano di sposo. Aperto questo pubblico insegnamento con eccellenti professori, il conte Bardi girò largo e le Paglicci deluse, diventarono aspidi ferocissime contro di lui ».

Un supplemento della « Gazzetta Universale » in data 15 agosto 1807 riporta la Relazione circa l'apertura del Museo, la quale ebbe luogo con grande pompa alla presenza di tutte le cariche di Corte e delle LL.MM. il Re e la Regina reggente. Nella sala destinata alla cerimonia era stato eretto per esse un ricco trono ed ai fianchi di questo erano stati posti i busti di Galileo e del Vespucci, di fronte quello del cardinale Leopoldo.

La prolusione fu letta dal prof. Giovanni Babbini e venne distribuita stampata alle Autorità. Seguendo la moda del tempo il fascicolo conteneva numerosi componimenti poetici, non solo in italiano, ma anche in latino, greco, ebraico e perfino arabo. Il 17

---

[1] P. F. Covoni, *Il Regno di Etruria*, Firenze, 1894.

agosto la regina ricevette il personale del Museo che il 19 veniva ricevuto anche dal re — di otto anni — il quale fu ringraziato di essere intervenuto alla cerimonia. Una epigrafe situata nell'atrio del Museo ricorda l'istituzione del Liceo.

7. Medicina. - Durante il Regno di Etruria avvenivano le seguenti modificazioni nella Scuola medica fiorentina.

Abbiamo già narrato nel profilo biografico di Paolo Mascagni come con motuproprio del 22 ottobre 1801 egli venisse nominato a tenere la cattedra di anatomia e fisiologia nella Università di Pisa che era stata riaperta dopo la chiusura disposta da Ferdinando III, ma con l'obbligo di dare le lezioni nell'Ospedale di S. Maria Nuova di Firenze. Così il Mascagni si trasferì in questa città al posto di Lorenzo Nannoni, pure appartenendo ai ruoli di Pisa. Abbiamo anche narrato come il Mascagni ottenne che con rescritto del 17 dicembre 1801 fosse restaurato l'ufficio di dissettore anatomico affidato a Tommaso Bonicoli [1].

Con motuproprio del 3 aprile 1802 si istituiva nell'Ospedale degli Innocenti l'insegnamento delle malattie dei bambini affidato al dottor Gaetano Palloni, ma essendo questo medico stato designato a Livorno come Ufficiale di Sanità, quell'insegnamento cessò per essere poi ripristinato ed affidato al dottor Giuseppe Nannoni, figlio del dottor Lorenzo. Con motuproprio del 19 giugno 1802 per premura del Commissario Mannucci si ripristinava l'ufficio di « Istoriografo per i casi chirurgici » che era stato soppresso nel 1790 e che venne affidato al dottor Giuseppe Giuntini, maestro di chirurgia in S. Maria Nuova.

Così a poco a poco la Scuola medica veniva ricostruita ed arricchita di nuovi ed utili insegnamenti. Fece seguito il motuproprio del 5 novembre 1805 con il quale era istituito l'insegnamento delle malattie mentali e cutanee ed affidato al dottor Vincenzio Chiarugi, del cui contributo alla riforma dell'assistenza manicomiale abbiamo già parlato. Con motuproprio del 7 novembre 1805, su proposta del Collegio medico fiorentino, che era presieduto dal prof. Ottaviano Targioni Tozzetti fu istituita la cattedra di « Storia

---

[1] Per notizie sul Mascagni come anatomico vedi F. Allodi, *La evoluzione del pensiero anatomico di Paolo Mascagni*, Firenze, 1955.

filosofica della medicina » ed affidata al dottor Giuseppe Bertini, soprattutto per ricompensare il suo zelo come medico di sanità in Livorno colpita dalla febbre gialla. Precisa il dottor Bertini nel Ragionamento inaugurale al corso che lo scopo cui tendono le lezioni è « di determinare quale sia in realtà lo stato della scienza medica; quali fra i metodi o quali parti di essi meritino veramente fiducia di chi si dedica al di lei esercizio; quali debbano essere oramai definitamente proscritti od obliati a scanso di ogni traviamento ed a migliore destinazione del troppo prezioso uso del tempo; quali infine nello stato attuale della scienza stessa possano essere le più giuste direzioni onde stradare utilmente i tentativi per avanzarla e perfezionarla ».

Con risoluzione del 12 aprile 1806 fu ripristinato l'ufficio di Bibliotecario di S. Maria Nuova ed affidato al dottor Francesco Magnani; venne fatto obbligo a tutti gli editori dello Stato di depositare nella biblioteca una copia delle opere pubblicate di medicina e chirurgia ed agli studenti di versare una quota per l'acquisto di libri. Con motuproprio del 24 maggio 1806 l'insegnamento della ostetricia fu diviso in due parti: teorico, affidato al dottor Francesco Valle; pratico affidato al dottor Giuseppe Galletti. Il 10 giugno 1807 si istituì la cattedra di anatomia pittorica ed anche questa fu affidata al Mascagni.

Mentre sotto il governo di Pietro Leopoldo il Collegio medico-chirurgico doveva avere un sol Presidente, con questo governo ve ne dovevano essere due: l'archiatro Pietro Paolo Visconti fu destinato a presiedere al medico e la presidenza del chirurgico venne affidata a Lorenzo Nannoni.

XIII

PERIODO DELLA DOMINAZIONE FRANCESE
(1808-1814)

1. Storia. - Napoleone nel 1804 aveva assunto il titolo di imperatore e come tale veniva incoronato a Parigi nel dicembre di quello stesso anno da Pio VII; nel maggio dell'anno successivo, dopo avere costituito la Repubblica Cisalpina, si fece incoronare a Milano re d'Italia. Volte quindi le armi contro l'Austria e la Russia, conseguiva le vittorie di Ulma e di Austerlitz. Con la pace di Presburgo del 1805 Venezia passava al Regno Italico, si creavano i regni del Württenberg e di Baviera, si fondava la Confederazione del Reno sotto il protettorato di Napoleone, il granducato di Berg veniva dato a Giovacchino Murat, il regno di Napoli al fratello Giuseppe Buonaparte, mentre Ferdinando IV di Borbone si ritirava in Sicilia ed all'altro fratello Luigi Buonaparte il regno di Olanda.

Contro la crescente potenza di Napoleone la Prussia, soprattutto irritata per la costituita Confederazione del Reno, si alleava con la Russia; Napoleone batteva la Prussia ad Auerstedt e ad Jena nello stesso giorno 14 ottobre 1806 ed i Russi ad Eylau l'8 febbraio 1807 poi a Friedland il successivo 14 giugno. L'8 luglio 1807 si concludeva la pace di Tilsit tra Napoleone e la Russia, ed il 9 quella con la Prussia.

Con la pace di Tilsit si scioglieva l'antico impero germanico; si creava il regno di Westfalia, che fu assegnato al fratello di Napoleone, Girolamo Buonaparte, la Prussia polacca era convertita in granducato di Varsavia, dato al re di Sassonia; d'altra parte il granducato di Würzburg, che era stato dato a Ferdinando III di Lorena quando aveva dovuto lasciare la Toscana, dopo la battaglia di Jena era passato a far parte della Confederazione del Reno. Esistevano quindi le condizioni favorevoli per l'applicazione del blocco continentale all'Inghilterra già deciso con decreto del 21 novembre 1806.

Giovacchino Murat che aveva preso parte alla spedizione d'Italia, aveva accompagnato Napoleone in Egitto nel 1798, era stato per poco tempo governatore della Repubblica Cisalpina, aveva sostenuto Napoleone il 18 brumaio 1779, ricevendone in compenso la mano della sorella Carolina ed il comando della guardia nazionale, durante l'occupazione francese si era spinto fino a Firenze ove aveva presieduto la cerimonia della fondazione della nuova Accademia del Cimento. Dopo la pace di Tilsit ebbe il Murat il comando dell'armata diretta contro la Spagna: entrato in Madrid il 23 marzo 1808, Carlo IV dovette rinunziare al trono in favore della Francia che vi pose Giuseppe Buonaparte; rimasto vacante il trono del regno di Napoli, vi subentrò il Murat. Ma già prima, essendo l'imperatore francese in guerra con la Spagna, cadevano le concessioni a questa fatta del regno di Etruria come compenso della cessione della Lunigiana alla Francia e la Toscana con il trattato di Fontainebleau veniva nel 1807 annessa alla Francia. Così il 23 novembre di quell'anno si presentò alla regina Maria Luisa il ministro di Francia per annunciarle che in seguito alla nuova convenzione con la Spagna, il regno di Etruria cessava di esistere. Il 10 dicembre Maria Luisa partiva da Firenze; dopo varie vicende, confinata in un convento in Roma, nel 1814, cambiate le sorti di Europa, ottenne il ducato di Lucca che dal 1805 era stato governato insieme a Piombino da Elisa Baciocchi, sorella di Napoleone, morendovi nel 1824.

La Toscana passò così a far parte dell'impero francese con i Dipartimenti dell'Arno, dell'Ombrone e del Mediterraneo. A reggere la Toscana fu posta appunto Elisa Baciocchi, che prima, come è stato detto, aveva governato il ducato di Lucca, con il titolo di granduchessa di Toscana. Nata in Ajaccio il 3 gennaio 1777, aveva sposato un nobile corso, Felice Baciocchi, che aveva seguito Napoleone nelle campagne d'Italia. La granduchessa, preso possesso del granducato, entrò in Palazzo Pitti il 24 maggio 1808. In quello stesso anno Napoleone annetteva le Marche al Regno d'Italia e proclamava Pio VII decaduto dal potere temporale, facendolo poi prigioniero ed annettendo all'impero Roma e lo Stato Pontificio. Elisa tenne il governo della Toscana fino alla restaurazione lorenese dell'aprile del 1814, ma già prima di questa data, in seguito alle disfatte di Napoleone, aveva abbandonato Firenze, per raggiungere, dopo varie peregrinazioni, una sua campagna presso Trieste ove morì il 7 agosto 1820 in età di soli quarantrè anni.

2. CONDIZIONI AMBIENTALI. - *Le Università.* - Entrata la Toscana a far parte dell'impero francese, le università toscane andarono soggette a profonde trasformazioni per adeguarsi all'ordinamento generale francese degli studi. Così il 9 dicembre 1808 venne esteso alla Toscana il decreto 17 marzo 1806 con il quale era stata costituita in Francia l'Università imperiale comprendente tutti i gradi della istruzione e poiché era stato stabilito che vi sarebbe stata una accademia per ogni corte di appello, l'Università di Pisa ebbe il grado di Accademia di Pisa divenendo una sezione della Università imperiale ed acquistando per tale qualità giurisdizione su tutta la istruzione, anche fuori della città, e quindi anche sullo Studio senese che venne così soppresso.

Il governo supremo della Accademia pisana risiedeva in Parigi presso il Gran Maestro, sopraintendente di tutte le scuole. In Pisa risiedeva il Rettore, esecutore degli ordini del Gran Maestro, eccetto che in ciò che era dichiarato di sua competenza, coadiuvato da un Consiglio accademico che però fu solo regolarmente costituito nel 1812. Le attribuzioni degli ufficiali subalterni, tra i quali vi era un Ispettore, incaricato di funzioni di indole amministrativa, un Procuratore generale, che era il cassiere, ed un Percettore, esattore delle tasse scolastiche, partecipavano del carattere proprio dell'Accademia, occupandosi non solo della istruzione superiore, ma di tutta l'istruzione. Invece i poteri del Decano della facoltà non furono sostanzialmente cambiati rimanendo limitati ai corsi superiori. Si ebbe invece qualche provvedimento relativo alle cattedre: quella di diritto canonico fu soppressa, furono invece istituite quelle del codice napoleonico, di diritto naturale e delle genti e di diritto romano comparato al francese; anche la letteratura francese ebbe una cattedra e così l'ostetricia e le istituzioni chirurgiche.

In questo periodo di tempo, e precisamente il 29 gennaio 1813, fu istituita la Scuola Normale Superiore come succursale della Scuola Normale francese.

Malgrado tutte queste disposizioni ed altre relative ai rapporti della Accademia con l'ospedale, con la biblioteca, con i gabinetti ed i pensionati accademici, non ostante che scienziati di valore fossero in quel tempo in Pisa, come Paolo Mascagni, Andrea Vaccà-Berlinghieri, celebre chirurgo pisano, figlio di Francesco, pure illustre medico, Gaetano Savi, botanico fiorentino, Giorgio Santi, fisico e naturalista di Pienza, ed altri, gli studi non procedevano con regolarità e la disciplina lasciava molto a desiderare e ciò a causa del forte prevalere degli interessi politici in tempi di così radicali trasformazioni.

Soppressa l'Università di Siena, il patrimonio universitario, cioè civico, fu intestato alla Università imperiale. Per ovviare al gravissimo danno morale e materiale recato così alla città, Napoleone instituì in Siena una « Scuola medica » alle dipendenze della Accademia pisana; presso questa scuola, che era ciò che solo era stato conservato della Università, fu posto un Commissario, scelto tra gli uffiziali della Accademia pisana; le spese dovevano essere sostenute in parte dal Comune, in parte dall'Ospedale di S. Maria della Scala: la biblioteca universitaria, arricchita dei libri appartenenti ai soppressi monasteri fu ceduta al Comune che doveva provvedere al suo funzionamento; l'Archivio delle Riformagioni fu però privato dei manoscritti e dei documenti antichi più preziosi con grande dolore dei Senesi.

Grande fu l'opera esercitata da Andrea Vaccà-Berlinghieri (1772-1826), che, ex-provveditore della Università, fu nominato Capo della nuova Scuola medica pisana che egli diresse in modo da farne come una facoltà indipendente, quasi come una continuazione del soppresso Studio, il cui ricordo persisteva vivo nell'animo dei Senesi.

Quando al principio del 1814 si ebbe sentore dei futuri avvenimenti e Giovacchino Murat prendeva sotto la sua tutela gli interessi toscani, risorse nei Senesi la speranza di veder risorta l'Università e furono fatte insistenti premure per cui fu nominata una Commissione che proponesse una riorganizzazione sulle basi precedenti. A capo della Commissione era il Berlinghieri. Dovevano essere ristabilite le facoltà preesistenti, lo Studio doveva trasferirsi in sede più ampia, nei locali dell'ex-convento Vallombrosano, poi dei Gesuiti, a S. Virgilio, ma non fu proposto il ritorno dal Comune della biblioteca; fu anche formulato un piano economico ed amministrativo. Ma intanto si giungeva al settembre del 1814, al ritorno cioè di Ferdinando III in Firenze, senza che il decreto per la ricostruzione dello Studio fosse promulgato.

Le Accademie. - Se le università furono soggette sotto la dominazione francese a radicali riforme con la creazione di una unica università a Pisa, detta Accademia pisana, anche le ordinarie accademie andarono soggette a cambiamenti.

Ricordiamo che con decreto 7 luglio 1783 il granduca Pietro Leopoldo aveva soppresso l'Accademia Fiorentina, quella degli Apatisti e quella della Crusca, creando una nuova Accademia, l'Accademia Fiorentina Seconda. L'Imperiale Giunta Straordinaria di Firenze con decreto 2 settembre 1808, cui fece seguito un altro del 9 aprile 1809 dell'« Imperatore dei Francesi e Re d'Italia », confermato con altro decreto del 13 gennaio 1810, riformava l'Accademia Fiorentina (Seconda) creando l'Accademia Fiorentina (Terza). Questa veniva ad essere composta di Tre Classi: la prima Classe avrebbe dovuto prendere il nome di *Società del Cimento* ed avere per oggetto le Scienze fisiche e matematiche; la seconda Classe si sarebbe dovuta chiamare *Società della Crusca* ed attendere alla conservazione della purezza della lingua toscana ed ai lavori letterari in prosa ed in versi, uno scopo favorito dall'ammesso uso della lingua italiana negli atti ufficiali; la terza Classe infine con il nome di *Società del Disegno* avrebbe dovuto applicarsi alle Belle Arti ed alla Tecnologia. Così si richiamavano a nuova vita due delle insigni istituzioni che tanto avevano onorato Firenze e se ne creò una terza che fu pure di lustro alla città. Furono nominate tre Commissioni per compilare il Regolamento della nuova accademia, con il Signor Mozzi, Presidente delle tre commissioni riunite, con il Signor Fossombroni, Presidente della Società del Cimento, con il signor Lanzi, Presidente della Società della Crusca e con il signor Puccini, Presidente della Società del Disegno. Venne poi istituito un premio annuo di 500 napoleoni d'oro per l'autore di quell'opera che più avesse contribuito a mantenere il nostro idioma nella sua purezza.

Veramente l'« antico ed illustre Parnaso », come il can. Salvini chiama l'originaria Accademia Fiorentina, deve considerarsi cessato nel 1783 con la riforma di Pietro Leopoldo: le due successive si presentano come sodalizi del tutto diversi, per cui quello creato con la riforma di Pietro Leopoldo può distinguersi chiamandolo, come abbiamo fatto, Accademia Fiorentina Seconda, e quello sorto con la riforma francese, Accademia Fiorentina Terza.

La trasformazione avvenuta non produsse alcun risultato quanto ai propositi che precedentemente gli accademici della Crusca si erano proposti, di procedere alla quinta ristampa del Vocabolario. Essi però non desistettero dai loro sforzi per ottenere il risorgimento autonomo della loro antica accademia, valendosi soprattutto della autorità di don Neri Corsini, risorgimento che ebbe luogo ufficialmente in data 19 gennaio 1812.

La Società del Disegno ritornò ad essere, come per il passato, Accademia delle Belle Arti di Firenze. Fino dalle origini dell'Accademia delle Arti del Disegno si incominciò a costituire la Galleria dell'Accademia con opere dei soci, alle quali si aggiunsero quelle derivate dalla abolizione di alcune confraternite e luoghi pii, voluta da Pietro Leopoldo e poi nel 1810 quelle derivate dalla completa soppressione degli ordini religiosi fatta da Napoleone.

Nell'ottobre del 1809 il Prefetto del Dipartimento dell'Arno istituiva il Conservatorio di Arti e Mestieri, dipendente dalla Accademia delle Belle Arti, la quale però, oltre ai professori di discipline artistiche, doveva avere un professore di meccanica elementare ed un professore di chimica applicata alle arti. Ebbe questo Conservatorio sede nel palazzo detto di S. Caterina, in Via S. Gallo, ove è oggi il comando militare. All'Accademia delle Belle Arti venne aggregato l'Istituto musicale, fondato verso il 1809, che poi, ingrandito sotto la restaurazione lorenese, venne intitolato a Luigi Cherubini, il celebre musicista e compositore nato a Firenze nel 1760 e morto a Parigi nel 1842.

Così venne automaticamente a dissolversi l'Accademia Fiorentina Terza e nessuno ne parlò più.

La lucchese Accademia Napoleone, fondata nel 1805, per opera soprattutto di Elisa Baciocchi, ebbe una vita molto attiva. Gli accademici erano instancabili, venivano fatte molte dissertazioni di storia, letteratura, filosofia, qualche volta di argomento scientifico.

A questo proposito si deve osservare che se nel campo scientifico non fu completamente raggiunto quello scopo che in origine ci si era proposti, si deve riconoscere che a quell'epoca nessuna delle accademie scientifiche d'Italia, ad eccezione di quella di Torino, fu così operosa quanto la napoleonica nel breve ciclo della sua esistenza.

In questo periodo la Società Colombaria continuò ad essere attiva tenendo frequenti sedute nelle quali, come abitualmente, si leggevano interessanti memorie ed erudite dissertazioni.

Con decreto imperiale del 18 aprile 1812, l'Orto botanico derivato dall'antico Giardino dei semplici, che con l'inglobamento della Società Botanica nell'Accademia dei Georgofili, era a questa passato nel 1783, fu ingrandito con una parte dell'orto del Convento del Maglio ed ebbe una dotazione di Lire 4200.

3. Il museo di Firenze. - Con l'annessione della Toscana all'impero francese, i corsi delle lezioni che si tenevano nel Museo, secondo la denominazione francese, costituivano il Liceo. Al principio dell'anno scolastico nella prolusione si era ringraziato il cielo per avere concesso alla Toscana la regina Maria Luisa tre mesi prima che le fosse annunziata la cessazione del Regno di Etruria. Al termine, il 31 agosto 1808, fu pubblicato il primo volume degli *Annali dell'Imperiale Museo di Firenze* [1], dedicato a S.A.I. Maria Anna Elisa, Principessa di Lucca e di Piombino, alla sorella del « Grande e del Filosofo » e le si presentavano gli studi del primo anno « non potendo essi avere in fronte più bel fregio del Suo augusto nome da parte degli Umilissimi e Devotissimi e Obbligatissimi Servitori, il Direttore ed i Professori dell'I. Museo di Firenze ». Alla suddetta dedica fa seguito una breve esposizione storica degli oggetti che formano il Museo, non che della storia scientifica della Toscana incominciando da Cosimo I fino alla consacrazione del R. Museo alla Pubblica Istruzione, avvenuto con il motuproprio 20 febbraio 1807 della Regina Reggente Maria Luisa; segue l'Elogio del professore Attilio Zuccagni, deceduto il 21 dicembre 1807, letto da Girolamo de' Bardi, Direttore del Museo; fanno seguito i rapporti scientifici dei professori delle varie materie, così del prof. Domenico De Vec-

[1] *Annali del Museo Imperiale di Fisica e Storia Naturale di Firenze per l'anno MDXXXVIII.*

chi per l'astronomia, del prof. Giovanni Babbini per la fisica, del prof. Giuseppe Gazzeri per la chimica, del prof. Filippo Uccelli per l'anatomia comparata, del prof. Ottaviano Targioni Tozzetti per la botanica, del prof. Filippo Nesti per la zoologia e mineralogia; segue una interessante sintesi del prof. Girolamo de' Bardi sul progresso delle scienze fisiche in Toscana dal secolo XI; chiudono il volume varie memorie scientifiche.

Con decreto del 21 novembre e poi del 24 dicembre 1808 il Museo passò sotto l'amministrazione del Comune di Firenze con una forte riduzione delle spese ai due terzi. Nel 1809 fu creata una Commissione per organizzare l'insegnamento superiore in modo che facesse parte della « Université de France », composta dei signori Coffier, Balbo e Cuvier. La Commissione comprese subito che una istituzione così grandiosa non poteva rimanere a carico del Comune, per cui un Decreto del 14 marzo 1809 (citato dal prof. De Vecchi nel 2° volume degli Annali) dispose che le spese per il Museo rientrassero nella amministrazione del governo francese. Fu in quella occasione che il Cuvier percorse la Toscana per i suoi studi di paleontologia, accompagnato dal prof. Nesti.

Il secondo volume degli Annali del Museo fu stampato nel 1810 ed ancora dedicato a S.A.I. Maria Anna Elisa [1]. È diviso in due parti: la prima parte fu compilata dall'astronomo prof. Domenico De Vecchi e contiene la descrizione dell'Osservatorio Imperiale di Firenze, cioè la sua storia, la sua posizione geografica, la descrizione degli edifizi che lo componevano e degli strumenti che conteneva; a questa descrizione fanno seguito le osservazioni astronomiche e metereologiche fatte nel 1809 ed in particolare si parla del progressivo arricchimento dell'osservatorio di strumenti. Nella descrizione degli strumenti antichi è compreso un canocchiale di Galileo con l'unita elegante iscrizione dell'abate Lanzi: « *Tubum opticum vides Galilei inventum et opus quo solis maculas, et extintos Lunae montes, et Jovis Satellites et novam quasi rerum universitatem primum dispexit. A. MDCIX* ».

La seconda parte contiene alcune memorie scientifiche. È importante il rapporto del prof. Gazzeri che dopo avere trattato della

---

[1] *Annali del Museo Imperiale di Fisica e Storia Naturale per l'anno MDCCCIX*, Firenze, presso Guglielmo Piatti, MDCCCX.

affinità chimica cerca con opportune esperienze di far comprendere agli allievi il concetto di « elemento ».

Offre un particolare interesse narrare i rapporti che il Museo fiorentino ebbe con il chimico inglese Humphrey Davy (1778 - 1829). Nato nella Contea di Cornovaglia fondò la teoria elettrochimica con la *Memoria sul modo di azione chimica dell'elettricità,* per la quale ottenne in Francia il premio annuale del 1808. Dimostrò quindi che la soda e la potassa sono ossidi di metalli che egli riuscì a separare mediante la pila voltaica; per analogia suppose che le terre fossero pure ossidi metallici; inventò la famosa lampada per i minatori.

In seguito ad alcune discussioni nella Società Reale di Londra pensò di recarsi all'estero. Agli inglesi era vietato viaggiare nei paesi sottoposti all'impero francese, ma Napoleone a causa della celebrità del Davy, gli accordò il permesso di venire a Parigi e di viaggiare per la Francia e per l'Italia, ciò che fece accompagnato da un famulo che divenne poi celebre, dal Farady. Così verso la fine dell'ottobre del 1813 approdò a Morlay in Bretagna. Da Ampère aveva avuto una piccola quantità di sodio e si disponeva ad esaminare questa sostanza di recente scoperta, quando due mesi dopo il suo arrivo in Francia, il 29 dicembre partì e, dopo essersi fermato a Lione, a Torino, a Genova, sarebbe arrivato a Firenze nel marzo del 1814.

È stato affermato che fu nel laboratorio di chimica del Museo che il Davy, aiutato dal conte Bardi e dal prof. Gazzeri, si sarebbe occupato dalla ossidazione dello jodio preparando l'acido jodico e che avrebbe ripetuto gli esperimenti sulla combustione del diamante e di altri materiali servendosi di quella lente che era servita per gli esperimenti di Cipriano Targioni e di Giuseppe Averani e che ora si trova nel Museo della Scienza di Firenze [1].

4. Medicina. - Il governo imperiale napoleonico non poteva fare di più per distruggere la benefica opera restauratrice degli studi di medicina dei precedenti governi. Poiché la legislazione francese disponeva che non fosse concessa alcuna matricola se non a quei gio-

---

[1] Vedi: H. Davy, *Some experiments on the combustion of the diamond and other carbonaceous substances,* Phil. Trans. 1814, pag. 557.

vani che avessero fatto gli studi in una università, la Scuola medica fiorentina non venne considerata che come una scuola di studi pratici ridotta a conferire il solo gradi di *Officiers de Santé*.

Malgrado gli sforzi del conte Camillo Capponi per patrocinare lo *status quo*, nulla si potè ottenere: l'Università di Pisa e quella senese presero il sopravvento. Il Collegio medico dei professori venne sostituito con una Giuria di medicina la quale doveva per ogni Dipartimento esaminare i candidati e conferire le matricole. Con decreto 19 aprile 1813 prese vita, secondo il costume francese, l'Ospizio di maternità che fu insediato nello Spedale degli Innocenti e si pose mano alla costruzione di un apposito locale di fronte al monastero degli Angioli, quello che fu per molto tempo Ospedale della maternità.

Caduto il governo francese, Giovacchino Murat, dal 4 gennaio 1814 al successivo 1 maggio, per ingraziarsi i Toscani aderì a molti dei desiderata della amministrazione ospedaliera. Così con decreto 4 aprile 1814 veniva abolita la Giuria di medicina, si manteneva per la Università di Pisa la facoltà di conferire matricole, ma alcuni professori vennero nominati con l'obbligo di dare lezioni in S. Maria Nuova agli studenti provenienti da Pisa per un anno affinché si perfezionassero per ottenere la matricola. La Scuola medica fiorentina divenne così una sezione della università pisana con il Mascagni per l'anatomia e la fisiologia, l'Uccelli per la chirurgia e le istituzioni chirurgiche, il Chiarugi per le istituzioni di medicina ed il dottor Mannaioni per la clinica interna.

XIV

PERIODO DELLA RESTAURAZIONE LORENESE (1814 - 1859)

1. Storia. - *Ferdinando III* (1769 [Granduca di Toscana 1814-1824] 1824). - Dopo l'esito disastroso della battaglia di Lipsia del 16 - 19 ottobre 1813 Napoleone era stato costretto a ritirarsi di fronte alle forze della coalizione europea e la Francia fu invasa. Avendo Napoleone rifiutato la proposta di ridurre la Francia entro i confini del 1792, le ostilità furono riprese, ma il Senato francese il 2 aprile 1814 dichiarava Napoleone decaduto; seguiva l'abdicazione di Napoleone a Fontainebleau e la partenza per l'isola d'Elba.

Dopo tanti avvenimenti accaduti nel periodo di 15 anni i Toscani sentivano forte il bisogno di ritornare alla quiete dei tempi del granducato lorenese, interrotta dal trattato di Lunéville. Furono quindi ben contenti quando appresero che il 20 aprile 1814 il ministro principe Giuseppe Rospigliosi aveva firmato la Convenzione di Parma per la reintegrazione di Ferdinando III sul trono di Toscana. Ma poiché egli non poteva lasciare Würzburg, sul cui granducato allora governava, nominò il principe Rospigliosi Commissario e Ministro plenipotenziario per prendere possesso del suo Stato il giorno che sarebbe stato convenuto con il comando dell'esercito austriaco in Italia.

Come abbiamo narrato, la granduchessa Elisa già alle prime notizie delle disfatte di Napoleone aveva abbandonato Firenze e dopo varie peregrinazioni si era ritirata in un suo possesso presso Trieste ove morì il 7 agosto 1820. Fu ancora a Giovacchino Murat che toccò con proclama del 25 aprile 1814 di dare avviso ai Toscani degli avvenuti cambiamenti. Dopo la disfatta di Napoleone il Murat aveva concluso con l'ammiraglio inglese Bentinek un armistizio ed una convenzione con l'Austria con la quale prometteva un esercito sussidiario di 30.000 uomini e si assicurava la sua posizione a Napoli e l'interregno in Toscana. In seguito a questa convenzione dell'11 gennaio 1814 firmò, quasi funzionasse da governo provvisorio, i decreti del febbraio e del marzo 1814. Forse la condotta del Murat e le sue continue comparse a Firenze erano ispirate dal proposito di volersi riserbare il granducato di Toscana, se non avesse potuto mantenersi sul trono di Napoli. Ma il Rospigliosi intralciava i suoi progetti.

Il 18 settembre 1814, dopo sedici anni di assenza, Ferdinando III arrivò a palazzo Pitti dopo avere sostato per tre giorni nella villa di Cafaggiolo per ricevere i nobili fiorentini e dare tempo ai funzionari francesi di abbandonare la città. Dice lo Zobi che nulla fu trascurato per fargli comprendere il gradimento dei Toscani per il suo ritorno. Prima di giungere a Firenze Ferdinando III aveva già designato le persone che avrebbero dovuto coadiuvarlo nel governo dello Stato, prima tra le quali Vittorio Fossombroni, le cui insigni doti di uomo politico e di scienziato erano state riconosciute ed apprezzate da Napoleone. Questi aveva voluto che il Fossombroni fosse fatto membro dell'Accademia di Francia e lo aveva nominato conte, non che senatore dell'impero. Di lui Napoleone soleva dire: « C'est un géant dans un entresol ». Il Fossombroni fu nominato ministro degli affari esteri e segretario di Stato: al disbrigo degli affari interni fu nominato Don Neri Corsini ed alle finanze Leopoldo Frullani.

Il 1° marzo 1815 segretamente l'« usurpatore e capobanda » approdava in Francia, il 20 rientrava in Parigi come imperatore. « Cento giorni » dopo, il 18 giugno vi fu la battaglia di Waterloo, il 22 Napoleone abdicava alla Malmaison e l'8 luglio Luigi XVIII entrava a Parigi. Durante i cento giorni Ferdinando III abbandonava, ma per poco, la Toscana. Il Murat, avendo fiducia nelle sorti di Napoleone, condusse l'esercito promesso con la convenzione con l'Austria, contro l'Austria stessa e con il bando di Rimini chiamava gli Italiani alla indipendenza. Sconfitto a Ferrara, riparò in Corsica, per poi sbarcare con pochi compagni in Calabria, ove fu preso, condotto al castello di Pizzo, ove fu fucilato. Il Congresso di Vienna consolidava il dominio di Ferdinando III sulla Toscana.

Il principe Rospigliosi nel periodo di poco più di quattro mesi, durante i quali aveva tenuto la Reggenza dello Stato, aveva ristabilito quasi completamente gli ordinamenti e le leggi dell'epoca anteriore, ma, consapevole che il mondo si trasformava, pur attenendosi alla legislazione di Pietro Leopoldo, vi incluse molte innovazioni ispirate dal regime francese. Ferdinando III affabile, bonario, teneva ad acquistare popolarità e pare che nel 1821 non fosse alieno dal concedere un regime rappresentativo. Morì nel 1824 e gli successe il figlio Leopoldo II.

Leopoldo II (1797 [Granduca di Toscana 1824 - 1859] 1870). Quando Leopoldo II successe al padre aveva ventisei anni; era buono, di ottimo cuore, ma debole di volontà ed incapace di comprendere i tempi nuovi ed adeguarvisi. Finché essi furono calmi e facili, cioè per un ventennio dopo il suo insediamento, furono abbastanza prosperi e felici, ma le cose cambiarono dopo la disgraziata battaglia di Novara del 23 marzo 1849. Già nel gennaio di quell'anno il ministero democratico con a capo Giuseppe Montanelli e Francesco Domenico Guerrazzi aveva promulgato la Costituente per cui il Granduca si rifugiò a Gaeta ove papa Pio IX lo aveva preceduto. Ebbe così termine il primo periodo del governo di Leopoldo II, il periodo delle riforme liberali, dei congressi scientifici e della gloriosa, sebbene sfortunata, partecipazione dei Toscani alla prima guerra della indipendenza, per cui sembravano rotti i rapporti tra il Granduca e l'impero austriaco.

Ritornato il Granduca in Toscana sotto la protezione delle forze austriache dal volontario esilio di Gaeta, vennero abolite tutte le concessioni liberali del precedente periodo: lo statuto, sospeso, venne poi definitivamente abolito e si instaurò un regime di sospetto e di diffidenza tra sudditi e sovrano. Gli esponenti liberali della scienza vennero tolti dall'insegnamento: così Filippo Orosi, insegnante di chimica farmaceutica a Pisa, Giovacchino Taddei insegnante di chimica a Firenze, il dottor Ferdinando Zannetti che fu sostituito da Filippo Pacini come insegnante di anatomia.

A questo stato di cose si opponeva però il movimento liberale per opera specialmente di un patrizio, il marchese Ferdinando Bartolommei e di un popolano, fervido mazziniano, Giuseppe Dolfi. Si giunse così al 27 aprile 1859, giorno in cui non volendo il Granduca accettare le condizioni che gli poneva il principe don Neri Corsini, preferì prendere la via dell'esilio.

Con la suddetta data cessa anche la nostra storia, non continuando più ad essere la Toscana uno stato autonomo con la sua annessione al regno di Vittorio Emanuele II.

2. CONDIZIONI AMBIENTALI. - *Stato della cultura.* - La letteratura della prima metà del secolo XIX si adeguò, come non mai era prima avvenuto, alle vicende politiche del tempo, adeguamento favorito dal fatto che quasi tutti i nostri scrittori presero parte a quelle vicende, cospirarono o combatterono per l'indipendenza italiana.

Ad un primo periodo di ritorno al classicismo sulle orme dell'Alfieri e del Parini che già avevano dimostrato come si potesse riaccostarsi agli antichi autori greci e latini ed anche ai nostri maggiori dei tempi passati trattando soggetti nobili ed utili al progresso della nazione, classicismo però molto paganeggiante ed influenzato da quella filosofia materialista che ci proveniva dalla Francia, fece seguito la cosiddetta scuola romantica che ne moderò gli eccessi.

Classicisti e romantici si divisero da allora il campo delle lettere, ora predominando una tendenza, ora predominando l'altra, qualche volta le due tendenze temperandosi ed armonizzandosi scambievolmente. Moltissimi furono gli scrittori che in questa prima metà del secolo raggiunsero vette eccelse, nelle più diverse specie di letteratura ed appartenenti alle più diverse regioni d'Italia: basterà che ricordiamo il Monti, il Foscolo, il Manzoni ed il Leopardi. Anche la Toscana, pur non essendo stata fertile di scrittori di così alta fama, contribuì efficacemente al nuovo indirizzo delle lettere. Ci limiteremo a ricordare qualche nome.

Francesco Benedetti di Cortona fu un buon continuatore della tragedia alfieriana temperando la maniera dell'astigiano con innovazioni derivate dallo studio di Shakespeare; Lazzaro Papi di Pontito nel Lucchese fece nei *Commentari della rivoluzione francese* un sobrio e vivace quadro di questo grande avvenimento e delle sue conseguenze fino al 1814; Luigi Fornaciari, lucchese, con gli *Esempi di bello scrivere* contribuì in sommo grado a riformare lo stile e la lingua italiana; Francesco Domenico Guerrazzi, livornese, di animo ribelle, predicò la rivolta e l'emancipazione dei popoli, senza farsi domare, né dal carcere, né dal confino e fece mostra nei suoi romanzi di bella e ricca lingua non che di grande potenza emotiva; Antonio Guadagnoli, aretino, riprese la vena burlesca del Fagiuoli adattandola al gusto del tempo e stimolando il riso fece la satira dei vizi della società; Tommaso Gherardi del Testa di Terricciola nel Pisano, ebbe meritata fortuna scrivendo buone commedie con schietta vena paesana; Atto Vannucci di Tobbiana nel Pistoiese, avversario del dispotismo ed ammiratore delle virtù repubblicane, scrisse pregiate opere storiche tra le quali la *Storia dell'Italia antica* fino agli Antonini nella quale ad una forma sobria e robusta aggiunse il metodo della critica moderna; Gino Capponi, fiorentino, fu il più efficiente promotore degli studi storici in Toscana e pubblicò tra l'altro, una *Storia della Repubblica di Firenze*, favorì efficacemente il movimento del '59 e l'annessione della Toscana al Piemonte.

Meritano un particolare ricordo Giov. Batt. Niccolini e Giuseppe Giusti. Giov. Batt. Niccolini di Bagni di Pisa fu il maggior poeta tragico italiano dopo l'Alfieri, al quale fu superiore per varietà ed armonia del verso; fiero avversario dell'accordo tra Stato e religione e quindi del papato politico, fu anche lirico insigne ed ispirò le sue poesie alla liberazione d'Italia dallo straniero, come aveva ispirato le sue tragedie a fini politici.

Giuseppe Giusti di Monsumanno può considerarsi come il maggior poeta satirico italiano dopo il Parini; la sua Musa fu essenzialmente diretta alla indipendenza dell'Italia, ma anche a colpire i « pagliacci », gli ipocriti che riempiono il mondo; aborrì tanto dalle esagerazioni classiciste quanto dalla eccessiva mania rinnovatrice dei romantici.

La stampa periodica. - Grande fu l'importanza della stampa periodica nella preparazione del Risorgimento.

Restaurato il governo granducale nel 1814 si perdette quel po' di buono che il governo francese vi aveva recato, né furono richiamate a nuova vita le istituzioni leopoldine, piene di sapienza ed ispirate a sani concetti di progresso civile. Il potere dominante, come accade in tutte le tirannidi, fu la sbirrocrazia ed il Presidente del buon governo il personaggio più importante del granducato. È vero che non vi erano guarnigioni austriache, che i giornali francesi potevano essere letti, che gli esuli politici degli altri Stati italiani potevano trovare asilo nel granducato; ma al fondo delle cose, queste rimanevano come erano; le poesie del Giusti ritraggono al vero questa vita toscana, i tipi di questa società pure dipinti in pagine stupende da Giuseppe Montanelli.

Vi erano però in mezzo a questa società forti pensatori, uomini di grande valore che vivevano isolati contemplando con tristezza lo spettacolo della indifferenza toscana e trovando conforto in studi profondi e meditazioni solitarie. Gino Capponi ebbe l'idea di pubblicare un giornale che raccogliesse il pensiero italiano come il Foscolo aveva disegnato. I primi tentativi con *Il Raccoglitore*, *Il Vagliatore*, *Il Saggiatore*, non ebbero buon esito finché nel luglio del 1819 venne a stabilirsi in Firenze Gianpietro Vieusseux di Oneglia, ma di origine ginevrina, il quale fondò in quella città il *Gabinetto* scientifico e letterario, che divenne il ritrovo di uomini illustri italiani e stranieri e che fu imitato in altre città; ma la sua idea era di fondare un giornale. Così avvenne che il 20 settembre 1820 gli fu concesso dal Presidente del Buon Governo di pubblicare l'*Antologia* che iniziò nel 1821 la pubblicazione di opuscoli letterari.

L'*Antologia* del Vieusseux, della quale egli era non solo editore, ma anche direttore, ebbe l'elogio e la collaborazione dei migliori letterati della penisola, soprattutto di Gino Capponi che ne fu anche in parte l'ispiratore, ma poi di Gaetano Cioni, Giov. Batt. Niccolini, Cosimo Ridolfi, Giovanni Inghirami, Pietro Giordani, Guglielmo Libri, Raffaelo Lambruschini, Terenzio Mamiani, Giuseppe Mazzini e di tanti altri, tra i quali anche il Leopardi. Proibita spesso l'*Antologia* in varie parti d'Italia, poteva circolare in Toscana ed è meraviglioso pensare come il Vieusseux riuscisse ad ottenere la collaborazione di scrittori tanto diversi. La ragione era che tutti erano animati da uno stesso ideale: il miglioramento d'Italia. Tutti gli argomenti servivano allo scopo, fossero di lettere, di arte o di scienza. Questi intendimenti non sfuggivano all'occhio vigile della polizia. Inoltre due articoli vennero incriminati: uno di Luigi Leoni nel quale parlando del poema del Curti, scriveva che l'autore, dedicando il suo poema all'imperatore « non udiva e non vedeva il sangue e i gemiti e il disperato grido di una massacrata ed infelice nazione »; l'altro del Tommaseo sul volgarizzamento di Pausania fatto dal Ciampi. Il 26 marzo 1833 l'*Antologia* venne soppressa.

Riusciti vani tutti gli sforzi per creare la pubblicazione di altri giornali che potessero degnamente sostituire l'*Antologia*, il Vieusseux volse le sue cure al « Giornale Agrario », sorto per merito suo nel 1827, cui andavano uniti gli Atti della Accademia dei Georgofili. Con il Capponi il Vieusseux fondava l'*Archivio storico italiano* che doveva essere la continuazione della grande opera del Muratori, pubblicando le più importanti storie, cronache, lettere e memorie giacenti nei nostri archivi, e poi con il Lambruschini la *Guida dell'Educatore* che durò dal 1836 al 1845. Questi tre giornali, per quanto non politici, contribuirono a mantenere vivo il pensiero italiano.

Accanto a questo lavoro meraviglioso funzionava la stampa clandestina, con due indirizzi, uno moderato dalla forma dignitosa, l'altro rivoluzionario e violento. Il 27 marzo 1847 Bettino Ricasoli, a nome degli amici suoi, Raffaello Lambruschini e Vincenzo Salvagnoli, presentava al Consigliere Campini una memoria con la quale si domandavano norme per la stampa specialmente periodica: il 29 marzo il Consigliere Campini presentava una domanda sottoscritta da Gino Capponi, Vincenzo Antinori, Cosimo Ridolfi, Vincenzo Peruzzi, Guglielmo Digny perché « lasciasse dire benevolmente e nei debiti modi quello che ostilmente e con modi urtanti proponeva la parte onesta della stampa clandestina ». Effetto di questo assiduo lavoro fu la legge sulla stampa del 6 maggio 1847. Seguirono però eccessi che dispiacquero ai promotori, dimostrazioni violente contro il rappresentante dell'Austria. Così questo periodo dalla promulgazione della legge sulla stampa alla reazione del 1849 rappresentò con il prorompere delle più nobili aspirazioni anche lo sfogo delle passioni meno nobili. Il terzo periodo, successivo al 1849 fu di scoramento, ma si avvicinava l'alba del 27 aprile 1859 [1].

Per quanto riguarda le Belle Arti e l'architettura ricordiamo quanto abbiamo detto trattando del primo periodo della dominazione lorenese, cioè che in questo periodo si compiva quel passaggio dal Settecento all'Ottocento, dal neoclassicismo al romanticismo il cui pieno sviluppo si sarebbe avuto nella prima metà del secolo XIX.

---

[1] Vedi: *La Toscana alla fine del Granducato*, Conferenze, Firenze, 1909. Conferenza di A. LINAKER: *G. P. Viesseux e la stampa cooperatrice del Risorgimento.*

Si compiva nell'arte quello stesso passaggio che abbiamo precedentemente illustrato nel campo delle lettere.

Le Università. - Sul principio del 1814 veniva sospesa l'Accademia senese e l'arcivescovo venne incaricato di compilare il Regolamento della Università che doveva essere ripristinata con l'aiuto del Provveditore per gli studi nel granducato. Se non che la mancata promulgazione del Decreto di ricostruzione della Università senese sulla base delle proposte della Commissione del governo accettate fu causa di vivo malumore e di vivaci rimostranze da parte dei Senesi, per cui il 30 dicembre 1814 venne pubblicato il motuproprio con il quale veniva ricostituita l'Università senese dal 1° gennaio 1815; se non che nulla fu trascurato dal governo per mantenerla in condizioni di inferiorità in confronto della Università pisana; tuttavia, mercé le cure del Provveditorato della Università, poté andare avanti abbastanza bene. Nel 1815 Santi Linari insegnava nello Studio senese fisica e matematica superiore; in quello stesso anno Serafino Belli, geometria; nel 1819, Gasparo Mazzi istituzioni chirurgiche e medicina; nel 1822 Giuseppe Giuli, storia naturale.

Ma ecco nuovi e più gravi pericoli profilarsi sotto il governo di Leopoldo II: il tentativo della soppressione violenta della Università. Se ciò non avvenne fu per il timore di una sollevazione ed a causa della benemerita ed efficace opera del Provveditore Giulio Puccioni. Si ricorse allora a metodi indiretti, cioè ad una riforma di tutti gli studi universitari della Toscana che riuscì nefasta per l'istruzione. Con motuproprio infatti del 29 settembre 1840, le facoltà dello Studio senese furono ridotte a tre (teologia, giurisprudenza, medicina), fu aggiunto un Collegio filosofico per le scienze propedeutiche, mentre fu disposto che la Università di Pisa fosse costituita da sei facoltà.

Con altro motuproprio dello stesso anno venne soppresso il Collegio medico della città di Siena e si dispose che gli studenti di medicina e di chirurgia compissero gli studi pratici per conseguire la matricola nell'Ospedale di S. Maria Nuova di Firenze. Così il Collegio medico senese, costituito nel 1587, cessò di esistere, di costituire un utile complemento della Università, conferendo le matricole e tutelando la pubblica salute. Frattanto germogliavano i germi della patria redenzione, malgrado le difficoltà che si opponevano a questa realizzazione ed ai risultati sconfortanti delle prime lotte. Il governo, reso sospettoso, non riuscì ad impedire che maestri e discepoli fossero saldamente uniti per raggiungere il comune ideale; fu istituito il Tribunale detto del Buon Governo; al Provveditore della Università si diede l'incarico di sorvegliare la condotta dei professori e degli scolari ed a riferirne al Ministero ed al suddetto Tribunale. In opposizione grande fu l'entusiasmo che accompagnò l'istituzione della Guardia nazionale dalla quale uscirono i battaglioni della Università senese e di quella pisana che presero parte alla battaglia di Curtatone e Montanara il 29 maggio 1848.

Il governo allora sempre più inquieto e pauroso ideò il progetto di sopprimere le sue università, formandone una sola che fu chiamata *Studio etrusco*, divisa tra le due città, un progetto che dal lato culturale avrebbe potuto dare buoni frutti se non fosse stato ispirato alla idea di repressione politica. Infatti con il motuproprio del 28 ottobre 1851 si disponeva che all'Università senese fossero lasciate solo le facoltà di teologia e giurisprudenza, mentre le quattro facoltà di filosofia e filologia, di medicina e chirurgia, di matematiche e scienze naturali venivano lasciate allo Studio pisano. Si raggiungeva così lo scopo di frazionare gli studenti, mentre nuove cattedre si stabilivano a Firenze, togliendole a Pisa.

Maestri insigni vennero dispensati dall'insegnamento, altri lo abbandonarono, altri subirono in silenzio le nuove vessatorie disposizioni. Alla sezione senese della Università toscana vennero tolti i beni e quella autonomia amministrativa che il Vaccà-Berlinghieri aveva salvato durante la dominazione napoleonica.

Grande fu il malcontento dei Senesi in seguito a queste riforme in danno dello Studio e di esse si fece efficace interprete il Magistrato cittadino, ma le disposizioni adottate non solo furono confermate, ma maggiormente aggravate nel 1852. Malgrado le difficoltà esistenti lo Studio ebbe valenti maestri, alcuni dei quali sono già stati nominati: nella medicina dobbiamo ancora ricordare Pasquale Landi, Zanobi Pecchioli, Pietro Burresi, Atto Tigri; nella fisica, Giuseppe Pianigiani, nella matematica Giuseppe Vaselli.

Si giunse così alla caduta del governo lorenese. Il Governo provvisorio della Toscana revocò il 30 aprile 1859 il motuproprio del 1851 che costituiva una unica università toscana e ripristinava le due università distinte di Siena e di Pisa.

Con la restaurazione lorenese anche l'Accademia pisana, venne soppressa, fu ricostituita l'Università e l'arcivescovo fu incaricato di presiedere la Commissione nominata per compilare il Regolamento della ricostituita Università con richiamo in vigore delle leggi e statuti che la regolavano prima dell'occupazione francese, tranne in qualche punto per il quale vennero date nuove disposizioni.

Il governo della Università ritornò nelle mani dell'Arcicancelliere nella persona dell'arcivescovo di Pisa, dell'Auditore e del Provveditore generale; il corpo accademico fu diviso in tre facoltà dette collegi, cioè nel collegio teologico, nel collegio legale con aggregati gli insegnamenti di filosofia e di lettere, e nel collegio medico-fisico con due sezioni, una per la medicina, l'altra per la fisica e la matematica. Il decreto forniva molte regole per la disciplina, l'ordine degli studi e gli esami. Particolari provvedimenti furono emessi — segno dei tempi — per la polizia universitaria ed al Provveditore fu conferita potestà su tutte le persone addette alla Università; con speciale regolamento del 13 novembre 1814 si stabilivano le relazioni tra l'Università ed il Governatore di Pisa.

Oltre agli insegnamenti delle tre facoltà istituite al momento della restaurazione, la teologica, la legale e la medico-fisica, furono istituite cattedre di economia sociale, diritto patrio e commerciale, veterinaria ed agricoltura; alle dipendenze della Università venne istituito un Istituto agrario.

Gli studi medici vennero profondamente modificati e venne data veste legale ad una antica consuetudine, affermatasi soprattutto nel secolo XVIII. In Firenze, nell'Ospedale di S. Maria Nuova, ove già i giovani medici si recavano spontaneamente a far pratica, fu aperta una Scuola di medicina, dichiarata sezione della facoltà di Pisa, che accoglieva gli studenti che vi dovevano compiere il corso durante gli ultimi due anni di pratica clinica, ciò che consentiva il conseguimento della matricola mentre l'Università di Pisa conferiva solo la laurea in medicina. Gli insegnamenti della facoltà di medicina vennero ordinati in miglior maniera, dividendo l'anatomia dalla fisiologia, l'ostetricia dalla chirurgia, e si fondarono cattedre nuove, come quella di anatomia comparata, di materia medica, di patologia generale, di medicina legale e di igiene. Le scienze naturali furono costituite in una facoltà autonoma. Anche le altre facoltà si arricchirono di nuove cattedre, come quelle di lingue copta e sanscrita, di filosofia del diritto.

Fu restaurato il Collegio Ferdinando. Nel 1846 fu autorizzata la pubblicazione degli *Annali delle Università toscane*, sistemate le questioni sempre risorgenti tra i clinici e le amministrazioni ospedaliere, stabiliti i gradi e gli stipendi dei professori in modo più conforme alla dignità delle persone ed all'interesse degli studi.

Con l'andar del tempo, con l'accrescersi dei sospetti e timori del governo in riguardo alla crescente opposizione ad esso, venne accresciuta l'autorità del Provveditore e rese più severe le regole di polizia e di disciplina. Gli studenti per essere iscritti furono obbligati a presentare certificati delle autorità ecclesiastiche o civili comprovanti la loro buona condotta. La vigilanza del Provveditore si estendeva anche agli insegnanti e non solo negli edifizi universitari, ma in ogni luogo pubblico o privato; gli applausi ai professori nelle scuole furono severamente proibiti, ed anche l'offerta di sonetti o corone. La vigilanza del Provveditore doveva essere severa e continua ed a questo scopo vennero date particolari istruzioni nel 1842, rese più rigorose nel 1849, in relazione con i moti politici del 1848 e del 1849. Parlando della Università senese abbiamo narrato come con il decreto del 28 ottobre 1851 si addivenisse alla fusione delle due università in una unica con le due facoltà, la teologica e la giuridica risiedenti a Siena e le quattro, di filosofia e filologia, di medicina e chirurgia, di scienze matematiche, e di scienze naturali, risiedenti a Pisa, ordinamento questo che durò fino al termine del governo granducale.

Molti furono i valenti insegnanti che diedero lustro all'ateneo pisano durante la restaurazione lorenese e dei quali molti continuarono ad occupare le cattedre dopo la cessazione di quel governo. Ne ricorderemo alcuni dei più eminenti.

Nel diritto romano fu celebre Federico del Rosso, succeduto a Lorenzo Quartieri che fu anche canonista e filosofo e che in tutti gli insegnamenti portò uno spirito di originalità seguendo la via che era stata aperta e seguita dal Romagnosi; nel diritto penale Giovanni Carmignani che ebbe come continuatore e perfezionatore Francesco Carrara; nella metafisica Bartolommeo Bianucci e nella storia della filosofia Silvestro Centofanti; nella storia delle scienze Guglielmo Libri, fiorentino, che da Pisa passò a Parigi e che scrisse l'*Histoire des Sciences mathémathiques en Italie depuis la renaissance des lettres jusqu'à la fin du XVII siècle* (Paris, 1838-1841).

Nelle lettere umane si deve ricordare Lorenzo Pignotti, Pietro Bagnoli, Giovanni Rosini, professore di eloquenza, e Michele Ferrucci, chiamato da Ginevra nel 1843 per la scuola storica sulle tracce del Savigny. Negli studi orientali molto si distinse Ippolito Rossellini, che aveva avuto come illustre predecessore Cesare Malanima.

Ricordiamo nella matematica Paolo Frisi e Tommaso Perelli; nella astronomia Fabrizio Ottaviano Mossotti; illustri fisici di questo periodo furono Ranieri Gerbi e soprattutto Carlo Matteucci; occupò la cattedra allora istituita di geologia e mineralogia Leopoldo Pilla di Venafro, in Calabria, cui successe il padovano Giuseppe Meneghini; nella botanica eccelse Gaetano Savi, e nelle scienze naturali suo figlio Paolo Savi che riordinò il Museo di storia naturale; nella chimica Raffaello Piria, napoletano, che può considerarsi il fondatore della chimica italiana e che ebbe il merito di avviare a quella scienza Stanislao Canizzaro; è da ricordarsi che in quel tempo era semplice studente di fisica Antonio Pacinotti, nato a Pisa nel 1841.

Nel 1848 fu ascritto alla facoltà medica l'urbinate Francesco Puccinotti che insegnò medicina pubblica, cioè igiene, non che clinica medica e che fu autore di una celebre *Storia della medicina* (Livorno, 1850-1855). Fu suo emulo e rivale il cesenate Maurizio Bufalini, illustre clinico; Giorgio Regnoli si distinse nella chirurgia come successore di Andrea Vaccà-Berlinghieri; Ranieri Menici si distinse nelle istituzioni chirurgiche, Andrea Ranzi nella patologia ed il Civinini nella anatomia.

Nel 1840 fu fondato dai professori Amici, Bufalini, Giorgini, Puccinotti e Savi il *Giornale toscano per le scienze mediche, fisiche e naturali* e nel 1841 dai professori Rosellini, Bonaini e Severi, il *Giornale toscano delle scienze morali, sociali e storiche.*

Come abbiamo narrato parlando della Università senese, il 30 aprile 1859 fu revocato il motuproprio del 1851 che riuniva le due Università di Siena e di Pisa, in una unica Università toscana. Il 31 luglio successivo seguì la legge Ridolfi la quale determinava per ciascuna delle ricostituite sei facoltà (delle quali due risiedevano a Siena, la teologica e la giuridica, e le altre quattro a Pisa, quelle di filosofia e filologia, di medicina e chirurgia, di scienze matematiche e di scienze naturali) le cattedre che dovevano farne parte e rendeva più conforme l'ordine degli studi al mutato clima politico ed al progresso delle scienze. I nuovi ordinamenti furono applicati il 13 novembre 1859, indipendentemente dalla legge Casati che fu approvata il 16 novembre di quello stesso anno.

Altri istituti. - Le condizioni della zootecnia in Toscana e specialmente nell'agro pisano avevano assai presto fatto sentire il bisogno di competenti veterinari. Questi erano per lo più fabbri manescalchi che insieme alla loro arte esercitavano anche la medicina degli animali; d'altra parte i giovani che il governo mandava nelle scuole veterinarie di Francia erano troppo pochi per sopperire ai bisogni.

Un vero insegnamento veterinario era incominciato solo circa il 1818 con Vincenzo Mazza che, nato a Bologna nel 1794, aveva conseguito il diploma di veterinario alla scuola di Milano nel 1814 e che, dopo il ritorno di Napoleone dall'Elba, era divenuto veterinario militare nella *Grande Armée.* Caduto Napoleone, venne a Pisa, ove si laureò in medicina ed impiantò una piccola scuola veterinaria protetto dal napoletano principe di Canosa, il quale gli passava i cavalli per le esercitazioni anatomiche e chirurgiche. Dopo un triennio i giovani sostenevano un esame teorico-pratico con una certa solennità nel palazzo Rosselmini di Via S. Maria, mentre i corsi si tenevano in un locale della via S. Martino; i giovani inoltre frequentavano i corsi universitari di chimica del prof. Branchi e di botanica del prof. Gaetano Savi. Il Mazza compilò un suo *Corso completo di medicina veterinaria* che per molto tempo fu classico.

La prima Scuola veterinaria pisana ebbe però termine nel 1821, quando il principe di Canosa, già fuoriuscito, si riconciliò con i Borboni e potè ritornare a Napoli, accompagnato dal Mazza.

Nel riordinamento degli studi superiori del 1839 per opera del Giorgini, nella facoltà di medicina di Pisa fu istituita una cattedra di veterinaria che fu coperta da Felice Melchiorre Tonelli di Fivizzano che si era diplomato a Milano nel 1822 e poi in medicina a Pisa nel 1827. I pochi studenti di veterinaria seguivano alcuni corsi in comune con gli studenti di medicina; ma gli insegnamenti pratici erano affatto rudimentali.

Nel 1859 per la legge Ridolfi la cattedra di veterinaria venne staccata dalla facoltà di medicina e se ne istituì una di anatomia, fisiologia e chirurgia veterinaria che venne occupata da Luigi Lombardini che si era diplomato nel 1847 alla Scuola di Bologna. Seguirono nel tempo ulteriori perfezionamenti fino alla costituzione della attuale Scuola superiore di medicina veterinaria.

Con rescritto granducale del 5 ottobre 1840 venne istituita la Scuola superiore di agraria pisana: con l'anno scolastico 1842 - 43 incominciarono le lezioni con un discorso del prof. march. Cosimo Ridolfi, direttore della Scuola ed insegnante di agronomia e pastorizia.

Il Ridolfi, essendo stato chiamato nel 1846 alla Corte granducale come educatore del principe ereditario, fu costretto a lasciare l'insegnamento e la direzione dell'Istituto e venne sostituito in entrambi gli uffici dal prof. Pietro Cuppari, il quale insegnò dall'anno accademico 1845-46 fino al febbraio 1870, anno della sua morte.

Con il riordinamento della Università pisana realizzato dal R. Commissario delle Province toscane (essendo ministro della pubblica istruzione il march. Cosimo Ridolfi) in base al decreto 31 luglio 1859 fu istituita una sezione di agronomia e veterinaria con facoltà di conferire i relativi diplomi. Con il R. decreto 28 novembre 1861 l'Istituto di Agraria della R. Università di Pisa passò dalle dipendenze del Ministero della pubblica istruzione a quelle del Ministero di agricoltura, industria e commercio, ma con decreto 23 dicembre 1865 l'Istituto di agraria pisano veniva nuovamente reso dipendente dal Ministro della pubblica istruzione ed incorporato nella R. Università.

Con la caduta dell'impero napoleonico anche la Scuola normale superiore che quel governo aveva istituito il 29 gennaio 1813 come succursale della Scuola normale francese, cessò di esistere. Fu solo il 28 novembre 1846 che avvenne la sua ricostruzione con motuproprio granducale, ma molto ridotta dovendo fornire docenti per la sola Toscana. Il numero dei posti gratuiti fu di 10 soltanto ed erano della sola sezione delle lettere; gli aggregati alla sezione di scienze fisico-matematiche non percepivano sussidio ed erano di numero indeterminato.

Nel nuovo regno di Italia, la Scuola si rivelò insufficiente per i nuovi bisogni ed il ministro Matteucci con il R. decreto del 17 agosto 1862 mise in atto quella riforma che già il ministro De Sanctis aveva concepito. Tutti gli Italiani potevano prendere parte al concorso per convittori con posto gratuito e per aggregati con sussidio o senza sussidio, sia per la sezione di lettere che per quella di scienze fisico-matematiche e naturali. Altre riforme seguirono circa le quali non è nostro compito intrattenerci.

Con decreto del 14 gennaio 1850 fu disposto che il Conservatorio di Arti e Mestieri, che, istituito nel 1809 alle dipendenze del Comune di Firenze, dopo la restaurazione, era stato avocato da Ferdinando III al governo, dalla sua primitiva sede nel cosiddetto palazzo di S. Caterina in via S. Gallo (il palazzo dell'attuale comando militare) fosse trasferito nella stessa via accanto alla Chiesa di S. Giovannino dei Cavalieri e che non si chiamasse più Conservatorio, ma Istituto tecnico.

La fondazione dell'Istituto nella nuova sede ebbe luogo nel 1853, ma le scuole furono aperte solo il 25 febbraio 1856 ed il discorso inaugurale venne letto dal prof. Antonio Targioni Tozzetti che era insegnante di chimica generale e di tecnologia. Nell'atrio dell'Istituto venne posta una lapide commemorativa che poi venne trasferita nella nuova sede in via Giuseppe Giusti.

Il 22 dicembre 1859, essendo Presidente del Consiglio dei Ministri Bettino Ricasoli e ministro della Pubblica Istruzione Cosimo Ridolfi, fu emanato il decreto di fondazione dell'Istituto di Studi Superiori di Firenze. Esso era costituito da quattro sezioni, una per la filologia e filosofia, una per le scienze giuridiche, una per le scienze fisiche e naturali ed una per la medicina. Esso fu quindi istituito dopo la cessazione del dominio lorenese; dopo il 1924 divenne R. Università degli Studi, ed, istituita la Repubblica, Università degli Studi.

Le Accademie. - Durante la restaurazione lorenese gli accademici della Accademia della Crusca continuarono nei loro propositi di effettuare la quinta ristampa del vocabolario, ma fu solo dopo molti anni dalla annessione al Regno d'Italia che tale ristampa fu intrapresa [1].

Il Governo Provvisorio Austriaco (1814-1817) con decreto 14 giugno 1814 volle ripristinato il nome di « Accademia degli Oscuri ». Con decreto 24 dicembre 1817 fu concesso all'Accademia lucchese il titolo di « Reale » ed una sede propria nel palazzo Lucchesini presso il R. Liceo. La Reale Accademia Lucchese di Scienze, Lettere ed Arti continuò a seguire l'indirizzo dell'Accademia Napoleone favorendo la cultura regionale storica e letteraria e provvedendo alla pubblicazione degli Atti [2].

Nel 1823, sulla fine del governo di Ferdinando III, la Società Colombaria Fiorentina rinnovò la sua costituzione estendendone l'oggetto agli scavi del suolo etrusco, attività in quel tempo assai prediletta e per buona sorte del sodalizio le sue due più importanti cariche caddero nelle mani di due persone eruditissime e zelanti: Gino Capponi, allora nel pieno rigoglio della sua età giovanile venne nominato Presidente perpetuo e come Segretario a vita gli fu posto a lato il solerte e dotto Cesare Guasti. In quello stesso tempo il sodalizio trasferì la sua sede in via de' Bardi presso l'accademico Alessandro Rivani, e precisamente nell'appartamento a piano terreno della sua casa con la biblioteca ed il mobilio.

---

[1] Fu precisamente nel 1861 che comparve il I volume della 5ª edizione del vocabolario. In conseguenza del R. decreto 11 marzo 1923 la ristampa venne interrotta alla lettera O. L'Accademia venne riformata e per iniziativa di Istituti pubblici e di persone private fu costituito l'« Ente per la continuazione del Vocabolario degli Accademici della Crusca », con sede nei locali stessi dell'Accademia, attualmente nel palazzo costruito dai Castellani in piazza dei Giudici, ove dal 1574 aveva avuto sede il Magistrato dei Giudici di Ruota, abolito nel 1841, palazzo che oggi ospita anche l'Istituto ed il Museo Nazionale di Storia della Scienza. Con il decreto del 1923 venne affidato all'Accademia il compito di pubblicare ed illustrare testi critici.

Nel 1923 l'Accademia ebbe l'incarico di promuovere lo studio e l'edizione critica di opere di autori classici della lingua italiana. Un opportuno finanziamento del Consiglio Nazionale delle Ricerche ha permesso all'Accademia di riprendere nel 1964, con rinnovati mezzi ed impegno, la sua secolare attività lessicografica per la preparazione di un nuovo grande Vocabolario storico della lingua italiana e di un Tesoro della lingua italiana dei primi due secoli.

Nessuna Accademia d'Italia, almeno fino al 1859, venne tanto portata alle stelle e poi vilipesa. Essa merita quel rispetto — dice il Maylender — che si deve ad una istituzione così antica, della cui attività tanto si è avvantaggiata la lingua italiana e che tanto onore ha arrecato all'Italia.

[2] L'Accademia, divenuta con l'avvento della repubblica Accademia Lucchese di Scienze, Lettere ed Arti è retta oggi con lo Statuto D.P.R. 30 novembre 1959, ha la sua sede nel Palazzo Provinciale di Lucca e prosegue nella pubblicazione degli Atti.

Dal 1836 venne smesso l'uso dei titoli accademici perdurando il sodalizio a sviluppare la sua attività accademica. La pubblicazione degli Atti dal 1856 al 1890 precede un breve sunto storico dell'origine e delle vicende dell'accademia [1].

Durante la restaurazione lorenese l'Accademia delle Belle Arti continuò a funzionare come durante l'occupazione francese [2].

L'Accademia Etrusca di Cortona che, fondata nel 1726, durante gli ultimi anni del governo mediceo, aveva continuato ad essere regolata da quelle « Leggi » riformate che erano state promulgate nel 1753, durante i successivi periodi storici continuò a svolgere una attività più o meno intensa in dipendenza delle vicende politiche [3].

Biblioteche. - La Biblioteca universitaria pisana, dopo il legato del prof. Francesco Albizzi, nel 1787, si era arricchita di molte migliaia di importanti volumi ad essa legati nel 1803 da mons. Angelo Fabroni, Provveditore della Università, come abbiamo narrato.

Ma il più insigne benefattore della biblioteca fu il professore di astronomia Ferdinando Piazzini di Pisa, che tenne pure l'ufficio

---

[1] Nel 1934 furono parzialmente modificate le « Costituzioni » della Società che fu retta da un nuovo Statuto che venne radicalmente modificato nel 1942, assumendo il nome di *Accademia Fiorentina di Scienze morali « La Colombaria »*. Nel 1944 l'Accademia, in seguito agli eventi bellici, era privata della sua sede in Via dei Bardi, perdeva gran parte delle sue preziose raccolte di manoscritti. Successivamente riprendeva la sua vita e dal 1952, per una convenzione con il Comune di Firenze aveva per sede alcune sale dell'antico convento delle Oblate in Via S. Egidio. Fu deliberato un nuovo Statuto e l'Accademia assunse la denominazione di *Accademia Toscana di Scienze e Lettere « La Colombaria »*. Nel 1943 le *Memorie* della Società acquistarono il titolo di *Atti e Memorie dell'Accademia Fiorentina di Scienze Morali « La Colombaria »*, nel 1951 quello di *Atti e Memorie dell'Accademia Toscana di Scienze e Lettere « La Colombaria »*.

[2] Nel 1860 il Governo Provvisorio della Toscana emise un nuovo Statuto che durò fino al 1873, quando l'Accademia passò alle dipendenze del Ministero della Pubblica Istruzione scindendosi nel Collegio degli Accademici e nell'Istituto delle Belle Arti.

[3] Bisognò arrivare fino al 1887, a più di un secolo dalle « Leggi » emanate nel 1753, perché queste fossero sottoposte a delle modifiche che vennero approvate con R. Decreto del 21 novembre 1888.

Nel 1927, essendo lucumone il conte Rinaldi Baldetti, gli accademici decisero di darsi un nuovo statuto che fu approvato nell'assemblea del 15 novembre e pubblicato il 29 novembre dello stesso anno, in occasione della ricorrenza bicentenaria dell'Accademia.

In seguito all'imposto controllo politico delle attività accademiche, il testo dello statuto venne modificato con R. Decreto 16 ottobre 1934, per essere poi, al termine della guerra, nuovamente rielaborato con modifiche proposte dal Ministero della Pubblica Istruzione ed approvato definitivamente dall'Assemblea dei Soci il 26 giugno 1954. Fu quindi sanzionato con D.P.R. del 4 ottobre 1955.

di bibliotecario dal 1820 al 1832, anno della sua morte. Egli procurò che la biblioteca che si trovava a disagio nel ristretto locale di Via S. Maria, fosse trasportata nel palazzo della Sapienza, ove tuttora si trova; la ordinò e la accrebbe di molte migliaia di volumi acquistati a sue spese; venuto a morte nel 1832 lasciò un capitale di 6.000 scudi per l'acquisto di libri che sono contrassegnati con un particolare sigillo e che contribuirono molto all'incremento del patrimonio librario della biblioteca. A questa furono poi aggiunti i libri dei soppressi Collegi Ferdinando e della Sapienza e quelli appartenenti ai soppressi conventi di Pisa.

Dopo la morte del prof. Piazzini fu incaricato della direzione interinale della biblioteca il prof. Branchi che tenne questo ufficio fino al 1834, quando fu nominato bibliotecario il can. Giov. Batt. Rossi che però dopo pochi mesi abbandonò l'incarico e l'insegnamento universitario, essendo nominato Vescovo di Pescia, e riprendeva la direzione interinale il prof. Branchi fino al 1835, nel quale anno veniva nominato bibliotecario il prof. Ippolito Rossellini fino all'anno 1843. Dopo un breve incarico della direzione da parte del prof. Gaetano Savi, essa fu tenuta dal 1843 al 1848 dal prof. Francesco Bonaini, al quale, chiamato alla direzione degli Archivi Toscani successe il prof. Michele Ferrucci dal 1848 al 1881.

La direzione della Biblioteca universitaria senese, divenuta poi Biblioteca civica senese, morto il Cioccheri, era passata all'abate Luigi De Angelis, professore nello Studio. A questi successe nel 1833 il cav. Giacomo Chigi all'opera del quale si deve in gran parte il passaggio a quella biblioteca dalla Palatina di Firenze di molte opere di valore ad essa donate nel 1847 dal march. Angiolo Chigi. Nel 1850 fu anche più importante il lascito del march. Leopoldo Fermi di Firenze. Nel 1859 ne era ancora direttore il cav. Angiolo Chigi al quale successe nel 1860 il dottor Francesco Grottanelli.

3. Accademie scientifiche. - L'avvento della restaurazione lorenese segnò il principio di un periodo di ripresa dell'Accademia Senese dei Fisiocritici. Essa ebbe in dono il Monastero dei Camaldolesi, detto della Rosa ed in questa sede vennero istituiti un museo zoologico ed uno mineralogico a complemento di raccolte già iniziate nel 1759.

Nel 1817 l'attività dell'Accademia venne estesa ai cultori di scienze morali che poterono così appartenere all'Accademia, la quale inoltre modificò la sua costituzione con l'aggiunta di una sezione agraria.

Le vicende politiche dal 1840 al 1860 influenzarono naturalmente l'attività accademica per cui fino al 1862 non spirò un alito di vita [1].

Durante il governo di Ferdinando III l'Accademia dei Georgofili continuò la sua ordinaria attività e non vi è da segnalare altro che la riforma del Regolamento che avvenne nell'anno 1817.

Sotto il governo di Leopoldo II, nel 1827, per merito di tre soci, Raffaello Lambruschini, Lapo de' Ricci e Cosimo Ridolfi, a lato degli *Atti* accademici, venne istituito il *Giornale Agrario* con grande vantaggio sia della scienza che della pratica agraria. Il Giornale venne pubblicato fino al 1848; dal 1848 al 1853 si trasformò in *Bollettino agrario;* dal 1854 continuò ad uscire con il titolo originario fino al 1865 nel quale anno per sopravvenute difficoltà venne soppresso.

A Cosimo Ridolfi spetta anche il merito di avere proposto la istituzione dell'*Istituto agrario*, offrendo la sua fattoria di Meleto per i pratici insegnamenti. L'Accademia nominò una Commissione che nella relazione redatta da Emanuele Repetti e presentata nel 1801, diede parere favorevole a quell'istituzione. L'Istituto agrario così sorto fu poi trasportato a Pisa e trasformato nella Prima Scuola Superiore di Agricoltura. Nel 1852 l'Accademia promosse la fondazione della *Società Orticola Toscana* che assunse grande importanza nei successivi decenni. Le memorie lette dal 1854 al 1858 da Luigi Ridolfi, da Tommaso Cambrai Digny e da Antonio Salvagnoli Mar-

---

[1] Fu appunto nel 1862 che furono riprese le esercitazioni, venne arricchito il Museo grazie alle splendide raccolte donate dal barone Bettino Ricasoli e da Francesco Bernardi e fu ripresa la pubblicazione degli Atti. Venne retta da uno Statuto approvato con R. Decreto il 16 ottobre 1934. Essa è oggi retta con lo Statuto approvato con D.P.R. 16 aprile 1948, ha la sua sede in Siena, Prato S. Agostino n. 4 e prosegue nella pubblicazione degli Atti, continuando ad essere uno dei più importanti istituti culturali nel nostro paese.

Per notizie dettagliate sulla storia di questa Accademia vedi F. Spirito, *Vicende storiche della Reale Accademia dei Fisiocritici in Siena*, Città di Castello, tip. Leonardo Da Vinci, 1934.

GIUSEPPE GAZZERI

GAETANO SAVI

EUGENIO BARSANTI

GIOVACCHINO TADDEI

chetti sono da considerarsi fondamentali per lo sviluppo dell'agricoltura toscana.

Mentre l'Accademia continuava nei suoi studi agrari ed economici, un gruppo di maggiorenti, tra i quali il Ridolfi, il Ricasoli, il Peruzzi, Tommaso Corsi e Celestino Bianchi, iniziò nel 1857 una opera di propaganda politica fuori dell'Accademia, in società con la *Biblioteca Civile dell'Italiano* [1].

Al dottor Antonio Cocchi, medico nell'Ospedale di S. Maria Nuova, dobbiamo la prima proposta, formulata in una Relazione che porta la data del 23 dicembre 1742 di istituire in seno all'ospedale stesso una Società tra i cultori di medicina e chirurgia. L'idea lanciata dal dottor Cocchi non ebbe realizzazione pratica, ma continuò a mantenersi vitale per mezzo di adunanze promosse dai dottori Ranieri Maffei, ed Alessandro Bicchierai soprattutto. La proposta non doveva realizzarsi che dopo più di 80 anni, nel 1822, come narreremo.

I medici che da tempo non erano riusciti a creare una vera società in seno all'ospedale di S. Maria Nuova tra i cultori di medicina e chirurgia, sotto l'illuminato governo di Pietro Leopoldo eb-

---

[1] Gli ordinamenti del 1817 ebbero lunga durata, poiché non furono modificati che nel 1870, eccezion fatta per l'anno 1843, durante il quale furono approvate alcune aggiunte. Le ragioni che richiesero il cambiamento furono numerose e di diversa natura. La sfera di azione si allargò e fu stabilito che « L'Accademia ha per scopo il progresso dell'Agricoltura, dell'Economia Pubblica e delle Scienze Naturali, in quanto la loro pratica applicazione può conferire alla prosperità della Nazione ».

A questo Statuto del marzo 1870 furono apportate alcune varianti con deliberazione dell'aprile 1874. Passata poi la capitale da Firenze a Roma, i nuovi ordinamenti del 1870 risultarono sproporzionati e per questo nel 1884 venne approvato un nuovo Statuto.

Anche queste norme non rimasero inalterate nel tempo; nel 1889 le mutazioni, che si erano rese indispensabili, furono riconosciute effettive. Nel giugno del 1900 fu completato l'ordinamento dell'anno precedente con regolamento per la elezione dei Soci e nell'aprile del 1910 fu apportata una nuova modifica.

Il rivolgimento provocato dall'evento del regime fascista portò nuove esigenze ed indusse nel 1927 a modificare nuovamente la costituzione accademica. Un nuovo Statuto fu approvato nel 1937. Infine nel 1957, con D.P.R. del 7 marzo è stato approvato lo Statuto in base al quale l'Accademia funziona attualmente.

La sede dell'Accademia è stata trasferita nel 1932 da Via Ricasoli alla Casa e Torre dei Pulci che ha il suo ingresso principale nelle Logge degli Uffizi.

La pubblicazione degli Atti dell'Accademia continua a tutt'oggi.

Una sintesi della storia dell'Accademia fino al 1953 si può leggere in R. Giuliani, *L'opera dell'Accademia economico-agraria dei Georgofili nei due secoli di attività 1753-1953*, « Italia Agricola », N. 1, 1954.

bero l'incarico di formulare un piano per l'« istituzione della Società diretta all'incoraggiamento delle Arti salutari da annettersi all'Ospedale di S. Maria Nuova ». La proposta fu completata e presentata in data 17 luglio 1778, ma neppure questa ebbe pratica realizzazione, come non l'ebbe un'altra del 1806 durante il Regno di Etruria formulata dal prof. Lorenzo Nannoni, lettore di chirurgia e Primo Maestro Operatore nel R. Arcispedale di S. Maria Nuova.

Finalmente nel 1822, sotto il governo di Ferdinando III, dopo 80 e più anni dalla prima proposta del dottor Cocchi, alcuni medici esposero al signor Vieusseux, che da appena due anni aveva aperto nel palazzo Buondelmonti in Piazza S. Trinita il celebre Gabinetto letterario che tanto contribuì alla causa nazionale, il progetto di far venire in Firenze i più importanti giornali di medicina italiani ed esteri in modo che i medici che convenivano nel Gabinetto potessero tenersi al corrente del movimento scientifico della medicina. Il 20 febbraio 1823 il Vieusseux accettava la proposta, si obbligava all'acquisto dei giornali medici, concedeva l'uso di una stanza a parte per le adunanze purché i medici che non dovevano essere meno di venti si obbligassero a pagare una tassa annuale. Il 20 marzo 1823 il Vieusseux dava notizia ai medici proponenti che tutto era pronto per la formazione di una società e d'accordo specialmente con il dottor Pietro Betti, proponeva lo schema per il suo funzionamento. Il 4 febbraio 1824, proprio nell'anno di passaggio dal governo di Ferdinando III a quello di Leopoldo II, fu tenuta la prima adunanza ufficiale sotto la presidenza del prof. Gaetano Buzzi nella quale si costituì il Consiglio che risultò composto di Angiolo Nesti, come Presidente, di Giuseppe Gazzeri, come Vicepresidente e di Pietro Betti come Segretario, per un anno. La data del 4 febbraio 1824 si può prendere come la data nella quale la Società prese forma e vita.

Un fatto molto importante fu che fino dalle prime riunioni i soci mostrarono un grande interesse nella illustrazione di pezzi patologici, per cui il Presidente Angiolo Nespoli, il 7 aprile 1824 avanzò la proposta di istituire un Museo Patologico del quale prese molta cura il dottor Betti e che può considerarsi il primo nucleo dal quale derivò l'attuale Museo di Anatomia Patologica della Università.

Con lettera 7 dicembre 1824 la Presidenza del Buon Governo,

ossia della Pubblica Sicurezza del tempo, dava il consenso ufficiale alla costituzione della Società che, resasi indipendente e non potendo più essere ospitata dal Vieusseux, soprattutto per la mancanza di un locale da adibirsi a Museo, si trasferiva nei locali offerti dal prof. Buzzi in Via delle Belle Donne e più precisamente — secondo le indagini fatte da A. Corsini — nella casa che ha attualmente il numero civico 3.

Lo scopo preciso della Società risulta dal primo articolo del suo Statuto che dice: « L'oggetto della Società è lo studio ed il progredimento di quelle scienze le quali hanno conrelazione alla Tecnica ed alla Pratica della Medicina interna ed operativa e la formazione di un Museo Patologico ». La Società era composta da Soci conservatori, onorari e corrispondenti. Lo Statuto compilato nel 1824, entrò in vigore nell'anno 1825, nel quale anno la Società assunse il nome di « Società medico-fisica fiorentina ». Il 1 febbraio 1825 fu pubblicato nell'*Antologia* del Vieusseux il primo resoconto accademico. Si stabilì di stampare i processi delle sedute i quali comparvero per la prima volta nel 1826 nella suddetta *Antologia.* In questo stesso anno fu stabilito che l'effigie di Francesco Redi, di colui che diede l'impronta galileiana alle scienze mediche, divenisse l'emblema della Società.

Dal 1831 al 1837 la Società diede gravi segni di indebolimento, forse favorito dalle condizioni politiche del tempo, malgrado il buon volere del dottor Pasquale Pierazzuoli e del dottor Ferdinando Zanetti, cui si aggiunsero difficoltà di natura finanziaria. Per superare queste difficoltà, specialmente per opera del march. Cosimo Ridolfi, il Granduca il 26 marzo 1838 concedeva che la sede della Società si trasferisse nell'I. e R. Arcispedale di S. Maria Nuova. In questo la Società teneva le sue adunanze ed il Museo Patologico veniva incorporato in quello iniziato dall'Ospedale e la Biblioteca della Società veniva data in consegna alla esistente biblioteca dell'ospedale.

Gli *Atti* della Società comparvero nella *Antologia* del Vieusseux solo dal 1826 al 1828, dal 1837 comparvero nell'*Archivio delle Scienze Mediche,* dal 1843 nella *Gazzetta delle Scienze fisico-mediche,* dal 1852 nella *Gazzetta medico-italiana federativa toscana* che nel 1858 si trasformò nello *Sperimentale* nel quale tuttora continuano ad essere pubblicati. La pubblicazione degli *Atti* non si svolse però in maniera continua.

Dopo un periodo di floridezza alla quale contribuì grandemente la Presidenza di Maurizio Bufalini, nel quale la Società annoverò un grande numero di membri, tra i quali non pochi veramente illustri, con ricca produzione scientifica, negli anni 1848-49 si ebbe un vero regresso in conseguenza dei gravi perturbamenti politici. Ad esso seguì però presto un periodo di notevole attività: i problemi del colera, dell'anestesia, della infezione puerperale, della vaccinazione antivaiolosa, della istituzione degli Ospizi Marini, ad iniziativa di Giuseppe Barellai, fornirono argomenti di studi e discussioni [1].

4. FISICA. - Due toscani emersero sulla fine di questo periodo storico nella fisica applicata, Padre Eugenio Barsanti ed Antonio Meucci.

Padre Eugenio Barsanti, scolopio, era nato a Pietrasanta nel Lucchese nel 1821, morì nel Belgio nel 1864. Ripetendo l'esperienza nota sotto il nome di pistola di Volta, ebbe la prima idea di utilizzare un miscuglio gassoso per produrre forza motrice. I tentativi per ottenere ciò si iniziarono a Firenze con la collaborazione del fisico ed idraulico lucchese Felice Matteucci. Nel 1854 il Barsanti ottenne un primo brevetto per il suo metodo di impiegare la esplosione di una miscela di aria atmosferica e gas infiammabile per ottenere forza motrice. In un successivo brevetto del 1861 si preconizzava l'applicazione del metodo alla trazione. Se non che in Francia veniva attribuita l'invenzione del metodo al franco-belga È. Lenoir che ne aveva ottenuto il brevetto del 1859. Ne derivò una lunga contesa circa la priorità dell'invenzione.

Offre interesse sapere che sulla fine del 1851 il Barsanti ed il Matteucci, scrissero una memoria per rivendicare la priorità della loro scoperta, memoria che fu consegnata sigillata all'Accademia dei Georgofili nel giugno del 1853 e che, come era stato disposto, venne aperta dieci anni dopo.

Antonio Meucci, fisico, era nato a Firenze nel 1808, emigrò negli Stati Uniti ove morì nel 1889. Egli era riuscito a costruire un

---

[1] Più dettagliate notizie su questo sodalizio ed a completamento delle precedenti e nel periodo posteriore al 1859 si possono ottenere da un articolo di A. CORSINI, scritto in occasione del primo centenario del sodalizio *Le origini dell'Accademia Medico-fisica fiorentina.* Sta nello « Sperimentale », 1924.

apparecchio per parlare a distanza, apparecchio che presentò alla New York District Telegraph Company e nel 1871 al Patent Office di Washington. Il 14 febbraio 1876 lo scozzese Graham Bell presentò la domanda di brevetto per un sistema di telefono. Ne derivò una questione di priorità che fu risolta dalla Corte Suprema degli Stati Uniti nel senso che al telefono Bell si doveva dare il nome di telefono Meucci.

5. Chimica e farmacia. - Nel 1815 essendo avvenuta la morte del Mascagni, al quale nel 1801 era stato affidato, oltre all'insegnamento da farsi nell'Ospedale di S. Maria Nuova della anatomia e della fisiologia anche quello della chimica, gli subentrò ad insegnare chimica generale il prof. Giuseppe Gazzeri che tenne un corso biennale per il quale scrisse un *Trattato elementare di chimica* (1819), del quale fece una seconda edizione nel 1828, non volendo però purtroppo valersi dei simboli e delle formule delle quali già allora si valevano tutti i chimici.

Nel 1819 venne istituita la cattedra di chimica farmaceutica e di farmacologia che venne affidata al prof. Giovacchino Taddei insieme alla sopraintendenza alla farmacia che fino ad allora era stata tenuta dal prof. Gazzeri. Per questo suo insegnamento aveva compilato la *Farmacopea generale* in quattro volumi (1826 - 27).

Il prof. Giovacchino Taddei era nato il 30 marzo 1792 a S. Miniato al Tedesco, studiò a Pisa e venne poi a Firenze, per dedicarsi a studi di chimica insieme con Cosimo Ridolfi che aveva organizzato un laboratorio in una sua villa. Il Taddei tenne quella cattedra fino al 1840. Durante il suo insegnamento si determinò tra lui che seguiva un indirizzo più moderno ed il Gazzeri un conflitto che il Taddei sopportò con animo superiore per quanto l'opposizione fosse talvolta provocante. Nel 1840 gli venne affidata la cattedra di chimica organica e fisica medica, disciplina che incominciava ad acquistare grande importanza ed il suo insegnamento di chimica farmacologica e farmacologia passò al prof. Andrea Cozzi. In occasione di tale insegnamento pubblicò un Trattato completo sui veleni e contravveleni (Fir. 1835) che in quell'epoca, dopo quello dell'Orfila, fu per molto tempo un testo molto apprezzato di chimica tossicologica. Il Taddei fu chimico della Zecca; nel 1848 fu eletto deputato al Parlamento toscano, facendosi sempre propugnatore di idee liberali, ma con l'accentuarsi della reazione, negli ultimi anni del governo di Leopoldo II, con decreto del 7 maggio 1749, venne sospeso, poi destituito con perdita dello stipendio e del diritto a pensione. Dal 1843 al 1851 ebbe la disgrazia di perdere quattro figlie e due figli di età adulta non che il genero e collaboratore prof. Damiano Casanti nel dicembre 1859.

Un problema di vitale importanza per la città di Firenze era quello di provvederla di buona acqua potabile. Già un secolo prima il dott. Antonio Cocchi si era lamentato della cattiva qualità dell'acqua fiorentina; il Gazzeri aveva esaminato l'acqua del condotto di Carraia. Il Comune di Firenze, spaventato dalla epidemia colerica del 1854-55 incaricò il Taddei di esaminare l'acqua di vari pozzi della città e, comparativamente, quella dell'Arno e della Sieve: il Taddei espose i risultati delle sue ricerche nella sua *Idrologia di Firenze* (Fir. 1858).

Messo a riposo il Taddei, continuò le lezioni in forma privata pubblicando le *Lezioni orali di chimica generale* (1850-1855). Nel 1859 fu reintegrato in tutti i suoi impieghi e cariche e fu uno dei primi senatori toscani. Morì il 29 maggio 1860 in età di anni 68. Molte furono le commemorazioni e le biografie del Taddei; ci limiteremo a ricordare l'*Orazione funebre* di Giuseppe Conti (Fir. 1860) e l'*Elogio* di Adolfo Targioni [1], nel quale è considerata soprattutto l'opera scientifica.

Il prof. Andrea Cozzi era nato in Firenze da povera gente il 4 agosto 1797, entrò come famulo nella farmacia dell'Ospedale di S. Maria Nuova e studiando da autodidatta nel marzo del 1815 si immatricolò in farmacia. Per quanto non avesse seguito un corso regolare di studi universitari, nel 1839 gli fu concesso di presentarsi all'esame di laurea a Siena cosicché, subito dopo, nel 1840, poté succedere al Taddei nell'insegnamento della farmacologia e della chimica farmaceutica e poi anche in quello di chimica medica, quando il Taddei fu sospeso dall'insegnamento.

Fece il Cozzi varie ricerche sulle acque minerali, sulle miniere di rame del Volterrano, ideò un mezzo speciale per misurare la ricchezza alcoolica dei vini; pubblicò un *Trattato di chimica medica e farmaceutica* (Fir. 1840); pubblicò una memoria sulla imbalsama-

---

[1] *Atti dei Georgofili*, N. S. 8-42 (1861).

zione dei cadaveri nella quale, oltre a molte notizie di indole storica, espose un metodo da lui escogitato per conferire solidità lapidea ai pezzi anatomici, tentando in tale modo di scoprire il segreto che Girolamo Segato aveva portato con sé nella tomba. La memoria del Cozzi ha per titolo: *Ricerche sui mezzi fino ad ora adottati per effettuare l'imbalsamazione dei cadaveri e sulla riduzione delle sostanze organiche a solidità lapidea* (Fir. 1840) [1]. Il Cozzi morì il 27 novembre 1856 e ne pubblicò l'Elogio Adolfo Targioni Tozzetti.

La cattedra di chimica farmaceutica fu nel 1850 conferita per concorso al prof. Giovanni Campani, nato a Siena il 6 giugno 1820, che però nel 1851 passò professore di chimica a Siena, ove rimase fino al giorno della sua morte, il 5 settembre 1891.

La cattedra di chimica medico-patologica fu occupata nel 1851 dal prof. Serafino Capezzuoli, che, nato a Firenze, aveva studiato a Pisa; scrisse un'opera in tre volumi, la *Chimica organica applicata alla medicina* (Fir. 1855-69); collocato a riposo, nel 1878, morì il 7 marzo 1888.

6. Il museo di Firenze. - Precedentemente alla restaurazione lorenese, un decreto di Giovacchino Murat « Re delle due Sicilie e Governatore provvisorio dei dipartimenti dell'Italia meridionale, provvisoriamente occupati » del 14 febbraio 1814, aumentava il bilancio del Museo, gli stipendi dei professori e le doti dei gabinetti e della biblioteca. Questo decreto non ebbe però alcuna applicazione.

Il 22 giugno 1814 il principe Giuseppe Rospigliosi, Commissario e Ministro plenipotenziario di Ferdinando III, emetteva una ordinanza con la quale credeva conveniente « di ridurre il Museo a quell'ordine e a quel sistema che era in vigore all'epoca della partenza da Firenze del nostro amatissimo Sovrano, il quale ha sempre considerato questo stabilimento come un annesso alla propria residenza e di suo privato piacere ». Il materiale del Museo poteva continuare a servire per usi scientifici, per gli antichi insegnanti e per gli scolari dei corsi scientifici che si tenevano all'Ospedale di S. Maria Nuova, ma come semplici volontari, non come scolari del Museo. L'ordinanza Rospigliosi di fatto aveva provveduto a che gli insegnamenti scientifici che si tenevano nel Museo fossero trasferiti in detto ospedale. Di conseguenza con il 1 luglio si sospese il corso

[1] *Atti dei Georgofili*, N. S. 5-81 (1957).

delle lezioni, si concessero ancora due mesi di stipendio e si obbligarono gli impiegati soppressi ad abbandonare i quartieri che alcuni di essi occupavano nel Museo.

L'Osservatorio astronomico fu dato in custodia a P. Gaetano del Ricco dell'Osservatorio Ximeniano e gli strumenti del Museo al meccanico Felice Gori. Infatti tra i documenti si trova il seguente « Ricordo »: « La mattina del 4 luglio furono messi in vigore tutti i Regolamenti generali e particolari in rapporto agli impiegati del R. Museo, come si praticava all'epoca della partenza da Firenze di S.A.I. e R. Ferdinando III, nostro amatissimo Sovrano, in ordine al biglietto di S. E. il principe Rospigliosi, Commissario plenipotenziario, del 22 giugno 1814 ».

In seguito all'intervento diretto del conte Bardi, direttore del Museo, presso il Granduca, il 24 dicembre fu deciso come segue: il direttore dell'Osservatorio astronomico, prof. De Vecchi, fu mandato a Siena, ove si trovava prima del 1807 come professore di fisica ed il suo aiuto Cosimo Del Nacca, passò all'Osservatorio Ximeniano; il professore di botanica Ottaviano Targioni Tozzetti fu mandato all'Ospedale di S. Maria Nuova ove già faceva un corso di botanica e materia medica; il professore di chimica Giuseppe Gazzeri, il professore di anatomia comparata e zoologia, Giuseppe Uccelli, il professore di fisica abate Giuseppe Babbini che morì nel gennaio del 1819 e che fu sostituito solo nel 1833 da Leopoldo Nobili, furono pure mandati all'Ospedale di S. Maria Nuova; il professore di mineralogia e zoologia, Filippo Nesti, rimase nel Museo come Conservatore, con l'incarico della classificazione delle collezioni, incarico che gli fu confermato fino alla nomina stabile nell'agosto 1819; anche il dissettore anatomico, dottor Regolo Lippi, fu mandato in detto Ospedale. Con motuproprio granducale 24 dicembre 1814 era stato disposto che a tutti venisse corrisposto l'antico stipendio e gli arretrati dal giorno della sospensione. I professori passati all'Ospedale dovevano svolgere un corso propedeutico alla medicina.

Sotto il governo di Leopoldo II, nel 1825, all'Osservatorio astronomico che sotto il precedente governo era stato dato semplicemente in custodia a P. Gaetano Ricco dell'Osservatorio Ximeniano, fu dato un direttore nella persona di Giovanni Luigi Pons.

VINCENZIO ANTINORI

GIOVANNI BATTISTA AMICI

LEOPOLDO NOBILI

FILIPPO PARLATORE

Giovanni Luigi Pons era nato a Peyre nel Delfinato il 24 dicembre 1761 da una famiglia di industriali che al tempo della dominazione francese si era trasferita a Livorno, per trasferirsi poi a Firenze, ove tuttora esiste. Fino dal 1789 era entrato come usciere nell'Osservatorio di Marsiglia ove nel 1813 divenne osservatore aggiunto. Jérôme De Lalande [1] dice di lui: « La sua condotta, la sua abilità, la sua intelligenza lo hanno reso persona cara al Direttore dell'Osservatorio. Egli si è costruito da sé il canocchiale con il quale ha scoperto la cometa del luglio 1808 ». Questo canocchiale era stato costruito prendendo a modello un canocchiale di Adams che si trova nella Scuola nautica di Marsiglia. Alla morte di Jacques, direttore dell'Osservatorio, lo sostituì in quella carica.

Dal 1801 al 1827 scoprì 37 comete, ma fu soprattutto la scoperta della cometa Encke (26 novembre 1818) che lo mise in luce. Fu forse questa la causa per cui Maria Luisa di Borbone lo chiamò a Lucca nel 1819 per dirigere un osservatorio nella villa di Marlia. Per mezzo delle sue osservazioni a Firenze [2], l'attenzione degli scienziati fu nuovamente richiamata sul Museo di Firenze. Il Pons morì il 14 ottobre 1831 ed il suo posto fu occupato da Giov. Batt. Amici.

Il conte Bardi, Direttore del Museo, nel 1828 pubblicò una sua particolareggiata Relazione sullo stato delle collezioni del Museo in quell'anno. Per quanto l'insegnamento della botanica fosse stato soppresso nel Museo e fosse continuato nell'Ospedale da Ottaviano Targioni Tozzetti, nella Relazione si parla del Giardino, delle collezioni botaniche e delle ingenti spese che si dovevano fare per costruire delle grandi serre non che per continuare ad acquistare piante rare. Si erano anche provveduti apparecchi per esperienze di fisica e di chimica. La Relazione dimostrava che il Museo poteva anche provvedere con vantaggio economico alla ripresa delle lezioni ed il Bardi per dimostrare il suo sincero interessamento alla riuscita di tale progetto, rinunziava a vantaggio di questo al suo stipendio di Direttore. Ma purtroppo il conte Bardi non vedeva felicemente coronati i suoi sforzi, perché veniva a morte il 28 febbraio 1829.

A succedere al conte Bardi come terzo Direttore del Museo fu

---

[1] Jérôme de Lalande, *Bibl. astr.*, 1801, pag. 849; 1802, pag. 867.

[2] *Astr. Nachr.*, VI, 1828.

scelto un antico scolaro del Museo stesso, Vincenzio Antinori, pure di antica famiglia patrizia fiorentina. Nato nel febbraio del 1792, fu educato in casa, sotto la guida dell'abate Babbini, che era stato anche precettore del conte Bardi, come abbiamo narrato. Del Bardi aveva seguito le lezioni di fisica al Museo dopo la sua nomina alla Direzione di questo nel 1806. Nel 1816 aveva curato una edizione delle opere di Volta; si dedicò quindi a ricerche di elettromagnetismo con il conte Bardi e con il prof. Gazzeri, ricerche alle quali collaborò il fisico ginevrino Pictet. Eseguì quindi alcune ricerche con il fisico modenese Leopoldo Nobili che per il suo interessamento era stato chiamato ad insegnare la fisica fino dal 1833. Incaricato a collaborare alla edizione fiorentina dei *Saggi di naturali esperienze* del 1841, scrisse la Storia dell'Accademia del Cimento come introduzione a quella edizione; a lui pure si deve il progetto della Tribuna Galileiana inaugurata nel 1841. Fu promotore dei Congressi scientifici italiani di Pisa del 1839 e di Firenze del 1841.

L'Antinori come cultore di fisica si occupò specialmente di metereologia e promosse l'istituzione nel Museo della « Stazione metereologica italiana » che venne concessa dal Granduca l'8 gennaio 1844; fondò inoltre l'*Annuario dell'I. e R. Museo* per le osservazioni astronomiche e metereologiche. Nel 1846 l'Antinori compilò un importante riassunto storico del Museo per aderire ad una richiesta della Direzione del Museo di storia naturale di Parigi (Jardin des Plantes) [1].

L'Antinori si ritirò dalla Direzione del Museo nel 1859 e fu sostituito da Cosimo Ridolfi. Morì il 22 luglio 1865. Una edizione dei suoi scritti, editi ed inediti è stata compilata da Marco Tabarrini [2].

La rivoluzione del luglio 1830 a Parigi ed i moti del 1830 e 1831 in Italia esercitarono una grande influenza sull'insegnamento pubblico in Toscana che si informò ad uno spirito più liberale. Ebbero così luogo i seguenti cambiamenti nel Museo.

Nel 1831 fu chiamato da Modena Giov. Batt. Amici a succedere al Pons morto in quell'anno. L'Amici era nato a Modena nel 1786. Dotato di grande attitudine per la matematica, nel 1807 conseguì

---

[1] Vedi *op. cit.* nella Bibliografia N. 4.

[2] M. Tabarrini, *Scritti editi ed inediti di Vincenzio Antinori*, Firenze 1868.

la laurea e nel 1814 divenne professore nella Università. Tenne la direzione dell'Osservatorio fiorentino dal 1831 al 1859, nel quale anno cedette il posto al suo assistente Giov. Batt. Donati per dedicarsi alla microscopia. Sono a tutti noti i suoi studi di ottica applicata ai telescopi, ai microscopi ed agli spettroscopi e per quelli di istologia vegetale. Costruì il grande canocchiale che porta il suo nome. Morì in Firenze il 10 aprile 1863 in età di anni 77.

L'Amici era amico e collega a Modena di Leopoldo Nobili. Nato questi a Trassilico, in Garfagnana, nel 1784, aveva frequentato la Scuola militare di Modena; era quindi divenuto, come capitano, direttore della fabbrica d'armi di Brescia e poi nominato professore di artiglieria a Modena. Prese parte alla campagna di Russia, vide l'incendio di Mosca, ma si salvò nella ritirata. Ritornato a Modena fu nominato professore di fisica in quella Università, se non che in conseguenza dei moti del 1831 dovette emigrare con la famiglia a Marsiglia. In una gita a Firenze nel 1832 fece la conoscenza con l'Antinori che lo invitò a tenere, durante le vacanze, un corso di fisica generale esponendo in particolare le proprie ricerche nel campo della elettricità e del magnetismo, corso per il quale l'Antinori chiese ed ottenne l'autorizzazione del ministro Rospigliosi, la quale fu concessa il 20 agosto 1832. Il corso ebbe grande successo ed il Nobili in data 24 febbraio 1833 fu nominato professore di fisica sperimentale al Museo, coprendo questo insegnamento che era rimasto scoperto dal 1819, anno della morte del prof. Babbini. Purtroppo il Nobili, di salute delicata, moriva il 17 agosto del 1835 a soli 51 anni: fu sepolto in S. Croce ove esiste un suo medaglione in marmo. Il suo *Elogio* fu scritto dall'Antinori [1].

Dopo la morte del Nobili la cattedra di fisica rimase nuovamente scoperta. A succedergli era stato proposto il suo allievo, collega e collaboratore, Macedonio Melloni, fino al 1831 professore a Parma e che, come il suo amico Ciro Menotti, era stato condannato a morte ed alla confisca dei beni ed era vissuto a Parigi come emigrato politico. Forse per questo il Granduca non lo gradì e non gradì neppure Carlo Matteucci, malgrado la raccomandazione di Alessandro di Humboldt; solo nel 1840 riuscì ad essere nominato professore nella Università di Pisa. Rimasta vacante la cattedra al Museo, il

---

[1] *Atti della Società Colombaria*, 25, I, 1836.

gabinetto era stato consegnato all'aiuto e conservatore Tito Puliti e solo nel 1859 la cattedra fu assegnata a Gilberto Govi.

Il decreto di nomina del professore di fisica nella persona del Nobili del 24 febbraio 1833 porta anche la reintegrazione del prof. Filippo Nesti, che era rimasto dal 1814 un semplice Conservatore delle collezioni, per la geologia e la mineralogia e del prof. Gaspare Mazzi per l'anatomia comparata e la zoologia.

Gaspare Mazzi era noto a S. Giovanni d'Asso presso Pienza, il 4 febbraio 1787: dal 1806 allievo interno nell'Ospedale di S. Maria della Scala, si laureò in Siena nel 1812. Si interessava molto di geologia e di zoologia e veniva spesso al Museo di Firenze. Come il Nesti anche il Mazzi fu di guida al Cuvier nelle sue esplorazioni in Toscana del 1809-10. Divenne professore di medicina legale a Siena nel 1818 e nel 1833 fu chiamato a coprire la cattedra di anatomia comparata e zoologia nel Museo. Nel 1859-60 fu confermato per insegnare anatomia e zoologia dei vertebrati.

La cattedra di botanica era rimasta all'Ospedale di S. Maria Nuova, occupata da Antonio Targioni Tozzetti che era successo al padre Ottaviano, morto a 74 anni il 6 maggio 1829. Il Giardino del Museo era rimasto sotto la direzione personale del Direttore e dal 1830 vi era addetto come ordinatore delle collezione botaniche ed anche per le preparazioni in cera Luigi Calamai, che, nato nel 1800 da poverissima famiglia, semplice apprendista in farmacia, aveva appreso, come autodidatta, la botanica, la fisica e le altre scienze naturali; nel 1840, lasciata la farmacia, divenne direttore delle riproduzioni in cera; si occupò anche delle applicazioni della chimica, ciò che gli procurò molte controversie con il prof. Gazzeri; morì il 13 ottobre 1851; ne scrisse la biografia Filippo Mariotti [1].

Giov. Batt. Donati, pisano, rialzava il nome dell'Osservatorio del Museo, scopriva nel 1858 la grande cometa che porta il suo nome e si preparava ad aprire la via alle più grandi applicazioni scientifiche dei nostri tempi mediante l'analisi spettrale degli astri.

A questo punto si inseriscono nella storia scientifica della Toscana i Congressi di Pisa del 1839 e di Firenze del 1841, i quali influirono notevolmente sullo sviluppo dell'insegnamento scientifico e circa i quali riferiremo in dettaglio nel paragrafo che segue.

---

[1] *Atti dell'Accademia di Arti e Manifatture*, Luglio 1852.

I primi scritti del Donati *Intorno alle strie degli spettri stellari del 1860 e 1862* sono contenuti nel *Nuovo Cimento.*

Il 23 aprile 1842 il Granduca istituiva nel R. Museo la cattedra di botanica e fisiologia vegetale affidandola al prof. Filippo Parlatore, al quale venne concessa una gratificazione per il dono del suo erbario, una pensione per la fondazione e conservazione dell'Erbario centrale « in vista dello zelo, intelligenza ed abilità con cui disimpegna i servizi straordinari che presta per la direzione e riordinazione del Giardino botanico ». Nel 1845 vennero concessi i mezzi per l'acquisto dell'erbario e dei manoscritti di Pier Antonio Micheli che nel 1738 aveva comperato Giovanni Targioni Tozzetti, cui si aggiunsero le collezioni di Giovanni stesso e quelle di Ottaviano ed Antonio Targioni.

Importanti regali pervennero da ogni parte, così la collezione delle alghe di Giuseppe Meneghini, la collezione del Raddi, l'erbario di Eugenio De Reboul ed il dono più cospicuo costituito dall'erbario e dalla biblioteca di Federico Barker Webb.

Vogliamo dare qualche notizia sui tre scienziati, il Raddi, il De Reboul ed il Barker Webb che tanto contribuirono all'incremento delle collezioni del Museo.

Nel 1828 il governo francese aveva accordato al dottore orientalista Jean François Champollion una somma ragguardevole per fare un viaggio in Egitto, allo scopo di poter condurre a termine la sua grammatica ed il dizionario del linguaggio geroglifico, allorché Ippolito Rossellini che era stato allievo dello Champollion fece supplica al Granduca di poter essere aggregato alla spedizione. Accolse il Granduca tale proposta ed anche il consiglio di aggiungere Giuseppe Raddi, naturalista fiorentino, che era stato Conservatore del Museo, ufficio che aveva dovuto lasciare per i suoi sentimenti antifrancesi ma che aveva rioccupato nel 1814; nel 1817 era stato in Brasile da dove aveva riportato pregevoli collezioni. Era già la spedizione sul punto di prendere il mare a Tolone quando l'annunzio della battaglia di Navarino (20 ottobre 1827) fece rimandare la partenza a tempo indeterminato. Avendo le relazioni della Francia con l'Egitto preso nell'inverno 1827-28 una piega favorevole, la spedizione poté essere effettuata e sbarcò ad Alessandria il 18 agosto 1828. Il Raddi fece ricca incetta di animali, piante e minerali di ogni specie, che andarono ad arricchire i Musei di Firenze e di Pisa.

Eugenio De Reboul era nato ad Aix en Provence nel 1771. Emigrato durante la rivoluzione, si fissò in Firenze come maestro di piano e canto e ritornò in Francia dopo la restaurazione borbonica. Fu scolaro del Museo e frequentò le lezioni di Ottaviano e di Antonio Targioni. Studiò con il Raddi ed a Pisa, con Gaetano Savi. Era molto in relazione con la famiglia di Guglielmo Libri al quale per testamento lasciò il suo erbario quando morì il 19 settembre 1851. Il Libri lo cedette all'Accademia dei Georgofili e questa all'Istituto botanico del Museo. Antonio Targioni ci fornisce notizie circa il De Reboul [1].

Filippino Barker Webb, nato a Milford House nella Contea di Surrey il 18 luglio 1793, fu educato allo studio della antichità classica. A questo scopo intraprese fino dal 1815 viaggi in Italia ed in Grecia, occupandosi anche di botanica; divenuta questa lo scopo principale della sua attività, visitò tutti i paesi europei non che il Marocco e le isole Canarie. Per studiare gli oggetti raccolti si fissò verso il 1840 a Parigi ove comperò un palazzo per le collezioni e per la biblioteca. Qui lo conobbe Parlatore nel 1841 ed ebbe da lui piante per l'Erbario Centrale Italiano, la cui fondazione era avvenuta appunto nel 1841. Webb lasciò Parigi nel 1848, fu a Firenze, a Roma, a Napoli e nel 1854 ritornò a Parigi ove morì il 31 agosto di quest'anno. Per testamento lasciò il palazzo le collezioni e la biblioteca al Granduca che cedette tutto al Museo. Il palazzo venne venduto e la rendita del denaro ottenuto servì per l'aumento della collezione Webb. Nella sala degli Erbari fu eretto un busto di marmo che oggi si trova nell'Istituto di Botanica dell'Università di Firenze [2].

Nel 1858 si provvide alla costruzione di nuovi locali, essendo gli esistenti divenuti insufficienti a contenere le collezioni. Fu ingrandito anche l'Orto botanico del Museo.

Vincenzio Antinori che, Direttore del Museo dal 1829, occupandosi di fisica, si era particolarmente interessato alla metereologia, ne parlò al Congresso di Pisa del 1839; raccomandò quindi al Granduca di fondare nel Museo una « Stazione Metereologica Centrale Italiana ». Nel Congresso di Lucca del 1843 fu creata a questo scopo

---

[1] *Atti dei Georgofili*, C-29-484 (1851).

[2] F. Parlatore, *Elogio di Webb*, Firenze, 1856.

una Commissione composta dei professori Melloni, Matteucci e Maiocchi. L'Antinori fece a questo proposito il 16 dicembre 1843 una Relazione alla quale seguì l'approvazione del Granduca con rescritto dell'8 gennaio 1844 con il quale si permetteva

« d'invitare i fisici ad inviare i risultati delle loro osservazioni di fisica atmosferica e terrestre in questo Museo il quale si farà quind'innanzi depositario di un Archivio Metereologico Centrale Italiano secondo lo è già dell'Archivio Centrale delle Riunioni Scientifiche Italiane, dell'Erbario Centrale e del Museo Geologico Italiano ».

Il primo volume dell'Archivio Metereologico Centrale uscì per la stampa solo nel 1858 e, sotto la direzione dell'Antinori, principiò con una rivista storica che risale ai tempi di Galileo e dell'Accademia del Cimento. *Habet nomen et omen.* Ed infatti non era la prima volta che una stazione metereologica fiorentina si trovava sotto la direzione di un Antinori. Abbiamo infatti narrato che nella Torre del Convento di S. Maria degli Angioli, un tempo situata a tergo degli edifizi di S. Maria Nuova sulla Via degli Alfani, si trovava già quello che oggi si chiamerebbe una stazione di metereologia, da Ferdinando II affidata alle cure di P. Luigi Antinori il quale ebbe l'incarico di raccogliere le osservazioni e di coordinarle con quelle che si facevano a spese del Granduca a Vallombrosa, Cutigliano, Bologna ed in molte altre parti. Queste osservazioni datate *Florentiae de Monastero Angelorum* dal 1654 al 1670 formano la seconda parte del volume. La terza parte comprende le osservazioni metereologiche fatte nel Museo dal 1832 al 1852.

Un'altra pubblicazione periodica del Museo, fondata da Vincenzio Antinori, che si riferisce alle osservazioni astronomiche e metereologiche è l'*Annuario dell'I. e R. Museo etc.* in quattro annate dal 1857 al 1860. L'annuario fu fatto, evidentemente, sia per la forma che per il contenuto, ad imitazione dell'*Annuaire du Bureau des Longitudes.* Contiene calendari astronomici, tavole statistiche, tavole di confronto e di riduzione di misure dei pesi toscani, articoli di divulgazione scientifica su argomenti di astronomia, di entomologia agraria e via dicendo [1].

---

[1] Dopo la prima esposizione di Storia della Scienza, tenutasi a Firenze nel 1929 per opera del Principe Pietro Ginori, di Andrea Corsini e di Andrea Garbasso, nacque il Museo di Storia della Scienza che venne inaugurato nel 1930 e che ebbe

6. I CONGRESSI SCIENTIFICI. - Già da vario tempo era invalsa all'estero la consuetudine dei congressi scientifici che fino dal 1815 erano stati fondati a Ginevra dal dottor Gosse. Carlo Luciano Bonaparte, uno dei numerosi figli di Luciano Bonaparte, principe di Canino e fratello minore di Napoleone, che abitava allora a Roma, era solito frequentare questi congressi, essendo un appassionato naturalista. Nel 1838, di ritorno dal Congresso di Friburgo nel Baden, pensò se tali congressi non si sarebbero potuti tenere anche in Italia e ne parlò direttamente al Granduca che non fu del tutto alieno dal dare il suo consenso e lo mandò da Gaetano Giorgini, Provveditore della Università pisana. Le autorità concessero il permesso per un congresso a Pisa. Alla prima circolare spedita in tutta l'Italia, il 28 marzo 1839, fece seguito l'invito definitivo il 13 agosto per la prima quindicina di ottobre, firmato da Luciano Bonaparte, da Vincenzio Antinori, Direttore del Museo di Firenze, da Giov. Batt. Amici, professore di astronomia a Firenze, da Paolo Savi, professore nella Università di Pisa e da Maurizio Bufalini, clinico nell'Ospedale di S. Maria Nuova di Firenze. L'invito non fu spedito alle Corti di Roma e di Napoli e ve ne era la ragione. Gregorio XVI, apprese la notizia con sdegno e tutto il prelatume — come lo chiama lo Schiff — fece eco sostenendo che dalla Toscana non potevano provenire che proposte pregiudizievoli per il papismo: il papa proibì pertanto formalmente ai suoi sudditi di intervenire al Congresso. Anche Ferdinando II, re delle Due Sicilie, pose lo stesso divieto, ma poi rassicurato, lo tolse. Il Radetzky da Milano disse in modo chiaro al

---

sede, come ha tuttora, al 1° piano ed al piano terreno del Palazzo Castellani nella Piazza dei Giudici di Firenze. Fu ideatore e poi direttore della Istituzione il prof. Andrea Corsini.

Il Museo contiene strumenti e materiale scientifico, proveniente dalle antiche collezioni Medicee, già esposte nella Tribuna di Galileo e nei locali del Museo Zoologico, situati nel Palazzo Torrigiani, detto « La Specola », che fu, come abbiamo narrato, fondato da Pietro Leopoldo nel 1775, con il nome di Imperiale Regio Museo di Fisica e Storia Naturale, posto in Via Romana, dall'Arcispedale di S. Maria Nuova e da donazioni dei privati.

Le distruzioni apportate al Palazzo e conseguentemente al Museo dopo l'ultima guerra, segnarono una pausa nello sviluppo della Istituzione che riprese subito dopo la sua vita. Nella sede del Museo ha pure sede l'Istituto di Storia della Scienza, istituito nel 1927 con decreto legge. Gravissimi furono i danni apportati al Museo dall'alluvione, ma anche questi sono stati riparati mediante la solerte cura dell'attuale direzione tenuta dalla prof. Maria Luisa Bonelli Righini. Da questo autore è stato compilato un completo catalogo e vari scritti, riferenti alle collezioni, con particolare riferimento all'Accademia del Cimento, agli strumenti del discepolo di Galileo, Vincenzo Viviani ed ai globi di Vincenzo Coronelli.

FILIPPO PACINI

CARLO MATTEUCCI

ministro austriaco a Firenze che « quella era una istituzione destinata a travagliare gli animi in segreto per gettare le fondamenta dell'opera infernale della rigenerazione italiana ». Con questa iniziativa Leopoldo II aumentò la sua riputazione di principe illuminato, dalla mente aperta ai progressi della scienza.

Il Granduca assistette di persona alla cerimonia inaugurale. Presidente del Congresso fu il prof. Ranieri Gerbi, insegnante di matematica e fisica nell'Università pisana e Segretario generale il prof. Filippo Corridi, insegnante a Pisa e poi fino al 1859 Preside dell'Istituto Tecnico fiorentino. Il « Regolamento generale per le annuali riunioni italiane delle Scienze Naturali » dice: « Gli Atti originali delle Riunioni saranno di anno in anno trasmessi e conservati nell'I. e R. Museo di Fisica e di Storia Naturale di Firenze ». La riunione ebbe luogo il 1 ottobre 1839 nella Università pisana. Il primo giorno fu destinato agli atti del culto; nella Primaziale della città gli scienziati cattolici assistettero alla messa solenne nella quale « invocavasi la celeste benedizione sul dotto Congresso ». Malgrado la mancanza di Roma e delle piccole università dello Stato pontificio, a causa del divieto papale, moltissimi furono gli intervenuti; il Museo di Firenze e l'Ospedale di S. Maria Nuova erano pure largamente rappresentati; ma in seguito al divieto pontificio mancarono gli scienziati scolopi. Erano intervenuti anche parecchi stranieri. Molti furono gli argomenti trattati nelle varie sezioni e sono descritti negli *Atti della prima Riunione degli scienziati italiani tenuta in Pisa nel 1839*. Alcune discussioni furono accompagnate da dimostrazioni sperimentali: così Puccinotti e Pacinotti mostrarono esperienze di elettricità animale e Filippo Pacini fece vedere i corpuscoli che portano il suo nome. Il 18 ottobre, dietro invito di Cosimo Ridolfi, il Congresso si chiuse con un Convegno di agricoltura nella tenuta di Mileto.

Re Carlo Alberto, conscio della sua vantaggiosa posizione nelle cambiate condizioni italiane, fu sollecito nel guadagnarsi il suffragio dei dotti ospitandoli con regale magnificenza nell'anno successivo in Torino, malgrado il malumore del suo primo ministro Solaro della Margherita, onorando per giunta del Gran Collare dell'Annunziata il Presidente conte Saluzzo. Pure in quella città la riunione conservò carattere scientifico e la generale simpatia dei convenuti per i Toscani fece sì che Firenze fosse prescelta come sede del Secondo Congresso.

Il secondo Congresso degli Scienziati in Italia ebbe appunto luogo in Firenze nella seconda metà di settembre del 1841. Ne fu Presidente il marchese Cosimo Ridolfi, avendo rifiutato il grave incarico il Fossombroni a causa della sua età molto avanzata. Fu Segretario il cav. Ferdinando Tartini. Le numerose discussioni che si fecero sono descritte negli *Atti* di questo congresso. Al Congresso intervenne anche Luigi Luciano Bonaparte, fratello di Carlo Luciano, che abitava una villetta in Firenze presso la chiesa della Madonna della Tosse: aveva pubblicato una memoria di chimica, ma poi, abbandonata questa, si era dedicato alle lettere pubblicando lavori assai apprezzati. Dopo il colpo di Stato del 1854 i figli di Luciano divennero principi della casa imperiale e Luigi Luciano lasciò Firenze.

In occasione del secondo Congresso degli Scienziati italiani in Firenze, Leopoldo II aveva deciso di consacrare alla memoria di Galileo una « Tribuna » in quel Museo che il suo avo Pietro Leopoldo aveva fondato. La Tribuna, costruita su disegno dell'architetto Giuseppe Martelli, ammirevole sia per la parte architettonica che per la ricchezza di materiali, contiene la statua di Galileo, scolpita da Aristodemo Costoli. La Tribuna fu tutta opera di toscani: toscano era l'architetto Martelli, come toscani gli artisti che nelle colonne di marmo scolpirono i simboli delle principali scoperte di Galileo e dei suoi scolari; furono pure toscani i pittori che ornarono la Tribuna di lunette nelle quali sono dipinte le principali scoperte fisiche di Leonardo da Vinci e di Galileo fino alla invenzione della pila voltaica. In una teca è contenuto un dito indice che fu staccato dal cadavere di Galileo quando dalla cappella dei SS. Cosma e Damiano in S. Croce fu trasportato nel sepolcro costruitogli dal Viviani in quella stessa chiesa. Si noti che in quella occasione fu tolta dal cadavere di Galileo la quinta vertebra lombare che è oggi conservata nella Università di Padova. Sulla teca vi è una iscrizione latina di T. Perelli [1].

La turba dei Sanfedisti vide molto di malocchio il Congresso fiorentino tanto più che il Pontefice persisteva nel divieto di intervenirvi. Però, dice lo Zobi [2]: « costoro non levarono tanto alta la

[1] V. Antinori, *Guida per la Tribuna di Galileo*, Firenze, 1843.
[2] Vedi *op. cit.* nella Bibliografia N. 123, IV, pag. 121.

testa perché conoscevano la propensione del Granduca che gli era causa di applausi e consensi ». Il legato austriaco, scrivendone al Metternich, chiamava Leopoldo II, traditore, scellerato, indegno di portare il nome di Arciduca d'Austria... per cui da Vienna l'imperatore lo aveva ammonito, rimproverandogli la troppa indulgenza per le novità e rinfacciandogli specialmente la nomina dei professori universitari fatta senza alcun riguardo ai loro precedenti politici.

A spese del Granduca fu stampata e distribuita ai soci una edizione di lusso dei *Saggi* dell'antica Accademia del Cimento, con l'introduzione storica di Vincenzio Antinori. In quella stessa circostanza il Granduca annunziò essere sua intenzione procedere alla stampa di tutte le opere di Galileo, edite ed inedite, traendole dai preziosi manoscritti della Biblioteca Palatina. Ed infatti affidò l'incarico ad Eugenio Albèri ed a Celestino Bianchi per opera dei quali l'edizione uscì compiuta in 17 volumi dal 1842 al 1856 [1].

Grande fu l'importanza che ebbe il Congresso di Firenze per lo sviluppo delle scienze in Toscana. Su proposta del Presidente della Sezione di mineralogia e geologia, Lodovico Pasini di Schio, fu deliberato di formare nel Museo di Firenze una raccolta mineralogica e geologica d'Italia e furono stabilite le norme fondamentali per la formazione di questa collezione.

Una seduta della Sezione di botanica, per cura del prof. Antonio Targioni, ebbe luogo in quella parte del Giardino Torrigiani, riservato con il nome di « Giardino a Boffi » dove, nel 1717, sotto il governo di Cosimo III, ad iniziativa di Pier Antonio Micheli e di alcuni altri, era stata fondata la Società Botanica.

Nella prima seduta della Sezione di botanica fu letta una lettera [2], di Filippo Parlatore, professore a Palermo, ma allora soggiornante a Parigi, nella quale proponeva la fondazione di un « Erbario Centrale Italiano »; nello stesso tempo offriva una collezione di qualche migliaio di piante della Sicilia e prometteva anche il contributo di piante di paesi stranieri da parte di eminenti studiosi; ricordava inoltre l'esistenza in Firenze di celebri erbari stranieri. La proposta del Parlatore fu applaudita ed il 27 settembre 1841

---

[1] G. Galilei, *Opere a cura di Eugenio Albèri e Celestino Bianchi*, Firenze, 1842-1856.

[2] F. Parlatore, *Sulla Botanica in Italia e sulla necessità di formare un Erbario Generale in Firenze*, Parigi, 1841.

il Granduca approvava la proposta inoltrata dal Presidente Generale del Congresso Cosimo Ridolfi della formazione dell'« Erbario Centrale Italiano ».

8. MEDICINA. - Avvenuta la restaurazione lorenese si dovette rifare quanto era stato distrutto e si iniziarono delle riforme che durarono si può dire fino alla cessazione di quel dominio.

Degna di ricordo è la riforma proposta nel 1814, dall'archiatro prof. Giuseppe Torrigiani, già clinico medico ed insegnante di medicina pratica nella Università di Pisa, dal prof. Pietro Paoli, soprintendente alla istruzione pubblica in Toscana e dal prof. Vaccà-Berlinghieri, professore di clinica chirurgica in Pisa. Nella prima parte della riforma si provvedeva a quanto riguardava l'assistenza dei malati, nella seconda si progettava un nuovo ordinamento per gli studi nell'Arcispedale di S. Maria Nuova. Praticamente però le cose rimasero come erano.

In quel tempo nella Toscana vi erano due facoltà medico-chirurgiche, una in Pisa e l'altra in Siena: in quella di Pisa si impartiva un insegnamento teorico di medicina, di chirurgia e di farmacia e vi si conferiva la sola laurea di medicina, ma con un anno di pratica nell'Ospedale di Pisa, si poteva ottenere la matricola medica; ma se si voleva prendere la matricola medica al Collegio medico fiorentino, bisognava fare due anni di pratiche nell'Ospedale di S. Maria Nuova.

In Siena vi era un Collegio medico che aveva facoltà di rilasciare matricole in medicina e chirurgia, ed un biennio di pratiche si poteva fare a Siena come a Firenze; anche la chirurgia si poteva studiare tanto in Siena che in Pisa contemporaneamente alla medicina, ma se, terminati gli studi chirurgici, si voleva la relativa matricola, bisognava prenderla od in Siena od in Firenze, senza che fosse necessario avere conseguito prima la laurea in medicina, per cui si poteva esercitare la sola chirurgia senza la matricola medica.

Chi poi avesse desiderato conseguire le due matricole, doveva seguire l'ordinamento degli studi medici, conseguire cioè prima la laurea e, dopo due anni di pratiche, la matricola medica, diventando allora medico-chirurgo.

Vi erano poi gli Ospedali di Arezzo e di Pistoia; nel primo, per speciali concessioni, si poteva fare il primo triennio degli studi medico-chirurgici, che si dovevano poi completare nell'Ospedale di S. Maria Nuova se si voleva conseguire la matricola; nell'Ospedale di Pistoia si poteva fare tutto il tirocinio di studi equiparabile a quello di S. Maria Nuova, ma solo per conseguire la matricola chirurgica, non già quella medica.

Quanto agli studi di farmacia si potevano fare tanto in Firenze quanto in Siena; non era richiesta la laurea, ma chi voleva la matricola doveva prenderla a Firenze od a Siena, purché avesse fatti due anni di pratica.

Le cose stavano in questo modo quando con motuproprio del 1 ottobre 1839 si riformava in modo completo l'ordinamento degli studi medico-chirurgici nella Università di Pisa: venivano stabilite le materie d'insegnamento per tutti e dopo cinque anni si conferiva la laurea in medicina e chirurgia, gettando così le basi dell'ordinamento moderno degli studi di medicina e chirurgia. Queste disposizioni distruggevano le prerogative degli Ospedali di Arezzo e di Pistoia e la Scuola medico-chirurgica di S. Maria Nuova veniva ad essere considerata come una sezione della Università di Pisa. Il malumore fu forte per cui con motuproprio 31 ottobre 1839 fu nominata una Commissione presieduta dal prof. Pietro Betti, Soprintendente dell'Ospedale di S. Maria Nuova, per compilare un progetto inteso a coordinare gli studi medico-chirurgici dell'Ospedale di S. Maria Nuova con gli insegnamenti già stabiliti in Pisa in modo che gli studi da farsi in Firenze fossero di complemento a quelli pisani. Così con motuproprio 3 ottobre 1840 fu promulgato il « Nuovo ordinamento degli studi di complemento e perfezionamento in S. Maria Nuova ». Condizione fondamentale fu che in Toscana gli studi pratici per conseguire la matricola si facessero esclusivamente nella Scuola di S. Maria Nuova. Gli studi teorici di farmacia si sarebbero potuti fare a Siena, a Pisa ed a Firenze, i pratici non si potevano però fare presso privati, ma solo negli ospedali. Si stabilirono le cattedre di S. Maria Nuova, si formulò un Regolamento disciplinare, si mantennero i dissettori, gli aiuti delle cattedre, il ripetitore di operazioni chirurgiche e gli studenti si divisero in interni ed astanti, tanto di medicina che di chirurgia, per il servizio esterno della medicheria. Il titolo della Scuola fu cambiato in « Scuola di complemento e di perfezionamento degli studi pratici medico-chirurgici nell'Arcispedale di S. Maria Nuova ». Questo nuovo ed elevato ordinamento non solo salvava la Scuola medica fiorentina dal colpo mortale della riforma della Università pisana, ma aumentava la sua importante funzione con plauso universale.

Il 3 novembre 1840 si diè principio nella Scuola fiorentina al nuovo anno accademico con una prolusione del prof. Giovacchino Taddei. Il nuovo ordinamento funzionava regolarmente, se non che trovò un accanito oppositore nel prof. Maurizio Bufalini di Cesena che nel 1836 era stato chiamato a coprire la cattedra di clinica medica. In seguito alle critiche del prof. Bufalini, nel 1843 fu nominata una commissione, capeggiata sempre dal prof. Betti, essendo risultato che erano più indisciplinati i docenti che non la scolaresca ed il 31 ottobre 1844 fu promulgato il Regolamento disciplinare nel quale si manifestò l'opera illuminata e tenace del Betti, ma il Bufalini, oltre a tutte le difficoltà create al Betti, volle, nei *Ricordi,* far credere che il metodo di quella riforma fosse suo. A lungo si intrattiene il prof. A. Filippi [1] sui ripicchi, bizze e guerre, talvolta aspre che si accesero tra i professori in quella occasione. Sta di fatto che nel 1844 la produzione scientifica della Scuola subì un forte arresto.

Il 26 dicembre 1850 il governo invitava il Collegio dei professori a *dare risposta ad alcuni quesiti relativi alla istruzione medico-chirurgica di S. Maria Nuova* ed il governo nominava una commissione le cui proposte erano atte a distruggere il Regolamento del 1840 e quello disciplinare del 1844. Così si trascinò la vita della Scuola dal 1850 al 1859, anno in cui in data 13 novembre fu promulgata la legge Casati per le Università del Regno, attuata con il Regolamento Mamiani del 20 ottobre 1860.

I fatti politici e sociali della prima metà del secolo XIX impedirono all'Italia e quindi anche alla Toscana di mantenere nella medicina un posto di avanguardia.

Tra i medici toscani della prima metà del secolo che meritano di essere ricordati occupa certo uno dei primi posti Filippo Pacini (1812-1883), pistoiese, il quale ancor prima di laurearsi descrisse i *Corpuscoli nervosi terminali sottocutanei e sottosierosi* (1835) ai quali è legato il suo nome.

---

[1] Vedi *op. cit.* nella Bibliografia N. 42.

Nel 1844 pubblicò i suoi studi sulla struttura della retina e poco dopo quelli sugli organi elettrici dei pesci. Dal 1847 fu professore di anatomia descrittiva e dal 1849 di anatomia topografica e di istologia nella Scuola medica fiorentina. Tra le sue successive scoperte, va ricordata quella del vibrione del colera, ripresa poi dal Koch (*Sulla causa specifica del colera asiatico,* Fir. 1865) ed anche *Nuove osservazioni microscopiche sul colera* (postuma, Milano, 1884). Utile per la medicina legale è il procedimento da lui escogitato per applicare la respirazione artificiale agli annegati, narcotizzati, etc.

Ricordiamo ancora Andrea Vaccà-Berlinghieri (1772-1826), pisano, allievo di Bell e di Dupuytren, chirurgo valentissimo e fondatore della scuola chirurgica pisana, del quale abbiamo già più volte parlato; Ranieri Bellini (1817-1878), fiorentino, professore nella Scuola medica fiorentina, che fu autore di un pregevole volume di *Lezioni sperimentali di tossicologia.*

Per quanto non toscano ebbe troppa parte Maurizio Bufalini nella Scuola medica fiorentina per giustificare un breve cenno su di lui. Maurizio Bufalini (1787-1875) di Cesena, fu uno dei più decisi avversari della teoria vitalistica del Brown e della teoria dei controstimoli del Rasori; patologo diligente ed instancabile, fu uomo geniale, munito di spirito polemico, forse un po' eccessivo. Nel 1813, ancora studente, scrisse un *Saggio della dottrina della vita* nel quale afferma che la vita è un fenomeno complesso che non può essere definito se non dalla conoscenza di tutti i fenomeni che la costituiscono e sostiene che il semplice dinamismo è un assurdo. Nel 1819 nei suoi *Fondamenti della patologia analitica* egli proclama che l'esame dei fatti è la base della scienza medica.

Per quanto anche lui non toscano e neppure medico merita di essere ricordato il fisico Carlo Matteucci a causa dei suoi studi di fisiologia svolti in gran parte in Toscana.

Nato a Forlì nel 1811, morto nel 1868, si laureò in matematica a Bologna nel 1828, ultimò i suoi studi a Parigi; ritornato poi a Forlì, continuò i suoi studi sulla azione della corrente elettrica sulle combinazioni chimiche. Nel 1835 pubblicò una importante memoria *Il discorso sul metodo razionale scientifico* nella quale erano preconizzati i legami tra fisico-chimica e fisiologia. Nello stesso anno si dedicò allo studio della elettricità animale sulla torpedine. Nel 1841 il Granduca Pietro Leopoldo gli offrì la cattedra di fisica nell'ateneo pisano, con che si iniziava un importante periodo della sua attività scientifica soprattutto nel campo della fisiologia con la scoperta della corrente muscolare, cioè del fatto che ogni attività muscolare è accompagnata da un fenomeno elettrico, per cui il Matteucci può essere considerato come un precursore della moderna elettrofisiologia. Dal 1866 fu uno dei XL della Società Italiana delle Scienze, senatore dell'Assemblea toscana e poi del Regno di Italia e ministro della Pubblica Istruzione.

Chiudiamo questo paragrafo, per quanto non molto attinente alla storia della medicina, ricordando l'opera dello scienziato bellunese Girolamo Segato (1792-1836) che merita di essere incluso nella categoria degli studiosi dei processi di imbalsamazione. Dal 1818 al 1823 fece diversi viaggi in Egitto allo scopo di studiare su quelle mummie il segreto della loro conservazione. Nel 1823 si stabilì a Livorno e poiché un incendio gli distrusse tutte le sue collezioni scientifiche ed archeologiche da lui lasciate al Cairo, si dedicò a lavori cartografici. Ma la sua popolarità si deve al suo processo di pietrificazione che permetteva di conservare intatta la freschezza dell'aspetto, il colore e la forma, ciò che non accade con la mummificazione. Applicato il suo processo ad animali ed anche a parti del corpo umano ottenne risultati che suscitarono meraviglia e che si possono vedere nel Museo della Scienza di Firenze. Il Segato morì giovane portando il suo segreto nella tomba.

GENEALOGIA DELLA FAMIGLIA DE' MEDICI

(limitata alle persone nominate nel testo)

ESTRATTO DALL'ALBERO GENEALOGICO DELLA STIRPE MEDICEA

Tavola I

RAMO DI COSIMO (Pater Patriae)

- Giovanni di Bicci - Piccarda Bueri
  n. 1360; m. 1428
  - Cosimo (Pater Patriae) - Contessina dè Bardi
    n. 1389; m. 1464
    - Piero (il Gottoso) - Lucrezia Tornabuoni
      n. 1416; m. 1469 — n. 1425; m. 1482
      - Lorenzo il Magnifico - Clarice Orsini
        n.1449; m. 1492 — n. 1453; m. 1487
        - Pietro (lo Sfortunato) - Alfonsina Orsini
          n. 1471; m. 1503 — n. 1472; m. 1519
          - Lorenzo (Duca d'Urbino) - Maddalena de la Tour d'Auvergne
            n. 1492; m. 1519 — n. 1501; m. 1519
            - Caterina de' Medici - Enrico II di Francia
              n. 1519; m. 1589 — n. 1517; m. 1559
        - Giovanni (Leone X)
          n. 1476; m. 1521
        - Giuliano (Duca di Nemours)
          n. 1478; m. 1516
          - Ippolito
            n. 1509; m. 1535
      - Giuliano
        n. 1453; m. 1478
        - || Giulio (Clemente VII)
          n. 1478; m. 1584
          - || Alessandro - Margherita figlia di Carlo V
            n. 1511; m. 1537 — n. 1521; m. 1586
    - Giovanni - Ginevra degli Albizzi
      n. 1421; m. 1463
  - Lorenzo (il Vecchio)
    (V. Tavola II)

|| = figlio naturale

Vecchio)

RDA BUERI

GIOVANNI (il Popolano) - CATERINA SFORZA
n. 1467; m. 1498 n. 1462; m. 1509

GIOVANNI DALLE BANDE NERE - MARIA SALVIATI (nipote di Lorenzo il Magnifico)

COSIMO I - ELEONORA DI TOLEDO
n. 1519; m. 1574 n. 1522; m. 1562

GARZIA
7; m. 1562

FERDINANDO I - CRISTINA di Lorena
n. 1549; m. 1609 n. 1565; m. 1636

PIETRO - ELEONORA figlia di Don Garzia di Toledo
n. 1554; m. 1604 m. 1576

COSIMO II
n. 1590; m. 1620
- MARIA MADDALENA sorella dell'Imp. FERDINANDO II

MADDALENA
n. 1600; m. 1633

1. FEDERICO DELLA ROVERE di Urbino - CLAUDIA n. 1604; m. 1648 - 2. Arciduca LEOPOLDO D'AUSTRIA

VITTORIA DELLA ROVERE
n. 1621; m. 1693

FERDINANDO CARLO D'AUSTRIA

NI
)
. 1663

MATTIA
n. 1613; m. 1667

LEOPOLDO
n. 1617; m. 1675

A — ELEONORA GONZAGA figlia di Vincenzo Duca di Guastalla

NA MARIA LUDOVICA - GUGLIELMO Elettore Palatino
n. 1667; m. 1743 m. 1716

TAVOLA II

GIOVANNI DI BICCI -
n. 1360; m. 1428

COSIMO (Pater Patriae)
(v. Tavola I)

LORENZO (il Vecchio) - GINEVRA CAVALCANTI
n. 1395; m. 1440

PIER FRANCESCO (il Vecchio) - LAUDOMIA ACCIAIUOLI
n. 1415; m. 1476

LORENZO (il Popolano) - SEMIRAMIDE D'APPIANO
n. 1463; m. 1507

PIER FRANCESCO (il Giovane) - MARIA SODERINI
m. 1530

LORENZINO
n. 1515; m. 1547

1. Arciduchessa GIOVANNA D'AUSTRIA
n. 1547; m. 1578

FRANCESCO I
n. 1541; m. 1587

2. BIANCA CAPPELLO
n. 1543; m. 1587

ISABELLA
n. 1542; m. 1576

GIOVANNI
n. 1543; m. 1562

MARIA - ENRICO IV di Francia
n. 1573; m. 1642

FERDINANDO II
n. 1616; m. 1670
- VITTORIA DELLA ROVERE

GI
C
n. 161

COSIMO III - MARGHERITA LUISA D'ORLÈANS
n. 1642; m. 1723
n. 1645; m. 1721

FRANCESCO M

FERDINANDO - VIOLANTE BEATRICE di Baviera
n. 1663; m. 1713
n. 1672; m. 1731

GIAN GASTONE - ANNA DI SASSONIA LAUENBURG
n. 1671; m. 1737

BIBLIOGRAFIA E INDICI

BIBLIOGRAFIA

1. ABBAGNANO N. *Il problema filosofico della scienza.* Sta in *Fondamenti logici della scienza.* Torino, 1947.
2. ADAMI C. *Nelle onoranze centenarie di Felice e Gregorio Fontana, scienziati pomarolesi del secolo XVIII.* Rovereto, 1905.
3. ANTINORI V. *Saggi di Naturali Esperienze fatte nell'Accademia del Cimento.* 3ª ed. Firenze, 1841.
4. —— *Cenno storico dell'I. e R. Museo di Fisica e Storia Naturale dalle origini fino all'anno 1845.* Firenze, 1846.
5. BALDASSERONI G. *Leopoldo II di Toscana ed i suoi tempi.* Firenze, 1831.
6. BANDINELLI B. *Vita del Granduca Cosimo I.* Firenze, 1628.
7. BARDUZZI D. *Brevi notizie sulla Università di Siena.* Siena, 1912.
8. —— *Breve cenno intorno alle origini ed alle vicende della R. Accademia delle scienze di Siena, detta dei Fisiocritici.* Siena, 1913.
9. BENEDICENTI A. *Malati, medici e farmacisti.* 2ª ed. Milano, 1947-51.
10. BIANCHINI G. *Ragionamenti istorici dei Granduchi di Toscana della R. Casa de' Medici.* Venezia, 1741.
11. BIONE C. *Prodromos. Avviamento allo studio della scienza nell'antichità classica.* Palermo, 1943.
12. BONAVENTURA A. *Manuale di Storia della Musica.* Livorno, 1923.
13. BONELLI M. L. *Strumenti e suppellettili dell'Accademia del Cimento conservate nel Museo di Storia della Scienza di Firenze.* Aggiunta alla ristampa fotolitografica dei « Saggi di Naturali Esperienze » del 1667, fatta a cura della Domus Galileiana e del Museo di Storia della Scienza di Firenze. 1957.
14. BOTTINI L. *Cenno storico della R. Accademia dei Georgofili di Firenze dal 1753 al 1929.* Firenze, 1931.
15. BRUNET P. et MIELI A. *Histoire des Sciences. Antiquité.* Paris, 1935.
16. CAGGESE R. *Firenze dalla decadenza di Roma al Risorgimento d'Italia.* Firenze, 1912-1921.

17. Capponi G. *Storia della Repubblica di Firenze.* Firenze, 1875.

18. Carocci G. *Firenze scomparsa.* Firenze, 1927.

19. Castiglioni A. *Storia della medicina.* Milano, 1936.

20. Caverni R. *Storia del metodo sperimentale in Italia.* Firenze, 1891-98.

21. Conti G. *Firenze dopo i Medici.* Firenze, 1921.

22. Corsini A. *Accademia medico-fisica Fiorentina* (*Centenario della; 1824-1924*). Sperimentale. Anno LXXVIII, N. III, 1924.

23. Dampier V. *Histoire de la Science et de ses rapports avec la philosophie et la religion.* Paris, 1951.

24. Davidsohn R. *Storia di Firenze* (trad.). Firenze, 1956-65. Vol. I, *Le origini.*

25. Davidsohn R. *Storia di Firenze* (traduzione). Firenze, 1956-65. Vol. II, Parte I. *Guelfi e Ghibellini.*

26. Della Torre A. *Storia della Accademia Platonica di Firenze.* Firenze, 1902.

27. De Michelis E. *Scienza e filosofia della scienza.* Torino, 1830.

28. De Renzi S. *Storia della medicina in Italia.* Napoli, 1845-49.

29. De Sanctis F. *Storia della letteratura italiana.* Milano, 1934.

30. De Tipaldo P. E. *Biografie degli Italiani illustri nelle lettere, scienze ed arti del secolo XVIII e de' contemporanei, compilate da letterati italiani di ogni provincia.* Venezia, 1834-45.

31. Dorini U. *La Società Colombaria di studi storici, letterari, scientifici e di belle arti. Cronistoria dal 1735 al 1935, per il secondo centenario dalla fondazione.* Firenze, 1936.

32. Ducati P. *Etruria antica.* Torino, 1925.

33. —— *Voci di Etruria.* Bologna, 1939.

34. Enriques F. e De Santillana G. *Storia del pensiero scientifico.* Vol. I. *Il mondo antico.* Milano-Roma, 1932.

35. Enriques F. *Il significato della storia del pensiero scientifico.* Bologna, 1936.

36. Enriques F. e De Santillana G. *Compendio di storia del pensiero scientifico dall'antichità fino ai tempi moderni.* Bologna, 1937; 1946.

37. Ewart K. D. *Cosimo de' Medici.* London, 1839.

38. Fabroni A. *Laurentii Medic. Magnif. Vita.* Pisis, 1784-89.

39. —— *Historia Academiae Pisanae.* Pisis, 1791-1795.

40. Falciai M. *I Medici e i Lorena negli ultimi due secoli del Granducato di Toscana.* Firenze, 1938.

41. Ferrini R. *Storia della Toscana, continuata da G. Galeffi.* Firenze, 1856.

42. Filippi A. *La Scuola medico-chirurgica fiorentina.* « Riv. di Storia delle Scienze Mediche e Naturali ». 1923, 1924, 1925, 1926.

43. Fiorentino M. *Manuale di Storia della Filosofia.* Venezia, 1929.

44. Gabrieli G. *Le accademie in Italia. Sguardo storico-critico*

comprensivo. Sta in « Accademie e Biblioteche ». Roma, 1928.

45. GALLUZZI R. *Istoria del Granducato di Toscana sotto il Governo della Casa Medici.* Firenze, 1781.

46. GAROSI A. *Siena nella Storia della Medicina.* Firenze, 1958.

47. GEYMONAT L. *Il pensiero scientifico.* Milano, 1958.

48. GIOVANNOZZI G. *Il movimento scientifico in Toscana dal 1814 al 1859.* Sta in « *La Toscana alla fine del Granducato* ». Firenze, 1909.

49. GIULIANI R. *L'opera dell'Accademia economico-agraria dei Georgofili nei due secoli di attività 1753-1953.* Roma, 1954.

50. GRASSINI R. *La Chimica e la Farmacia in Firenze sotto il Governo Mediceo.* « Riv. di Fisica, Matematica e Scienze Naturali ». Pavia, ottobre 1907.

51. —— *La Chimica e la Farmacia in Firenze sotto il Governo Lorenese.* « Riv. di Fisica, Matematica e Scienze Naturali ». Pavia, luglio 1908.

52. IMBERCIADORI. *La campagna toscana nel '700.* Firenze, 1954.

53. INGHIRAMI F. *Storia della Toscana, compilata et distribuita in sette epoche.* Poligrafia fiesolana, 1841-43.

54. LAMANNA E. P. *Il problema della scienza nella storia del pensiero.* Firenze, 1939-1940.

55. LIPPARINI G. *Storia dell'arte.* Firenze, 1948.

56. LITTA P. *Famiglie celebri d'Italia.* Milano, 1819 e segg.

57. LORIA G. *Guida allo studio della storia delle matematiche.* Milano, 1916.

58. MACHIAVELLI N. *Opere complete.* Firenze, 1831.

59. MALEVOLTI O. *Dell'Istoria di Siena.* Venezia, 1599.

60. MAYLENDER M. *Storia delle Accademie d'Italia.* Bologna, 1826-1827.

61. MAZZUCCELLI G. M. *Notizie istoriche e critiche intorno alla vita e agli scritti dei Letterati Italiani.* Brescia, 1753-63.

62. MICHELI E. *Storia della Università di Pisa dal 1737 al 1859.* Pisa, 1877.

63. MIELI A. *La storia delle scienze in Italia. Saggio di bibliografia di Storia delle scienze.* Firenze, 1916.

64. —— *Bibliografia metodica dei lavori di Storia della Scienza.* Roma, 1920.

65. —— *Manuale di Storia della Scienza.* Roma, 1925.

66. MINISTERO DELLA PUBBLICA ISTRUZIONE. *Monografie delle Università e degli Studi Superiori.* Roma, 1911-1913.

67. MINISTERO DELL'EDUCAZIONE NAZIONALE. *Accademie ed Istituti di cultura.* Roma, 1938.

68. MORENI D. *Bibliografia della Toscana.* Firenze, 1805.

69. MORIANI L. *Notizie sulla Università di Siena.* Siena, 1873.

70. MURATORI L. A. *Antiquitates italicae medii aevi, sive dissertationes de moribus, ritibus, religione... Omnia illustrantur et confirmantur ingenti copia diplomatum et cartarum veterum.* Mediolani, 1738-43.

71. NELLI G. B. *Saggio di Storia letteraria fiorentina del secolo XVII.* Lucca, 1759.

72. NOGARA B. *Gli Etruschi e la loro civiltà.* Milano, 1933.

73. PALLOTTINO M. *Gli Etruschi.* Roma, 1939.

74. —— *Etruscologia.* Milano, 1947.

75. PANELLA R. *Firenze,* 1930.

76. PASSERINI L. *Storia degli Stabilimenti di Beneficienza ed Istruzione elementare gratuita nella Città di Firenze.* Firenze, 1853.

77. PAZZINI A. *Il pensiero medico nei secoli.* Firenze, 1939.

78. PELLEGRINI F. C. *Sulla repubblica fiorentina ai tempi di Cosimo il Vecchio.* Pisa, 1889.

79. PELLI G. *Saggio istorico intorno alla R. Galleria di Firenze.* Firenze, 1779.

80. PICCIOLI A. *I fatti principali della Storia di Toscana.* Firenze, 1856.

81. PIERACCINI G. *La stirpe dei Medici di Cafaggiuolo.* Firenze, 1924-1925.

82. PIGNOTTI L. *Storia della Toscana fino ai principati con diversi saggi sulle Scienze, Lettere ed Arti.* Pisa, 1813.

83. POINCARÉ H. *La valeur de la Science.* Paris, 1905.

84. PREZZINER G. *Storia del Pubblico Studio e delle Società Scientifiche Letterarie di Firenze.* Firenze, 1810.

85. PROVENZAL G. *Di una bibliografia italiana di Storia della Scienza.* Roma, 1943.

86. PUCCINOTTI F. *Storia della medicina.* Livorno, 1850-1855.

87. PUCCIONI M. *La Società Colombaria nel Risorgimento Italiano.* Firenze, 1936.

88. REPETTI E. *Dizionario Geografico-Storico-Fisico della Toscana.* Firenze, 1833.

89. RILLI J. *Notizie letterarie ed istoriche intorno agli uomini illustri della Toscana.* Firenze, 1700.

90. RIZZATI F. *Prime linee di una bibliografia per servire alla storia delle scienze.* Parma, 1904.

91. ROBIONY E. *Gli ultimi dei Medici e la successione al Granducato di Toscana.* Firenze, 1905.

92. RODOLICO F. *La Toscana descritta dai naturalisti del settecento.* Firenze, 1945.

93. ROUSSEAU P. *Histoire de la Science.* Paris, 1946.

94. RUSSEL B. *Panorama scientifico.* Bari, 1954.

95. SALVINI S. *Fasti consolari dell'Accademia dei Fisiocritici.* Siena, 1891.

97. SARTON G. *A guide to the history of Science.* Waltham (Mass.), 1952.

98. SCHIFF U. *Il Museo di Storia Naturale.* « Archeion », 1928.

99. SCHRÖDINGER E. *Scienza ed umanesimo.* Firenze, 1953.

100. *Scienziati italiani dall'inizio del medioevo ai giorni nostri,* a cura di A. MIELI, Roma, 1923.

101. SEVERI F. *Cenni sull'antica Università di Pisa e sulle quattro epoche della sua storia.* Sta in Vol. I del « Giornale Toscano di Scienze morali », etc. 1841.

102. SOLARI A. *Vita pubblica e privata degli Etruschi.* Firenze, 1931.

103. Spirito U. *Scienza e filosofia.* Firenze, 1950.

104. Sulis E. *Rivoluzione ideale* (Scienza e tecnica). Firenze, 1939.

105. Tabarrini M. *Degli studi e delle vicende della R. Accademia dei Georgofili* (il I volume contiene la storia dell'Accademia dalle origini al 1853; il secondo dal 1854 al 1903).

106. Targioni Tozzetti G. *Catalogo dell'Orto botanico di Firenze ampliato da Pier Antonio Micheli e dato in luce nel 1747 dal dottor Giovanni Targioni Tozzetti.*

107. —— *Prodromo della Corografia e Topografia della Toscana.* Firenze, 1754.

108. —— *Relazioni di alcuni viaggi fatti in diverse parti della Toscana per osservare le produzioni naturali e gli antichi monumenti di essa.* Firenze, 2ª ed. 1768.

109. —— *Notizie sugli aggrandimenti delle scienze fisiche accaduti in Toscana nel corso di anni XL nel secolo XVII.* Firenze, 1780.

110. —— *Notizie sulla storia delle scienze fisiche in Toscana.* Firenze, 1852.

111. —— *Notizie della vita e delle opere di Pier Antonio Micheli, pubblicate per cura di Antonio Targioni Tozzetti.* Firenze, 1858.

112. Tiraboschi G. *Storia della Letteratura italiana.* Modena, 1787-1794.

113. Tommasi G. *Delle historie di Siena etc.* Venezia, 1625-26.

114. Uccelli A. *Enciclopedia storica delle scienze e delle loro applicazioni.* Milano, 1941.

115. Uccelli R. *Contributo alla bibliografia della Toscana.* Firenze, 1922.

116. Varchi B. *Storia fiorentina* (a cura di *L. Arbib*). Firenze, 1838-1841.

117. Vespasiano da Bisticci. *Vite di uomini illustri del secolo XV.* Firenze, 1859.

118. Villani F. *Vite di uomini illustri fiorentini colle annotazioni del Conte Gianmaria Mazzucchelli.* Firenze, 1847.

119. Villani G. *Storia fiorentina.* Firenze, 1587.

120. Villani M. *Storia fiorentina in continuazione di quella di Giovanni.* Firenze, 1581.

121. Villari P. *I due primi secoli della storia di Firenze.* Firenze, 1894-1905.

122. Young G. F. *I Medici.* Firenze, 1934.

123. Zobi A. *Storia civile della Toscana dal 1737 al 1848.* Firenze, 1850.

INDICE DELLE MATERIE

INDICE DEI NOMI

marcello Venuti 321, 322

INDICE GENERALE

XI. Periodo del Primo Dominio Lorenese (Dal governo di Francesco II alla istituzione del Regno di Etruria)

XII. Periodo del Regno di Etruria

XIII. Periodo della dominazione francese

XIV. Periodo della restaurazione Lorenese

Finito di stampare a Firenze
con i tipi della
Tipolitografia F.lli Linari
Novembre 1969